Mathematik für Physiker Band 3

Helmut Fischer · Helmut Kaul

Mathematik für Physiker Band 3

Variationsrechnung - Differentialgeometrie - Mathematische Grundlagen der Allgemeinen Relativitätstheorie

4., überarbeitete und aktualisierte Auflage

Helmut Fischer
Tübingen, Deutschland

Helmut Kaul
Tübingen, Deutschland

ISBN 978-3-662-53968-2 ISBN 978-3-662-53969-9 (eBook)
DOI 10.1007/978-3-662-53969-9

Die Deutsche Nationalbibliothek verzeichnet diese Publikation in der Deutschen Nationalbibliografie; detaillierte bibliografische Daten sind im Internet über http://dnb.d-nb.de abrufbar.

Springer Spektrum

Planung: Margit Maly

Gedruckt auf säurefreiem und chlorfrei gebleichtem Papier

Springer Spektrum ist Teil von Springer Nature
Die eingetragene Gesellschaft ist Springer-Verlag GmbH Germany
Die Anschrift der Gesellschaft ist: Heidelberger Platz 3, 14197 Berlin, Germany

Vorwort

Dieser Band gliedert sich in Variationsrechnung, Differentialgeometrie und mathematische Grundlagen der Allgemeinen Relativitätstheorie. Er richtet sich an Studierende der Physik im Grund– und Hauptstudium sowie an alle, die sich näher mit Variationsrechnung und Relativitätstheorie befassen wollen. Als Einstiegsvoraussetzung reicht im Wesentlichen der in Band 1 behandelte Stoff.

Gegenstand der klassischen Variationsrechnung sind Variationsintegrale $\mathcal{F}(\mathbf{v})$, wie z.B. das Wirkungsintegral der Mechanik, die Bogenlänge oder der Flächeninhalt, wobei $\mathbf{v}$ eine Funktionenklasse $\mathcal{V}$ von Kurven bzw. Flächen durchläuft. Gefragt wird nach notwendigen und hinreichenden Bedingungen dafür, dass eine Funktion $\mathbf{u} \in \mathcal{V}$ ein Minimum von $\mathcal{F}$ in $\mathcal{V}$ liefert. Notwendig hierfür ist das Verschwinden der ersten Variation von $\mathcal{F}$ an der Stelle $\mathbf{u}$, $\delta\mathcal{F}(\mathbf{u}) = 0$. Aus dieser Stationarität von $\mathbf{u}$ ergibt sich eine Differentialgleichung für $\mathbf{u}$, die Euler–Gleichung. In § 2 stellen wir die Euler–Gleichungen für einige klassische Variationsprobleme auf.

Für viele Gebiete der theoretischen Physik ist es möglich und zweckmäßig, ein Wirkungsprinzip der Form $\delta\mathcal{F}(\mathbf{u}) = 0$ zur Formulierung der Grundgesetze an die Spitze zu stellen. Das ist meistens der einfachste und sicherste Weg, die grundlegenden Gleichungen aufzustellen; darüberhinaus lassen sich aus Invarianzeigenschaften des Wirkungsintegrals auf systematische Weise Erhaltungsgrößen gewinnen. Demgemäß spielen Variationsprinzipien in allen Teilen dieses Buches eine wichtige Rolle, z.B. in der Punkt– und Kontinuumsmechanik, in der geometrischen Optik, für Minimal– und Kapillaritätsflächen, für Geodätische auf Flächen und für die Einsteinschen Feldgleichungen der Allgemeinen Relativitätstheorie.

In der Allgemeinen Relativitätstheorie wird Gravitation als geometrische Eigenschaft einer vierdimensionalen Raum–Zeit–Mannigfaltigkeit beschrieben. Der für diese Theorie benötigte Apparat (Mannigfaltigkeiten, Tensoren, Lorentz–Geometrie) wird in § 8 und § 9 bereitgestellt. Als Vorbereitung hierfür kann der Abschnitt § 7 über Flächen im $\mathbb{R}^3$ dienen, in dem die grundlegenden Begriffe der Differentialgeometrie mit geringerem technischen Aufwand und orientiert an der räumlichen Anschauung eingeführt werden.

Wir haben uns bemüht, den Zugang zu den angesprochenen Themen zu erleichtern und wichtige Konzepte gut zu motivieren. Bei der Variationsrechnung, der Hamiltonschen Mechanik, der geometrischen Optik und der Differentialgeometrie von Flächen im $\mathbb{R}^3$ wird die Notation der Vektoranalysis zugrunde gelegt und die Verwendung von Differentialformen vermieden. In der Differentialgeometrie und der Relativitätstheorie (§8–§11) wird vor allem bei der Einführung von Begriffen nach Möglichkeit die invariante Schreibweise verwendet. Diese kommt der Notation der Vektoranalysis am nächsten und lässt den geometrischen Gehalt deutlicher hervortreten als der Koordinatenkalkül. Jedoch stellen wir allen wichtigen invariant formulierten Rechnungen die entsprechende Koordinatenversion zur Seite, um den an die Koordinatenschreibweise gewöhnten Leserinnen und Lesern entgegen zu kommen.

Für wertvolle kritische Anmerkungen danken wir unseren Kollegen Frank Loose (§§ 5, 10, 11) und Herbert Pfister (§§ 10, 11) sehr herzlich. Frank Loose verdanken wir auch einen einfachen Zugang zu den hyperbolischen Räumen. Unser ganz besonderer Dank gilt Ralph Hungerbühler für die drucktechnische Gestaltung der ersten beiden Auflagen und für das Erstellen der Figuren. Ohne seinen Einsatz, seine Sachkenntnis, seine Hilfsbereitschaft und seine Geduld mit den Autoren hätte dieses Buch nicht entstehen können.

Tübingen, September 2016 H. Fischer, H. Kaul

Zum Gebrauch. Ein Querverweis, wie z.B. auf § 3 : 3.4 (a), bezieht sich auf § 3, Abschnitt 3, Unterabschnitt 3.4, Teil (a). Innerhalb von § 3 wird die betreffende Stelle nur mit 3.4 (a) aufgerufen. Literaturverweise wie z.B. auf [7] GIAQUINTA, M., HILDEBRANDT, S.: *Calculus of Variations, Vol.I, Ch.6, 2.4 Prop.1* erfolgen nach dem Muster

GIAQUINTA–HILDEBRANDT [7, I], Ch. 6, 2.4 Prop. 1.

Durch das Symbol ÜA (Übungsaufgabe) werden die Leserinnen und Leser aufgefordert, Rechnungen oder Beweisschritte selbst auszuführen. Mit * markierte Abschnitte können bei der ersten Lektüre übergangen werden.

Wegweiser. Für die Anwendungen der Variationsrechnung auf die Mechanik und auf die Optik genügt es, neben § 1 die ersten drei Abschnitte von § 2 zu lesen und das Hauptergebnis § 3 : 3.4 zur Kenntnis zu nehmen. Die Differentialgeometrie von Flächen (§ 7) ist von den vorangehenden Abschnitten unabhängig; nur bei der Kennzeichnung von geodätischen Kurven als lokal kürzeste Linien wird ein Ergebnis aus § 5 verwendet. Für einen ersten orientierenden Einstieg in die Relativitätstheorie wird zu Beginn von § 10 ein Leitfaden gegeben.

Bezeichnungen, Symbole und Abkürzungen orientieren sich im ersten Teil dieses Buches an den vorangehenden Bänden; im Symbolverzeichnis ist nur neu Hinzugekommenes aufgeführt. Ab § 8 passen wir uns der in der Differentialgeometrie üblichen Notation an.

Fehlermeldungen und Verbesserungsvorschläge von unseren Lesern nehmen wir dankbar entgegen unter `helmut.kaul@uni-tuebingen.de`.

Inhalt

Kapitel I

Variationsrechnung

§ 1 Übersicht

1 Beispiele für Variationsprobleme

1.1 Bahnen kürzester Laufzeit

(a) Ein Teilchen bewege sich in der x,y–Ebene so, dass seine Geschwindigkeit in jedem Punkt (x, y) einen vorgegebenen Wert $v(x, y)$ annimmt. Zu zwei gegebenen Punkten $A = (\alpha, a)$, $B = (\beta, b)$ betrachten wir alle Verbindungswege C, die Graph einer C^1–Funktion $u : [\alpha, \beta] \to \mathbb{R}$ sind. Die Laufzeit längs einer solchen Bahn C ist

$$\mathcal{T}(u) = \int_C \frac{ds}{v} = \int_\alpha^\beta \frac{\sqrt{1 + u'(x)^2}}{v(x, u(x))}\, dx .$$

Gefragt wird nach einem Minimum von $\mathcal{T}(u)$ in der Klasse $\mathcal{V}$ aller C^1–differenzierbaren Funktionen $u : [\alpha, \beta] \to \mathbb{R}$ mit $u(\alpha) = a$, $u(\beta) = b$.

Auf diese Problemstellung führt z.B. das **Fermat–Prinzip** für ein isotropes, achsensymmetrisches optisches Medium mit Brechungsindex $n(x, y)$ und Geschwindigkeit $v(x, y) = c/n(x, y)$ (c = Lichtgeschwindigkeit im Vakuum). Bei konstantem Brechungsindex ergibt sich die Frage nach der kürzesten Verbindungslinie zwischen A und B.

(b) Ein Spezialfall von (a) ist das **Brachistochronenproblem**: Dabei sind in einer zur Erdoberfläche senkrechten Ebene zwei nicht übereinander liegende Punkte A, B gegeben; A liege höher als B.

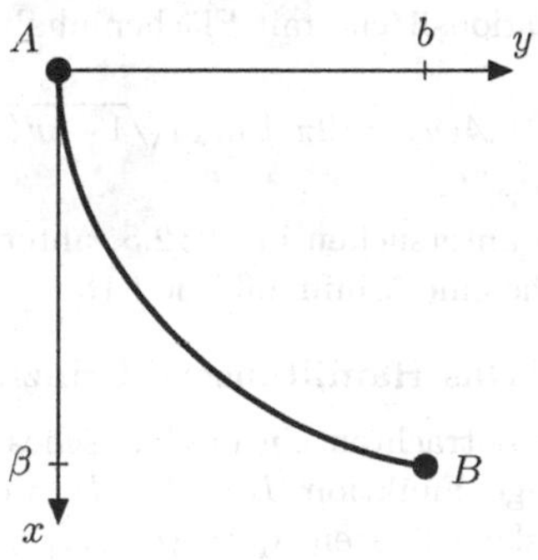

Gesucht ist eine ebene Bahn, auf der ein Massenpunkt unter dem Einfluss der Schwere reibungsfrei in kürzester Zeit von A nach B gleitet. Da diese aller Voraussicht nach im Punkt A eine senkrechte Tangente haben wird, wählen wir das nebenstehend skizzierte Koordinatensystem. Nach dem Energiesatz ist dann $v(x, y) = \sqrt{2gx}$.

Zu bestimmen ist also eine Bahn mit kürzester Fallzeit

$$\mathcal{T}(u) = \int_0^\beta \sqrt{\frac{1+u'(x)^2}{2gx}}\,dx$$

in der Klasse $\mathcal{V}$ aller C^1–Funktionen $u : [0,\beta] \to \mathbb{R}$ mit $u(0) = 0,\ u(\beta) = b$.

1.2 Minimalflächen

Minimalflächen dienen als mathematisches Modell für Seifenhäute. Eine in eine oder mehrere geschlossene Kurven des $\mathbb{R}^3$ eingespannte Fläche heißt **Minimalfläche**, wenn sich der Flächeninhalt unter kleinen lokalen Deformationen nicht verringert. Die Annahme des absoluten Minimums des Flächeninhalts wird dabei nicht gefordert. Die Frage nach der Existenz und den Eigenschaften von Minimalflächen bei vorgegebener Berandung wird **Plateausches Problem** genannt. Wir betrachten hier zwei spezielle Situationen; auf das allgemeine Problem gehen wir in § 6 : 2.3 ein.

(a) Sei $\Omega \subset \mathbb{R}^2$ ein beschränktes Gebiet, und $g : \partial\Omega \to \mathbb{R}$ eine C^1–differenzierbare Funktion. Für eine in die Kurve $\Gamma = \{(x,y,g(x,y)) \mid (x,y) \in \partial\Omega\}$ im $\mathbb{R}^3$ eingespannte Graphenfläche, gegeben durch eine Funktion $u \in \mathrm{C}^1(\overline{\Omega})$ mit $u = g$ auf $\partial\Omega$, ist der Flächeninhalt

$$\mathcal{A}(u) = \int_\Omega \sqrt{1 + \|\nabla u(x,y)\|^2}\,dx\,dy\,,$$

vergleiche Bd. 1, § 25 : 2.5 (a). Wir fragen nach einem Minimum von $\mathcal{A}(u)$ unter den eben genannten Bedingungen.

(b) Lassen wir den Graphen einer positiven C^1–Funktion $u : [\alpha,\beta] \to \mathbb{R}$ um die x–Achse rotieren, so entsteht eine zwischen zwei Kreisringen eingespannte Rotationsfläche mit Flächeninhalt ÜA

$$\mathcal{A}(u) = 2\pi \int_\alpha^\beta u(x)\sqrt{1 + u'(x)^2}\,dx\,.$$

Wir untersuchen in § 2 : 2.5, unter welchen Bedingungen eine solche Rotationsfläche eine Minimalfläche ist.

1.3 Das Hamiltonsche Prinzip der Punktmechanik

Wir betrachten ein mechanisches System mit m Freiheitsgraden und der Lagrange–Funktion $L = T - U$, wobei die potentielle Energie $U(t,\mathbf{q})$ von den Ortskoordinaten $\mathbf{q} = (q_1,\ldots,q_m)$ und der Zeit t abhängt und die kinetische Energie $T(t,\mathbf{q},\dot{\mathbf{q}})$ von den Ortskoordinaten $\mathbf{q} = (q_1,\ldots,q_m)$ und den Geschwindigkeitskoordinaten $\dot{\mathbf{q}} = (\dot q_1,\ldots,\dot q_m)$ und von t. Für eine beliebige C^1–Kurve $t \mapsto \mathbf{q}(t)$ heißt

$$\mathcal{W}(\mathbf{q}) = \mathcal{W}(\mathbf{q},[t_1,t_2]) := \int_{t_1}^{t_2} L(t,\mathbf{q}(t),\dot{\mathbf{q}}(t))\,dt$$

das **Wirkungsintegral** auf dem Zeitintervall $[t_1,t_2]$.

Das Hamiltonsche Prinzip der kleinsten Wirkung besagt, dass jede Bahnkurve $t \mapsto \mathbf{q}(t)$ des Systems durch folgende Eigenschaft ausgezeichnet ist: Auf hinreichend kleinen Zeitintervallen $[t_1,t_2]$ ist

$$\mathcal{W}(\mathbf{q},[t_1,t_2]) \le \mathcal{W}(\mathbf{v},[t_1,t_2])$$

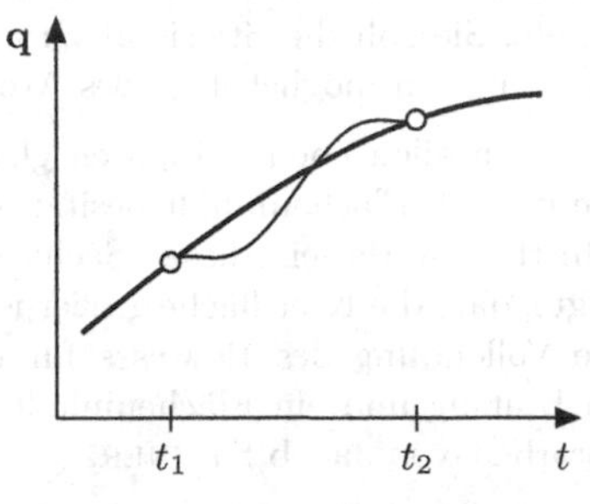

für alle C^1–Kurven $\mathbf{v} : [t_1,t_2] \to \mathbb{R}^m$ mit $\mathbf{v}(t_1) = \mathbf{q}(t_1)$, $\mathbf{v}(t_2) = \mathbf{q}(t_2)$ und genügend kleinem Abstand zur Bahnkurve $\mathbf{q}$.

Die Bahnkurve $\mathbf{q}$ minimiert also das Wirkungsintegral im Vergleich mit allen denkbaren (virtuellen) Vergleichskurven $\mathbf{v}$, die aus $\mathbf{q}$ durch kleine, zeitlich lokalisierte Deformationen hervorgehen.

Dieses Prinzip ist äquivalent zum *Prinzip der stationären Wirkung* (vgl. § 3 : 3.6), das im holonomen Fall die allgemeinste Formulierung der Newtonschen Bewegungsgesetze darstellt und häufig an die Spitze der Mechanik gestellt wird, vgl. LANDAU–LIFSCHITZ [85, I] § 2.

Aus diesem lassen sich in systematischer und übersichtlicher Weise die Bewegungsgleichungen ableiten und Erhaltungsgrößen gewinnen; ferner bildet es den Ausgangspunkt für die Jacobische Integrationsmethode.

Das Prinzip der stationären Wirkung ist nicht auf die Punktmechanik beschränkt; die meisten Feldtheorien lassen sich auf Variationsprinzipien zurückführen.

1.4 Geodätische

Eine Kurve C auf einem Flächenstück $M \subset \mathbb{R}^3$ heißt **Geodätische**, wenn sie zwischen je zwei hinreichend benachbarten Punkten $\mathbf{a}_1, \mathbf{a}_2 \in C$ die kürzeste Verbindung auf der Fläche herstellt.

Diese Minimumaufgabe lässt sich analytisch wie folgt fassen:

Wir fixieren eine Parametrisierung $\mathbf{\Phi} : \mathbb{R}^2 \supset U \to \mathbb{R}^3$ von M und erhalten jede Verbindungslinie von $\mathbf{a}_1, \mathbf{a}_2 \in M$ als Spur einer Kurve $\boldsymbol{\alpha} = \mathbf{\Phi} \circ \mathbf{v}$, wobei $t \mapsto \mathbf{v}(t) = (v_1(t), v_2(t))$ eine Kurve im Parameterbereich mit vorgegebenen Endpunkten ist. Mit den Bezeichnungen $g_{ij} := \langle \partial_i \mathbf{\Phi}, \partial_j \mathbf{\Phi} \rangle$ ergibt sich für die Länge einer solchen Verbindungskurve

$$L(\boldsymbol{\alpha}) = \int_{t_1}^{t_2} \|\dot{\boldsymbol{\alpha}}(t)\|\,dt = \int_{t_1}^{t_2} \Big(\sum_{i,j=1}^{2} g_{ij}(\mathbf{v}(t))\,\dot{v}_i(t)\,\dot{v}_j(t)\Big)^{1/2} dt$$

ÜA, vgl. Bd. 1, § 25 : 2.1. Durch die rechte Seite ist ein Variationsintegral $\mathcal{L}(\mathbf{v})$ für eine ebene Kurve mit vorgegebenen Endpunkten definiert, das zu minimieren ist. Näheres hierzu wird in § 7 : 5.2 ausgeführt.

1.5 Isoperimetrische Probleme

Die Legende über die Gründung Karthagos (ca. 890 v. Chr.) berichtet, dass die phönizische Prinzessin DIDO nach ihrer Vertreibung sich vom numidischen König Jarbas soviel Land erbeten habe, als sie mit einer Stierhaut begrenzen könnte. Sie soll die Stierhaut zu einem dünnen Streifen zugeschnitten haben, um damit ein möglichst großes Areal zu umspannen.

Dass von allen ebenen Figuren gleichen Umfangs ($\iota\sigma o\ \pi\varepsilon\varrho\iota\mu\varepsilon\tau\varrho o\nu$) der Kreis den größten Flächeninhalt besitzt, galt von Alters her als evident. Einen ersten Schritt zum Beweis dieses Sachverhalts tat ZENODORUS um 180 v. Chr. Er zeigte, dass die Kreisfläche größer ist als die jedes n–Ecks mit gleichem Umfang. Die Vollendung des Beweises für ebene Figuren allgemeiner Art, denen sich ein Umfang und ein Flächeninhalt zuschreiben lässt, gelang EDLER 1882 nach Vorarbeit von Jacob STEINER.

Einfacher zu behandeln ist das 1697 von Jakob BERNOULLI in Angriff genommene Problem, für alle Funktionen $u : [\alpha, \beta] \to \mathbb{R}_+$ mit $u(\alpha) = u(\beta) = 0$ und vorgegebener Graphenlänge $\int\limits_\alpha^\beta \sqrt{1 + u'(x)^2}\, dx$ den Flächeninhalt $\int\limits_\alpha^\beta u(x)\, dx$ unter dem Graphen zum Maximum zu machen.

1.6 Die Variationsmethode für das Dirichlet–Problem

Wir betrachten das Dirichlet–Problem

$$\text{(D)} \qquad -\Delta u = f \text{ in } \Omega, \quad u = g \text{ auf } \partial\Omega$$

auf einem Normalgebiet $\Omega \subset \mathbb{R}^n$ mit gegebenen Funktionen $f \in \mathrm{C}^1(\overline{\Omega})$ und $g \in \mathrm{C}^1(\partial\Omega)$. Zum Nachweis der Existenz einer Lösung wird in Bd. 2, § 14 : 6 das Dirichlet–Integral

$$J(v) := \int\limits_\Omega \left(\tfrac{1}{2} \|\nabla v\|^2 - fv \right) d^n\mathbf{x}$$

betrachtet und die Existenz eines Minimums von $J(v)$ in einer geeigneten Funktionenklasse $\mathcal{V}$ nachgewiesen. Die Minimumstelle u von J liefert dann eine Lösung von (D) im schwachen (distributionellen) Sinne.

1.7 Optimale Kontrolle

Wir erläutern die Problemstellung am Beispiel der Steuerung einer Rakete. Diese soll auf einer Bahn $t \mapsto \mathbf{y}(t) = (\mathbf{q}(t), \dot{\mathbf{q}}(t))$ im Phasenraum $\mathbb{R}^6$ in vorgegebener Zeit T von $\mathbf{a} = \mathbf{q}(0)$ bis $\mathbf{b} = \mathbf{q}(T)$ fliegen, gesteuert durch Rückstoßbeschleunigung $\mathbf{u}(t)$ mittels Treibstoffverbrennung. Die Bewegungsgleichung sei

$$(1) \quad \dot{\mathbf{y}}(t) = \mathbf{f}(t, \mathbf{y}(t), \mathbf{u}(t)) \,.$$

Es sind system– und ressourcenbedingte Einschränkungen der Form

$$(2) \quad \mathbf{g}(t, \mathbf{y}(t), \mathbf{u}(t)) \geq 0$$

zu berücksichtigen. Zu gegebenen Daten $\mathbf{a}, \mathbf{b}, \mathbf{f}, \mathbf{g}$ sollen die Bahnkurve $\mathbf{y}$ und die Steuerungsfunktion $\mathbf{u}$ unter den Nebenbedingungen (1),(2) so bestimmt werden, dass eine „Kostenfunktion"

$$\mathcal{F}(\mathbf{y}, \mathbf{u}) = \int\limits_0^T F(t, \mathbf{y}(t), \mathbf{u}(t))\, dt + \Psi(T, \mathbf{y}(T)) \,,$$

z.B. der Treibstoffverbrauch, minimal wird.

Die optimale Kontrolltheorie ist ein Gebiet von großer Bedeutung für Technik und Ökonomie. Wir können aus Platzgründen hierauf nicht eingehen und verweisen auf die im Literaturverzeichnis angegebene Literatur.

2 Problemstellungen und Methoden der Variationsrechnung

2.1 Variationsfunktionale und Variationsklassen

(a) Bei einem **eindimensionalen Variationsproblem 1. Ordnung** sind gegeben

– ein **Variationsintegral** $\mathcal{F}$ für Kurven $\mathbf{v} : [\alpha, \beta] \to \mathbb{R}^m$,

$$\mathcal{F}(\mathbf{v}) = \int\limits_\alpha^\beta F(x, \mathbf{v}(x), \mathbf{v}'(x))\, dx \,,$$

– eine **Variationsklasse** oder **Vergleichsklasse** $\mathcal{V}$, welche die von der Aufgabenstellung her zugelassenen Vergleichskurven $\mathbf{v}$ enthält.

Hierdurch ist eine Funktion

$$\mathcal{F} : \mathcal{V} \longrightarrow \mathbb{R}$$

definiert, das **Variationsfunktional**. Bei dieser abstrakten Betrachtungsweise werden die Vergleichskurven als Punkte in der Menge $\mathcal{V}$ aufgefaßt. Gefragt wird nach Stellen $\mathbf{u} \in \mathcal{V}$, in denen $\mathcal{F}$ ein lokales oder absolutes Minimum annimmt oder stationär wird.

Maximumprobleme lassen sich durch Übergang von $\mathcal{F}$ zu $-\mathcal{F}$ auf Minimumprobleme zurückführen.

Die Variationsklasse $\mathcal{V}$ besteht in den meisten Fällen aus Kurven, die einer Randbedingung genügen, im einfachsten Fall vorgeschriebene Endpunkte

$\mathbf{v}(\alpha) = \mathbf{a}$, $\mathbf{v}(\beta) = \mathbf{b}$ **(Zweipunktproblem)** oder bewegliche Endpunkte auf vorgegebenen Untermannigfaltigkeiten des $\mathbb{R}^m$.

Komplizierte Vergleichsklassen $\mathcal{V}$ entstehen durch Hinzunahme von Nebenbedingungen. Beispiele hierfür sind (vgl. Abschnitt 1):

– **holonome (punktweise) Nebenbedingungen**, bei denen die Kurven auf einer gegebenen Fläche liegen sollen,
– **isoperimetrische Nebenbedingungen** $\int_\alpha^\beta G(x, \mathbf{v}, \mathbf{v}')\,dx = c$,
– **Differentialgleichungs–Nebenbedingungen** wie in 1.7.

Variationsprobleme **zweiter Ordnung** enthalten auch die zweite Ableitung $\mathbf{v}''$ im Variationsintegral. Solche kommen z.B. bei der Balkenbiegung vor, wo die Krümmung im Integranden auftritt.

(b) Bei **mehrdimensionalen Variationsproblemen erster Ordnung** betrachten wir Variationsfunktionale $\mathcal{F} : \mathcal{V} \to \mathbb{R}$ der Form

$$\mathcal{F}(\mathbf{v}) = \int_\Omega F(\mathbf{x}, \mathbf{v}(\mathbf{x}), D\mathbf{v}(\mathbf{x}))\,d^n\mathbf{x}.$$

Die Elemente von $\mathcal{V}$ sind hier Funktionen, Vektor–oder Tensorfelder auf einem Gebiet $\Omega \subset \mathbb{R}^n$. Die Vergleichsklasse $\mathcal{V}$ ist wieder durch Randbedingungen und gegebenenfalls durch punktweise oder isoperimetrische Nebenbedingungen festgelegt.

Mehrdimensionale Variationsprobleme **zweiter Ordnung** enthalten auch zweite Ableitungen von $\mathbf{v}$ im Variationsintegral. Solche Probleme treten in der Elastizitätstheorie und in der Allgemeinen Relativitätstheorie auf.

2.2 Klassische Variationsrechnung

In diesem ältesten Zweig der Variationsrechnung werden vorwiegend Variationsprobleme für Kurven betrachtet. Dabei geht es vor allem um die Aufstellung notwendiger und hinreichender Bedingungen dafür, dass eine Kurve $\mathbf{u} \in \mathcal{V}$ ein lokales Minimum von $\mathcal{F} : \mathcal{V} \to \mathbb{R}$ liefert. Was dabei „lokal" bedeuten soll, d.h. welcher Abstandsbegriff für Kurven zugrunde gelegt werden soll, hängt von der Natur der Aufgabenstellung ab und wird in § 2 : 1.2 diskutiert.

Wir skizzieren die Grundidee für den einfachsten Fall, in welchem $\mathcal{V}$ durch vorgeschriebene Endpunkte festgelegt ist. Für eine Kurve $\mathbf{u} : [\alpha, \beta] \to \mathbb{R}^m$ mit $\mathbf{u} \in \mathcal{V}$ betrachten wir Richtungsableitungen, bezeichnet mit

$$\delta\mathcal{F}(\mathbf{u})\boldsymbol{\varphi} := \frac{d}{ds}\,\mathcal{F}(\mathbf{u} + s\boldsymbol{\varphi})\Big|_{s=0}, \quad \delta^2\mathcal{F}(\mathbf{u})\boldsymbol{\varphi} := \frac{d^2}{ds^2}\,\mathcal{F}(\mathbf{u} + s\boldsymbol{\varphi})\Big|_{s=0}.$$

Hat $\mathcal{F}$ an der Stelle $\mathbf{u} \in \mathcal{V}$ ein lokales Minimum, so gilt $\mathcal{F}(\mathbf{u} + s\boldsymbol{\varphi}) \geq \mathcal{F}(\mathbf{u})$ für jede hinreichend glatte Kurve $\boldsymbol{\varphi}$ mit $\boldsymbol{\varphi}(\alpha) = \boldsymbol{\varphi}(\beta) = \mathbf{0}$ und für $|s| \ll 1$.

Denn für jeden solchen *Variationsvektor* φ erfüllt die Vergleichskurve $u + s\varphi$ dieselben Randbedingungen wie $\mathbf{u}$ und ist für $|s| \ll 1$ hinreichend benachbart zu $\mathbf{u}$. Es folgt

$$\delta\mathcal{F}(\mathbf{u})\varphi = 0\,, \quad \delta^2\mathcal{F}(\mathbf{u})\varphi \geq 0$$

für alle Variationsvektoren φ.

Aus der ersten Bedingung ergibt sich ein Differentialgleichungssystem 2. Ordnung für $\mathbf{u}$, die **Euler–Gleichungen**, deren Lösungen **Extremalen** genannt werden. Aus der zweiten folgt eine Konvexitätsbedingung für den Integranden F (**Legendre–Bedingung**) sowie eine Längenbeschränkung für das Intervall $[\alpha, \beta]$ (**Jacobi–Bedingung**).

Hinreichende Bedingungen dafür, dass eine gegebene Extremale $\mathbf{u} \in \mathcal{V}$ ein lokales Minimum für $\mathcal{F} : \mathcal{V} \to \mathbb{R}$ liefert, bestehen in Verschärfungen der beiden Kriterien. Die verschärfte Konvexitätsbedingung an den Integranden, **Elliptizität** genannt, erweist sich als zentraler Begriff bei allen Minimumproblemen der Variationsrechnung. Diese Eigenschaft besitzen die Wirkungsintegrale der Punktmechanik und (nach geeigneter Umformung) auch die Laufzeitintegrale der geometrischen Optik.

2.3 Hamiltonsche Mechanik und geometrische Optik

(a) Ausgangspunkt für die Hamiltonsche Mechanik von Massenpunkten ist die aus dem Hamiltonschen Prinzip 1.3 folgende Tatsache, dass für jede Bahnkurve $t \mapsto \mathbf{q}(t)$ eines mechanischen Systems die erste Variation des Wirkungsintegrals $\mathcal{W}(\mathbf{q}) = \mathcal{W}(\mathbf{q}, [t_1, t_2])$ verschwindet, d.h. es gilt

$$\delta\mathcal{W}(\mathbf{q})\varphi = 0$$

für alle Variationsvektoren φ mit $\varphi(t_1) = \varphi(t_2) = \mathbf{0}$ und alle hinreichend kleinen Zeitintervalle $[t_1, t_2]$.

Äquivalent hierzu ist das Bestehen der Euler–Gleichungen, in der Mechanik auch Euler–Lagrange–Gleichungen genannt.

Auf dieser Grundlage entwickeln wir folgendes Programm:

- Transformation der Euler–Gleichungen in ein System von Differentialgleichungen 1. Ordnung, die Hamiltonschen Gleichungen,
- Aufstellung von Erhaltungsgrößen für Systeme mit Invarianzeigenschaften (Noetherscher Satz),
- Integrationsmethoden für die Bewegungsgleichungen (Hamilton–Jacobi–Theorie).

Die im Hamiltonschen Prinzip 1.3 formulierte Minimaleigenschaft des Wirkungsintegrals kann für diese Untersuchungen außer Acht gelassen werden.

(b) Ein Ziel der geometrischen Optik ist die Beschreibung der Lichtausbreitung

– längs Strahlen nach dem Fermatschen Prinzip,

– durch Wellenfronten nach dem Huygensschen Prinzip,

– der Nachweis der Gleichwertigkeit beider Prinzipien.

Die Verbindung der beiden Bilder der Lichtausbreitung wird durch Hamiltons **Prinzipalfunktion** hergestellt. Letztere ist Lösung einer Differentialgleichung 1. Ordnung (der **Eikonalgleichung**) und liefert die „vollständige Figur" einer Schar von Wellenfronten und eines diese transversal durchsetzenden Bündels von Lichtstrahlen.

2.4 Die direkte Methode der Variationsrechnung

Gegenstand der klassischen Variationsrechnung ist die Untersuchung der Minimaleigenschaft von Extremalen. Die Anwendung der dabei aufgestellten Kriterien setzt konkret gegebene Extremalen voraus. Nun lassen sich die Euler–Gleichungen nur in wenigen Fällen explizit lösen; in den übrigen Fällen ist es offen, ob es in einer Variationsklasse überhaupt Extremalen bzw. absolute oder lokale Minimumstellen gibt.

Diese Fragen sind das Thema der direkten Methode der Variationsrechnung, die um 1900 von HILBERT und LEBESGUE ins Leben gerufen wurde. In dieser Theorie werden Kriterien dafür aufgestellt, dass ein elliptisches, nach unten beschränktes Variationsfunktional $\mathcal{F} : \mathcal{V} \to \mathbb{R}$ sein Infimum $d = \inf \mathcal{F}(\mathcal{V})$ annimmt. Diese Methode ist u.a. ein wichtiges Hilfsmittel, um die Lösbarkeit solcher partieller Differentialgleichungsprobleme zu beweisen, die sich auf Variationsprobleme zurückführen lassen. Das Verfahren wurde in Bd. 2, § 14 : 6 am Beispiel des Dirichlet–Problems erläutert, vgl. 1.6.

Bei der direkten Methode stellen sich zwei Aufgaben:

– **Existenzbeweis für Minimumstellen.** Hierzu wird das Variationsfunktional zu einem Funktional $\overline{\mathcal{F}}$ auf eine größere Funktionenklasse $\overline{\mathcal{V}}$ fortgesetzt, die bezüglich einer dem Problem angepassten Integralnorm vollständig ist. Nach Einführung eines „schwachen" Konvergenzbegriffs wird dann gezeigt: Ist $(\mathbf{u}_k)$ eine **Minimalfolge**, d.h. eine Folge in $\overline{\mathcal{V}}$ mit

$$\lim_{k\to\infty} \mathcal{F}(\mathbf{u}_k) = d,$$

so konvergiert eine Teilfolge gegen ein $\mathbf{u} \in \overline{\mathcal{V}}$, und es gilt $\overline{\mathcal{F}}(\mathbf{u}) = d$, falls $\overline{\mathcal{F}}$ unterhalbstetig ist. Die minimierende Funktion $\mathbf{u}$ besitzt im Allgemeinen nur schwache (distributionelle) Ableitungen und braucht im mehrdimensionalen Fall nicht einmal stetig zu sein. Wir sprechen daher von einer **schwachen Lösung** des Minimumproblems.

– **Regularitätsbeweis für schwache Lösungen.** Hierbei werden für schwache Lösungen Stetigkeits– und Differenzierbarkeitseigenschaften nachgewiesen.

Von besonderem Interesse sind Probleme, deren Lösungen so oft differenzierbar sind wie der Integrand („optimale Regularität"). In vielen Fällen, vor allem bei mehrdimensionalen, vektorwertigen Variationsproblemen, lässt sich Differenzierbarkeit der Lösung nur außerhalb einer Singularitätenmenge zeigen („partielle Regularität"); hier ist der schwache Lösungsbegriff der natürliche.

2.5 Zum Aufbau des ersten Kapitels

Die Grundzüge der klassischen Variationsrechnung werden in § 2 und § 3 behandelt. In § 2 werden die Euler–Gleichungen für ein- und mehrdimensionale Variationsprobleme sowie für isoperimetrische Variationsprobleme aufgestellt und für einige klassische Spezialfälle gelöst; ferner werden für elliptische eindimensionale Probleme die Regularität der Lösungen bewiesen und die Hamiltonschen Gleichungen hergeleitet. In § 3 werden notwendige und hinreichende Bedingungen für ein lokales Minimum beim Zweipunktproblem hergeleitet.

Wer schnell zur Hamiltonschen Mechanik (§ 4) vordringen will, benötigt aus § 2 nur die Abschnitte 1, 2, 3, 6; von § 3 ist hierfür hauptsächlich von Interesse, dass das Prinzip der kleinsten Wirkung in der Punktmechanik äquivalent zu dem der stationären Wirkung ist (Schlussfolgerung 3.6 aus dem Hauptsatz 3.4).

Das mit dem Fermat–Prinzip verbundene Laufzeitintegral ist von anderem Typ als das Wirkungsintegral der Punktmechanik. Integrale dieser Art, sogenannte parametrische Integrale, treten auch beim Problem der Geodätischen auf Flächen auf. Daher wird in § 5 zunächst die Theorie parametrischer Variationsintegrale vorgestellt, bevor das in 2.3 (b) entworfene Programm durchgeführt werden kann.

Die für die ersten fünf Paragraphen erforderlichen Vorkenntnisse sind im Wesentlichen durch Band 1 abgedeckt; nur stellenweise werden Grundergebnisse über gewöhnliche Differentialgleichungen bemüht. Für die direkten Methoden in § 6 wird dagegen in stärkerem Maße auf Band 2 zurückgegriffen. In diesem Paragraphen müssen wir uns wegen des gesetzten Rahmens darauf beschränken, die Vorgehensweise zu schildern und einzelne Anwendungen zu besprechen; für die Beweise verweisen wir häufig auf die Literatur.

§ 2 Extremalen

1 Das Zweipunktproblem

1.1 Bezeichnungen

Gegeben seien eine C^2–Funktion F auf einem Gebiet $\Omega_F \subset \mathbb{R}\times\mathbb{R}^m\times\mathbb{R}^m$, ein Intervall $[\alpha,\beta]$ und zwei Punkte $\mathbf{a},\mathbf{b}\in\mathbb{R}^m$ mit $(\alpha,\mathbf{a},\mathbb{R}^m),(\beta,\mathbf{b},\mathbb{R}^m)\subset\Omega_F$. Wir betrachten das **Variationsintegral**

$$\mathcal{F}(\mathbf{v}) := \int_\alpha^\beta F(x,\mathbf{v}(x),\mathbf{v}'(x))\,dx, \quad \text{kurz} \quad \mathcal{F}(\mathbf{v}) = \int_\alpha^\beta F(x,\mathbf{v},\mathbf{v}')\,dx$$

auf der **Variationsklasse** $\mathcal{V}$ aller stückweis glatten Kurven $\mathbf{v}:[\alpha,\beta]\to\mathbb{R}^m$ mit

$$\mathbf{v}(\alpha)=\mathbf{a},\ \mathbf{v}(\beta)=\mathbf{b},$$

für welche das Integral definiert ist.

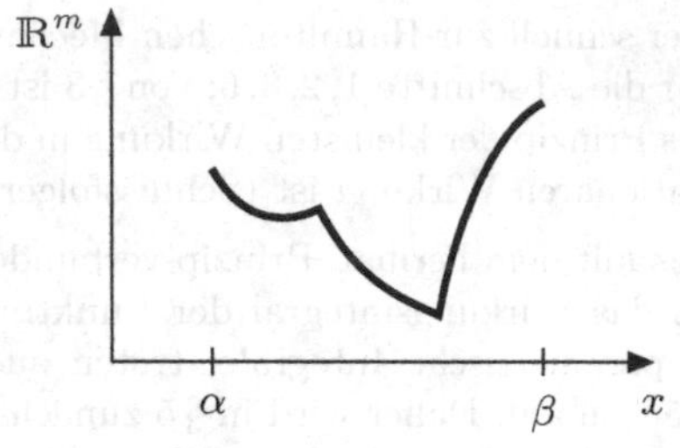

Eine Kurve $\mathbf{v}:[\alpha,\beta]\to\mathbb{R}^m$ heißt dabei **stückweis glatt**, wenn sie durch das Aneinanderhängen endlich vieler C^1–Kurven entsteht. Das bedeutet, dass $\mathbf{v}$ stetig ist und C^1–differenzierbar mit Ausnahme höchstens endlich vieler Stellen, wobei in den Ausnahmepunkten x die rechts– und linksseitigen Ableitungen $\mathbf{v}'(x+)$, $\mathbf{v}'(x-)$ existieren.

Den Vektorraum der stückweis glatten Kurven $\mathbf{v}:[\alpha,\beta]\to\mathbb{R}^m$ bezeichnen wir mit $PC^1([\alpha,\beta],\mathbb{R}^m)$ bzw. $PC^1[\alpha,\beta]$ für $m=1$. Für diesen Raum verwenden wir wahlweise die C^0–Norm oder die C^1–Norm,

$$\|\mathbf{u}\|_{C^0} := \sup\{\|\mathbf{u}(x)\| \mid x\in[\alpha,\beta]\}, \quad \|\mathbf{u}\|_{C^1} := \|\mathbf{u}\|_{C^0}+\|\mathbf{u}'\|_{C^0},$$

wobei $\|\mathbf{u}'\|_{C^0}$ als Maximum der Normen $\|\mathbf{u}'\|_{C^0(I)}$ über alle Glattheitsintervalle I von $\mathbf{u}$ zu verstehen ist.

Wir wählen als Grundmenge die stückweis glatten Kurven, weil es Variationsprobleme gibt, die keine C^1–Lösungen, wohl aber PC^1–Lösungen besitzen. Solche Beispiele bilden allerdings die Ausnahme und werden durch die in 1.3 (d) angegebene Elliptizitätsbedingung ausgeschlossen.

Der **Definitionsbereich** $\mathcal{D}(\mathcal{F})$ eines Variationsintegrals $\mathcal{F}$ besteht aus allen PC^1–Kurven $\mathbf{v}$, für welche das Variationsintegral $\mathcal{F}(\mathbf{v})$ definiert ist, d.h. für welche der **1–Graph** $\{(x,\mathbf{v}(x),\mathbf{v}'(x\pm)) \mid x\in[\alpha,\beta]\}$ zu Ω_F gehört. Das Integral $\mathcal{F}(\mathbf{v})$ ist dabei definiert als Summe der Integrale über die Glattheitsintervalle von $\mathbf{v}$.

Die Punkte von Ω_F bezeichnen wir mit

$$(x,\mathbf{y},\mathbf{z}) = (x,y_1,\dots,y_m,z_1,\dots,z_m).$$

Entsprechend bezeichnen wir die partiellen Ableitungen von F mit

$$F_x := \frac{\partial F}{\partial x}, \quad F_{y_k} := \frac{\partial F}{\partial y_k}, \quad F_{z_k} := \frac{\partial F}{\partial z_k} \quad (k = 1, \ldots, m),$$

die Jacobi–Matrizen bezüglich der Variablengruppen $\mathbf{y}, \mathbf{z}$ mit

$$F_{\mathbf{y}} := (F_{y_1}, \ldots, F_{y_m}), \quad F_{\mathbf{z}} := (F_{z_1}, \ldots, F_{z_m}).$$

Für die zugehörigen Gradienten schreiben wir $\nabla_{\mathbf{y}} F$, $\nabla_{\mathbf{z}} F$.

Die $m \times m$–Matrizen der zweiten partiellen Ableitungen notieren wir in der Form

$$F_{\mathbf{zz}} := (F_{z_k z_\ell}), \quad F_{\mathbf{yz}} := (F_{y_k z_\ell}), \quad F_{\mathbf{yy}} := (F_{y_k y_\ell}).$$

1.2 Lokale Minima, erste und zweite Variation

(a) Ein Funktional $\mathcal{F} : \mathcal{V} \to \mathbb{R}$ auf einer beliebigen Vergleichsklasse $\mathcal{V} \subset \mathcal{D}(\mathcal{F})$ besitzt an der Stelle $\mathbf{u} \in \mathcal{V}$ ein **starkes lokales Minimum**, wenn

$$\mathcal{F}(\mathbf{u}) \leq \mathcal{F}(\mathbf{v}) \text{ für alle } \mathbf{v} \in \mathcal{V} \text{ mit } \|\mathbf{u} - \mathbf{v}\|_{C^0} \ll 1,$$

und ein **schwaches lokales Minimum**, wenn

$$\mathcal{F}(\mathbf{u}) \leq \mathcal{F}(\mathbf{v}) \text{ für alle } \mathbf{v} \in \mathcal{V} \text{ mit } \|\mathbf{u} - \mathbf{v}\|_{C^1} \ll 1.$$

Jede starke lokale Minimumstelle liefert auch ein schwaches lokales Minimum [ÜA].

Ob es genügt, schwache lokale Minima zu finden, hängt von der Problemstellung ab; bei geometrischen Fragestellungen sind jedenfalls nur starke lokale Minima von Interesse.

Die Aufstellung notwendiger Bedingungen für eine lokale Minimumstelle $\mathbf{u} \in \mathcal{V}$ geschieht einheitlich für beide Fälle nach folgendem Muster.

(b) Für die Variationsklasse $\mathcal{V} = \{\mathbf{v} \in \mathcal{D}(\mathcal{F}) \mid \mathbf{v}(\alpha) = \mathbf{a},\ \mathbf{v}(\beta) = \mathbf{b}\}$ des Zweipunktproblems betrachten wir den **Variationsvektorraum**

$$\delta\mathcal{V} := \left\{ \varphi \in \mathrm{PC}^1([\alpha, \beta], \mathbb{R}^m) \;\middle|\; \varphi(\alpha) = \varphi(\beta) = \mathbf{0} \right\}.$$

Die Elemente von $\delta\mathcal{V}$ nennen wir **Variationsvektoren**.

Für $\mathbf{u} \in \mathcal{V}$, $\varphi \in \delta\mathcal{V}$ und $s \in \mathbb{R}$ hat $\mathbf{u} + s\varphi$ dieselben Randwerte wie $\mathbf{u}$ und ist für $|s| \ll 1$ bezüglich beider Normen hinreichend zu $\mathbf{u}$ benachbart.

Ist $\mathbf{u}$ eine lokale Minimumstelle, so folgt $\mathcal{F}(\mathbf{u}) \leq \mathcal{F}(\mathbf{u} + s\varphi)$ für $\varphi \in \delta\mathcal{V}$ und $|s| \ll 1$ und daher

$$\frac{d}{ds}\, \mathcal{F}(\mathbf{u} + s\varphi)\Big|_{s=0} = 0, \quad \frac{d^2}{ds^2}\, \mathcal{F}(\mathbf{u} + s\varphi)\Big|_{s=0} \geq 0 \text{ für alle } \varphi \in \delta\mathcal{V}.$$

(c) SATZ. *Gegeben sei* $\mathbf{u} \in \mathcal{V}$. *Dann gilt für jedes* $\varphi \in \delta\mathcal{V}$

$$\mathbf{u} + s\varphi \in \mathcal{V} \quad \text{für } |s| \ll 1 \,,$$

$$\begin{aligned}
\delta\mathcal{F}(\mathbf{u})\varphi &:= \frac{d}{ds}\,\mathcal{F}(\mathbf{u}+s\varphi)\Big|_{s=0} \\
&= \int_\alpha^\beta \left(F_{\mathbf{y}}(x,\mathbf{u},\mathbf{u}')\,\varphi + F_{\mathbf{z}}(x,\mathbf{u},\mathbf{u}')\,\varphi'\right) dx \,, \\
\delta^2\mathcal{F}(\mathbf{u})\varphi &:= \frac{d^2}{ds^2}\,\mathcal{F}(\mathbf{u}+s\varphi)\Big|_{s=0} \\
&= \int_\alpha^\beta \Big(\big\langle \varphi, F_{\mathbf{yy}}(x,\mathbf{u},\mathbf{u}')\varphi\big\rangle + 2\,\big\langle \varphi', F_{\mathbf{zy}}(x,\mathbf{u},\mathbf{u}')\varphi\big\rangle \\
&\qquad\qquad + \big\langle \varphi', F_{\mathbf{zz}}(x,\mathbf{u},\mathbf{u}')\varphi'\big\rangle\Big)\, dx \,.
\end{aligned}$$

Die Linearform

$$\delta\mathcal{F}(\mathbf{u}) : \delta\mathcal{V} \to \mathbb{R}, \quad \varphi \mapsto \delta\mathcal{F}(\mathbf{u})\varphi$$

heißt **erste Variation** von $\mathcal{F}$ an der Stelle $\mathbf{u}$, und die quadratische Form

$$\delta^2\mathcal{F}(\mathbf{u}) : \delta\mathcal{V} \to \mathbb{R}, \quad \varphi \mapsto \delta^2\mathcal{F}(\mathbf{u})\varphi \,,$$

wird **zweite Variation** von $\mathcal{F}$ an der Stelle $\mathbf{u}$ genannt.
In der Literatur wird $\delta\mathcal{F}(\mathbf{u})\varphi$ auch bezeichnet mit

$$\delta\mathcal{F}(\mathbf{u})(\varphi) \text{ und } \delta\mathcal{F}(\mathbf{u},\varphi) \,.$$

BEWEIS.
Es genügt, eines der kompakten Teilintervalle I von $[\alpha,\beta]$ zu betrachten, auf dem die Einschränkungen von $\mathbf{u}$ und φ beide C^1–differenzierbar sind. Da die Menge $K = \{(x,\mathbf{u}(x),\mathbf{u}'(x)) \mid x \in I\}$ kompakt ist, gibt es ein $r > 0$ mit $(x,\mathbf{y},\mathbf{z}) \in \Omega_F$, falls $\|\mathbf{y} - \mathbf{u}(x)\| + \|\mathbf{z} - \mathbf{u}'(x)\| < r$. Es folgt $\mathbf{u} + s\varphi \in \mathcal{D}(\mathcal{F})$, sobald $|s| \cdot (\|\varphi(x)\| + \|\varphi'(x)\|) < r$ für $x \in I$.

Nach dem Satz über Parameterintegrale und der Kettenregel folgt für $|s| \ll 1$

$$\begin{aligned}
&\frac{d}{ds}\int_\alpha^\beta F(x,\mathbf{u}+s\varphi,\mathbf{u}'+s\varphi')\,dx \\
&\qquad = \int_\alpha^\beta \big(F_{\mathbf{y}}(x,\mathbf{u}+s\varphi,\mathbf{u}'+s\varphi')\,\varphi + F_{\mathbf{z}}(x,\mathbf{u}+s\varphi,\mathbf{u}'+s\varphi')\,\varphi'\big)\,dx \,.
\end{aligned}$$

Die Formel für die erste Variation folgt für $s = 0$, die für die zweite Variation durch weitere Ableitung nach s und Einsetzen von $s = 0$ [ÜA]. □

(d) ZUSATZ. *Ist* $\mathbf{u} \in \mathcal{V}$ *zusätzlich* C^2*–differenzierbar, so gilt*

$$\delta\mathcal{F}(\mathbf{u})\boldsymbol{\varphi} = \int_\alpha^\beta \Big\langle \nabla_{\mathbf{y}} F(x,\mathbf{u},\mathbf{u}') - \tfrac{d}{dx}\left[\nabla_{\mathbf{z}} F(x,\mathbf{u},\mathbf{u}')\right], \boldsymbol{\varphi}(x) \Big\rangle \, dx$$

für alle Variationsvektoren $\boldsymbol{\varphi} \in \delta\mathcal{V}$.

Das ergibt sich aus (b) durch partielle Integration wegen $\boldsymbol{\varphi}(\alpha) = \boldsymbol{\varphi}(\beta) = \mathbf{0}$ und der C^1–Differenzierbarkeit von $x \mapsto F_{\mathbf{z}}(x,\mathbf{u}(x),\mathbf{u}'(x))$.

1.3 Euler–Gleichungen und Extremalen

(a) SATZ. *Jede starke oder schwache lokale Minimumstelle* $\mathbf{u}$ *von* $\mathcal{F} : \mathcal{V} \to \mathbb{R}$ *ist ein* **stationärer** oder **kritischer Punkt**, *d.h. es gilt*

$$\delta\mathcal{F}(\mathbf{u}) = 0 .$$

Das folgt unmittelbar aus 1.2 (b).

(b) SATZ. *Eine* C^2*–Kurve* $u \in \mathcal{V}$ *liefert genau dann einen stationären Punkt von* $\mathcal{F} : \mathcal{V} \to \mathbb{R}$, *wenn* $\mathbf{u}$ *die* **Euler–Gleichungen**

$$\text{(EG)} \quad \frac{d}{dx}\left[\frac{\partial F}{\partial z_k}(x,\mathbf{u}(x),\mathbf{u}'(x))\right] = \frac{\partial F}{\partial y_k}(x,\mathbf{u}(x),\mathbf{u}'(x)) \quad (k = 1,\ldots,m)$$

erfüllt.

Diese Gleichungen, auch **Euler–Lagrange–Gleichungen** genannt, lassen sich zu einer vektoriellen Gleichung zusammenfassen:

$$\frac{d}{dx}\left[\nabla_{\mathbf{z}} F(x,\mathbf{u}(x),\mathbf{u}'(x))\right] = \nabla_{\mathbf{y}} F(x,\mathbf{u}(x),\mathbf{u}'(x)) .$$

Jede C^2–Lösung von (EG) heißt eine **Extremale** von $\mathcal{F}$ bzw. von F.

BEWEIS.

Nach dem Zusatz 1.2 (d) gilt für jede C^2–Kurve $\mathbf{u}$ und für $\boldsymbol{\varphi} \in \delta\mathcal{V}$

$$\delta\mathcal{F}(\mathbf{u})\boldsymbol{\varphi} = \int_\alpha^\beta \langle \mathbf{E}(x), \boldsymbol{\varphi}(x) \rangle \, dx$$

mit der vektorwertigen Funktion

$$\mathbf{E}(x) := \nabla_{\mathbf{y}} F(x,\mathbf{u}(x),\mathbf{u}'(x)) - \frac{d}{dx}\left[\nabla_{\mathbf{z}} F(x,\mathbf{u}(x),\mathbf{u}'(x))\right] .$$

Aus dem Verschwinden der ersten Variation,

$$\int_\alpha^\beta \langle \mathbf{E}(x), \boldsymbol{\varphi}(x) \rangle \, dx = 0 \quad \text{für alle } \boldsymbol{\varphi} \in \delta\mathcal{V} ,$$

ergibt sich mit dem in 1.4 (c) folgenden Fundamentallemma der Variationsrechnung die Behauptung $\mathbf{E} = \mathbf{0}$. □

Aus (a) und (b) folgt:

(c) **Notwendige Bedingung** (EULER 1744, LAGRANGE 1755). *Nimmt das Variationsintegral* $\mathcal{F} : \mathcal{V} \to \mathbb{R}$ *für eine* C^2*–Kurve* $\mathbf{u} \in \mathcal{V}$ *ein starkes oder schwaches lokales Minimum an, so erfüllt* $\mathbf{u}$ *die Euler–Gleichungen.*

(d) Es stellt sich die Frage, in welchen Fällen für eine lokale Minimumstelle $\mathbf{u}$ von $\mathcal{F} : \mathcal{V} \to \mathbb{R}$ die Kurve $x \mapsto \mathbf{u}(x)$ automatisch C^2–differenzierbar ist und damit die Euler–Gleichung erfüllt. Dass dies nicht immer gelten muss, zeigt das in 1.5 (c) folgende Beispiel. Für **elliptische** Variationsprobleme ist die Antwort dagegen positiv:

Ein Variationsintegral $\mathcal{F}$ bzw. dessen Integrand F heißt **elliptisch**, wenn die **Leitmatrix** $F_{\mathbf{zz}}(x, \mathbf{y}, \mathbf{z})$ an jeder Stelle $(x, \mathbf{y}, \mathbf{z}) \in \Omega_F$ positiv definit ist und wenn das Gebiet Ω_F mit je zwei Punkten $(x, \mathbf{y}, \mathbf{z}_1)$, $(x, \mathbf{y}, \mathbf{z}_2)$ auch die Verbindungsstrecke enthält. Unter diesen Voraussetzungen gilt der

Regularitätssatz. *Ist* $\mathcal{F}$ *elliptisch, so folgt aus dem Verschwinden der ersten Variation* $\delta\mathcal{F}(\mathbf{u}) = 0$ *die* C^2*-Differenzierbarkeit von* $\mathbf{u}$.

Der Beweis wird in 3.4 nachgetragen.

(e) Die Euler–Gleichungen liefern ein System gewöhnlicher Differentialgleichungen 2. Ordnung für $\mathbf{u} = (u_1, \ldots, u_m)$; dessen Term höchster Ordnung ist

$$P(x)\,\mathbf{u}''(x) \text{ mit der Leitmatrix } P(x) = F_{\mathbf{zz}}(x, \mathbf{u}(x), \mathbf{u}'(x))\,.$$

(f) In der Mechanik sind folgende Bezeichnungen üblich: Lautet das Wirkungsintegral

$$\mathcal{W}(\mathbf{q}) = \int_{t_1}^{t_2} L(t, q_1(t), \ldots, q_m(t), \dot{q}_1(t), \ldots, \dot{q}_m(t))\,dt\,,$$

so werden die Symbole $q_1, \ldots, q_m, \dot{q}_1, \ldots, \dot{q}_m$ auch als unabhängige Variable der Lagrange–Funktion $L = L(t, q_1, \ldots, q_m, \dot{q}_1, \ldots, \dot{q}_m)$ verwendet und die partiellen Ableitungen von L entsprechend mit

$$\frac{\partial L}{\partial q_k}, \; \frac{\partial L}{\partial \dot{q}_k}$$

bezeichnet. Die Euler–Lagrange–Gleichungen erhalten damit die suggestive Gestalt

$$\frac{d}{dt}\left[\frac{\partial L}{\partial \dot{q}_k}(t, \mathbf{q}, \dot{\mathbf{q}})\right] = \frac{\partial L}{\partial q_k}(t, \mathbf{q}, \dot{\mathbf{q}})\,.$$

Durch Weglassung der Argumente ergibt sich die häufig verwendete, kommentierungsbedürftige Kurzform

$$\frac{d}{dt}\,\frac{\partial L}{\partial \dot{q}_k} = \frac{\partial L}{\partial q_k}\,.$$

Die Verwendung der gleichen Symbole für die Variablen von L und die gesuchte Lösung erspart bei konkret gegebener Lagrange–Funktion Schreibarbeit und wird auch von uns bei Einzelbeispielen praktiziert. Für die Theorie ist dies aber wegen der Gefahr von Konfusionen nicht zu empfehlen; hier ist eine feste Variablenbenennung – unabhängig von den einzusetzenden Kurven – vorzuziehen.

In der Physikliteratur wird für die Darstellung der ersten Variation in 1.2 (d) häufig folgende Symbolik verwendet:

$$\delta\mathcal{F} = \int\limits_{\alpha}^{\beta} \frac{\delta\mathcal{F}}{\delta\mathbf{u}}\,\delta\mathbf{u}\,dx \quad \text{mit} \quad \delta\mathbf{u} = \varphi \in \mathrm{C}^\infty(]\alpha,\beta[)\,.$$

1.4 Das Fundamentallemma der Variationsrechnung

(a) Unter einer **Testfunktion** auf einem Gebiet $\Omega \subset \mathbb{R}^n$ verstehen wir eine C^∞–Funktion $\varphi : \mathbb{R}^n \to \mathbb{R}$, deren **Träger (support)**

$$\operatorname{supp}\varphi := \overline{\{\mathbf{x} \in \mathbb{R}^n \mid \varphi(\mathbf{x}) \neq 0\}}$$

kompakt ist und in Ω liegt. Den Vektorraum aller Testfunktionen auf Ω bezeichnen wir mit $\mathrm{C}_c^\infty(\Omega)$. Entsprechend bezeichnet $\mathrm{C}_c^\infty(\Omega, \mathbb{R}^m)$ die Gesamtheit aller **Testvektoren** $\boldsymbol{\varphi} = (\varphi_1, \dots, \varphi_m)$ mit $\varphi_k \in \mathrm{C}_c^\infty(\Omega)$ $(k = 1, \dots, m)$.

Es gibt beliebig scharf lokalisierte Testfunktionen:

Satz. *Zu jeder Kugel $K_r(\mathbf{a}) \subset \mathbb{R}^n$ gibt es eine Testfunktion φ mit*

$$\varphi > 0 \ \text{in}\ K_r(\mathbf{a}), \quad \varphi = 0 \ \text{außerhalb}\ K_r(\mathbf{a}), \quad \int\limits_{\mathbb{R}^n} \varphi\, d^n\mathbf{x} = 1\,.$$

Beweis.

Durch $\psi(t) := \mathrm{e}^{-1/t}$ für $t > 0$, $\psi(t) := 0$ für $t \le 0$ ist nach Bd. 1, § 10 : 1.8 eine C^∞–Funktion auf $\mathbb{R}$ gegeben. Setzen wir $\varphi(\mathbf{x}) := c \cdot \psi(r^2 - \|\mathbf{x} - \mathbf{a}\|^2)$ mit einer Konstanten $c > 0$, so ist $\varphi \in \mathrm{C}^\infty(\mathbb{R}^n)$, $\varphi(\mathbf{x}) > 0$ in $K_r(\mathbf{a})$ und $\varphi(\mathbf{x}) = 0$ sonst. Bei passender Wahl von c ergibt sich $\int\limits_{\mathbb{R}^n} \varphi\, d^n\mathbf{x} = 1$. □

(b) **Fundamentallemma der Variationsrechnung** (Du Bois–Reymond 1879). *Eine stetige Funktion $f : \mathbb{R}^n \supset \Omega \to \mathbb{R}$ verschwindet, falls*

$$\int\limits_{\Omega} f\varphi\, d^n\mathbf{x} = 0 \quad \text{für alle}\ \varphi \in \mathrm{C}_c^\infty(\Omega)\,.$$

Beweis.

Angenommen, es gibt ein $\mathbf{a} \in \Omega$ mit $f(\mathbf{a}) \neq 0$, o.B.d.A. $f(\mathbf{a}) > 0$. Da f stetig ist, gibt es ein $r > 0$ mit $K_r(\mathbf{a}) \subset \Omega$ und $f(\mathbf{x}) > \frac{1}{2}f(\mathbf{a})$ für $\mathbf{x} \in K_r(\mathbf{a})$. Nach (a) existiert ein $\varphi \in \mathrm{C}_c^\infty(\Omega)$ mit $\varphi > 0$ in $K_r(\mathbf{a})$, $\varphi = 0$ außerhalb $K_r(\mathbf{a})$ und $\int\limits_{\mathbb{R}^n} \varphi\, d^n\mathbf{x} = 1$. Für diese entsteht ein Widerspruch zur Voraussetzung:

$$0 = \int\limits_{\Omega} f\varphi\, d^n\mathbf{x} = \int\limits_{K_r(\mathbf{a})} f\varphi\, d^n\mathbf{x} > \tfrac{1}{2}f(\mathbf{a}) \int\limits_{K_r(\mathbf{a})} \varphi\, d^n\mathbf{x} = \tfrac{1}{2}f(\mathbf{a}) > 0\,. \qquad \square$$

(c) **Fundamentallemma (vektorwertige Version).** *Eine stetige Funktion* $\mathbf{f} : \mathbb{R}^n \supset \Omega \to \mathbb{R}^m$ *verschwindet, falls*

$$\int_\Omega \langle \mathbf{f}, \varphi \rangle \, d^n\mathbf{x} = 0 \quad \textit{für alle } \varphi \in \mathrm{C}_c^\infty(\Omega, \mathbb{R}^m).$$

Das folgt unmittelbar aus (b) durch die Wahl $\varphi = \psi \cdot \mathbf{e}_k$ mit $\psi \in \mathrm{C}_c^\infty(\Omega)$ für $k = 1, \dots, m$.

Daraus ergibt sich der für die Herleitung der Euler–Gleichungen in 1.3 (b) noch fehlende Schluß zusamen mit $\mathrm{C}_c^\infty(]\alpha, \beta[\,, \mathbb{R}^m) \subset \delta\mathcal{V}$.

1.5 Beispiele

(a) Das in § 1 : 1.1 vorgestellte Laufzeitintegral schreiben wir in der Form

$$\mathcal{F}(v) = \int_\alpha^\beta f(x, v(x)) \sqrt{1 + v'(x)^2} \, dx$$

mit einer C^2–Funktion $f : \mathbb{R}^2 \supset \Omega \to \mathbb{R}_{>0}$. Mit den in 1.1 vereinbarten Variablenbezeichnungen ergibt sich für den Integranden F

$$F(x,y,z) = f(x,y)\sqrt{1+z^2}\,, \qquad F_y(x,y,z) = f_y(x,y)\sqrt{1+z^2}\,,$$

$$F_z(x,y,z) = \frac{f(x,y)\,z}{\sqrt{1+z^2}}\,, \qquad F_{zz}(x,y,z) = \frac{f(x,y)}{\sqrt{(1+z^2)^3}} > 0\,.$$

Das Variationsintegral ist also elliptisch. Daher ergibt sich für eine Minimumstelle u von $\mathcal{F}$ in $\mathcal{V} = \{v \in \mathrm{PC}^1\,[\alpha, \beta] \mid v(\alpha) = a,\ v(\beta) = b\}$ als notwendige Bedingung die Euler–Gleichung

$$\frac{d}{dx}\left[f(x, u(x)) \frac{u'(x)}{\sqrt{1 + u'(x)^2}} \right] = \frac{\partial f}{\partial y}(x, u(x)) \sqrt{1 + u'(x)^2}\,.$$

Hängt f nicht von y ab, so erhalten wir daraus die DG 1. Ordnung

$$f(x) \frac{u'(x)}{\sqrt{1 + u'(x)^2}} = c \quad \text{mit einer Konstanten } c.$$

Ist f eine konstante Funktion, so liefert diese DG $u'(x) = \text{const}$, also eine Gerade.

(b) Ein Variationsproblem ohne Minimumstelle wurde 1870 von WEIERSTRASS angegeben. Es lautet:

$$\mathcal{F}(v) = \int_{-1}^{1} x^2\, v'(x)^2 \, dx \quad \text{auf} \quad \mathcal{V} = \{v \in \mathrm{PC}^1[-1,1] \mid v(\pm 1) = \pm 1\}.$$

Für die skizzierten $u_n \in \mathcal{V}$ ist

$$\mathcal{F}(u_n) = 2 \int_0^{1/n} n^2 x^2 \, dx = \tfrac{2}{3n},$$

also gilt $\inf\{\mathcal{F}(v) \mid v \in \mathcal{V}\} = 0$.

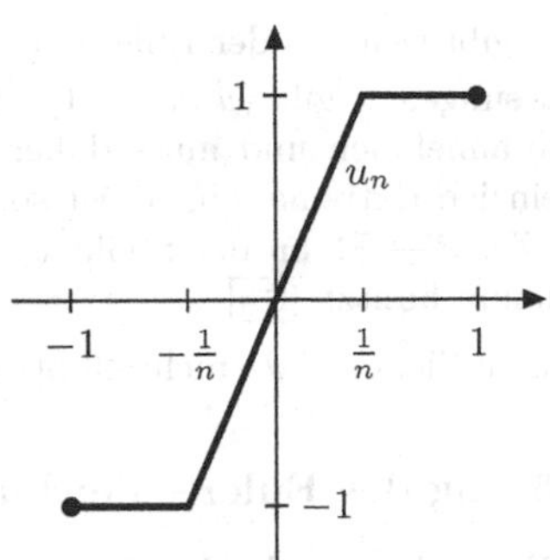

Das Infimum wird nicht angenommen. Denn aus $\mathcal{F}(u) = 0$ folgt $u'(x) = 0$ für $x \neq 0$ und wegen der Randbedingungen $u(x) = -1$ für $x < 0$, $u(x) = 1$ für $x > 0$, d.h. u ist unstetig und damit nicht in $\mathcal{V}$ gelegen.

Karl WEIERSTRASS betrachtete anstelle der u_n die Folge der C^∞–Funktionen $v_n(x) = \arctan(nx)/\arctan(n)$. Für diese gilt ebenfalls $\lim\limits_{n\to\infty} \mathcal{F}(v_n) = 0$ [ÜA]; das Infimum von $\mathcal{F}$ auf der kleineren Variationsklasse $\mathcal{V} \cap \mathrm{C}^\infty[-1,1]$ ist also ebenfalls 0.

(c) Ein Variationsintegral, das sein absolutes Minimum nur für Funktionen mit Knickstellen annimmt, fand EULER 1779:

$$\mathcal{F}(v) = \int_0^1 (v'(x)^2 - 1)^2 \, dx \quad \text{auf } \mathcal{V} = \{v \in \mathrm{PC}^1[0,1] \mid v(0) = v(1) = 0\}.$$

Für jede Zickzackfunktion $u \in \mathcal{V}$, die intervallweise die Ableitungen 1 oder −1 besitzt (Fig.), nimmt $\mathcal{F}$ das absolute Minimum 0 an.

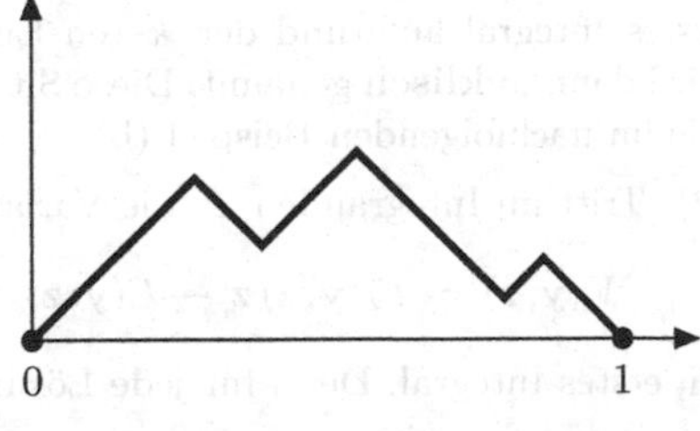

Auf der kleineren Variationsklasse

$$\mathcal{V}^1 = \mathcal{V} \cap \mathrm{C}^1[0,1]$$

hat $\mathcal{F}$ zwar auch das Infimum 0; dieses wird aber von keiner C^1–Funktion angenommen.

Um Letzteres einzusehen, betrachten wir die durch $u(x) = \frac{1}{2} - \left|x - \frac{1}{2}\right|$ gegebene Funktion $u \in \mathcal{V}$ mit Dreiecksgestalt. Wegen $u' = \pm 1$ ist $\mathcal{F}(u) = 0$. Durch Ausrundung der Ecke bei $x = \frac{1}{2}$ mit kleinen Parabelbögen erhalten wir eine Folge von Funktionen $u_n \in \mathcal{V} \cap \mathrm{C}^1[0,1]$ mit $\lim\limits_{n\to\infty} \mathcal{F}(u_n) = 0$ [ÜA].

Gilt $\mathcal{F}(u) = 0$ für eine C^1–Funktion u, so folgt $|u'| = 1$. Nach dem Zwischenwertsatz kann dann u' nur einen der Werte 1 oder −1 annehmen, daher kann u die Randbedingungen nicht erfüllen.

Somit nimmt $\mathcal{F}$ sein Minimum auf $\mathcal{V}$ nur für Funktionen mit Knicken, nicht aber für C^1– oder C^2–Funktionen an, obwohl der Integrand C^∞–differenzierbar ist. EULER fand das „paradox“.

Was ergibt sich aus der Euler–Gleichung $\frac{d}{dx}\big[2(u'(x)^2-1)u'(x)\big]=0$? Für deren Lösungen u gilt $(u'(x)^2-1)u'(x)=\text{const}=c$, also kann u' höchstens drei Werte annehmen und muss daher nach dem Zwischenwertsatz konstant sein. Die einzige Extremale in $\mathcal{V}$ ist somit die Nullfunktion. Es ist leicht zu sehen, dass $\mathcal{F}:\mathcal{V}\to\mathbb{R}$ an der Stelle $u=0$ ein schwaches, aber kein starkes lokales Maximum besitzt ÜA.

Beachten Sie, dass $\mathcal{F}$ nicht elliptisch ist wegen $F_{zz}=2(3z^2-1)$.

2 Lösung der Euler–Gleichungen in Spezialfällen

2.1 Erste Integrale der Euler–Gleichungen

(a) Zu gegebenem Variationsintegral $\mathcal{F}$ mit Integrand F heißt eine C^1–Funktion $V:\Omega_F\to\mathbb{R}$ ein **erstes Integral** der Euler–Gleichungen, wenn

$$\frac{d}{dx}\left[V(x,\mathbf{u}(x),\mathbf{u}'(x))\right]=0 \quad \text{bzw.} \quad V(x,\mathbf{u}(x),\mathbf{u}'(x))=\text{const}$$

für jede Extremale $\mathbf{u}$ von $\mathcal{F}$.

Mit dem Auffinden eines ersten Integrals V ist meist ein Schritt zur Integration der Euler–Gleichungen getan; im Fall $m=1$ folgt z.B. aus der Euler–Gleichung eine implizite Differentialgleichung 1. Ordnung $V(x,u(x),u'(x))=c$. Bevor wir dies vertiefen, geben wir für zwei spezielle Situationen ein erstes Integral an.

(1) Tritt im Integranden F die k–te Variable y_k nicht auf, so ist $V=F_{z_k}$ ein erstes Integral aufgrund der k–ten Euler–Gleichung. Die betreffende Variable wird dann **zyklisch** genannt. Diese Situation ergibt sich z.B. für Winkelvariable wie im nachfolgenden Beispiel (b).

(2) Tritt im Integranden F die Variable x nicht auf, so ist

$$V(\mathbf{y},\mathbf{z})=F_{\mathbf{z}}(\mathbf{y},\mathbf{z})\,\mathbf{z}-F(\mathbf{y},\mathbf{z})$$

ein erstes Integral. Denn für jede Lösung $\mathbf{u}$ der Euler–Gleichung gilt

$$\begin{aligned}\tfrac{d}{dx}\left[V(\mathbf{u},\mathbf{u}')\right] &= \tfrac{d}{dx}\left[F_{\mathbf{z}}(\mathbf{u},\mathbf{u}')\,\mathbf{u}'-F(\mathbf{u},\mathbf{u}')\right]\\ &= \tfrac{d}{dx}\left[F_{\mathbf{z}}(\mathbf{u},\mathbf{u}')\right]\mathbf{u}'+F_{\mathbf{z}}(\mathbf{u},\mathbf{u}')\,\mathbf{u}''\\ &\qquad -F_{\mathbf{y}}(\mathbf{u},\mathbf{u}')\,\mathbf{u}'-F_{\mathbf{z}}(\mathbf{u},\mathbf{u}')\,\mathbf{u}''\\ &= \left(\tfrac{d}{dx}\left[F_{\mathbf{z}}(\mathbf{u},\mathbf{u}')\right]-F_{\mathbf{y}}(\mathbf{u},\mathbf{u}')\right)\mathbf{u}'=0\,.\end{aligned}$$

(b) Beispiel. Wir beschreiben die ebene Bewegung eines Massenpunkts im Zentralfeld durch Polarkoordinaten $t\mapsto(r(t),\varphi(t))$. In der Lagrange–Funktion

$$L=\frac{1}{2}m\big(\dot r^2+r^2\dot\varphi^2\big)-U(r)$$

treten der Zeitparameter t und die Winkelvariable φ nicht auf. Aus (2) und (1) folgt mit der Bezeichnungsweise 1.3 (f)

$$\frac{\partial L}{\partial \dot{r}}\dot{r} + \frac{\partial L}{\partial \dot{\varphi}}\dot{\varphi} - L = \frac{1}{2}m\left(\dot{r}^2 + r^2\dot{\varphi}^2\right) + U(r) = \text{const} = E\,,$$

$$\frac{\partial L}{\partial \dot{\varphi}} = mr^2\dot{\varphi} = \text{const} = J \quad \text{(Energiesatz und Flächensatz).}$$

2.2 Variationsintegrale der Form $\mathcal{F}(v) = \int\limits_\alpha^\beta F(x, v'(x))\,dx$

Wir setzen voraus, dass $F(x,z)$ auf $\Omega_F = I \times J$ mit offenen Intervallen I, J die Elliptizitätsbedingung $F_{zz}(x,z) > 0$ erfüllt. Unser Ziel ist, die Minimumstellen von $\mathcal{F}$ in $\mathcal{V} = \{v \in \mathrm{PC}^1\,[\alpha,\beta] \cap \mathcal{D}(\mathcal{F}) \mid v(\alpha) = a,\ v(\beta) = b\}$ explizit zu bestimmen.

(a) Sei $u \in \mathcal{V}$ eine schwache lokale Minimumstelle von $\mathcal{F} : \mathcal{V} \to \mathbb{R}$ (dies ist insbesondere der Fall, wenn u eine absolute Minimumstelle ist). Dann gilt $\delta\mathcal{F}(u) = 0$, und nach dem Regularitätssatz 1.3 (d) ist u eine Extremale, d.h. eine C^2–Lösung der Euler–Gleichung. Da F nicht von y abhängt, ist F_z ein erstes Integral, vgl. 2.1 (1), d.h. es gilt

(1) $\quad F_z(x, u'(x)) = c$

mit einer Konstanten c. Wegen $F_{zz} > 0$ kann die Gleichung $F_z(x,z) = c$ nach z aufgelöst werden, d.h. es existiert eine C^1–Funktion f mit

$$F_z(x,z) = c \iff z = f(x,c)$$

(Satz über implizite Funktionen; die explizite Bestimmung von f braucht nicht in allen Fällen zu gelingen). Somit ist (1) äquivalent zu

(2) $\quad u'(x) = f(x,c)\,,$

und wir erhalten aus dem Hauptsatz und den Randbedingungen

$$u(x) = a + \int\limits_\alpha^x f(t,c)\,dt \quad \text{und} \quad b - a = u(\beta) - u(\alpha) = \int\limits_\alpha^\beta f(t,c)\,dt\,.$$

(b) Wir kehren nun die Schlußweise um und nehmen an, dass die Konstante c so gewählt ist, dass

(3) $\quad \int\limits_\alpha^\beta f(t,c)\,dt = b - a\,.$

Diese Gleichung besitzt höchstens eine Lösung c, denn aus $F_z(x, f(x,c)) = c$ folgt $F_{zz}(x, f(x,c))\,\frac{\partial f}{\partial c}(x,c) = 1$, also $\frac{d}{dc}\int\limits_\alpha^\beta f(t,c)\,dt = \int\limits_\alpha^\beta \frac{\partial f}{\partial c}(t,c)\,dt > 0$.

SATZ. *Erfüllt c die Gleichung* $\int\limits_\alpha^\beta f(t,c)\,dt = b - a$, *so liefert*

$$u(x) = a + \int\limits_\alpha^x f(t,c)\,dt \quad \textit{für } x \in [\alpha,\beta]$$

ein striktes absolutes Minimum von $\mathcal{F} : \mathcal{V} \to \mathbb{R}$, *d.h. es gilt* $\mathcal{F}(u) < \mathcal{F}(v)$ *für alle* $v \in \mathcal{V}$ *mit* $v \neq u$.

BEWEIS.
Wir zeigen, dass im Fall der Lösbarkeit von (3) die angegebene Lösung u das einzige Minimum von $\mathcal{F}$ in $\mathcal{V}$ liefert.

Sei $v \in \mathcal{V}$ und $\varphi := v - u \neq 0$. Wegen $u,\, v \in \mathcal{D}(\mathcal{F})$ ist die Menge

$$K = \left\{ (x, u'(x) + s\varphi'(x\pm)) \;\middle|\; x \in [\alpha,\beta],\ s \in [0,1] \right\}$$

eine kompakte Teilmenge von $\Omega_F = I \times J$, also besitzt $F_{zz} > 0$ dort ein Minimum $\varrho > 0$. Zu jeder Glattheitsstelle x von u und v gibt es ein $\vartheta_x \in \,]0,1[$ mit

$$\begin{aligned} F(x, v'(x)) &= F(x, u'(x) + \varphi'(x)) \\ &= F(x, u'(x)) + F_z(x, u'(x))\,\varphi'(x) \\ &\quad + \tfrac{1}{2}\,F_{zz}(x, u'(x) + \vartheta_x\varphi'(x))\,\varphi'(x)^2. \end{aligned}$$

Wegen $F_z(x, u'(x)) = c$, $\int\limits_\alpha^\beta \varphi'(x)\,dx = \varphi(\beta) - \varphi(\alpha) = 0$ und $F_{zz} \geq \varrho$ in K folgt

$$\mathcal{F}(v) \geq \mathcal{F}(u) + \frac{1}{2}\,\varrho \int\limits_\alpha^\beta \varphi'(x)^2\,dx > \mathcal{F}(u) \quad \text{für } v - u = \varphi \neq 0,$$

denn $\varphi' = 0$ und $\varphi(\alpha) = \varphi(\beta) = 0$ implizieren $\varphi = 0$. □

2.3 Die Brachistochrone

Wir betrachten das Variationsintegral

$$\mathcal{F}(v) = \int\limits_0^\beta \sqrt{\frac{1 + v'(x)^2}{x}}\,dx$$

für $v \in \mathrm{PC}^1[0,\beta]$ mit $v(0) = 0$, $v(\beta) = b > 0$.

Bis auf den Faktor $1/\sqrt{2g}$ ist $\mathcal{F}$ das im Brachistochronenproblem § 1 : 1.1 (b) auftretende Laufzeitintegral. Dieses Variationsintegral fällt insofern aus dem bisher betrachteten Rahmen, als bei der Integration Randpunkte des Definitionsgebiets $\Omega_F = \{(x,y,z) \mid x > 0\}$ von $F(x,z) = \sqrt{(1+z^2)/x}$ einbezogen werden und das Integral $\mathcal{F}(v)$ als uneigentliches aufzufassen ist. Die Anwendung der Schlüsse von 2.2 bedarf jedoch nur geringfügiger Modifikationen.

Für den Integranden gilt

$$F_z(x,z) = \frac{z}{\sqrt{x\,(1+z^2)}}, \quad F_{zz}(x,z) = \frac{1}{\sqrt{x\,(1+z^2)^3}} > 0.$$

(a) *Notwendige Bedingungen für ein Minimum.* Sei u eine Minimumstelle von $\mathcal{F}$ in $\mathcal{V} = \{v \in \mathrm{PC}^1[0,\beta] \mid v(0) = 0,\ v(\beta) = b\}$. Dann gilt $\mathcal{F}(u) \le \mathcal{F}(u + s\varphi)$ für alle Testfunktionen φ auf $]0,\beta[$. Da deren Träger den Punkt $x = 0$ nicht enthält, ergibt sich $\delta\mathcal{F}(u)\varphi = 0$ für $\varphi \in \mathrm{C}_c^\infty(]0,\beta[)$ wie in 1.2, ebenso bleiben alle daraus gezogenen Schlüsse gültig: Wegen $F_{zz} > 0$ in Ω_F ist u nach dem Regularitätssatz C^2–differenzierbar in $]0,\beta]$, und es gilt die Euler–Gleichung. Nach 2.1 ist F_z ein erstes Integral, also existiert eine Konstante c mit

$$\frac{1}{\sqrt{x}}\,\frac{u'(x)}{\sqrt{1+u'(x)^2}} = c \quad \text{für } 0 < x \le \beta\,.$$

Demnach hat $u'(x)$ ein festes Vorzeichen in $]0,\beta]$. Wegen $u(\beta) = b > 0$ folgt $c > 0$, und die Auflösung nach $u'(x)$ ergibt

$$(*)\qquad u'(x) = \sqrt{\frac{x}{2r-x}} \quad \text{mit } r = \frac{1}{2c^2}\,.$$

Da $u'(x)$ in einer rechtsseitigen Umgebung von $x = 0$ stetig ist, gilt diese Gleichung auch für $x = 0$. Die Konstanten c bzw. r sind nach den Überlegungen 2.2 durch die Randbedingungen festgelegt. Offenbar muss $2r > \beta$ gelten.

Die Lösung der DG $(*)$ lässt sich als parametrisierte Kurve $\varphi \mapsto (x(\varphi), y(\varphi))$ darstellen. Hierzu setzen wir $x(\varphi) := r\,(1-\cos\varphi) = 2r\sin^2\frac{\varphi}{2}$ für $\varphi \in [0,\varphi_0]$, wobei $\varphi_0 < \pi$ gegeben ist durch

$$\beta = x(\varphi_0) = 2r\sin^2(\varphi_0/2) \quad \text{bzw.} \quad \varphi_0 = 2\arcsin\sqrt{\beta/2r}\,.$$

Für $y(\varphi) := u(x(\varphi))$ folgt dann mit $(*)$

$$y'(\varphi) = u'(x(\varphi))\,x'(\varphi) = \sqrt{\frac{r(1-\cos\varphi)}{r(1+\cos\varphi)}}\; r\sin\varphi$$

$$= \sqrt{\frac{(1-\cos\varphi)^2}{1-\cos^2\varphi}}\; r\sin\varphi = r\,(1-\cos\varphi)\,.$$

Mit $y(0) = 0$ ergibt sich durch Integration die Parameterdarstellung

$$x(\varphi) = r\,(1 - \cos\varphi)\,,$$
$$y(\varphi) = r\,(\varphi - \sin\varphi)$$

für $0 \le \varphi \le \varphi_0 < \pi$.

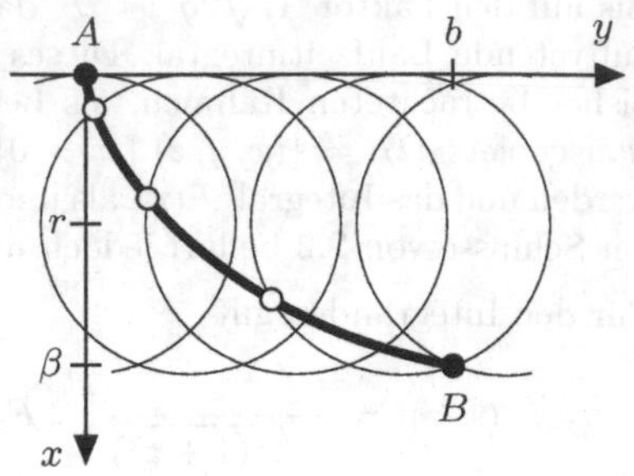

Diese stellt ein Zykloidenstück dar, d.h. ein Stück derjenigen Kurve, die ein Punkt auf einem Rad mit Radius r beim Abrollen auf der y–Achse gemäß der Skizze beschreibt ÜA.

(b) *Existenz eines* $A = (0,0)$ *und* $B = (\beta, b)$ *verbindenden Zykloidenbogens.* Wir zeigen: Die Punkte A und B können genau dann durch einen Zykloidenbogen, der Graph über der x–Achse ist, verbunden werden, wenn

$$\frac{b}{\beta} < \frac{\pi}{2}\,.$$

Wir zeigen zuerst die eindeutige Bestimmtheit des Abrollwinkels $\varphi_0 < \pi$; der Rollradius r ergibt sich dann aus $\beta = x(\varphi_0) = r\,(1 - \cos\varphi_0)$. Für φ_0 muss gelten

$$\frac{b}{\beta} = \frac{u(\beta)}{\beta} = \frac{y(\varphi_0)}{x(\varphi_0)} = g(\varphi_0) \quad \text{mit} \quad g(\varphi) := \frac{\varphi - \sin\varphi}{1 - \cos\varphi}\,.$$

Die Funktion $g : \,]0,\pi] \to \,]0,\pi/2]$ ist bijektiv und streng monoton wachsend. Denn für $0 < \varphi < \pi$ gilt ÜA

$$g'(\varphi) = \frac{2(1 - \cos\varphi) - \varphi\sin\varphi}{(1 - \cos\varphi)^2} = 2\,\frac{\sin\varphi \cdot \left(\tan\frac{\varphi}{2} - \frac{\varphi}{2}\right)}{(1 - \cos\varphi)^2} > 0\,,$$

ferner $g(\pi) = \frac{\pi}{2}$, und $\lim\limits_{\varphi \to 0+} g(\varphi) = 0$ nach der Regel von de l'Hospital.

Somit lässt sich jeder Punkt $B = (\beta, b)$ mit $\beta > 0$ und $0 < b < \pi\beta/2$ durch genau einen Zykloidenbogen in Graphengestalt über der x–Achse mit $A = (0,0)$ verbinden.

Die durch den Zykloidenbogen definierte Funktion u liegt in $\mathcal{V} \cap \mathrm{C}^2[0,\beta]$ und erfüllt die Euler–Gleichung. Dies ergibt sich durch Rückwärtsverfolgen der Rechnungen in (a) und (b) ÜA.

(c) *Die Minimumeigenschaft der nach* (b) *bestimmten Extremalen* u ergibt sich wie in 2.2 (b) durch Taylorentwicklung von F bezüglich der z–Variablen: Sei $v \in \mathcal{V}$, $\varphi := v - u$ und $\sigma := \max\{|u'(x)| + |\varphi'(x\pm)| \mid x \in [0,\beta]\}$. Dann gilt für alle Glattheitsstellen $x \in]0, \beta]$ von v wegen $F_z(x, u'(x)) = c$

$$\begin{aligned} F(x, v'(x)) &= F(x, u'(x)) + F_z(x, u'(x))\,\varphi'(x) \\ &\quad + \frac{1}{2}\,F_{zz}(x, u'(x) + \vartheta_x\,\varphi'(x))\,\varphi'(x)^2 \\ &\geq F(x, u'(x)) + c\,\varphi'(x) + \frac{1}{\sqrt{4x\,(1+\sigma^2)^3}}\,\varphi'(x)^2 . \end{aligned}$$

Integration dieser Ungleichung unter Berücksichtigung von $\varphi(0) = \varphi(\beta) = 0$ ergibt

$$\mathcal{F}(v) = \mathcal{F}(u + \varphi) \geq \mathcal{F}(u)$$

mit Gleichheit nur für $\varphi' = 0$, also für $\varphi = 0$ wegen $\varphi(a) = 0$.

(e) **Das Zykloidenpendel**. Schwingt ein Massenpunkt unter dem Einfluss der Schwerkraft reibungsfrei auf einem Zykloidenbogen, so hängt seine Schwingungsdauer T nicht von der Größe des Ausschlags ab. Nachweis als ÜA in zwei Schritten (Koordinatensystem wie oben):

(i) Die Zeit $T/4$ für die Bewegung vom Hochpunkt $x = x_0$ $(0 \leq x_0 < 2r)$ bis zum Tiefpunkt $x = 2r$ ist nach den Überlegungen § 1:1.1 (b)

$$\frac{T}{4} = \int\limits_{x_0}^{2r} \sqrt{\frac{1 + u'(x)^2}{2g(x - x_0)}}\,dx\,, \quad \text{wobei} \quad u'(x)^2 = \frac{x}{2r - x}\,.$$

(ii) Das Integral hängt nicht von x_0 ab.

Christiaan HUYGENS zeigte diese Eigenschaft der Zykloide 1659 mit Hilfe von klassischen Exhaustionsmethoden. (Der Differentialkalkül stand ihm noch nicht zur Verfügung.)
Darüberhinaus fand er (*Horologium oscillatorium* ... 1673), dass die Zykloidenbahn durch ein Fadenpendel realisiert werden kann, dessen Faden sich an Backen anschmiegt, die ihrerseits Zykloidenform haben (vgl. auch § 7 : 1.3).

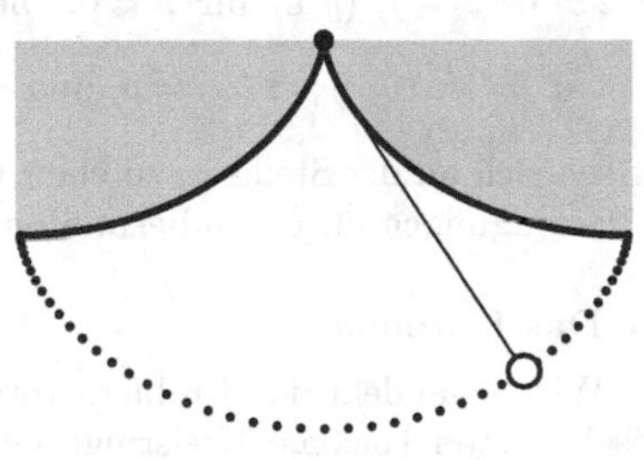

HUYGENS gab damit die Konstruktionsidee für eine Pendeluhr, deren Schwingungsdauer vom Pendelausschlag unabhängig ist.

2.4 Variationsintegrale der Form $\mathcal{F}(v) = \int\limits_{\alpha}^{\beta} F(v, v')\, dx$

Wir setzen wieder die Elliptizität von $F(y, z)$ voraus:

$$F_{zz}(y, z) > 0 \text{ in } \Omega_F = I \times J \text{ mit offenen Intervallen } I, J .$$

Kritische Punkte von $\mathcal{F}$ in $\mathcal{V} = \{v \in \mathrm{PC}^1 [\alpha, \beta] \mid v(\alpha) = a,\ v(\beta) = b\}$ sind dann nach dem Regularitätssatz Extremalen; daher haben wir nur C^2–Lösungen der Euler–Gleichung zu betrachten.

Nach 2.1 (2) liefert

$$V(y, z) := F_z(y, z)\, z \;-\; F(y, z)$$

ein erstes Integral. Für jede Extremale u gibt es also eine Zahl c mit

$$(*) \quad V(u, u') = F_z(u, u')\, u' \;-\; F(u, u') = c\,.$$

Eine allgemeine Regel zur Auflösung dieser Gleichung lässt sich nicht geben. Wegen $V_z(y, z) = F_{zz}(y, z)\, z$ ist die eindeutige Auflösbarkeit der Gleichung $V(y, z) = c$ nach z nur in Bereichen mit $z > 0$ bzw. $z < 0$ gesichert; die Nullstellen von u' sind aber meist a priori nicht bekannt.

Lässt sich allerdings aus den Gegebenheiten des Einzelfalls auf die Existenz höchstens einer Nullstelle von u' schließen, so sind die folgenden Ansätze aussichtsreich.

Hat u' keine Nullstelle, so führt $(*)$ auf eine separierte Differentialgleichung $u' = f(u, c)$. Ist $x \mapsto u(x, c)$ die Lösung mit $u(\alpha, c) = a$, so kann die unbekannte Integrationskonstante c ggf. aus $u(\beta, c) = b$ bestimmt werden.

Steht wie im folgenden Beispiel 2.5 fest, dass die gesuchte Extremale u genau eine Minimumstelle x_0 besitzt, die in $]\alpha, \beta[$ liegt, so bietet sich folgendes Verfahren an: Lokale Auflösungen der Gleichung $V(y, z) = c$ seien $z = f_+(y, c)$ für $z > 0$, $z = f_-(y, c)$ für $z < 0$. Die Lösungen der Anfangswertprobleme

$$u' = f_-(u, c)\,, \quad u(\alpha) = a \text{ und } u' = f_+(u, c)\,, \quad u(\beta) = b$$

müssen sich an der Stelle x_0 zu einer C^2–Funktion verbinden lassen. Dies führt auf Bedingungen für die unbekannten Konstanten c, x_0.

2.5 Das Katenoid

(a) Wir behandeln das Problem rotationssymmetrischer Minimalflächen, die zwischen zwei koaxiale Kreisringe eingespannt sind, vgl. § 1:1.2 (b). Der Einfachheit halber wählen wir beide Kreisringe mit Radius 1 im Abstand 2β und betrachten alle Flächen, die durch Rotation des Graphen einer Funktion aus

$$\mathcal{V} = \left\{v \in \mathrm{PC}^1[-\beta, \beta] \;\middle|\; v > 0,\ v(-\beta) = v(\beta) = 1\right\}$$

um die x–Achse entstehen. Deren Flächeninhalt ist $\mathcal{A}(v) = 2\pi\mathcal{F}(v)$ mit

$$\mathcal{F}(v) = \int_{-\beta}^{\beta} v(x)\sqrt{1+v'(x)^2}\,dx\,.$$

Sei $u \in \mathcal{V}$ die Profilkurve einer rotationssymmetrischen Minimalfläche. Dann verschwindet die erste Variation des Flächeninhalts $\mathcal{A}$, d.h. es gilt $\delta\mathcal{F}(u) = 0$.

Der Integrand $F(y,z) = y\sqrt{1+z^2}$ ist bei Beschränkung auf die Halbebene $\Omega_F = \{(y,z) \mid y > 0\}$ elliptisch, denn es gilt

$$F_z(y,z) = \frac{yz}{\sqrt{1+z^2}}\,, \quad F_{zz}(y,z) = \frac{y}{\sqrt{1+z^2}^{\,3}} > 0\,, \quad F_y(y,z) = \sqrt{1+z^2}\,.$$

Aufgrund des Regularitätssatzes 1.3 (d) ist u somit C^2–differenzierbar.

(b) Nach 1.3 (b) ist daher das Verschwinden der ersten Variation $\delta\mathcal{F}(u) = 0$ äquivalent zur Euler–Gleichung, welche sich vereinfacht zu ÜA

$$(1) \qquad u''u - (u')^2 - 1 = 0\,.$$

Für solche nichtlinearen Differentialgleichungen gibt es kein allgemeines Lösungsverfahren. Da es sich hier aber um die Euler–Gleichung eines Variationsfunktionals vom Typ 2.4 handelt, finden wir ein erstes Integral V durch

$$V(y,z) = F_z(y,z)\,z - F(y,z) = \frac{yz^2}{\sqrt{1+z^2}} - y\sqrt{1+z^2} = -\frac{y}{\sqrt{1+z^2}}\,.$$

Somit gilt

$$(2) \qquad \frac{u(x)}{\sqrt{1+u'(x)^2}} = c \quad \text{in } [-\beta,\beta] \text{ mit einer Konstanten } c > 0\,.$$

Aus der Euler–Gleichung (1) folgt $u'' > 0$, also besitzt u genau eine Minimumstelle $x_0 \in]-\beta,\beta[$, und dies ist die einzige Nullstelle von u'. Damit ergeben sich durch Auflösung von (2) die separierten Differentialgleichungen

$$u' = -\sqrt{\left(\frac{u}{c}\right)^2 - 1} \;\text{ in } [-\beta,x_0[\,, \quad u' = +\sqrt{\left(\frac{u}{c}\right)^2 - 1} \;\text{ in }]x_0,\beta]\,.$$

Das in 2.4 skizzierte Verfahren besteht darin, die erste Gleichung mit Anfangswert $u(-\beta) = 1$, die zweite mit Anfangswert $u(\beta) = 1$ zu lösen und die Konstanten c, x_0 aus den Bedingungen $u(x_0) = c$, $u'(x_0-) = u'(x_0+) = 0$ zu bestimmen. Diese etwas mühsame Prozedur können wir uns hier ersparen, denn die Kombination von (1) und (2) liefert die einfache Differentialgleichung

$$u''u = 1 + (u')^2 = c^{-2}u^2\,, \quad \text{also } u'' = c^{-2}u\,.$$

Diese besitzt nach Bd. 1, § 10 : 4 die Lösung $u(x) = c_1 e^{x/c} + c_2 e^{-x/c}$, und unter Berücksichtigung der Randbedingungen ergibt sich ÜA

$$(3) \qquad u(x) = \frac{\cosh(x/c)}{\cosh(\beta/c)} = \frac{c}{\gamma} \cdot \cosh\left(\frac{x}{c}\right) \quad \text{mit } \gamma := c \cdot \cosh\left(\frac{\beta}{c}\right).$$

(c) Wir untersuchen, unter welchen Bedingungen durch (3) eine Extremale für $\mathcal{F} : \mathcal{V} \to \mathbb{R}$, d.h. eine Lösung der Euler–Gleichung (1) gegeben ist.

Aus (3) folgt ÜA

$$u(x)u''(x) - u'(x)^2 - 1 = \gamma^{-2} \cosh^2\left(\frac{x}{c}\right) - \gamma^{-2} \sinh^2\left(\frac{x}{c}\right) - 1 = \gamma^{-2} - 1.$$

Somit gilt (1) genau für $\gamma = 1$, d.h. für $c \cdot \cosh(\beta/c) = 1$.

Wir schreiben die letzte Identität in der Form

$$(4) \qquad \frac{s}{\cosh s} = \beta \quad \text{mit } s := \frac{\beta}{c}.$$

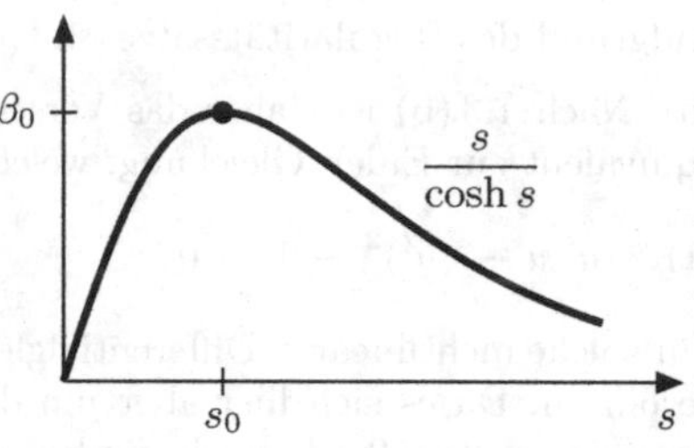

Die Funktion $s \mapsto s/\cosh s$ nimmt das Maximum $\beta_0 \approx 0.6627$ an genau einer Stelle $s_0 \approx 1.1997$ an.

Für $0 < \beta < \beta_0$ besitzt die Gleichung (4) also genau zwei Lösungen c, für $\beta = \beta_0$ genau eine und für $\beta > \beta_0$ keine. Damit erhalten wir:

Für die Profilkurve u einer rotationssymmetrischen Minimalfläche mit den Randwerten $u(\pm\beta) = 1$ gilt

$$\beta \le \beta_0$$

und

$$u(x) = c \cdot \cosh(x/c),$$

wobei $c > 0$ eine Lösung der Gleichung

$$c \cdot \cosh(\beta/c) = 1$$

ist.

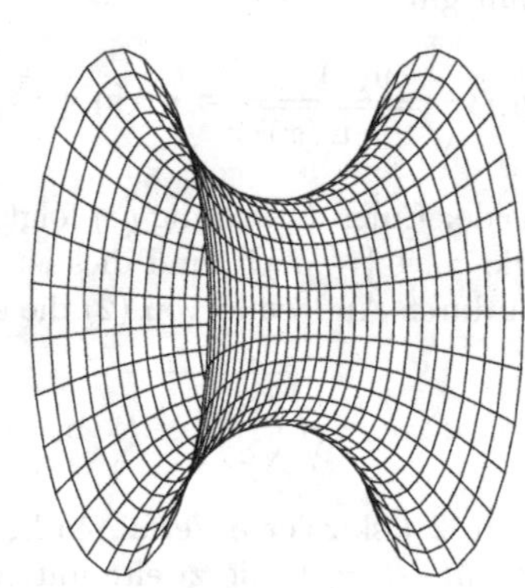

Der Graph der Funktion

$$x \mapsto \frac{c}{\gamma} \cdot \cosh \frac{x}{c}$$

heißt **Kettenlinie**; die von dieser erzeugte Rotationsfläche wird **Katenoid** oder **Kettenfläche** genannt.

Auf das Problem der hängenden Kette, von dem sich der Name ableitet, gehen wir in 5.2 (1) ein.

(d) Für den Flächeninhalt $\mathcal{A}(u)$ des von u erzeugten Katenoids ergibt sich ÜA

$$\mathcal{A}(u) = 2\pi\mathcal{F}(u) = 2\pi c\left(\beta + \sinh\frac{\beta}{c}\right),$$

wobei c der Gleichung (4) genügt.

Für $\beta \leq \beta_0$ seien c_1, c_2 die Lösungen der Gleichung (4) mit $c_1 \leq c_2$ und u_1, u_2 die zugehörigen Profilkurven. Dann gelten die folgenden Aussagen:

(i) $\mathcal{A}(u_1)$ und $\mathcal{A}(u_2)$ wachsen mit β bis zum Maximalwert $2\pi s_0$, wobei die Zahl $s_0 \approx 1.1997$ in (c) definiert ist.

(ii) Für $0 < \beta < \beta_0$ ist $\mathcal{A}(u_2) < \mathcal{A}(u_1)$.

(iii) Für $0 < \beta < \beta_0$ ist u_2 eine starke lokale Minimumstelle von $\mathcal{F}$ in $\mathcal{V}$.

(iv) Dagegen ist u_1 für $0 < \beta \leq \beta_0$ keine schwache lokale Minimumstelle von $\mathcal{F}$; insbesondere besitzt $\mathcal{F}$ für $\beta = \beta_0$ kein lokales Minimum.

Die Aussagen (iii) und (iv) beweisen wir in § 3 : 3.5.

Diese Ergebnisse stehen in Übereinstimmung mit Seifenhautexperimenten. Von den zu c_1, c_2 gehörenden Katenoiden wird nur das mit dem größeren Taillenradius c_2 beobachtet; das zu c_1 gehörende wird wegen seiner Instabilität nicht realisiert. Die Seifenhaut bleibt beim Auseinanderziehen der Kreisringe solange bestehen, bis deren Abstand $2\beta_0 \approx \frac{4}{3}$ erreicht, danach zerplatzt sie. Im Grenzbereich ist ihr Flächeninhalt $2\pi s_0$ mit $s_0 \approx 1.2$ größer als die Fläche der beiden Kreisringe.

3 Der Regularitätssatz für elliptische Variationsprobleme

3.1 Die notwendige Bedingung von Legendre

Der im folgenden bewiesene Regularitätssatz setzt die positive Definitheit der Leitmatrix $F_{\mathbf{zz}}$ auf Ω_F voraus. Dass die positive Semidefinitheit von $F_{\mathbf{zz}}$ auf dem 1–Graphen einer schwachen lokalen Minimalkurve eine notwendige Bedingung ist, sei an dieser Stelle im Vorgriff auf § 3 : 1.2 (a) mitgeteilt:

Satz (Legendre 1786). *Ist $\mathbf{u} \in \mathcal{V}$ eine schwache lokale Minimumstelle des Zweipunktproblems $\mathcal{F} : \mathcal{V} \to \mathbb{R}$ auf $[\alpha, \beta]$, so gilt*

$$F_{\mathbf{zz}}(x, \mathbf{u}(x), \mathbf{u}'(x\pm)) \geq 0$$

für alle $x \in \,]\alpha, \beta[$.

3.2 Schwache Extremalen und integrierte Euler–Gleichung

(a) Gegeben sei ein C^2–Integrand F auf einem Gebiet $\Omega_F \subset \mathbb{R} \times \mathbb{R}^m \times \mathbb{R}^m$. Eine stückweis glatte Kurve $\mathbf{u} : I \to \mathbb{R}^m$ auf einem offenen Intervall I mit 1–Graph in Ω_F wird eine **schwache Lösung der Euler–Gleichungen** oder **schwache Extremale** von F auf I genannt, wenn

$$(*) \qquad \delta\mathcal{F}(\mathbf{u})\boldsymbol{\varphi} = \int_I \left(F_{\mathbf{y}}(x,\mathbf{u},\mathbf{u}')\,\boldsymbol{\varphi} + F_{\mathbf{z}}(x,\mathbf{u},\mathbf{u}')\,\boldsymbol{\varphi}'\right) dx = 0$$

für alle $\boldsymbol{\varphi} \in C_c^\infty(I,\mathbb{R}^m)$ gilt, vgl. 1.2 (c).

Für das Variationsintegral des Zweipunktproblems $\mathcal{F} : \mathcal{V} \to \mathbb{R}$ gilt beispielsweise nach 1.3 (a): Hat $\mathcal{F}$ an der Stelle $\mathbf{u} \in \mathcal{V}$ ein lokales Minimum, so ist $\delta\mathcal{F}(\mathbf{u}) = 0$ und damit $\mathbf{u}$ eine schwache Extremale von F in $]\alpha,\beta[$.

In diesem Abschnitt zeigen wir, dass bei elliptischen Variationsproblemen jede schwache Extremale C^2–differenzierbar ist.

(b) SATZ. *Ist die* PC^1*–Kurve* $\mathbf{u}$ *eine schwache Extremale von* F *auf* I*, so gibt es zu gegebenem* $x_0 \in I$ *einen konstanten Vektor* $\mathbf{c}$*, so dass*

$$\nabla_{\mathbf{z}} F(x,\mathbf{u}(x),\mathbf{u}'(x)) = \int_{x_0}^{x} \nabla_{\mathbf{y}} F(t,\mathbf{u}(t),\mathbf{u}'(t))\,dt + \mathbf{c}$$

an jeder Glattheitsstelle $x \in I$ *von* $\mathbf{u}$ gilt.

Wir sagen, die schwache Extremale erfüllt die **Euler–Gleichungen in integrierter Form.**

BEWEIS.

Wir notieren die Beziehung $(*)$ in der Form

$$\int_I \left(\langle \nabla_{\mathbf{z}} F(x,\mathbf{u}(x),\mathbf{u}'(x)),\boldsymbol{\varphi}'(x)\rangle + \langle \nabla_{\mathbf{y}} F(x,\mathbf{u}(x),\mathbf{u}'(x)),\boldsymbol{\varphi}(x)\rangle\right) dx = 0\,.$$

Durch partielle Integration folgt mit $\mathbf{g}(x) := \int_{x_0}^{x} \nabla_{\mathbf{y}} F(t,\mathbf{u}(t),\mathbf{u}'(t))\,dt$

$$\int_I \langle \nabla_{\mathbf{z}} F(x,\mathbf{u}(x),\mathbf{u}'(x)) - \mathbf{g}(x),\boldsymbol{\varphi}'(x)\rangle\,dx = 0 \quad \text{für alle } \boldsymbol{\varphi} \in C_c^\infty(I,\mathbb{R}^m).$$

Der Rest des Beweises ergibt sich aus dem folgenden Lemma. □

(c) **Hilbert–Lemma.** *Ist* $\mathbf{f} : I \to \mathbb{R}^m$ *auf einem offenen Intervall* I *stückweis stetig und gilt*

$$\int_I \langle \mathbf{f}\,,\boldsymbol{\varphi}'\rangle\,dx = 0 \quad \textit{für alle } \boldsymbol{\varphi} \in C_c^\infty(I,\mathbb{R}^m)\,,$$

so gibt es einen konstanten Vektor $\mathbf{c}$ *mit* $\mathbf{f}(x) = \mathbf{c}$ *an allen Stetigkeitsstellen* $x \in I$ *von* $\mathbf{f}$.

Beweis.

(i) Wir verwenden folgende Verallgemeinerung des Fundamentallemmas:

Ist $g : I \to \mathbb{R}$ stückweis stetig und gilt $\int_I g\varphi = 0$ für alle $\varphi \in \mathrm{C}_c^\infty(I)$, so ist $g(x) = 0$ in allen Stetigkeitspunkten x von g.

Denn zu jedem Stetigkeitspunkt von g gibt es eine offene Intervallumgebung J, so dass g auf J stetig ist. Nach Voraussetzung gilt $\int_J g\varphi = 0$ für alle $\varphi \in \mathrm{C}_c^\infty(J)$, und nach dem Fundamentallemma 1.4 (b) folgt $g = 0$ in J.

(ii) Es reicht, den Fall $m = 1$ zu betrachten. Sei also $f : I \to \mathbb{R}$ stückweis stetig und $\int_I f\varphi' = 0$ für alle $\varphi \in \mathrm{C}_c^\infty(I)$. Wir fixieren eine Testfunktion $\varphi_0 \in \mathrm{C}_c^\infty(I)$ mit $\int_I \varphi_0 = 1$. Für eine beliebige Testfunktion $\varphi \in \mathrm{C}_c^\infty(I)$ wählen wir ein Intervall $[\alpha, \beta] \subset I$, das die Trägermengen $\operatorname{supp} \varphi_0$, $\operatorname{supp} \varphi$ enthält und setzen

$$\psi(x) := \int_\alpha^x \Big(\varphi(t) - \Big(\int_I \varphi\Big)\, \varphi_0(t)\Big)\, dt\,.$$

Offenbar gilt $\psi \in \mathrm{C}^\infty(\mathbb{R})$ und $\psi(x) = 0$ für $x \le \alpha$. Für $x \ge \beta$ ergibt sich

$$\psi(x) = \int_\alpha^\beta \Big(\varphi(t) - \Big(\int_I \varphi\Big)\, \varphi_0(t)\Big)\, dt = \int_I \varphi - \Big(\int_I \varphi\Big) \int_I \varphi_0 = 0\,.$$

Somit folgt $\psi \in \mathrm{C}_c^\infty(I)$ und daher nach Voraussetzung mit $c := \int_I f\varphi_0$

$$0 = \int_I f\psi' = \int_I f\Big(\varphi - \Big(\int_I \varphi\Big)\varphi_0\Big) = \int_I (f - c)\,\varphi$$

für beliebige $\varphi \in \mathrm{C}_c^\infty(I)$.
Nach (i) ergibt sich $f(x) - c = 0$ in allen Stetigkeitspunkten $x \in I$ von f. □

3.3 Elliptizität und Legendre–Transformation

(a) Im Beispiel von Euler 1.5 (c) nimmt das Variationsintegral $\mathcal{F}$ sein Minimum nur für Funktionen u an, die mindestens eine Knickstelle besitzen, d.h. eine Stelle, an der rechts– und linksseitige Ableitung voneinander verschieden sind. Um einzusehen, wie solche Phänomene auszuschließen sind, betrachten wir die integrierten Euler–Gleichungen 3.2 (b), denen jede lokale Minimumstelle $\mathbf{u}$ genügt. Diese besagen, dass es eine stetige Funktion $\mathbf{g}$ auf dem Intervall I gibt mit

$$\nabla_{\mathbf{z}} F(x, \mathbf{u}(x), \mathbf{u}'(x)) = \mathbf{g}(x)$$

an allen Stetigkeitsstellen x von $\mathbf{u}'$. Sind die beiden einseitigen Ableitungen $\mathbf{z}_- = \mathbf{u}'(x_0-)$ und $\mathbf{z}_+ = \mathbf{u}'(x_0+)$ an einer Stelle $x_0 \subset I$ voneinander verschieden, so folgt wegen der Stetigkeit von $\mathbf{u}$ und $\mathbf{g}$ an der Stelle x_0

$$\nabla_{\mathbf{z}} F(x_0, \mathbf{u}(x_0), \mathbf{z}_-) = \nabla_{\mathbf{z}} F(x_0, \mathbf{u}(x_0), \mathbf{z}_+) .$$

Das Auftreten von Knickstellen bei schwachen Extremalen ist daher ausgeschlossen, wenn $\mathbf{z} \mapsto \nabla_{\mathbf{z}} F(x, \mathbf{y}, \mathbf{z})$ für alle in Betracht kommenden $x, \mathbf{y}$ injektiv ist. Das garantiert die in 1.3 (d) genannte Elliptizitätsbedingung:

Der Integrand F eines Variationsintegrals $\mathcal{F}$ (bzw. $\mathcal{F}$ selbst) heißt **elliptisch**, wenn die Leitmatrix $F_{\mathbf{zz}}(x, \mathbf{y}, \mathbf{z})$ an jeder Stelle $(x, \mathbf{y}, \mathbf{z}) \in \Omega_F$ positiv definit ist und wenn Ω_F mit je zwei Punkten $(x, \mathbf{y}, \mathbf{z}_1)$, $(x, \mathbf{y}, \mathbf{z}_2)$ auch die Verbindungsstrecke enthält, d.h. wenn jeder $\mathbf{z}$–Schnitt $\Omega_{x,\mathbf{y}} := \{\mathbf{z} \in \mathbb{R}^m \mid (x, \mathbf{y}, \mathbf{z}) \in \Omega_F\}$ konvex ist. Die Elliptizität spielt bei allen Minimumproblemen eine zentrale Rolle.

(b) **Umkehrsatz.** *Ist der Integrand* $F : \Omega_F \to \mathbb{R}$ *elliptisch und* C^r*–differenzierbar* $(r \geq 2)$*, so ist die* **Legendre–Transformation**

$$(x, \mathbf{y}, \mathbf{z}) \mapsto \mathbf{\Phi}(x, \mathbf{y}, \mathbf{z}) := (x, \mathbf{y}, \nabla_{\mathbf{z}} F(x, \mathbf{y}, \mathbf{z}))$$

ein C^{r-1}*–Diffeomorphismus zwischen* Ω_F *und einem Gebiet* $\Omega_H \subset \mathbb{R}^{2m+1}$.

Die Umkehrabbildung $\mathbf{\Psi} : \Omega_H \to \Omega_F$ der Legendre–Transformation ist somit von der Form

$$\mathbf{\Psi}(x, \mathbf{y}, \mathbf{p}) = (x, \mathbf{y}, \mathbf{Z}(x, \mathbf{y}, \mathbf{p})) ,$$

wobei $\mathbf{Z} : \Omega_H \to \mathbb{R}^m$ die eindeutig bestimmte C^{r-1}–Abbildung ist mit

$$\nabla_{\mathbf{z}} F(x, \mathbf{y}, \mathbf{z}) = \mathbf{p} \iff \mathbf{z} = \mathbf{Z}(x, \mathbf{y}, \mathbf{p}) .$$

Bemerkung. Wir fassen hier die Variable $\mathbf{z}$, wie auch später in der Hamiltonschen Mechanik § 4 und in der geometrischen Optik § 5 die Impulse $\mathbf{p}$ aus Gründen der begrifflichen Einfachheit als Vektoren des $\mathbb{R}^m$ auf. Diese Auffassung ist jedoch nur bezüglich euklidischer Koordinaten zulässig. Bei Verwendung krummliniger Koordinaten müssen $\mathbf{z}$ (und entsprechend die Impulse $\mathbf{p}$) als Linearformen auf dem $\mathbb{R}^m$ verstanden werden und an die Stelle des Gradienten $\nabla_{\mathbf{z}} F$ muss die Linearform $F_{\mathbf{z}}$ treten, vgl. auch die Bemerkung am Ende von § 8 : 3.3.

Beweis.

(i) $\mathbf{\Phi}$ *ist injektiv.* Die Gleichung $\mathbf{\Phi}(x, \mathbf{y}, \mathbf{z}) = (x, \mathbf{y}, \mathbf{p})$ ist äquivalent zu $\nabla_{\mathbf{z}} F(x, \mathbf{y}, \mathbf{z}) = \mathbf{p}$. Daher ist $\mathbf{\Phi}$ genau dann injektiv, wenn für jeden Punkt $(x, \mathbf{y}) \in \Omega$ die Abbildung

$$\mathbf{f} : \Omega_{x,\mathbf{y}} \to \mathbb{R}^m , \quad \mathbf{z} \mapsto \nabla_{\mathbf{z}} F(x, \mathbf{y}, \mathbf{z})$$

injektiv ist, was wir jetzt zeigen. Nach Voraussetzung ist $\mathbf{f}'(\mathbf{z}) = F_{\mathbf{zz}}(x, \mathbf{y}, \mathbf{z})$ positiv definit. Für $\mathbf{a}, \mathbf{b} \in \Omega_{x,\mathbf{y}}$ mit $\mathbf{h} := \mathbf{b} - \mathbf{a} \neq \mathbf{0}$ setzen wir

$$g(t) := \langle \mathbf{h}, \mathbf{f}(\mathbf{a} + t\mathbf{h}) \rangle = \sum_{k=1}^{m} f_k(\mathbf{a} + t\mathbf{h})\, h_k .$$

Aufgrund der Konvexität von $\Omega_{x,\mathbf{y}}$ ist $g(t)$ für $0 \le t \le 1$ definiert, C^1–differenzierbar, und es gilt

$$g'(t) = \sum_{i,k=1}^{m} \partial_i f_k(\mathbf{a} + t\mathbf{h}) h_i h_k = \langle \mathbf{h}, \mathbf{f}'(\mathbf{a} + t\mathbf{h})\mathbf{h} \rangle > 0$$

wegen der positiven Definitheit von $\mathbf{f}'$. Es folgt

$$\langle \mathbf{h}, \mathbf{f}(\mathbf{b}) - \mathbf{f}(\mathbf{a}) \rangle = g(1) - g(0) > 0 ,$$

insbesondere $\mathbf{f}(\mathbf{b}) \neq \mathbf{f}(\mathbf{a})$.

(ii) $\mathbf{\Phi}$ *ist ein* C^{r-1}*–Diffeomorphismus.* Die Jacobi–Matrix von $\mathbf{\Phi}$ hat die Gestalt

$$\mathbf{\Phi}' = \begin{pmatrix} E_{m+1} & 0 \\ * & A_m \end{pmatrix} ,$$

wobei E_{m+1} die $(m+1) \times (m+1)$–Einheitsmatrix ist und $A_m = F_{\mathbf{zz}}$ eine positiv definite und daher invertierbare $m \times m$–Matrix. Also hat $\mathbf{\Phi}'$ an jeder Stelle den Maximalrang $2m+1$. Nach dem lokalen Umkehrsatz Bd. 1, § 22 : 5.2 gibt es zu jedem Punkt aus der Bildmenge $\Omega_H = \mathbf{\Phi}(\Omega_F)$ eine Umgebung, die zu Ω_H gehört. Also ist Ω_H offen und als stetiges Bild eines Gebiets wegzusammenhängend. Damit ist $\mathbf{\Phi}$ eine bijektive Abbildung zwischen zwei Gebieten, deren Umkehrung C^{r-1}–differenzierbar ist. □

3.4 Der Regularitätssatz

(a) SATZ (HILBERT 1899). *Ist F elliptisch und C^r–differenzierbar* $(r \ge 2)$, *so ist jede schwache Extremale* $\mathbf{u}$ *von F C^r–differenzierbar.*

Insbesondere kann das Variationsintegral $\mathcal{F}$ des Zweipunktproblems mit elliptischem Integranden ein lokales Minimum nur für C^2–Funktionen annehmen.

BEMERKUNG. Der Regularitätssatz bleibt gültig, wenn wir an Stelle von PC^1–Kurven die größere Klasse der absolutstetigen Kurven zugrundelegen. Dies wird für die direkte Methode wichtig. Näheres hierzu in § 6 : 1.1 (c), § 6 : 3.3.

BEWEIS.

Sei $\mathbf{u} : I \to \mathbb{R}^m$ eine schwache Extremale und $x_0 \in I$. Dann gibt es nach 3.2 (b) einen konstanten Vektor $\mathbf{c}$ mit

(1) $$\nabla_{\mathbf{z}} F(x, \mathbf{u}(x), \mathbf{u}'(x)) = \int_{x_0}^{x} \nabla_{\mathbf{y}} F(t, \mathbf{u}(t), \mathbf{u}'(t))\, dt + \mathbf{c} =: \mathbf{g}(x)$$

an allen Differenzierbarkeitsstellen x von $\mathbf{u}$. Nach 3.3 (b) ist (1) äquivalent zu

(2) $$\mathbf{u}'(x) = \mathbf{Z}(x, \mathbf{u}(x), \mathbf{g}(x)) ;$$

dabei ist $\mathbf{Z} : \Omega_H \to \mathbb{R}^m$ eine C^{r-1}–Abbildung, und $\mathbf{g}$ ist stetig auf I als unbestimmtes Integral der stückweis stetigen Funktion $t \mapsto \nabla_{\mathbf{y}} F(t, \mathbf{u}(t), \mathbf{u}'(t))$.

Wegen (2) kann $\mathbf{u}'$ zu einer auf I stetigen Funktion ergänzt werden, d.h. $\mathbf{u}$ ist C^1–differenzierbar.

Hieraus folgt die C^1–Differenzierbarkeit von $\mathbf{g}$ und damit auch von $\mathbf{u}'$ aufgrund von (2). Die Behauptung für $r > 2$ ergibt sich durch Induktion. □

(b) **Lokale Version des Regularitätssatzes.** *Der Integrand* F *sei* C^r–*differenzierbar* $(r \geq 2)$ *auf einem beliebigen Gebiet* Ω_F*, und* $\mathbf{u} : I \to \mathbb{R}^m$ *sei eine* C^1*–differenzierbare schwache Extremale mit*

$$F_{\mathbf{zz}}(x, \mathbf{u}(x), \mathbf{u}'(x)) > 0 \quad \textit{für alle} \quad x \in I\,.$$

Dann ist $\mathbf{u}$ *eine* C^r*–differenzierbare Extremale.*

Beweis.
Zu $x_0 \in I$ gibt es eine Umgebung $\Omega_0 = Q \times R \subset \Omega_F$ von $(x_0, \mathbf{u}(x_0), \mathbf{u}'(x_0))$ mit offenen Quadern $Q \subset \mathbb{R}^{m+1}$, $R \subset \mathbb{R}^m$, so dass $F_{\mathbf{zz}}(x, \mathbf{y}, \mathbf{z}) > 0$ auf Ω_0. Ferner gibt es wegen der Stetigkeit von $\mathbf{u}'$ ein $\delta > 0$ mit $(x, \mathbf{u}(x), \mathbf{u}'(x)) \subset \Omega_0$ für $|x - x_0| < \delta$. Damit sind auf Ω_0 die Voraussetzungen des Regularitätssatzes (a) erfüllt, und es folgt die C^r–Differenzierbarkeit von $\mathbf{u}$ auf $]x_0 - \delta, x_0 + \delta[$. □

4 Mehrdimensionale Variationsprobleme

4.1 Gaußscher Integralsatz und partielle Integration

(a) Für ein beschränktes Gebiet $\Omega \subset \mathbb{R}^n$ bezeichne $\mathrm{C}^1(\overline{\Omega})$ die Gesamtheit aller C^1–Funktionen u auf Ω, für die u und $\partial_1 u, \ldots, \partial_n u$ stetig auf $\overline{\Omega}$ fortsetzbar sind; für die Fortsetzungen verwenden wir wieder die Bezeichnungen $\partial_1 u, \ldots, \partial_n u$, vgl. Bd. 2, § 10 : 5.2.

Zu gegebener stetiger Funktion g auf $\partial\Omega$ setzen wir

$$\mathrm{C}^1_g(\overline{\Omega}) := \left\{ u \in \mathrm{C}^1(\overline{\Omega}) \;\middle|\; u = g \text{ auf } \partial\Omega \right\}.$$

$\mathrm{C}^1_0(\overline{\Omega})$ ist also die Menge der Funktionen $u \in \mathrm{C}^1(\overline{\Omega})$ mit verschwindenden Randwerten, und es gilt $\mathrm{C}^\infty_c(\Omega) \subset \mathrm{C}^1_0(\overline{\Omega})$.

Mit Hilfe der Supremumsnorm

$$\|\mathbf{v}\|_{\mathrm{C}^0} := \max \left\{ \|\mathbf{v}(\mathbf{x})\| \;\middle|\; \mathbf{x} \in \overline{\Omega} \right\}$$

für stetige Funktionen $\mathbf{v} : \overline{\Omega} \to \mathbb{R}^m$ definieren wir auf $\mathrm{C}^1(\overline{\Omega})$ die C^1–Norm

$$\|u\|_{\mathrm{C}^1} := \|u\|_{\mathrm{C}^0} + \|\nabla u\|_{\mathrm{C}^0}\,.$$

(b) Der Gaußsche Integralsatz im $\mathbb{R}^3$ wurde für Gaußsche Gebiete in Bd. 1, § 26 bewiesen. Wir formulieren hier kurz die Voraussetzungen für eine allgemeinere Version im $\mathbb{R}^n$ (siehe Bd. 2, § 11 : 3 oder KÖNIGSBERGER [132] § 10).

Ein Randpunkt $\mathbf{a} \in \partial\Omega$ eines Gebiets $\Omega \subset \mathbb{R}^n$ heißt **C**^{r}**–regulär** $(r \geq 1)$, wenn es eine C^r–Funktion ψ auf einer Umgebung U von $\mathbf{a}$ gibt mit nichtverschwindendem Gradienten und mit

$$U \cap \Omega = \{\mathbf{x} \in U \mid \psi(\mathbf{x}) < 0\}\,, \quad U \setminus \Omega = \{\mathbf{x} \in U \mid \psi(\mathbf{x}) \geq 0\}\,.$$

Auf der Untermannigfaltigkeit $\partial_{\mathrm{reg}}\Omega$ aller C^1–regulären Randpunkte ist das stetige **äußere Einheitsnormalenfeld n** lokal definiert durch $\nabla\psi/\|\nabla\psi\|$.

Ein beschränktes Gebiet $\Omega \subset \mathbb{R}^n$ wird **Normalgebiet** genannt, wenn die Hyperfläche $\partial_{\mathrm{reg}}\Omega$ endlichen $(n-1)$–dimensionalen Flächeninhalt besitzt und der Rest von $\partial\Omega$ (im $\mathbb{R}^3$ z.B. aus Ecken und Kanten bestehend) eine Nullmenge im Sinne der $(n-1)$–dimensionalen Inhaltsmessung ist, vgl. KÖNIGSBERGER [132] § 10.

Ein Gebiet heißt **C**^{r} **berandet** $(r \geq 1)$, wenn jeder Randpunkt C^r–regulär ist.

(c) **Gaußscher Integralsatz**. *Ist $\Omega \subset \mathbb{R}^n$ ein Normalgebiet mit äußerem Einheitsnormalenfeld $\mathbf{n}$ und $\mathbf{v}$ ein Vektorfeld mit $\mathbf{v} \in \mathrm{C}^0(\overline{\Omega}) \cap \mathrm{C}^1(\Omega)$, so gilt*

$$\int\limits_{\Omega} \operatorname{div} \mathbf{v}\, d^n\mathbf{x} = \int\limits_{\partial\Omega} \langle \mathbf{v}, \mathbf{n} \rangle\, do\,,$$

falls das links stehende Integral existiert.

Die Existenz des linksstehenden Integrals ist für $\mathbf{v} \in \mathrm{C}^1(\overline{\Omega})$ gesichert.

(d) **Partielle Integration**. Sei Ω ein Normalgebiet. Dann gilt für $u \in \mathrm{C}^1(\overline{\Omega})$, $v \in \mathrm{C}^1_0(\overline{\Omega})$

$$\int\limits_{\Omega} u\, \partial_k v\, d^n\mathbf{x} = -\int\limits_{\Omega} \partial_k u\, v\, d^n\mathbf{x} \quad (k = 1, \ldots, n)\,.$$

Dies ergibt sich aus dem Gaußschen Integralsatz für die auf $\partial\Omega$ verschwindenden Vektorfelder $\mathbf{v}_k = uv\mathbf{e}_k$:

$$0 = \int\limits_{\Omega} \operatorname{div} \mathbf{v}_k\, d^n\mathbf{x} = \int\limits_{\Omega} (u\, \partial_k v + \partial_k u\, v)\, d^n\mathbf{x}\,.$$

4.2 Variationsprobleme mit Randbedingungen

Die Grundkonzepte bei Variationsproblemen für Funktionen auf dem $\mathbb{R}^n$ sind die gleichen wie bei Variationsproblemen für Kurven; wir können uns deshalb kurz fassen.

(a) **Das Variationsintegral**. Gegeben sei eine C^2 Funktion F auf einem Gebiet $\Omega_F \subset \mathbb{R}^n \times \mathbb{R} \times \mathbb{R}^n$, der Einfachheit halber $\Omega_F = \Omega_0 \times \mathbb{R} \times \mathbb{R}^{n+1}$

mit einem Gebiet $\Omega_0 \subset \mathbb{R}^n$. Ferner seien Ω ein Normalgebiet mit $\overline{\Omega} \subset \Omega_0$ und $g : \partial\Omega \to \mathbb{R}$ eine stetige Funktion.

Wir betrachten das Variationsintegral

$$\mathcal{F}(v) = \int_\Omega F(\mathbf{x}, v(\mathbf{x}), \nabla v(\mathbf{x}))\, d^n\mathbf{x}, \quad \text{kurz} \quad \mathcal{F}(v) = \int_\Omega F(\mathbf{x}, v, \nabla v)\, d^n\mathbf{x}$$

auf der Variationsklasse $\mathcal{V} = \mathrm{C}^1_g(\overline{\Omega})$ der Funktionen $v \in \mathrm{C}^1(\overline{\Omega})$ mit vorgeschriebenen Randwerten g.

Für die Variablen von F vereinbaren wir die Bezeichnungen

$$(\mathbf{x}, y, \mathbf{z}) = (x_1, \ldots, x_n, y, z_1, \ldots, z_n),$$

entsprechend notieren wir die partiellen Ableitungen von F mit

$$F_y,\ F_{z_k},\ F_{yy},\ F_{yz_k},\ F_{z_i z_k}.$$

Weiter sei $\nabla_{\mathbf{z}} F$ der Vektor mit den Koordinaten $F_{z_1}, \ldots, F_{z_n}$ und $F_{\mathbf{zz}}$ die $n \times n$–Matrix $(F_{z_i z_k})$.

(b) **Erste und zweite Variation**. Der Variationsvektorraum zur Variationsklasse $\mathcal{V} = \mathrm{C}^1_g(\overline{\Omega})$ ist $\delta\mathcal{V} := \mathrm{C}^1_0(\overline{\Omega})$. Für $u \in \mathcal{V}$ und $\varphi \in \partial\mathcal{V}$ gilt dann $u + s\varphi \in \mathcal{V}$ für alle $s \in \mathbb{R}$ (bzw. für $|s| \ll 1$ bei allgemeineren Gebieten Ω_F, vgl. 1.2). Mit dem Satz über die Differenzierbarkeit von Parameterintegralen Bd. 1, § 23 : 5.2 ergibt sich

$$\begin{aligned}\delta\mathcal{F}(u)\varphi &:= \frac{d}{ds}\, \mathcal{F}(u + s\varphi)\Big|_{s=0} \\ &= \int_\Omega \left\{ F_y(\mathbf{x}, u, \nabla u)\, \varphi + \langle \nabla_{\mathbf{z}} F(\mathbf{x}, u, \nabla u), \nabla\varphi \rangle \right\} d^n\mathbf{x},\end{aligned}$$

$$\begin{aligned}\delta^2\mathcal{F}(u)\varphi &:= \frac{d^2}{ds^2}\, \mathcal{F}(u + s\varphi)\Big|_{s=0} \\ &= \int_\Omega \Big\{ F_{yy}(\mathbf{x}, u, \nabla u)\, \varphi^2 + 2 \sum_{k=1}^n F_{yz_k}(\mathbf{x}, u, \nabla u)\, \varphi\, \partial_k\varphi \\ &\qquad + \sum_{i,k=1}^n F_{z_i z_k}(\mathbf{x}, u, \nabla u)\, \partial_i\varphi\, \partial_k\varphi \Big\} d^n\mathbf{x}.\end{aligned}$$

Die Linearform

$$\delta\mathcal{F}(u) : \delta\mathcal{V} \to \mathbb{R}, \quad \varphi \mapsto \delta\mathcal{F}(u)\varphi$$

heißt die **erste Variation** und die quadratische Form

$$\delta^2\mathcal{F}(u) : \delta\mathcal{V} \to \mathbb{R}, \quad \varphi \mapsto \delta^2\mathcal{F}(u)\varphi$$

die **zweite Variation** von $\mathcal{F}$ an der Stelle $u \in \mathcal{V}$.

(c) **Lokale Minimumstellen**. Wir nennen $u \in \mathcal{V}$ eine **starke lokale Minimumstelle** von $\mathcal{F} : \mathcal{V} \to \mathbb{R}$, wenn

$$\mathcal{F}(u) \leq \mathcal{F}(v) \text{ für alle } v \in \mathcal{V} \text{ mit } \|u - v\|_{\mathrm{C}^0} \ll 1\,,$$

und eine **schwache lokale Minimumstelle** von $\mathcal{F}$, wenn

$$\mathcal{F}(u) \leq \mathcal{F}(v) \text{ für alle } v \in \mathcal{V} \text{ mit } \|u - v\|_{\mathrm{C}^1} \ll 1\,,$$

vgl. 4.1 (a). Starke lokale Minimumstellen sind auch schwache.

(d) **Extremalen und schwache Extremalen**. *Hat $\mathcal{F} : \mathcal{V} \to \mathbb{R}$ in $u \in \mathcal{V}$ ein absolutes oder lokales Minimum, so gilt $\delta\mathcal{F}(u) = 0$, d.h.*

$$\delta\mathcal{F}(u)\varphi = 0 \ \textit{ für alle Testfunktionen } \varphi \in \mathrm{C}_c^\infty(\Omega).$$

Nach (b) bedeutet das

$$\int\limits_\Omega \big(F_y(\mathbf{x}, u, \nabla u)\,\varphi + \langle \nabla_\mathbf{z} F(\mathbf{x}, u, \nabla u), \nabla\varphi\rangle\big)\, d^n\mathbf{x} = 0 \text{ für alle } \varphi \in \mathrm{C}_c^\infty(\Omega).$$

Jede Funktion, welche diese Bedingung auf einem Gebiet Ω mit $\overline{\Omega} \subset \Omega_0$ erfüllt, nennen wir eine **schwache Extremale** oder eine **schwache Lösung der Euler–Gleichung** von F.

Ist u zusätzlich C^2–differenzierbar in Ω und damit $\mathbf{x} \mapsto F_\mathbf{z}(\mathbf{x}, u(\mathbf{x}), \nabla u(\mathbf{x}))$ dort C^1–differenzierbar, so erhalten wir durch partielle Integration des zweiten Terms im Integral für die erste Variation

$$0 = \delta\mathcal{F}(u)\varphi = \int\limits_\Omega \big(F_y(\mathbf{x}, u, \nabla u) - \operatorname{div}\big[\nabla_\mathbf{z} F(\mathbf{x}, u, \nabla u)\big]\big)\, \varphi\, d^n\mathbf{x}$$

für alle $\varphi \in \mathrm{C}_c^\infty(\Omega)$. Mit dem Fundamentallemma 1.4 (b) folgt dann:

(e) SATZ. *Jede auf einem Gebiet Ω C^2–differenzierbare schwache Extremale u von F erfüllt dort die* **Euler–Gleichung (EG)**

$$\operatorname{div}\big[\nabla_\mathbf{z} F(\mathbf{x}, u(\mathbf{x}), \nabla u(\mathbf{x}))\big] = F_\mathbf{y}(\mathbf{x}, u(\mathbf{x}), \nabla u(\mathbf{x})) \ \textit{ in } \Omega\,.$$

Eine C^2–differenzierbare Lösung der Euler–Gleichung wird **Extremale** von F (oder von $\mathcal{F}$) genannt.

(f) **Regularitätssatz**. *Jede schwache Extremale $u \in \mathrm{C}^1(\overline{\Omega})$ ist C^2–differenzierbar, wenn der Integrand F C^3–differenzierbar und* **elliptisch** *ist.*

Letzteres bedeutet im mehrdimensionalen Fall die Existenz einer Zahl $\lambda > 0$ mit

$$\langle \mathbf{h}, F_{\mathbf{zz}}(\mathbf{x}, y, \mathbf{z})\mathbf{h}\rangle \geq \lambda\, \|\mathbf{h}\|^2 \text{ für alle } (\mathbf{x}, y, \mathbf{z}) \in \Omega_F \text{ und } \mathbf{h} \in \mathbb{R}^n\,.$$

Diese Aussage ist eine Folge des Regularitätssatzes von MORREY, siehe [25] Thm. 1.10.3.

AUFGABE. Schreiben Sie die Differentialgleichungen

$$-\Delta u = u^p \quad (p \geq 1), \quad -\operatorname{div}\left(\|\nabla u\|^{q-2}\nabla u\right) = f \quad (q \geq 2)$$

jeweils als Euler–Gleichungen von Variationsintegralen.

4.3 Variationsprobleme ohne Randbedingungen

Wir betrachten dasselbe Variationsintegral $\mathcal{F}$ wie oben, schreiben aber keine Randbedingungen vor, d.h. die Graphen der Vergleichsfunktionen können sich auf dem Zylinderrand $\partial\Omega \times \mathbb{R}$ frei bewegen. Die Variationsklasse ist hierbei $\mathcal{V} = \mathrm{C}^1(\overline{\Omega})$ und der zugehörige Variationsvektorraum $\delta\mathcal{V}$ ist $\mathrm{C}^1(\overline{\Omega})$. Damit ergibt sich für jeden kritischen Punkt $u \in \mathcal{V}$ von $\mathcal{F} : \mathcal{V} \to \mathbb{R}$

$$\delta\mathcal{F}(u)\varphi = \frac{d}{ds}\,\mathcal{F}(u+s\varphi)\big|_{s=0} = 0 \text{ für alle } \varphi \in \mathrm{C}^1(\overline{\Omega}).$$

Setzen wir $u \in \mathrm{C}^2(\overline{\Omega})$ und Elliptizität voraus, so liefert das Verschwinden der ersten Variation $\delta\mathcal{F}(u)$ zwei Informationen:

(i) *u erfüllt die Euler–Gleichung in Ω,*

(ii) *u erfüllt die* **natürliche Randbedingung**

$$\langle \mathbf{n}(\mathbf{x}), \nabla_{\mathbf{z}}F(\mathbf{x}, u(\mathbf{x}), \nabla u(\mathbf{x}))\rangle = 0 \textit{ für alle } \mathbf{x} \in \partial_{\mathrm{reg}}\Omega\,;$$

$\mathbf{n}$ *bezeichnet hierbei das äußere Einheitsnormalenfeld auf $\partial_{\mathrm{reg}}\Omega$.*

BEWEIS.
Für $\varphi \in \mathrm{C}^1(\overline{\Omega})$ gilt

$$\operatorname{div}(\varphi\,\nabla_{\mathbf{z}}F(\mathbf{x}, u, \nabla u)) = \langle \nabla_{\mathbf{z}}F(\mathbf{x}, u, \nabla u), \nabla\varphi\rangle + \varphi \operatorname{div}[\nabla_{\mathbf{z}}F(\mathbf{x}, u, \nabla u)],$$

also liefert der Gaußsche Integralsatz 4.1 (d) für alle $\varphi \in \delta\mathcal{V}$

$$\begin{aligned} 0 = \delta\mathcal{F}(u)\varphi &= \int_\Omega \left(F_y(\mathbf{x}, u, \nabla u)\,\varphi + \left\langle \nabla_{\mathbf{z}}F(\mathbf{x}, u, \nabla u), \nabla\varphi\right\rangle\right) d^n\mathbf{x} \\ &= \int_\Omega \left(F_y(\mathbf{x}, u, \nabla u) - \operatorname{div}\left[\nabla_{\mathbf{z}}F(\mathbf{x}, u, \nabla u)\right]\right) \varphi\, d^n\mathbf{x} \\ &\qquad + \int_{\partial\Omega} \left\langle \mathbf{n}(\mathbf{x}), \nabla_{\mathbf{z}}F(\mathbf{x}, u, \nabla u)\right\rangle \varphi\, do\,. \end{aligned}$$

Da dies insbesondere für alle Testfunktionen $\varphi \in \mathrm{C}_c^\infty(\Omega)$ gilt, für welche die Randwerte verschwinden, ergibt sich nach den Schlüssen von 4.2 die Euler–Gleichung.

Für beliebige $\varphi \in \mathrm{C}^1(\overline{\Omega})$ bleibt hiernach die Gleichung

$$0 = \delta\mathcal{F}(u)\varphi = \int_{\partial\Omega} f\varphi\, do \text{ mit } f(\mathbf{x}) := \left\langle \mathbf{n}(\mathbf{x}), \nabla_{\mathbf{z}}F(\mathbf{x}, u(\mathbf{x}), \nabla u(\mathbf{x}))\right\rangle$$

übrig. Aus dieser folgt $f = 0$ auf $\partial_{\text{reg}}\Omega$. Denn angenommen, für ein $\mathbf{a} \in \partial_{\text{reg}}\Omega$ gilt $f(\mathbf{a}) \neq 0$, o.B.d.A. $f(\mathbf{a}) > 0$. Dann gibt es eine Umgebung $U = K_r(\mathbf{a})$, so dass f auf $U \cap \partial\Omega$ positiv ist. Nach 1.4 (a) gibt es eine Testfunktion $\varphi \in \mathrm{C}_c^\infty(\mathbb{R}^n)$ mit $\varphi(\mathbf{x}) > 0$ für $\|\mathbf{x} - \mathbf{a}\| < r$. Für diese ergibt sich der Widerspruch:

$$0 = \int_{\partial\Omega} f\varphi\, do = \int_{U\cap\partial\Omega} f\varphi\, do > 0\,,$$

denn wegen $\mathbf{a} \in \partial_{\text{reg}}\Omega$ hat $U \cap \partial_{\text{reg}}\Omega$ einen positiven $(n-1)$–dimensionalen Inhalt. □

4.4 Das Hamiltonsche Prinzip für elastische Schwingungen

Die Aufstellung der Bewegungsgleichungen für transversal schwingende elastische Medien (schwingende Saite, schwingender Stab, schwingende Membran) gelingt auf einfache Weise mit Hilfe des Hamiltonschen Prinzips, weil hierzu nur die Integrale der kinetischen Energie und der potentiellen Energie des Systems aufgestellt werden müssen.

Der elastische Körper (hier Saite, Membran, Stab) nehme im Ruhezustand ein Normalgebiet $\Omega \subset \mathbb{R}^n$ $(n \leq 2)$ ein. Jeder Punkt des Körpers mit Ruhelage $\mathbf{x} \in \Omega$ führe transversale Schwingungen aus; die senkrechte Auslenkung aus der Ruhelage zur Zeit t sei $u(\mathbf{x}, t)$. Meist sind Randbedingungen (Einspannbedingungen) vorgeschrieben, z.B. $u(0,t) = u(L,t) = 0$ bei der schwingenden Saite, $u(0,t) = u_x(0,t) = 0$ beim schwingenden, einseitig eingeklemmten Stab oder $u(\mathbf{x},t) = g(\mathbf{x})$ für $\mathbf{x} \in \partial\Omega$, $t \in \mathbb{R}$ bei der schwingenden Membran.

Für Vergleichsfunktionen $v : \Omega \times \mathbb{R} \to \mathbb{R}$ seien die kinetische und potentielle Energie gegeben als zeitabhängige Integrale

$$\mathbf{T}(t) = \int_\Omega T(\mathbf{x}, t, v, v_t)\, d^n\mathbf{x}\,, \quad \mathbf{U}(t) = \int_\Omega U(\mathbf{x}, t, v, \nabla_{\mathbf{x}} v)\, d^n\mathbf{x}\,.$$

Das **Wirkungsintegral** von v auf dem Zeitintervall $I = [t_1, t_2]$ ist dann definiert durch

$$\begin{aligned}\mathcal{W}_I(v) &= \int_{t_1}^{t_2} \big(\mathbf{T}(t) - \mathbf{U}(t)\big)\, dt = \int_{t_1}^{t_2}\int_\Omega (T-U)(\mathbf{x}, t, v, \nabla_{\mathbf{x}} v, v_t)\, d^n\mathbf{x}\, dt \\ &= \int_{t_1}^{t_2}\int_\Omega L(\mathbf{x}, t, v, \nabla_{\mathbf{x}} v, v_t)\, d^n\mathbf{x}\, dt\end{aligned}$$

mit der Lagrange–Funktion $L = T - U$.

Das **Hamilton–Prinzip der stationären Wirkung** besagt: Für eine Schwingung $u : \Omega \times \mathbb{R} \to \mathbb{R}$ des elastischen Mediums verschwindet die erste Variation des Wirkungsintegrals auf jedem hinreichend kleinen Zeitintervall $I = [t_1, t_2]$, und zwar gilt $\delta\mathcal{W}_I(u) = 0$ auf der Vergleichsklasse $\mathcal{V}_I(u)$ aller $v \in \mathcal{D}(\mathcal{W}_I)$, die im Zeitintervall I dieselben Randbedingungen wie u erfüllen und zu den Zeitpunkten t_1, t_2 mit u übereinstimmen.

Der zugehörige Variationsvektorraum $\delta\mathcal{V}_I(u)$ ist

$$\delta\mathcal{V}_I(u) = \{\varphi \mid u + s\varphi \in \mathcal{V}_I(u) \text{ für } |s| \ll 1\}.$$

Im Fall von vorgeschriebenen Randwerten $u(\mathbf{x},t) = g(\mathbf{x})$ auf $\partial\Omega$ ist $\delta\mathcal{V}_I(u)$ durch die Randbedingungen $\varphi(\mathbf{x},t) = 0$ auf $\partial\Omega$, $\varphi(\mathbf{x},t_1) = 0$, $\varphi(\mathbf{x},t_2) = 0$ für alle $\mathbf{x} \in \Omega$ festgelegt. In diesem Fall liefert das Hamiltonsche Prinzip die Euler–Gleichung für die Lagrange–Funktion L als Schwingungsgleichung, denn es reicht, das Verschwinden von $\delta\mathcal{W}_I(u)\varphi$ für alle offenen Intervalle $J \subset I$ und alle Testfunktionen $\varphi \in \mathrm{C}_c^\infty(\Omega \times J)$ auszunützen.

Bei anderen oder fehlenden Randbedingungen ergeben sich ähnlich wie in 4.3 zusätzlich natürliche Randbedingungen. Wir geben unter (c) ein Beispiel.

BEMERKUNGEN. (i) Das Hamiltonsche Prinzip liefert die Bewegungsgleichung und gegebenenfalls Randbedingungen; ein konkreter Schwingungsverlauf wird erst durch die Anfangsbedingungen

$$u(\mathbf{x},0) = u_0(\mathbf{x}), \quad \frac{\partial u}{\partial t}(\mathbf{x},0) = u_1(\mathbf{x})$$

mit gegebenen Funktionen u_0, u_1 auf Ω festgelegt.

(ii) Für Variationsintegrale, die bei elastischen Schwingungen auftreten, macht die Frage nach lokalen Minima oder Maxima i.A. keinen Sinn. Wir führen dies am ersten der drei folgenden Beispiele vor.

(a) **Die inhomogene schwingende Saite**. Wir nehmen an, dass die Saite Transversalschwingungen in einer Ebene ausführt und wählen in der Schwingungsebene ein Koordinatensystem, für welches die ruhende Saite die Strecke $[0,\ell] \times \{0\}$ belegt. Die zur Zeit t ausgelenkte Saite beschreiben wir durch den Graphen einer C^2–Funktion $x \mapsto u(x,t)$ $(0 \le x \le \ell)$ mit $u(0,t) = u(\ell,t) = 0$. Bei ortsabhängiger Massendichte $\varrho(x) > 0$ ist die kinetische Energie zur Zeit t gegeben durch

$$\mathbf{T}(t) = \frac{1}{2}\int_0^\ell \varrho(x)\, \frac{\partial u}{\partial t}(x,t)^2\, dx.$$

Wir nehmen idealisierend an, dass die Biegesteifigkeit und der Einfluss der Schwere vernachlässigt werden dürfen. Für eine homogene Saite ist dann die potentielle Energie proportional zur Längenänderung bei Auslenkung aus der Ruhelage,

$$\mathbf{U}(t) = \sigma \int_0^\ell \left(\sqrt{1 + \frac{\partial u}{\partial x}(x,t)^2} - 1 \right) dx .$$

Bei einer inhomogenen Saite ist die Elastizitätskonstante $\sigma > 0$ ortsabhängig und kann daher unter das Integral gezogen werden. Als Euler–Gleichung ergibt sich eine nichtlineare partielle DG ÜA.

Betrachten wir Schwingungen mit kleinen Auslenkungen ($|\partial u/\partial x| \ll 1$), so wird

$$U(t) \approx \frac{1}{2} \int_0^1 \sigma(x) \frac{\partial u}{\partial x}(x,t)^2 \, dx .$$

Das Hamiltonsche Prinzip besagt: Die Schwingungsgleichung für die Saite im Zeitintervall $[t_1, t_2]$ ist die Euler–Gleichung des Wirkungsintegrals

$$\mathcal{W}_I(u) = \int_{t_1}^{t_2} \big(\mathbf{T}(t) - \mathbf{U}(t)\big) \, dt = \frac{1}{2} \int_{t_1}^{t_2} \int_0^\ell \left(\varrho \left(\frac{\partial u}{\partial t}\right)^2 - \sigma \left(\frac{\partial u}{\partial x}\right)^2 \right) dt \, dx .$$

Der Integrand dieses Variationsintegrals ist

$$L(x, t, u, u_x, u_t) = \frac{1}{2} \left(\varrho(x) \, u_t^2 - \sigma(x) \, u_x^2 \right) ;$$

hierbei haben wir die sonst mit (x_1, x_2, y, z_1, z_2) bezeichneten Variablen gemäß der einzusetzenden Lösung u umbenannt, vgl. 1.3 (f). Wegen

$$\frac{\partial L}{\partial u} = 0, \quad \frac{\partial L}{\partial u_x} = -\sigma u_x , \quad \frac{\partial L}{\partial u_t} = \varrho u_t$$

ergibt sich als Bewegungsgleichung die Euler–Gleichung für L

$$0 = \frac{\partial}{\partial x} \left[\frac{\partial L}{\partial u_x}(\ldots) \right] + \frac{\partial}{\partial t} \left[\frac{\partial L}{\partial u_t}(\ldots) \right] = -\frac{\partial}{\partial x} \left(\sigma \frac{\partial u}{\partial x} \right) + \varrho \frac{\partial^2 u}{\partial t^2} ,$$

bzw.

$$\varrho \frac{\partial^2 u}{\partial t^2} = \frac{\partial}{\partial x} \left(\sigma \frac{\partial u}{\partial x} \right) .$$

Wirkt auf die Saite die äußere Kraft $k(x,t)$ in der Auslenkungsrichtung, so ist die potentielle Energie

$$\mathbf{U}(t) = \int_0^\ell \left(\frac{1}{2} \sigma(x) \frac{\partial u}{\partial x}(x,t)^2 - k(x,t) \, u(x,t) \right) dx ,$$

und die Schwingungsgleichung lautet ÜA

$$\varrho \frac{\partial^2 u}{\partial t^2} = \frac{\partial}{\partial x} \left(\sigma \frac{\partial u}{\partial x} \right) + k .$$

Die Lösung der Schwingungsgleichung für die kräftefreie homogene Saite wurde in Bd. 2, § 6 : 3 gegeben. Der Fall $\sigma = \text{const}$, ϱ variabel wurde in Bd. 2, § 22 : 5.2 behandelt.

Sind die Anfangsdaten $x \mapsto u(x,0)$, $x \mapsto \frac{\partial u}{\partial t}(x,0)$ nicht hinreichend glatt, so muss die Saitenschwingung durch schwache Lösungen der Euler–Gleichung beschrieben werden; diese ergeben sich aus der d'Alembertschen Lösungsformel, vgl. Bd. 2, § 13 : 1. Das Auftreten schwacher Lösungen hängt damit zusammen, dass das Wirkungsintegral nicht elliptisch ist; die Leitmatrix ist hier

$$L_{\mathbf{zz}} = \begin{pmatrix} -\sigma & 0 \\ 0 & \varrho \end{pmatrix},$$

diese ist indefinit.

Eine Lösung u der Euler–Gleichung kann nicht lokale Minimum– oder Maximumstelle von $\mathcal{W}_I$ sein. Denn $\delta\mathcal{V}$ besteht aus allen C^1–Funktionen auf $R = [0,\ell] \times [t_1, t_2]$, die auf ∂R verschwinden, und für $v \in \delta\mathcal{V}$ folgt $W(u + sv) = W(u) + s^2 W(v)$ $\boxed{\text{ÜA}}$. Mit Funktionen $v \in \delta\mathcal{V}$ der Form $v(x,t) = \varphi(x)\,\psi(t)$ lässt sich sowohl $W(v) > 0$ als auch $W(v) < 0$ erreichen $\boxed{\text{ÜA}}$.

(b) **Die schwingende Membran.** Die Aufstellung der Bewegungsgleichung für die schwingende Membran erfolgt ganz analog zu der für die schwingende Saite. Nimmt die Membran in der Ruhelage ein ebenes Normalgebiet Ω ein und wird deren transversale Auslenkung zur Zeit t durch den Graphen einer Funktion $\mathbf{x} \mapsto u(\mathbf{x}, t)$ $(\mathbf{x} \in \Omega)$ beschrieben, so erhalten wir für die kinetische Energie zur Zeit t

$$\mathbf{T}(t) = \frac{1}{2} \int\limits_{\Omega} \varrho(\mathbf{x})\, \frac{\partial u}{\partial t}(\mathbf{x}, t)^2\, d^2\mathbf{x},$$

wobei $\varrho(\mathbf{x}) > 0$ die Massendichte der Membran ist.

Unter den Annahme fehlender Biegesteifigkeit, Schwerelosigkeit und kleiner Auslenkungen ($\|\nabla_{\mathbf{x}} u\| \ll 1$) verfahren wir wir in (a): Bei der homogenen Membran ist die potentielle Energie proportional zur Änderung des Flächeninhalts bei Auslenkung aus der Ruhelage. Für die inhomogene Membran ergibt sich

$$\begin{aligned} \mathbf{U}(t) &= \int\limits_{\Omega} \sigma(\mathbf{x}) \left(\sqrt{1 + \|\nabla_{\mathbf{x}} u(\mathbf{x}, t)\|^2} - 1 \right) d^2\mathbf{x} \\ &\approx \frac{1}{2} \int\limits_{\Omega} \sigma(\mathbf{x})\, \|\nabla_{\mathbf{x}} u(\mathbf{x}, t)\|^2\, d^2\mathbf{x}, \end{aligned}$$

dabei ist der Elastizitätsfaktor σ eine gegebene C^1–Funktion auf $\overline{\Omega}$.

Als Wirkungsintegral für $I = [t_1, t_2]$ ergibt sich somit

$$\mathcal{W}_I(u) = \int_{t_1}^{t_2} \big(\mathbf{T}(t) - \mathbf{U}(t)\big)\, dt = \frac{1}{2} \int_{t_1}^{t_2} \int_{\Omega} \left(\varrho \left(\frac{\partial u}{\partial t}\right)^2 - \sigma \, \|\nabla_{\mathbf{x}} u\|^2 \right) d^2\mathbf{x}\, dt ,$$

und die zugehörige Lagrange–Funktion ist

$$L(x_1, x_2, t, u, u_{x_1}, u_{x_2}, u_t) = \frac{1}{2}\, \varrho(x_1, x_2)\, u_t^2 - \frac{1}{2}\, \sigma(x_1, x_2) \left(u_{x_1}^2 + u_{x_2}^2\right) .$$

Für die Euler–Gleichung als Bewegungsgleichung erhalten wir also

$$\begin{aligned} 0 &= \sum_{i=1}^{2} \frac{\partial}{\partial x_i} \left[\frac{\partial L}{\partial u_{x_i}}(\ldots)\right] + \frac{\partial}{\partial t} \left[\frac{\partial L}{\partial u_t}(\ldots)\right] \\ &= -\sum_{i=1}^{2} \frac{\partial}{\partial x_i} \left(\sigma \, \frac{\partial u}{\partial x_i}\right) + \varrho \, \frac{\partial^2 u}{\partial t^2} \end{aligned}$$

bzw.

$$\varrho \, \frac{\partial^2 u}{\partial t^2} = \operatorname{div}_{\mathbf{x}}(\sigma \nabla_{\mathbf{x}} u) .$$

Ist der Elastizitätsfaktor σ konstant, so wird hieraus die zweidimensionale Wellengleichung

$$\frac{\partial^2 u}{\partial t^2} = c^2 \, \Delta u \quad \text{mit } c = \sqrt{\frac{\sigma}{\varrho}} ,$$

wobei der Laplace–Operator nur auf die Ortskoordinaten wirkt.

Die Lösungstheorie der Wellengleichung im $\mathbb{R}^3$ wird in Bd. 2, § 17 behandelt; für die kreisförmige Membran verweisen wir auf Bd. 2, § 15 : 3.

(c) **Der schwingende Stab.** Ein homogener, elastischer Stab der Länge ℓ mit überall gleichem rechteckigem Querschnitt führe horizontale Schwingungen aus. Wir repräsentieren ihn durch seine neutrale Faser, d.h. die Verbindungslinie der Querschnittsmittelpunkte. Diese belege im Ruhezustand die Strecke $[0, \ell]$ auf der x–Achse. Die zu dieser senkrechte Auslenkung aus der Ruhelage wird wie eben durch eine Funktion $x \mapsto u(x, t)$ beschrieben. Die kinetische Energie zur Zeit t ist wieder

$$T(t) = \frac{\varrho}{2} \int_0^{\ell} \frac{\partial u}{\partial t}(x, t)^2 \, dx .$$

Die zur Verbiegung aufgewendete Arbeit ist nach Euler (1744) und De Saint-Venant (1855)

$$\mathbf{U}(t) = \frac{\mu}{2} \int_0^{\ell} \kappa(x, t)^2 \, dx ,$$

dabei ist $\kappa(x,t)$ die Krümmung des Stabes an der Stelle x zur Zeit t und μ eine positive Konstante, vgl. SOMMERFELD [127, II] § 40.

Nach § 7 : 1.2 ist die Krümmung einer C^2–Kurve $x \mapsto (x, v(x))$ gegeben durch

$$\kappa(x) = \left(1 + v'(x)^2\right)^{-3/2} v''(x),$$

bei kleinen Auslenkungen ($|v'(x)| \ll 1$) also angenähert durch $\kappa(x) = v''(x)$. Nehmen wir Letzteres für den Stab an, so ist die potentielle Energie zur Zeit t

$$\mathbf{U}(t) = \frac{\mu}{2} \int_0^\ell \frac{\partial^2 u}{\partial x^2}(x,t)^2 \, dx .$$

Somit ergibt sich als Wirkungsintegral für ein Zeitintervall $I = [t_1, t_2]$

$$\mathcal{W}_I(v) = \frac{1}{2} \int_{t_1}^{t_2} \int_0^\ell \left(\varrho \left(\frac{\partial v}{\partial t}\right)^2 - \mu \left(\frac{\partial^2 v}{\partial x^2}\right)^2 \right) dx \, dt$$

bzw. nach Weglassung des Faktors $\varrho > 0$

$$\mathcal{W}_I(v) = \frac{1}{2} \int_{t_1}^{t_2} \int_0^\ell \left(\left(\frac{\partial v}{\partial t}\right)^2 - c^2 \left(\frac{\partial^2 v}{\partial x^2}\right)^2 \right) dx \, dt \quad \text{mit } c := \sqrt{\frac{\mu}{\varrho}} .$$

Bei gegebenen Randbedingungen an den Balken lassen sich aus dem Hamiltonschen Prinzip $\delta\mathcal{W}_I(u) = 0$ für alle hinreichend kleinen Zeitintervalle $I =]t_1, t_2[$ die Bewegungsgleichung und die natürlichen Randbedingungen analog zu 4.3 ab-ableiten.

Wir führen dies für den Fall eines links eingespannten und rechts freischwingenden Stabes durch, also für die Randbedingungen

$$u(0,t) = \frac{\partial u}{\partial x}(0,t) = 0 \quad (t \in \mathbb{R}).$$

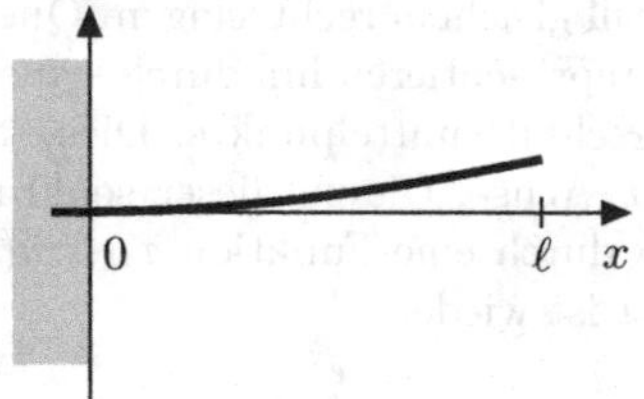

Für die zu bestimmende Lösung $u : [0, \ell] \times \mathbb{R} \to \mathbb{R}$ und ein Zeitintervall $I =]t_1, t_2[$ lautet der Variationsvektorraum mit $\Omega :=]0, \ell[\times]t_1, t_2[$

$$\delta\mathcal{V}_I(u) = \Big\{ \varphi \in \mathrm{C}^\infty(\overline{\Omega}) \;\Big|\; \varphi(0,t) = \tfrac{\partial \varphi}{\partial x}(0,t) = 0 \quad \text{für alle } t, \quad \varphi(x,t_1) = \varphi(x,t_2) = 0 \ \text{ für } x \in [0,\ell] \Big\}$$

und die nach Voraussetzung verschwindende erste Variation von $\mathcal{W}_I$ ÜA

$$0 = \delta\mathcal{W}_I(u)\varphi = \int\limits_\Omega \Big(\frac{\partial u}{\partial t}\,\frac{\partial \varphi}{\partial t} - c^2\,\frac{\partial^2 u}{\partial x^2}\,\frac{\partial^2 \varphi}{\partial x^2}\Big)\,dx\,dt\,.$$

Partielle Integration bezüglich t ergibt für $\varphi \in \delta\mathcal{V}_I(u)$ wegen $\varphi(x,t_1) = \varphi(x,t_2) = 0$

$$\int\limits_\Omega \frac{\partial u}{\partial t}\,\frac{\partial \varphi}{\partial t}\,dx\,dt = \int\limits_0^\ell \Big(\int\limits_{t_1}^{t_2} \frac{\partial u}{\partial t}\,\frac{\partial \varphi}{\partial t}\,dt\Big)\,dx = -\int\limits_0^\ell \Big(\int\limits_{t_1}^{t_2} \frac{\partial^2 u}{\partial t^2}\,\varphi\,dt\Big)\,dx\,,$$

zweimalige partielle Integration bezüglich x liefert mit $\frac{\partial \varphi}{\partial x}(0,t) = \varphi(0,t) = 0$

$$\begin{aligned}
\int\limits_\Omega \frac{\partial^2 u}{\partial x^2}\,\frac{\partial^2 \varphi}{\partial x^2}\,dx\,dt &= \int\limits_{t_1}^{t_2} \Big(\int\limits_0^\ell \frac{\partial^2 u}{\partial x^2}\,\frac{\partial^2 \varphi}{\partial x^2}\,dx\Big)\,dt \\
&= \int\limits_{t_1}^{t_2} \frac{\partial^2 u}{\partial x^2}(\ell,t)\,\frac{\partial \varphi}{\partial x}(\ell,t)\,dt - \int\limits_{t_1}^{t_2} \Big(\int\limits_0^\ell \frac{\partial^3 u}{\partial x^3}\,\frac{\partial \varphi}{\partial x}\,dx\Big)\,dt \\
&= \int\limits_{t_1}^{t_2} \frac{\partial^2 u}{\partial x^2}(\ell,t)\,\frac{\partial \varphi}{\partial x}(\ell,t)\,dt - \int\limits_{t_1}^{t_2} \frac{\partial^3 u}{\partial x^3}(\ell,t)\,\varphi(\ell,t)\,dt + \int\limits_{t_1}^{t_2} \Big(\int\limits_0^\ell \frac{\partial^4 u}{\partial x^4}\,\varphi\,dx\Big)\,dt\,.
\end{aligned}$$

Damit erhalten wir aus $\delta\mathcal{W}_I(u) = 0$

$$\begin{aligned}
0 = &-\int\limits_\Omega \Big(\frac{\partial^2 u}{\partial t^2} + c^2\,\frac{\partial^4 u}{\partial x^4}\Big)\,\varphi\,dx\,dt \\
&+ c^2 \int\limits_{t_1}^{t_2} \frac{\partial^3 u}{\partial x^3}(\ell,t)\,\varphi(\ell,t)\,dt - c^2 \int\limits_{t_1}^{t_2} \frac{\partial^2 u}{\partial x^2}(\ell,t)\,\frac{\partial \varphi}{\partial x}(\ell,t)\,dt.
\end{aligned}$$

Im Spezialfall $\varphi \in \mathrm{C}_c^\infty(\Omega)$ verschwinden die beiden letzten Integrale, und wir erhalten mit dem Fundamentallemma die Schwingungsgleichung für den Stab

$$\frac{\partial^2 u}{\partial t^2} + c^2\,\frac{\partial^4 u}{\partial x^4} = 0.$$

In der übrig bleibenden Variationsgleichung wählen wir zuerst Variationsvektoren $\varphi \in \delta\mathcal{V}_I(u)$ mit $\varphi(\ell,t) = \psi(t)$, $\frac{\partial \varphi}{\partial x}(\ell,t) = 0$, $\psi \in \mathrm{C}_c^\infty(]t_1,t_2[)$, und dann Variationsvektoren φ mit $\frac{\partial \varphi}{\partial x}(\ell,t) = \psi(t)$, $\varphi(\ell,t) = 0$, $\psi \in \mathrm{C}_c^\infty(]t_1,t_2[)$. Durch Anwendung des Fundamentallemmas ergeben sich daraus die *natürlichen Randbedingungen* am freien Stabende

$$\frac{\partial^2 u}{\partial x^2}(\ell,t) = \frac{\partial^3 u}{\partial x^3}(\ell,t) = 0 \text{ für alle } t\,.$$

Die beiden letzten Variationsvektoren lassen sich realisieren durch die Ansätze $\varphi(x,t) = \ell^{-3}x^2(3\ell - 2x)\,\psi(t)$ und $\varphi(x,t) = \ell^{-2}x^2(x-\ell)\,\psi(t)$.

4.5 Minimalflächen in Graphengestalt

Wir betrachten das in § 1 : 1.2 (a) angesprochene Problem, in eine geschlossene Kurve $\Gamma \subset \mathbb{R}^3$ eine Graphenfläche kleinsten Flächeninhalts einzuspannen.

Ist die Randkurve der Graph einer C^1–differenzierbaren Funktion $g : \partial\Omega \to \mathbb{R}$ ($\Omega \subset \mathbb{R}^2$ ein Normalgebiet), so geht es um die Bestimmung der Minimumstellen des Flächeninhalts $\mathcal{A} : \mathcal{V} \to \mathbb{R}$ mit

$$\mathcal{A}(v) = \int\limits_{\Omega} \sqrt{1 + \|\nabla v\|^2}\, d^2\mathbf{x}\,, \quad \mathcal{V} = \mathrm{C}^1_g(\overline{\Omega})\,.$$

Als notwendige Bedingung für eine Minimumstelle $u \in \mathcal{V} \cap \mathrm{C}^2(\Omega)$ ergibt sich nach 4.2 die Euler–Gleichung ÜA

$$\operatorname{div} \frac{\nabla u}{\sqrt{1 + \|\nabla u\|^2}} = 0 \text{ in } \Omega\,.$$

Aus Sicht der Differentialgeometrie bedeutet diese Gleichung das Verschwinden der **mittleren Krümmung** der Graphenfläche, siehe § 7 : 3.3 (c). Flächen mit dieser Eigenschaft werden **Minimalflächen** genannt, auch wenn sie kein lokales Minimum von $\mathcal{A}$ auf $\mathcal{V}$ liefern.

4.6 Kapillaritätsflächen in Zylindern

Wir betrachten einen Zylinder $Z = \Omega \times \mathbb{R}_{>0}$ im $\mathbb{R}^3$ über einem konvexen Normalgebiet $\Omega \subset \mathbb{R}^2$ mit äußerem Normalenfeld $\mathbf{n}$ auf $\partial_{\text{reg}}\Omega$. Eine Flüssigkeitssäule in Z stellt sich so ein, dass deren Oberflächenkräfte mit der Schwerkraft ein Gleichgewicht bilden. Ihre obere Begrenzungsfläche heißt **Kapillaritätsfläche**. Wir nehmen an, dass diese der Graph einer positiven Funktion $u \in \mathrm{C}^1(\overline{\Omega})$ ist. Das folgende Variationsprinzip zur Charakterisierung des Gleichgewichtszustandes stammt von Gauss (1830):
Die Gleichung der Kapillaritätsfläche ergibt sich aus

$$\delta\mathcal{E}(u) = 0\,,$$

wobei sich die Gesamtenergie $\mathcal{E}(v)$ zusammensetzt aus der Energie der freien Oberfläche (proportional zu deren Flächeninhalt), der Benetzungsenergie (proportional zur gemeinsamen Oberfläche der Flüssigkeit mit dem Zylinderrand) und der Gravitationsenergie. Dies bedeutet

$$\mathcal{E}(v) = \sigma_0 \int\limits_{\Omega} \sqrt{1 + \|\nabla v\|^2}\, d^2\mathbf{x} - \sigma_1 \Big(\int\limits_{\partial\Omega} v\, ds + V^2(\Omega) \Big) + \tfrac{1}{2}\, g\, \varrho \int\limits_{\Omega} v^2\, d^2\mathbf{x}$$

auf $\mathcal{V} = \mathrm{C}^1(\overline{\Omega})$. Die Konstanten $\sigma_0 > 0$, $\sigma_1 \in \mathbb{R}$ sind Koeffizienten der Oberflächenspannungen, g ist die Erdbeschleunigung und ϱ die konstante Massendichte der Flüssigkeit.

Wir setzen zur Abkürzung

$$\mathbf{T}v := \frac{\boldsymbol{\nabla} v}{\sqrt{1+\|\boldsymbol{\nabla} v\|^2}}, \quad \kappa := \frac{g\varrho}{\sigma_0}, \quad \beta := \frac{\sigma_1}{\sigma_0}.$$

Dann ergibt sich für $u \in \mathcal{V} \cap \mathrm{C}^2(\Omega)$ und $\varphi \in \delta\mathcal{V} := \mathrm{C}^1(\overline{\Omega})$ mit partieller Integration ÜA

$$\begin{aligned} \delta\mathcal{E}(u)\varphi &= \sigma_0 \int_\Omega \big(\langle \mathbf{T}u, \boldsymbol{\nabla}\varphi\rangle + \kappa u\varphi\big)\, d^2\mathbf{x} - \sigma_0\beta \int_{\partial\Omega} \varphi\, ds \\ &= \sigma_0 \int_\Omega \big(-\operatorname{div} \mathbf{T}u + \kappa u\big)\, \varphi\, d^2\mathbf{x} + \sigma_0 \int_{\partial\Omega} \big(\langle \mathbf{n}, \mathbf{T}u\rangle - \beta\big)\, \varphi\, ds. \end{aligned}$$

Für eine Kapillaritätsfläche $u \in \mathcal{V} \cap \mathrm{C}^2(\Omega)$ erhalten wir wie in 4.3 durch Testen von $\delta\mathcal{E}(u)\varphi = 0$ mit $\varphi \in \mathrm{C}_c^\infty(\Omega)$ die Euler–Gleichung

$$\operatorname{div} \mathbf{T}u = \kappa u \ \text{ in } \Omega,$$

und durch anschliessendes Testen mit Buckelfunktionen $\varphi \in \mathrm{C}_c^\infty(\mathbb{R}^2)$, deren Träger um Randpunkte $\mathbf{a} \in \partial_{\text{reg}}\Omega$ zentriert sind, weiter die Randbedingung

$$\langle \mathbf{n}, \mathbf{T}u\rangle = \beta \ \text{ auf } \partial_{\text{reg}}\Omega.$$

Es folgt $|\beta| = |\langle \mathbf{n}, \mathbf{T}u\rangle| \le \|\mathbf{n}\| \cdot \|\mathbf{T}u\| < 1$.

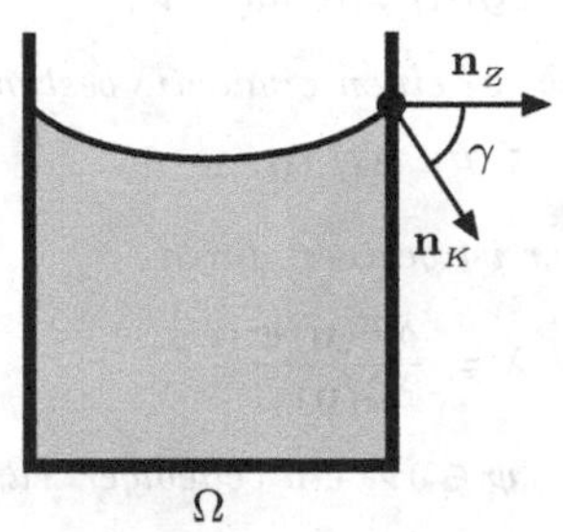

Der Randbedingung lässt sich eine einfache geometrische Interpretation geben: Sind $\mathbf{n}_Z := (n_1, n_2, 0)$,

$$\mathbf{n}_K := \frac{(\partial_1 u, \partial_2 u, -1)}{\sqrt{1+\|\boldsymbol{\nabla} u\|^2}},$$

die Einheitsnormalen der Mantelfläche des Zylinders Z bzw. der Kapillaritätsfläche, so gilt für den von diesen eingeschlossenen **Kontaktwinkel** $\gamma \in \,]0, \pi[$

$$\cos\gamma = \langle \mathbf{n}_K, \mathbf{n}_Z\rangle = \langle \mathbf{T}u, \mathbf{n}\rangle = \beta \ \text{ auf } \partial_{\text{reg}}\Omega.$$

Als Literatur zur Theorie der Kapillaritätsflächen empfehlen wir FINN [32].

AUFGABEN. (a) Zeigen Sie, dass das Flüssigkeitsvolumen V einer Kapillaritätsfläche mit dem Umfang L von Ω durch die Beziehung $\kappa V = L \cos\gamma$ verknüpft ist.

(b) Bestimmen Sie für rotationssymmetrische Kapillaritätsflächen (Ω also eine Kreisscheibe) die ersten Glieder der Potenzreihenentwicklung von $U(r) = u(r\cos\varphi, r\sin\varphi)$.

5 Isoperimetrische Probleme

5.1 Integral–Nebenbedingungen und Lagrange–Multiplikatoren

(a) Gegeben seien (ein– oder mehrdimensionale) Variationsintegrale $\mathcal{F}$, $\mathcal{G}$ auf einer durch Randbedingungen gegebenen Variationklasse $\mathcal{V} \subset \mathcal{D}(\mathcal{F}) \cap \mathcal{D}(\mathcal{G})$. Wir betrachten das **isoperimetrische Problem**, das Variationsintegral $\mathcal{F}$ unter der Nebenbedingung $\mathcal{G} = c$, c eine gegebene Konstante, zu minimieren, also

$$\mathcal{F}(\mathbf{v}) = \min \quad \text{auf } \mathcal{V}_c := \mathcal{V} \cap \{\mathcal{G} = c\} = \{\mathbf{v} \in \mathcal{V} \mid \mathcal{G}(\mathbf{v}) = c\}.$$

Für den zugehörigen Variationsvektorraum $\delta\mathcal{V}$ gilt nach dem Beweis 1.2, bzw. nach 4.2 (b)

$$(*) \qquad \mathbf{u} \in \mathcal{V}\,, \quad \boldsymbol{\eta} \in \delta\mathcal{V}\,, \quad \|\boldsymbol{\eta}\|_{C^1} \ll 1 \implies \mathbf{u} + \boldsymbol{\eta} \in \mathcal{V}\,.$$

Um zu sichern, dass die Klasse $\mathcal{V}_c = \mathcal{V} \cap \{\mathcal{G} = c\}$ eine echte Teilmenge von $\mathcal{V}$ ist, fordern wir, dass es wenigstens ein $\mathbf{u} \in \mathcal{V}$ gibt mit $\delta\mathcal{G}(\mathbf{u}) \neq 0$. Für jeden Variationsvektor $\boldsymbol{\psi} \in \delta\mathcal{V}$ mit $\delta\mathcal{G}(\mathbf{u})\boldsymbol{\psi} \neq 0$ ist dann $\mathcal{G}(\mathbf{u} + s\boldsymbol{\psi}) \neq c$ bzw. $\mathbf{u} + s\boldsymbol{\psi} \notin \mathcal{V}_c$ für $0 < |s| \ll 1$.

Satz. *Ist* $\mathbf{u} \in \mathcal{V}_c$ *eine starke oder schwache lokale Minimumstelle von* $\mathcal{F}$ *auf* $\mathcal{V}_c$ *und gilt*

$$\delta\mathcal{G}(\mathbf{u}) \neq 0 \quad \textit{auf } \delta\mathcal{V}\,,$$

so gibt es einen eindeutig bestimmten **Lagrange–Multiplikator** $\lambda \in \mathbb{R}$ *mit*

$$\delta(\mathcal{F} - \lambda\mathcal{G})(\mathbf{u}) = 0\,.$$

Dieser ist gegeben durch

$$\lambda = \frac{\delta\mathcal{F}(\mathbf{u})\boldsymbol{\psi}}{\delta\mathcal{G}(\mathbf{u})\boldsymbol{\psi}}\,,$$

wobei $\boldsymbol{\psi} \in \delta\mathcal{V}$ *ein beliebiger Variationsvektor mit* $\delta\mathcal{G}(\mathbf{u})\boldsymbol{\psi} \neq 0$ *ist.*

Als notwendige Bedingungen für lokale Minimumstellen $\mathbf{u}$ von $\mathcal{F} : \mathcal{V} \to \mathbb{R}$ erhalten wir somit im Fall der C^2–Differenzierbarkeit von $\mathbf{u}$ neben

$$\mathbf{u} \in \mathcal{V}\,, \quad \mathcal{G}(\mathbf{u}) = c$$

die Euler–Gleichung für $\mathcal{F} - \lambda\mathcal{G}$; diese ist im eindimensionalen Fall $n = 1$

$$\frac{d}{dx}\left[F_{\mathbf{z}}(x, \mathbf{u}, \mathbf{u}') - \lambda G_{\mathbf{z}}(x, \mathbf{u}, \mathbf{u}')\right] = F_{\mathbf{y}}(x, \mathbf{u}, \mathbf{u}') - \lambda G_{\mathbf{y}}(x, \mathbf{u}, \mathbf{u}')\,,$$

bzw. im mehrdimensionalen Fall $n > 1$, $m = 1$

$$\operatorname{div}\,\left[\boldsymbol{\nabla}_{\mathbf{z}}(F - \lambda G)(\mathbf{x}, u, \boldsymbol{\nabla} u)\right] = (F - \lambda G)_y(\mathbf{x}, u, \boldsymbol{\nabla} u)\,,$$

wobei F und G die Integranden von $\mathcal{F}$ bzw. $\mathcal{G}$ sind.

Beweis.

Da jedes starke lokale Minimum auch ein schwaches ist, gilt wegen (∗)

(1) $\mathbf{u} + \boldsymbol{\eta} \in \mathcal{V}$ für alle $\boldsymbol{\eta} \in \delta\mathcal{V}$ mit $\|\boldsymbol{\eta}\|_{C^1} \ll 1$,

(2) $\mathcal{F}(\mathbf{u}) \le \mathcal{F}(\mathbf{u} + \boldsymbol{\eta})$ für alle $\boldsymbol{\eta} \in \delta\mathcal{V}$ mit $\mathbf{u} + \boldsymbol{\eta} \in \mathcal{V}_c$ und $\|\boldsymbol{\eta}\|_{C^1} \ll 1$.

Im Allgemeinen werden Vergleichsvektoren der Form $\mathbf{u} + s\boldsymbol{\psi}$ mit $\boldsymbol{\psi} \in \delta\mathcal{V}$ die Nebenbedingung $\mathcal{G} = c$ nicht erfüllen. Wir modifizieren daher das bisherige Verfahren, indem wir von einer zweiparametrigen Schar $\mathbf{u} + s\boldsymbol{\varphi} + t\boldsymbol{\psi}$ ausgehen.

Wir wählen gemäß Voraussetzung ein $\boldsymbol{\psi} \in \delta\mathcal{V}$ mit $\delta\mathcal{G}(\mathbf{u})\boldsymbol{\psi} \neq 0$ und fixieren einen weiteren Variationsvektor $\boldsymbol{\varphi} \in \delta\mathcal{V}$. Für $\boldsymbol{\eta}(s,t) := s\boldsymbol{\varphi} + t\boldsymbol{\psi} \in \delta\mathcal{V}$ gilt dann $\|\boldsymbol{\eta}\|_{C^1} \le |s| \cdot \|\boldsymbol{\varphi}\|_{C^1} + |t| \cdot \|\boldsymbol{\psi}\|_{C^1} \ll 1$, falls $|s| + |t| \ll 1$.

Somit ist

$$g(s,t) := \mathcal{G}(\mathbf{u} + s\boldsymbol{\varphi} + t\boldsymbol{\psi})$$

für $|s| + |t| \ll 1$ definiert, und es gilt

$$g(0,0) = \mathcal{G}(\mathbf{u}) = c\,,$$

$$\tfrac{\partial g}{\partial t}(0,0) = \delta\mathcal{G}(\mathbf{u})\boldsymbol{\psi} \neq 0\,.$$

Nach dem Satz über implizite Funktionen gibt es daher eine offene Rechteckumgebung $U = I \times J$ von $(0,0)$ und eine C^1-Funktion $h : I \to J$ mit $h(0) = 0$ und

$$g(s,t) = c \iff t = h(s) \text{ in } U\,.$$

Für $U(s) := \mathbf{u} + s\boldsymbol{\varphi} + h(s)\boldsymbol{\psi}$ mit $|s| \ll 1$ gilt somit $\mathcal{G}(\mathbf{U}(s)) = g(s, h(s)) = c$ bzw. $\mathbf{U}(s) \in \mathcal{V}_c$.

Da $\mathbf{U}(0) = \mathbf{u}$ nach Voraussetzung eine lokale Minimumstelle von $\mathcal{F}$ auf $\mathcal{V}_c$ ist, folgt

$$0 = \frac{d}{ds}\,\mathcal{F}(\mathbf{U}(s))\big|_{s=0} = \delta\mathcal{F}(\mathbf{u})\boldsymbol{\varphi} + \dot{h}(0)\,\delta\mathcal{F}(\mathbf{u})\boldsymbol{\psi}\,,$$

$$0 = \frac{d}{ds}\,\mathcal{G}(\mathbf{U}(s))\big|_{s=0} = \delta\mathcal{G}(\mathbf{u})\boldsymbol{\varphi} + \dot{h}(0)\,\delta\mathcal{G}(\mathbf{u})\boldsymbol{\psi}\,.$$

Durch Eliminieren von $\dot{h}(0)$ ergibt sich mit einer Konstanten $\lambda \in \mathbb{R}$

(3) $\delta\mathcal{F}(\mathbf{u})\boldsymbol{\varphi} = \lambda\,\delta\mathcal{G}(\mathbf{u})\boldsymbol{\varphi}\,,$

(4) $\delta\mathcal{F}(\mathbf{u})\boldsymbol{\psi} = \lambda\,\delta\mathcal{G}(\mathbf{u})\boldsymbol{\psi}\,.$

Der Lagrange–Parameter λ ist wegen $\delta\mathcal{G}(\mathbf{u})\boldsymbol{\psi} \neq 0$ durch (4) eindeutig bestimmt. Dieser hängt nicht von der Wahl von $\boldsymbol{\psi}$ ab, wie Gleichung (3) zeigt. Aus (3) und (4) folgt somit $\lambda = \delta\mathcal{F}(\mathbf{u})\boldsymbol{\psi}/\delta\mathcal{G}(\mathbf{u})\boldsymbol{\psi}$ für alle $\boldsymbol{\psi} \in \delta\mathcal{V}$ mit $\delta\mathcal{G}(\mathbf{u})\boldsymbol{\psi} \neq 0$.

Nach (3) verschwindet die erste Variation von $\mathcal{F} - \lambda\mathcal{G}$ an der Stelle $\mathbf{u}$, und im Fall der C^2–Differenzierbarkeit von $\mathbf{u}$ folgen die entsprechenden Euler–Gleichungen nach 1.3 (b) bzw. 4.2 (d). □

(b) Bei mehreren Integral–Nebenbedingungen verfahren wir ganz analog. Seien $\mathcal{F}, \mathcal{G}_1, \ldots, \mathcal{G}_p$ Variationsintegrale auf einer Variationsklasse $\mathcal{V}$ mit $(*)$. Für $\mathbf{c} = (c_1, \ldots, c_p) \in \mathbb{R}^p$ sei

$$\mathcal{V}_{\mathbf{c}} = \{\mathbf{v} \in \mathcal{V} \mid \mathcal{G}_1(\mathbf{v}) = c_1, \ldots, \mathcal{G}_p(\mathbf{v}) = c_p\}.$$

SATZ. *Sei $\mathbf{u} \in \mathcal{V}_{\mathbf{c}}$ eine starke oder schwache lokale Minimumstelle von $\mathcal{F}$ auf $\mathcal{V}_{\mathbf{c}}$. Existieren Variationsvektoren $\boldsymbol{\psi}_1, \ldots, \boldsymbol{\psi}_p \in \delta\mathcal{V}$ mit*

$$\det(\delta\mathcal{G}_i(\mathbf{u})\boldsymbol{\psi}_k) \neq 0,$$

so gibt es eindeutig bestimmte **Lagrange–Multiplikatoren** $\lambda_1, \ldots, \lambda_p$, *für welche die erste Variation von $\mathcal{F} - \sum\limits_{i=1}^{p} \lambda_i\mathcal{G}_i$ an der Stelle $\mathbf{u}$ verschwindet.*

BEWEISSKIZZE.
Wir wählen $\boldsymbol{\psi}_1, \ldots, \boldsymbol{\psi}_p \in \delta\mathcal{V}$ mit $\det(\delta\mathcal{G}_i(\mathbf{u})\boldsymbol{\psi}_k) \neq 0$ und fixieren ein beliebiges $\boldsymbol{\varphi} \in \delta\mathcal{V}$. Für $|s| + \sum\limits_{i=1}^{p} |t_i| \ll 1$ sind dann

$$g_i(s, t_1, \ldots, t_p) := \mathcal{G}_i(\mathbf{u} + s\boldsymbol{\varphi} + t_1\boldsymbol{\psi}_1 + \ldots + t_p\boldsymbol{\psi}_p) \quad (i = 1, \ldots, p),$$

$$f(s, t_1, \ldots, t_p) := \mathcal{F}(\mathbf{u} + s\boldsymbol{\varphi} + t_1\boldsymbol{\psi}_1 + \ldots + t_p\boldsymbol{\psi}_p)$$

definiert, da die Einträge nach $(*)$ zu $\mathcal{V}$ gehören. Ferner gilt

$$g_i(0,\mathbf{0}) = c_i, \quad \frac{\partial g_i}{\partial s}(0,\mathbf{0}) = \delta\mathcal{G}_i(\mathbf{u})\boldsymbol{\varphi}, \quad \frac{\partial g_i}{\partial t_k}(0,\mathbf{0}) = \delta\mathcal{G}_i(\mathbf{u})\boldsymbol{\psi}_k,$$

$$\frac{\partial f}{\partial s}(0,\mathbf{0}) = \delta\mathcal{F}(\mathbf{u})\boldsymbol{\varphi}, \quad \frac{\partial f}{\partial t_k}(0,\mathbf{0}) = \delta\mathcal{F}(\mathbf{u})\boldsymbol{\psi}_k \quad \text{für } 1 \leq i, k \leq p.$$

Nach Voraussetzung ist $\det\left(\frac{\partial g_i}{\partial t_k}(0,\mathbf{0})\right) \neq 0$. Somit beschreiben die Gleichungen $g_i(s, t_1, \ldots, t_p) = c_i$ $(i = 1, \ldots, p)$ eine eindimensionale Lösungsmannigfaltigkeit, auf der f an der Stelle $(0, \mathbf{0})$ ein lokales Minimum annimmt. Nach Bd. 1, § 22 : 6.1 gibt es daher Lagrange–Parameter $\lambda_1, \ldots, \lambda_p$ mit

$$\nabla f(0,\mathbf{0}) = \sum_{i=1}^{p} \lambda_i \nabla g_i(0,\mathbf{0}).$$

Dies bedeutet

(i) $\delta\mathcal{F}(\mathbf{u})\boldsymbol{\varphi} = \sum\limits_{i=1}^{p} \lambda_i \delta\mathcal{G}_i(\mathbf{u})\boldsymbol{\varphi}$,

(ii) $\delta\mathcal{F}(\mathbf{u})\boldsymbol{\psi}_k = \sum\limits_{i=1}^{p} \lambda_i \delta\mathcal{G}_i(\mathbf{u})\boldsymbol{\psi}_k \quad (k = 1, \dots, p)$.

Die Zahlen λ_i in (i) sind als Lösungen des Gleichungssystems (ii) mit nichtverschwindender Determinante durch $\boldsymbol{\psi}_1, \dots, \boldsymbol{\psi}_p$ eindeutig bestimmt. Nach (i) hängen diese nicht von der Wahl der $\boldsymbol{\psi}_k \in \delta\mathcal{V}$ ab. □

5.2 Die hängende Kette

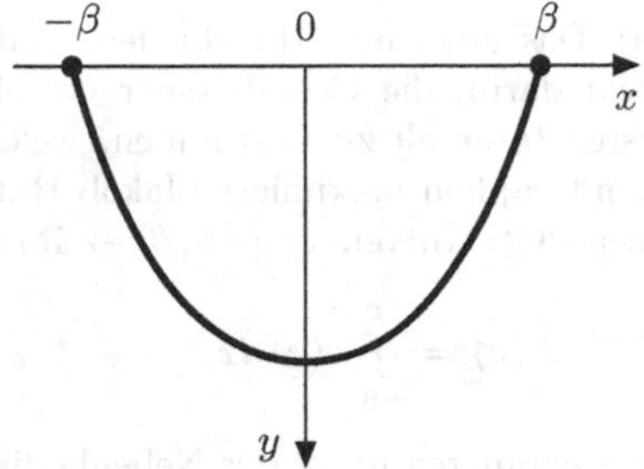

Gegeben sind zwei Punkte A und B in gleicher Höhe über der Erdoberfläche. Eine Kette, idealisierend dargestellt durch einen homogenen, unelastischen, schweren Faden ohne Biegesteifigkeit, sei an ihren Enden in A und B befestigt. Unter dem Einfluss der Schwerkraft stellt sich eine Kurve C ein, deren Gestalt zu bestimmen ist, die **Kettenlinie**.

Wir beschreiben diese durch eine Funktion $w \in \mathrm{C}^2[-\beta, \beta]$ im skizzierten Koordinatensystem, also $A = (-\beta, 0)$, $B = (\beta, 0)$ und $w(\beta) = w(-\beta) = 0$. Bei gegebener Länge

$$\mathcal{G}(v) = \int\limits_{-\beta}^{\beta} \sqrt{1 + v'(x)^2}\, dx = L > 2\beta$$

maximiert w die y–Koordinate des Schwerpunkts

$$\mathcal{F}(v) = \int\limits_{C} y\, ds = \int\limits_{-\beta}^{\beta} v(x)\sqrt{1 + v'(x)^2}\, dx\,,$$

also das beim Seifenhautproblem 2.5 auftretende Variationsintegral. Mit den Integranden

$$F(y,z) = y\sqrt{1 + z^2} \quad \text{von } \mathcal{F}, \quad G(y,z) = \sqrt{1 + z^2} \quad \text{von } \mathcal{G}$$

ist w somit eine Extremale von $F(y,z) - \lambda G(y,z) = (y - \lambda)\sqrt{1 + z^2}$ mit passendem λ, und daher ist $u := w - \lambda$ eine Extremale von $\mathcal{F}$ auf der Vergleichsklasse

$$\mathcal{V} = \left\{ v \in \mathrm{C}^2[-\beta, \beta] \;\middle|\; v(-\beta) = v(\beta) = -\lambda \right\}.$$

Damit übertragen sich die Schritte (1),(2),(3) von 2.5 mit geringfügigen Modifikationen.

Aufgabe. Zeigen Sie in Analogie zu 2.5:

(a) Es gibt eine Konstante $c \neq 0$ mit $u(x) = -\lambda \dfrac{\cosh(x/c)}{\cosh(\beta/c)}$.

(b) Wegen $w(x) > 0$ für $|x| < \beta$ folgt $\lambda > 0$ und damit $u(x) \leq c < 0$.

(c) Der Bedingung (4) in 2.5 (c) entspricht hier $\lambda = -c \cdot \cosh(\beta/c)$.

(d) Aus (a) und (c) folgt $L = \mathcal{G}(w) = \mathcal{G}(u) = 2c \cdot \sinh(\beta/c) =: f(c)$.

(e) Die Konstante c ist durch $f(c) = L > 2\beta$ eindeutig bestimmt, denn für $g(x) := f(\beta/x)$ ist $\lim\limits_{x\to 0+} g(x) = 2\beta$, $\lim\limits_{x\to\infty} g(x) = \infty$, $x^2 g'(x) > 0$, falls $x > 0$.

5.3 Zum Problem der Dido

(a) Das erste mit Mitteln der Analysis gelöste isoperimetrische Problem besteht darin, die Gestalt einer Graphenkurve gegebener Länge L über einem festen Intervall zu bestimmen, welche die Fläche zwischen der x–Achse und dem Graphen maximiert (Jakob Bernoulli 1697). Es geht also darum, unter allen PC^1–Kurven $v : [-\beta, \beta] \to \mathbb{R}_+$ mit $v(-\beta) = v(\beta) = 0$ den Flächeninhalt

$$\mathcal{F}(v) = \int_{-\beta}^{\beta} v(x)\, dx$$

zu maximieren unter der Nebenbedingung

$$\mathcal{G}(v) = \int_{-\beta}^{\beta} \sqrt{1 + v'(x)^2}\, dx = L\,.$$

Jede Lösung u dieses Problems erfüllt nach 5.1 und 3.2 (b) die Euler–Gleichung in integrierter Form

$$-\lambda \frac{u'(x)}{\sqrt{1 + u'(x)^2}} = x + c$$

an allen Stetigkeitsstellen x von u', dabei sind λ und c Konstanten [ÜA]. Daraus folgt $\lambda \neq 0$ und die Stetigkeit von u'. Offenbar besitzt u' nur die Nullstelle $-c$; wegen $u'(-\beta) \geq 0$ ist daher $u'(x) \cdot (x + c) < 0$ für $x \neq -c$ und damit $\lambda > 0$. Auflösung nach $u'(x)$ und Integration ergibt

$$u'(x) = -\frac{x + c}{\sqrt{\lambda^2 - (x + c)^2}} = \frac{d}{dx} \sqrt{\lambda^2 - (x + c)^2}\,,$$

also

$$u(x) = \sqrt{\lambda^2 - (x + c)^2} + d$$

mit einer Konstanten d. Aus $u(-\beta) = u(\beta) = 0$ folgt $c = 0$ und $d = -\sqrt{\lambda^2 - \beta^2}$. u beschreibt also einen Kreisbogen mit Radius λ und Mittelpunkt $(0, d)$.

(b) Die Fläche $\mathcal{F}(u)$ unter dem Kreisbogen hängt von β und damit vom halben Öffnungswinkel φ ab. Mit $\sin\varphi = \beta/\lambda$ und $L = 2\lambda\varphi$ ergibt sich

$$\mathcal{F}(u) = \lambda^2 (\varphi - \sin\varphi\cos\varphi) = \frac{L^2}{4\varphi^2}\left(\varphi - \tfrac{1}{2}\sin 2\varphi\right) =: f(\varphi).$$

Das Optimum bei frei wählbaren Randpunkten $(-\beta, 0)$, $(\beta, 0)$ ergibt sich für $\beta = L/\pi$, also einem Halbkreis, denn es gilt $f'(\varphi) > 0$ für $0 < \varphi < \pi/2$ ÜA.

(c) Das klassische Problem der Dido § 1 : 1.5 fassen wir wie folgt: Unter allen geschlossenen PC^1–Kurven $\mathbf{v} : [0,1] \to \mathbb{R}^2$ vorgegebener Länge L, welche den Nullpunkt einfach positiv umlaufen (Bd. 1, § 26 : 3.6), sind diejenigen zu bestimmen, deren Spur eine Fläche größten Inhalts umschließt.

Für jede zur Konkurrenz zugelassene Kurve hat die eingeschlossene Fläche nach der Leibnizschen Sektorformel (Bd. 1, § 24 : 4.6 (c)) den Inhalt

$$\mathcal{F}(\mathbf{v}) = \tfrac{1}{2}\int_C \left(x\,dy - y\,dx\right) = \tfrac{1}{2}\int_0^1 (v_1(t)\,\dot v_2(t) - \dot v_1(t)\,v_2(t))\,dt\,.$$

Liefert $\mathbf{u}$ das Maximum von $\mathcal{F}(\mathbf{v})$ unter der Nebenbedingung

$$\mathcal{G}(\mathbf{v}) = \int_0^1 \sqrt{\dot v_1(t)^2 + \dot v_2(t)^2}\,dt = L,$$

so gelten nach 5.1 und 3.2 (b) die Euler–Gleichungen in integrierter Form

$$-\tfrac{1}{2}\,u_2(t) - \lambda\,\frac{\dot u_1(t)}{\sqrt{\dot u_1(t)^2 + \dot u_2(t)^2}} = \tfrac{1}{2}\int_0^t \dot u_2(s)\,ds + c_1 = \tfrac{1}{2}\,u_2(t) + b_1\,,$$

$$\tfrac{1}{2}\,u_1(t) - \lambda\,\frac{\dot u_2(t)}{\sqrt{\dot u_1(t)^2 + \dot u_2(t)^2}} = -\tfrac{1}{2}\int_0^t \dot u_1(s)\,ds + c_2 = -\tfrac{1}{2}\,u_1(t) + b_2$$

an den Glattheitsstellen von $\mathbf{u}$, dabei sind b_k, c_k Konstanten. Es folgt

$$u_1 = \lambda\,\frac{\dot u_2}{\sqrt{\dot u_1^2 + \dot u_2^2}} + b_2\,, \quad u_2 = -\lambda\,\frac{\dot u_1}{\sqrt{\dot u_1^2 + \dot u_2^2}} - b_1\,.$$

Durch Kombination dieser Gleichungen und Integration folgt hieraus

$$u_1\,\dot u_1 + u_2\,\dot u_2 = b_2\,\dot u_1 - b_1\,\dot u_2\,,$$

$$\tfrac{1}{2}\,(u_1^2 + u_2^2) - b_2 u_1 + b_1 u_2 = \alpha, \quad \text{bzw.} \quad \tfrac{1}{2}\,(u_1 - b_2)^2 + \tfrac{1}{2}(u_2 + b_1)^2 = \beta$$

mit Konstanten α, β. Die Kurve $\mathbf{u}$ beschreibt somit einen Kreis vom Radius $r = \sqrt{2\beta} = L/2\pi$ (Letzteres wegen $\mathcal{G}(\mathbf{u}) = L$). Der Mittelpunkt des Kreises ist durch die Aufgabenstellung nicht festgelegt.

6 Legendre–Transformation und Hamilton–Gleichungen

6.1 Übersicht

Die Euler–Gleichungen eines elliptischen Variationsintegrals lassen sich in ein äquivalentes System von $2m$ Differentialgleichungen erster Ordnung

$$y_i'(x) = \frac{\partial H}{\partial p_i}(x, \mathbf{y}(x), \mathbf{p}(x)), \quad p_i'(x) = -\frac{\partial H}{\partial y_i}(x, \mathbf{y}(x), \mathbf{p}(x))$$

$(i = 1, \dots, m)$ umformen, die **Hamilton–Gleichungen**.

Gegenüber den Euler–Gleichungen hat dieses System den Vorteil, explizit zu sein; des Weiteren sind die Koordinaten $y_1, \dots, y_m$ und $p_1, \dots, p_m$ gleichberechtigte Variablen des **Phasenraums**. Mit Hilfe der Hamilton–Gleichungen gestaltet sich die Darstellung von ersten Integralen (in der Mechanik: von Erhaltungsgrößen) besonders einfach. Auf die Bedeutung der Hamiltonschen Formulierung der Bewegungsgesetze für die Mechanik gehen wir in (§ 4 : 4) ein.

6.2 Hamilton–Funktion und Hamilton–Gleichungen

(a) Sei $F : \mathbb{R}^{2m+1} \supset \Omega_F \to \mathbb{R}$ ein C^r–differenzierbarer elliptischer Variationsintegrand $(r \geq 2)$. Nach 3.3 (b) ist die Abbildung

$$(x, \mathbf{y}, \mathbf{z}) \mapsto (x, \mathbf{y}, \mathbf{p}) = (x, \mathbf{y}, \nabla_{\mathbf{z}} F(x, \mathbf{y}, \mathbf{z}))$$

ein C^{r-1}–Diffeomorphismus zwischen Ω_F und einem Gebiet $\Omega_H \subset \mathbb{R}^{2m+1}$, dessen Umkehrabbildung wir mit

$$(x, \mathbf{y}, \mathbf{p}) \mapsto (x, \mathbf{y}, \mathbf{z}) = (x, \mathbf{y}, \mathbf{Z}(x, \mathbf{y}, \mathbf{p}))$$

bezeichnen.

Wir definieren die **Hamilton–Funktion** $H : \Omega_H \to \mathbb{R}$ von F durch

$$H(x, \mathbf{y}, \mathbf{p}) := \langle \mathbf{p}, \mathbf{z} \rangle - F(x, \mathbf{y}, \mathbf{z}) \text{ mit } \mathbf{z} := \mathbf{Z}(x, \mathbf{y}, \mathbf{p}).$$

Als **Legendre–Transformation** wird meistens sowohl der Variablenwechsel $(x, \mathbf{y}, \mathbf{z}) \mapsto (x, \mathbf{y}, \mathbf{p})$, als auch die Zuordnung $F \mapsto H$ verstanden.

Zur Notation gilt das in der Bemerkung 3.3 (b) Gesagte.

SATZ. *Die Hamilton–Funktion H ist C^r–differenzierbar, und es gilt*

$$\begin{aligned}
\nabla_{\mathbf{p}} H(x, \mathbf{y}, \mathbf{p}) &= \mathbf{Z}(x, \mathbf{y}, \mathbf{p}), \\
\nabla_{\mathbf{y}} H(x, \mathbf{y}, \mathbf{p}) &= -\nabla_{\mathbf{y}} F(x, \mathbf{y}, \mathbf{z}) \quad \textit{mit } \mathbf{z} = \mathbf{Z}(x, \mathbf{y}, \mathbf{p}), \\
\frac{\partial H}{\partial x}(x, \mathbf{y}, \mathbf{p}) &= -\frac{\partial F}{\partial x}(x, \mathbf{y}, \mathbf{z}) \quad \textit{mit } \mathbf{z} = \mathbf{Z}(x, \mathbf{y}, \mathbf{p}).
\end{aligned}$$

BEWEIS.

Aus der Definition

$$H(x,\mathbf{y},\mathbf{p}) = \sum_{i=1}^{m} p_i\, Z_i(x,\mathbf{y},\mathbf{p}) - F(x,\mathbf{y},\mathbf{Z}(x,\mathbf{y},\mathbf{p}))$$

folgt unter Beachtung von

$$p_i = \frac{\partial F}{\partial z_i}(x,\mathbf{y},\mathbf{z}) \quad \text{mit} \quad \mathbf{z} = \mathbf{Z}(x,\mathbf{y},\mathbf{p})$$

nach der Kettenregel und unter Fortlassung der Argumente von H

$$\begin{aligned}
\frac{\partial H}{\partial p_k} &= Z_k(x,\mathbf{y},\mathbf{p}) + \sum_{i=1}^{m} p_i \frac{\partial Z_i}{\partial p_k}(x,\mathbf{y},\mathbf{p}) - \sum_{i=1}^{m} \frac{\partial F}{\partial z_i}(x,\mathbf{y},\mathbf{z})\, \frac{\partial Z_i}{\partial p_k}(x,\mathbf{y},\mathbf{p}) \\
&= Z_k(x,\mathbf{y},\mathbf{p})\,, \\
\frac{\partial H}{\partial y_k} &= \sum_{i=1}^{m} p_i \frac{\partial Z_i}{\partial y_k}(x,\mathbf{y},\mathbf{p}) - \frac{\partial F}{\partial y_k}(x,\mathbf{y},\mathbf{z}) - \sum_{i=1}^{m} \frac{\partial F}{\partial z_i}(x,\mathbf{y},\mathbf{z})\, \frac{\partial Z_i}{\partial y_k}(x,\mathbf{y},\mathbf{p}) \\
&= -\,\frac{\partial F}{\partial y_k}(x,\mathbf{y},\mathbf{z}) \;\text{ mit }\; \mathbf{z} = \mathbf{Z}(x,\mathbf{y},\mathbf{p})\,, \\
\frac{\partial H}{\partial x} &= \sum_{i=1}^{m} p_i \frac{\partial Z_i}{\partial x}(x,\mathbf{y},\mathbf{p}) - \frac{\partial F}{\partial x}(x,\mathbf{y},\mathbf{z}) - \sum_{i=1}^{m} \frac{\partial F}{\partial z_i}(x,\mathbf{y},\mathbf{z})\, \frac{\partial Z_i}{\partial x}(x,\mathbf{y},\mathbf{p}) \\
&= -\,\frac{\partial F}{\partial x}(x,\mathbf{y},\mathbf{z}) \;\text{ mit }\; \mathbf{z} = \mathbf{Z}(x,\mathbf{y},\mathbf{p})\,.
\end{aligned}$$

Insbesondere ist H C^r–differenzierbar, weil die Funktionen Z_k, $\partial F/\partial y_k$, $\partial F/\partial x$ C^{r-1}–differenzierbar sind. □

(b) SATZ. *Die Euler–Gleichungen von F und die* **Hamilton–Gleichungen** *der F zugeordneten Hamilton–Funktion H*

(HG) $\quad \mathbf{y}'(x) = \nabla_{\mathbf{p}} H(x,\mathbf{y}(x),\mathbf{p}(x)), \quad \mathbf{p}'(x) = -\nabla_{\mathbf{y}} H(x,\mathbf{y}(x),\mathbf{p}(x))$

sind in folgendem Sinn äquivalent:

Ist $x \mapsto \mathbf{y}(x)$ eine Lösung der Euler–Gleichungen von F, so ist

$$x \mapsto (\mathbf{y}(x),\mathbf{p}(x)) \quad \textit{mit} \quad \mathbf{p}(x) = \nabla_{\mathbf{z}} F(x,\mathbf{y}(x),\mathbf{y}'(x))$$

eine Lösung der Hamilton–Gleichungen.

Umgekehrt ist für jede Lösung $x \mapsto (\mathbf{y}(x),\mathbf{p}(x))$ der Hamilton–Gleichungen durch $x \mapsto \mathbf{y}(x)$ eine Lösung der Euler–Gleichungen gegeben, und es gilt

$$\mathbf{p}(x) = \nabla_{\mathbf{z}} F(x,\mathbf{y}(x),\mathbf{y}'(x))).$$

Denn aufgrund der Beziehungen zwischen H und F in (a) gilt

$$\mathbf{p}(x) = \nabla_{\mathbf{z}} F(x, \mathbf{y}(x), \mathbf{y}'(x)) \iff \mathbf{y}'(x) = \nabla_{\mathbf{p}} H(x, \mathbf{y}(x), \mathbf{p}(x))$$

und

$$\frac{d}{dx}\left[\nabla_{\mathbf{z}} F(x, \mathbf{y}(x), \mathbf{y}'(x))\right] - \nabla_{\mathbf{y}} F(x, \mathbf{y}(x), \mathbf{y}'(x))$$
$$= \mathbf{p}'(x) + \nabla_{\mathbf{y}} H(x, \mathbf{y}(x), \mathbf{p}(x)).$$

(c) SATZ (Poincaré 1893). *Die Hamilton–Gleichungen* (HG) *sind die Euler–Gleichungen des Variationsintegrals für Kurven*

$$x \mapsto (\mathbf{y}(x), \mathbf{p}(x)) \text{ im } \mathbb{R}^{2m}$$

auf Intervallen $I = [\alpha, \beta]$

$$\mathcal{F}_H(\mathbf{y}, \mathbf{p}) = \mathcal{F}_H(\mathbf{y}, \mathbf{p}, I) := \int_\alpha^\beta \left\{ \langle \mathbf{p}(x), \mathbf{y}'(x) \rangle - H(x, \mathbf{y}(x), \mathbf{p}(x)) \right\} dx\,,$$

genauer: Für eine beliebige C^1*–Funktion* $H : \Omega_H \to \mathbb{R}$ *folgt aus dem Verschwinden der ersten Variation* $\delta\mathcal{F}_H(\mathbf{q}, \mathbf{p}) = 0$ *die* C^1*–Differenzierbarkeit von* $\mathbf{q}, \mathbf{p}$ *und das Bestehen der Hamilton–Gleichungen.*

BEWEIS als ÜA: Stellen Sie für $\mathcal{F}_H$ die Euler–Gleichungen in integrierter Form auf, vgl. 3.2 (a).

BEMERKUNGEN. (i) Wegen

$$F(x, \mathbf{y}, \mathbf{z}) = \langle \mathbf{p}, \mathbf{z} \rangle - H(x, \mathbf{y}, \mathbf{p}) \text{ für } \mathbf{p} = \nabla_{\mathbf{z}} F(x, \mathbf{y}, \mathbf{z})$$

gilt für C^1–Kurven $\mathbf{y} : I \to \mathbb{R}^m$

$$\mathcal{F}_H(\mathbf{y}, \mathbf{p}) = \mathcal{F}(\mathbf{y}), \text{ falls } \mathbf{p}(x) = \nabla_{\mathbf{z}} F(x, \mathbf{y}(x), \mathbf{y}'(x)).$$

(ii) Das Variationsintegral $\mathcal{F}_H$ ist nicht elliptisch, dennoch folgt unter der Voraussetzung $H \in \mathrm{C}^1(\Omega_H)$ die C^1–Differenzierbarkeit von schwachen Extremalen.

(d) In der Hamiltonschen Mechanik § 4 verwenden wir die der traditionellen Notation angepassten Bezeichnungen

$t, \mathbf{q}, \mathbf{v}, L, \mathcal{W}$ anstelle von $x, \mathbf{y}, \mathbf{z}, F, \mathcal{F}$,

$t, \mathbf{q}, \mathbf{p}, H, \mathcal{W}_H$ anstelle von $x, \mathbf{y}, \mathbf{p}, H, \mathcal{F}_H$;

dabei ist L die Lagrange–Funktion und $\mathcal{W}$ das Wirkungsintegral.

Die Legendre–Transformation bewirkt in der Sprache der Mechanik den Austausch von Geschwindigkeitsvariablen $\mathbf{v}$ gegen Impulsvariablen $\mathbf{p}$.

6.3 Hinweis

Um den an die Schreibweise der klassischen Vektoranalysis gewohnten Leserinnen und Leser den Einstieg zu erleichtern, fassen wir hier, wie auch später in der Hamiltonschen Mechanik § 4 und in der geometrischen Optik § 5, die Impulse $\mathbf{p}$ als Vektoren des $\mathbb{R}^m$ auf. Dies ist jedoch nur so lange zulässig, solange keine Koordinatenwechsel vorgenommen werden. Soll die Hamilton–Funktion in beliebigen Koordinaten ihren Sinn behalten, müssen Impulse $\mathbf{p} = F_{\mathbf{y}}$ bzw. $\mathbf{p} = L_{\mathbf{v}}$ als Linearformen aufgefasst werden, vgl. die Bemerkung in § 8 : 3.3.

6.4 Aufgabe

Für $t \in I$ und $q, v \in \mathbb{R}$ sei $L(t,q,v) = n(t,q)\sqrt{1+v^2} > 0$ (Bezeichnungen wie in 6.2 (d)).

(a) Geben Sie die Hamilton–Funktion H und deren Definitionsbereich Ω_H an. Stellen Sie die Hamilton–Gleichungen auf.

(b) Bestimmen Sie für $n(t,q) = \sqrt{t^2+q^2}$ die Extremale $q : \mathbb{R}_{>0} \to \mathbb{R}$ mit $q(0) = 1$, $\dot{q}(0) = 0$.

Anleitung: Für die Lösungen der Hamilton–Gleichungen ist $q(t)^2 - p(t)^2$ konstant, ferner ergibt sich eine gewöhnliche Differentialgleichung für $d(t) = q(t) - p(t)$. Aus deren Lösung ergibt sich eine Gleichung für $q(t) + p(t)$.

§ 3 Minimaleigenschaften von Extremalen

In diesem Paragraphen stellen wir für das Zweipunktproblem $\mathcal{F} : \mathcal{V} \to \mathbb{R}$ von § 2 : 1.1 notwendige und hinreichende Bedingungen dafür auf, dass eine gegebene Extremale $\mathbf{u} \in \mathcal{V}$ ein lokales Minimum von $\mathcal{F}$ in $\mathcal{V}$ liefert. Eine Schlüsselrolle spielt hierbei die Bedingung von Jacobi, welche die Länge des Integrationsintervalls einschränkt und auf den fundamentalen Konzepten des *Jacobi–Felds* und der *konjugierten Punkte* beruht. Für die hinreichenden Bedingungen starker lokaler Minima wird eine an der Optik orientierte Feldkonstruktion herangezogen.

Bemerkung: Für die Hamiltonsche Mechanik (§ 4) und die geometrische Optik (§ 5) ist das Studium des ganzen Paragraphen nicht erforderlich. Die auf dem Hauptsatz 3.4 beruhende Äquivalenz der beiden Versionen des Hamiltonschen Prinzips wird in 3.6 formuliert. Die Äquivalenz der beiden Versionen des Fermatschen Prinzips wird in § 5 : 3.1 (d) behandelt.

1 Notwendige Bedingungen für lokale Minima

1.1 Konvexe Funktionen und Exzessfunktion

Eine Funktion $f : V \to \mathbb{R}$ auf einem konvexen Gebiet $V \subset \mathbb{R}^n$ heißt **konvex**, wenn

$$f(t_1\mathbf{z}_1 + t_2\mathbf{z}_2) \leq t_1 f(\mathbf{z}_1) + t_2 f(\mathbf{z}_2)$$

für alle $\mathbf{z}_1, \mathbf{z}_2 \in V$ und $t_1, t_2 \in \mathbb{R}_+$ mit $t_1 + t_2 = 1$.

Die Funktion$f$ heißt **streng konvex** , wenn

$$f(t_1\mathbf{z}_1 + t_2\mathbf{z}_2) < t_1 f(\mathbf{z}_1) + t_2 f(\mathbf{z}_2)\,,$$

falls $\mathbf{z}_1 \neq \mathbf{z}_2$, $t_1, t_2 > 0$ und $t_1 + t_2 = 1$.

Die **Exzessfunktion** W_f einer C^1–Funktion $f : V \to \mathbb{R}$ ist definiert durch

$$W_f(\mathbf{z}_1, \mathbf{z}_2) := f(\mathbf{z}_2) - f(\mathbf{z}_1) - f'(\mathbf{z}_1)(\mathbf{z}_2 - \mathbf{z}_1)\,.$$

Diese misst, wie hoch der Funktionswert von f an der Stelle $\mathbf{z}_2$ über der Tangentialebene

$$\mathbf{z} \mapsto f(\mathbf{z}_1) + f'(\mathbf{z}_1)(\mathbf{z} - \mathbf{z}_1)$$

durch den Punkt $(\mathbf{z}_1, f(\mathbf{z}_1))$ liegt.

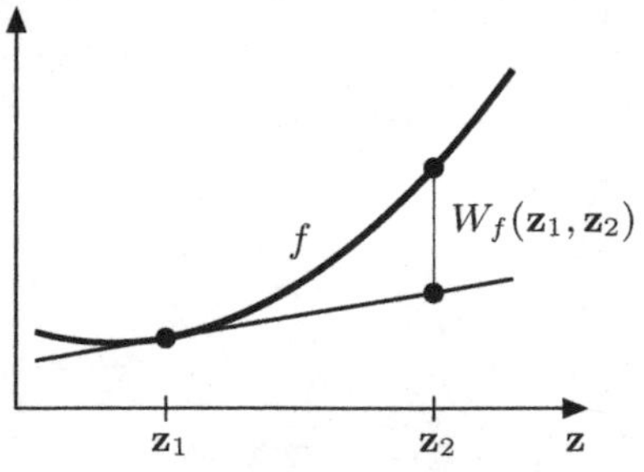

Satz. *Für* C^2*–Funktionen* $f : V \to \mathbb{R}$ *auf einem konvexen Gebiet* $V \subset \mathbb{R}^n$ *sind folgende Aussagen äquivalent:*

(a) f *ist konvex,*

(b) $W_f(\mathbf{z}_1, \mathbf{z}_2) \geq 0$ *für alle* $\mathbf{z}_1, \mathbf{z}_2 \in V$,

(c) *Die Hesse–Matrix* $f''(\mathbf{z})$ *ist positiv semidefinit auf* V:

$$f''(\mathbf{z}) \geq 0 \text{ für alle } \mathbf{z} \in V.$$

Zusatz. *Aus der positiven Definitheit* $f''(\mathbf{z}) > 0$ *auf* V *folgt*

(d) $W_f(\mathbf{z}_1, \mathbf{z}_2) > 0$ *für* $\mathbf{z}_1 \neq \mathbf{z}_2$,

(e) f *ist streng konvex.*

Beweis.

(c) $\Longrightarrow$ (b): Da V konvex ist, liegt mit $\mathbf{z}_1, \mathbf{z}_2$ auch die Verbindungsstrecke in V. Nach dem Satz von Taylor gibt es ein $\vartheta \in \,]0,1[$, so dass mit $\mathbf{h} := \mathbf{z}_2 - \mathbf{z}_1$

$$(*) \qquad W_f(\mathbf{z}_1, \mathbf{z}_2) \,=\, f(\mathbf{z}_1 + \mathbf{h}) - f(\mathbf{z}_1) - f'(\mathbf{z}_1)\mathbf{h} \,=\, \frac{1}{2}\big\langle \mathbf{h}, f''(\mathbf{z}_1 + \vartheta\mathbf{h})\mathbf{h}\big\rangle.$$

Ist f'' positiv semidefinit, so folgt $W_f(\mathbf{z}_1, \mathbf{z}_2) \geq 0$.

Im Fall der positiven Definitheit von f'' in V ergibt sich ferner $W_f(\mathbf{z}_1, \mathbf{z}_2) > 0$, falls $\mathbf{h} = \mathbf{z}_2 - \mathbf{z}_1 \neq \mathbf{0}$.

(b) $\Longrightarrow$ (c): Angenommen, f'' ist nicht positiv semidefinit. Dann gibt es ein $\mathbf{z}_1 \in V$ und ein $\mathbf{v} \neq \mathbf{0}$ mit $\langle \mathbf{v}, f''(\mathbf{z}_1)\mathbf{v}\rangle < 0$, also auch $\langle \mathbf{h}, f''(\mathbf{z})\mathbf{h}\rangle < 0$ für $\mathbf{z} \in K_r(\mathbf{z}_1)$ mit passendem $r > 0$ und $\mathbf{h} = \lambda\mathbf{v}$ mit $\lambda \neq 0$, vgl. Bd. 1, § 22 : 4.5. Für $\|\mathbf{h}\| < r$ und $\mathbf{z}_2 = \mathbf{z}_1 + \mathbf{h}$ folgt $W_f(\mathbf{z}_1, \mathbf{z}_2) < 0$ nach $(*)$.

(a) $\Longrightarrow$ (b): Zu je zwei festen Vektoren $\mathbf{z}_1, \mathbf{z}_2 \in V$ betrachten wir

$$g(t) \,:=\, (1-t)f(\mathbf{z}_1) + tf(\mathbf{z}_2) - f((1-t)\mathbf{z}_1 + t\mathbf{z}_2) \quad \text{für } 0 \leq t \leq 1.$$

Konvexität von f bedeutet $g(t) \geq 0$ für $t, \mathbf{z}_1, \mathbf{z}_2$. Wegen

$$g'(t) \,=\, f(\mathbf{z}_2) - f(\mathbf{z}_1) - f'((1-t)\mathbf{z}_1 + t\mathbf{z}_2)\,(\mathbf{z}_2 - \mathbf{z}_1)$$

ist $g'(0) = W_f(\mathbf{z}_1, \mathbf{z}_2)$. Ferner gilt $g(0) = g(1) = 0$.

Ist f konvex, so gilt $g(t) \geq 0$ in $[0,1]$, also $W_f(\mathbf{z}_1, \mathbf{z}_2) = g'(0) \geq 0$ für jede Wahl von $\mathbf{z}_1, \mathbf{z}_2$.

(c) $\Longrightarrow$ (a): Es gelte $f''(\mathbf{z}) \geq 0$ für alle $\mathbf{z} \in V$. Nach den Schlüssen oben folgt (b). Zu je zwei gegebenen Punkten $\mathbf{z}_1, \mathbf{z}_2$ und der zugehörigen Funktion g ist daher $g(0) = g(1) = 0$, $g'(0) \geq 0$, ferner

$$g''(t) \,=\, -\big\langle \mathbf{z}_2 - \mathbf{z}_1, f''((1-t)\mathbf{z}_1 + t\mathbf{z}_2)\,(\mathbf{z}_2 - \mathbf{z}_1)\big\rangle \,\leq\, 0.$$

Es folgt $g(t) \geq 0$ in $[0,1]$, denn würde g negative Werte annehmen, so gäbe es ein $t_0 \in \,]0,1[$ mit $g'(t_0) < 0$ und daher $g'(t) < 0$ für $t_0 \leq t \leq 1$, was $g(1) < 0$ nach sich ziehen würde.

Ist f'' positiv definit in V, so gilt sogar $g''(t) < 0$ für $\mathbf{z}_1 \neq \mathbf{z}_2$, woraus ähnlich wie oben $g(t) > 0$ für $0 < t < 1$ folgt. Das bedeutet strenge Konvexität. □

1.2 Die notwendigen Bedingungen von Legendre und Weierstraß

In diesem Paragraphen betrachten wir das Zweipunktproblem $\mathcal{F} : \mathcal{V} \to \mathbb{R}$ mit

$$\mathcal{F}(\mathbf{v}) := \int\limits_\alpha^\beta F(x, \mathbf{v}, \mathbf{v}')\, dx\,,$$

$$\mathcal{V} := \left\{ \mathbf{v} \in \mathrm{PC}^1([\alpha,\beta], \mathbb{R}^m) \;\middle|\; \mathbf{v}(\alpha) = \mathbf{a}\,,\ \mathbf{v}(\beta) = \mathbf{b}\,,\ \mathbf{v} \in \mathcal{D}(\mathcal{F}) \right\},$$

$$\delta\mathcal{V} = \mathrm{PC}^1_0([\alpha,\beta], \mathbb{R}^m) := \left\{ \boldsymbol{\varphi} \in \mathrm{PC}^1([\alpha,\beta], \mathbb{R}^m) \;\middle|\; \boldsymbol{\varphi}(\alpha) = \boldsymbol{\varphi}(\beta) = \mathbf{0} \right\}.$$

Im Hinblick auf die Theorie hinreichender Bedingungen verlangen wir die C^3–Differenzierbarkeit von F auf einem Gebiet Ω_F, welches mit je zwei Punkten $(x, \mathbf{y}, \mathbf{z}_1)$, $(x, \mathbf{y}, \mathbf{z}_2)$ auch die Verbindungsstrecke enthält.

(a) **Die notwendige Bedingung von Legendre** (LEGENDRE 1788). *Für jede schwache lokale Minimumstelle* $\mathbf{u} \in \mathcal{V}$ *des Zweipunktproblems* $\mathcal{F} : \mathcal{V} \to \mathbb{R}$ *gilt*

$$F_{\mathbf{zz}}(x, \mathbf{u}(x), \mathbf{u}'(x\pm)) \geq 0 \quad \textit{für } x \in\,]\alpha, \beta[\,.$$

BEWEIS.

Wir fixieren eine Glattheitsstelle

$$\xi \in\,]\alpha, \beta[$$

von $\mathbf{u}$, einen Vektor

$$\boldsymbol{\zeta} \in \mathbb{R}^m,$$

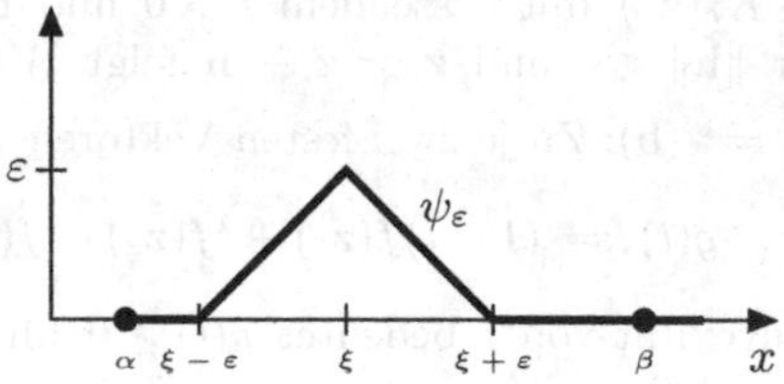

und setzen für $x \in\,]\alpha, \beta[$, $0 < \varepsilon \ll 1$,

$$\boldsymbol{\varphi}_\varepsilon(x) = \psi_\varepsilon(x) \cdot \boldsymbol{\zeta} \quad \text{mit}$$

$$\psi_\varepsilon(x) = \begin{cases} \varepsilon - |x - \xi| & \text{für } |x - \xi| \leq \varepsilon\,, \\ 0 & \text{für } |x - \xi| \geq \varepsilon\,. \end{cases}$$

Dann ist $\boldsymbol{\varphi}_\varepsilon \in \delta\mathcal{V}$ und $\boldsymbol{\varphi}_\varepsilon'(x) = \mathrm{sign}\,(\xi - x) \cdot \boldsymbol{\zeta}$ für $0 < |\xi - x| < \varepsilon$; dabei ist $\mathrm{sign}\,(\xi - x)$ das Vorzeichen von $\xi - x$. Nach §2:1.2 (b), (c) folgt aus der schwachen lokalen Minimumeigenschaft von $\mathbf{u}$

$$\begin{aligned} 0 \leq \frac{1}{2\varepsilon}\, \delta^2\mathcal{F}(\mathbf{u})\, \boldsymbol{\varphi}_\varepsilon = \frac{1}{2\varepsilon} \int\limits_{\xi-\varepsilon}^{\xi+\varepsilon} \Big(& \langle \boldsymbol{\zeta}, F_{\mathbf{yy}}(x, \mathbf{u}, \mathbf{u}')\, \boldsymbol{\zeta} \rangle (\varepsilon - |x - \xi|)^2 \\ & + 2 \langle \boldsymbol{\zeta}, F_{\mathbf{zy}}(x, \mathbf{u}, \mathbf{u}')\, \boldsymbol{\zeta} \rangle (\varepsilon - |x - \xi|) \cdot \mathrm{sign}\,(\xi - x) \\ & + \langle \boldsymbol{\zeta}, F_{\mathbf{zz}}(x, \mathbf{u}, \mathbf{u}')\, \boldsymbol{\zeta} \rangle \Big)\, dx\,. \end{aligned}$$

Wegen der Stetigkeit der Integranden folgt nach dem Hauptsatz für $\varepsilon \to 0$

$$0 \leq \left\langle \boldsymbol{\zeta}, F_{\mathbf{zz}}(\xi, \mathbf{u}(\xi), \mathbf{u}'(\xi))\, \boldsymbol{\zeta} \right\rangle \quad \text{für alle } \boldsymbol{\zeta} \in \mathbb{R}^m .$$

Durch einseitigen Grenzübergang $\xi \to x$ gegen die Knickstellen $x \in \,]\alpha, \beta[$ von $\mathbf{u}$ folgt die Behauptung. □

(b) Die **Weierstraßsche Exzessfunktion** W_F ist definiert durch

$$W_F(x, \mathbf{y}, \mathbf{z}_1, \mathbf{z}_2) := F(x, \mathbf{y}, \mathbf{z}_2) - F(x, \mathbf{y}, \mathbf{z}_1) - F_{\mathbf{z}}(x, \mathbf{y}, \mathbf{z}_1)\, (\mathbf{z}_2 - \mathbf{z}_1),$$

vgl. 1.1.

Die notwendige Bedingung von Weierstraß (WEIERSTRASS um 1875).
Ist $\mathbf{u}$ *eine schwache lokale Minimumstelle von* $\mathcal{F} : \mathcal{V} \to \mathbb{R}$, *so gilt*

$$W_F(x, \mathbf{u}(x), \mathbf{u}'(x\pm), \mathbf{z}) \geq 0,$$

falls $x \in \,]\alpha, \beta[$ *und* $(x, \mathbf{u}(x), \mathbf{z}) \in \Omega_F$.

Dies folgt aus (a) mit Hilfe von 1.1, da für jedes feste $x \in [\alpha, \beta]$ die Menge $\{\mathbf{z} \mid (x, \mathbf{u}(x), \mathbf{z}) \in \Omega_F\}$ nach Voraussetzung konvex ist.

BEMERKUNGEN. Die notwendigen Bedingungen von Legendre und Weierstraß sind eher von problemgeschichtlicher Bedeutung. Sie zeigen, dass $\mathbf{u} \in \mathcal{V}$ nur dann eine lokale Minimumstelle von $\mathcal{F} : \mathcal{V} \to \mathbb{R}$ sein kann, wenn der Integrand längs des 1–Graphen von $\mathbf{u}$ bezüglich der $\mathbf{z}$–Variablen konvex ist. Es liegt nahe, zur Aufstellung hinreichender Bedingungen an Stelle der Konvexität die strenge Konvexität zu verlangen. Diese ist bei elliptischen Problemen nach dem Zusatz zu 1.1 gegeben; die Bedingungen (a),(b) sind also nur für nichtelliptische Probleme von Interesse.

2 Die Bedingung von Jacobi für lokale Minima

2.1 Jacobi–Felder und konjugierte Stellen

Im Folgenden stützen wir uns auf die Ergebnisse der Theorie gewöhnlicher Differentialgleichungen (Existenz, Eindeutigkeit und Differenzierbarkeitseigenschaften der Lösung, Bd. 2, § 2, Abschnitte 2 und 5).

(a) Unter den Voraussetzungen 1.2 betrachten wir eine Extremale $\mathbf{u} \in \mathcal{V}$, welche die **strenge Legendre–Bedingung**

$$(*) \quad F_{\mathbf{zz}}(x, \mathbf{u}(x), \mathbf{u}'(x)) > 0$$

für $x \in [\alpha, \beta]$ erfüllt.

$\mathbf{u} : [\alpha, \beta] \to \mathbb{R}^m$ lässt sich unter Erhaltung von $(*)$ zu einer Extremalen auf ein größeres offenes Intervall I fortsetzen. Denn aus $(*)$ folgt $F_{\mathbf{zz}} > 0$ in einer

Umgebung des 1–Graphen von $\mathbf{u} : [\alpha, \beta] \to \mathbb{R}^m$, somit sind dort die Euler–Gleichungen nach § 2 : 6.2 (b) äquivalent zu einem expliziten System von Differentialgleichungen 1. Ordnung, deren maximale Lösung auf einem offenen Intervall definiert ist.
Aus dem lokalen Regularitätssatz § 2 : 3.4 (b) folgt die C^3–Differenzierbarkeit der Fortsetzung $\mathbf{u} : I \to \mathbb{R}^m$.

Die zweite Variation von $\mathcal{F}$ an der Stelle $\mathbf{u} \in \mathcal{V}$,

$$\varphi \mapsto \delta^2 \mathcal{F}(\mathbf{u})\varphi \quad \text{auf} \quad \delta\mathcal{V} = \mathrm{PC}_0^1([\alpha, \beta])\,,$$

stellt ebenfalls ein Variationsintegral $\mathcal{G}(\varphi)$ dar. Nach § 2 : 1.2 (c) hat dieses die Gestalt

$$\begin{aligned} \mathcal{G}(\varphi) := \delta^2 \mathcal{F}(\mathbf{u})\varphi &= \int_\alpha^\beta \big(\langle \varphi', P\varphi' \rangle + 2\langle \varphi', Q\varphi \rangle + \langle \varphi, R\varphi \rangle \big)\, dx \\ &= \int_\alpha^\beta \sum_{i,k=1}^m \big(P_{ik}\, \varphi_i' \varphi_k' + 2Q_{ik}\, \varphi_i' \varphi_k + R_{ik}\, \varphi_i \varphi_k \big)\, dx \end{aligned}$$

mit den Matrizen

$$\begin{aligned} P(x) &:= F_{\mathbf{zz}}(x, \mathbf{u}(x), \mathbf{u}'(x))\,, \\ Q(x) &:= F_{\mathbf{zy}}(x, \mathbf{u}(x), \mathbf{u}'(x))\,, \\ R(x) &:= F_{\mathbf{yy}}(x, \mathbf{u}(x), \mathbf{u}'(x))\,. \end{aligned}$$

Nach Voraussetzung sind deren Koeffizienten P_{ik}, Q_{ik}, R_{ik} jeweils C^1–differenzierbar; P, R sind symmetrisch, und P ist positiv definit.
Die Euler–Gleichungen für $\frac{1}{2}\mathcal{G}(\varphi) = \frac{1}{2}\delta^2\mathcal{F}(\mathbf{u})\varphi$ heißen **Jacobi–Gleichungen** längs $\mathbf{u}$ und deren Lösungen **Jacobi–Felder** längs $\mathbf{u}$. Die Jacobi–Gleichungen bilden ein lineares DG–System zweiter Ordnung [ÜA]

$$(P\varphi' + Q\varphi)' = Q^T\varphi' + R\varphi\,.$$

SATZ. *Sei* $\mathbf{u}_s : I \to \mathbb{R}^m$ *für* $|s| \ll 1$ *eine Schar von Extremalen von* $\mathcal{F}$ *mit* $\mathbf{u}_0 = \mathbf{u}$, *die* C^2*–differenzierbar von* s *und* x *abhängt.*
Dann ist $\varphi : I \to \mathbb{R}^m$ *mit*

$$\varphi(x) = \frac{\partial \mathbf{u}_s}{\partial s}(x)\Big|_{s=0} \quad \text{für } x \in I$$

ein Jacobi–Feld von $\mathcal{F}$ *längs* $\mathbf{u}$.

Der BEWEIS ergibt sich unter Verwendung von $\frac{\partial}{\partial s}\frac{\partial}{\partial x} = \frac{\partial}{\partial x}\frac{\partial}{\partial s}$ daraus, dass die Euler–Gleichungen für $\mathbf{u}_s$ durch Ableiten nach s an der Stelle $s = 0$ die Jacobi–Gleichungen liefern [ÜA]. Daher stellt das System der Jacobi–Gleichungen die Linearisierung des Systems der Euler–Gleichungen dar (vgl. Bd. 2, § 2 : 7.5).

(b) SATZ.

(1) *Die Jacobi–Gleichungen längs* $\mathbf{u}$ *haben zu gegebenen Anfangswerten*

$$\varphi(\xi) = \varphi_0\,, \quad \varphi'(\xi) = \varphi_1$$

($\xi \in I$, $\varphi_0, \varphi_1 \in \mathbb{R}^m$) *genau eine auf* I *definierte Lösung* φ.

(2) *Die Lösung* $x \mapsto \varphi(x, \xi, \varphi_0, \varphi_1)$ *des Anfangswertproblems* (1) *hängt* C^1*–differenzierbar von sämtlichen Variablen* $x, \xi, \varphi_0, \varphi_1$ *ab.*

(3) *Ein nicht konstantes Jacobi–Feld besitzt auf jedem kompakten Intervall höchstens endlich viele Nullstellen.*

Hiernach hat der Vektorraum aller Jacobi–Felder von $\mathcal{F}$ längs $\mathbf{u}$ die Dimension $2m$, und der Teilraum der Jacobi–Felder φ mit $\varphi(\xi) = \mathbf{0}$ ist m–dimensional.

BEWEIS.

Da nach Voraussetzung die Leitmatrix P der Jacobi–Gleichungen invertierbar ist, sind diese äquivalent zu einem expliziten System linearer DG zweiter Ordnung $\varphi'' = A(x)\varphi' + B(x)\varphi$ mit stetigen Koeffizientenmatrizen $A(x), B(x)$. Nach Bd. 2, § 3 : 3.1 ist dieses äquivalent zu einem linearen DG–System erster Ordnung für $x \mapsto (\varphi(x), \varphi'(x)) \in \mathbb{R}^{2m}$ mit stetigen Koeffizienten.

(1) und (2) ergeben sich aus der grundlegenden Theorie gewöhnlicher DG Bd. 2, § 2 : 6.7 und § 2 : 7.1 (b). (3) folgt wie in Bd. 2, § 4 : 2.5. □

(c) DEFINITION.

Wir nennen $\xi, \eta \in I$ mit $\xi \neq \eta$ ein Paar **längs u konjugierter Stellen (konjugiertes Paar)**, wenn es ein Jacobi–Feld $\varphi \neq \mathbf{0}$ längs $\mathbf{u}$ gibt mit

$$\varphi(\xi) = \varphi(\eta) = \mathbf{0}\,.$$

Wir sagen auch, η ist längs $\mathbf{u}$ konjugiert zu ξ.

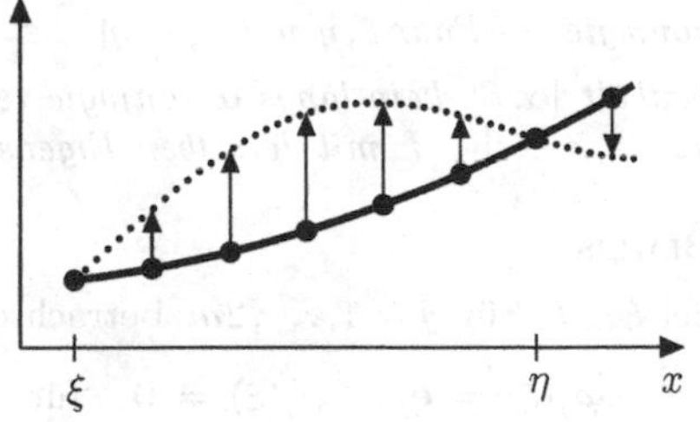

BEISPIEL. Das Variationsintegral

$$\mathcal{F}(v) = \int_0^\beta (v'(x)^2 - k\, v(x)^2)\, dx$$

mit den Randbedingungen $v(0) = v(\beta) = 0$ besitzt die Extremale $u(x) = 0$. Für die zweite Variation von $\mathcal{F}$ an der Stelle $u = 0$ ergibt sich $\delta^2\mathcal{F}(u)\varphi = 2\mathcal{F}(\varphi)$ und als Jacobi–Gleichung längs $u = 0$ [ÜA]

$$\varphi'' + k\varphi = 0\,.$$

Die Lösung φ mit $\varphi(0) = 0$, $\varphi'(0) = 1$ ist gegeben durch

$$\varphi(x) = \begin{cases} \frac{1}{\sqrt{k}} \sin \sqrt{k}x & \text{für } k > 0\,, \\ x & \text{für } k = 0\,, \\ \frac{1}{\sqrt{-k}} \sinh \sqrt{-k}x & \text{für } k < 0\,. \end{cases}$$

Im Fall $k > 0$ ist $\eta = \pi/\sqrt{k}$ eine zu $\xi = 0$ konjugierte Stelle längs $u = 0$, im Fall $k \leq 0$ gibt es keine zu $\xi = 0$ konjugierten Stellen.

LEMMA. *Seien* $\boldsymbol{\varphi}_1, \ldots, \boldsymbol{\varphi}_{2m}$ *linear unabhängige Jacobi–Felder längs* $\mathbf{u}$. *Ferner seien* $\boldsymbol{\psi}_1, \ldots, \boldsymbol{\psi}_m$ *linear unabhängige Jacobi–Felder längs* $\mathbf{u}$ *mit* $\boldsymbol{\psi}_1(\xi) = \ldots = \boldsymbol{\psi}_m(\xi) = \mathbf{0}$. *Dann sind die folgenden Aussagen äquivalent:*

(1) η *ist längs* $\mathbf{u}$ *konjugiert zu* ξ,

(2) $\det(\boldsymbol{\psi}_1(\eta), \ldots, \boldsymbol{\psi}_m(\eta)) = 0$,

(3) $\det \begin{pmatrix} \boldsymbol{\varphi}_1(\eta), \ldots, \boldsymbol{\varphi}_{2m}(\eta) \\ \boldsymbol{\varphi}_1(\xi), \ldots, \boldsymbol{\varphi}_{2m}(\xi) \end{pmatrix} = 0$.

Die Determinanten werden dabei mit den Spaltenvektoren $\boldsymbol{\psi}_k(\eta)$ bzw. $\begin{pmatrix} \boldsymbol{\varphi}_k(\eta) \\ \boldsymbol{\varphi}_k(\xi) \end{pmatrix}$ gebildet.

BEWEIS als ÜA. Beachten Sie die Bemerkung nach Satz 2.1 (b).

(d) SATZ. *Enthält das Intervall* $]\alpha, \beta]$ *keine längs* $\mathbf{u}$ *zu* α *konjugierte Stelle, so existiert ein größeres Intervall* $[\alpha - \varepsilon, \beta + \varepsilon] \subset I$, *in welchem kein längs* $\mathbf{u}$ *konjugiertes Paar* ξ, η *mit* $|\xi - \eta| < \varepsilon$ *liegt.*

Enthält $[\alpha, \beta]$ *kein längs* $\mathbf{u}$ *konjugiertes Paar, so gibt es ein größeres Intervall* $[\alpha - \varepsilon, \beta + \varepsilon] \subset I$ *mit derselben Eigenschaft.*

BEWEIS.

Sei $\xi \in I$. Für $j = 1, \ldots, 2m$ betrachten wir die Jacobi–Felder $\boldsymbol{\varphi}_j$ mit

$$\boldsymbol{\varphi}_j(\xi) = \mathbf{e}_j\,, \quad \boldsymbol{\varphi}_j'(\xi) = \mathbf{0} \quad \text{für } j = 1, \ldots, m\,,$$

$$\boldsymbol{\varphi}_j(\xi) = \mathbf{0}\,, \quad \boldsymbol{\varphi}_j'(\xi) = \mathbf{e}_j \quad \text{für } j = m+1, \ldots, 2m\,.$$

Die $\boldsymbol{\varphi}_1, \ldots, \boldsymbol{\varphi}_{2m}$ bilden nach Bd. 2, § 3 : 1.1 eine Basis des Vektorraums aller Jacobi–Felder längs $\mathbf{u}$ und hängen nach (b) C^1–differenzierbar von x und ξ ab.

Es gilt

$$\boldsymbol{\psi}_j(x) = \boldsymbol{\psi}_j(x, \xi) := \int_0^1 \boldsymbol{\varphi}_j'(\xi + t(x - \xi))\, dt\,,$$

$$\boldsymbol{\varphi}_j(x) - \boldsymbol{\varphi}_j(\xi) = \int_0^1 \frac{d}{dt} \boldsymbol{\varphi}_j(\xi + t(x - \xi))\, dt = (x - \xi)\, \boldsymbol{\psi}_j(x)\,.$$

Hieraus folgt für

$$D(x,\xi) := \det\begin{pmatrix} \varphi_1(x)\,, \;\ldots\;, \varphi_{2m}(x) \\ \varphi_1(\xi)\,, \;\ldots\;, \varphi_{2m}(\xi) \end{pmatrix}$$

durch Subtraktion der $(m+k)$-ten Zeile von der k-ten $(k=1,\ldots,m)$

$$\begin{aligned} D(x,\xi) &= \det\begin{pmatrix} \varphi_1(x)-\varphi_1(\xi)\,,\ldots,\varphi_{2m}(x)-\varphi_{2m}(\xi) \\ \varphi_1(\xi)\,,\ldots,\varphi_{2m}(\xi) \end{pmatrix} \\ &= (x-\xi)^{2m}\det\begin{pmatrix} \psi_1(x),\ldots,\psi_{2m}(x) \\ \varphi_1(\xi),\ldots,\varphi_{2m}(\xi) \end{pmatrix} =: (x-\xi)^{2m}\,d(x,\xi)\,. \end{aligned}$$

Nach dem vorhergehenden Lemma bilden $\xi, x \in I$ mit $x \neq \xi$ genau dann ein längs $\mathbf{u}$ konjugiertes Paar, wenn $d(x,\xi) = (x-\xi)^{-2m}D(x,\xi) = 0$ gilt. Weiter folgt unter Beachtung von $\psi_j(\xi) = \varphi_j'(\xi)$

$$\begin{aligned} d(\xi,\xi) &= \det\begin{pmatrix} \psi_1(\xi)\,, \ldots, \psi_{2m}(\xi) \\ \varphi_1(\xi)\,, \ldots, \varphi_{2m}(\xi) \end{pmatrix} \\ &= \det\begin{pmatrix} \mathbf{0}\,,\ldots,\mathbf{0}\,, & \mathbf{e}_1\,,\ldots,\mathbf{e}_m \\ \mathbf{e}_1\,,\ldots,\mathbf{e}_m\,, & \mathbf{0}\,,\ldots,\mathbf{0} \end{pmatrix} = (-1)^m\,. \end{aligned}$$

Damit ist $d(x,\xi)$ stetig auf $I \times I$. Ist also $K \subset I \times I$ eine kompakte Menge ohne Nullstellen von d, so gibt es ein $\varepsilon > 0$ mit $(\xi,\eta) \in I$ und $d(\xi,\eta) \neq 0$, falls $\operatorname{dist}((\xi,\eta),K) \leq \varepsilon$. Die Behauptungen des Satzes ergeben sich mit $K = \{\alpha\} \times [\alpha,\beta]$ bzw. $K = [\alpha,\beta] \times [\alpha,\beta]$. □

2.2 Die Bedingungen von Jacobi und Clebsch

(a) **Die notwendige Bedingung von Jacobi** (1837). *Unter den Voraussetzungen 1.2 sei* $\mathbf{u} \in \mathcal{V} \cap \mathrm{C}^1([\alpha,\beta]\,,\mathbb{R}^m)$ *eine schwache lokale Minimumstelle des Zweipunktproblems* $\mathcal{F} : \mathcal{V} \to \mathbb{R}$, *die der strengen Legendre-Bedingung genügt,*

$$F_{\mathbf{zz}}(x,\mathbf{u}(x),\mathbf{u}'(x)) > 0 \text{ für alle } x \in [\alpha,\beta]\,.$$

Dann enthält das offene Intervall $]\alpha,\beta[$ *weder eine zu* α *längs* $\mathbf{u}$ *konjugierte Stelle noch eine zu* β *längs* $\mathbf{u}$ *konjugierte Stelle noch ein konjugiertes Paar.*

(b) Satz. *Erfüllt eine Extremale* $\mathbf{u} \in \mathcal{V}$ *die strenge Legendre-Bedingung auf* $[\alpha,\beta]$ *und enthält das abgeschlossene Intervall* $[\alpha,\beta]$ *kein längs* $\mathbf{u}$ *konjugiertes Paar, so hat* $\mathcal{F}$ *an der Stelle* $\mathbf{u}$ *ein striktes schwaches lokales Minimum,*

$$\mathcal{F}(\mathbf{u}) < \mathcal{F}(\mathbf{v}) \text{ für } \mathbf{v} \in \mathcal{D}(\mathcal{F}) \text{ mit } \mathbf{v} \neq \mathbf{u} \text{ und } \|\mathbf{v}-\mathbf{u}\|_{\mathrm{C}^1} \ll 1\,.$$

Da wir in 3.4 ein hinreichendes Kriterium für starke lokale Minima unter nur unwesentlich strengeren Voraussetzungen beweisen, verzichten wir auf den Beweis von (b), der auf JACOBI (1837 für $m = 1$) und CLEBSCH (1858 für $m \geq 2$) zurückgeht; siehe MORSE [11] 1.7.

BEWEIS von (a).

Wir zeigen die erste Behauptung; die beiden anderen folgen ganz analog.

(i) Nach der lokalen Version des Regularitätssatzes § 2 : 3.4 (b) ist $\mathbf{u}$ eine C^3–differenzierbare Extremale.
Für jeden Variationsvektor $\varphi \in \delta\mathcal{V} = \mathrm{PC}_0^1([\alpha,\beta], \mathbb{R}^m)$ und $\mathbf{u}_s := \mathbf{u} + s\varphi$ gilt $\|\mathbf{u}_s - \mathbf{u}\|_{\mathrm{C}^1} = |s| \cdot \|\varphi\|_{\mathrm{C}^1} \ll 1$ und somit $\mathcal{F}(\mathbf{u}) \leq \mathcal{F}(\mathbf{u}_s)$ für $|s| \ll 1$. Es folgt

$$\delta^2\mathcal{F}(\mathbf{u})\varphi = \frac{d^2}{ds^2}\mathcal{F}(\mathbf{u} + s\varphi)\Big|_{s=0} \geq 0 .$$

(ii) Angenommen, es existiert eine zu α längs $\mathbf{u}$ konjugierte Stelle $\eta \in]\alpha,\beta[$, d.h. es gibt ein Jacobi–Feld $\boldsymbol{\psi} \neq \mathbf{0}$ längs $\mathbf{u}$ mit $\boldsymbol{\psi}(\alpha) = \boldsymbol{\psi}(\eta) = \mathbf{0}$. Für die Kurve $\varphi \in \mathrm{PC}_0^1([\alpha,\beta], \mathbb{R}^m)$ mit

$$\boldsymbol{\varphi}(x) = \begin{cases} \boldsymbol{\psi}(x) & \text{für } x \in [\alpha,\eta], \\ \mathbf{0} & \text{für } x \in [\eta,\beta] \end{cases}$$

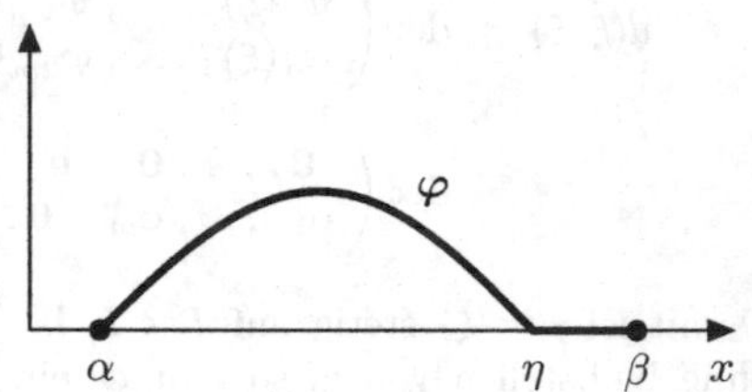

gilt dann mit den Bezeichnungen von 1.2

$$\begin{aligned}\delta^2\mathcal{F}(\mathbf{u})\varphi &= \int\limits_\alpha^\beta \big(\langle P\varphi' + Q\varphi, \varphi'\rangle + \langle Q^T\varphi' + R\varphi, \varphi\rangle\big)\,dx \\ &= \int\limits_\alpha^\eta \big(\langle P\psi' + Q\psi, \psi'\rangle + \langle Q^T\psi' + R\psi, \psi\rangle\big)\,dx = 0 ;\end{aligned}$$

die letzte Gleichheit ergibt sich dabei durch partielle Integration des ersten Terms aus den Jacobi–Gleichungen 1.2 (a) für $\boldsymbol{\psi}$.

Damit ist φ nach Teil (a) eine Minimumstelle der zweiten Variation $\delta^2\mathcal{F}(\mathbf{u}) : \delta\mathcal{V} \to \mathbb{R}$ und somit C^2–differenzierbar nach dem Regularitätssatz § 2 : 3.4 (a). Dies bedeutet insbesondere

$$\boldsymbol{\psi}'(\eta) = \boldsymbol{\varphi}'(\eta-) = \boldsymbol{\varphi}'(\eta+) = \mathbf{0}, \quad \boldsymbol{\psi}(\eta) = \mathbf{0} .$$

Nach dem Eindeutigkeitssatz für Jacobi–Felder (1.2 (b), Satz (1)) folgt $\boldsymbol{\psi} = \mathbf{0}$, was ein Widerspruch ist. □

3 Hinreichende Bedingungen für lokale Minima

Der Nachweis der starken lokalen Minimumeigenschaft einer gegebenen Extremalen $\mathbf{u}_0$ des in 1.2 formulierten Zweipunktproblems $\mathcal{F} : \mathcal{V} \to \mathbb{R}$ erfolgt mit Hilfe der **Feldtheorie**. Hierbei wird die Extremale $\mathbf{u}_0$ in eine Schar von Extremalen eingebettet, die zusammen mit einer transversalen Hyperflächenschar ein krummliniges Koordinatensystem bilden, mit dessen Hilfe sich nachweisen lässt, dass jede von $\mathbf{u}_0$ verschiedene, benachbarte Vergleichskurve aus $\mathcal{V}$ das Variationsintegral $\mathcal{F}$ im Vergleich mit $\mathbf{u}_0$ vergrößert.

Die Feldtheorie hat ihren Ursprung in der geometrischen Optik. Dort werden in analoger Weise Bündel von Lichtstrahlen und zu diesen transversale Wellenfronten betrachtet, siehe § 5 : 3.

Feldkonstruktionen können auch für allgemeinere Variationsprobleme ausgeführt werden, z.B. für Probleme mit beweglichen Endpunkten (siehe MORSE [11]) und für mehrdimensionale Variationsprobleme (siehe GIAQUINTA–HILDEBRANDT [7, II], KLÖTZLER [10], CARATHÉODORY [3]).

3.1 Der Grundgedanke der Feldtheorie

Wir stützen uns im Folgenden auf die in 2.1 genannten Sätze über gewöhnliche Differentialgleichungen und verwenden die Hamilton–Gleichungen § 2 : 6.

Gegenstand dieses Abschnitts ist das Zweipunktproblem 1.2 für

$$\mathcal{F}(\mathbf{v}) = \int_\alpha^\beta F(x, \mathbf{v}, \mathbf{v}')\, dx\,.$$

Da beim starken Minimumproblem den Ableitungen der Vergleichskurven $\mathbf{v} \in \mathcal{V}$ keine Beschränkungen auferlegt sind, nehmen wir von vornherein an, dass der Definitionsbereich des C^3–Integranden F ein Zylindergebiet

$$\Omega_F = \Omega \times \mathbb{R}^m$$

mit einem Gebiet $\Omega \subset \mathbb{R}^{m+1}$ ist und verlangen statt der strengen Legendre–Bedingung die Elliptizität

$$F_{\mathbf{zz}}(x, \mathbf{y}, \mathbf{z}) > 0 \;\text{ für }\; (x, \mathbf{y}) \in \Omega \;\text{ und }\; \mathbf{z} \in \mathbb{R}^m\,.$$

Unter einem **Feld** auf einem einfachen Teilgebiet $\Omega_0 \subset \Omega$ (Bd. 1, § 24 : 5.3) verstehen wir einen C^2–Diffeomorphismus zwischen einem Zylinder $]a, b[\, \times \Lambda$ und Ω_0 der Gestalt

$$(x, \mathbf{c}) \mapsto \mathbf{U}(x, \mathbf{c}) = (x, \mathbf{u}(x, \mathbf{c})) \quad \text{für } (x, \mathbf{c}) \in\,]a, b[\, \times \Lambda\,,$$

wobei $\Lambda \subset \mathbb{R}^m$ ein Gebiet ist. Die Kurven $x \mapsto \mathbf{u}(x, \mathbf{c})$ (definiert auf Teilintervallen von $]a, b[$) heißen **Feldkurven**. Durch jeden Punkt $(\xi, \boldsymbol{\eta}) \in \Omega_0$ geht wegen Bijektivität von $\mathbf{U}$ genau eine Feldkurve, genauer, es gibt ein eindeutig bestimmtes $\mathbf{c} \in \Lambda$ mit $\boldsymbol{\eta} = \mathbf{u}(\xi, \mathbf{c})$. Wir sprechen von einem **Extremalenfeld** von $\mathcal{F}$, wenn alle Feldkurven Extremalen von $\mathcal{F}$ sind.

Die **Feldfunktion** des Feldes ist definiert durch

$$\mathbf{A} : \Omega_0 \to \mathbb{R}^m, \quad \mathbf{A} := \mathbf{u}' \circ \mathbf{U}^{-1} \quad \text{mit} \quad ' := \partial/\partial x ;$$

es gilt also

$$\mathbf{u}'(x, \mathbf{c}) = \mathbf{A}(x, \mathbf{u}(x, \mathbf{c})) \quad \text{für jedes} \quad (x, \mathbf{c}) \in \,]a, b[\, \times \Lambda ,$$

d.h. jede Feldkurve ist Lösung der DG

$$\mathbf{y}' = A(x, \mathbf{y}) .$$

Umgekehrt ist jede maximale Lösung $\mathbf{v} : I \to \mathbb{R}^m$ dieser DG eine Feldkurve. Denn für $\mathbf{v}(\xi) = \boldsymbol{\eta}$ ist das AWP

$$\mathbf{y}' = A(x, \mathbf{y}) , \quad \mathbf{y}(\xi) = \boldsymbol{\eta}$$

eindeutig lösbar und wird durch die Feldkurve mit $\mathbf{u}(\xi, \mathbf{c}) = \boldsymbol{\eta}$ gelöst.

Die Graphen der Feldkurven sind also genau die Integralkurven des Vektorfeldes

$$(x, \mathbf{y}) \mapsto (1, \mathbf{A}(x, \mathbf{y})) .$$

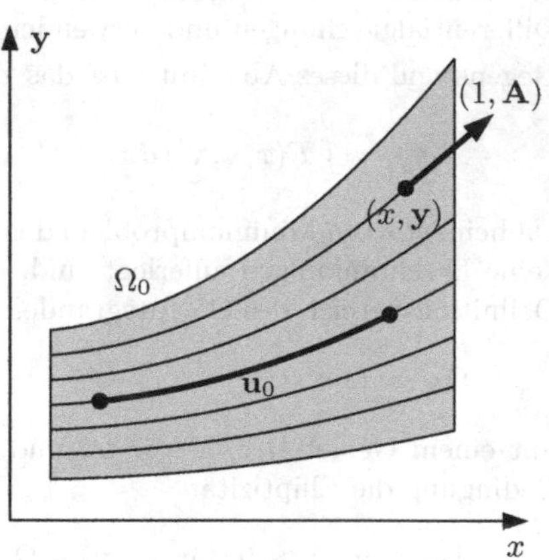

Der Grundgedanke der Feldtheorie für den Nachweis der starken lokalen Minimumeigenschaft einer gegebenen Extremalen $\mathbf{u}_0 \in \mathcal{V}$ von $\mathcal{F} : \mathcal{V} \to \mathbb{R}$ besteht in der Konstruktion eines Extremalenfeldes mit Feldfunktion $\mathbf{A}$, welches $\mathbf{u}_0$ als Feldkurve enthält, und einer Zerlegung des Variationsintegrals

$$\mathcal{F} = \mathcal{W}_{\mathbf{A}} + \mathcal{H}_{\mathbf{A}}$$

mit folgenden Eigenschaften:

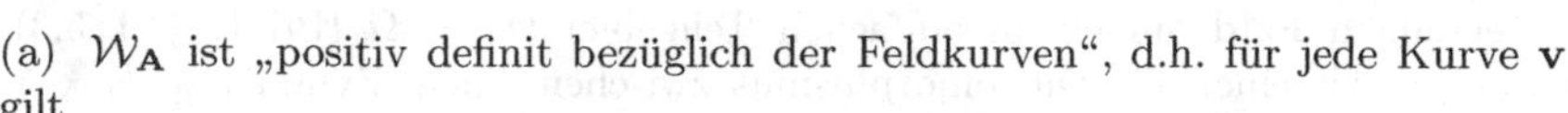

(a) $\mathcal{W}_{\mathbf{A}}$ ist „positiv definit bezüglich der Feldkurven“, d.h. für jede Kurve $\mathbf{v}$ gilt

$$\mathcal{W}_{\mathbf{A}}(\mathbf{v}) \geq 0 ,$$

mit Gleichheit genau dann, wenn $\mathbf{v}$ Feldkurve ist,

(b) $\mathcal{H}_{\mathbf{A}}$ ist wegunabhängig, d.h. für jede Kurve $\mathbf{v}$ hängt $\mathcal{H}_{\mathbf{A}}(\mathbf{v})$ ist nur von den Endpunkten $(\alpha, \mathbf{v}(\alpha)), (\beta, \mathbf{v}(\beta))$ ab.

Ist ein Feld mit den Eigenschaften (a) und (b) gefunden, so ergibt sich die lokale Minimumeigenschaft von $\mathbf{u}_0$ unmittelbar. Denn für jede Vergleichskurve $\mathbf{v} \in \mathcal{V}$ mit $\mathbf{v} \neq \mathbf{u}_0$ und $\|\mathbf{v} - \mathbf{u}_0\|_{C^0} \ll 1$ liegt der Graph in Ω_0, und daher gilt

$$\mathcal{W}_{\mathbf{A}}(\mathbf{v}) > 0 = \mathcal{W}_{\mathbf{A}}(\mathbf{u}_0),$$

weil $\mathbf{u}_0$ Feldkurve ist und durch $(\alpha, \mathbf{u}_0(\alpha))$ nur eine Feldkurve geht, sowie

$$\mathcal{H}_{\mathbf{A}}(\mathbf{v}) = \mathcal{H}_{\mathbf{A}}(\mathbf{u}_0),$$

weil die Endpunkte übereinstimmen.

Hieraus folgt

$$\mathcal{F}(\mathbf{v}) = \mathcal{W}_{\mathbf{A}}(\mathbf{v}) + \mathcal{H}_{\mathbf{A}}(\mathbf{v}) > \mathcal{W}_{\mathbf{A}}(\mathbf{u}_0) + \mathcal{H}_{\mathbf{A}}(\mathbf{u}_0) = \mathcal{F}(\mathbf{u}_0).$$

Zu gegebenem Feld mit Feldfunktion $\mathbf{A}$ auf $\Omega_0 \subset \Omega$ legen wir das Integral $\mathcal{W}_{\mathbf{A}}$ fest durch

$$\mathcal{W}_{\mathbf{A}}(\mathbf{v}) := \int_\alpha^\beta W_F(x, \mathbf{v}(x), \mathbf{A}(x, \mathbf{v}(x)), \mathbf{v}'(x))\, dx\,;$$

dabei ist

$$W_F(x, \mathbf{y}, \mathbf{z}_1, \mathbf{z}_2) = F(x, \mathbf{y}, \mathbf{z}_2) - F(x, \mathbf{y}, \mathbf{z}_1) - F_{\mathbf{z}}(x, \mathbf{y}, \mathbf{z}_1)\,(\mathbf{z}_2 - \mathbf{z}_1)$$

die Weierstraßsche Exzessfunktion von $\mathbf{z} \mapsto F(x, \mathbf{y}, \mathbf{z})$.

Wegen $F_{\mathbf{zz}} > 0$ ist $\mathbf{z} \mapsto F(x, \mathbf{y}, \mathbf{z})$ nach dem Zusatz zu 1.1 für jede Stelle $(x, \mathbf{y}) \in \Omega$ streng konvex, und es gilt

$$W_F(x, \mathbf{y}, \mathbf{A}(x, \mathbf{y}), \mathbf{z}) \geq 0 \quad \text{mit Gleichheit nur für } \mathbf{z} = \mathbf{A}(x, \mathbf{y}).$$

Es folgt $\mathcal{W}_{\mathbf{A}}(\mathbf{v}) \geq 0$ für alle $\mathbf{v} \in \mathcal{D}(\mathcal{F})$, und aus $\mathcal{W}_{\mathbf{A}}(\mathbf{v}) = 0$ folgt $\mathbf{v}'(x) = \mathbf{A}(x, \mathbf{v}(x))$ zunächst für alle Stetigkeitsstellen x von $\mathbf{v}'$. Da aber die rechte Seite stetig ist, gilt diese DG für alle $x \in [\alpha, \beta]$. Nach den Ausführungen oben muss $\mathbf{v}$ dann eine Feldkurve sein. Umgekehrt ist $\mathcal{W}_{\mathbf{A}}(\mathbf{v}) = 0$ für jede Feldkurve $\mathbf{v}$.

Mit dieser Festlegung von $\mathcal{W}_{\mathbf{A}}$ ist also die Eigenschaft (a) gesichert. Des Weiteren ist hiermit auch das Integral $\mathcal{H}_{\mathbf{A}}$ bestimmt:

$$\begin{aligned}\mathcal{H}_{\mathbf{A}}(\mathbf{v}) &= \mathcal{F}(\mathbf{v}) - \mathcal{W}_{\mathbf{A}}(\mathbf{v}) \\ &= \int_\alpha^\beta \left\{F(x, \mathbf{v}, \mathbf{v}') - W_F(x, \mathbf{v}, \mathbf{A}(x, \mathbf{v}), \mathbf{v}')\right\} dx \\ &= \int_\alpha^\beta \left\{F(x, \mathbf{v}, \mathbf{A}(x, \mathbf{v})) + F_{\mathbf{z}}(x, \mathbf{v}, \mathbf{A}(x, \mathbf{v}))\,(\mathbf{v}' - \mathbf{A}(x, \mathbf{v}))\right\} dx\,.\end{aligned}$$

Wir nennen $\mathcal{W}_{\mathbf{A}}$ das **Weierstraß–Integral** und $\mathcal{H}_{\mathbf{A}}$ das **Hilbert–Integral** zum Feld $\mathbf{U}$ mit Feldfunktion $\mathbf{A}$.

Das Feld $\mathbf{U}$ heißt **Mayer–Feld** für $\mathcal{F}$, wenn das Hilbert–Integral wegunabhängig ist, d.h. wenn auch die Forderung (b) erfüllt ist.

Wir fassen die vorangehenden Überlegungen zusammen:

SATZ. *Ist eine auf* $[\alpha,\beta]$ *definierte Extremale* $\mathbf{u}_0 \in \mathcal{V}$ *in ein Mayer–Feld eingebettet, d.h. gibt es ein Mayer–Feld auf einem einfachen Gebiet* $\Omega_0 \subset \Omega$, *für das* $\mathbf{u}_0 : [\alpha,\beta] \to \mathbb{R}^m$ *eine Feldkurve ist, so gilt*

$$\mathcal{F}(\mathbf{u}_0) < \mathcal{F}(\mathbf{v}) \text{ für alle } \mathbf{v} \in \mathcal{V} \text{ mit } \mathbf{v} \neq \mathbf{u}_0$$

und $(x,\mathbf{v}(x)) \in \Omega_0$ *für* $x \in [\alpha,\beta]$.

Die letzte Bedingung ist für $\|\mathbf{v}-\mathbf{u}_0\|_{C^0} \ll 1$ *erfüllt, also ist* $\mathbf{u}_0$ *eine starke lokale Minimumstelle von* $\mathcal{F} : \mathcal{V} \to \mathbb{R}$ *im strikten Sinn.*

Im Fall $\Omega_0 = \Omega$ *gilt sogar* $\mathcal{F}(\mathbf{u}_0) < \mathcal{F}(\mathbf{v})$ *für alle* $\mathbf{v} \in \mathcal{V}$ *mit* $\mathbf{v} \neq \mathbf{u}_0$.

Im Folgenden geht es zunächst um die Charakterisierungen von Mayer–Feldern durch die Existenz eines Eikonals bzw. durch Integrabilitätsbedingungen sowie um die Konstruktion von Mayer–Feldern. Auf dieser Grundlage zeigen wir, dass sich eine Extremale in ein Mayer–Feld einbetten lässt, falls $[\alpha,\beta]$ keine längs $\mathbf{u}_0$ zu α konjugierte Stelle enthält.

BEMERKUNG. Die länglichen Rechnungen in 3.2 und 3.3 lassen sich mit Hilfe des Differentialformenkalküls (§ 8 : 5.2) in eine etwas kürzere Form bringen.

3.2 Das Fundamentallemma für Mayer–Felder

Wir beschreiben im Folgenden die Extremalen durch die Hamiltonschen Gleichungen § 2 : 6. Gemäß der Bemerkung in § 2 : 3.3 (b) stellen wir auch hier die Elemente des Dualraums von $\mathbb{R}^m$ durch Vektoren des $\mathbb{R}^m$ dar.

Nach § 2 : 6.2 (a), (d) ist die Legendre–Transformation von F,

$$\Omega_F \to \Omega_H\,, \quad (x,\mathbf{y},\mathbf{z}) \longmapsto (x,\mathbf{y},\mathbf{p}) = (x,\mathbf{y},\nabla_{\mathbf{z}}F(x,\mathbf{y},\mathbf{z}))\,,$$

ein C^2–Diffeomorphismus, und die Hamiltonfunktion ist gegeben durch

$$H : \Omega_H \to \mathbb{R}\,, \quad (x,\mathbf{y},\mathbf{z}) \longmapsto H(x,\mathbf{y},\mathbf{p}) = \langle \mathbf{p},\mathbf{z}\rangle - F(x,\mathbf{y},\mathbf{z})\,,$$

wobei $\mathbf{z}$ durch Anwendung der inversen Legendre–Transformation aus $(x,\mathbf{y},\mathbf{p})$ zu bestimmen ist. Mit F ist auch H eine C^3–Funktion; die Variablen von H bezeichnen wir mit

$$(x,\mathbf{y},\mathbf{p}) = (x,y_1,\ldots,y_m,p_1,\ldots,p_m) \in \Omega_H\,.$$

Jedem Feld mit Feldfunktion $\mathbf{A} : \Omega_0 \to \mathbb{R}^m$ ordnen wir die **duale Feldfunktion**

$$\mathbf{B} : \Omega_0 \to \mathbb{R}^m\,, \quad (x,\mathbf{y}) \longmapsto \nabla_{\mathbf{z}}F(x,\mathbf{y},\mathbf{A}(x,\mathbf{y}))$$

zu. Nach § 2 : 6.2 (a) liefert die inverse Legendre–Transformation

$$\mathbf{A}(x,\mathbf{y}) = \nabla_{\mathbf{p}} H(x,\mathbf{y},\mathbf{B}(x,\mathbf{y}))\,.$$

Nach Definition von H und $\mathbf{B}$ ist ÜA

$$H(x,\mathbf{v},\mathbf{B}(x,\mathbf{v})) = \langle \mathbf{B}(x,\mathbf{v}),\mathbf{A}(x,\mathbf{v})\rangle - F(x,\mathbf{v},\mathbf{A}(x,\mathbf{v}))\,.$$

Damit ergibt sich für das Hilbert–Integral des Feldes die Darstellung

$$\begin{aligned}\mathcal{H}_{\mathbf{A}}(\mathbf{v}) &= \int_\alpha^\beta \big\{ \langle \mathbf{B}(x,\mathbf{v}(x)),\mathbf{v}'(x)\rangle - H(x,\mathbf{v}(x),\mathbf{B}(x,\mathbf{v}(x)))\big\}\,dx \\ &= \int_\alpha^\beta \Big\{ \sum_{i=1}^m B_i(x,\mathbf{v}(x))\,v_i'(x) - H(x,\mathbf{v}(x),\mathbf{B}(x,\mathbf{v}(x)))\Big\}\,dx\,.\end{aligned}$$

Wir charakterisieren jetzt die Wegunabhängigkeit des Hilbert–Integrals durch Bedingungen an den Integranden entsprechend dem Hauptsatz für vektorielle Kurvenintegrale Bd. 1, § 24 : 5. Hierzu fassen wir das Hilbert–Integral als vektorielles Wegintegral für Kurven $x \mapsto (x,\mathbf{v}(x)) \in \mathbb{R}^{m+1}$ in Graphengestalt auf, haben es also mit einem Vektorfeld auf $\Omega_0 \subset \mathbb{R}^{m+1}$ zu tun, bestehend aus den $m+1$ Komponenten

$$B_0(x,\mathbf{y}), B_1(x,\mathbf{y}), \ldots, B_m(x,\mathbf{y})\,,$$

mit

$$B_0(x,\mathbf{y}) := -H(x,\mathbf{y},\mathbf{B}(x,\mathbf{y}))\,,\quad \mathbf{B}(x,\mathbf{y}) := (B_1(x,\mathbf{y}),\ldots,B_m(x,\mathbf{y})).$$

Hiermit ergibt sich das

Fundamentallemma für Mayer–Felder.

Für jedes Feld $\mathbf{U}$ *für* $\mathcal{F}$ *auf* Ω_0 *sind die folgenden Aussagen äquivalent:*

(1) $\mathbf{U}$ *ist ein Mayer–Feld.*

(2) *Es existiert eine* C^2*-Funktion* S *auf* Ω_0 *mit*

$$\frac{\partial S}{\partial x}(x,\mathbf{y}) = -H(x,\mathbf{y},\mathbf{B}(x,\mathbf{y}))\,,\quad \frac{\partial S}{\partial y_i}(x,\mathbf{y}) = B_i(x,\mathbf{y}) \;\; (i=1,\ldots,m)\,.$$

(3) *Es gelten die Integrabilitätsbedingungen auf* Ω_0:

$$\frac{\partial B_i}{\partial x} - \frac{\partial B_0}{\partial y_i} = 0 \quad (i=1,\ldots,m)\,,$$

$$\frac{\partial B_i}{\partial y_k} - \frac{\partial B_k}{\partial y_i} = 0 \quad (i,k=1,\ldots,m)\,.$$

BEMERKUNG. Die in der Definition der Feldfunktion vorausgesetzte Einfachheit des Gebiets Ω_0 wird nur benötigt, um (1) und (2) aus (3) zu folgern.

Jede Stammfunktion S des Integranden des Hilbert–Integrals wird ein **Eikonal** des Mayer–Feldes genannt; für diese gilt also

$$\mathcal{H}_{\mathbf{A}}(\mathbf{v}) = S(\beta, \mathbf{v}(\beta)) - S(\alpha, \mathbf{v}(\alpha))$$

für jede Kurve $\mathbf{v} : [\alpha, \beta] \to \mathbb{R}^m$ mit $(x, \mathbf{v}(x)) \in \Omega_0$ für $x \in [\alpha, \beta]$.

FOLGERUNG. *Eine* C^2*-Funktion* S *auf* Ω_0 *ist ein Eikonal eines Mayer–Feldes für* $\mathcal{F}$ *genau dann, wenn sie der* **Hamilton–Jacobi–Gleichung**

$$\frac{\partial S}{\partial x}(x, \mathbf{y}) + H(x, \mathbf{y}, \nabla_{\mathbf{y}} S(x, \mathbf{y})) = 0 \quad \textit{auf } \Omega_0$$

genügt.

BEWEIS als ÜA.

3.3 Beziehungen zwischen Mayer–Feldern und Extremalenfeldern

(a) Ist $x \mapsto \mathbf{u}(x) = \mathbf{u}(x, \mathbf{c})$ eine Feldkurve, so bezeichnen wir den zugeordneten Impuls mit

$$x \longmapsto \mathbf{p}(x) = \mathbf{p}(x, \mathbf{c}) = \nabla_{\mathbf{z}} F(x, \mathbf{u}(x), \mathbf{u}'(x)),$$

und nennen $x \mapsto (\mathbf{u}(x), \mathbf{p}(x))$ die **erweiterte Feldkurve**.

Die folgenden Formeln stellen die Verbindung zwischen Mayer–Feldern und Extremalenfeldern her:

LEMMA. *Sei* $\mathbf{A}$ *die Feldfunktion und* $\mathbf{B}$ *die duale Feldfunktion eines Feldes. Dann gilt für jede erweiterte Feldkurve* $x \mapsto (\mathbf{u}(x), \mathbf{p}(x))$ *und für* $i = 1, \ldots, m$

$$u_i'(x) - \frac{\partial H}{\partial p_i}(x, \mathbf{u}(x), \mathbf{p}(x)) = 0,$$

$$p_i'(x) + \frac{\partial H}{\partial y_i}(x, \mathbf{u}(x), \mathbf{p}(x))$$

$$= \left(\frac{\partial B_i}{\partial x} - \frac{\partial B_0}{\partial y_i}\right)(x, \mathbf{u}(x)) + \sum_{k=1}^{m} \left(\frac{\partial B_i}{\partial y_k} - \frac{\partial B_k}{\partial y_i}\right)(x, \mathbf{u}(x))\, u_k'(x).$$

BEWEIS.

Für die erweiterte Feldkurve $(\mathbf{u}, \mathbf{p})$ einer Feldkurve $\mathbf{u}$ gilt

$$\mathbf{p}(x) = \nabla_{\mathbf{z}} F(x, \mathbf{u}(x), \mathbf{u}'(x)) = \nabla_{\mathbf{z}} F(x, \mathbf{u}(x), \mathbf{A}(x, \mathbf{u}(x))) = \mathbf{B}(x, \mathbf{u}(x)).$$

Zusammen mit der Beziehung $\mathbf{A}(x,\mathbf{y}) = \nabla_{\mathbf{p}} H(x,\mathbf{y},\mathbf{B}(x,\mathbf{y}))$ von 3.2 ergibt sich die erste Gruppe der oben formulierten Gleichungen,

$$\mathbf{u}'(x) = \mathbf{A}(x,\mathbf{u}(x)) = \nabla_{\mathbf{p}} H(x,\mathbf{u}(x),\mathbf{B}(x,\mathbf{u}(x))) = \nabla_{\mathbf{p}} H(x,\mathbf{u}(x),\mathbf{p}(x)).$$

Aus $-B_0(x) = H(x,\mathbf{y},\mathbf{B}(x,\mathbf{y}))$ folgt

$$\begin{aligned} -\frac{\partial B_0}{\partial y_i}(x,\mathbf{y}) &= \frac{\partial}{\partial y_i}\left[H(x,\mathbf{y},\mathbf{B}(x,\mathbf{y}))\right] \\ &= \frac{\partial H}{\partial y_i}(x,\mathbf{y},\mathbf{B}(x,\mathbf{y})) + \sum_{k=1}^{m} \frac{\partial H}{\partial p_k}(x,\mathbf{y},\mathbf{B}(x,\mathbf{y}))\,\frac{\partial B_k}{\partial y_i}(x,\mathbf{y}) \\ &= \frac{\partial H}{\partial y_i}(x,\mathbf{y},\mathbf{B}(x,\mathbf{y})) + \sum_{k=1}^{m} \frac{\partial B_k}{\partial y_i}(x,\mathbf{y})\,u_k'(x), \end{aligned}$$

woraus wir die zweite Gleichungsgruppe erhalten:

$$\begin{aligned} p_i'(x) + \frac{\partial H}{\partial y_i}(x,\mathbf{u}(x),\mathbf{p}(x)) &= \frac{\partial}{\partial x}\left[B_i(x,\mathbf{u}(x))\right] + \frac{\partial H}{\partial y_i}(x,\mathbf{u}(x),\mathbf{p}(x)) \\ &= \frac{\partial B_i}{\partial x}(x,\mathbf{u}(x)) + \sum_{k=1}^{m} \frac{\partial B_i}{\partial y_k}(x,\mathbf{u}(x))\,u_k'(x) + \frac{\partial H}{\partial y_i}(x,\mathbf{u}(x),\mathbf{p}(x)) \\ &= \left(\frac{\partial B_i}{\partial x} - \frac{\partial B_0}{\partial y_i}\right)(x,\mathbf{u}(x)) + \sum_{k=1}^{m} \left(\frac{\partial B_i}{\partial y_k} - \frac{\partial B_k}{\partial y_i}\right)(x,\mathbf{u}(x))\,u_k'(x). \quad \square \end{aligned}$$

Hieraus ergibt sich der

Satz. (1) *Jedes Mayer–Feld ist ein Extremalenfeld.*

(2) *Ein Extremalenfeld ist ein Mayer–Feld, wenn die Bedingungen*

$$\frac{\partial B_i}{\partial y_k} = \frac{\partial B_k}{\partial y_i} \quad \text{für } i \neq k \text{ erfüllt sind.}$$

Folgerung. *Für $m = 1$ ist jedes Extremalenfeld ein Mayer–Feld.*

Eine Anwendung der Folgerung wird in 3.7 gegeben.

Beweis.

(1) Nach dem Fundamentallemma in 3.2 sind Mayer–Felder gekennzeichnet durch die Integrabilitätsbedingungen

$$\frac{\partial B_i}{\partial x} - \frac{\partial B_0}{\partial y_i} = 0, \quad \frac{\partial B_i}{\partial y_k} - \frac{\partial B_k}{\partial y_i} = 0 \ \text{ für } i,k = 1,\ldots,m.$$

Nach dem vorhergehenden Lemma erfüllen die Feldkurven eines Mayer–Feldes die Hamilton–Gleichungen, sind also nach § 2 : 6.2 (b) Extremalen.

(2) Sei $\mathbf{U}$ ein Extremalenfeld auf Ω_0, dessen duale Feldfunktion $\mathbf{B}$ die Bedingungen

$$\frac{\partial B_i}{\partial y_k} = \frac{\partial B_k}{\partial y_i} \quad (i,k = 1,\dots,m)$$

erfüllt. Da jede Feldkurve $\mathbf{u}$ eine Extremale ist, erfüllen $\mathbf{u}$ und der zugeordnete Impuls $\mathbf{p}$ die Hamilton–Gleichungen. Mit dem Lemma oben ergibt sich die Beziehung

$$0 = p_i'(x) + \frac{\partial H}{\partial y_i}(x, \mathbf{u}(x), \mathbf{p}(x)) = \left(\frac{\partial B_i}{\partial x} - \frac{\partial B_0}{\partial y_i}\right)(x, \mathbf{u}(x))$$

längs jeder Feldkurve $\mathbf{u}$. Da jeder Punkt von Ω_0 Anfangspunkt einer Feldkurve ist, folgt die nach dem Fundamentallemma noch fehlende Bedingung für ein Mayer–Feld

$$\frac{\partial B_i}{\partial x} = \frac{\partial B_0}{\partial y_i} \quad \text{in } \Omega_0 \quad \text{für } i = 1,\dots,m. \qquad \square$$

(b) Mit Hilfe der Aussage (2) des vorigen Satzes können wir ein einfaches geometrisches Kriterium dafür angeben, dass ein Extremalenfeld ein Mayer–Feld ist.

Wir nennen ein Extremalenfeld

$$\mathbf{U} : \,]a,b[\, \times \Lambda \to \Omega_0$$

stigmatisch, wenn es einen Knotenpunkt besitzt, worunter wir folgendes verstehen:

(i) Jede Feldkurve $x \mapsto \mathbf{u}(x,\mathbf{c})$ lässt sich zu einer Extremalen auf das Intervall $]a-\varepsilon, b[$ $(0 < \varepsilon \ll 1)$ fortsetzen,

(ii) es gibt eine Stelle $\xi \in \,]a-\varepsilon, a[$, so dass $\mathbf{c} \mapsto \mathbf{u}(\xi,\mathbf{c})$ konstant ist,

(iii) $\mathbf{U}$ lässt sich zu einer C^2–Abbildung auf $]a-\varepsilon, b[\, \times \Lambda$ fortsetzen und ist auf $]\xi, b[\, \times \Lambda$ ein C^2–Diffeomorphismus.

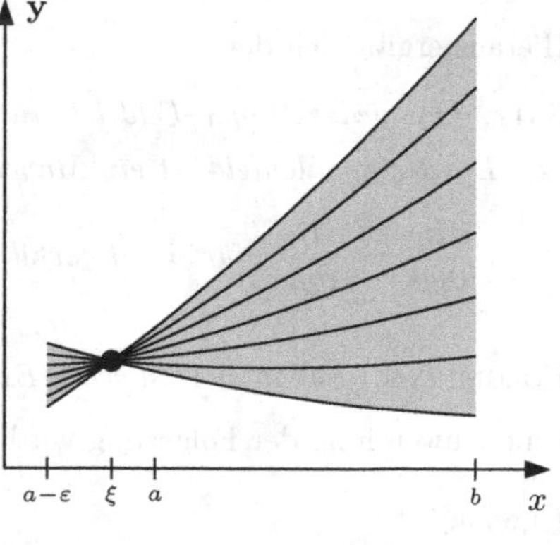

Die durch Fortsetzung auf $]a-\varepsilon, b[\, \times \Lambda$ entstehende Abbildung $\mathbf{U}$ ist wegen des Knotenpunktes kein Feld mehr; wir sprechen von einem **stigmatischen Extremalenbündel**.

Ein Beispiel für ein stigmatisches Extremalenfeld diskutierte Johann BERNOULLI 1697 im Zusammenhang mit seiner an der Optik orientierten Lösung des Problems der Brachistochrone (vgl. § 2 : 2.3). Die in dieser Betrachtungsweise liegenden Möglichkeiten wurden seinerzeit nicht verfolgt, und die Idee geriet in Vergessenheit, bis sie 1827 von HAMILTON neu entdeckt wurde.

Die Figur zeigt das Bündel der Zykloidenbögen zusammen mit der Orthogonalschar von Kurven gleicher Fallzeit, d.h. gleichen Eikonals S, vgl. 3.2.

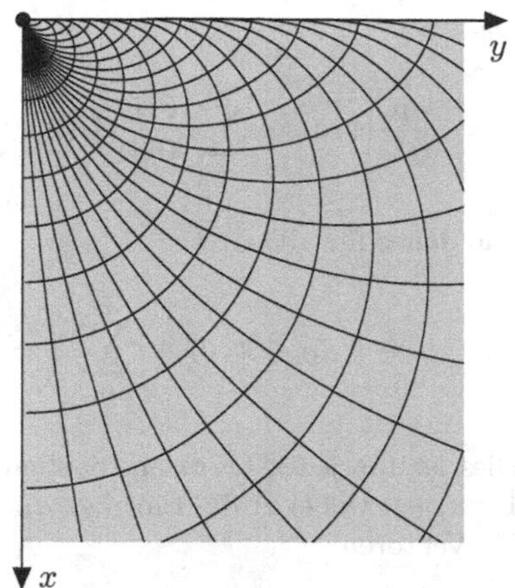

Ein Mayer–Feld–Kriterium (HILBERT 1900). *Jedes stigmatische Extremalenfeld ist ein Mayer–Feld.*

Der Beweis beruht auf dem

Lemma von Lagrange (LAGRANGE 1808). *Sei* $\mathbf{U} :]a_0, b_0[\times \Lambda \to \mathbb{R}^{m+1}$ *ein* **Extremalenbündel** *von* $\mathcal{F}$*, d.h. eine* C^2*-differenzierbare Abbildung der Gestalt*

$$\mathbf{U}(x, \mathbf{c}) = (x, \mathbf{u}(x, \mathbf{c}))\,,$$

für welche jede Kurve $x \mapsto \mathbf{u}(x, \mathbf{c})$ *ein Extremale ist, d.h. zusammen mit dem Impuls* $x \mapsto \mathbf{p}(x, \mathbf{c}) = \nabla_{\mathbf{z}} F(x, \mathbf{u}(x, \mathbf{c}), \mathbf{u}'(x, \mathbf{c}))$ *den Hamilton–Gleichungen von* $\mathcal{F}$ *genügt.*

Dann sind die **Lagrange–Klammern**

$$[c_\alpha, c_\beta] := \sum_{i=1}^{m} \left(\frac{\partial p_i}{\partial c_\alpha} \frac{\partial u_i}{\partial c_\beta} - \frac{\partial p_i}{\partial c_\beta} \frac{\partial u_i}{\partial c_\alpha} \right)$$

für jedes $\mathbf{c} \in \Lambda$ *von* x *unabhängig.*

BEWEIS des Satzes von Hilbert.

Für das auf $]a - \varepsilon, b[\times \Lambda$ fortgesetzte Extremalenbündel ist $\mathbf{c} \mapsto \mathbf{u}(\xi, \mathbf{c})$ konstant, somit gilt $[c_\alpha, c_\beta](\xi, \mathbf{c}) = 0$ für alle $\mathbf{c}$, und nach dem Lagrange–Lemma auch $[c_\alpha, c_\beta](x, \mathbf{c}) = 0$ für alle $(x, \mathbf{c}) \in]a, b[\times \Lambda$ und alle α, β.

Aus

$$\begin{aligned} \mathbf{p}(x, \mathbf{c}) &= F_{\mathbf{z}}(x, \mathbf{u}(x, \mathbf{c}), u'(x, \mathbf{c})) \\ &= F_{\mathbf{z}}(x, \mathbf{u}(x, \mathbf{c}), \mathbf{A}(x, \mathbf{u}(x, \mathbf{c}))) = \mathbf{B}(x, \mathbf{u}(x, \mathbf{c})) \end{aligned}$$

folgt

$$\frac{\partial p_i}{\partial c_\gamma}(x,\mathbf{c}) = \sum_{k=1}^{m} \frac{\partial B_i}{\partial y_k}(\mathbf{U}(x,\mathbf{c}))\,\frac{\partial u_k}{\partial c_\gamma}(x,\mathbf{c})$$

und daher für alle α, β

$$0 = [c_\alpha, c_\beta](x,\mathbf{c}) = \sum_{i,k=1}^{m} \left(\frac{\partial B_k}{\partial y_i} - \frac{\partial B_i}{\partial y_k}\right)(\mathbf{U}(x,\mathbf{c}))\,\frac{\partial u_i}{\partial c_\alpha}(x,\mathbf{c})\,\frac{\partial u_k}{\partial c_\beta}(x,\mathbf{c})\,.$$

Dies ist für jedes $(x,\mathbf{c})$ ein System von Gleichungen $\langle \mathbf{b}_\alpha, A\mathbf{b}_\beta\rangle = 0$ ($\alpha, \beta = 1,\ldots,m$), wobei A die Einträge $a_{ik} = (\partial B_k/\partial y_i - \partial B_i/\partial y_k)(\mathbf{U}(x,\mathbf{c}))$ hat und die Vektoren

$$\mathbf{b}_1 = \frac{\partial \mathbf{u}}{\partial c_1}(x,\mathbf{c})\,, \ldots\,, \mathbf{b}_m = \frac{\partial \mathbf{u}}{\partial c_m}(x,\mathbf{c})$$

wegen der Diffeomorphieeigenschaft von $(x,\mathbf{c}) \mapsto \mathbf{U}(x,\mathbf{c}) = (x,\mathbf{u}(x,\mathbf{c}))$ für jedes $(x,\mathbf{c}) \in \,]\alpha,\beta[\, \times \Lambda$ linear unabhängig sind. Es folgt $a_{ik} = \partial B_k/\partial y_i - \partial B_i/\partial y_k = 0$ auf Ω_0 und somit nach (a) die Mayer–Feld–Eigenschaft. □

BEWEIS des Lagrange–Lemmas.

Aus den Hamilton–Gleichungen

$$\frac{\partial u_i}{\partial x}(x,\mathbf{c}) = \frac{\partial H}{\partial p_i}(x,\mathbf{u}(x,\mathbf{c}),\mathbf{p}(x,\mathbf{c}))\,,$$

$$\frac{\partial p_i}{\partial x}(x,\mathbf{c}) = -\frac{\partial H}{\partial y_i}(x,\mathbf{u}(x,\mathbf{c}),\mathbf{p}(x,\mathbf{c}))$$

ergibt sich für den ersten Summanden der Lagrange–Klammer $[c_\alpha, c_\beta]$

$$\frac{\partial}{\partial x}\sum_{i=1}^{m} \frac{\partial p_i}{\partial c_\alpha}\frac{\partial u_i}{\partial c_\beta} = \sum_{i=1}^{m}\left(\frac{\partial^2 p_i}{\partial x\,\partial c_\alpha}\frac{\partial u_i}{\partial c_\beta} + \frac{\partial p_i}{\partial c_\alpha}\frac{\partial^2 u_i}{\partial x\,\partial c_\beta}\right)$$

$$= \sum_{i=1}^{m}\left(\frac{\partial^2 p_i}{\partial c_\alpha\,\partial x}\frac{\partial u_i}{\partial c_\beta} + \frac{\partial p_i}{\partial c_\alpha}\frac{\partial^2 u_i}{\partial c_\beta\,\partial x}\right)$$

$$= \sum_{i=1}^{m}\left(\frac{\partial}{\partial c_\alpha}\left[-\frac{\partial H}{\partial y_i}(\ldots)\right]\frac{\partial u_i}{\partial c_\beta} + \frac{\partial p_i}{\partial c_\alpha}\frac{\partial}{\partial c_\beta}\left[\frac{\partial H}{\partial p_i}(\ldots)\right]\right)$$

$$= \sum_{i,k=1}^{m} \left\{ - \left(\frac{\partial^2 H}{\partial y_k \, \partial y_i}(\ldots) \, \frac{\partial u_k}{\partial c_\alpha} + \frac{\partial^2 H}{\partial p_k \, \partial y_i}(\ldots) \, \frac{\partial p_k}{\partial c_\alpha} \right) \frac{\partial u_i}{\partial c_\beta} \right.$$

$$\left. + \; \frac{\partial p_i}{\partial c_\alpha} \left(\frac{\partial^2 H}{\partial y_k \, \partial p_i}(\ldots) \, \frac{\partial u_k}{\partial c_\beta} + \frac{\partial^2 H}{\partial p_k \, \partial p_i}(\ldots) \, \frac{\partial p_k}{\partial c_\beta} \right) \right\}$$

$$= \sum_{i,k=1}^{m} \left\{ \frac{\partial^2 H}{\partial p_k \, \partial p_i}(\ldots) \, \frac{\partial p_k}{\partial c_\alpha} \, \frac{\partial p_i}{\partial c_\beta} - \frac{\partial^2 H}{\partial y_k \, \partial y_i}(\ldots) \, \frac{\partial u_i}{\partial c_\alpha} \, \frac{\partial u_k}{\partial c_\beta} \right\}.$$

Dieser Ausdruck ist symmetrisch in α, β, daher folgt mit der Schiefsymmetrie der Lagrange–Klammern in α, β die Behauptung $\frac{\partial}{\partial x} \, [c_\alpha, c_\beta] = 0$. □

Mayer–Felder wurden von Beltrami 1868, Zermelo 1894, A. Kneser 1898, A. Mayer 1903 und Carathéodory 1904–1935 untersucht.

3.4 Hinreichende Bedingungen für starke lokale Minima

(a) Satz. *Sei F elliptisch und C^3-differenzierbar auf $\Omega_F = \Omega \times \mathbb{R}^m$, und es sei $\mathbf{u}_0 : [\alpha, \beta] \to \mathbb{R}^m$ eine Extremale von $\mathcal{F} : \mathcal{V} \to \mathbb{R}$. Enthält das Intervall $]\alpha, \beta]$ keine längs $\mathbf{u}_0$ zu α konjugierte Stelle, so ist $\mathbf{u}_0$ eine starke lokale Minimumstelle von $\mathcal{F} : \mathcal{V} \to \mathbb{R}$ im strikten Sinn, d.h. es gilt*

$$\mathcal{F}(\mathbf{u}_0) < \mathcal{F}(\mathbf{v})$$

für alle $\mathbf{v} \in \mathcal{V}$ mit $\|\mathbf{v} - \mathbf{u}_0\|_{\mathrm{C}^0} \ll 1$ und $\mathbf{v} \neq \mathbf{u}_0$.

Dieser Hauptsatz der klassischen Variationsrechnung stammt für $m = 1$ von Weierstrass (vorgestellt in seinen Berliner Vorlesungen zwischen 1875 und 1882, aber nicht in Journalen veröffentlicht) und für $m > 1$ von Hilbert 1900.

(b) Folgerung. *Ist $F \in \mathrm{C}^3(\Omega \times \mathbb{R}^m)$ elliptisch, so liefert jede Extremale $\mathbf{u} : I \to \mathbb{R}^m$ nach Einschränkung auf ein genügend kleines Intervall $[\alpha, \beta] \subset I$ ein striktes starkes lokales Minimum von*

$$\mathcal{F}(\mathbf{v}) = \int_\alpha^\beta F(x, \mathbf{v}, \mathbf{v}') \, dx$$

in der Klasse aller PC^1-Vergleichskurven auf $[\alpha, \beta]$ mit $\mathbf{v}(\alpha) = \mathbf{u}(\alpha)$, $\mathbf{v}(\beta) = \mathbf{u}(\beta)$.

Denn nach 2.1 (b) enthält jedes Intervall $[\alpha, \gamma] \subset I$ höchstens endlich viele zu α längs $\mathbf{u}$ konjugierte Stellen, also gibt es ein $\beta \in \,]\alpha, \gamma]$, so dass $[\alpha, \beta]$ kein konjugiertes Paar enthält.

Auf die Bedeutung dieses Satzes für das Hamiltonsche Prinzips in der Punktmechanik gehen wir in 3.6 ein.

Der BEWEIS ergibt sich aus den folgenden beiden Sätzen, von denen der erste in 3.1 bewiesen wurde.

(c) SATZ. *Lässt sich unter den Voraussetzungen* (a) *eine Extremale* $\mathbf{u}_0 \in \mathcal{V}$ *des Variationsfunktionals* $\mathcal{F} : \mathcal{V} \to \mathbb{R}$ *in ein Mayer–Feld einbetten, so nimmt* $\mathcal{F} : \mathcal{V} \to \mathbb{R}$ *an der Stelle* $\mathbf{u}_0$ *ein striktes starkes lokales Minimum an.*

(d) **Einbettungssatz.** *Unter den Voraussetzungen* (a) *lässt sich die Extremale* $\mathbf{u}_0$ *in ein Mayer–Feld auf einer einfachen Umgebung* $\Omega_0 \subset \Omega$ *des Graphen* $\{(x, \mathbf{u}_0(x)) \mid x \in [\alpha, \beta]\}$ *von* $\mathbf{u}_0$ *einbetten.*

(e) BEWEIS des Einbettungssatzes.

Der Beweis besteht darin, $\mathbf{u}_0$ als Extremale um ein Stück nach links zu verlängern, und ein Extremalenbündel durch den Endpunkt der Verlängerung zu konstruieren. Nach dem Kriterium 3.3 (b) liefert dieses stigmatische Extremalenbündel dann ein Mayer–Feld.

(i) *Konstruktion eines stigmatischen Extremalenbündels.* Nach 2.1 (a), (d) können wir $\mathbf{u}_0 : [\alpha, \beta] \to \mathbb{R}^m$ als Extremale auf ein Intervall $[\alpha - 2\varepsilon, \beta + \varepsilon]$ mit $\varepsilon > 0$ fortsetzen, so dass dieses keine zu $\xi = \alpha - 2\varepsilon$ längs $\mathbf{u}_0$ konjugierte Stelle $x \neq \xi$ enthält. Wir setzen

$$\boldsymbol{\eta} := \mathbf{u}_0(\xi), \quad \mathbf{c}_0 := \mathbf{u}_0'(\xi),$$

und konstruieren ein Extremalenbündel mit dem Knotenpunkt $(\xi, \boldsymbol{\eta})$ wie folgt: Für $\mathbf{c} \in \mathbb{R}^m$ sei $x \mapsto \mathbf{u}(x, \mathbf{c})$ die maximal definierte Lösung der Euler–Gleichungen von F mit den Anfangswerten

$$\mathbf{u}(\xi, \mathbf{c}) = \boldsymbol{\eta}, \quad \mathbf{u}'(\xi, \mathbf{c}) = \mathbf{c}.$$

Es gilt dann

$$\mathbf{u}_0(x) = \mathbf{u}(x, \mathbf{c}_0) \quad \text{für alle } x \in [\xi, \beta + \varepsilon].$$

Die Abbildung

$$(x, \mathbf{c}) \mapsto \mathbf{U}(x, \mathbf{c}) := (x, \mathbf{u}(x, \mathbf{c}))$$

ist auf einer Umgebung der Strecke

$$[\xi, \beta + \varepsilon] \times \{\mathbf{c}_0\} \subset \mathbb{R}^{m+1}$$

definiert und C^2–differenzierbar. Das ergibt sich aus dem Differenzierbarkeitssatz für die Lösungen von Anfangswertproblemen Bd. 2, § 2 : 7.1 (a), (d) durch Anwendung auf das zu den Euler–Gleichungen äquivalente System der Hamilton–Gleichungen, vgl. § 2 : 6.2 (b). Deren rechte Seite ist C^2–differenzierbar, denn mit F ist auch die Hamilton–Funktion C^3–differenzierbar, so dass die dort geforderten Standardvoraussetzungen mit $k = 1$ erfüllt sind.

(ii) $\mathbf{U}$ *ist ein Mayer–Feld.* Zu zeigen bleibt, dass $\mathbf{U}$ nach Einschränkung auf einen Zylinder $\mathcal{Z}_0 = \,]a,b[\, \times \Lambda$ ein C^2–Diffeomorphismus zwischen $\mathcal{Z}_0$ und einer einfachen Umgebung Ω_0 des Graphen von $\mathbf{u}_0$ ist, vgl. 3.1.

Nach 2.1 (a) sind die Funktionen

$$\boldsymbol{\psi}_\alpha : [\xi, \beta+\varepsilon] \to \mathbb{R}^m \,, \quad x \mapsto \frac{\partial \mathbf{u}}{\partial c_\alpha}(x, \mathbf{c}_0) \quad (\alpha = 1, \ldots, m)$$

Jacobi–Felder längs $\mathbf{u}_0$ mit

$$\boldsymbol{\psi}_\alpha(\xi) = \mathbf{0} \,, \quad \boldsymbol{\psi}'_\alpha(\xi) = \mathbf{e}_\alpha \quad (\alpha = 1, \ldots, m) \,.$$

Da das Intervall $]\xi, \beta+\varepsilon]$ nach Konstruktion keine zu ξ längs $\mathbf{u}_0$ konjugierte Stelle enthält, gilt nach dem Lemma 2.1 (c)

$$\det(\boldsymbol{\psi}_1(x), \ldots, \boldsymbol{\psi}_m(x)) \neq 0 \quad \text{für alle } x \in \,]\xi, \beta+\varepsilon] \,.$$

Hiernach folgt mit $[a,b] := [\alpha - \varepsilon, \beta + \varepsilon] \subset \,]\xi, \beta+\varepsilon]$

$$\det(d\mathbf{U}(x, \mathbf{c}_0)) = \begin{vmatrix} 1 & 0 & \cdots & 0 \\ \dfrac{\partial u_1}{\partial x} & \dfrac{\partial u_1}{\partial c_1} & \cdots & \dfrac{\partial u_1}{\partial c_m} \\ \vdots & \vdots & \ddots & \vdots \\ \dfrac{\partial u_m}{\partial x} & \dfrac{\partial u_m}{\partial c_1} & \cdots & \dfrac{\partial u_m}{\partial c_m} \end{vmatrix} (x, \mathbf{c}_0)$$

$$= \det(\boldsymbol{\psi}_1(x), \ldots, \boldsymbol{\psi}_m(x)) \neq 0 \quad \text{für } x \in [a,b] \,.$$

Nach dem Umkehrssatz (Bd. 1, § 22 : 5.2) ist für jeden Punkt $(x, \mathbf{c}_0)$ mit $x \in [a,b]$ die Abbildung $\mathbf{U}$, eingeschränkt auf eine hinreichend kleine Kugel um diesen Punkt, ein C^2–Diffeomorphismus. Da die kompakte Strecke $[a,b] \times \{\mathbf{c}_0\}$ von endlich vielen dieser Kugeln überdeckt wird, finden wir ein $\delta > 0$, so dass der Zylinder $Z_0 := \,]a,b[\, \times \Lambda$ mit $\Lambda := K_\delta(\mathbf{c}_0)$ in der Vereinigung dieser endlich vielen Kugeln liegt.

Hieraus folgt, dass

$$(x, \mathbf{c}) \mapsto \mathbf{U}(x, \mathbf{c}) = (x, \mathbf{u}(x, \mathbf{c}))$$

ein C^2–Diffeomorphismus zwischen Z_0 und einem Gebiet $\Omega_0 := \mathbf{U}(Z_0) \subset \Omega$ ist, das den Graphen der Extremale $\mathbf{u}_0 : [\alpha, \beta] \to \mathbb{R}^m$ enthält. Dieses ist einfach als Bild des einfachen Gebiets $Z_0 = \,]a,b[\, \times K_\delta(\mathbf{c}_0)$ unter $\mathbf{U}$. Somit ist $\mathbf{U}$ ein Feld auf Ω_0 und nach (i) ein Extremalenfeld, also ein Mayer–Feld auf Grund von 3.3 (b). □

3.5 Minimaleigenschaften des Katenoids

Nach § 2 : 2.4 lassen sich in zwei koaxiale Kreisringe mit Radius 1 und Abstand 2β zwei Katenoide einspannen, deren Profilkurven $u_k : [-\beta, \beta] \to \mathbb{R}$ gegeben sind durch

$$u_k(x) = c_k \cdot \cosh \frac{x}{c_k} \quad (k = 1, 2)\,;$$

hierbei ist vorauszusetzen, dass

$$\beta < \beta_0 := \max \left\{ \frac{s}{\cosh s} \mid s > 0 \right\}.$$

Die Konstanten c_k mit $c_1 < c_2$ sind gegeben als die Lösungen der Gleichung $c \cdot \cosh(\beta/c) = 1$. Also ist

$$\frac{s_k}{\cosh s_k} = \beta \quad \text{mit} \quad s_k := \frac{\beta}{c_k}, \quad \frac{1}{c_k} = \cosh s_k .$$

Zur Anwendung der notwendigen und hinreichenden Bedingungen für lokale Minima des Flächinhalts bestimmen wir die Lage der zu $\xi = -\beta$ längs u_k konjugierten Stellen η relativ zum rechten Endpunkt β. Die hierfür benötigten Jacobi–Felder längs u_k erhalten wir am einfachsten aus dem Extremalenbündel durch den Knotenpunkt $A = (-\beta, 1) = (\xi, 1)$ gemäß Satz 2.1 (a).

Die Schar der Extremalen durch A ist gegeben durch

$$u(x, s) = \frac{\cosh\big((x - \xi)\cosh s - s\big)}{\cosh s}$$

für $s > 0$. Denn nach § 2 : 2.5 ist jede Extremale von der Form

$$u(x) = c \cdot \cosh \frac{x - x_0}{c}\,,$$

und die Bedingung

$$1 = u(\xi) = c \cdot \cosh \frac{\xi - x_0}{c}$$

führt nach Ersetzung von c durch den Parameter $s > 0$ mit $\cosh s = 1/c$ auf

$$\cosh s = \frac{1}{c} = \cosh \frac{\xi - x_0}{c}, \quad \text{also}$$

$$s = \frac{x_0 - \xi}{c} > 0 \quad \text{und daher}$$

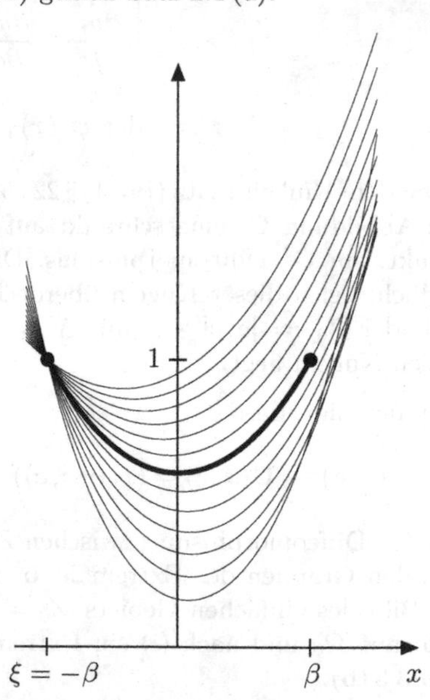

$$\begin{aligned} u(x) &= \frac{1}{\cosh s} \cosh\left(\frac{x-\xi}{c} - \frac{x_0-\xi}{c}\right) \\ &= \frac{1}{\cosh s} \cosh\big((x-\xi)\cosh s - s\big) =: u(x,s) . \end{aligned}$$

Nach 2.1 (a) erhalten wir Jacobi–Felder längs $u_k : x \mapsto u(x, s_k)$ durch

$$x \mapsto \varphi_k(x) = \frac{\partial u}{\partial s}(x, s_k) \quad (k = 1, 2) .$$

Mit $a_k := \sinh s_k / \cosh^2 s_k > 0$ ergibt sich unter Beachtung von $-\xi = \beta$ sowie von $c_k \cdot \sinh s_k = a_k \cdot \cosh s_k = a_k / c_k = a_k s_k / \beta$ und von $c_k = a_k \coth s_k$ ÜA

$$\varphi_k(x) = a_k \cdot \left\{ \left(\frac{s_k x}{\beta} + s_k - \coth s_k \right) \sinh \frac{s_k x}{\beta} - \cosh \frac{s_k x}{\beta} \right\} .$$

Daher ist $\varphi_k(0) = -a_k < 0$. Für $x \neq 0$ erhalten wir

$$\varphi_k(x) = a_k \cdot \sinh \frac{s_k x}{\beta} \cdot \left\{ \phi\left(\frac{s_k x}{\beta}\right) + \phi(s_k) \right\}$$

mit $\phi(s) := s - \coth s \; (s \neq 0)$.

Für $s \neq 0$ ist $\phi(-s) = -\phi(s)$, ferner ist ϕ wegen $\phi'(s) = \coth^2(s) > 0$ in jedem der beiden Bereiche $s < 0$, $s > 0$ streng monoton steigend. Weiter gilt $\phi(\pm s_0) = 0$, wobei $s_0 \approx 1.2$ diejenige Stelle in $\mathbb{R}_{>0}$ ist, an der die Ableitung von $s/\cosh s$ verschwindet (ÜA, vgl. § 2 : 2.5 (c)). Schließlich gilt

$$\lim_{x \to 0+} \phi(x) = -\infty , \quad \lim_{x \to \infty} \phi(x) = \infty .$$

Somit besitzt $x \mapsto \{\phi(s_k x/\beta) + \phi(s_k)\}$ für $x < 0$ genau die Nullstelle $\xi = -\beta$ und für $x > 0$ genau eine Nullstelle η_k. Hieraus folgt mit $\varphi_k(0) \neq 0$, dass das Jacobi–Feld φ_k genau eine zu ξ längs u_k konjugierte Stelle $\eta_k > 0$ besitzt. Weiter gilt

$$\eta_1 < \beta < \eta_2 ,$$

denn wegen der strengen Monotonie von ϕ und der Gleichung $\phi(s_k \eta_k / \beta) = -\phi(s_k)$ bestehen die Äquivalenzen ÜA

$$\begin{aligned} \eta_1 < \beta < \eta_2 &\iff \phi(s_1 \eta_1 / \beta) < \phi(s_1) ,\ \phi(s_2) < \phi(s_2 \eta_2 / \beta) \\ &\iff \phi(s_2) < 0 = \phi(s_0) < \phi(s_1) \iff s_2 < s_0 < s_1 . \end{aligned}$$

Somit liefert das Katenoid mit der Profilkurve u_1 nach 2.2 kein schwaches lokales Minimum des Flächeninhalts und das Katenoid mit der Profilkurve u_2 nach 3.4 ein starkes lokales Minimum.

Das zweite der vorangegangenen Bilder zeigt die Einbettung der Kettenlinie u_2 in ein Extremalenbündel mit Knotenpunkt

$$(\xi, 1) = (-\beta, 1)$$

für $\beta = 0.6$.

Hiermit sind die Aussagen (iii) und (iv) in § 2 : 2.5 (d) bewiesen, wenn wir noch den Fall $\beta = \beta_0$ einbeziehen. In diesem Fall ist $c_1 = c_2$, und das Jacobi–Feld $\varphi_1 = \varphi_2$ längs $u_1 = u_2$ besitzt neben ξ die Nullstelle $\eta_1 = \eta_2 = \beta$. Somit ist u_2 nach 3.2 keine schwache lokale Minimumstelle.

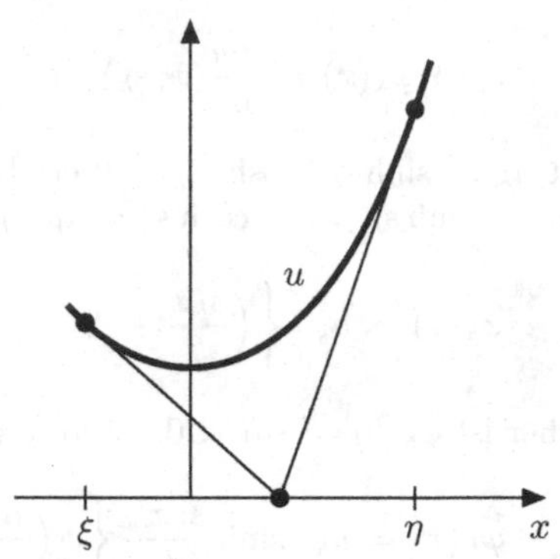

ÜA Zeigen Sie, dass für jedes Katenoid mit Profilkurve u die zu ξ konjugierte Stelle η durch die nebenstehend skizzierte Tangentenkonstruktion gefunden werden kann (LINDELÖF 1861).

3.6 Die Äquivalenz der beiden Versionen des Hamiltonschen Prinzips der Punktmechanik

Gegeben sei die Lagrange–Funktion L eines mechanischen Systems von m Freiheitsgraden, und es seien

$$\mathcal{W}_I(\mathbf{q}) = \int_{t_1}^{t_2} L(t, \mathbf{q}, \dot{\mathbf{q}})\, dt$$

das zugehörige Wirkungsintegral längs einer C^2–Kurve $\mathbf{q} : \mathbb{R} \to \mathbb{R}^m$ auf einem Zeitintervall $I = [t_1, t_2]$. Ferner sei $\mathcal{V}_I(\mathbf{q})$ die Vergleichsklasse aller C^2–Kurven $\mathbf{v} : I \to \mathbb{R}^m$ mit $\mathbf{v}(t_1) = \mathbf{q}(t_1)$, $\mathbf{v}(t_2) = \mathbf{q}(t_2)$.

SATZ. *Äquivalente Aussagen sind:*

(a) *Die Kurve* $\mathbf{q}$ *genügt dem Hamiltonschen Prinzip der kleinsten Wirkung: Für jedes hinreichend kleine Intervall* $I = [t_1, t_2]$ *liefert* $\mathbf{q} : I \to \mathbb{R}^m$ *ein starkes lokales Minimum für* $\mathcal{W}_I$ *in der Vergleichsklasse* $\mathcal{V}_I(\mathbf{q})$.

(b) *Die Kurve* $\mathbf{q}$ *genügt dem Hamiltonschen Prinzip der stationären Wirkung: Für jedes* $t_0 \in \mathbb{R}$ *und jedes* $\varepsilon > 0$ *gilt*

$$\delta\mathcal{W}_I(\mathbf{q}) = 0 \quad \textit{für } I = [t_0 - \varepsilon, t_0 + \varepsilon].$$

(c) *Die Kurve* $\mathbf{q}$ *erfüllt die Euler–Gleichungen der Lagrange–Funktion* L.

Die Aussagen (a) $\Longrightarrow$ (b) $\Longrightarrow$ (c) folgen aus § 2 : 1.3 (a) und (b). Die Aussage (c) $\Longrightarrow$ (a) ergibt sich aus dem Hauptsatz 3.4 (a) und (b).

Als BEISPIEL betrachten wir das Wirkungsintegral des mathematischen Pendels auf einem Zeitintervall $I = [t_1, t_2]$ der Länge ℓ

$$\mathcal{W}_I(v) = \int_{t_1}^{t_2} \left(\tfrac{1}{2}v'(x)^2 + \cos v(x)\right) dx$$

mit der Lagrange–Funktion $L(y,z) = \frac{1}{2}z^2 + \cos y$. Wegen

$$L_y = -\sin y\,,\quad L_z = z\,,\quad L_{zz} = 1\,,\quad L_{yz} = 0\,,\quad L_{yy} = -\cos y$$

ist L elliptisch und $u = 0$ ist eine Lösung der Eulergleichung

$$u'' + \sin u = 0$$

mit den Randwerten $u(t_1) = u(t_2) = 0$. Die Jacobi–Gleichung längs $u = 0$ lautet $\varphi'' + \varphi = 0$; die Lösungen mit dem Anfangswert $\varphi(t_1) = 0$ haben die Form $\varphi(t) = c \cdot \sin(t - t_1)$. Daher sind je zwei Zeitpunkte t_1, $t_1 + \pi$ konjugiert längs $u = 0$. Für $\ell < \pi$ folgt $\mathcal{W}_I(v) > \mathcal{W}_I(0) = \ell$ für $0 \neq v \in \mathrm{PC}^1_0[t_1, t_2]$; dagegen gibt es für $\ell > \pi$ ein $v \in \mathrm{PC}^1_0[t_1, t_2]$ mit $\mathcal{W}_I(v) < \mathcal{W}_I(0)$.

3.7 Ein Extremalenfeld für den harmonischen Oszillator

(a) Wir betrachten das Wirkungsintegral auf dem Intervall $I =]\alpha, \beta[$ der Länge $\ell = \beta - \alpha$

$$\mathcal{F}(v) = \tfrac{1}{2}\int_\alpha^\beta \left(v'^2 - k^2 v^2\right) dx \quad \text{auf}$$

$$\mathcal{V} = \left\{v \in \mathrm{PC}^1[\alpha, \beta] \;\middle|\; v(\alpha) = a\,,\ v(\beta) = b\right\}$$

und setzen $0 < k\ell < \pi$ voraus. Für den Integranden $F(y,z) = \frac{1}{2}(z^2 - k^2 y^2)$ gilt $F_{zz} = 1$, $F_{zy} = 0$, $F_{yy} = -k^2$. Daher ist F elliptisch, und die Euler–Gleichung lautet

$$u'' + k^2 u = 0\,;$$

dies ist gleichzeitig die Jacobi–Gleichung. Jede Lösung $\varphi \neq 0$ mit $\varphi(\alpha) = 0$ hat die Form $\varphi(x) = c \cdot \sin(k(x - \alpha))$ mit $c \neq 0$. Wegen $k\ell < \pi$ hat diese keine Nullstelle in $]\alpha, \beta]$, d.h. $[\alpha, \beta]$ enthält kein konjugiertes Paar längs jeder Extremalen.

(b) Es gibt also genau eine Lösung $u \in \mathcal{V}$ der Euler–Gleichung, gegeben durch

$$u(x) = \frac{1}{s}\left(a \cdot \sin(k(\beta - x)) + b \cdot \sin(k(x - \alpha))\right)$$

mit $s := \sin(k\ell) > 0$.

Nach dem Hauptsatz 3.4 (a) folgt unmittelbar, dass $\mathcal{F} : \mathcal{V} \to \mathbb{R}$ an der Stelle u ein striktes starkes lokales Minimum annimmt. Wir wollen hier zu Demonstrationszwecken den Hauptsatz aber nicht bemühen und unmittelbar an die Folgerung in 3.3 (a) anknüpfen, indem wir u in ein (nicht stigmatisches) Extremalenfeld einbetten und dessen Feldfunktion angeben. Hierzu setzen wir

$$u(x,c) := u(x) + c \cdot \sin(k(x - \alpha + \varepsilon)) \text{ für } \alpha - \varepsilon < x < \beta + \varepsilon\,,\ c \in \mathbb{R}\,;$$

dabei wählen wir $\varepsilon > 0$ mit $2\varepsilon < \frac{\pi}{k} - \ell$.

Durch $\mathbf{U}(x,c) = (x, u(x,c))$ wird $\Omega_0 :=]\alpha - \varepsilon, \beta + \varepsilon[\times \mathbb{R}$ bijektiv auf sich abgebildet. Wegen $\mathbf{U}^{-1}(x,y) = \big(x, (y - u(x))/\sin(k(x - \alpha + \varepsilon))\big)$ erhalten wir die Feldfunktion [ÜA]

$$A(x,y,c) = u'(x) + k \cdot \operatorname{cotg}(k(x - \alpha + \varepsilon)) \cdot (y - u(x))\,.$$

Nach 3.1 gilt $\mathcal{W}(u) < \mathcal{W}(v)$ für alle $v \in \mathcal{V}$ mit $v \neq u$, denn $\mathbf{U}$ ist nach der Folgerung des Satzes 3.3 ein Mayer–Feld, und für alle $v \in \mathcal{V}$ liegt der Graph in Ω_0.

(c) Nach (a) ist $u = 0$ die einzige Lösung der Euler–Gleichung mit Randwerten Null. Es folgt $\mathcal{W}(v) > 0 = \mathcal{W}(0)$ für alle $v \in \mathrm{PC}_0^1[\alpha,\beta]$, solange $k < \pi/\ell$. Durch Grenzübergang $k \to \pi/\ell$ erhalten wir so die **scharfe Form der Poincaré–Ungleichung**

$$\int\limits_\alpha^\beta v(x)^2\,dx \leq \left(\frac{\ell}{\pi}\right)^2 \int\limits_\alpha^\beta v'(x)^2\,dx \text{ für alle } v \in \mathrm{PC}_0^1[\alpha,\beta]\,.$$

Diese ist optimal, denn für $v(x) = \sin\left(\frac{\pi}{\ell}(x - \alpha)\right)$ gilt das Gleichheitszeichen.

Wir geben dem Ergebnis die Gestalt:

(d) SATZ. *Für* $\mathcal{V} = \mathrm{PC}_0^1[\alpha,\beta]$ *existiert*

$$\min\Big\{ \int\limits_\alpha^\beta v'^2\,dx \;\Big|\; v \in \mathcal{V},\ \int\limits_\alpha^\beta v^2\,dx = 1 \Big\} = \left(\frac{\pi}{\ell}\right)^2$$

und das Minimum wird angenommen für $v_0(x) = \sqrt{\frac{2}{\ell}}\,\sin\left(\frac{\pi}{\ell}(x - \alpha)\right)$.

[ÜA] Zeigen Sie: Ist $v \in \mathcal{V}$ eine Lösung des isoperimetrischen Problems

$$\int\limits_\alpha^\beta v'^2\,dx = \min \text{ unter der Nebenbedingung } \int\limits_\alpha^\beta v^2\,dx = 1\,,$$

so gilt $v = \pm v_0$ (vgl. § 2 : 5.1).

§ 4 Hamiltonsche Mechanik

1 Bewegungsgleichungen bei Zwangsbedingungen, Hamiltonsches Prinzip

1.1 Die Newtonschen Gleichungen für freie Massenpunkte

(a) Wir betrachten N Massenpunkte im Raum unter dem Einfluss eines Kraftfeldes mit einem (möglicherweise zeitabhängigen) Potential V.

Die Koordinaten und Massen nummerieren wir wie folgt: Es seien

x_1, x_2, x_3 die Koordinaten des ersten Teilchens mit Masse $m_1 = m_2 = m_3$,

x_4, x_5, x_6 die Koordinaten des zweiten Teilchens mit Masse $m_4 = m_5 = m_6$,

usw.

Diese Koordinaten fassen wir zu einem Vektor $\mathbf{x} = (x_1, \ldots, x_{3N}) \in \mathbb{R}^{3N}$ zusammen. Vom Potential $V(t, \mathbf{x})$ verlangen wir C^2–Differenzierbarkeit auf einem Gebiet des $\mathbb{R}^{3N+1}$. Dann lauten die Newtonschen Bewegungsgleichungen

$$m_\alpha \ddot{x}_\alpha + \partial_\alpha V(t, \mathbf{x}(t)) = 0 \quad \text{für} \quad \alpha = 1, \ldots, 3N\,;$$

dabei steht $\partial_\alpha V$ für $\partial V / \partial x_\alpha$. Wir fassen diese $3N$ Gleichungen zu einer Vektorgleichung zusammen:

$$(*) \qquad \mathbf{m}\ddot{\mathbf{x}}(t) + \nabla_{\mathbf{x}} V(t, \mathbf{x}(t)) = \mathbf{0}\,;$$

hierbei ist $\mathbf{m}$ die Diagonalmatrix mit den Einträgen $m_1, \ldots, m_{3N}$.

(b) Die Gleichungen $(*)$ sind die Euler–Gleichungen für das Wirkungsintegral

$$\mathcal{W}(\mathbf{x}, I) = \int\limits_I \Big\{ \tfrac{1}{2} \sum_{\alpha=1}^{3N} m_\alpha \dot{x}_\alpha(t)^2 - V(t, \mathbf{x}(t)) \Big\}\, dt = \int\limits_I L(t, \mathbf{x}(t), \dot{\mathbf{x}}(t))\, dt$$

mit $I = [t_1, t_2]$ und der auf $\Omega_L = \Omega \times \mathbb{R}^{3N}$ elliptischen Lagrange–Funktion

$$L(t, \mathbf{x}, \mathbf{y}) = \tfrac{1}{2} \langle \mathbf{y}, \mathbf{m}\,\mathbf{y} \rangle - V(t, \mathbf{x})\,.$$

1.2 Massenpunkte unter Zwangsbedingungen und das d'Alembertsche Prinzip

(a) Wir betrachten nun N Massenpunkte, denen $p < 3N$ **holonome Zwangsbedingungen (constraints)**

$$G_1(t, \mathbf{x}) = \ldots = G_p(t, \mathbf{x}) = 0, \quad \text{kurz} \quad \mathbf{G}(t, \mathbf{x}) = \mathbf{0}$$

auferlegt sind, wobei die räumlichen Gradienten

$$\nabla_{\mathbf{x}} G_1(t, \mathbf{x})\,, \ldots, \nabla_{\mathbf{x}} G_p(t, \mathbf{x})$$

an jeder Stelle $(t, \mathbf{x})$ mit $\mathbf{G}(t, \mathbf{x}) = \mathbf{0}$ linear unabhängig sind.

Zu jedem Zeitpunkt t ist dann die **Constraintmannigfaltigkeit**

$$M(t) := \left\{\mathbf{x} \in \mathbb{R}^{3N} \mid \mathbf{G}(t, \mathbf{x}) = \mathbf{0}\right\}$$

eine Lösungsmannigfaltigkeit im $\mathbb{R}^{3N}$ der Dimension $m = 3N - p$, d.h. $M(t)$ lässt sich lokal durch m Parameter beschreiben (Bd. 1, § 22 : 5.5).

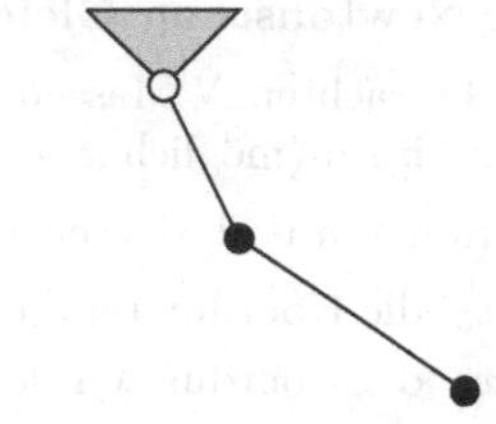

BEISPIELE: Ebenes Pendel:

$N = 1,\ p = 2,\ m = 1,$

ebenes Doppelpendel:

$N = 2,\ p = 4,\ m = 2,$

Foucault–Pendel:

$N = 1,\ p = 1,\ m = 2.$

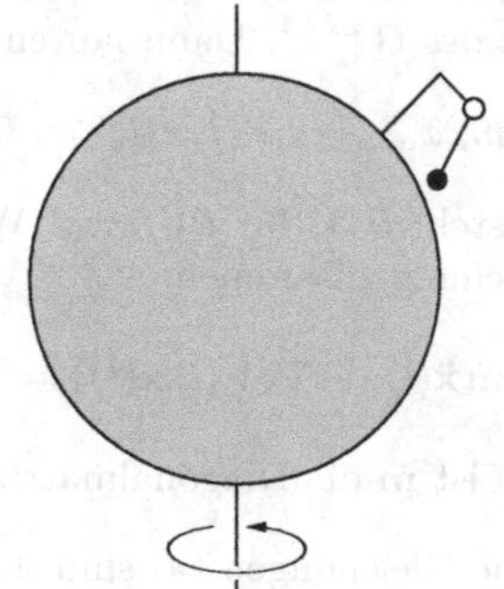

(b) **Das d'Alembertsche Prinzip.** Für das Einhalten der Zwangsbedingungen, d.h. das Verbleiben des Systems auf M, wird eine Zwangskraft $\mathbf{F}_{\text{zwang}}$ verantwortlich gemacht. Diese soll im Kräftegleichgewicht mit der Trägheitskraft $\mathbf{F}_{\text{träg}} = -\mathbf{m}\,\ddot{\mathbf{x}}$ und der äußeren Kraft $\mathbf{F} = -\boldsymbol{\nabla}_{\mathbf{x}} V$ stehen;

$$\mathbf{F}_{\text{zwang}} + \mathbf{F}_{\text{träg}} + \mathbf{F} = \mathbf{0};$$

daraus ergibt sich zum Zeitpunkt t

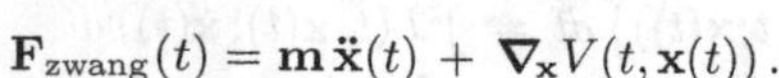

$$\mathbf{F}_{\text{zwang}}(t) = \mathbf{m}\,\ddot{\mathbf{x}}(t) + \boldsymbol{\nabla}_{\mathbf{x}} V(t, \mathbf{x}(t)).$$

Das **d'Alembertsche Prinzip** besagt, dass diese Zwangskraft zu jedem Zeitpunkt t senkrecht ist zum Tangentialraum $T_{\mathbf{x}(t)}M(t)$ von $M(t)$ im Punkt $\mathbf{x}(t)$:

$$(**) \quad \mathbf{m}\,\ddot{\mathbf{x}}(t) + \boldsymbol{\nabla}_{\mathbf{x}} V(t, \mathbf{x}(t)) \perp T_{\mathbf{x}(t)}M(t),$$

es gilt also

$$\langle\, \mathbf{m}\,\ddot{\mathbf{x}}(t) + \boldsymbol{\nabla}_{\mathbf{x}} V(t, \mathbf{x}(t)), \mathbf{v} \rangle = 0$$

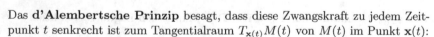

für jeden Tangentialvektor $\mathbf{v}$ von $M(t)$ im Punkt $\mathbf{x}(t)$. In der Physikliteratur werden diese Tangentenvektoren oft *virtuelle Verrückungen* genannt.

Für den Gültigkeitsbereich des d'Alembertschen Prinzips über den Fall holonomer Zwangsbedingungen hinaus und für Überlegungen zu seiner Rechtfertigung verweisen wir auf LANCZOS [18] Ch. IV. Wir beschränken uns auf eine Plausibilitätsbetrachtung für den Fall eines Massenpunkts, der an eine feste Fläche $M \subset \mathbb{R}^3$ gebunden ist. Hierzu zerlegen wir die äußere Kraft $\mathbf{F}$ in die Normalkomponente $\mathbf{F}_\perp$ und eine Tangentialkomponente $\mathbf{F}_\top$. Da die Beschleunigung stets tangential erfolgt, wird sie durch $\mathbf{F}_\top$ bewirkt:

$$\mathbf{m}\ddot{\mathbf{x}} = \mathbf{F}_\top = \mathbf{F} - \mathbf{F}_\perp\,, \quad \text{also } \mathbf{F}_\perp = -\mathbf{m}\ddot{\mathbf{x}} + \mathbf{F} = -\mathbf{F}_{\text{zwang}}\,.$$

1.3 Vom d'Alembertschen zum Hamiltonschen Prinzip

(a) Wir behandeln zunächst den Fall eines zeitunabhängigen Konfigurationsraums. Die Constraintmannigfaltigkeit $M \subset \mathbb{R}^{3N}$ sei durch zeitunabhängige (skleronome) Bedingungen

$$G_1(\mathbf{x}) = \ldots = G_p(\mathbf{x}) = 0\,, \quad \text{kurz } \mathbf{G}(\mathbf{x}) = \mathbf{0}$$

gegeben, wobei die Gradienten der C^2–Funktionen G_k in jedem Punkt $\mathbf{x} \in M$ linear unabhängig sind. Dann ist der **Konfigurationsraum** M eine Lösungsmannigfaltigkeit der Dimension $m = 3N - p$ im $\mathbb{R}^{3N}$, und nach Bd. 1, § 22 : 5.4 lässt sich M lokal durch m Parameter beschreiben; z.B. können wir m Koordinaten von $\mathbf{x}$ (bezeichnet mit $q_1, \ldots, q_m$) frei wählen und die übrigen Koordinaten von $\mathbf{x} \in M$ durch diese ausdrücken. Damit lassen sich die Punkte von M lokal in der Form

$$\varphi(q_1, \ldots, q_m) = (q_1, \ldots, q_m, \psi(q_1, \ldots, q_m))$$

mit einer injektiven C^2–Abbildung ψ darstellen. Da die ersten m Zeilen der Jacobi–Matrix $d\varphi$ die Einheitsmatrix E_m bilden, hat $d\varphi$ den Rang m.

Wir machen uns nun von dieser speziellen Form der Parametrisierung frei und betrachten beliebige Parametrisierungen, d.h. C^2–Abbildungen

$$\varphi : \mathbb{R}^m \supset \Omega \to M\,, \quad \mathbf{q} = (q_1, \ldots, q_m) \longmapsto (\varphi_1(\mathbf{q}), \ldots, \varphi_{3N}(\mathbf{q}))$$

mit folgenden Eigenschaften:

(i) $\varphi : \Omega \to M$ ist bijektiv und stetig invertierbar. (Hierzu schränken wir M entsprechend ein.)

(ii) Die Jacobi–Matrix $d\varphi(\mathbf{q})$ hat für jedes $\mathbf{q}$ aus der Koordinatenumgebung Ω den Rang m. Dann ist jede C^r–Kurve auf M $(r = 1, 2)$ von der Form $t \mapsto \mathbf{x}(t) := \varphi(\mathbf{q}(t))$ mit einer eindeutig bestimmten C^r–Kurve $t \mapsto \mathbf{q}(t)$ in der Koordinatenumgebung Ω. Dies folgt aus dem Satz über implizite Funktionen.

In diese Beschreibung des Konfigurationsraumes mittels Parametrisierungen lässt sich der Fall fehlender Zwangsbedingungen $m = 3N$ einbeziehen. In diesem Fall ist φ ein C^2–Diffeomorphismus, d.h. eine C^2–Koordinatentransformation $\varphi : \Omega \to M$ zwischen den Gebieten Ω und M des $\mathbb{R}^{3N}$.

(b) Wir gehen von der Lagrange–Funktion in kartesischen Koordinaten

$$L(t, \mathbf{x}, \mathbf{y}) = \tfrac{1}{2} \langle \mathbf{y}, \mathbf{m}\,\mathbf{y} \rangle - V(t, \mathbf{x})$$

aus und definieren für jede Parametrisierung $\boldsymbol{\varphi}$ die transformierte Lagrange–Funktion $L^{\boldsymbol{\varphi}}$ durch die Forderung, dass

$$L^{\boldsymbol{\varphi}}(t, \mathbf{q}(t), \dot{\mathbf{q}}(t)) = L(t, \mathbf{x}(t), \dot{\mathbf{x}}(t)) \quad \text{für } t \in I,$$

für beliebige C^1–Kurven $\mathbf{q} : I \to \Omega$ und ihre Bildkurven $\mathbf{x} = \boldsymbol{\varphi} \circ \mathbf{q} : I \to M$ gelten soll.

Diese Forderung ist äquivalent mit der Erhaltung des Wirkungsintegrals unter der Transformation $\boldsymbol{\varphi}$, d.h. mit

$$\int_I L^{\boldsymbol{\varphi}}(t, \mathbf{q}(t), \dot{\mathbf{q}}(t))\, dt = \int_I L(t, \mathbf{x}(t), \dot{\mathbf{x}}(t))\, dt$$

für alle C^1–Kurven $\mathbf{q} : I \to \Omega$ und ihre Bildkurven $\mathbf{x} = \boldsymbol{\varphi} \circ \mathbf{q} : I \to M$. Denn aus der Erhaltung des Wirkungsintegrals folgt durch Differentiation nach der oberen Grenze auch wieder die erste Identität; die Umkehrung ist trivial.

Die Variablen von $L^{\boldsymbol{\varphi}}$ bezeichnen wir mit

$$(t, \mathbf{q}, \mathbf{v}) = (t, q_1, \ldots, q_m, v_1, \ldots, v_m).$$

Die $q_1, \ldots, q_m$ werden (krummlinige oder generalisierte) **Ortskoordinaten** und die $v_1, \ldots, v_m$ (generalisierte) **Geschwindigkeitskoordinaten** genannt.

(c) SATZ. (i) *Es gilt*

$$\begin{aligned} L^{\boldsymbol{\varphi}}(t, \mathbf{q}, \mathbf{v}) &= L(t, \boldsymbol{\varphi}(\mathbf{q}), d\boldsymbol{\varphi}(\mathbf{q})\mathbf{v}) \\ &= \tfrac{1}{2} \sum_{i,k=1}^{m} a_{ik}(\mathbf{q})\, v_i v_k - U(t, \mathbf{q}) = \tfrac{1}{2} \langle \mathbf{v}, A(\mathbf{q})\mathbf{v} \rangle - U(t, \mathbf{q}), \end{aligned}$$

wobei die Matrix $A(\mathbf{q})$ *mit den Einträgen*

$$a_{ik}(\mathbf{q}) = \sum_{\alpha=1}^{3N} m_\alpha\, \partial_i \varphi_\alpha(\mathbf{q})\, \partial_k \varphi_\alpha(\mathbf{q})$$

positiv definit und $U(t, \mathbf{q}) := V(t, \boldsymbol{\varphi}(\mathbf{q}))$ *eine* C^2*–Funktion auf* Ω ist.

(ii) *Genau dann erfüllt* $t \mapsto \mathbf{x}(t)$ *die d'Alembert–Gleichungen* $(**)$, *wenn die Koordinatenkurve* $t \mapsto \mathbf{q}(t) = \boldsymbol{\varphi}^{-1}(\mathbf{x}(t))$ *die Euler–Gleichungen*

$$\frac{d}{dt}\left[\frac{\partial L^{\boldsymbol{\varphi}}}{\partial v_j}(t, \mathbf{q}(t), \dot{\mathbf{q}}(t)) \right] = \frac{\partial L^{\boldsymbol{\varphi}}}{\partial q_j}(t, \mathbf{q}(t), \dot{\mathbf{q}}(t)) \quad (j = 1, \ldots, m)$$

von $L^{\boldsymbol{\varphi}}$ *genügt.*

Somit sind für holonome Nebenbedingungen das d'Alembertsche Prinzip und das Hamiltonsche Prinzip äquivalent.

(d) FOLGERUNG. *Die Zeitentwicklung* $t \mapsto \mathbf{x}(t) = (\mathbf{x}_1(t), \ldots, \mathbf{x}_N(t))$ *eines Systems von N Massenpunkten in einem konservativen Kraftfeld unter zeitunabhängigen (oder fehlenden) Zwangsbedingungen hat bezüglich jeder Parametrisierung* $\boldsymbol{\varphi} : \Omega \to M$ *des Konfigurationsraums die Gestalt* $\mathbf{x}(t) = \boldsymbol{\varphi}(\mathbf{q}(t))$, *wobei* $\mathbf{q}$ *die Euler–Gleichungen für* $L^{\boldsymbol{\varphi}}$ *erfüllt.*

BEWEIS.

(i) Aus der Definition von $L^{\boldsymbol{\varphi}}$ folgt mit der Kettenregel

$$L^{\boldsymbol{\varphi}}(t, \mathbf{q}(t), \dot{\mathbf{q}}(t)) = L(t, \boldsymbol{\varphi}(\mathbf{q}(t)), d\boldsymbol{\varphi}(\mathbf{q}(t))\, \dot{\mathbf{q}}(t))$$

für jede C^1–Kurve $\mathbf{q} : I \to \Omega$. Zu gegebenem $(t, \mathbf{q}, \mathbf{v})$ wählen wir die durch $\mathbf{q}(s) = \mathbf{q} + (s-t)\mathbf{v}$ gegebene Gerade und erhalten mit $\mathbf{q}(t) = \mathbf{q}$, $\dot{\mathbf{q}}(t) = \mathbf{v}$

$$L^{\boldsymbol{\varphi}}(t, \mathbf{q}, \mathbf{v}) = L(t, \boldsymbol{\varphi}(\mathbf{q}), d\boldsymbol{\varphi}(\mathbf{q})\mathbf{v}) .$$

Für $\mathbf{x}(s) = \boldsymbol{\varphi}(\mathbf{q}(s))$ mit $\mathbf{q}(s) = \mathbf{q} + (s-t)\mathbf{v}$ sei $\mathbf{y} = (y_1, \ldots, y_{3N}) := \dot{\mathbf{x}}(t)$. Dann gilt $\mathbf{y} = d\boldsymbol{\varphi}(\mathbf{q})\mathbf{v} = \sum\limits_{k=1}^{m} \partial_k \boldsymbol{\varphi}(\mathbf{q}) v_k$ und

$$\begin{aligned}
\langle \dot{\mathbf{x}}(t), \mathbf{m}\,\dot{\mathbf{x}}(t) \rangle &= \langle \mathbf{y}, \mathbf{m}\mathbf{y} \rangle = \sum_{\alpha=1}^{3N} m_\alpha y_\alpha^2 = \sum_{\alpha=1}^{3N} m_\alpha \Big(\sum_{k=1}^{m} \partial_k \varphi_\alpha(\mathbf{q})\, v_k \Big)^2 \\
&= \sum_{\alpha=1}^{3N} m_\alpha \sum_{i,k=1}^{m} \partial_i \varphi_\alpha(\mathbf{q})\, v_i\, \partial_k \varphi_\alpha(\mathbf{q})\, v_k \\
&= \sum_{i,k=1}^{m} v_i\, v_k \sum_{\alpha=1}^{3N} m_\alpha\, \partial_i \varphi_\alpha(\mathbf{q})\, \partial_k \varphi_\alpha(\mathbf{q}) \\
&= \sum_{i,k=1}^{m} a_{ik}(\mathbf{q})\, v_i\, v_k .
\end{aligned}$$

Für $\mathbf{v} \neq \mathbf{0}$ folgt $\mathbf{y} = d\boldsymbol{\varphi}(\mathbf{q})\mathbf{v} \neq \mathbf{0}$ (wegen $\operatorname{Rang} d\boldsymbol{\varphi}(\mathbf{q}) = m$) und daher $\langle \mathbf{y}, \mathbf{m}\mathbf{y} \rangle > 0$. Dies zeigt, dass $A(\mathbf{q})$ positiv definit ist. Der Rest von (i) ist klar.

(ii) Sei jetzt $t \mapsto \mathbf{x}(t) = \boldsymbol{\varphi}(\mathbf{q}(t))$ eine beliebige C^2–Kurve in M. Zweimalige Anwendung der Kettenregel ergibt

$$\begin{aligned}
\dot{\mathbf{x}}(t) &= d\boldsymbol{\varphi}(\mathbf{q}(t))\, \dot{\mathbf{q}}(t) = \sum_{k=1}^{m} \partial_k \boldsymbol{\varphi}(\mathbf{q}(t))\, \dot{q}_k(t) , \\
\ddot{\mathbf{x}}(t) &= \sum_{i,k=1}^{m} \partial_i \partial_k \boldsymbol{\varphi}(\mathbf{q}(t))\, \dot{q}_i(t)\, \dot{q}_k(t) + \sum_{k=1}^{m} \partial_k \boldsymbol{\varphi}(\mathbf{q}(t))\, \ddot{q}_k(t) .
\end{aligned}$$

Aus $U(t, \mathbf{q}) = V(t, \boldsymbol{\varphi}(\mathbf{q}))$ folgt ferner mit den Abkürzungen $\partial_\alpha V := \partial V / \partial x_\alpha$, $\partial_j U := \partial U / \partial q_j$

$$\partial_j U(t, \mathbf{q}) = \sum_{\alpha=1}^{3N} \partial_\alpha V(t, \boldsymbol{\varphi}(\mathbf{q}))\, \partial_j \varphi_\alpha(\mathbf{q}) .$$

Somit gilt

$$\langle\, \mathbf{m}\,\ddot{\mathbf{x}}(t) + \boldsymbol{\nabla}_{\mathbf{x}} V(t,\mathbf{x}(t))\,,\, \partial_j \boldsymbol{\varphi}(\mathbf{q}(t))\,\rangle$$

$$= \sum_{\alpha=1}^{3N} (m_\alpha \ddot{x}_\alpha(t) + \partial_\alpha V(t,\mathbf{x}(t)))\, \partial_j\varphi_\alpha(\mathbf{q}(t))$$

(1)
$$= \sum_{\alpha=1}^{3N} m_\alpha \Big\{ \sum_{i,k=1}^{m} \partial_i\partial_k\varphi_\alpha(\mathbf{q}(t))\, \dot{q}_i(t)\, \dot{q}_k(t) + \sum_{k=1}^{m} \partial_k\varphi_\alpha(\mathbf{q}(t))\, \ddot{q}_k(t)\Big\}\, \partial_j\varphi_\alpha(\mathbf{q}(t)) + \partial_j U(t,\mathbf{q}(t)).$$

Zur Berechnung von

$$E_j(t) := \frac{d}{dt}\left[\frac{\partial L^{\boldsymbol{\varphi}}}{\partial v_j}(t,\mathbf{q}(t),\dot{\mathbf{q}}(t))\right] - \frac{\partial L^{\boldsymbol{\varphi}}}{\partial q_j}(t,\mathbf{q}(t),\dot{\mathbf{q}}(t))$$

beachten wir, dass nach (i) [ÜA]

$$\frac{\partial L^{\boldsymbol{\varphi}}}{\partial q_j}(t,\mathbf{q},\mathbf{v}) = \tfrac{1}{2} \sum_{i,k=1}^{m} \partial_j a_{ik}(\mathbf{q})\, v_i\, v_k - \partial_j U(t,\mathbf{q})$$

$$= \sum_{i,k=1}^{m} \sum_{\alpha=1}^{3N} m_\alpha\, \partial_j\partial_i\varphi_\alpha(\mathbf{q})\, \partial_k\varphi_\alpha(\mathbf{q})\, v_i\, v_k - \partial_j U(t,\mathbf{q}),$$

$$\frac{\partial L^{\boldsymbol{\varphi}}}{\partial v_j}(t,\mathbf{q},\mathbf{v}) = \sum_{k=1}^{m} a_{jk}(\mathbf{q})\, v_k = \sum_{k=1}^{m} \sum_{\alpha=1}^{3N} m_\alpha\, \partial_j\varphi_\alpha(\mathbf{q})\, \partial_k\varphi_\alpha(\mathbf{q})\, v_k\,,$$

also mit Hilfe der Produkt– und Kettenregel und mit $\partial_i\partial_j\varphi_\alpha = \partial_j\partial_i\varphi_\alpha$

$$\begin{aligned}
E_j(t) = {} & \sum_{i,k=1}^{m} \sum_{\alpha=1}^{3N} m_\alpha\, \partial_i\partial_j\varphi_\alpha(\mathbf{q}(t))\, \partial_k\varphi_\alpha(\mathbf{q}(t))\, \dot{q}_i(t)\, \dot{q}_k(t) \\
& + \sum_{i,k=1}^{m} \sum_{\alpha=1}^{3N} m_\alpha\, \partial_j\varphi_\alpha(\mathbf{q}(t))\, \partial_i\partial_k\varphi_\alpha(\mathbf{q}(t))\, \dot{q}_i(t)\, \dot{q}_k(t) \\
& + \sum_{k=1}^{m} \sum_{\alpha=1}^{3N} m_\alpha\, \partial_j\varphi_\alpha(\mathbf{q}(t))\, \partial_k\varphi_\alpha(\mathbf{q}(t))\, \ddot{q}_k(t) \\
& - \sum_{i,k=1}^{m} \sum_{\alpha=1}^{3N} m_\alpha \partial_j\partial_i\varphi_\alpha(\mathbf{q}(t))\, \partial_k\varphi_\alpha(\mathbf{q}(t))\, \dot{q}_i(t)\, \dot{q}_k(t) + \partial_j U(t,\mathbf{q}(t)) \\
= {} & \sum_{i,k=1}^{m} \sum_{\alpha=1}^{3N} m_\alpha \partial_j\varphi_\alpha(\mathbf{q}(t))\, \partial_i\partial_k\varphi_\alpha(\mathbf{q}(t))\, \dot{q}_i(t)\, \dot{q}_k(t) \\
& + \sum_{k=1}^{m} \sum_{\alpha=1}^{3N} m_\alpha\, \partial_j\varphi_\alpha(\mathbf{q}(t))\, \partial_k\varphi_\alpha(\mathbf{q}(t))\, \ddot{q}_k(t) + \partial_j U(t,\mathbf{q}(t)) \\
\stackrel{(1)}{=} {} & \Big\langle\, \mathbf{m}\,\ddot{\mathbf{x}}(t) + \boldsymbol{\nabla}_{\mathbf{x}} V(t,\mathbf{x}(t))\,,\ \partial_j\boldsymbol{\varphi}(t,\mathbf{q}(t))\,\Big\rangle\,.
\end{aligned}$$

Da $\partial_1\varphi(\mathbf{q}(t)),\ldots,\partial_m\varphi(\mathbf{q}(t))$ linear unabhängige Tangentenvektoren von M an der Stelle $\mathbf{x}(t) = \varphi(\mathbf{q}(t))$ sind und damit den Tangentialraum $T_{\mathbf{x}(t)}M$ aufspannen, folgt

$$\mathbf{m}\,\ddot{\mathbf{x}}(t) + \nabla_{\mathbf{x}}V(t,\mathbf{x}(t)) \perp T_{\mathbf{x}(t)}M \iff E_1(t) = \ldots = E_m(t) = 0\,. \qquad \square$$

(e) Bei zeitabhängigen (rheonomen) Zwangsbedingungen $\mathbf{G}(t,\mathbf{x}) = \mathbf{0}$ sind die Parametrisierungen φ der Constraintflächen $M(t)$ ebenfalls zeitabhängig, also von der Form $\mathbf{q} \mapsto \varphi(t,\mathbf{q})$. Die transformierte Lagrange–Funktion L^φ hat dann die Gestalt

$$L^\varphi(t,\mathbf{q},\mathbf{v}) = \tfrac{1}{2}\sum_{i,k=1}^{m} a_{ik}(t,\mathbf{q})\,v_i v_k - U(t,\mathbf{q})\,.$$

Auch in diesem Fall sind die Bewegungsgleichungen (∗∗) bzw. (∗) äquivalent zu den Euler–Gleichungen. Das ergibt sich in Analogie zu den Rechnungen oben [ÜA].

Ein Beispiel liefert das Foucault–Pendel, vgl. 1.1 (a), siehe auch § 7 : 6.2 .

2 Legendre–Transformation und Hamilton–Gleichungen

2.1 Voraussetzungen und Bezeichnungen

(a) Wir betrachten im Folgenden für $r \geq 2$ eine elliptische C^r–Lagrange–Funktion

$$L : \Omega_L \to \mathbb{R}\,, \quad (t,\mathbf{q},\mathbf{v}) \mapsto L(t,\mathbf{q},\mathbf{v})\,,$$

wobei Ω_L von der Gestalt $\mathbb{R}\times\Omega\times\mathbb{R}^m$ ist mit einem Gebiet $\Omega \subset \mathbb{R}^m$. Nach § 2 : 3.3 (b) ist die Legendre–Transformation

$$(t,\mathbf{q},\mathbf{v}) \mapsto (t,\mathbf{q},\mathbf{p}) = (t,\mathbf{q},\nabla_{\mathbf{v}}L(t,\mathbf{q},\mathbf{v}))$$

ein C^{r-1}–Diffeomorphismus von Ω_L auf ein Gebiet $\Omega_H \subset \mathbb{R}\times\Omega\times\mathbb{R}^m$. Die Umkehrabbildung bezeichnen wir in diesem Paragraphen mit

$$(t,\mathbf{q},\mathbf{p}) \mapsto (t,\mathbf{q},\mathbf{V}(t,\mathbf{q},\mathbf{p}))\,.$$

Die Hamilton–Funktion

$$H : \Omega_H \to \mathbb{R}\,, \quad (t,\mathbf{q},\mathbf{p}) \mapsto H(t,\mathbf{q},\mathbf{p})$$

ist definiert durch

$$H(t,\mathbf{q},\mathbf{p}) := \langle \mathbf{p},\mathbf{v}\rangle - L(t,\mathbf{q},\mathbf{v}) \;\text{ mit }\; \mathbf{v} = \mathbf{V}(t,\mathbf{q},\mathbf{p})\,.$$

Nach § 2 : 6.2 ist H ebenfalls C^r–differenzierbar.

Die Transformationen

$$\mathbf{v} \mapsto \mathbf{p} = \nabla_{\mathbf{v}} L(t,\mathbf{q},\mathbf{v}) \quad \text{bzw.} \quad \mathbf{p} \mapsto \mathbf{v} = \nabla_{\mathbf{p}} H(t,\mathbf{q},\mathbf{p})$$

verbinden die Geschwindigkeitsvariablen $\mathbf{v}$ mit den Impulsvariablen $\mathbf{p}$. Für die Darstellung von Impulsen $\mathbf{p}$ als Vektoren des $\mathbb{R}^m$ verweisen wir auf das in § 2 : 3.3 (b) Gesagte.

Für die Lagrange–Funktion von Abschnitt 1,

$$L(t,\mathbf{q},\mathbf{v}) = \frac{1}{2}\left\langle \mathbf{v}, A(t,\mathbf{q})\mathbf{v}\right\rangle - U(t,\mathbf{q}),$$

ist $\Omega_H = \Omega_L$ und

$$H(t,\mathbf{q},\mathbf{p}) = \frac{1}{2}\left\langle \mathbf{p}, A(t,\mathbf{q})^{-1}\mathbf{p}\right\rangle + U(t,\mathbf{q})$$

die **Gesamtenergie**, ausgedrückt in Orts– und Impulskoordinaten ÜA.

(b) Nach § 2 : 6.2 (b) sind die **Euler–Gleichungen (Euler–Lagrange–Gleichungen)**

$$\text{(EG)}\quad \begin{cases} \dfrac{d}{dt}\left[\dfrac{\partial L}{\partial v_i}(t,\mathbf{q}(t),\dot{\mathbf{q}}(t))\right] = \dfrac{\partial L}{\partial q_i}(t,\mathbf{q}(t),\dot{\mathbf{q}}(t)) \quad (i=1,\dots,m) \quad \text{bzw.} \\[2ex] \dfrac{d}{dt}\left[\nabla_{\mathbf{v}} L(t,\mathbf{q}(t),\dot{\mathbf{q}}(t))\right] = \nabla_{\mathbf{q}} L(t,\mathbf{q}(t),\dot{\mathbf{q}}(t)), \end{cases}$$

äquivalent zu den **Hamilton–Gleichungen** (auch **Hamiltonsche kanonische Gleichungen**)

$$\text{(HG)}\quad \begin{cases} \dot{q}_i(t) = \dfrac{\partial H}{\partial p_i}(t,\mathbf{q}(t),\mathbf{p}(t)), \quad \dot{p}_i(t) = -\dfrac{\partial H}{\partial q_i}(t,\mathbf{q}(t),\mathbf{p}(t)) \\[1ex] (i=1,\dots,m) \quad \text{bzw.} \\[1ex] \dot{\mathbf{q}}(t) = \nabla_{\mathbf{p}} H(t,\mathbf{q}(t),\mathbf{p}(t)), \quad \dot{\mathbf{p}}(t) = -\nabla_{\mathbf{q}} H(t,\mathbf{q}(t),\mathbf{p}(t)) \end{cases}$$

(c) Beide Differentialgeichungssysteme sind durch das Verschwinden der ersten Variation von **Wirkungsintegralen** gekennzeichnet. Für die Euler–Gleichungen EG ist dieses auf Zeitintervallen $I = [t_1, t_2]$

$$\mathcal{W}(\mathbf{q}) = \mathcal{W}(\mathbf{q}, I) = \int_{t_1}^{t_2} L(t,\mathbf{q}(t),\dot{\mathbf{q}}(t))\,dt,$$

und die Hamilton–Gleichungen HG ergeben sich nach § 2 : 6.2 (c) aus dem Verschwinden der ersten Variation des Wirkungintegrals für Kurven $t \mapsto (\mathbf{q}(t),\mathbf{p}(t))$

$$\mathcal{W}_H(\mathbf{q},\mathbf{p}) = \mathcal{W}_H(\mathbf{q},\mathbf{p},I) = \int_{t_1}^{t_2} \left\{\langle \mathbf{p}(t), \dot{\mathbf{q}}(t)\rangle - H(t,\mathbf{q}(t),\mathbf{p}(t))\right\} dt.$$

Das Integral $\mathcal{W}_H(\mathbf{q},\mathbf{p})$ entsteht aus $\mathcal{W}$ über die Legendre–Transformation:

$$\mathcal{W}_H(\mathbf{q},\mathbf{p}) = \mathcal{W}(\mathbf{q}) \quad \text{für} \quad \mathbf{p}(t) = \nabla_{\mathbf{v}} L(t,\mathbf{q}(t),\dot{\mathbf{q}}(t)) .$$

Um aus $\delta\mathcal{W}_H(\mathbf{p},\mathbf{q}) = 0$ auf die C^1–Differenzierbarkeit von $\mathbf{q},\mathbf{p}$ und die Gültigkeit der Hamilton–Gleichungen zu schließen, genügt nach § 2 : 6.2 (c) die C^1–Differenzierbarkeit von H.

(d) Die Hamiltonsche Formulierung der Bewegungsgesetze zeichnet sich mehrfach aus. Hängt die Lagrange–Funktion (und damit auch die Hamilton–Funktion) nicht explizit von der Zeit ab, so stellen die Hamilton–Gleichungen ein autonomes System mit divergenzfreier rechter Seite dar. Deren spezielle Gestalt liefert unmittelbar den Energiesatz; aus der Divergenzfreiheit folgt die Volumentreue des Flusses im $\mathbf{q},\mathbf{p}$–Raum (**Phasenraum**) nach dem Satz von Liouville (Bd. 2, § 5 : 6.3). Die Formulierung von Erhaltungssätzen im folgenden Abschnitt gestaltet sich im Hamiltonschen Formalismus besonders einfach.

Schließlich spielen die Hamilton–Gleichungen eine wesentliche Rolle bei der Beschreibung des Wellenbildes der Mechanik. Die Wellengleichung der Mechanik, die **Hamilton–Jacobi–Gleichung**

$$\frac{\partial S}{\partial t} + H\Big(t,\mathbf{x},\frac{\partial S}{\partial x_1},\ldots,\frac{\partial S}{\partial x_m}\Big) = 0,$$

ist Ausgangspunkt der Jacobischen Integrationsmethode für die Hamilton–Gleichungen in Abschnitt 4. Außerdem ergibt sich aus der Hamilton–Jacobi–Gleichung durch einen formalen Transformationsprozess die Schrödinger–Gleichung der Quantenmechanik

$$\frac{\hbar}{i}\frac{\partial\psi}{\partial t} + H\Big(t,\mathbf{x},\frac{\hbar}{i}\frac{\partial}{\partial x_1},\ldots,\frac{\hbar}{i}\frac{\partial}{\partial x_m}\Big)\psi = 0 .$$

2.2 Aufgaben

(a) *Das sphärische Pendel* besitzt die Lagrange–Funktion in Kugelkoordinaten

$$L(\varphi_1,\varphi_2,\dot\varphi_1,\dot\varphi_2) = \frac{1}{2}m\ell^2\big(\dot\varphi_1^2 + \dot\varphi_2^2\sin^2\varphi_1\big) - mg\ell\cos\varphi_1 .$$

Verifizieren Sie dies und geben Sie ein Gebiet Ω_L an, in welchem L elliptisch ist. Bestimmen Sie das zugehörige Gebiet Ω_H und die Hamilton–Funktion H. Wie lauten die Hamilton–Gleichungen?

(b) *Die Legendre–Transformation ist involutorisch.* Zeigen Sie unter der Voraussetzung $\Omega_L = \mathbb{R}\times\Omega\times\mathbb{R}^m = \Omega_H$, dass auch H elliptisch ist und dass die Legendre–Transformation, angewandt auf $(t,\mathbf{q},\mathbf{p},H)$, wieder zu $(t,\mathbf{q},\mathbf{v},L)$ zurückführt.

(c) Die Bewegungsgleichung eines Teilchens der Masse m und Ladung e im elektromagnetischen Feld lautet

$$m\ddot{\mathbf{x}} = e\Big(\mathbf{E} + \frac{1}{c}\,\dot{\mathbf{x}} \times \mathbf{B}\Big) \quad \text{(Heaviside–Lorentz–Gleichung)}\,.$$

Zeigen Sie: Besitzt das elektromagnetische Feld ein Potential, d.h. gilt

$$-\mathbf{E} = \frac{1}{c}\frac{\partial \mathbf{A}}{\partial t} + \boldsymbol{\nabla}\varphi\,, \quad \mathbf{B} = \operatorname{rot}\mathbf{A}$$

mit C^1–Funktionen $\varphi(t,\mathbf{x})$, $\mathbf{A}(t,\mathbf{x})$, so ergibt sich die Heaviside–Lorentz–Gleichung als Euler–Gleichung für die Lagrange–Funktion

$$L(t,\mathbf{x},\mathbf{v}) = \frac{m}{2}\,\|\mathbf{v}\|^2 + e\Big(\frac{1}{c}\,\langle \mathbf{v}, \mathbf{A}(t,\mathbf{x})\rangle - \varphi(t,\mathbf{x})\Big)$$

und aus den Hamilton–Gleichungen für die Hamilton–Funktion

$$H(t,\mathbf{x},\mathbf{p}) = \frac{1}{2m}\,\Big\|\,\mathbf{p} - \frac{e}{c}\,\mathbf{A}(t,\mathbf{x})\,\Big\|^2 + e\,\varphi(t,\mathbf{x})\,.$$

Verwenden Sie dabei die Identität $\mathbf{v} \times \operatorname{rot}\mathbf{A} = \sum\limits_{i=1}^{3} v_i\,(\boldsymbol{\nabla}_{\mathbf{x}} A_i - \partial_i \mathbf{A})$.

3 Symmetrien und Erhaltungsgrößen

3.1 Erhaltungsgrößen und Poisson–Klammern

(a) Wir betrachten in diesem Abschnitt eine elliptische Lagrange–Funktion $L : \Omega_L \to \mathbb{R}$ und die zugehörige Hamilton–Funktion $H : \Omega_H \to \mathbb{R}$; dabei setzen wir voraus, dass $\Omega_L = \Omega_0 \times \mathbb{R}^m$ und $\Omega_0 = \mathbb{R} \times \Omega$ mit einem Gebiet $\Omega \subset \mathbb{R}^m$.

Ein **erstes Integral** der Euler–Lagrange–Gleichung EG ist nach § 2 : 2.1 eine C^1–Funktion $F : \Omega_L \to \mathbb{R}$ mit der Eigenschaft

$$F(t, \mathbf{q}(t), \dot{\mathbf{q}}(t)) \;\text{ ist konstant für jede Lösung }\; t \mapsto \mathbf{q}(t) \;\text{ der EG.}$$

Entsprechend nennen wir eine C^1–Funktion $G : \Omega_H \to \mathbb{R}$ ein erstes Integral der Hamilton–Gleichungen (HG) bzw. eine **Erhaltungsgröße** oder eine **Konstante der Bewegung**, wenn

$$G(t, \mathbf{q}(t), \mathbf{p}(t)) \;\text{ konstant ist für jede Lösung }\; t \mapsto (\mathbf{q}(t), \mathbf{p}(t)) \;\text{ der HG.}$$

(b) Erste Integrale der EG und Erhaltungsgrößen sind über die Legendre–Transformation 2.1 miteinander verknüpft:

SATZ. *Ist F ein erstes Integral der EG, so liefert*

$$G(t,\mathbf{q},\mathbf{p}) = F(t,\mathbf{q},\mathbf{V}(t,\mathbf{q},\mathbf{p}))$$

eine Erhaltungsgröße. Umgekehrt ist für jede Erhaltungsgröße G durch

$$F(t,\mathbf{q},\mathbf{v}) = G(t,\mathbf{q},\nabla_{\mathbf{v}}L(t,\mathbf{q},\mathbf{v}))$$

ein erstes Integral der EG gegeben (Bezeichnungen wie in 2.2 (a)).

Ist F ein erstes Integral der EG und $t \mapsto (\mathbf{q}(t),\mathbf{p}(t))$ eine Lösung der HG, so ist nach 2.2 (c) $t \mapsto \mathbf{q}(t)$ eine Lösung der EG, und es gilt $\mathbf{p}(t) = \nabla_{\mathbf{v}}L(t,\mathbf{q}(t),\dot{\mathbf{q}}(t))$, somit $\dot{\mathbf{q}}(t) = \mathbf{V}(t,\mathbf{q}(t),\mathbf{p}(t))$ nach 2.2 (a). Also ist $F(t,\mathbf{q}(t),\mathbf{V}(t,\mathbf{q}(t),\mathbf{p}(t)))$ konstant. Ist G eine Erhaltungsgröße, $t \mapsto \mathbf{q}(t)$ eine Lösung der EG und $\mathbf{p}(t) = \nabla_{\mathbf{v}}L(t,\mathbf{q}(t),\dot{\mathbf{q}}(t))$, so ist $t \mapsto (\mathbf{q}(t),\mathbf{p}(t))$ eine Lösung der HG und damit $G(t,\mathbf{q}(t),\nabla_{\mathbf{v}}L(t,\mathbf{q}(t),\dot{\mathbf{q}}(t)))$ konstant.

(c) BEISPIELE. (i) Hängt L nicht von t ab, $L(t,\mathbf{q},\mathbf{v}) = L(\mathbf{q},\mathbf{v})$, so ist H eine Erhaltungsgröße, vgl. 2.2 (b). Dieser entspricht das aus § 2 : 2.1 bekannte erste Integral

$$F(\mathbf{q},\mathbf{v}) = L_{\mathbf{v}}(\mathbf{q},\mathbf{v})\mathbf{v} - L(\mathbf{q},\mathbf{v})$$

der EG.

(ii) Hat L eine **zyklische Variable** q_k, d.h. tritt die k–te Ortskoordinate in L nicht auf, so ist L_{v_k} ein erstes Integral der EG, vgl. § 2 : 2.1. Die entsprechende Erhaltungsgröße ist dann die k–te Koordinate p_k des generalisierten Impulses.

(d) Für C^1–Funktionen $F,G : \Omega_H \to \mathbb{R}$ definieren wir die **Poisson–Klammer**

$$\{F,G\} := \sum_{k=1}^{m}\left(\frac{\partial F}{\partial p_k}\frac{\partial G}{\partial q_k} - \frac{\partial F}{\partial q_k}\frac{\partial G}{\partial p_k}\right).$$

SATZ. *Genau dann ist G eine Erhaltungsgröße, wenn*

$$\frac{\partial G}{\partial t} = \{G,H\}.$$

BEWEIS.

Für jede Lösung $t \mapsto (\mathbf{q}(t),\mathbf{p}(t))$ der HG gilt unter Fortlassung der Argumente auf der rechten Seite

$$\begin{aligned}\frac{d}{dt}\,G(t,\mathbf{q}(t),\mathbf{p}(t)) &= \frac{\partial G}{\partial t} + \sum_{k=1}^{m}\left(\frac{\partial G}{\partial q_k}\,\dot{q}_k + \frac{\partial G}{\partial p_k}\,\dot{p}_k\right)\\ &= \frac{\partial G}{\partial t} + \sum_{k=1}^{m}\left(\frac{\partial G}{\partial q_k}\frac{\partial H}{\partial p_k} - \frac{\partial G}{\partial p_k}\frac{\partial H}{\partial q_k}\right) = \frac{\partial G}{\partial t} - \{G,H\}.\end{aligned}$$

Somit ist G eine Erhaltungsgröße, falls $\partial G/\partial t = \{G, H\}$ in Ω_H. Die Umkehrung folgt aus der Tatsache, dass es zu jedem $(t_0, \mathbf{q}_0, \mathbf{p}_0) \in \Omega_H$ eine nahe t_0 definierte Lösung $t \mapsto (\mathbf{q}(t), \mathbf{p}(t))$ der HG gibt mit $\mathbf{q}(t_0) = \mathbf{q}_0$, $\mathbf{p}(t_0) = \mathbf{p}_0$. □

3.2 Symmetrie und Invarianz von mechanischen Systemen

Ziel dieses Abschnittes ist es, aus Invarianzeigenschaften eines mechanischen Systems auf Erhaltungsgrößen zu schließen. Von der Invarianz eines mechanischen Systems unter einer Transformationsgruppe sprechen wir, wenn sich das zugehörige Wirkungsintegral bei „Verschiebungen" von Bahnen durch die Transformationen nicht ändert. Stellen wir das Hamiltonsche Prinzip an die Spitze der Mechanik, so bietet sich dieser Ansatz auf natürliche Weise an; seine Zweckmäßigkeit erweist sich im Folgenden.

Wir definieren zunächst die Invarianz des Wirkungsintegrals unter reinen Raumtransformationen; in 3.5 gehen wir zum komplizierteren Fall von Raum–Zeit–Transformationen über.

(a) Unter der Voraussetzung 3.1 (a) sei $\mathbf{q} : I \to \Omega$ eine C^1–Kurve und

$$\mathcal{W}(\mathbf{q}, I) = \int_I L(t, \mathbf{q}(t), \dot{\mathbf{q}}(t))\, dt\,.$$

Ferner sei $\mathbf{h} : \Omega \to \Omega$ ein Diffeomorphismus und $t \mapsto (\mathbf{h} \circ \mathbf{q})(t) = \mathbf{h}(\mathbf{q}(t))$ die Bildkurve von $\mathbf{q}$ unter $\mathbf{h}$. Das Wirkungsintegral $\mathcal{W}$ heißt **invariant** unter $\mathbf{h}$, wenn

$$\mathcal{W}(\mathbf{q}, I) = \mathcal{W}(\mathbf{h} \circ \mathbf{q}, I) \quad \text{für jede } \mathrm{C}^1\text{–Kurve } \mathbf{q} : I \to \Omega\,.$$

Dies ist äquivalent zur **Invarianz der Lagrange–Funktion** unter $\mathbf{h}$,

$$(*) \qquad L(t, \mathbf{q}, \mathbf{v}) = L(t, \mathbf{h}(\mathbf{q}), (d\mathbf{h})(\mathbf{q})\mathbf{v}) \quad \text{für } (t, \mathbf{q}) \in \Omega_0 \text{ und } \mathbf{v} \in \mathbb{R}^m\,.$$

Denn die Invarianz impliziert für die Kurve $\mathbf{q}(t) = \mathbf{q}_0 + (t - t_0)\mathbf{v}_0$ auf dem Intervall $I = [t_0, t]$

$$\begin{aligned} \int_{t_0}^{t} L(\tau, \mathbf{q}_0 + (\tau - t_0)\mathbf{v}_0, \mathbf{v}_0)\, d\tau &= \mathcal{W}(\mathbf{q}, I) = \mathcal{W}(\mathbf{h} \circ \mathbf{q}, I) \\ &= \int_{t_0}^{t} L(\tau, \mathbf{h}(\mathbf{q}_0 + (\tau - t_0)\mathbf{v}_0), d\mathbf{h}(\mathbf{q}_0 + (\tau - t_0)\mathbf{v}_0)\mathbf{v}_0)\, d\tau\,, \end{aligned}$$

woraus durch Ableiten nach der oberen Grenze an der Stelle $t = t_0$ folgt, dass $L(t_0, \mathbf{q}_0, \mathbf{v}_0) = L(t_0, \mathbf{h}(\mathbf{q}_0), d\mathbf{h}(\mathbf{q}_0)\mathbf{v}_0)$.

Umgekehrt ergibt sich aus der Invarianz der Lagrange–Funktion mit der Substitutionsregel unmittelbar die Invarianz des Wirkungsintegrals.

Ist L invariant unter $\mathbf{h}$, so ist die Bildkurve jeder Extremalen unter $\mathbf{h}$ wieder eine Extremale, vgl. 1.3 (c).

(b) Unter einer **Symmetrie** eines mechanischen Systems von N freien Massenpunkten in $\Omega = \mathbb{R}^{3N}$ mit Ortsvektoren $\mathbf{q}_1, \ldots, \mathbf{q}_N$ verstehen wir die Invarianz des Wirkungsintegrals $\mathcal{W}$ unter der Wirkung einer Untergruppe der Bewegungsgruppe. Symmetrie bezüglich einer festen Achse bedeutet beispielsweise Invarianz von $\mathcal{W}$ unter den C^∞–Diffeomorphismen

$$\mathbf{h}_s : (\mathbf{q}_1, \ldots, \mathbf{q}_N) \longmapsto (\boldsymbol{\vartheta}_s(\mathbf{q}_1), \ldots, \boldsymbol{\vartheta}_s(\mathbf{q}_N))$$

für alle Drehungen $\boldsymbol{\vartheta}_s$ um diese Achse mit Drehwinkel s. Translationssymmetrie in Richtung $\mathbf{a} \neq \mathbf{0}$ bedeutet Invarianz von $\mathcal{W}$ unter den Transformationen

$$\mathbf{h}_s \,:\, (\mathbf{q}_1, \ldots, \mathbf{q}_N) \longmapsto (\mathbf{q}_1 + s\mathbf{a}, \ldots, \mathbf{q}_N + s\mathbf{a})\,.$$

Beidesmal handelt es sich um Symmetrien, die durch eine Einparametergruppe $\{\mathbf{h}_s \mid s \in \mathbb{R}\}$ von Diffeomorphismen gegeben sind, d.h. es gilt

$$\mathbf{h}_{s+t} \,=\, \mathbf{h}_s \circ \mathbf{h}_t \,=\, \mathbf{h}_t \circ \mathbf{h}_s \;\text{ für }\; s,t \in \mathbb{R}, \quad \mathbf{h}_0 = \mathbb{1}_{\Omega_0}\,.$$

Bei Kugelsymmetrie liegt Invarianz von $\mathcal{W}$ unter der Wirkung der vollen Drehgruppe SO_3 vor; diese kann durch drei Parameter beschrieben werden. Allgemein lässt sich die Wirkung einer Untergruppe der Bewegungsgruppe auf die von Einparametergruppen zurückführen.

(c) Für zeitunabhängige Lagrange–Funktionen $L(\mathbf{q}, \mathbf{v})$ schließen wir in 3.3 aus der Invarianz unter einer Einparametergruppe $\{\,\mathbf{h}_s \mid s \in \mathbb{R}\}$ von Bewegungen auf ein erstes Integral der EG; für diesen Schluss ist jedoch die Invarianz unter der vollen Gruppe nicht nötig und in einer Reihe von Anwendungen auch nicht gegeben. Es genügt, die Invarianz unter einer Schar $\{\,\mathbf{h}_s \mid |s| \ll 1\}$ von Diffeomorphismen $\mathbf{h}_s : \Omega \to \Omega$ mit $\mathbf{h}_0 = \mathbb{1}_\Omega$ zu verlangen, für die $\mathbf{h}_s(\mathbf{q})$ bezüglich s und $\mathbf{q}$ C^2–differenzierbar ist.

3.3 Der Satz von Noether für reine Raumtransformationen

Wir betrachten die Schar $\{\mathbf{h}_s \mid |s| \ll 1\}$ von Diffeomorphismen $\mathbf{h}_s : \Omega \to \Omega$ eines Gebiets $\Omega \subset \mathbb{R}^m$, von der wir folgendes voraussetzen:

(i) $\mathbf{h}_0 = \mathbb{1}_\Omega\,,$

(ii) $(s, \mathbf{q}) \mapsto \mathbf{h}_s(\mathbf{q})$ ist C^2–differenzierbar für $|s| \ll 1$, $\mathbf{q} \in \Omega$.

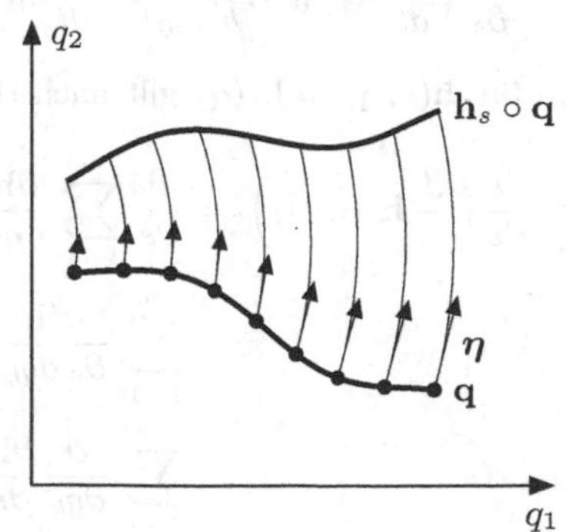

Der **infinitesimale Erzeuger** dieser Schar ist das Vektorfeld $\boldsymbol{\eta} : \Omega \to \mathbb{R}^m$,

$$\mathbf{q} \;\mapsto\; \boldsymbol{\eta}(\mathbf{q}) \;=\; \frac{\partial \mathbf{h}_s}{\partial s}(\mathbf{q})\Big|_{s=0}\,.$$

Ferner betrachten wir eine zeitunabhängige und elliptische Lagrange–Funktion $L(\mathbf{q},\mathbf{v})$ auf $\Omega_L = \Omega \times \mathbb{R}^m$ mit dem Wirkungsintegral

$$\mathcal{W}(\mathbf{q},I) = \int_I L(\mathbf{q},\dot{\mathbf{q}})\,dt \quad \text{für C}^1\text{–Kurven } \mathbf{q}: I \to \Omega\,.$$

Nach 3.2 (a) ist die Invarianz des Wirkungsintegrals unter der Schar $\mathbf{h}_s$, d.h.

$$\mathcal{W}(\mathbf{h}_s \circ \mathbf{q}, I) = \mathcal{W}(\mathbf{q}, I) \quad \text{für alle C}^1\text{–Kurven } \mathbf{q}: I \to \Omega\,,$$

äquivalent zur Invarianz der Lagrange–Funktion unter dieser Schar, d.h.

$$L(\mathbf{h}_s(\mathbf{q}), d\mathbf{h}_s(\mathbf{q})\mathbf{v}) = L(\mathbf{q},\mathbf{v}) \;\text{ für }\; (\mathbf{q},\mathbf{v}) \in \Omega \times \mathbb{R}^m\,,\; |s| \ll 1\,.$$

Satz (E. Noether 1918). *Ist L invariant unter der Schar $\mathbf{h}_s$ mit dem infinitesimalen Erzeuger $\boldsymbol{\eta}$, so ist*

$$F(\mathbf{q},\mathbf{v}) := L_{\mathbf{v}}(\mathbf{q},\mathbf{v})\,\boldsymbol{\eta}(\mathbf{q})$$

ein erstes Integral der Euler–Gleichungen und

$$G(\mathbf{q},\mathbf{p}) := \langle \mathbf{p}, \boldsymbol{\eta}(\mathbf{q}) \rangle$$

eine Erhaltungsgröße, d.h. ein erstes Integral der Hamilton–Gleichungen.

Bemerkung. Für die erste Behauptung wird die Elliptizität von L nicht benötigt, wie sich aus dem Beweis ergibt. Die Korrespondenz 3.1 (b) zwischen ersten Integralen der EG und Erhaltungsgrößen stützt sich dagegen auf die Durchführbarkeit der Legendre–Transformation.

Beweis.

Für jede C^1–Kurve $t \mapsto \mathbf{q}(t)$ in Ω gilt

$$(*) \qquad \frac{\partial}{\partial s}\left(\frac{d}{dt}\,\mathbf{h}_s(\mathbf{q}(t))\right)\Big|_{s=0} = \frac{d}{dt}\,\boldsymbol{\eta}(\mathbf{q}(t))\,,$$

denn für $\mathbf{h}(s,\mathbf{q}) := \mathbf{h}_s(\mathbf{q})$ gilt nach H. A. Schwarz

$$\begin{aligned}
\frac{\partial}{\partial s}\left(\frac{d}{dt}\,\mathbf{h}_s(\mathbf{q}(t))\right) &= \frac{\partial}{\partial s}\sum_{k=1}^m \frac{\partial \mathbf{h}}{\partial q_k}(s,\mathbf{q}(t))\,\dot{q}_k(t) \\
&= \sum_{k=1}^m \frac{\partial^2 \mathbf{h}}{\partial s\,\partial q_k}(s,\mathbf{q}(t))\,\dot{q}_k(t) = \sum_{k=1}^m \frac{\partial^2 \mathbf{h}}{\partial q_k\,\partial s}(s,\mathbf{q}(t))\,\dot{q}_k(t) \\
&= \sum_{k=1}^m \frac{\partial}{\partial q_k}\,\frac{\partial \mathbf{h}}{\partial s}(s,\mathbf{q}(t))\,\dot{q}_k(t) = \frac{d}{dt}\,\frac{\partial \mathbf{h}_s}{\partial s}(\mathbf{q}(t))\,.
\end{aligned}$$

Wir betrachten eine Lösung $\mathbf{q} : I = [t_1, t_2] \to \Omega$ der Euler–Gleichungen. Für $\mathbf{q}_s = \mathbf{h}_s \circ \mathbf{q}$ folgt dann aus der Invarianz von $\mathcal{W}$, dem Satz über Parameterintegrale unter Berücksichtigung von $\mathbf{h}_0 = \mathbb{1}_\Omega$ und von $(*)$

$$
\begin{aligned}
0 &= \frac{d}{ds}\,\mathcal{W}(\mathbf{q}_s, I)\,\Big|_{s=0} = \frac{d}{ds}\int_{t_1}^{t_2} L\left(\mathbf{h}_s(\mathbf{q}(t)), \tfrac{d}{dt}\mathbf{h}_s(\mathbf{q}(t))\right) dt\,\Big|_{s=0} \\
&= \int_{t_1}^{t_2} \left\{ L_\mathbf{q}(\mathbf{q}_s(t), \dot{\mathbf{q}}_s(t))\, \tfrac{\partial \mathbf{h}_s}{\partial s}(\mathbf{q}(t)) + L_\mathbf{v}(\mathbf{q}_s(t), \dot{\mathbf{q}}_s(t))\, \tfrac{\partial}{\partial s}\, \tfrac{d}{dt}\, \mathbf{h}_s(\mathbf{q}(t)) \right\} dt\,\Big|_{s=0} \\
&\overset{(*)}{=} \int_{t_1}^{t_2} \left\{ L_\mathbf{q}(\mathbf{q}(t), \dot{\mathbf{q}}(t))\, \boldsymbol{\eta}(\mathbf{q}(t)) + L_\mathbf{v}(\mathbf{q}(t), \dot{\mathbf{q}}(t))\, \tfrac{d}{dt}\, \boldsymbol{\eta}(\mathbf{q}(t)) \right\} dt\,.
\end{aligned}
$$

Durch partielle Integration ergibt sich für $t_1, t_2 \in \mathbb{R}$ mit Hilfe der EG

$$
0 = \Big[L_\mathbf{v}(\mathbf{q}(t), \dot{\mathbf{q}}(t))\, \boldsymbol{\eta}(\mathbf{q}(t)) \Big]\Big|_{t_1}^{t_2} = F(\mathbf{q}(t_2), \dot{\mathbf{q}}(t_2)) - F(\mathbf{q}(t_1), \dot{\mathbf{q}}(t_1))\,.
$$

Dass G eine Erhaltungsgröße ist, folgt aus 3.1 (b) und

$$
F(\mathbf{q}, \mathbf{v}) = \big\langle \nabla_\mathbf{v} L(\mathbf{q}, \mathbf{v}), \boldsymbol{\eta}(\mathbf{q}) \big\rangle = G(\mathbf{q}, \nabla_\mathbf{v} L(\mathbf{q}, \mathbf{v}))\,. \qquad \square
$$

3.4 Anwendungen des Noetherschen Satzes in der Mechanik

Wir betrachten ein System von N freien Massenpunkten unter dem Einfluss eines Potentials U. Zweckmäßigerweise bezeichnen wir Masse, Ort und Geschwindigkeit des k–ten Massenpunkts mit $m_k, \mathbf{q}_k, \mathbf{v}_k$ und die Lagrange–Funktion in Abhängigkeit von $\mathbf{q} = (\mathbf{q}_1, \ldots, \mathbf{q}_N)$, $\mathbf{v} = (\mathbf{v}_1, \ldots, \mathbf{v}_N)$ mit

$$
L(\mathbf{q}, \mathbf{v}) = \frac{1}{2} \sum_{k=1}^{N} m_k \|\mathbf{v}_k\|^2 - U(\mathbf{q}_1, \ldots, \mathbf{q}_N)\,.
$$

Die Lagrange–Funktion L ist elliptisch, und es gilt

$$
\nabla_\mathbf{v} L(\mathbf{q}, \mathbf{v}) = (m_1 \mathbf{v}_1, \ldots, m_N \mathbf{v}_N)\,.
$$

Lassen wir die Bewegung $\mathbf{x} \mapsto \mathbf{c} + D\mathbf{x}$ mit $D \in \mathrm{SO}_3$ auf jeden Massenpunkt wirken, so erhalten wir eine Transformation

$$
\mathbf{h} : \mathbf{q} = (\mathbf{q}_1, \ldots, \mathbf{q}_N) \longmapsto (\mathbf{c} + D\mathbf{q}_1, \ldots, \mathbf{c} + D\mathbf{q}_N)\,,
$$

deren Ableitung durch die ortsunabhängige lineare Abbildung

$$
d\mathbf{h} : \mathbf{v} = (\mathbf{v}_1, \ldots, \mathbf{v}_N) \longmapsto (D\mathbf{v}_1, \ldots, D\mathbf{v}_N)
$$

gegeben ist. Wegen $\|D\mathbf{v}_k\| = \|\mathbf{v}_k\|$ folgt

$$
L(\mathbf{h}(\mathbf{q}), d\mathbf{h}(\mathbf{q})\mathbf{v}) = \frac{1}{2} \sum_{k=1}^{N} m_k \|\mathbf{v}_k\|^2 - U(\mathbf{h}(\mathbf{q}))\,.
$$

Somit ist das Wirkungsintegral genau dann invariant unter $\mathbf{h}$, wenn das Potential U invariant unter $\mathbf{h}$ ist, d.h. wenn der Definitionsbereich Ω von U durch $\mathbf{h}$ auf sich abgebildet wird, und wenn $U(\mathbf{h}(\mathbf{q})) = U(\mathbf{q})$ für alle $\mathbf{q} \in \Omega$ gilt.

(a) *Translationsinvarianz und Impulserhaltung.* Wir betrachten die Wirkung der Translationen $\mathbf{x} \mapsto \mathbf{x} + s\mathbf{a}$ mit $\|\mathbf{a}\| = 1$ auf das System, also

$$\mathbf{h}_s : \mathbf{q} = (\mathbf{q}_1, \dots, \mathbf{q}_N) \longmapsto (\mathbf{q}_1 + s\mathbf{a}, \dots, \mathbf{q}_N + s\mathbf{a}).$$

Die $\mathbf{h}_s$ bilden eine Einparametergruppe mit dem infinitesimalen Erzeuger

$$\boldsymbol{\eta}(\mathbf{q}) = (\mathbf{a}, \dots, \mathbf{a}).$$

Gilt $U(\mathbf{q}_1 + s\mathbf{a}, \dots, \mathbf{q}_N + s\mathbf{a}) = U(\mathbf{q}_1, \dots, \mathbf{q}_N)$ für $(\mathbf{q}_1, \dots, \mathbf{q}_N) \in \Omega$ und $|s| \ll 1$, so erhalten wir ein erstes Integral der EG durch

$$L_{\mathbf{v}}(\mathbf{q}, \mathbf{v}))\, \boldsymbol{\eta}(\mathbf{q}) = \sum_{k=1}^{N} m_k \langle \mathbf{v}_k, \mathbf{a} \rangle = \Big\langle \sum_{k=1}^{N} m_k \mathbf{v}_k \,,\, \mathbf{a} \Big\rangle,$$

das ist die Komponente des Gesamtimpulses in Richtung $\mathbf{a}$.

(b) *Rotationsinvarianz und Erhaltung des Drehimpulses.* Sei $\mathcal{B} = (\mathbf{u}_1, \mathbf{u}_2, \mathbf{u}_3)$ eine ONB des $\mathbb{R}^3$ und $\mathbf{y} = (\mathbf{x})_{\mathcal{B}}$ der Koordinatenvektor von $\mathbf{x} \in \mathbb{R}^3$ bezüglich $\mathcal{B}$, also $y_k = \langle \mathbf{u}_k, \mathbf{x} \rangle$ $(k = 1, 2, 3)$. Die Drehung $\boldsymbol{\vartheta}_s$ mit Drehachse Span$\{\mathbf{u}_1\}$ und Drehwinkel s hat bezüglich $\mathcal{B}$ die Matrix

$$M_{\mathcal{B}}(\boldsymbol{\vartheta}_s) = \begin{pmatrix} 1 & 0 & 0 \\ 0 & \cos s & -\sin s \\ 0 & \sin s & \cos s \end{pmatrix},$$

also gilt mit $y_k = \langle \mathbf{x}, \mathbf{u}_k \rangle$

$$\boldsymbol{\vartheta}_s(\mathbf{x}) = y_1 \mathbf{u}_1 + (y_2 \cos s - y_3 \sin s)\, \mathbf{u}_2 + (y_2 \sin s + y_3 \cos s)\, \mathbf{u}_3 .$$

Mit dem Graßmannschen Entwicklungssatz (vgl. Bd. 1, § 6 : 3.4 (c)) und wegen $\mathbf{u}_2 \times \mathbf{u}_3 = \mathbf{u}_1$ folgt

$$\begin{aligned} \frac{d}{ds}\, \boldsymbol{\vartheta}_s(\mathbf{x}) \Big|_{s=0} &= -y_3 \mathbf{u}_2 + y_2 \mathbf{u}_3 = \langle \mathbf{u}_2, \mathbf{x} \rangle \mathbf{u}_3 - \langle \mathbf{u}_3, \mathbf{x} \rangle \mathbf{u}_2 \\ &= (\mathbf{u}_2 \times \mathbf{u}_3) \times \mathbf{x} = \mathbf{u}_1 \times \mathbf{x} . \end{aligned}$$

Die Wirkung der Drehgruppe $\{\boldsymbol{\vartheta}_s \mid s \in \mathbb{R}\}$ auf das System, gegeben durch

$$\mathbf{h}_s : \mathbf{q} = (\mathbf{q}_1, \dots, \mathbf{q}_N) \longmapsto (\boldsymbol{\vartheta}_s(\mathbf{q}_1), \dots, \boldsymbol{\vartheta}_s(\mathbf{q}_N)),$$

besitzt also den infinitesimalen Erzeuger

$$\boldsymbol{\eta}(\mathbf{q}) = (\mathbf{u}_1 \times \mathbf{q}_1, \, \dots \, , \mathbf{u}_1 \times \mathbf{q}_N).$$

Bei Rotationssymmetrie bezüglich der Achse Span $\{\mathbf{u}_1\}$ (nach dem Vorangehenden äquivalent zu $U(\mathbf{h}_s(\mathbf{q})) = U(\mathbf{q})$ für alle $\mathbf{q}$ und alle $s \in \mathbb{R}$) ergibt sich also die Erhaltungsgröße

$$\begin{aligned}\langle \mathbf{p}, \boldsymbol{\eta}(\mathbf{q}) \rangle_{\mathbb{R}^{3N}} &= \sum_{k=1}^{N} \langle \mathbf{p}_k, \mathbf{u}_1 \times \mathbf{q}_k \rangle_{\mathbb{R}^3} = \sum_{k=1}^{N} \langle \mathbf{u}_1, \mathbf{q}_k \times \mathbf{p}_k \rangle_{\mathbb{R}^3} \\ &= \Big\langle \mathbf{u}_1, \sum_{k=1}^{N} \mathbf{q}_k \times \mathbf{p}_k \Big\rangle_{\mathbb{R}^3},\end{aligned}$$

das ist die Projektion des Gesamtdrehimpulses auf die Achse Span $\{\mathbf{u}_1\}$.

(c) *Wechselwirkungspotentiale*

$$U(\mathbf{q}_1, \ldots, \mathbf{q}_N) = \sum_{1 \le i < k \le N} V(\|\mathbf{q}_i - \mathbf{q}_k\|)$$

mit einer C^2–Funktion $V : \mathbb{R}_{>0} \to \mathbb{R}$ sind definiert auf dem Gebiet $\Omega = \{(\mathbf{q}_1, \ldots, \mathbf{q}_N) \mid \|\mathbf{q}_i - \mathbf{q}_k\| > 0 \text{ für } i \neq k\}$. Da Bewegungen abstandstreu sind, ist U invariant unter der vollen Bewegungsgruppe. Somit sind der Gesamtimpuls und der Gesamtdrehimpuls Erhaltungsgrößen.

(d) ÜA Sei $U(\mathbf{q}) = U(q_1, q_2, q_3) := V(r)$ mit einer C^2–Funktion $V(r)$ für $r = \sqrt{q_1^2 + q_2^2} > 0$. Geben Sie alle Erhaltungsgrößen für ein Teilchen der Masse m unter dem Einfluss des Potentials U an. Beispiel: Für einen in der q_3–Achse liegenden unendlich langen, elektrisch geladenen Draht ist $V(r)$ proportional zu $\log r$.

3.5 Der Noethersche Satz für Raum–Zeit–Transformationen

(a) Wir betrachten eine Schar $\{\mathbf{h}_s \mid |s| \ll 1\}$ von Diffeomorphismen eines Gebiets $\Omega_0 = \mathbb{R} \times \Omega \subset \mathbb{R}^{m+1}$ im $t, \mathbf{q}$–Raum, die wir Raum–Zeit–Transformationen nennen. Wir schreiben

$$\mathbf{h}_s : \Omega_0 \to \Omega_0, \quad (t, \mathbf{q}) \longmapsto \mathbf{h}_s(t, \mathbf{q}) = (T_s(t, \mathbf{q}), \mathbf{Q}_s(t, \mathbf{q})),$$

und setzen voraus:

(i) $\mathbf{h}_0 = \mathbb{1}_{\Omega_0}$, d.h. $T_0(t, \mathbf{q}) = t$, $\mathbf{Q}_0(t, \mathbf{q}) = \mathbf{q}$,

(ii) $(s, t, \mathbf{q}) \mapsto \mathbf{h}_s(t, \mathbf{q})$ ist C^2–differenzierbar.

Unter dem **infinitesimalen Erzeuger** dieser Diffeomorphismenschar verstehen wir das Vektorfeld $(\xi, \boldsymbol{\eta})$ auf Ω_0 mit

$$(\xi(t, \mathbf{q}), \boldsymbol{\eta}(t, \mathbf{q})) := \left(\frac{\partial T_s}{\partial s}(t, \mathbf{q}), \frac{\partial \mathbf{Q}_s}{\partial s}(t, \mathbf{q}) \right)\Big|_{s=0} = \frac{\partial \mathbf{h}_s}{\partial s}(t, \mathbf{q})\Big|_{s=0}.$$

Wir betrachten eine C^1–Kurve $\mathbf{q} : I \to \Omega$ auf einem kompakten Intervall I und deren Graphen $\Gamma(\mathbf{q}) = \{(t, \mathbf{q}(t)) \mid t \in I\} \subset \Omega_0$. Die Bildmenge von $\Gamma(\mathbf{q})$ unter

$\mathbf{h}_s : \Omega_0 \to \Omega_0$ lässt sich für $|s| \ll 1$ als Graph einer C^1–Kurve $\mathbf{q}_s : I_s \to \Omega_0$ darstellen. Denn es gilt $\mathbf{h}_s(t, \mathbf{q}(t)) = (\mathcal{T}_s(t), \boldsymbol{\mathcal{Q}}_s(t))$ mit

$$\mathcal{T}_s(t) := T_s(t, \mathbf{q}(t)), \quad \boldsymbol{\mathcal{Q}}_s(t) := \mathbf{Q}_s(t, \mathbf{q}(t)).$$

Wegen $\mathcal{T}_0(t) = t$, $\dot{T}_0(t) = 1$ gilt auch $\dot{\mathcal{T}}_s > 0$ auf I für $|s| \ll 1$, so dass $\mathcal{T}_s$ eine C^1–Umkehrung $\mathcal{T}_s^{-1} : I_s \to I$ mit $I_s := \mathcal{T}_s(I)$ besitzt. Setzen wir

$$\mathbf{q}_s(t) := \boldsymbol{\mathcal{Q}}_s \circ \mathcal{T}_s^{-1}(t) \;\; \text{für} \;\; t \in I_s = \mathcal{T}_s(I),$$

so ist $\Gamma(\mathbf{q}_s) = \{(\mathcal{T}_s(t), \boldsymbol{\mathcal{Q}}_s(t)) \mid t \in I\} = \mathbf{h}_s(\Gamma(\mathbf{q}))$ für $|s| \ll 1$.

Die Figur in 3.3 illustriert im Fall $|s| \ll 1$ auch die hier betrachtete Situation, wenn die beiden Kurven im Bild durch die Graphen von $\mathbf{q}$ und $\mathbf{q}_s$ ersetzt werden.

Ein mechanisches System mit der Lagrange–Funktion $L : \Omega_0 \times \mathbb{R}^m \to \mathbb{R}$ bzw. der Hamilton–Funktion $H : \Omega_0 \times \mathbb{R}^m \to \mathbb{R}$, heißt **invariant** unter der Diffeomorphismenschar $\{\mathbf{h}_s \mid |s| \ll 1\}$, wenn

$$\mathcal{W}(\mathbf{q}_s, I_s) = \mathcal{W}(\mathbf{q}, I) \;\; \text{für jede } \mathrm{C}^1\text{–Kurve} \;\; \mathbf{q} : I \to \Omega \;\; \text{und} \;\; |s| \ll 1.$$

SATZ. *Für ein unter der Schar* $\{\mathbf{h}_s \mid |s| \ll 1\}$ *invariantes System liefert*

$$F(t, \mathbf{q}, \mathbf{v}) := L_{\mathbf{v}}(t, \mathbf{q}, \mathbf{v}))\, \boldsymbol{\eta}(t, \mathbf{q}) - \xi(t, \mathbf{q})\big(L_{\mathbf{v}}(t, \mathbf{q}, \mathbf{v}))\, \mathbf{v} - L(t, \mathbf{q}, \mathbf{v})\big)$$

ein erstes Integral der EG für L.

Wegen der vorausgesetzten Elliptizität von L ist durch

$$G(t, \mathbf{q}, \mathbf{p}) := \langle \mathbf{p}, \boldsymbol{\eta}(t, \mathbf{q}) \rangle - \xi(t, \mathbf{q})\, H(t, \mathbf{q}, \mathbf{p})$$

eine Erhaltungsgröße gegeben.

(b) Vor dem Beweis erläutern wir die Definition des Invarianzbegriffs am Beispiel der Zeittranslationen $\mathbf{h}_s(t, \mathbf{q}) = (t + s, \mathbf{q})$. Die Transformation $\mathbf{h}_s$ bildet den Graph jeder Kurve $\mathbf{q} : I \to \Omega$ ab auf

$$\big\{(t + s, \mathbf{q}(t)) \,\big|\, t \in I\big\} = \big\{(t, \mathbf{q}(t - s)) \,\big|\, t \in I + s\big\},$$

somit ist $I_s = I + s$ und $\mathbf{q}_s(t) = \mathbf{q}(t - s)$. Wegen

$$\mathcal{W}(\mathbf{q}_s, I_s) = \int\limits_{I+s} L(t, \mathbf{q}(t - s), \dot{\mathbf{q}}(t - s))\, dt = \int\limits_I L(t + s, \mathbf{q}(t), \dot{\mathbf{q}}(t))\, dt$$

bedeutet die Invarianz unter den Zeittranslationen $\mathbf{h}_s$, dass

$$\int\limits_I L(t + s, \mathbf{q}(t), \dot{\mathbf{q}}(t))\, dt = \mathcal{W}(\mathbf{q}_s, I_s) = \mathcal{W}(\mathbf{q}, I) = \int\limits_I L(t, \mathbf{q}(t), \dot{\mathbf{q}}(t))\, dt$$

für jede Kurve $\mathbf{q} : I \to \Omega$. Durch Ableitung beider Integrale nach der oberen Grenze folgt

$$L(t + s, \mathbf{q}, \mathbf{v}) = L(t, \mathbf{q}, \mathbf{v}) \;\; \text{für} \;\; s, t \in \mathbb{R},\; \mathbf{q} \in \Omega,\; \mathbf{v} \in \mathbb{R}^m,$$

also die Unabhängigkeit von L von der Zeit und damit die Erhaltung der Gesamtenergie.

(c) BEWEIS.

Wir führen den Satz (a) auf den Erhaltungssatz für reine Raumtransformationen zurück. Hierzu fassen wir die Zeitkoordinate t als nullte Ortskoordinate q_0 auf und schreiben

$$\mathbf{q}^* := (q_0, q_1, \ldots, q_m) \quad \text{statt} \quad (t, \mathbf{q}) = (t, q_1, \ldots, q_m)\,.$$

Ferner verwandeln wir das Wirkungsintegral durch Substitution in ein Variationsintegral, welches die Anwendung des Satzes 3.3 gestattet.

Sei $q_0 : I \to J$ eine bijektive C^1–Funktion mit $\dot{q}_0 > 0$ und $\mathbf{u} : J \to \Omega$ eine C^1–Kurve. Dann gilt nach der Substitutionsregel

$$\begin{aligned}
\int_J L(t, \mathbf{u}(t), \dot{\mathbf{u}}(t))\, dt &= \int_I L(q_0(t), \mathbf{u}(q_0(t)), \dot{\mathbf{u}}(q_0(t)))\, \dot{q}_0(t)\, dt \\
&= \int_I L(q_0(t), \mathbf{u}(q_0(t)), \frac{1}{\dot{q}_0(t)} \frac{d}{dt}\, \mathbf{u}(q_0(t)))\, \dot{q}_0(t)\, dt \\
&= \int_I L^*(\mathbf{v}(t), \dot{\mathbf{v}}(t))\, dt
\end{aligned}$$

mit $\mathbf{v}(t) = (q_0(t), \mathbf{u}(q_0(t))) \in \Omega_0$ und dem für $\mathbf{q}^* = (q_0, \ldots, q_m) = (q_0, \mathbf{q}) \in \Omega_0$ und $\mathbf{v}^* = (v_0, \ldots, v_m) = (v_0, \mathbf{v}) \in \mathbb{R}_{>0} \times \mathbb{R}^m$ definierten Integranden

$$(0) \qquad \begin{aligned}
L^*(\mathbf{q}^*, \mathbf{v}^*) &= L(q_0, \ldots, q_m, \frac{v_1}{v_0}, \ldots, \frac{v_m}{v_0})\, v_0 \\
&= L(q_0, \mathbf{q}, \tfrac{1}{v_0}\, \mathbf{v})\, v_0\,.
\end{aligned}$$

Bezeichnen wir das zu L^* gehörige Variationsfunktional mit $\mathcal{W}^*$, so gilt also

$$(1) \qquad \mathcal{W}(\mathbf{u}, J) = \mathcal{W}^*(\mathbf{v}, I) \;\text{ für }\; \mathbf{v}(t) = (q_0(t), \mathbf{u}(q_0(t)))\,, \;\; J = q_0(I), \;\; \dot{q}_0 > 0\,.$$

Für eine gegebene C^1–Kurve $\mathbf{q} : I \to \Omega$ wenden wir (1) auf zwei Fälle an:

(i) Für $q_0(t) = t$, $\mathbf{u} := \mathbf{q}$, $J = I$ wird $\mathbf{v}(t) = (t, \mathbf{q}(t))$ und $L^*(\mathbf{v}(t), \dot{\mathbf{v}}(t)) = L(t, \mathbf{q}(t), \dot{\mathbf{q}}(t))$; daher ergibt sich mit $\mathbf{q}^*(t) := \mathbf{v}(t) = (t, \mathbf{q}(t))$

$$(2) \qquad \mathcal{W}(\mathbf{q}, I) = \mathcal{W}^*(\mathbf{q}^*, I)\,.$$

(ii) Mit den Bezeichnungen (a) setzen wir $q_0 := \mathcal{T}_s$, $J := I_s$, $\mathbf{u} := \mathbf{q}_s = \mathcal{Q}_s \circ \mathcal{T}_s^{-1}$. Dann wird $\mathbf{v}(t) = (\mathcal{T}_s(t), \mathcal{Q}_s(t)) = \mathbf{h}_s(\mathbf{q}^*(t))$ mit $\mathbf{q}^*(t) = (t, \mathbf{q}(t))$, und es gilt $\mathcal{W}(\mathbf{u}, J) = \mathcal{W}(\mathbf{q}_s, I_s)$. Daher erhalten wir aus (1), (2) und der Invarianz von $\mathcal{W}$ unter der Schar $\{\mathbf{h}_s \mid |s| \ll 1\}$ für $\mathbf{q}_s^*(t) := (\mathcal{T}_s(t), \mathcal{Q}_s(t))$

$$(3) \quad \mathcal{W}^*(\mathbf{q}_s^*, I) \overset{(1)}{=} \mathcal{W}(\mathbf{q}_s, I_s) = \mathcal{W}(\mathbf{q}, I) \overset{(2)}{=} \mathcal{W}^*(\mathbf{q}^*, I) \quad \text{für } |s| \ll 1 .$$

Nach dem Noetherschen Satz 3.3 und der Bemerkung dazu erhalten wir daher ein erstes Integral der EG für L^* durch

$$(4) \quad F(\mathbf{q}^*, \mathbf{v}^*) = L^*_{\mathbf{v}^*}(\mathbf{q}^*, \mathbf{v}^*) \left. \frac{\partial \mathbf{h}_s}{\partial s}(\mathbf{q}^*) \right|_{s=0} = L^*_{\mathbf{v}^*}(\mathbf{q}^*, \mathbf{v}^*) \, (\xi(\mathbf{q}^*), \boldsymbol{\eta}(\mathbf{q}^*)) .$$

(d) Wir zeigen nun: Genau dann ist $t \mapsto \mathbf{q}(t)$ eine Lösung der EG für L, wenn $t \mapsto \mathbf{q}^*(t) = (t, \mathbf{q}(t))$ eine Lösung der EG für L^* ist. Gleichzeitig berechnen wir $L^*_{\mathbf{v}^*}$. Nach Definition von L^* ergeben sich folgende partielle Ableitungen:

$$\begin{aligned}
L^*_{q_0}(\mathbf{q}^*, \mathbf{v}^*) &= L_t(q_0, \mathbf{q}, \tfrac{1}{v_0}\mathbf{v})\, v_0 , \\
L^*_{q_k}(\mathbf{q}^*, \mathbf{v}^*) &= L_{q_k}(q_0, \mathbf{q}, \tfrac{1}{v_0}\mathbf{v})\, v_0 \quad (k = 1, \dots, m) , \\
L^*_{v_0}(\mathbf{q}^*, \mathbf{v}^*) &= L(q_0, \mathbf{q}, \tfrac{1}{v_0}\mathbf{v}) - \tfrac{1}{v_0} L_{\mathbf{v}}(q_0, \mathbf{q}, \tfrac{1}{v_0}\mathbf{v})\, \mathbf{v} , \\
L^*_{v_k}(\mathbf{q}^*, \mathbf{v}^*) &= L_{v_k}(q_0, \mathbf{q}, \tfrac{1}{v_0}\mathbf{v}) \quad (k = 1, \dots, m) .
\end{aligned}$$

Setzen wir für eine C^2–Kurve $t \mapsto \mathbf{q}(t)$ in Ω

$$\mathbf{q}^*(t) := (t, \mathbf{q}(t)) , \quad \mathbf{E}(t) := L_{\mathbf{q}}(t, \mathbf{q}(t), \dot{\mathbf{q}}(t)) - \frac{d}{dt}\left[L_{\mathbf{v}}(t, \mathbf{q}(t), \dot{\mathbf{q}}(t)) \right] ,$$

so erhalten wir mit $q_0(t) = t$, $v_0(t) = 1$

$$\begin{aligned}
\tfrac{d}{dt} L^*_{v_0}(\mathbf{q}^*(t), \dot{\mathbf{q}}^*(t)) &= \tfrac{d}{dt} \left(L(q_0, \mathbf{q}, \tfrac{1}{v_0}\dot{\mathbf{q}}) - \tfrac{1}{v_0} L_{\mathbf{v}}(q_0, \mathbf{q}, \tfrac{1}{v_0}\dot{\mathbf{q}})\, \dot{\mathbf{q}} \right) \\
&= L_t(t, \mathbf{q}(t), \dot{\mathbf{q}}(t)) + \mathbf{E}(t)\, \dot{\mathbf{q}}(t) \\
&= L^*_{q_0}(\mathbf{q}^*(t), \dot{\mathbf{q}}(t)) + \mathbf{E}(t)\, \dot{\mathbf{q}}(t) ,
\end{aligned}$$

und für $k = 1, \dots, m$ mit der k–ten Komponente $E_k(t)$ von $\mathbf{E}(t)$

$$\frac{d}{dt} L^*_{v_k}(\mathbf{q}^*(t), \dot{\mathbf{q}}^*(t)) = \frac{d}{dt}\left[L_{v_k}(t, \mathbf{q}(t), \dot{\mathbf{q}}(t)) \right] = - E_k(t) + L^*_{q_k}(\mathbf{q}^*(t), \dot{\mathbf{q}}^*(t)) .$$

Daher erfüllt $\mathbf{q}^*$ genau dann die EG für L^*, wenn $\mathbf{E}(t) = \mathbf{0}$ in I gilt.

Nach (4) folgt mit den Formeln für $L^*_{v_0}$, $L^*_{v_k}$ die Konstanz von

$$\xi(t,\mathbf{q}(t))\big(L(t,\mathbf{q}(t),\dot{\mathbf{q}}(t)) - L_{\mathbf{v}}(t,\mathbf{q}(t),\dot{\mathbf{q}}(t))\,\dot{\mathbf{q}}(t)\big) + L_{\mathbf{v}}(t,\mathbf{q}(t),\dot{\mathbf{q}}(t))\,\boldsymbol{\eta}(t,\mathbf{q}(t))$$

längs jeder Lösung $t \mapsto \mathbf{q}(t)$ der EG für L.

Die F entsprechende Erhaltungsgröße G ergibt sich im Fall der Elliptizität von L aus 3.1 (b). □

(e) BEMERKUNG. Der Integrand L^* ist nicht elliptisch, auch dann nicht, wenn L elliptisch ist. Wie unter 3.3 angemerkt wurde, ergibt sich das erste Integral (4) der EG für L^* auch ohne die Voraussetzung der Elliptizität.

Das Variationsintegral $\mathcal{W}^*$ gehört zur für die Optik und die Differentialgeometrie wichtigen Klasse der parametrischen Variationsintegrale, die wir in § 5 behandeln.

4 Integration der Hamilton–Gleichungen nach Jacobi

4.1 Das Wellenbild der Mechanik

(a) Die Jacobi–Methode geht aus von der Wellengleichung der Mechanik, der **Hamilton–Jacobi–Gleichung**

$$\text{(HJG)}\qquad \frac{\partial S}{\partial t} + H(t,\mathbf{q},\nabla_{\mathbf{q}}S) = 0\,,$$

um mittels einer „vollständigen" Lösung dieser Gleichung die Hamilton–Gleichungen

$$\text{(HG)}\qquad \dot{\mathbf{q}} = \nabla_{\mathbf{p}}H(t,\mathbf{q},\mathbf{p})\,,\quad \dot{\mathbf{p}} = -\,\nabla_{\mathbf{q}}H(t,\mathbf{q},\mathbf{p})$$

zu integrieren. Bevor wir diese Methode beschreiben, skizzieren wir die geometrischen Vorstellungen, welche hinter der Hamilton–Jacobi–Gleichung stehen und gehen auf die Bedeutung der **Wirkungsfunktion** S ein. Näheres hierzu finden Sie in GIAQUINTA–HILDEBRANDT [7, II] Ch. 9, ARNOLD [15] Ch. 9 und RUND [19] Ch. 2.

Ausgangspunkt sind die Arbeiten von HAMILTON zur geometrischen Optik aus den Jahren 1824 bis 1833, in denen Strahlen und Wellenfronten aufeinander zurückgeführt werden. Wir skizzieren die Grundidee für Strahlen, die von einer punktformigen Lichtquelle ausgehen. Diese sind durch das Fermat–Prinzip gekennzeichnet. Wird auf jedem dieser Strahlen der Punkt markiert, an dem das Fermatsche Laufzeitintegral, von der Lichtquelle aus genommen, einen festen Wert annimmt, so entsteht eine Wellenfront. Die Wellenfronten sind die Niveauflächen einer Funktion $S = S(\mathbf{q})$, die der Eikonalgleichung $H(\mathbf{q}, \nabla S) = 1$

genügt. Die Lichtstrahlen durchsetzen die Wellenfronten orthogonal bzw. im nichtisotropen Fall transversal. Auf Einzelheiten, insbesondere die Definition der Hamilton–Funktion in der Optik, gehen wir in § 5 ein.

Wir skizzieren die Übertragung dieses Konzepts auf die Mechanik (HAMILTON 1833 und 1834, JACOBI 1838). An die Stelle der Lichtstrahlen treten **Bahnen** $t \mapsto (t, \mathbf{q}(t))$ eines mechanischen Systems im $t, \mathbf{q}$–Raum, gekennzeichnet durch das Hamilton–Prinzip der stationären Wirkung. Wir betrachten zunächst ein Bündel solcher Bahnen, die durch einen festen Punkt $(t_0, \mathbf{q}_0)$ gehen (stigmatisches Bündel). Gibt es zu jedem Punkt $(t, \mathbf{q})$ mit $t \neq t_0$ genau eine Extremale $\mathbf{Q}$ mit $\mathbf{Q}(t_0) = \mathbf{q}_0$, $\mathbf{Q}(t) = \mathbf{q}$, so ist das Wirkungsintegral

$$\int_{t_0}^{t} L(s, \mathbf{Q}(s), \dot{\mathbf{Q}}(s))\, ds$$

eine Funktion des Endpunkts $(t, \mathbf{q})$, die **Hamiltonsche Prinzipalfunktion** (**Wirkungsfunktion, charakteristische Funktion**) $S(t, \mathbf{q})$ dieses Bündels.

Wir zeigen, dass diese Prinzipalfunktion die Hamilton–Jacobi–Gleichung erfüllt, indem wir Transversalitätsbedingungen zwischen den Niveauflächen und den Bahnen herleiten. Diese Transversalitätsbedingungen legte Jacobi einem allgemeineren Konzept von Extremalenbündeln zugrunde, für welche Wirkungsfronten $\{S = \text{const}\}$ existieren und die nicht stigmatisch zu sein brauchen. Auch im allgemeinen Fall steuert $S(t, \mathbf{q})$ die Ausbreitung der Wirkungsfronten allein dadurch, dass sie die Hamilton–Jacobi–Gleichung HJG erfüllt. Es ist daher gerechtfertigt, die Hamilton–Jacobi–Gleichung als Wellengleichung der Mechanik zu bezeichnen.

(b) **Die Hamiltonsche Prinzipalfunktion**. Wir verwenden die Bezeichnungen von 3.1 und fixieren einen Punkt $(t_0, \mathbf{q}_0)$ in $\Omega_0 = \mathbb{R} \times \Omega$. Die durch diesen Punkt gehenden Bahnen genügen den HG, dementsprechend notieren wir das Wirkungsintegral $\mathcal{W}_H$ auf $[t_0, t]$ in der Form

$$\mathcal{W}_H(\mathbf{q}, \mathbf{p}, [t_0, t]) = \int_{t_0}^{t} \Big\{ \langle \mathbf{p}(s), \dot{\mathbf{q}}(s) \rangle - H(s, \mathbf{q}(s), \mathbf{p}(s)) \Big\}\, ds\,,$$

vgl. 2.1 (c). Weiter nehmen wir an, dass es zu jedem Punkt $(t, \mathbf{q})$ mit $t > t_0$ genau eine Lösung

$$s \longmapsto (\mathbf{Q}(s), \mathbf{P}(s)) = (\mathbf{Q}_{t,\mathbf{q}}(s), \mathbf{P}_{t,\mathbf{q}}(s)) = (\mathbf{Q}(s, t, \mathbf{q}), \mathbf{P}(s, t, \mathbf{q}))$$

der HG gibt mit $\mathbf{Q}(t_0) = \mathbf{q}_0$, $\mathbf{Q}(t) = \mathbf{q}$, und dass $\mathbf{Q}(s, t, \mathbf{q})$, $\mathbf{P}(s, t, \mathbf{q})$ bezüglich aller $m+2$ Variablen C^2–differenzierbar sind. Diese Voraussetzungen lassen sich durch Einschränkung auf Teilgebiete von Ω_0 realisieren, vgl. § 3 : 3.4 (b).

Dann ist durch

$$S(t, \mathbf{q}) := \int_{t_0}^{t} \Big\{ \big\langle \mathbf{P}_{t,\mathbf{q}}(s), \dot{\mathbf{Q}}_{t,\mathbf{q}}(s) \big\rangle - H(s, \mathbf{Q}_{t,\mathbf{q}}(s), \mathbf{P}_{t,\mathbf{q}}(s)) \Big\}\, ds$$

für $t > t_0$ ein mittels des Wirkungsintegrals gemessener Abstand der Punkte $(t_0, \mathbf{q}_0)$, $(t, \mathbf{q})$ definiert.

SATZ. *Die Prinzipalfunktion S ist C^2-differenzierbar, und es gilt*

$$\frac{\partial S}{\partial t}(t,\mathbf{q}) = -H(t,\mathbf{q},\mathbf{p}), \quad \nabla_{\mathbf{q}} S(t,\mathbf{q}) = \mathbf{p} \;\; \textit{mit} \;\; \mathbf{p} := \mathbf{P}(t,t,\mathbf{q}).$$

Hieraus ergibt sich unmittelbar die Hamilton–Jacobi–Gleichung.

BEWEIS.

Wir verwenden die Abkürzungen $\dot{}$ für $\partial/\partial s$, $'$ für $\partial/\partial t$ und lassen bei Bedarf die Argumente weg. Die HG für $s \mapsto (\mathbf{Q}(s,t,\mathbf{q}), \mathbf{P}(s,t,\mathbf{q}))$ notieren wir in der Kurzform

$$(1) \qquad \dot{Q}_i = \frac{\partial H}{\partial p_i}, \quad \dot{P}_i = -\frac{\partial H}{\partial q_i} \quad (i = 1, \ldots, m).$$

Aus den Randbedingungen $\mathbf{Q}(t_0,t,\mathbf{q}) = \mathbf{q}_0$, $\mathbf{Q}(t,t,\mathbf{q}) = \mathbf{q}$ folgt

$$(2) \qquad Q_i'(t_0,t,\mathbf{q}) = 0, \quad \frac{\partial Q_i}{\partial q_k}(t_0,t,\mathbf{q}) = 0,$$

$$(3) \qquad \dot{Q}_i(t,t,\mathbf{q}) + Q_i'(t,t,\mathbf{q}) = 0, \quad \frac{\partial Q_i}{\partial q_k}(t,t,\mathbf{q}) = \delta_{ik}.$$

Für die partiellen Ableitungen des Parameterintegrals

$$S(t,\mathbf{q}) = \int_{t_0}^{t} \Big\{ \sum_{i=1}^{m} P_i(s,t,\mathbf{q})\, \dot{Q}_i(s,t,\mathbf{q}) - H(s, \mathbf{Q}(s,t,\mathbf{q}), \mathbf{P}(s,t,\mathbf{q})) \Big\}\, ds$$

ergibt sich nach dem Satz über die Differentiation von Parameterintegralen (Bd. 1, § 23 : 2.3)

$$\begin{aligned} \frac{\partial S}{\partial t}(t,\mathbf{q}) &= \Big(\sum_{i=1}^{m} P_i \dot{Q}_i - H \Big)\Big|_{s=t} \\ &\quad + \int_{t_0}^{t} \Big\{ \sum_{i=1}^{m} P_i' \dot{Q}_i + \sum_{i=1}^{m} P_i \dot{Q}_i' - \sum_{i=1}^{m} \tfrac{\partial H}{\partial q_i} Q_i' - \sum_{i=1}^{m} \tfrac{\partial H}{\partial p_i} P_i' \Big\}\, ds, \end{aligned}$$

$$\frac{\partial S}{\partial q_k}(t,\mathbf{q}) = \int_{t_0}^{t} \Big\{ \sum_{i=1}^{m} \tfrac{\partial P_i}{\partial q_k} \dot{Q}_i + \sum_{i=1}^{m} P_i \tfrac{\partial \dot{Q}_i}{\partial q_k} - \sum_{i=1}^{m} \tfrac{\partial H}{\partial q_i} \tfrac{\partial Q_i}{\partial q_k} - \sum_{i=1}^{m} \tfrac{\partial H}{\partial p_i} \tfrac{\partial P_i}{\partial q_k} \Big\}\, ds.$$

Nach Einsetzen der Hamilton–Gleichungen (1) ergibt sich unter Beachtung von (2) und (3)

$$\begin{aligned}
\frac{\partial S}{\partial t}(t,\mathbf{q}) &= \Big(\sum_{i=1}^{m} P_i\,\dot Q_i - H\Big)\Big|_{s=t} + \int_{t_0}^{t}\sum_{i=1}^{m}\big(P_i\,\dot Q_i' + \dot P_i\,Q_i'\big)\,ds \\
&= \Big(\sum_{i=1}^{m} P_i\,\dot Q_i - H\Big)\Big|_{s=t} + \int_{t_0}^{t}\tfrac{d}{ds}\sum_{i=1}^{m} P_i\,Q_i' ds \\
&= \Big(\sum_{i=1}^{m} P_i\,\dot Q_i - H\Big)\Big|_{s=t} + \sum_{i=1}^{m} P_i\,Q_i'\Big|_{s=t_0}^{s=t} = -\,H(t,\mathbf{q},\mathbf{p}),
\end{aligned}$$

$$\begin{aligned}
\frac{\partial S}{\partial q_k}(t,\mathbf{q}) &= \int_{t_0}^{t}\sum_{i=1}^{m}\Big(P_i\,\tfrac{\partial \dot Q_i}{\partial q_k} + \dot P_i\,\tfrac{\partial Q_i}{\partial q_k}\Big)\,ds = \int_{t_0}^{t}\tfrac{d}{ds}\sum_{i=1}^{m} P_i\,\tfrac{\partial Q_i}{\partial q_k}\,ds \\
&= \sum_{i=1}^{m} P_i\,\tfrac{\partial Q_i}{\partial q_k}\Big|_{s=t_0}^{s=t} \overset{(2),(3)}{=} P_k(t,t,\mathbf{q}) = p_k\,. \qquad \square
\end{aligned}$$

BEMERKUNG. Fassen wir das Wirkungsintegral als Funktion beider Endpunkte $(t_0,\mathbf{q}_0)$, $(t,\mathbf{q})$ auf, so ergibt sich für die Wirkungsfunktion $S(t_0,\mathbf{q}_0,t,\mathbf{q})$ hieraus unmittelbar mit $\mathbf{p} := \mathbf{P}(t,(t_0,\mathbf{q}_0),(t,\mathbf{q}))$, $\mathbf{p}_0 := \mathbf{P}(t_0,(t_0,\mathbf{q}_0),(t,\mathbf{q}))$ [ÜA]

$$\frac{\partial S}{\partial t}(t_0,\mathbf{q}_0,t,\mathbf{q}) = -\,H(t,\mathbf{q},\mathbf{p}), \qquad \nabla_{\mathbf{q}} S(t_0,\mathbf{q}_0,t,\mathbf{q}) = \mathbf{p},$$

$$\frac{\partial S}{\partial t_0}(t_0,\mathbf{q}_0,t,\mathbf{q}) = H(t_0,\mathbf{q}_0,\mathbf{p}_0), \qquad \nabla_{\mathbf{q}_0} S(t_0,\mathbf{q}_0,t,\mathbf{q}) = -\,\mathbf{p}_0\,.$$

(c) Transversalitätsbedingung und Hamilton–Jacobi–Gleichung

Durch die Hamiltonsche Konstruktion in (b) wird eine Funktion S gefunden, mit deren Hilfe sich Fronten gleicher Wirkung $\{S = \text{const}\}$ definieren lassen. Wir wollen nun Entsprechendes für Bündel von Bahnen durchführen, die nicht notwendig durch einen Punkt laufen.

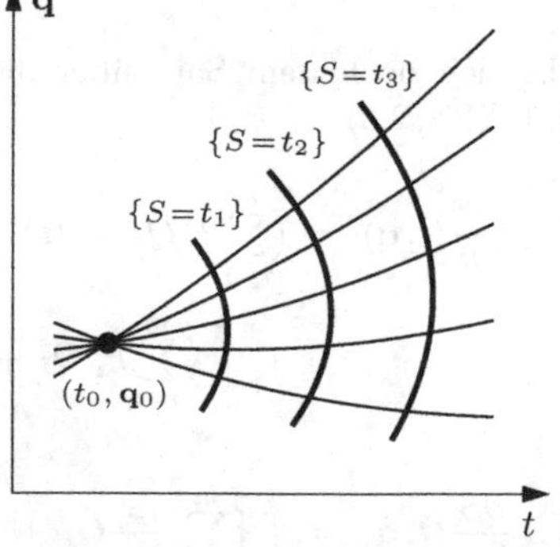

Hierzu betrachten wir ein Bündel von Bahnen mit der Eigenschaft, dass durch jeden Punkt $(t,\mathbf{q}) \in \mathbb{R}\times\Omega$ genau eine Bahn $s \mapsto (s,\mathbf{Q}(s))$ mit $(t,\mathbf{Q}(t)) = (t,\mathbf{q})$ geht, und dass eine Funktion $S = S(t,\mathbf{q})$ existiert mit

$$\text{(T)}\quad \begin{cases} \dfrac{\partial S}{\partial t}(t,\mathbf{q}) = -H(t,\mathbf{q},\mathbf{p}), \\ \nabla_{\mathbf{q}} S(t,\mathbf{q}) = \mathbf{p}, \end{cases}$$

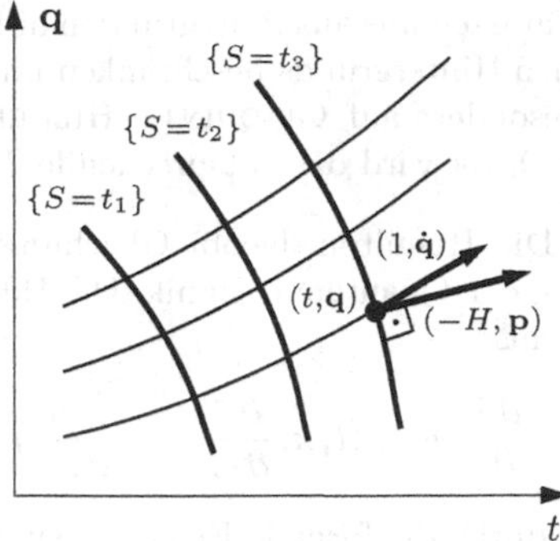

wobei $\mathbf{p} = \mathbf{P}(t)$ der Impulsvektor der durch den Punkt $(t, \mathbf{q})$ laufenden Bahn ist. Wir stellen jetzt also die in (b) abgeleiteten Beziehungen an die Spitze.

Für jede Bahn des Bündels folgt dann aus (T)

$$\begin{aligned} \frac{d}{dt}\big[S(t,\mathbf{Q}(t)\big] &= \frac{\partial S}{\partial t}(t,\mathbf{Q}(t)) + \big\langle \nabla_{\mathbf{q}} S(t,\mathbf{Q}(t)), \dot{\mathbf{Q}}(t)\big\rangle \\ &= -H(t,\mathbf{Q}(t),\mathbf{P}(t)) + \big\langle \mathbf{P}(t), \dot{\mathbf{Q}}(t)\big\rangle. \end{aligned}$$

Für das Wirkungsintegral zwischen Zeitpunkten t_1 und t_2 ergibt sich daher

$$\begin{aligned} \mathcal{W}_H(\mathbf{Q},\mathbf{P},[t_1,t_2]) &= \int_{t_1}^{t_2} \Big\{\big\langle \mathbf{P}(t), \dot{\mathbf{Q}}(t)\big\rangle - H(t,\mathbf{Q}(t),\mathbf{P}(t))\Big\}\, dt \\ &= \int_{t_1}^{t_2} \tfrac{d}{dt}\big[S(t,\mathbf{Q}(t))\big]\, dt = S(t_2,\mathbf{Q}(t_2)) - S(t_1,\mathbf{Q}(t_1)). \end{aligned}$$

Diese Beziehung besagt, dass jede Bahn des Bündels zwischen zwei Niveauflächen $\{S = t_1\}$, $\{S = t_2\}$ die gleiche Wirkungsdifferenz $t_2 - t_1$ aufweist, ganz analog zur Situation in (a). Wir nennen daher die Niveauflächen $\{S = \text{const}\}$ die **Wirkungsfronten** und die Funktion S die **Wirkungsfunktion** des Bahnbündels. Die Beziehungen (T) legen die Lage der Bahnen und Fronten zueinander fest, wir bezeichnen sie als **Transversalitätsbedingungen** des mechanischen Systems. Funktionen S, die zu solchen Bahnbündeln gehören, sind charakterisiert durch die **Hamilton–Jacobi–Gleichung**

$$\text{(HJG)}\quad \frac{\partial S}{\partial t}(t,\mathbf{q}) + H(t,\mathbf{q},\nabla_{\mathbf{q}} S(t,\mathbf{q})) = 0, \quad \text{kurz} \quad \frac{\partial S}{\partial t} + H(t,\mathbf{q},\nabla_{\mathbf{q}} S) = 0.$$

(d) Jede Schar von Bahnen, die gewissen Integrabilitätsbedingungen genügen, besitzt (bis auf additive Konstanten) genau eine durch die Transversalitätsbedingung (T) festgelegte Wirkungsfunktion (vgl. § 3 : 3.2). Umgekehrt zeigt die Jacobische Methode in 4.2, dass jede Lösung der Hamilton–Jacobi–Gleichung genau ein Bündel von Bahnen mit (T) festlegt.

Das Teilchenbild und das Wellenbild der Mechanik sind in diesem Sinne äquivalent.

Wir müssen uns aus Platzgründen auf diese skizzenhafte Schilderung des theoretischen Hintergrunds beschränken und verweisen Interessierte auf die Literatur, insbesondere auf GIAQUINTA–HILDEBRANDT [7, II] Ch. 9, 2. Für die geometrische Optik wird das entsprechende Teilchen– und Wellenbild in § 5 behandelt.

(e) Die Hamilton–Jacobi–Gleichung steht in Analogie zur Schrödinger–Gleichung der Quantenmechanik. Die HJG als Wellengleichung eines mechanischen Systems

$$\frac{\partial S}{\partial t} + H\left(t, \mathbf{x}, \frac{\partial S}{\partial x_1}, \ldots, \frac{\partial S}{\partial x_m}\right) = 0,$$

geht durch die formale Ersetzungsvorschrift

$$\frac{\partial S}{\partial t} \mapsto \frac{\hbar}{i}\frac{\partial}{\partial t}, \quad \frac{\partial S}{\partial x_k} \mapsto \frac{\hbar}{i}\frac{\partial}{\partial x_k}$$

über in die Wellengleichung des entsprechenden quantenmechanischen Systems, in die **Schrödinger–Gleichung** (Bd. 2, § 18 : 3)

$$\frac{\hbar}{i}\frac{\partial \psi}{\partial t} + H\left(t, \mathbf{x}, \frac{\hbar}{i}\frac{\partial}{\partial x_1}, \ldots, \frac{\hbar}{i}\frac{\partial}{\partial x_m}\right)\psi = 0.$$

(f) AUFGABE. Betrachten Sie für den harmonischen Oszillator mit der Hamilton–Funktion

$$H(q,p) = \tfrac{1}{2}\left(p^2 + \omega^2 q^2\right)$$

das Bündel der durch den Nullpunkt laufenden Extremalen $s \mapsto c \sin \omega s$, und geben Sie für dieses die Hamiltonsche Prinzipalfunktion $S(t,q)$ für $0 < t < \pi/\omega$, $q \in \mathbb{R}$ an.

4.2 Die Methode von Jacobi

(a) Eine **vollständige Lösung der Hamilton–Jacobi–Gleichung** ist definiert als eine Schar von Lösungen $S_{\mathbf{a}} : (t, \mathbf{q}) \mapsto S(t, \mathbf{q}, \mathbf{a})$ der HJG

$$\frac{\partial S}{\partial t} + H(t, \mathbf{q}, \nabla_{\mathbf{q}} S) = 0$$

mit den Eigenschaften: $S(t, \mathbf{q}, \mathbf{a})$ ist C^2–differenzierbar in Abhängigkeit der Variablen $(t, \mathbf{q}, \mathbf{a}) \in \Omega \times \Lambda$, wobei der Parameter $\mathbf{a} = (a_1, \ldots, a_m)$ ein Gebiet $\Lambda \subset \mathbb{R}^m$ durchläuft, und es gilt

$$(*) \quad \det\left(\frac{\partial^2 S}{\partial q_i\, \partial a_k}\right) \neq 0 \text{ auf } \Omega \times \Lambda .$$

Auf Verfahren zur Herstellung einer vollständigen Lösung gehen wir in (b) ein. Wir beschreiben zunächst, wie aus einer vollständigen Lösung $S(t, \mathbf{q}, \mathbf{a})$ der

Hamilton–Jacobi–Gleichung eine Lösung der Hamilton–Gleichungen 2.1 (b) konstruiert wird: Zu gegebenen Parametern $\mathbf{a} \in \Lambda$, $\mathbf{b} = (b_1, \ldots, b_m)$ bestimmen wir eine C^1–differenzierbare Auflösung der Gleichung $\boldsymbol{\nabla}_{\mathbf{a}} S(t, \mathbf{q}, \mathbf{a}) = \mathbf{b}$ nach $\mathbf{q}$,

$$(1) \qquad \boldsymbol{\nabla}_{\mathbf{a}} S(t, \mathbf{q}, \mathbf{a}) = \mathbf{b} \iff \mathbf{q} = \mathbf{Q}(t, \mathbf{a}, \mathbf{b}) .$$

(Dies ist nach dem Satz über implizite Funktionen in einer Umgebung jedes Datensatzes $(t_0, \mathbf{q}_0, \mathbf{a}_0, \mathbf{b}_0)$ mit $\mathbf{b}_0 = \boldsymbol{\nabla}_{\mathbf{a}} S(t_0, \mathbf{q}_0, \mathbf{a}_0)$ möglich.) Dann setzen wir

$$(2) \qquad \mathbf{P}(t, \mathbf{a}, \mathbf{b}) := \boldsymbol{\nabla}_{\mathbf{q}} S(t, \mathbf{Q}(t, \mathbf{a}, \mathbf{b}), \mathbf{a}) .$$

Satz (Jacobi 1837). *Für jeden Satz* $\mathbf{a}, \mathbf{b}$ *von Parametern mit* (1) *ist*

$$\mathbf{q}(t) := \mathbf{Q}(t, \mathbf{a}, \mathbf{b}) , \quad \mathbf{p}(t) := \mathbf{P}(t, \mathbf{a}, \mathbf{b})$$

eine Lösung der Hamilton–Gleichungen.

Ein Lösungspaar $t \mapsto (\mathbf{q}(t), \mathbf{p}(t))$ der (HG) mit vorgegebenen Anfangswerten $\mathbf{q}(t_0) = \mathbf{q}_0$, $\mathbf{p}(t_0) = \mathbf{p}_0$ ergibt sich dabei durch

$$\mathbf{q}(t) = \mathbf{Q}(t, \mathbf{a}_0, \mathbf{b}_0) , \quad \mathbf{p}(t) = \mathbf{P}(t, \mathbf{a}_0, \mathbf{b}_0) ,$$

falls die Gleichung $\boldsymbol{\nabla}_{\mathbf{q}} S(t_0, \mathbf{q}_0, \mathbf{a}_0) = \mathbf{p}_0$ eine Lösung $\mathbf{a}_0$ besitzt und $\mathbf{b}_0 := \boldsymbol{\nabla}_{\mathbf{a}} S(t_0, \mathbf{q}_0, \mathbf{a}_0)$ gesetzt wird. Letzteres folgt unmittelbar aus (1) und (2).

Bemerkungen. (i) Bei festem $\mathbf{a}$ liefert Gleichung (1) das Bündel der Bahnen $t \mapsto (t, \mathbf{q}(t))$ mit Wirkungsfunktion $S_{\mathbf{a}}$, vgl. 4.1 (c). Die einzelnen Bahnkurven des Bündels ergeben sich in Abhängigkeit vom Parameter $\mathbf{b}$.

(ii) Die praktische Anwendbarkeit des Jacobischen Verfahrens beruht auf der Möglichkeit, in wichtigen Fällen eine vollständige Lösung der HJG durch Separationsansätze zu finden, siehe (b). Als Beispiel behandeln wir in 4.3 das eingeschränkte Dreikörperproblem.

(iii) Die der Jacobischen Methode zugrundeliegende Idee lässt sich mit dem Konzept der kanonischen Transformationen motivieren, siehe Giaquinta–Hildebrandt [7, II] Ch. 9, 3.3.

Beweis.

Wir lassen der Übersichtlichkeit halber die Argumente größtenteils weg. Aus der HJG $\partial_t S + H(t, \mathbf{q}, \boldsymbol{\nabla}_{\mathbf{q}} S) = 0$ folgt durch partielle Differentiation nach den a_i und den q_k

$$(3) \qquad \frac{\partial^2 S}{\partial a_i \, \partial t} + \sum_{k=1}^{m} \frac{\partial H}{\partial p_k}(t, \mathbf{q}, \boldsymbol{\nabla}_{\mathbf{q}} S) \, \frac{\partial^2 S}{\partial a_i \, \partial q_k} = 0 ,$$

$$(4) \qquad \frac{\partial^2 S}{\partial q_k \, \partial t} + \frac{\partial H}{\partial q_k}(t, \mathbf{q}, \boldsymbol{\nabla}_{\mathbf{q}} S) + \sum_{j=1}^{m} \frac{\partial H}{\partial p_j}(t, \mathbf{q}, \boldsymbol{\nabla}_{\mathbf{q}} S) \, \frac{\partial^2 S}{\partial q_k \, \partial q_j} = 0 .$$

Aus (1) und (2) folgt für $\mathbf{q}(t) = \mathbf{Q}(t, \mathbf{a}, \mathbf{b})$, $\mathbf{p}(t) = \mathbf{P}(t, \mathbf{a}, \mathbf{b})$

$$(5) \quad \frac{\partial S}{\partial a_i}(t, \mathbf{q}(t), \mathbf{a}) = b_i \,,$$

$$(6) \quad p_k(t) = \frac{\partial S}{\partial q_k}(t, \mathbf{q}(t), \mathbf{a}) \,.$$

Ableiten von (5) nach t liefert

$$(7) \quad \frac{\partial^2 S}{\partial t \, \partial a_i} + \sum_{k=1}^{m} \frac{\partial^2 S}{\partial q_k \, \partial a_i} \, \dot{q}_k(t) = 0 \,.$$

Daraus ergibt sich mit (3),(6) nach Vertauschen der zweiten Ableitungen

$$\sum_{k=1}^{m} \frac{\partial^2 S}{\partial a_i \, \partial q_k} \cdot \left(\dot{q}_k(t) - \frac{\partial H}{\partial p_k}(t, \mathbf{q}(t), \mathbf{p}(t)) \right) = 0 \quad \text{für } i = 1, \ldots, m \,.$$

Dieses Gleichungssystem für die in Klammern stehenden Ausdrücke hat wegen (∗) nur die triviale Lösung, somit folgt die erste Gruppe der HG 2.1 (b)

$$(8) \quad \dot{q}_k(t) = \frac{\partial H}{\partial p_k}(t, \mathbf{q}(t), \mathbf{p}(t)) \quad (k = 1, \ldots, m) \,.$$

Ableiten von (6) nach t liefert unter Berücksichtigung von (8) und (4)

$$\dot{p}_k(t) = \frac{\partial^2 S}{\partial t \, \partial q_k} + \sum_{j=1}^{m} \frac{\partial^2 S}{\partial q_j \, \partial q_k} \dot{q}_j(t) = -\frac{\partial H}{\partial q_k}(t, \mathbf{q}(t), \mathbf{p}(t)) \,,$$

das ist die zweite Gruppe der HG 2.1 (b). □

(b) **Separation der Hamilton–Jacobi–Gleichung.** In einer Reihe von Fällen lässt sich eine vollständige Lösung der HJG durch Lösung impliziter Gleichungen $f(x, c) = c$ und durch Berechnung von Integralen gewinnen. Dies ergibt sich aus dem Separationsansatz

$$S(t, \mathbf{q}) = S(t, q_1, \ldots, q_m) = S_0(t) + \sum_{k=1}^{m} S_k(q_k) \,.$$

Entscheidende Voraussetzung für den Erfolg eines solchen Ansatzes ist die Wahl geeigneter, der Geometrie des Problems angepasster Koordinaten.

Hängt die Hamilton–Funktion nicht explizit on t ab, so lässt sich der Zeitanteil von S durch den Ansatz

$$S(t, \mathbf{q}) = -Et + W(\mathbf{q})$$

abtrennen; dabei muss W die **reduzierte Hamilton–Jacobi–Gleichung**

$$H(\mathbf{q}, \nabla W) = E$$

erfüllen. Führt der Separationsansatz $W(q_1, \ldots, q_m) = S_1(q_1) + \ldots + S_m(q_m)$ für eine Lösung W der reduzierten Gleichung auf eine Gleichung der Form

$$\sum_{k=1}^{m} f_k(q_k, S_k'(q_k), E) = 0,$$

so ergeben sich die Gleichungen $f_k(q_k, S_k'(q_k), E) = c_k$ mit passenden Konstanten c_k. Im Fall $m = 2$ folgt aus $f_1(q_1, S_1'(q_1), E) + f_2(q_2, S_2'(q_2), E) = 0$ beispielsweise die Existenz einer Konstanten a mit

$$f_1(q_1, S_1'(q_1), E) = a = -f_2(q_2, S_2'(q_2), E).$$

Aus den letzten Gleichungen ergeben sich die Funktionen S_k durch Auflösung und Integration, und wir erhalten eine Lösung der HJG in der Form

$$S(t, q_1, q_2, a_1, a_2) = -a_2 t + S_1(q_1, a_1, a_2) + S_2(q_2, a_1, a_2)$$

mit $a_1 := a$, $a_2 := E$. Nach diesem Muster verfahren wir beim eingeschränkten Dreikörperproblem 4.3.

4.3 Das eingeschränkte Dreikörperproblem

Wir skizzieren Jacobis Integration der ebenen Bewegung einer Punktmasse m im Gravitationsfeld zweier ortsfester Punktmassen m_1 und m_2, gegeben um 1843 in seinen Königsberger Vorlesungen.

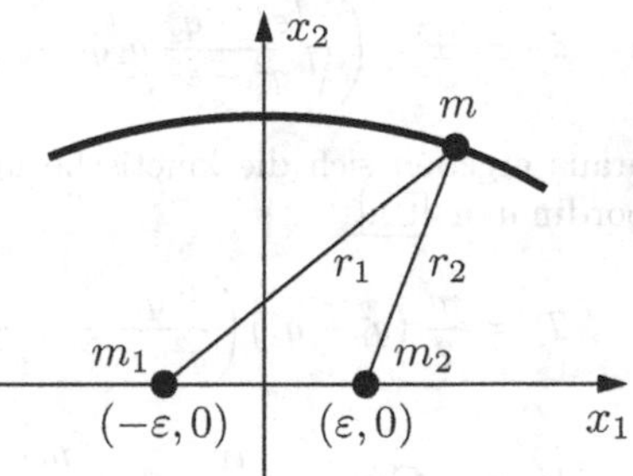

Wir setzen $m_1 > m_2$ voraus und bezeichnen die Abstände des bewegten Massenpunktes zu den beiden ortsfesten Massenpunkten mit r_1, r_2. Wählen wir das kartesische Koordinatensystem x_1, x_2 wie nebenstehend skizziert, so ergibt sich für die kinetische und potentielle Energie

$$T = \tfrac{1}{2} m\left(\dot{x}_1^2 + \dot{x}_2^2\right), \quad U = -\mathbf{G} m\left(\frac{m_1}{r_1} + \frac{m_2}{r_2}\right);$$

dabei ist $\mathbf{G}$ die Newtonsche Gravitationskonstante.

Bei dieser Koordinatenwahl lässt sich die Separationsmethode 4.2 (b) nicht anwenden. Beachten wir aber, dass im Fall $m_1 \gg m_2$ annähernd eine Ellipsenbahn mit Brennpunkt in $(-\varepsilon, 0)$ entsteht und daher $r_1 + r_2$ nahezu konstant ist, so bietet sich die Wahl elliptischer Koordinaten an.

(a) *Einführung elliptischer Koordinaten.* Sei $G \subset \mathbb{R}^2$ eine der zwei Halbebenen $\{x_2 > 0\}$ bzw. $\{x_2 < 0\}$. Für $(x_1, x_2) \in G$ setzen wir

$$(1) \quad q_1 := \frac{1}{2}(r_1 + r_2), \quad q_2 := \frac{1}{2}(r_1 - r_2).$$

Aus $(x_1 + \varepsilon)^2 + x_2^2 = r_1^2$ und $(x_1 - \varepsilon)^2 + x_2^2 = r_2^2$ folgt

$$4\varepsilon x_1 = r_1^2 - r_2^2, \qquad x_2^2 = r_1^2 - x_1^2 - 2\varepsilon x_1 - \varepsilon^2,$$

daraus mit (1) ÜA

$$(2) \quad x_1 = \frac{1}{\varepsilon}\, q_1 q_2, \quad x_2^2 = \frac{1}{\varepsilon^2}\,(q_1^2 - \varepsilon^2)(\varepsilon^2 - q_2^2),$$

d.h. $(x_1, x_2) \in G$ ist durch (q_1, q_2) eindeutig bestimmt. Aus (1) folgt $q_1 > \varepsilon$, und aus (2) folgt $|q_2| < \varepsilon$ für $(x_1, x_2) \in G$. Somit wird G durch die Koordinatentransformation (1) bijektiv auf

$$(3) \quad \Omega = \bigl\{(q_1, q_2) \bigm| q_1 > \varepsilon,\ |q_2| < \varepsilon\bigr\}$$

abgebildet. Für eine C^1–Kurve $t \mapsto (x_1(t), x_2(t))$ und ihre Bildkurve $t \mapsto (q_1(t), q_2(t))$ unter (1) folgt aus (2)

$$\dot{x}_1 = \frac{1}{\varepsilon}\,(\dot{q}_1 q_2 + q_1 \dot{q}_2),$$

$$\dot{x}_2 = \pm\frac{1}{\varepsilon}\left(\sqrt{\frac{\varepsilon^2 - q_2^2}{q_1^2 - \varepsilon^2}}\, q_1 \dot{q}_1 - \sqrt{\frac{q_1^2 - \varepsilon^2}{\varepsilon^2 - q_2^2}}\, q_2 \dot{q}_2\right).$$

Daraus ergeben sich die kinetische und die potentielle Energie in elliptischen Koordinaten ÜA

$$T = \frac{m}{2}\,(q_1^2 - q_2^2)\left(\frac{\dot{q}_1^2}{q_1^2 - \varepsilon^2} + \frac{\dot{q}_2^2}{\varepsilon^2 - q_2^2}\right),$$

$$U = -\mathbf{G}m\left(\frac{m_1}{q_1 + q_2} + \frac{m_2}{q_1 - q_2}\right) = -\frac{1}{2m}\,\frac{c_1 q_1 - c_2 q_2}{q_1^2 - q_2^2} \quad \text{mit}$$

$$(4) \quad c_1 := 2\mathbf{G}m^2\,(m_1 + m_2), \quad c_2 := 2\mathbf{G}m^2\,(m_1 - m_2) > 0.$$

(b) *Aufstellung der Hamilton–Funktion.* Für die Lagrange–Funktion

$$L(q_1, q_2, v_1, v_2) = T(q_1, q_2, v_1, v_2) - U(q_1, q_2)$$

ist das Gleichungssystem $L_{v_k}(q_1, q_2, v_1, v_2) = p_k$ $(k = 1, 2)$ äquivalent zu

$$v_1 = h_1(q_2, q_2))\, p_1, \quad v_2 = h_2(q_2, q_2))\, p_2 \quad \text{mit}$$

(5) $h_1(q_1,q_2) := \dfrac{q_1^2-\varepsilon^2}{m(q_1^2-q_2^2)}, \quad h_2(q_1,q_2) := \dfrac{\varepsilon^2-q_2^2}{m(q_1^2-q_2^2)}.$

Damit ergibt sich die Hamilton–Funktion ÜA

(6) $H(q_1,q_2,p_1,p_2) = \dfrac{1}{2}\,h_1(q_1,q_2)\,p_1^2 + \dfrac{1}{2}\,h_2(q_1,q_2)\,p_2^2 - \dfrac{1}{2m}\,\dfrac{c_1q_1-c_2q_2}{q_1^2-q_2^2}.$

(c) *Separationsansatz.* Die reduzierte Gleichung $H(q_1,q_2,\partial_1W,\partial_2W) = E$ gestattet erst dann die Anwendung der Separationsmethode, wenn wir sie mit $2m(q_1^2-q_2^2)>0$ multiplizieren. Diese erhält dann die Form

$$\big(q_1^2-\varepsilon^2\big)(\partial_1W)^2 - c_1q_1 - 2mEq_1^2 = \big(q_2^2-\varepsilon^2\big)(\partial_2W)^2 - c_2q_2 - 2mEq_2^2.$$

Der Separationsansatz $W(q_1,q_2) = S_1(q_1)+S_2(q_2)$ führt nach 4.2 (b) auf die Gleichungen

(7) $\big(q_1^2-\varepsilon^2\big)\,S_1'(q_1)^2 - c_1q_1 - 2mEq_1^2 = a\,,$

(8) $\big(q_2^2-\varepsilon^2\big)\,S_2'(q_2)^2 - c_2q_2 - 2mEq_2^2 = a$

mit einer Konstanten a. Für die Auflösung dieser formal identischen Gleichungen nach $S_1'(q_1)$ bzw. $S_2'(q_2)$ ist zu beachten, dass $q_1>\varepsilon$ und $|q_2|<\varepsilon$ in Ω gilt; ferner ist die Auflösung nur möglich, wenn

(9) $-c_1q_1 - 2mEq_1^2 < a < -c_2q_2 - 2mEq_2^2\,.$

Diese Gleichung ist für alle $(q_1,q_2)\in\Omega$ erfüllt, wenn wir $E>0$ und $a<0$ so wählen, dass

$$-c_1\varepsilon - 2mE^2\varepsilon^2 < a < -c_2\varepsilon - 2mE^2\varepsilon^2\,,$$

was wegen $0<c_2<c_1$ möglich ist ÜA.

Wir fixieren $(\eta_1,\eta_2)\in\Omega$ und betrachten unter der Bedingung (9) die folgenden, von den Parametern a,E abhängigen Lösungen S_1 von (7), S_2 von (8),

(10) $S_1(q_1,a,E) = \displaystyle\int_{\eta_1}^{q_1} \frac{\sqrt{a+c_1s+2mEs^2}}{\sqrt{s^2-\varepsilon^2}}\,ds\,,$

(11) $S_2(q_2,a,E) = \displaystyle\int_{\eta_2}^{q_2} \frac{\sqrt{-a-c_2s-2mEs^2}}{\sqrt{\varepsilon^2-s^2}}\,ds\,.$

(d) *Ein vollständiges Integral der Hamilton–Jacobi-Gleichung.*

Mit den Bezeichnungen $a_1 := a$, $a_2 := E$ ergibt sich nach 4.2 (b) durch

$$(12) \quad S(t, q_1, q_2, a_1, a_2) := -a_2 t + S_1(q_1, a_1, a_2) + S_2(q_2, a_1, a_2)$$

eine Lösung der HJG. Mit den Abkürzungen

$$(13) \quad u_1(s, a_1, a_2) := \sqrt{(s^2 - \varepsilon^2)(a_1 + c_1 s + 2ma_2 s^2)}\,,$$

$$(14) \quad u_2(s, a_1, a_2) := \sqrt{(\varepsilon^2 - s^2)(-a_1 - c_2 s - 2ma_2 s^2)}$$

ergibt sich aus (10), (11) und (12) [ÜA]

$$(15) \quad \frac{\partial S}{\partial a_1}(t, q_1, q_2, a_1, a_2) = \frac{1}{2}\left(\int_{\eta_1}^{q_1} \frac{ds}{u_1(s, a_1, a_2)} - \int_{\eta_2}^{q_2} \frac{ds}{u_2(s, a_1, a_2)}\right),$$

$$(16) \quad \frac{\partial S}{\partial a_2}(t, q_1, q_2, a_1, a_2) = -t + m\left(\int_{\eta_1}^{q_1} \frac{s^2\, ds}{u_1(s, a_1, a_2)} - \int_{\eta_2}^{q_2} \frac{s^2\, ds}{u_2(s, a_1, a_2)}\right).$$

Es folgt [ÜA]

$$\det\left(\frac{\partial^2 S}{\partial q_i\, \partial a_k}\right) = \frac{m}{2}\, \frac{q_1^2 - q_2^2}{u_1(q_1, a_1, a_2)\, u_2(q_2, a_1, a_2)} > 0$$

wegen $q_1 > \varepsilon > |q_2|$. Also ist S ein vollständiges Integral.

(e) *Lösung des Anfangswertproblems für die Hamilton–Gleichungen.* Wir bestimmen mit der Jacobischen Methode Satz 4.2 (a) eine Lösung

$$t \mapsto (\mathbf{q}(t), \mathbf{p}(t)) = (q_1(t), q_2(t), p_1(t), p_2(t))$$

der HG mit

$$\mathbf{q}(0) = (\eta_1, \eta_2) \in \Omega\,, \quad \mathbf{p}(0) = (\vartheta_1, \vartheta_2)\,.$$

(i) Nach 4.2 (a) haben wir a_1, a_2 so zu wählen, dass $\nabla_{\mathbf{q}} S(0, \eta_1, \eta_2, a_1, a_2) = \mathbf{p}(0)$ gilt. Nach (10) und (11) bedeutet dies

$$\begin{aligned} a_1 + c_1\eta_1 + 2ma_2\eta_1^2 &= \vartheta_1^2\,(\eta_1^2 - \varepsilon^2)\,, \\ -a_1 - c_2\eta_2 - 2ma_2\eta_2^2 &= \vartheta_2^2\,(\varepsilon^2 - \eta_2^2)\,. \end{aligned}$$

Wegen $\eta_1 > \varepsilon > |\eta_2|$ ergibt sich a_2 durch Addition dieser Gleichungen und a_1 dann aus der ersten. Mit den so festgelegten Zahlen $a = a_1$, $E = a_2$ bilden wir die Funktionen u_1, u_2 gemäß (10) und (11), wobei wir beachten, dass (9) für $q_1 = \eta_1$, $q_2 = \eta_2$ nach den vorangehenden beiden Gleichungen erfüllt ist. Damit ist auch S nach (12) festgelegt.

(ii) Eine Lösung $t \mapsto \mathbf{q}(t)$ des Anfangswertproblems ergibt sich nach 4.2 (a) durch Auflösung der Gleichung

$$\nabla_{\mathbf{a}} S(t, \mathbf{q}(t), \mathbf{a}) = \nabla_{\mathbf{a}} S(0, \mathbf{q}(0), \mathbf{a}) .$$

nach $\mathbf{q}(t)$. Wegen (15) und (16) besagt diese Gleichung $\nabla_{\mathbf{a}} S(t, \mathbf{q}(t), \mathbf{a}) = \mathbf{0}$, also

$$(17) \quad \int_{\eta_1}^{q_1(t)} \frac{ds}{u_1(s, a_1, a_2)} - \int_{\eta_2}^{q_2(t)} \frac{ds}{u_2(s, a_1, a_2)} = 0 ,$$

$$(18) \quad \int_{\eta_1}^{q_1(t)} \frac{s^2\, ds}{u_1(s, a_1, a_2)} - \int_{\eta_2}^{q_2(t)} \frac{s^2\, ds}{u_2(s, a_1, a_2)} = \frac{t}{m} .$$

Diese Gleichungen bestimmen $q_1(t)$ und $q_2(t)$ eindeutig, allerdings lassen sich die auftretenden elliptischen Integrale nicht in geschlossener Form angeben. Für die praktische Auswertung der Formeln (17) und (18) können Tafelwerke über elliptische Integrale oder Näherungsmethoden, z.B. Reihenentwicklungen herangezogen werden.

Die Impulse $p_1(t)$ und $p_2(t)$ ergeben sich aus $\mathbf{p}(t) = \nabla_{\mathbf{q}} S(t, \mathbf{q}(t), \mathbf{a})$. Wir erhalten ÜA

$$p_1(t) = \frac{u_1(q_1(t), a_1, a_2)}{q_1(t)^2 - \varepsilon^2} , \quad p_2(t) = \frac{u_2(q_2(t), a_1, a_2)}{\varepsilon^2 - q_2(t)^2} .$$

§ 5 Geometrische Optik und parametrische Variationsprobleme

1 Übersicht

(a) In der geometrischen Optik wird die Ausbreitung des Lichts durch zwei duale Bilder beschrieben: Bewegung von Lichtpartikeln längs Strahlen, welche dem Fermatschen Prinzip genügen, und Fortschreiten von Wellenfronten nach dem Huygensschen Prinzip. Beide Bilder sind zueinander äquivalent: Jede Schar von Wellenfronten bestimmt ein diese transversal durchsetzendes Strahlenbündel, und zu jedem Strahlenbündel gehört eine Schar von Wellenfronten. Der mathematische Formalismus, welcher die beiden Bilder verbindet, wurde um 1830 von HAMILTON entwickelt und später auf die Mechanik übertragen.

Lichtstrahlen genügen dem **Fermat–Prinzip**: Für jedes hinreichend kleine Teilstück C eines Lichtstrahls ist das **Laufzeitintegral**

$$\int_C \frac{ds}{v} = \int_C \frac{n}{c}\, ds$$

($n =$ Brechungsindex, $c =$ Lichtgeschwindigkeit im Vakuum) nicht größer als das für Nachbarbahnen mit gleichen Endpunkten.

Ist $\mathbf{q} : I \to \mathbb{R}^3$ eine Parametrisierung des Kurvenstücks C, so läst sich das Laufzeitintegral über C als Variationsintegral

$$\mathcal{L}(\mathbf{q}, I) = \int_I L(\mathbf{q}(s), \dot{\mathbf{q}}(s))\, ds$$

mit einer Lagrange–Funktion L schreiben. Diese Funktion ist bezüglich der Geschwindigkeitsvariablen homogen, d.h. es gilt $L(\mathbf{y}, \lambda\,\mathbf{z}) = |\lambda|\, L(\mathbf{y}, \mathbf{z})$ für $\lambda \in \mathbb{R}$. Integranden mit dieser Eigenschaft heißen **parametrisch**. Solche Lagrange–Funktionen sind nicht elliptisch, so dass eine für die Formulierung des Wellenbildes benötigte Hamilton–Funktion nicht nach dem Muster der Mechanik wie in § 4 : 2.1 aufgestellt werden kann.

Jedoch hat die optische Lagrange–Funktion L eine Eigenschaft, die wir **parametrisch–elliptisch** nennen, welche die Konstruktion einer modifizierten Hamilton–Funktion H erlaubt. Diese modifizierte Hamilton–Funktion erweist sich ebenfalls als homogen. Für ein isotropes Medium mit Brechungsindex $n(\mathbf{q})$ zum Beispiel lautet die Lagrange–Funktion $L(\mathbf{p}, \mathbf{v}) = c^{-1} n(\mathbf{q}) \|\mathbf{v}\|$, und für die Hamilton–Funktion ergibt sich $H(\mathbf{p}, \mathbf{q}) = c\, n(\mathbf{q})^{-1} \|\mathbf{p}\|$.

Das Fermat–Prinzip führt auf die **Hamilton–Gleichungen** für Lichtstrahlen

$$\dot{\mathbf{q}} = \nabla_{\mathbf{p}} H(\mathbf{q}, \mathbf{p}), \quad \dot{\mathbf{p}} = -\nabla_{\mathbf{q}} H(\mathbf{q}, \mathbf{p})$$

in den Stetigkeitsbereichen des Brechungsindex n, und auf das **Brechungsgesetz** auf Flächen, an denen n einen Sprung macht.

Wellenfronten lassen sich außerhalb von Brennpunkten als Niveauflächen $\{S = \text{const}\}$ einer Funktion $S(\mathbf{q})$ schreiben, welche der **Eikonalgleichung**

$$H(\mathbf{q}, \nabla S(\mathbf{q})) = 1$$

genügt. Für ein isotropes Medium lautet die Eikonalgleichung also

$$\|\nabla S(\mathbf{q})\| = n(\mathbf{q})/c.$$

Da parametrische Lagrange–Funktionen auch in der Differentialgeometrie betrachtet werden, behandeln wir im folgenden Abschnitt parametrische Probleme unabhängig vom optischen Kontext.

(b) Die geometrische Optik kann als Grenzfall der Theorie elektromagnetischer Wellen in nicht magnetisierbaren Medien bei hohen Frequenzen aufgefasst werden. Unter geeigneten Annahmen führen die Maxwell–Gleichungen auf die Wellengleichung für jede der 6 Komponenten $u(\mathbf{x}, t)$ des elektromagnetischen Feldes,

$$\frac{n^2}{c^2}\frac{\partial^2 u}{\partial t^2} = \Delta u \quad \text{mit } n = \sqrt{\mu\varepsilon}\,.$$

Der Ansatz

$$u(\mathbf{x}, t) = \operatorname{Re}\left\{A(\mathbf{x})\, e^{i\omega(t - S(\mathbf{x}))}\right\}$$

liefert eine Lösung, wenn A und S die Bedingung

$$\|\nabla S\|^2 - \frac{n^2}{c^2} = \frac{1}{\omega^2}\frac{\Delta A}{A}$$

sowie die weitere Bedingung $2\langle \nabla S, \nabla A\rangle + A\Delta S = 0$ erfüllen ÜA. Für $\omega \to \infty$ ergibt sich die Eikonalgleichung $\|\nabla S\| = n/c$ für ein isotropes Medium.

2 Parametrische Variationsprobleme

2.1 Parametrische Lagrange–Funktionen

(a) Eine Lagrange–Funktion

$$L : \Omega \times \mathbb{R}^m \to \mathbb{R}, \quad (\mathbf{y}, \mathbf{z}) \mapsto L(\mathbf{y}, \mathbf{z})$$

heißt **parametrisch**, wenn sie C^2–differenzierbar auf $\Omega \times (\mathbb{R}^m \setminus \{\mathbf{0}\})$ ist und die **Homogenitätsbedingung**

$$(*) \quad L(\mathbf{y}, \lambda\mathbf{z}) = |\lambda|\, L(\mathbf{y}, \mathbf{z}) \quad \text{für } \mathbf{y} \in \Omega,\ \mathbf{z} \in \mathbb{R}^m,\ \lambda \in \mathbb{R}$$

erfüllt. Dabei ist Ω ein Gebiet des $\mathbb{R}^m$. Aus den Voraussetzungen folgen die Stetigkeit von L auf $\Omega \times \mathbb{R}^m$, die Symmetriebedingung $L(\mathbf{y}, -\mathbf{z}) = L(\mathbf{y}, \mathbf{z})$ und $L(\mathbf{y}, \mathbf{0}) = 0$. Die partiellen Ableitungen $L_{z_k}(\mathbf{y}, \mathbf{0})$ existieren nicht. Das zugehörige parametrische Variationsintegral für Kurven $\mathbf{q} : I \to \Omega$ bezeichnen wir mit

$$\mathcal{L}(\mathbf{v}, I) = \mathcal{L}_I(\mathbf{v}) = \int_I L(\mathbf{v}, \mathbf{v}')\, ds = \int_I L(\mathbf{v}(s), \mathbf{v}'(s))\, ds\,.$$

BEISPIELE für parametrische Lagrange–Funktionen sind

$$L(\mathbf{y}, \mathbf{z}) = n(\mathbf{y})\|\mathbf{z}\| \quad \text{und} \quad L(\mathbf{y}, \mathbf{z}) = \sqrt{\sum_{i,k=1}^{2} g_{ik}(\mathbf{y}) z_i z_k}\,.$$

Das zugehörige Variationsintegral deuten wir im ersten Fall als Laufzeit längs eines Kurvenstücks in einem isotropen Medium mit Brechungsindex n ($c = 1$ gesetzt); im zweiten Fall liefert es die Länge eines Kurvenstücks auf einer Fläche, vgl. § 1 : 1.4. Näheres hierzu siehe § 7 : 5.2.

(b) SATZ. *Eine auf $\Omega \times \mathbb{R}^m$ stetige Funktion L erfüllt genau dann die Homogenitätsbedingung $(*)$, wenn L symmetrisch ist und für je zwei Parametrisierungen $\mathbf{u} : I \to \Omega$, $\mathbf{v} : J \to \Omega$ eines Kurvenstücks $C \subset \Omega$ das Variationsintegral gleich ist:*

$$\mathcal{L}(\mathbf{u}, I) = \mathcal{L}(\mathbf{v}, J).$$

Das Variationsintegral einer homogenen Lagrange–Funktion hängt also nur vom Kurvenstück C ab.

BEWEIS.

„$\Longrightarrow$“: Aus $(*)$ folgt $L(\mathbf{y}, -\mathbf{z}) = L(\mathbf{y}, \mathbf{z})$. Nach Bd. 1, § 24 : 1.3 gibt es eine Parametertransformation, das heißt einen C^1–Diffeomorphismus $h : I \to J$ mit $h' > 0$ und $\mathbf{u} = \mathbf{v} \circ h$. Wegen $\mathbf{u}'(s) = \mathbf{v}'(h(s))\, h'(s)$ ergibt sich aus $(*)$ und der Substitutionsregel

$$\begin{aligned}
\mathcal{L}(\mathbf{u}, I) &= \int_I L(\mathbf{u}(s), \mathbf{u}'(s))\, ds = \int_I L(\mathbf{v}(h(s)), \mathbf{v}'(h(s))\, h'(s))\, ds \\
&= \int_I L(\mathbf{v}(h(s)), \mathbf{v}'(h(s))\, |h'(s)|\, ds = \int_J L(\mathbf{v}(t), \mathbf{v}'(t))\, dt \\
&= \mathcal{L}(\mathbf{v}, J)\,.
\end{aligned}$$

„$\Longleftarrow$“: Für $\mathbf{y}_0 \in \Omega$, $\mathbf{z}_0 \neq \mathbf{0}$ und $\lambda, \varepsilon > 0$ betrachten wir die Parametrisierungen

$$\begin{aligned}
\mathbf{u}(s) &:= \mathbf{y}_0 + \lambda s \mathbf{z}_0 \quad \text{auf } I = [0, \varepsilon]\,, \\
\mathbf{v}(t) &:= \mathbf{y}_0 + t \mathbf{z}_0 \quad \text{auf } J = [0, \lambda\varepsilon]\,,
\end{aligned}$$

der Strecke $\{\mathbf{u}(s) \mid s \in I\}$. Wegen der Parameterinvarianz gilt

$$\int_0^{\varepsilon} L(\mathbf{y}_0 + s\lambda\mathbf{z}_0, \lambda\mathbf{z}_0)\, ds = \mathcal{L}(\mathbf{u}, I) = \mathcal{L}(\mathbf{v}, J) = \int_0^{\lambda\varepsilon} L(\mathbf{y}_0 + t\mathbf{z}_0, \mathbf{z}_0)\, dt\,.$$

Durch Ableiten nach ε an der Stelle $\varepsilon = 0$ ergibt sich

$$L(\mathbf{y}_0, \lambda\mathbf{z}_0) = \lambda L(\mathbf{y}_0, \mathbf{z}_0) \quad \text{für } (\mathbf{y}_0, \mathbf{z}_0) \in \Omega \times \mathbb{R}^m.$$

Wegen der Stetigkeit von L folgt $L(\mathbf{y}_0, \mathbf{0}) = 0$, und aus der Symmetrie von L in der $\mathbf{z}$–Variablen ergibt sich für $\lambda < 0$

$$L(\mathbf{y}_0, \lambda \mathbf{z}_0) = L(\mathbf{y}_0, -|\lambda| \mathbf{z}_0) = L(\mathbf{y}_0, |\lambda| \mathbf{z}_0) = |\lambda| \, L(\mathbf{y}_0, \mathbf{z}_0) . \qquad \square$$

2.2 Eigenschaften parametrischer Lagrange–Funktionen

(a) SATZ. *Die Ableitungen einer parametrischen Lagrange–Funktion L genügen für $\mathbf{z} \neq \mathbf{0}$ den folgenden Relationen:*

(1) $L_{\mathbf{z}}(\mathbf{y}, \mathbf{z}) \, \mathbf{z} = L(\mathbf{y}, \mathbf{z})$ *(Euler – Relation)*,

(2) $L_{\mathbf{z}\mathbf{z}}(\mathbf{y}, \mathbf{z}) \, \mathbf{z} = \mathbf{0}$,

(3) $L_{\mathbf{y}\mathbf{z}}(\mathbf{y}, \mathbf{z}) \, \mathbf{z} = \nabla_{\mathbf{y}} L(\mathbf{y}, \mathbf{z})$,

(4) $L_{\mathbf{y}}(\mathbf{y}, \lambda \mathbf{z}) = |\lambda| \, L_{\mathbf{y}}(\mathbf{y}, \mathbf{z})$ *für* $\lambda \neq 0$,

(5) $L_{\mathbf{z}}(\mathbf{y}, \lambda \mathbf{z}) = \begin{cases} L_{\mathbf{z}}(\mathbf{y}, \mathbf{z}) & \textit{für } \lambda > 0 , \\ -L_{\mathbf{z}}(\mathbf{y}, \mathbf{z}) & \textit{für } \lambda < 0 . \end{cases}$

Die Identität (2) zeigt, dass die Leitmatrix $L_{\mathbf{z}\mathbf{z}}$ nicht invertierbar und L somit nicht elliptisch ist. Weiter ist $\mathbf{z} \mapsto L_{\mathbf{z}}(\mathbf{y}, \mathbf{z})$ nach Gleichung (5) nicht injektiv, so dass die Legendre–Transformation gemäß § 2 : 6.1 für parametrische Lagrange–Funktionen nicht ausgeführt werden kann.

BEWEIS.
Zunächst sei $\lambda > 0$. Aus $L(\mathbf{y}, \lambda \mathbf{z}) = \lambda \, L(\mathbf{y}, \mathbf{z})$ folgen (4) bzw. (5) durch Differentiation nach $\mathbf{y}$ bzw. $\mathbf{z}$ und $L_{\mathbf{z}}(\mathbf{y}, \lambda \mathbf{z}) \, \mathbf{z} = L(\mathbf{y}, \mathbf{z})$ durch Differentiation nach $\lambda > 0$. Aus der letzten Gleichung folgen (1) für $\lambda = 1$ und (3) durch Differentiation nach $\mathbf{y}$. Aus (1) folgt (2) durch Differentiation nach $\mathbf{z}$. Die Behauptungen (4) und (5) für $\lambda < 0$ ergeben sich analog aus $L(\mathbf{y}, \lambda \mathbf{z}) = -\lambda L(\mathbf{y}, \mathbf{z})$ ÜA. □

(b) Aus den Relationen (a) ergeben sich einige Besonderheiten für die Euler–Gleichung, insbesondere die Invarianz unter Umparametrisierungen. Zunächst merken wir an, dass das *Euler–Feld*

$$s \longmapsto \mathbf{E}_L(\mathbf{v})(s) := \nabla_{\mathbf{y}} L(\mathbf{v}(s), \mathbf{v}'(s)) - \frac{d}{ds} \left[\nabla_{\mathbf{z}} L(\mathbf{v}(s), \mathbf{v}'(s)) \right]$$

nur Sinn macht für reguläre C^2–Kurven, d.h. für C^2–Kurven $\mathbf{v}$ mit $\mathbf{v}'(s) \neq \mathbf{0}$; insbesondere gilt das für C^2–Lösungen der Euler–Gleichung.

SATZ. *Für eine parametrische Lagrange–Funktion L und jede reguläre C^2–Kurve $\mathbf{v}$ ist das Euler–Feld $\mathbf{E}_L(\mathbf{v})$ orthogonal zum Tangentenvektorfeld $\mathbf{v}'$,*

$$\mathbf{E}_L(\mathbf{v}) \perp \mathbf{v}' .$$

BEWEIS.
Mit der Kettenregel ergibt sich unter Fortlassung der Argumente $\mathbf{v}, \mathbf{v}'$

$$\begin{aligned}\langle \mathbf{E}_L(\mathbf{v}), \mathbf{v}' \rangle &= \sum_{i=1}^{m} \left(L_{y_i} - \tfrac{d}{ds}\left[L_{z_i} \right] \right) v_i' \\ &= \sum_{i=1}^{m} \Big(L_{y_i} - \sum_{k=1}^{m} L_{y_k z_i} v_k' - L_{z_k z_i} v_k'' \Big) v_i' \\ &= \langle \mathbf{v}', \nabla_{\mathbf{y}} L \rangle - \sum_{k=1}^{m} \Big(v_k' \sum_{i=1}^{m} L_{y_k z_i} v_i' + v_k'' \sum_{i=1}^{m} L_{z_k z_i} v_i' \Big) \\ &= \langle \mathbf{v}', \nabla_{\mathbf{y}} L \rangle - \langle \mathbf{v}', L_{\mathbf{yz}} \mathbf{v}' \rangle - \langle \mathbf{v}'', L_{\mathbf{zz}} \mathbf{v}' \rangle \\ &= 0\end{aligned}$$

nach (2) und (3). □

(c) SATZ. *Aus jeder regulären Lösung der Euler–Gleichung einer parametrischen Lagrange-Funktion L entsteht durch Umparametrisierung wieder eine Lösung der Euler–Gleichung von L.*

BEWEIS.
Sei $\mathbf{u}$ eine Lösung der Euler–Gleichungen

$$\text{(EG)}\quad L_{y_k}(\mathbf{u}, \mathbf{u}') = \frac{d}{ds}\left[L_{z_k}(\mathbf{u}, \mathbf{u}') \right] = \sum_{i=1}^{m} \left(L_{y_i z_k}(\mathbf{u}, \mathbf{u}') u_i' + L_{z_i z_k}(\mathbf{u}, \mathbf{u}') u_i'' \right)$$

$(k = 1, \dots, m)$. Wir nehmen zunächst an, dass $\mathbf{v} = \mathbf{u} \circ h$ mit $h' > 0$. Dann ergibt sich mit den Formeln (a) und der Abkürzung h für $h(s)$

$$\begin{aligned}\frac{d}{ds}\left[L_{z_k}(\mathbf{v}(s), \mathbf{v}'(s)) \right] &= \frac{d}{ds}\left[L_{z_k}(\mathbf{u} \circ h, (\mathbf{u}' \circ h) \cdot h') \right] \overset{(5)}{=} \frac{d}{ds}\left[L_{z_k}(\mathbf{u} \circ h, \mathbf{u}' \circ h) \right] \\ &= \sum_{i=1}^{m} \left(L_{y_i z_k}(\mathbf{u} \circ h, \mathbf{u}' \circ h)\, u_i' \circ h + L_{z_i z_k}(\mathbf{u} \circ h, \mathbf{u}' \circ h)\, u_i'' \circ h \right) h' \\ &\overset{\text{(EG)}}{=} L_{y_k}(\mathbf{u} \circ h, \mathbf{u}' \circ h)\, h' \overset{(4)}{=} L_{y_k}(\mathbf{u} \circ h, \mathbf{u}' \circ h\, h') = L_{y_k}(\mathbf{v}(s), \mathbf{v}'(s))\end{aligned}$$

für $k = 1, \dots, m$. Der Fall $h' < 0$ ergibt sich in analoger Weise mit Hilfe der Beziehungen (4) und (5) mit $\lambda < 0$ [ÜA]. □

2.3 Übergang zu nichtparametrischen Problemen

Wir beschreiben zwei Wege, ein parametrisches Problem in ein nichtparametrisches elliptisches Problem zu transformieren.

(a) **Wahl einer Kurvenkoordinate als Parameter**. Wird eine Kurvenkoordinate bei allen betrachteten Kurven injektiv durchlaufen, so kann sie als Kurvenparameter verwendet werden. Diese Situation ist z.B. beim Fernrohr gegeben. Wird die optische Achse des Fernrohrs als x_1–Achse gewählt, so lassen sich alle interessierenden Lichtstrahlen in der Form $x \mapsto (x, u_1(x), u_2(x))$ parametrisieren. Das Laufzeitintegral für isotrope Medien erhält dann die Form

$$\int_I n(x, u_1(x), u_2(x)) \sqrt{1 + u_1'(x)^2 + u_2'(x)^2}\, dx$$

mit elliptischem Integranden, welche die Formel § 1 : 1.1 auf nicht planar verlaufende Lichtstrahlen fortschreibt.

Allgemein entsteht aus einer parametrischen Funktion $L(y_1, \ldots, y_m, z_1, \ldots, z_m)$ auf diese Weise eine nicht parametrische Lagrange–Funktion

$$\begin{aligned} L^0(x, \mathbf{q}, \mathbf{v}) &= L^0(x, q_1, \ldots, q_{m-1}, v_1, \ldots, v_{m-1}) \\ &:= L(x, q_1, \ldots, q_{m-1}, 1, v_1, \ldots, v_{m-1}). \end{aligned}$$

Für $\mathbf{w}(x) := (x, \mathbf{u}(x)) = (x, u_1(x), \ldots, u_{m-1}(x))$ gilt dann

$$\mathcal{L}(\mathbf{w}, I) = \int_I L^0(x, \mathbf{u}(x), \mathbf{u}'(x))\, dx.$$

Umgekehrt lässt sich jeder Lagrange–Funktion $L(x, \mathbf{y}, \mathbf{z})$ auf $\Omega \times \mathbb{R}^m$ mit $\Omega \subset \mathbb{R}^{m+1}$ eine parametrische Lagrange–Funktion L_0 auf $\Omega \times \mathbb{R}^{m+1}$ zuordnen durch die Vorschrift

$$L_0(y_0, \ldots, y_m, z_0, \ldots, z_m) := L\left(y_0, \ldots, y_m, \frac{z_1}{z_0}, \ldots, \frac{z_m}{z_0}\right) \cdot z_0.$$

Diese Transformation wurde beim Beweis des Noetherschen Satzes in § 4 : 3.5 verwendet.

Offenbar gilt $(L_0)^0 = L$; für parametrische Lagrange–Funktionen L ergibt sich auch $(L^0)_0 = L$ [ÜA].

SATZ. *Eine* C^2*–Kurve in* Ω *mit Graphengestalt*

$$s \longmapsto (s, \mathbf{u}(s)) = (s, u_1(s), \ldots, u_{m-1}(s))$$

löst die Euler–Gleichung für die parametrische Lagrange–Funktion L *genau dann, wenn* $s \mapsto \mathbf{u}(s)$ *die Euler–Gleichung für* L^0 *löst.*

BEWEIS als [ÜA].

Ist umgekehrt L eine beliebige Lagrange–Funktion, so ist $s \mapsto \mathbf{u}(s)$ genau dann eine Lösung der Euler–Gleichung für L, wenn $s \mapsto (s, \mathbf{u}(s))$ eine (reguläre) Lösung der Euler–Gleichung zu L_0 ist, vgl. § 4 : 3.5 (d).

(b) **Quadrieren des Integranden.** Ein Integrand $L \geq 0$ heißt **parametrisch–elliptisch**, wenn $L : \Omega \times \mathbb{R}^m \to \mathbb{R}$ parametrisch ist und wenn durch Quadrieren ein auf $\Omega \times \mathbb{R}^m$ überall C^3–differenzierbarer elliptischer Integrand

$$L^*(\mathbf{y}, \mathbf{z}) := \tfrac{1}{2} L^2(\mathbf{y}, \mathbf{z})$$

entsteht. Die Leitmatrix von L^* mit den Koeffizienten $g_{ik}(\mathbf{y}, \mathbf{z}) := L^*_{z_i z_k}(\mathbf{y}, \mathbf{z})$,

$$L^*_{\mathbf{zz}}(\mathbf{y}, \mathbf{z}) = \big(g_{ik}(\mathbf{y}, \mathbf{z})\big)\,,$$

ist dann also positiv definit, d.h. für $\mathbf{y} \in \Omega$, $\mathbf{z} \in \mathbb{R}^m$, $\boldsymbol{\zeta} \neq \mathbf{0}$ gilt

$$\sum_{i,k=1}^{m} g_{ik}(\mathbf{y}, \mathbf{z})\, \zeta_i \zeta_k = \langle \boldsymbol{\zeta}, L^*_{\mathbf{zz}}(\mathbf{y}, \mathbf{z})\, \boldsymbol{\zeta} \rangle > 0\,.$$

Aus der Homogenitätsrelation

$$L^*(\mathbf{y}, \lambda\mathbf{z}) = \tfrac{1}{2} L^2(\mathbf{y}, \lambda\mathbf{z}) = \tfrac{1}{2}\lambda^2 L^2(\mathbf{y}, \mathbf{z}) = \lambda^2 L^*(\mathbf{y}, \mathbf{z})$$

ergibt sich durch zweimalige Differentiation nach λ an der Stelle $\lambda = 1$

(1) $$L^*(\mathbf{y}, \mathbf{z}) = \tfrac{1}{2} L^2(\mathbf{y}, \mathbf{z}) = \tfrac{1}{2} \sum_{i,k=1}^{m} g_{ik}(\mathbf{y}, \mathbf{z})\, z_i z_k\,.$$

Vergleichen Sie hiermit die Beispiele 2.1 (a)!

Aus (1) folgt wegen $L \geq 0$

(2) $$L(\mathbf{y}, \mathbf{z}) > 0 \text{ für } \mathbf{z} \neq \mathbf{0}\,, \quad L(\mathbf{y}, \mathbf{0}) = 0\,.$$

Aus (1) ergibt sich unmittelbar

(3) $$g_{ik}(\mathbf{y}, \lambda\mathbf{z}) = g_{ik}(\mathbf{y}, \mathbf{z}) \text{ für } \lambda \neq 0.$$

Für parametrisch–elliptische Integranden L ergeben sich die Extremalen bei geeigneter Parametrisierung aus denen von L^* und umgekehrt. Auf diese Weise lassen sich die für elliptische Probleme gewonnenen Ergebnisse wie Regularität und Minimaleigenschaft von Extremalen auf parametrisch–elliptische Probleme übertragen. Dies wird im Folgenden ausgeführt. Wir verwenden dabei mehrfach die Beziehungen

$$L^*_{\mathbf{z}} = L \cdot L_{\mathbf{z}}\,, \quad \nabla_{\mathbf{z}} L^* = L \cdot \nabla_{\mathbf{z}} L\,, \quad L^*_{\mathbf{y}} = L \cdot L_{\mathbf{y}}\,.$$

(c) Sei L eine parametrisch–elliptische Lagrange–Funktion. Wir nennen eine C^1–Kurve $\mathbf{u} : I \to \Omega$, $t \mapsto \mathbf{u}(t)$ **normal**, wenn

$$L(\mathbf{u}(t), \dot{\mathbf{u}}(t)) = 1$$

für alle $t \in I$ gilt. Normale Kurven sind regulär nach (2).

SATZ. *Zu jeder regulären Kurve* $\mathbf{v} : J \to \Omega$ *gibt es eine Parametertransformation* $h : I \to J$, *so dass* $t \mapsto \mathbf{u}(t) = \mathbf{v}(h(t))$ *eine normale Kurve ist. Der Parameter* t *ist hierbei bis auf Translationen eindeutig bestimmt.*

Für $L(\mathbf{y}) = \|\mathbf{y}\|$ ergibt sich hierbei die Parametrisierung durch die Bogenlänge.

Zum Beweis betrachten wir $\eta(s) := \int\limits_{s_0}^{s} L(\mathbf{v}(x), \mathbf{v}'(x))\,dx$. Da $\mathbf{v}$ regulär ist, gilt $\eta'(s) = L(\mathbf{v}(s), \mathbf{v}'(s)) > 0$ nach (2). Also besitzt η eine C^1–Umkehrung h, welche das Gewünschte leistet $\boxed{\text{ÜA}}$. Ist umgekehrt $\mathbf{u} = \mathbf{v} \circ h$ normal, so erfüllt die Umkehrfunktion η von h die Bedingung $\eta'(s) = L(\mathbf{v}(s), \mathbf{v}'(s))$ $\boxed{\text{ÜA}}$, also ist η bis auf eine additive Konstante festgelegt. □

Nach 2.1 (b) ist das zu einer parametrischen Lagrange–Funktion L gehörige Variationsintegral invariant gegenüber Umparametrisierungen, und Extremalen gehen bei Umparametrisierung wieder in Extremalen über. Es liegt daher nahe, nur normale Parametrisierungen der Extremalen (**normale Extremalen**) zu betrachten. Es sei daran erinnert, dass Extremalen parametrischer Probleme immer regulär sein müssen.

SATZ. *Eine* C^2*–Kurve* $t \mapsto \mathbf{u}(t)$ *ist genau dann eine normale Extremale von* L*, wenn sie eine Extremale von* L^* *ist mit* $L(\mathbf{u}(t_0), \mathbf{u}'(t_0)) = 1$ *für ein* t_0.

BEWEIS.

Wir betrachten das Euler–Feld von L längs $\mathbf{u}$,

$$\mathbf{E}_L(\mathbf{u})(t) = \nabla_{\mathbf{y}} L(\mathbf{u}(t), \mathbf{u}'(t)) - \frac{d}{dt}\left[\nabla_{\mathbf{z}} L(\mathbf{u}(t), \mathbf{u}'(t))\right].$$

Wegen $\nabla_{\mathbf{z}} L^* = L\, \nabla_{\mathbf{z}} L$ und $\nabla_{\mathbf{y}} L^* = L\, \nabla_{\mathbf{y}} L$ erhalten wir mit der Produktregel unter Fortlassung des Parameters t für das Euler–Feld von L^* längs $\mathbf{u}$

$$(8) \qquad \mathbf{E}_{L^*}(\mathbf{u}) = L(\mathbf{u}, \mathbf{u}')\, \mathbf{E}_L(\mathbf{u}) - \frac{d}{dt}\left[L(\mathbf{u}, \mathbf{u}')\right] \nabla_{\mathbf{z}} L(\mathbf{u}, \mathbf{u}').$$

Für eine normale Extremale $\mathbf{u}$ ist $\mathbf{E}_L(\mathbf{u}) = \mathbf{0}$ und $L(\mathbf{u}, \mathbf{u}') = 1$, also ergibt sich $\mathbf{E}_{L^*}(\mathbf{u}) = \mathbf{0}$.

Zum Beweis der Umkehrung verwenden wir die Beziehungen $\langle \mathbf{E}_L(\mathbf{u}), \mathbf{u}' \rangle = 0$ aus 2.2 (b) und $\langle \nabla_{\mathbf{z}} L(\mathbf{u}, \mathbf{u}'), \mathbf{u}' \rangle = L(\mathbf{u}, \mathbf{u}')$ aus 2.2 (a). Damit ergibt sich unter Beachtung von (8)

$$\begin{aligned} 0 &= \langle \mathbf{E}_{L^*}(\mathbf{u}), \mathbf{u}' \rangle = L(\mathbf{u}, \mathbf{u}')\, \langle \mathbf{E}_L(\mathbf{u}), \mathbf{u}' \rangle - \frac{d}{dt}\left[L(\mathbf{u}, \mathbf{u}')\right] \langle \nabla_{\mathbf{z}} L(\mathbf{u}, \mathbf{u}'), \mathbf{u}' \rangle \\ &= -\frac{d}{dt}\left[L(\mathbf{u}, \mathbf{u}')\right] L(\mathbf{u}, \mathbf{u}') = -\frac{1}{2} \frac{d}{dt}\left[L^2(\mathbf{u}, \mathbf{u}')\right]. \end{aligned}$$

Somit ist $L(\mathbf{u}, \mathbf{u}')$ konstant und es folgt $L(\mathbf{u}(t), \mathbf{u}'(t)) = L(\mathbf{u}(t_0), \mathbf{u}'(t_0)) = 1$. Mit (8) ergibt sich $\mathbf{E}_L(\mathbf{u}) = \mathbf{0}$. □

(d) **Regularitätssatz für parametrisch–elliptische Integranden.**
Sei L *parametrisch–elliptisch, und* $L^* = \frac{1}{2} L^2$ *sei* C^r*–differenzierbar* ($r \geq 3$)*. Dann ist jede schwache normale* PC^1*–Lösung der Euler–Gleichung von* L *ebenfalls* C^r*–differenzierbar.*

BEWEIS.

Sei $\mathbf{u} : I \to \Omega$ stückweis glatt mit $L(\mathbf{u}(t), \mathbf{u}'(t)) = 1$ an allen Stetigkeitsstellen von $\mathbf{u}'$, und es sei $\delta\mathcal{L}_I(\mathbf{u}) = 0$. Wegen $L^*_{\mathbf{y}} = L\,L_{\mathbf{y}}$, $L^*_{\mathbf{z}} = L\,L_{\mathbf{z}}$ folgt

$$0 = \int_I \big(L_{\mathbf{y}}(\mathbf{u},\mathbf{u}')\varphi + L_{\mathbf{z}}(\mathbf{u},\mathbf{u}')\varphi'\big)\,dt = \int_I \big(L^*_{\mathbf{y}}(\mathbf{u},\mathbf{u}')\varphi + L^*_{\mathbf{z}}(\mathbf{u},\mathbf{u}')\varphi'\big)\,dt$$

für alle Testvektoren φ, d.h. $\mathbf{u}$ ist eine schwache Lösung der Euler–Gleichung für L^* und damit eine C^r–Extremale für L^* nach dem Regularitätssatz § 2 : 3.4 für elliptische Probleme. Aus (c) folgt, dass $\mathbf{u}$ eine C^r–Extremale für L ist. □

2.4 Lokale Minimumeigenschaft von Extremalen parametrisch–elliptischer Lagrange–Funktionen

Gegeben sei eine parametrisch–elliptische Lagrange–Funktion L auf $\Omega \times \mathbb{R}^m$ und $\mathbf{u} : I \to \Omega$ eine Extremale von L.

SATZ. *Die Extremale $\mathbf{u} : I \to \Omega$ macht das zugehörige Variationsintegral $\mathcal{L}$ lokal zum Minimum:*
Zu jeder Stelle $t_0 \in I$ gibt es eine Intervallumgebung $J = [t_1, t_2] \subset I$ von t_0 und eine Umgebung $U \subset \Omega$ von $\mathbf{x}_0 = \mathbf{u}(t_0)$ mit $\mathbf{u}(J) \subset U$, so dass $\mathcal{L}_J(\mathbf{u}, J)$ minimal ist im Vergleich mit allen regulären PC^1–Kurven in U mit den Endpunkten $\mathbf{u}(t_1), \mathbf{u}(t_2)$.

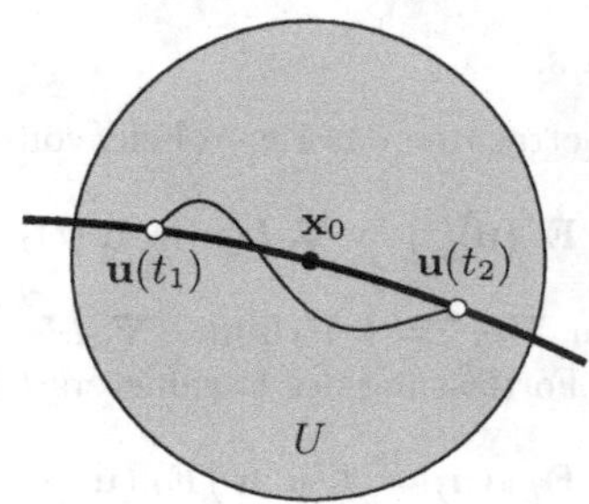

Beachten Sie 2.1 (b).

BEWEIS.

Wir wählen eine Parametertransformation h so, dass $\mathbf{u}^* = \mathbf{u} \circ h$ eine normale Kurve ist; dabei dürfen wir $h(0) = t_0$ annehmen. Nach 2.2 (c) und 2.3 (c) ist $\mathbf{u}^*$ eine Extremale sowohl von L als auch von $L^* = \frac{1}{2}L^2$. Nach § 3 : 2.1 (b) gibt es ein $\delta > 0$, so dass $[0, \delta]$ keine zu 0 längs $\mathbf{u}^*$ bezüglich L^* konjugierte Stelle enthält, und nach § 3 : 2.1 (d) gibt es ein Intervall $J^* = [t_1^*, t_2^*]$ mit $t_1^* < 0 < \delta < t_2^*$, das auch frei von längs $\mathbf{u}^*$ bezüglich L^* konjugierten Paaren ist. Aufgrund des Hauptsatzes § 3 : 3.4 (a) existiert ein $\varepsilon > 0$, so dass

$$(1) \quad \mathcal{L}^*(\mathbf{u}^*, J^*) \le \mathcal{L}^*(\mathbf{w}, J^*)$$

für alle PC^1–Kurven $\mathbf{w} : J^* \to \Omega$ mit $\mathbf{w}(t_1^*) = \mathbf{u}^*(t_1^*)$, $\mathbf{w}(t_2^*) = \mathbf{u}^*(t_2^*)$ und $\|\mathbf{w} - \mathbf{u}^*\|_{\mathrm{C}^0} < \varepsilon$ in J^*.
Wir definieren das Intervall J und die Umgebung U von $\mathbf{x}_0 = \mathbf{u}(t_0)$ durch

$$J = [t_1, t_2] := h(J^*) = h([t_1^*, t_2^*]), \quad U := \bigcup_{s \in J^*} K_\varepsilon(\mathbf{u}^*(s)).$$

Wegen $L(\mathbf{u}^*, \dot{\mathbf{u}}^*) = 1$ und 2.1 (b) erhalten wir für die zu L, L^* gehörigen Variationsintegrale $\mathcal{L}, \mathcal{L}^*$ mit $\ell := t_2^* - t_1^*$

$$(2) \quad \mathcal{L}(\mathbf{u}, J)^2 = \mathcal{L}(\mathbf{u}^*, J^*)^2 = \ell^2 = 2\ell\mathcal{L}^*(\mathbf{u}^*, J^*).$$

Sei nun $\mathbf{v} : K \to U$ mit $K = [s_1, s_2]$ eine PC^1–Kurve mit $\mathbf{v}(s_1) = \mathbf{u}(t_1)$, $\mathbf{v}(s_2) = \mathbf{u}(t_2)$. Wir wählen eine Parametertransformation $f : K_0 \to K$ so, dass $\mathbf{v}_0 := \mathbf{v} \circ f$ normal ist, $L(\mathbf{v}_0, \dot{\mathbf{v}}_0) = 1$. Hat das Intervall K_0 die Länge ℓ_0, so liefert $g(s) := c + (\ell_0/\ell)\, s$ mit passendem c eine bijektive Abbildung von $J^* = [t_1^*, t_2^*]$ auf K_0, und für die PC^1–Kurve $\mathbf{w} := \mathbf{v} \circ f \circ g = \mathbf{v}_0 \circ g : J^* \to U$ gilt nach der Kettenregel $L(\mathbf{w}, \dot{\mathbf{w}}) = (\ell_0/\ell)\, L(\mathbf{v}_0, \dot{\mathbf{v}}_0) = \ell_0/\ell$, also

$$(3) \quad \begin{aligned} 2\ell\mathcal{L}^*(\mathbf{w}, J^*) &= \ell \int_{J^*} L(\mathbf{w}, \dot{\mathbf{w}})^2\, ds = \ell^2\, (\ell_0/\ell)^2 = \ell_0^2 \\ &= \mathcal{L}(\mathbf{v}_0, J_0)^2 = \mathcal{L}(\mathbf{v}, J)^2. \end{aligned}$$

Weiter ist $\mathbf{w}(t_k^*) = \mathbf{v}(s_k) = \mathbf{u}(t_k) = \mathbf{u}^*(t_k^*)$ für $k = 1, 2$ und $\|\mathbf{w} - \mathbf{u}^*\|_{\mathrm{C}^0} < \varepsilon$, somit folgt nach (2), (1), (3) die Minimumeigenschaft von $\mathbf{u} : J \to U$,

$$\mathcal{L}(\mathbf{u}, J) \leq \mathcal{L}(\mathbf{v}, K). \qquad \square$$

2.5 Die Prinzipien von Jacobi und Euler–Maupertuis

(a) Ausgangspunkt ist eine elliptische C^3–Lagrange–Funktion

$$\overline{L}(\mathbf{y}, \mathbf{z}) = \tfrac{1}{2} \sum_{i,k=1}^{m} a_{ik}(\mathbf{y}) z_i z_k - U(\mathbf{y}) = T(\mathbf{y}, \mathbf{z}) - U(\mathbf{y})$$

auf $\Omega \times \mathbb{R}^m$, wobei $U \in \mathrm{C}^3(\Omega)$ nach oben beschränkt ist. Aus dieser bilden wir für $E > \sup U$ die parametrisch–elliptische Lagrange–Funktion

$$L(\mathbf{y}, \mathbf{z}) = L_E(\mathbf{y}, \mathbf{z}) := 2\sqrt{(E - U(\mathbf{y}))\, T(\mathbf{y}, \mathbf{z})}.$$

Für $\mathbf{z} \neq \mathbf{0}$ ergeben sich die partiellen Ableitungen von $L = L_E$ durch

$$L_{y_j}(\mathbf{y}, \mathbf{z}) = -\sqrt{\frac{T(\mathbf{y}, \mathbf{z})}{E - U(\mathbf{y})}}\; U_{y_j}(\mathbf{y}) + \sqrt{\frac{E - U(\mathbf{y})}{T(\mathbf{y}, \mathbf{z})}}\; T_{y_j}(\mathbf{y}, \mathbf{z}),$$

$$L_{z_j}(\mathbf{y}, \mathbf{z}) = \sqrt{\frac{E - U(\mathbf{y})}{T(\mathbf{y}, \mathbf{z})}}\; T_{z_j}(\mathbf{y}, \mathbf{z}).$$

Auf der **Energiefläche**

$$\mathcal{V}_E := \left\{ (\mathbf{y}, \mathbf{z}) \in \Omega \times (\mathbb{R}^m \setminus \{\mathbf{0}\}) \;\middle|\; T(\mathbf{y}, \mathbf{z}) + U(\mathbf{y}) = E \right\}$$

gilt daher

$$\nabla_{\mathbf{y}} L(\mathbf{y}, \mathbf{z}) = -\nabla U(\mathbf{y}) + \nabla_{\mathbf{y}} T(\mathbf{y}, \mathbf{z}) = \nabla_{\mathbf{y}} \overline{L}(\mathbf{y}, \mathbf{z}),$$

$$\nabla_{\mathbf{z}} L(\mathbf{y}, \mathbf{z}) = \nabla_{\mathbf{z}} T(\mathbf{y}, \mathbf{z}) = \nabla_{\mathbf{z}} \overline{L}(\mathbf{y}, \mathbf{z}).$$

Hieraus folgt unmittelbar:

Eine C^2*–Kurve* $s \mapsto \mathbf{u}(s)$ *auf der Energiefläche* $\mathcal{V}_E$ *(d.h. mit* $(\mathbf{u}(s), \mathbf{u}'(s)) \in \mathcal{V}_E$ *für alle* s*) ist Extremale von* $\overline{L}$ *genau dann, wenn sie Extremale von* L_E *ist.*

Nach § 2 : 2.1 ist $\overline{L}_{\mathbf{z}}(\mathbf{y}, \mathbf{z})\,\mathbf{z} - \overline{L}(\mathbf{y}, \mathbf{z}) = T(\mathbf{y}, \mathbf{z}) + U(\mathbf{y})$ ein erstes Integral der Euler–Gleichung für $\overline{L}$. Daher liegt jede reguläre Extremale $\mathbf{u}$ von $\overline{L}$ auf einer Energiefläche $\mathcal{V}_E$ mit $E > \sup U$, ist also auch eine Extremale von L_E. Durch eine C^2–Parametertransformation h entsteht aus $\mathbf{u}$ wieder eine Extremale $\mathbf{u} \circ h$ von L_E; diese muss aber weder auf einer Energiefläche liegen, noch Extremale von $\overline{L}$ sein. Daher besitzt L_E weitaus mehr Extremalen als $\overline{L}$, und es kann einfacher sein, bei vorgegebener Energie E eine Extremale von L_E als von $\overline{L}$ zu finden. Dass dies von Nutzen ist, zeigt der folgende

(b) SATZ. *Sei* $s \mapsto \mathbf{v}(s)$ *eine Extremale von* L_E *mit* $E > \sup U$*, ferner sei*

$$\eta(s) := \eta_0 + \int_{s_0}^{s} \sqrt{\frac{T(\mathbf{v}(\sigma), \mathbf{v}'(\sigma))}{E - U(\mathbf{v}(\sigma))}}\, d\sigma \quad (\eta_0, s_0 \text{ Konstanten})$$

und h *die Umkehrfunktion von* η*. Dann ist* $\mathbf{u} := \mathbf{v} \circ h$ *eine Extremale von* $\overline{L}$ *auf der Energiefläche* $\mathcal{V}_E$.

Als Folgerung ergibt sich mit dem Regularitätssatz 2.3 (d) das

Prinzip von Jacobi. *Jede Extremale von* $\overline{L}$ *liegt auf einer Energiefläche* $\mathcal{V}_E$ *und ist eine Extremale von* L_E*. Aus einer Extremalen* $\mathbf{v}$ *von* L_E *ergibt sich durch die oben angegebene Umparametrisierung* h *eine Extremale* $\mathbf{u} = \mathbf{v} \circ h$ *von* $\overline{L}$ *auf* $\mathcal{V}_E$.

Mit der Bestimmung einer Extremalen von L_E kennen wir zunächst nur die Gestalt der Bahnkurve des Systems. Deren Parametrisierung durch die Zeit ergibt sich dann nach obigem Satz.

BEMERKUNG. Der Übergang von der mechanischen Lagrange–Funktion $\overline{L}$ zur parametrischen Lagrange–Funktion L_E erlaubt eine geometrische Beschreibung der Mechanik. Denn durch $g_{ik} = 4(E - U)a_{ik}$ ist eine Riemannsche Metrik definiert (§ 9). Deren Geodätische liefern als Extremalen von L_E die Spuren der zu $\overline{L}$ gehörigen mechanischen Bahnen. Durch diese Uminterpretation lassen sich Resultate der Riemannschen Geometrie auf die Mechanik übertragen.

BEWEIS.

Seien h eine C^2–Parametertransformation, η deren Inverse und $\mathbf{u} = \mathbf{v} \circ h$. Dann gilt $\mathbf{u}'(t) = \mathbf{v}'(h(t))\,h'(t) = \mathbf{v}'(s)/\eta'(s)$ mit $s = h(t)$, also

$$\begin{aligned} T(\mathbf{u}(t), \mathbf{u}'(t)) + U(\mathbf{u}(t)) &= \tfrac{1}{2} \sum_{i,k=1}^{m} a_{ik}(\mathbf{u}(t))u_i'(t)u_k'(t) + U(\mathbf{u}(t)) \\ &= \frac{1}{2\eta'(s)^2} \sum_{i,k=1}^{m} a_{ik}(\mathbf{v}(s))v_i'(s)v_k'(s) + U(\mathbf{v}(s)). \end{aligned}$$

Daher liegt $\mathbf{u}$ genau dann auf der Energiefläche $\mathcal{V}_E$, wenn

$$\eta'(s)^2 = \frac{T(\mathbf{v}(s), \mathbf{v}'(s))}{E - U(\mathbf{v}(s))} \quad \text{für alle } s.$$

Der Rest der Behauptung folgt aus (a). □

(c) Das **Euler–Maupertuissche Prinzip** wird in der Physikliteratur häufig wie folgt formuliert (vgl. LANDAU–LIFSCHITZ [85, I] § 44): Die Gestalt der Bahnkurve eines frei beweglichen Massenpunkts in einem Potential U genügt dem „Variationsprinzip“

$$\delta \int \sqrt{2m(E-U)}\, ds = 0 .$$

Dabei bleibt offen, welche Variationsklasse zugrunde gelegt wird.

Wir können das Euler–Maupertuissche Prinzip als Spezialfall des Jacobischen Prinzips verstehen, angewandt auf

$$\overline{L}(\mathbf{y}, \mathbf{z}) = \tfrac{1}{2} m \|\mathbf{z}\|^2 - U(\mathbf{y}), \quad L_E(\mathbf{y}, \mathbf{z}) = \sqrt{2m(E - U(\mathbf{y}))}\, \|\mathbf{z}\| .$$

Denn drücken wir für eine Bewegung $t \mapsto \mathbf{u}(t)$ des Massenpunkts die Zeit t durch die Bogenlänge s aus, $t = \eta(s)$, so ergibt sich für $\mathbf{v} = \mathbf{u} \circ \eta$

$$\int_{t_1}^{t_2} L_E(\mathbf{u}, \dot{\mathbf{u}})\, dt = \int_{t_1}^{t_2} \sqrt{2m(E - U(\mathbf{u}(t)))}\, \|\dot{\mathbf{u}}(t)\|\, dt = \int_0^{\ell} \sqrt{2m(E - U(\mathbf{v}(s)))}\, ds .$$

Trotz des Fehlens einer korrekten Formulierung hat das Euler–Maupertuissche Prinzip immer wieder als Leitgedanke gedient, vor allem bei Betrachtungen zur Analogie von Optik und Mechanik.

EULER postulierte 1744 für einen beliebigen Kräften unterworfenen Körper, dass seine Bahn durch die Eigenschaft

$$\int ds \sqrt{v} = \text{Minimum}$$

charakterisiert sei (Anhang zu *Methodus inveniendi lineas curvas maximi minimive proprietate gaudentes . . .* [39], dem ersten Lehrbuch der Variationsrechnung). Tatsächlich machte EULER von der Minimaleigenschaft keinen Gebrauch, sondern führte anhand von Beispielen vor, dass sich aus der Stationarität des Integrals die aus der Mechanik bekannten Bahnen ergeben.

Für MAUPERTUIS dagegen war gerade die Minimaleigenschaft entscheidend; er sah darin ein metaphysisches Prinzip, wonach die Natur bei der Hervorbringung ihrer Effekte immer mit den einfachsten Mitteln arbeitet, ja sogar einen Beweis für das Wirken Gottes. An der Frage, ob diese „Aktion“ immer minimal oder nur stationär ist, entzündete sich ein europaweit geführter Streit über die Urheberschaft und die Gültigkeit des von MAUPERTUIS propagierten Prinzips (zweiter Prioritätenstreit, SCHRAMM [42] S. 78 ff, FUNK [6] S. 621 ff).

Eine lesenswerte Würdigung des Prinzips der kleinsten Wirkung gab MAX PLANCK 1915 [116].

2.6 Die Hamilton–Funktion H^* der Lagrange–Funktion $L^* = \frac{1}{2}L^2$

Sei $L : \Omega \times \mathbb{R}^m \to \mathbb{R}$ eine parametrisch–elliptische Lagrange–Funktion, d.h. $L^* = \frac{1}{2}L^2$ sei C^3–differenzierbar auf $\Omega \times \mathbb{R}^m$, und die Leitmatrix

$$L^*_{\mathbf{zz}}(\mathbf{y},\mathbf{z}) = \big(g_{ik}(\mathbf{y},\mathbf{z})\big)$$

sei positiv–definit für $(\mathbf{y},\mathbf{z}) \in \Omega \times \mathbb{R}^m$. Nach 2.2 (b) gilt $g_{ik}(\mathbf{y},\lambda\mathbf{z}) = g_{ik}(\mathbf{y},\mathbf{z})$ für $\lambda \neq 0$ sowie $L(\mathbf{y},\mathbf{z}) > 0$ für $\mathbf{z} \neq \mathbf{0}$.

(a) Aus der Homogenitätsbedingung für L ergibt sich mit Formel (5) in 2.2 (a)

$$(1) \quad \nabla_{\mathbf{z}}L^*(\mathbf{y},\lambda\mathbf{z}) = L(\mathbf{y},\lambda\mathbf{z})\nabla_{\mathbf{z}}L(\mathbf{y},\lambda\mathbf{z}) = \lambda\nabla_{\mathbf{z}}L^*(\mathbf{y},\mathbf{z}) \quad \text{für } \lambda > 0,\ \mathbf{z} \neq \mathbf{0}.$$

Hieraus folgt insbesondere $\nabla_{\mathbf{z}}L^*(\mathbf{y},\mathbf{0}) = \mathbf{0}$. Nach § 2 : 6.2 vermittelt die Legendre–Transformation von L^*,

$$(2) \quad \mathbf{z} \mapsto \mathbf{p} = \nabla_{\mathbf{z}}L^*(\mathbf{y},\mathbf{z}), \quad \mathbb{R}^m \to \mathbb{R}^m,$$

für jedes $\mathbf{y} \in \Omega$ einen C^2–Diffeomorphismus, dessen Bildmenge wegen (1) der ganze $\mathbb{R}^m$ ist. Daher erhalten wir eine auf $\Omega\times\mathbb{R}^m$ definierte C^3–differenzierbare Hamilton–Funktion H^* durch

$$(3) \quad H^*(\mathbf{y},\mathbf{p}) = \langle \mathbf{p},\mathbf{z}\rangle - L^*(\mathbf{y},\mathbf{z}),$$

wobei $\mathbf{z}$ durch Auflösung der Gleichung $\mathbf{p} = \nabla_{\mathbf{z}}L^*(\mathbf{y},\mathbf{z})$ bestimmt ist.
Die Inverse des Diffeomorphismus (2) ist nach § 2 : 6.2 gegeben durch

$$(4) \quad \mathbf{p} \mapsto \mathbf{z} = \nabla_{\mathbf{p}}H^*(\mathbf{y},\mathbf{p}), \quad \mathbb{R}^m \to \mathbb{R}^m.$$

Aus (1) ergibt sich mit Hilfe von (2),(3) (ÜA)

$$(5) \quad H^*(\mathbf{y},\lambda\mathbf{p}) = \lambda^2 H^*(\mathbf{y},\mathbf{p}) \quad \text{für } \lambda > 0.$$

Da nach 2.3 (b) auch $L^*(\mathbf{y},\lambda\mathbf{z}) = \lambda^2 L^*(\mathbf{y},\mathbf{z})$ gilt, folgt durch Differentiation nach λ an der Stelle $\lambda = 1$

$$2L^*(\mathbf{y},\mathbf{z}) = \big\langle \nabla_{\mathbf{z}}L^*(\mathbf{y},\mathbf{z}),\mathbf{z}\big\rangle, \quad 2H^*(\mathbf{y},\mathbf{p}) = \big\langle \nabla_{\mathbf{p}}H^*(\mathbf{y},\mathbf{p}),\mathbf{p}\big\rangle,$$

und daher nach (1),(2),(3) für $\mathbf{p} = \nabla_{\mathbf{z}}L^*(\mathbf{y},\mathbf{z})$ bzw. $\mathbf{z} = \nabla_{\mathbf{p}}H^*(\mathbf{y},\mathbf{p})$

$$(6) \quad \begin{aligned} H^*(\mathbf{y},\mathbf{p}) &= \langle \mathbf{p},\mathbf{z}\rangle - L^*(\mathbf{y},\mathbf{z}) = \langle \mathbf{p},\mathbf{z}\rangle - \tfrac{1}{2}\langle \nabla_{\mathbf{z}}L^*(\mathbf{y},\mathbf{z}),\mathbf{z}\rangle \\ &= \tfrac{1}{2}\langle \nabla_{\mathbf{z}}L^*(\mathbf{y},\mathbf{z}),\mathbf{z}\rangle = L^*(\mathbf{y},\mathbf{z}). \end{aligned}$$

(b) Der in 2.3 (b)(1) gegebenen Darstellung von L^* als quadratische Form stellen wir eine entsprechende Darstellung von H^* an die Seite, welche die Dualität der beiden augenfällig macht. Hierzu notieren wir entsprechend der Bemerkung vgl. § 2 : 3.3 (b) die Koordinaten von Vektoren $\mathbf{z}$ hier mit hochgestellten Indizes und die von Linearformen, insbesondere der Impulse $\mathbf{p}$, durch untere Indizes,

$$\mathbf{z} = (z^1, \dots, z^m) \quad \text{und} \quad \mathbf{p} = (p_1, \dots, p_m).$$

SATZ. *Sind $\mathbf{z}$ und $\mathbf{p}$ verbunden durch die Legendre–Transformation*

$$p_i = L^*_{z_i}(\mathbf{y}, \mathbf{z}), \quad z^k = H^*_{p_k}(\mathbf{y}, \mathbf{p}),$$

so bestehen die Darstellungen

$$p_i = \sum_{k=1}^m g_{ik}(\mathbf{y}, \mathbf{z})\, z^k, \qquad z^k = \sum_{k=1}^m g^{ik}(\mathbf{y}, \mathbf{p})\, p_i,$$

$$L^*(\mathbf{y}, \mathbf{z}) = \tfrac{1}{2} \sum_{i,k=1}^m g_{ik}(\mathbf{y}, \mathbf{z})\, z^i z^k, \quad H^*(\mathbf{y}, \mathbf{p}) = \tfrac{1}{2} \sum_{i,k=1}^m g^{ik}(\mathbf{y}, \mathbf{p})\, p_i p_k.$$

Hierbei ist $g^{ik}(\mathbf{y}, \mathbf{p}) := \overline{g}^{ik}(\mathbf{y}, \mathbf{z})$, und die $\overline{g}^{ik}(\mathbf{y}, \mathbf{z})$ sind die Koeffizienten der zu $(g_{ik}(\mathbf{y}, \mathbf{z}))$ inversen Matrix.

BEWEIS.

Aus $L^*_{z_i} = L \cdot L_{z_i}$ folgt mit den Rechenregeln (1) und (2) von 2.2

$$\begin{aligned} g_{ik}(\mathbf{y}, \mathbf{z}) &= L^*_{z_i z_k}(\mathbf{y}, \mathbf{z}) \\ &= L_{z_i}(\mathbf{y}, \mathbf{z})\, L_{z_k}(\mathbf{y}, \mathbf{z}) + L(\mathbf{y}, \mathbf{z})\, L_{z_i z_k}(\mathbf{y}, \mathbf{z}), \end{aligned}$$

$$\begin{aligned} \sum_{k=1}^m g_{ik}(\mathbf{y}, \mathbf{z})\, z^k &= L_{z_i}(\mathbf{y}, \mathbf{z}) \sum_{k=1}^m L_{z_k}(\mathbf{y}, \mathbf{z})\, z^k + L(\mathbf{y}, \mathbf{z}) \sum_{k=1}^m L_{z_i z_k}(\mathbf{y}, \mathbf{z})\, z^k \\ &= L_{z_i}(\mathbf{y}, \mathbf{z})\, L(\mathbf{y}, \mathbf{z}) + L(\mathbf{y}, \mathbf{z}) \cdot 0 = L^*_{z_i}(\mathbf{y}, \mathbf{z}) = p_i. \end{aligned} \tag{7}$$

Die inverse Legendre–Transformation ist damit gegeben durch

$$\sum_{k=1}^m g^{ik}(\mathbf{y}, \mathbf{p})\, p_k = \sum_{k=1}^m \overline{g}^{ik}(\mathbf{y}, \mathbf{z})\, p_k = z^i. \tag{8}$$

Mit 2.3 (b) (1) und mit (6) folgt dann für die Hamilton–Funktion

$$\begin{aligned} H^*(\mathbf{y}, \mathbf{p}) &= L^*(\mathbf{y}, \mathbf{z}) = \tfrac{1}{2} \sum_{i,k=1}^m g_{ik}(\mathbf{y}, \mathbf{z})\, z^i z^k \\ &= \tfrac{1}{2} \sum_{i=1}^m p_i z^i = \tfrac{1}{2} \sum_{i,k=1}^m g^{ik}(\mathbf{y}, \mathbf{p})\, p_i p_k. \end{aligned}$$

□

2.7 Die Hamilton–Funktion parametrischer Lagrange–Funktionen

(a) Sei $L : \Omega \times \mathbb{R}^m \to \mathbb{R}$ eine parametrisch–elliptische Lagrange–Funktion. Als **Indikatrix** von L im Punkt $\mathbf{y} \in \Omega$ bezeichnen wir die Hyperfläche

$$\mathbf{L_y} := \{\mathbf{z} \in \mathbb{R}^m \mid L(\mathbf{y}, \mathbf{z}) = 1\}$$

Die Indikatrix ist kompakt. Denn für $\mathbf{y} \in \Omega$ gilt $\lambda = \min\{L(\mathbf{y}, \mathbf{z}) \mid \|\mathbf{z}\| = 1\} > 0$ nach 2.3 (b), somit $L(\mathbf{y}, \mathbf{z}) \geq \lambda\|\mathbf{z}\|$ für alle $\mathbf{z} \in \mathbb{R}^m$. Hieraus folgt $\|\mathbf{z}\| \leq \lambda^{-1}$ für alle $\mathbf{z}$ mit $L(\mathbf{y}, \mathbf{z}) = 1$, also die Beschränktheit der abgeschlossenen Menge $\mathbf{L_y}$.

Der Lagrange–Funktion L ordnen wir die **parametrische Hamilton–Funktion** $H : \Omega \times \mathbb{R}^m \to \mathbb{R}$ zu, definiert durch

$$H(\mathbf{y}, \mathbf{p}) := \max\{\langle \mathbf{p}, \mathbf{z}\rangle \mid \mathbf{z} \in \mathbf{L_y}\}.$$

Die für L bestehende Homogenitätsbedingung $(*)$ in 2.1 überträgt sich auf die Hamilton–Funktion: $H(\mathbf{y}, \lambda\mathbf{p}) = |\lambda|\, H(\mathbf{y}, \mathbf{p})$ ÜA. Mit $\mathbf{z} := \mathbf{p}/L(\mathbf{y}, \mathbf{p})$ folgt daraus $H(\mathbf{y}, \mathbf{p}) \geq \langle \mathbf{p}, \mathbf{z}\rangle > 0$ fur $\mathbf{p} \neq \mathbf{0}$.

Die nebenstehende Figur veranschaulicht das einfache Konstruktionsprinzip der parametrischen Hamilton–Funktion. Wir fixieren einen Punkt $\mathbf{y} \in \Omega$ und legen für jeden Vektor $\mathbf{p} \neq \mathbf{0}$ wie skizziert die **Stützebene** an die Indikatrix $\mathbf{L_y}$. Dann ist $H(\mathbf{y}, \mathbf{p})/\|\mathbf{p}\|$ der Abstand dieser Ebene zum Ursprung. Dass die Konfiguration wirklich so aussieht, zeigen wir in (c).

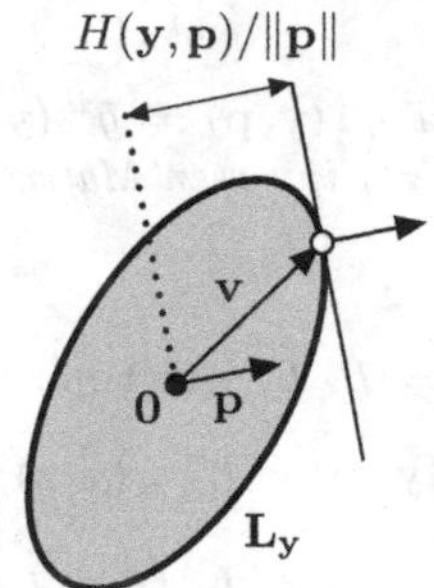

BEISPIEL. Für den Integranden $L(\mathbf{y}, \mathbf{z}) = n(\mathbf{y})\, \|\mathbf{z}\|$ des Laufzeitintegrals für ein isotropes Medium in $\Omega \subset \mathbb{R}^3$ ist $\mathbf{L_y}$ eine Sphäre mit Radius $1/n(\mathbf{y})$ und $\mathbf{H}(\mathbf{y}, \mathbf{p}) = \|\mathbf{p}\|/n(\mathbf{y})$ ÜA.

Als zur Indikatrix duale Figur definieren wir die **Figuratrix** im Punkt $\mathbf{y} \in \Omega$ als die (ebenfalls kompakte) Hyperfläche

$$\mathbf{H_y} := \{\mathbf{p} \in \mathbb{R}^m \mid H(\mathbf{y}, \mathbf{p}) = 1\}.$$

(b) SATZ. (i) *Für die elliptische Lagrange–Funktion* $L^* = \frac{1}{2}L^2$ *und die gemäß* § 2 : 6.2 *zugehörige Hamilton–Funktion* H^* *gilt*

$$H^* = \tfrac{1}{2}H^2.$$

Insbesondere ist die Funktion H C^3*–differenzierbar auf* $\Omega \times (\mathbb{R}^m \setminus \{\mathbf{0}\})$ *und es gilt*

$$H(\mathbf{y}, \mathbf{p}) = \langle \nabla_{\mathbf{p}} H(\mathbf{y}, \mathbf{p}), \mathbf{p}\rangle \quad \textit{für } \mathbf{p} \neq \mathbf{0}.$$

(ii) *Die Abbildung* $\mathbf{z} \mapsto \mathbf{p} = \nabla_{\mathbf{z}} L(\mathbf{y}, \mathbf{z})$ *liefert für jeden Punkt* $\mathbf{y} \in \Omega$ *einen* C^2*-Diffeomorphismus zwischen* $\mathbb{R}^m \setminus \{\mathbf{0}\}$ *und* $\mathbb{R}^m \setminus \{\mathbf{0}\}$*, welcher die Indikatrix* $\mathbf{L}_{\mathbf{y}} = \{\mathbf{z} \mid L(\mathbf{y}, \mathbf{z}) = 1\}$ *auf die Figuratrix* $\mathbf{H}_{\mathbf{y}} = \{\mathbf{p} \mid H(\mathbf{y}, \mathbf{p}) = 1\}$ *abbildet.*
Die inverse Abbildung ist durch $\mathbf{p} \mapsto \mathbf{z} = \nabla_{\mathbf{p}} H(\mathbf{y}, \mathbf{p})$ *gegeben.*

(iii) *Für* $\mathbf{y} \in \Omega,\ \mathbf{p}, \mathbf{w} \neq \mathbf{0}$ *mit* $\mathbf{w} \perp \nabla_{\mathbf{p}} H(\mathbf{y}, \mathbf{p})$ *gilt*

$$\langle \mathbf{w}, H_{\mathbf{pp}}(\mathbf{y}, \mathbf{p}) \mathbf{w} \rangle > 0 .$$

Damit erhalten wir die analytische Darstellung der parametrischen Hamilton–Funktion H nach dem einfachen Schema

$$L \longmapsto L^* \longmapsto H^* \longmapsto H \ \text{ mit } \ L^* = \tfrac{1}{2} L^2,\ H^* = \tfrac{1}{2} H^2 .$$

Die Transformation (ii) zwischen Indikatrix und Figuratrix stellt die parametrische Form der Legendre–Transformation dar.

BEWEIS. Wir fixieren $\mathbf{y} \in \Omega$.
(I) *Zunächst zeigen wir: Für* $\mathbf{z} \in \mathbf{L}_{\mathbf{y}}$ *und* $\mathbf{p} = \nabla_{\mathbf{z}} L(\mathbf{y}, \mathbf{z})$ *gilt*

$$H(\mathbf{y}, \mathbf{p}) = \langle \mathbf{p}, \mathbf{z} \rangle = L(\mathbf{y}, \mathbf{z}).$$

Denn wegen der Elliptizität von L^* ist $\mathbf{w} \mapsto L^*(\mathbf{y}, \mathbf{w})$ eine konvexe Funktion, also gilt nach § 3 : 1.1

$$L^*(\mathbf{y}, \mathbf{w}) \geq L^*(\mathbf{y}, \mathbf{z}) + \big\langle \nabla_{\mathbf{z}} L^*(\mathbf{y}, \mathbf{z}), \mathbf{w} - \mathbf{z} \big\rangle \ \text{ für } \ \mathbf{w} \in \mathbb{R}^m .$$

Wegen $\mathbf{z} \in \mathbf{L}_{\mathbf{y}}$ ist $L^*(\mathbf{y}, \mathbf{z}) = \frac{1}{2} L(\mathbf{y}, \mathbf{z})^2 = \frac{1}{2}$. Für $\mathbf{w} \in \mathbf{L}_{\mathbf{y}}$ ist ebenso $L^*(\mathbf{y}, \mathbf{w}) = \frac{1}{2}$. Weiter gilt $\nabla_{\mathbf{z}} L^*(\mathbf{y}, \mathbf{z}) = L(\mathbf{y}, \mathbf{z}) \nabla_{\mathbf{z}} L(\mathbf{y}, \mathbf{z}) = \nabla_{\mathbf{z}} L(\mathbf{y}, \mathbf{z}) = \mathbf{p}$, somit ergibt sich

$$0 \geq \big\langle \nabla_{\mathbf{z}} L^*(\mathbf{y}, \mathbf{z}), \mathbf{w} - \mathbf{z} \big\rangle = \langle \mathbf{p}, \mathbf{w} - \mathbf{z} \rangle \ \text{ bzw. } \ \langle \mathbf{p}, \mathbf{z} \rangle \geq \langle \mathbf{p}, \mathbf{w} \rangle \ \text{ für } \ \mathbf{w} \in \mathbf{L}_{\mathbf{y}} .$$

Das bedeutet

$$H(\mathbf{y}, \mathbf{p}) = \max \{ \langle \mathbf{p}, \mathbf{w} \rangle \mid \mathbf{w} \in \mathbf{L}_{\mathbf{y}} \} = \langle \mathbf{p}, \mathbf{z} \rangle \ \text{ für } \ \mathbf{p} = \nabla_{\mathbf{z}} L(\mathbf{y}, \mathbf{z}).$$

Mit der Euler–Relation (1) in 2.2 (a) folgt weiter

$$H(\mathbf{y}, \mathbf{p}) = \langle \mathbf{p}, \mathbf{z} \rangle = \langle \nabla_{\mathbf{z}} L(\mathbf{y}, \mathbf{z}), \mathbf{z} \rangle = L(\mathbf{y}, \mathbf{z}).$$

(II) *Für beliebige* $\mathbf{z} \neq \mathbf{0}$ *und* $\mathbf{p} = \nabla_{\mathbf{z}} L(\mathbf{y}, \mathbf{z})$ *gilt*

$$H(\mathbf{y}, \mathbf{p}) = L(\mathbf{y}, \mathbf{z}).$$

Denn nach (2) in 2.3 (b) ist $L(\mathbf{y}, \mathbf{z}) > 0$, also $\mathbf{w} := \mathbf{z} / L(\mathbf{y}, \mathbf{z}) \in \mathbf{L}_{\mathbf{y}}$, d.h. $L(\mathbf{y}, \mathbf{w}) = 1$. Ferner ist $\nabla_{\mathbf{z}} L^*(\mathbf{y}, \mathbf{z}) = L(\mathbf{y}, \mathbf{z}) \nabla_{\mathbf{z}} L(\mathbf{y}, \mathbf{z}) = L(\mathbf{y}, \mathbf{z}) \nabla_{\mathbf{z}} L(\mathbf{y}, \mathbf{w})$ nach (5) in 2.2 (a). Mit der Homogenitätsrelation für H und L ergibt sich die Behauptung:

$$\begin{aligned} H(\mathbf{y},\mathbf{p}) &= H(\mathbf{y},\nabla_{\mathbf{z}}L^*(\mathbf{y},\mathbf{z})) = H(\mathbf{y},L(\mathbf{y},\mathbf{z})\nabla_{\mathbf{z}}L(\mathbf{y},\mathbf{z})) \\ &= L(\mathbf{y},\mathbf{z})H(\mathbf{y},\nabla_{\mathbf{z}}L(\mathbf{y},\mathbf{w})) \overset{(\mathrm{I})}{=} L(\mathbf{y},\mathbf{z})L(\mathbf{y},\mathbf{w}) = L(\mathbf{y},\mathbf{z}). \end{aligned}$$

(i) Es gilt $H^* = \frac{1}{2}H^2$, denn mit 2.6 (a) (6) und (II) folgt

$$2H^*(\mathbf{y},\mathbf{p}) = 2L^*(\mathbf{y},\mathbf{z}) = L^2(\mathbf{y},\mathbf{z}) \overset{(\mathrm{II})}{=} H^2(\mathbf{y},\mathbf{p}).$$

(ii) Die Einschränkung der Legendre–Transformation (2.6 (a) (2)) auf die Indikatrix $\mathbf{L_y} = \{L(\mathbf{y},.) = 1\}$ ist gegeben durch $\nabla_{\mathbf{z}}L^*(\mathbf{y},\mathbf{z}) = L(\mathbf{y},\mathbf{z})\,\nabla_{\mathbf{z}}L(\mathbf{y},\mathbf{z}) = \nabla_{\mathbf{z}}L(\mathbf{y},\mathbf{z})$. Diese Abbildung bildet die Indikatrix $\mathbf{L_y}$ in die Figuratrix $\mathbf{H_y}$ ab, denn für $\mathbf{z} \in \mathbf{L_y}$ gilt nach (II) $H(\mathbf{y},\mathbf{p}) = L(\mathbf{y},\mathbf{z}) = 1$.
Für die inverse Abbildung (2.6 (a) (4)) schließen wir ganz symmetrisch.

(iii) folgt wie in 2.6 (b). Für $\mathbf{w} \perp \nabla_{\mathbf{p}}H$ gilt unter Weglassung der Argumente:

$$\begin{aligned} 0 < \sum_{i,k=1}^m H^*_{p_ip_k}w_iw_k &= \sum_{i,k=1}^m (\tfrac{1}{2}H^2)_{p_ip_k}w_iw_k = \sum_{i,k=1}^m H_{p_i}H_{p_k}w_iw_k \\ &+ H\sum_{i,k=1}^m H_{p_ip_k}w_iw_k = H\sum_{i,k=1}^m H_{p_ip_k}w_iw_k = H\langle \mathbf{w}, H_{\mathbf{pp}}\mathbf{w}\rangle. \qquad \square \end{aligned}$$

(c) Für $\mathbf{y} \in \Omega$ und $\mathbf{p} \neq \mathbf{0}$ heißt $\{\mathbf{z} \in \mathbb{R}^m \mid \langle \mathbf{p},\mathbf{z}\rangle = H(\mathbf{y},\mathbf{p})\}$ die **Stützebene** an die Indikatrix $\mathbf{L_y}$ mit Normalenvektor $\mathbf{p}$.

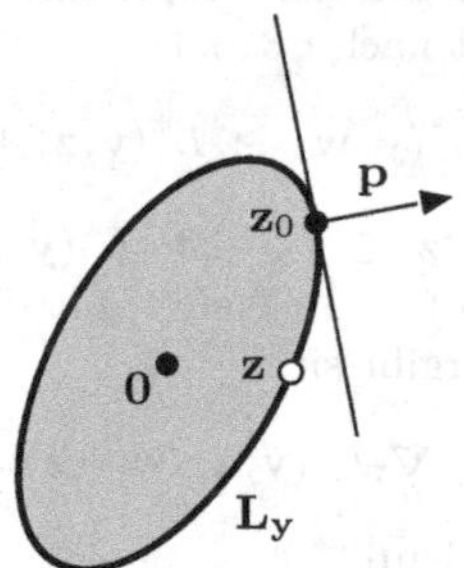

SATZ. *Die Indikatrix* $\mathbf{L_y}$ *liegt auf der dem Nullpunkt zugewandten Seite jeder Stützebene und berührt diese in genau einem Punkt.*

Die skizzierte Konfiguration enthält im Keim schon die Enveloppenkonstruktion von Wellenfronten nach dem Huygensschen Prinzip.

BEWEIS.

(i) *Die Stützebene ist eine Tangentialebene für* $\mathbf{L_y}$. Nach Definition ist

$$H(\mathbf{y},\mathbf{p}) = \max\{\langle \mathbf{p},\mathbf{z}\rangle \mid L(\mathbf{y},\mathbf{z}) = 1\} > 0\,.$$

Dieses Maximum unter der Nebenbedingung $L(\mathbf{y},\mathbf{z}) = 1$ werde für $\mathbf{z}_0 \in \mathbf{L_y}$ angenommen. Dann gilt $\mathbf{p} = \lambda_0\nabla_{\mathbf{z}}L(\mathbf{y},\mathbf{z}_0)$ mit einem Lagrange–Multiplikator λ_0, denn nach der Euler–Relation 2.2 (a) (1) ist $\nabla_{\mathbf{z}}L(\mathbf{y},\mathbf{z}) \neq \mathbf{0}$ für $L(\mathbf{y},\mathbf{z}) = 1$. Für diesen gilt nach der Euler–Relation

$$\lambda_0 = \lambda_0 L(\mathbf{y},\mathbf{z}_0) = \lambda_0\langle \nabla_{\mathbf{z}}L(\mathbf{y},\mathbf{z}_0),\mathbf{z}_0\rangle = \langle \mathbf{p},\mathbf{z}_0\rangle = H(\mathbf{y},\mathbf{p}) > 0\,.$$

Für $\mathbf{z} \in \mathbb{R}^m$ folgt

$$\langle \mathbf{p},\mathbf{z}\rangle = H(\mathbf{y},\mathbf{p}) \iff \langle \mathbf{p},\mathbf{z}-\mathbf{z}_0\rangle = 0 \iff \lambda_0\langle \nabla_{\mathbf{z}}L(\mathbf{y},\mathbf{z}_0),\mathbf{z}-\mathbf{z}_0\rangle = 0\,.$$

(ii) *Für* $\mathbf{z} \in \mathbf{L}_\mathbf{y}$ *mit* $\mathbf{z} \neq \mathbf{z}_0$ *gilt* $\langle \mathbf{p}, \mathbf{z} \rangle < \langle \mathbf{p}, \mathbf{z}_0 \rangle$.
Nach Definition von H gilt $\langle \mathbf{p}, \mathbf{z} \rangle \leq \langle \mathbf{p}, \mathbf{z}_0 \rangle$. Angenommen $\langle \mathbf{p}, \mathbf{z} \rangle = \langle \mathbf{p}, \mathbf{z}_0 \rangle = H(\mathbf{y}, \mathbf{p})$. Wie oben folgt $\mathbf{p} = \lambda_0 \nabla_\mathbf{z} L(\mathbf{y}, \mathbf{z})$ mit $\lambda_0 = H(\mathbf{y}, \mathbf{p})$. Wegen $L(\mathbf{y}, \mathbf{z}) = 1 = L(\mathbf{y}, \mathbf{z}_0)$ und der Homogenitätsbedingung für L^* ergibt sich

$$\begin{aligned} \nabla_\mathbf{z} L^*(\mathbf{y}, \lambda_0 \mathbf{z}) &= \lambda_0 \nabla_\mathbf{z} L^*(\mathbf{y}, \mathbf{z}) = \lambda_0 \nabla_\mathbf{z} L(\mathbf{y}, \mathbf{z}) = \mathbf{p} \\ &= \lambda_0 \nabla_\mathbf{z} L(\mathbf{y}, \mathbf{z}_0) = \lambda_0 \nabla_\mathbf{z} L^*(\mathbf{y}, \mathbf{z}_0) = \nabla_\mathbf{z} L^*(\mathbf{y}, \lambda_0 \mathbf{z}_0) \end{aligned}$$

und damit $\lambda_0 \mathbf{z} = \lambda_0 \mathbf{z}_0$, d.h. $\mathbf{z} = \mathbf{z}_0$ wegen der Injektivität von $\mathbf{z} \mapsto \nabla_\mathbf{z} L^*(\mathbf{y}, \mathbf{z})$. □

2.8 Die Hamilton–Gleichungen im parametrisch–elliptischen Fall

SATZ. *Die* **normalen Euler–Gleichungen** *für einen parametrisch–elliptischen Integranden* L,

$$\text{(EGN)} \quad \frac{d}{dt}\left[\nabla_\mathbf{z} L(\mathbf{y}, \mathbf{y}')\right] = \nabla_\mathbf{y} L(\mathbf{y}, \mathbf{y}'), \quad L(\mathbf{y}, \mathbf{y}') = 1,$$

sind äquivalent zu den **normalen Hamilton–Gleichungen** *der parametrischen Hamilton-Funktion* H,

$$\text{(HGN)} \quad \mathbf{y}' = \nabla_\mathbf{p} H(\mathbf{y}, \mathbf{p}), \quad \mathbf{p}' = -\nabla_\mathbf{y} H(\mathbf{y}, \mathbf{p}), \quad H(\mathbf{y}, \mathbf{p}) = 1,$$

d.h. für jede normale Lösung $t \mapsto \mathbf{y}(t)$ *der Euler-Gleichung für* L *ist durch* $\mathbf{p}(t) := \nabla_\mathbf{z} L^*(\mathbf{y}(t), \mathbf{y}'(t))$ *eine Lösung* $t \mapsto (\mathbf{y}(t), \mathbf{p}(t))$ *der Hamilton–Gleichungen mit* $H(\mathbf{y}(t), \mathbf{p}(t)) = 1$ *gegeben, und für jede Lösung* $t \mapsto (\mathbf{y}(t), \mathbf{p}(t))$ *der Hamilton–Gleichungen mit* $H(\mathbf{y}(t), \mathbf{p}(t)) = 1$ *ist* $t \mapsto \mathbf{y}(t)$ *eine normale Lösung der Euler–Gleichungen.*

BEWEIS.
Für jede C^1–Kurve $t \mapsto \mathbf{y}(t)$ gilt mit $\mathbf{p}(t) := \nabla_\mathbf{z} L^*(\mathbf{y}(t), \mathbf{y}'(t))$ nach dem Beweis in 2.7 (b)

$$H(\mathbf{y}(t), \mathbf{p}(t)) = L(\mathbf{y}(t), \mathbf{y}'(t)),$$

woraus die Äquivalenz der beiden Normierungsbedingungen folgt.
Nach 2.3 (c) sind die EGN äquivalent zu

$$\text{(1)} \quad \frac{d}{dt}\left[\nabla_\mathbf{z} L^*(\mathbf{y}, \mathbf{y}')\right] = \nabla_\mathbf{y} L^*(\mathbf{y}, \mathbf{y}'), \quad L(\mathbf{y}, \mathbf{y}') = 1.$$

Diese sind nach § 2 : 6.2 (b) äquivalent zu den Gleichungen

$$\text{(2)} \quad \mathbf{y}' = \nabla_\mathbf{p} H^*(\mathbf{y}, \mathbf{p}), \quad \mathbf{p}' = -\nabla_\mathbf{y} H^*(\mathbf{y}, \mathbf{p}), \quad H(\mathbf{y}, \mathbf{p}) = 1.$$

Die Äquivalenz (2) $\iff$ HGN folgt aus

$$\nabla_\mathbf{p} H^* = H \, \nabla_\mathbf{p} H, \quad \nabla_\mathbf{y} H^* = H \, \nabla_\mathbf{y} H.$$ □

3 Grundkonzepte der geometrischen Optik

3.1 Optische Medien und Fermat–Prinzip

(a) Ein **optisches Medium** in einem Gebiet $\Omega \subset \mathbb{R}^3$ ist gekennzeichnet durch den **Brechungsindex** $n : \Omega \times S^2 \to \mathbb{R}_{>0}$. Dieser schreibt die Lichtgeschwindigkeit $c/n(\mathbf{q},\mathbf{v})$ in jedem Punkt $\mathbf{q} \in \Omega$ für jede Richtung $\mathbf{v} \in \mathbb{R}^3$ ($\|\mathbf{v}\| = 1$) vor; dabei bedeutet c die Lichtgeschwindigkeit im Vakuum. Das optische Medium heißt **isotrop**, wenn der Brechungsindex nur vom Ort abhängt und **homogen**, wenn dieser konstant ist. Wir lassen zu, dass es endlich viele disjunkte C^2–Flächen $\Gamma_1, \dots, \Gamma_N \subset \Omega$ (**Grenzflächen**) gibt, die Ω in Teilgebiete zerlegen und an denen sich der Brechungsindex unstetig verhält. Liegt in diesen Isotropie bzw. Homogenität vor, so heißt das Medium **stückweis isotrop** bzw. **stückweis homogen**.

(b) Die **Lagrange–Funktion** des optischen Mediums,

$$L(\mathbf{q},\mathbf{v}) := \begin{cases} n(\mathbf{q}, \mathbf{v}/\|\mathbf{v}\|)\,\|\mathbf{v}\| & \text{für } \mathbf{v} \neq \mathbf{0}\,, \\ 0 & \text{für } \mathbf{v} = \mathbf{0}\,, \end{cases}$$

stellt die Fortsetzung von $n(\mathbf{q},\mathbf{v})$ zu einer bezüglich der $\mathbf{v}$–Variablen 1–homogenen Funktion auf $\Omega \times \mathbb{R}^3$ dar. (Wie in der Mechanik bezeichnen wir in der Optik die Variablen mit $(\mathbf{q},\mathbf{v})$, statt wie in Abschnitt 2 mit $(\mathbf{y},\mathbf{z})$.)

Wir setzen im Folgenden voraus, dass für jedes Teilgebiet Ω_0 von Ω ohne Grenzflächen die Lagrange–Funktion L parametrisch–elliptisch ist, d.h. $L^* := \frac{1}{2}\,L^2$ ist elliptisch und C^3–differenzierbar auf $\Omega_0 \times \mathbb{R}^3$. Damit werden stückweis isotrope und kristalline Medien erfasst; in beiden Fällen ist $L^*(\mathbf{q},\mathbf{v}) = \frac{1}{2}\,\langle \mathbf{v}, A(\mathbf{q})\mathbf{v}\rangle$ mit einer positiv definiten Matrix $A(\mathbf{q})$, vgl. 2.3 (b).

Einen **Lichtstrahl** beschreiben wir durch eine Kette C aneinandergehängter Kurvenstücke. Für jede Parametrisierung $C = \{\mathbf{q}(s) \mid s \in I\}$ drücken wir die Laufzeit T des Lichts längs C mit Hilfe der Lagrange–Funktion L des optischen Mediums aus:

$$T = \int_C \frac{1}{v}\,ds = \frac{1}{c}\int n\,ds = \frac{1}{c}\int_I L(\mathbf{q}(s),\mathbf{q}'(s))\,ds\,.$$

Demgemäß bezeichnen wir für jede reguläre PC^1–Kurve $\mathbf{q} : I \to \Omega$ das Integral

$$\mathcal{L}(\mathbf{q}, I) = \mathcal{L}_I(\mathbf{q}) = \int_I L(\mathbf{q}(s),\mathbf{q}'(s))\,ds$$

als **Laufzeitintegral**.

Ist das Medium axialsymmetrisch, so reicht die Betrachtung von zweidimensionalen Modellen, auf welche sich die dreidimensionalen Begriffe und Ergebnisse in natürlicher Weise übertragen.

(c) **Fermatsches und Huygenssches Prinzip.** Im Teil *Dioptrique* des 1637 erschienenen *Discours de la Méthode* gewann DESCARTES das Reflexions- und das Brechungsgesetz durch Übertragung des Verhaltens eines elastischen Balls beim schrägen Aufprall auf eine Ebene bzw. beim Eintauchen in ein widerstehendes Medium, in welchem der Ball vom Lot weg abgelenkt wird. Dieses Modell zwang ihn zur Annahme, dass ein dichteres Medium dem Licht weniger Widerstand entgegensetze als ein dünneres. Von einer höheren Lichtgeschwindigkeit im dichteren Medium, auf die seine Annahme de facto hinausläuft, sprach er nicht, da er von einer instantanen Ausbreitung des Lichts überzeugt war. FERMATs Einwände gegen Descartes' Theorie führten zu langen Auseinandersetzungen, bis sich für ihn 1657 aus einem Briefwechsel mit Cureau DE LA CHAMBRE ein neuer Ansatz ergab: Der Lichtstrahl zwischen zwei Punkten macht die mit den Widerständen gewichtete Weglänge zum Minimum. FERMAT kam 1662 zum Ergebnis, dass dieses Prinzip das von ihm bisher angezweifelte Sinusgesetz der Brechung liefert, und er bewies, dass ein nach diesem Gesetz gebrochener Strahl die Laufzeit minimiert.

Dass sich FERMATs Prinzip zunächst nicht durchsetzte, hatte mehrere Gründe. Zum einen postulierte FERMAT eine endliche Lichtgeschwindigkeit, 13 Jahre vor RŒMERs Nachweis. Ob diese im optisch dichteren Medium geringer ist oder größer, wie NEWTON 1704 in seinen *Opticks* annahm, blieb lange umstritten.

Zum andern fehlte eine physikalische Begründung. Warum sollte die Natur nach größtmöglicher Sparsamkeit streben, und warum sollte gerade die Zeit minimiert werden? Welche Ursachen sorgen für die Einhaltung des Prinzips?

In seiner *Traité de la Lumière* nahm sich Christiaan HUYGENS 1678 vor, für Reflexion und Brechung „klarere und wahrscheinlichere Gründe" anzugeben. Er erklärte die Lichtausbreitung in isotropen Medien als Fortschreiten von Wellenfronten derart, dass jeder Punkt einer Wellenfront Σ_t zur Zeit t Ausgangspunkt von kugelförmigen Elementarwellen ist, deren Einhüllende nach einer Zeitspanne Δt die Wellenfront $\Sigma_{t+\Delta t}$ ist. Die Elementarwellen deutete er als (aperiodische) Stoßwellen, wozu er die Fiktion einer allgegenwärtigen Äthermaterie benötigte. Lichtstrahlen waren in diesem Fall die senkrecht zu den Wellenfronten verlaufenden Linien. Mit seiner Theorie konnte HUYGENS nicht nur die Reflexion, die Brechung sowie die atmosphärische Beugung erklären, sondern durch den Ansatz von Elementarwellen in Form von Ellipsoiden auch Brechungsphänomene in Kristallen wie die Doppelbrechung beim Islandspat.

Wir werden sehen, dass das Huygenssche Prinzip der Wellenausbreitung und das Fermatsche Prinzip der Strahlenoptik aufeinander zurückgeführt werden können.

Mit dem Ausbau der Variationsrechnung gewann das Fermat–Prinzip an Bedeutung; allerdings wurde im Laufe des zweiten Prioritätenstreits (vgl. 2.4 (c)) mit Hinweis auf die Reflexion an Hohlspiegeln angezweifelt, dass es sich um ein Minimumprinzip handelt. Wir kommen auf diesen Einwand in 3.2 (d) zurück.

(d) Für optische Medien in einem Gebiet $\Omega \subset \mathbb{R}^3$ ohne Grenzflächen formulieren wir das **Fermat–Prinzip** in zwei äquivalenten Versionen. Hierbei schreiben wir für reguläre PC^1–Kurven $\mathbf{q} : I \to \Omega$ auf einem offenen Intervall I für die erste Variation des Laufzeitintegrals

$$\delta\mathcal{L}(\mathbf{q})\varphi := \int_I \big(L_{\mathbf{q}}(\mathbf{q}, \dot{\mathbf{q}})\,\varphi + L_{\mathbf{v}}(\mathbf{q}, \dot{\mathbf{q}})\,\dot{\varphi}\big)\,dt \quad \text{für} \quad \varphi \in \mathrm{C}_c^\infty(I, \mathbb{R}^3).$$

Das Integral existiert, weil φ kompakten Träger hat.

Fermat–Prinzip der minimalen Laufzeit. *Lichtstrahlen durchlaufen reguläre* C^2*-Kurven* $\mathbf{q} : I \to \Omega$, *die das Laufzeitintegral* $\mathcal{L}$ *lokal zum Minimum machen: Zu jedem* $t_0 \in I$ *gibt es eine Intervallumgebung* $J = [t_1, t_2] \subset I$ *von* t_0 *und eine Umgebung* $U \subset \Omega$ *von* $\mathbf{q}(t_0)$ *mit* $\mathbf{q}(J) \subset U$, *so dass die auf* J *eingeschränkte Kurve* $\mathbf{q}$ *die schnellste Verbindung in* U *zwischen den Punkten* $\mathbf{q}(t_1)$ *und* $\mathbf{q}(t_2)$ *ist,*

$$\mathcal{L}_J(\mathbf{q}) = \min\{\, \mathcal{L}_J(\mathbf{q}^*) \mid \mathbf{q}^* : [s_1, s_2] \to \Omega \ \mathrm{PC}^1\text{-Kurve in } U \text{ mit } \mathbf{q}^*(s_1) = \mathbf{q}(t_1),\ \mathbf{q}^*(s_2) = \mathbf{q}(t_2)\,\}.$$

Fermat–Prinzip der stationären Laufzeit. *Lichtstrahlen durchlaufen reguläre* C^2*-Kurven* $\mathbf{q} : I \to \Omega$, *welche das Laufzeitintegral* $\mathcal{L}$ *lokal stationär machen: Für jedes* $t_0 \in I$ *und jede Intervallumgebung* $J \subset I$ *von* t_0 *gilt*

$$\delta\mathcal{L}(\mathbf{q})\varphi = 0 \quad \textit{für} \quad \varphi \in \mathrm{C}_c^\infty(J, \mathbb{R}^3).$$

Die stärkere erste Charakterisierung von Lichtstrahlen ergibt sich aus zweiten zusammen mit 2.4.

Das Fermat–Prinzip für optische Medien mit Grenzflächen wird in 3.2 formuliert.

(e) **Die Euler–Gleichung des Laufzeitintegrals,**

$$\frac{d}{ds}\big[\nabla_{\mathbf{v}} L(\mathbf{q}(s), \mathbf{q}'(s))\big] = \nabla_{\mathbf{q}} L(\mathbf{q}(s), \mathbf{q}'(s)),$$

lautet im isotropen Fall $L(\mathbf{q}, \mathbf{v}) = n(\mathbf{q})\,\|\mathbf{v}\|$

$$\left(\frac{\mathbf{q}''(s)}{\|\mathbf{q}'(s)\|^2} - \frac{\nabla n(\mathbf{q}(s))}{n(\mathbf{q}(s))}\right)^{\#} = \mathbf{0},$$

[ÜA]. Dabei bedeutet für $\mathbf{v} \in \mathbb{R}^3$ der Vektor $\mathbf{v}^\#$ die Projektion von $\mathbf{v}$ auf die zu $\mathbf{q}'(s)$ senkrechte Ebene durch $\mathbf{q}(s)$:

$$\mathbf{v}^\# := \mathbf{v} - \big\|\mathbf{q}'(s)\big\|^{-2}\big\langle \mathbf{v}, \mathbf{q}'(s)\big\rangle\, \mathbf{q}'(s).$$

Für jeden normal parametrisierten Lichtstrahl ($L(\mathbf{q}(t), \dot{\mathbf{q}}(t)) = 1$) ist der Parameter t als Zeit zu deuten. Im isotropen Fall ergibt sich durch Differentiation der Bedingung $n(\mathbf{q})\|\dot{\mathbf{q}}\| = 1$

$$n(\mathbf{q})\langle \dot{\mathbf{q}}, \ddot{\mathbf{q}}\rangle / \|\dot{\mathbf{q}}\| = -\langle \nabla n(\mathbf{q}), \dot{\mathbf{q}}\rangle\, \|\dot{\mathbf{q}}\|.$$

Setzen wir dies in die Euler–Gleichung ein, so erhalten wir die normale Euler–Gleichung für isotrope Medien

$$\text{(EGN)}\quad \ddot{\mathbf{q}} = \frac{\boldsymbol{\nabla} n(\mathbf{q})}{n(\mathbf{q})^3} - \frac{2}{n(\mathbf{q})}\langle \boldsymbol{\nabla} n(\mathbf{q}), \dot{\mathbf{q}}\rangle\, \dot{\mathbf{q}}\,.$$

(b) Haben wir es bei einem ebenen isotropen Modell mit Lichtstrahlen zu tun, die sich als Graph $x \mapsto \mathbf{q}(x) = (x, u(x))$ in der x,y–Ebene parametrisieren lassen, so ist die Euler–Gleichung äquivalent zur Gleichung

$$k(x) = \left\langle \frac{\boldsymbol{\nabla} n(x,u(x))}{n(x,u(x))}\,,\; \mathbf{e}(x)\right\rangle,$$

wobei

$$k(x) = \frac{u''(x)}{\sqrt{(1+u'(x)^2)^3}}\,,\quad \mathbf{e}(x) = \frac{1}{\sqrt{1+u'(x)^2}}\begin{pmatrix}-u(x)\\ 1\end{pmatrix}$$

die Krümmung und der nach oben gerichtete Einheitsnormalenvektor des Strahles an der Stelle $(x, u(x))$ sind ÜA (§ 7 : 1.2 (c)). Ziehen wir nur flache Lichtstrahlen ($|u'(x)| \ll 1$) in Betracht, können wir diese Gleichung näherungsweise ersetzen durch

$$(*)\quad u''(x) = \frac{1}{n(x,u(x))}\,\frac{\partial n}{\partial y}(x,u(x))\,.$$

Hiermit lassen sich einige optische Phänomene modellhaft beschreiben. Nehmen wir an, dass der Brechungsindex mit der Dichte der Atmosphäre bei wachsender Höhe y über der Erdoberfläche exponentiell abnimmt,

$$n(x,y) = n_0\,\mathrm{e}^{-\varrho y}\quad (n_0 > 1,\;\; 0 < \varrho \ll 1)\,,$$

so liefert $(*)$ die DG $u'' = -\varrho$.

Die flach verlaufenden Lichtstrahlen durch den Beobachterpunkt $(0, y_0)$ sind also durch Parabeln

$$u(x) = y_0 + cx - \tfrac{1}{2}\varrho x^2$$

mit $|c| \ll 1$ gegeben. Einem Beobachter in $(0, y_0)$ erscheint demnach von zwei gleich hohen Türmen der hintere höher als der vordere (Fig.).

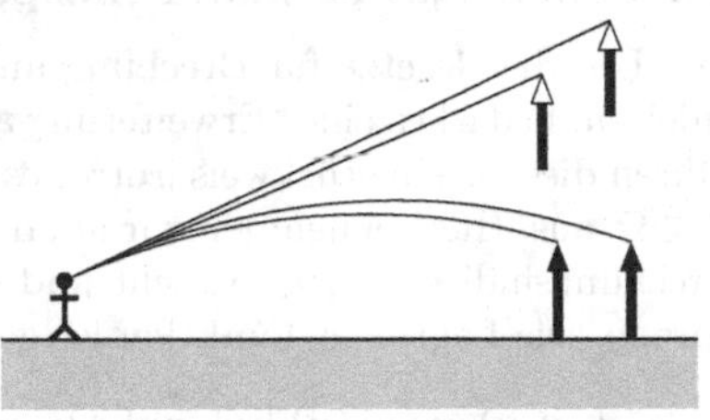

Auf ähnliche Weise lässt sich erklären, dass die Sonne auch nach Versinken unter die Horizontebene noch sichtbar sein kann.

Mit der DG $(*)$ lassen sich auch Spiegelungseffekte über heissen Asphaltstrassen qualitativ erklären. Wir nehmen an, dass an der Strassenoberfläche die Luft dünn ist, um dann mit wachsender Höhe dichter zu werden und von einer bestimmten Höhe an nahezu konstant zu sein. Dies realisieren wir durch den Ansatz

$$n(x,y) = \begin{cases} e^{k(2y-y^2-1)} & \text{für} \quad 0 \le y \le 1\,, \\ 1 & \text{für} \quad y \ge 1 \end{cases}$$

mit $0 < k \ll 1$; dabei unterschlagen wir einen nahe bei 1 liegenden Vorfaktor $n_0 > 1$, den Brechungsindex der Luft in Höhe 1. Für die Lichtstrahlen durch den Beobachterpunkt $(0,1)$ erhalten wir folgende Lösungen der DG $(*)$:

$$u(x) = 1 + cx \quad \text{für} \quad 0 \le c = u'(0) \ll 1\,;$$

für $-1 \ll c = u'(0) < 0$ ergibt sich mit $L := \pi/\sqrt{2k}$ ÜA

$$u(x) = \begin{cases} 1 + \frac{cL}{\pi}\, \sin \frac{\pi x}{L} & \text{für} \quad 0 \le x \le L\,, \\ 1 - c\,(x - L) & \text{für} \quad x \ge L\,. \end{cases}$$

Verifizieren Sie anhand einer Skizze, dass die hier gemachten Modellannahmen folgenden bekannten Effekt produzieren: Blickt ein Beobachter in $(0,1)$ über ein erhitztes Straßenstück der Länge L, so sieht er von einem dahinter liegenden Wald $(x > L)$ die Baumspitzen längs der Strahlen mit $c > 0$ aufrecht, und längs der Strahlen mit $c < 0$ auf dem Kopf stehend mit darunter erscheinendem Himmel.

(e) AUFGABE. MAXWELL fand 1854, dass der Brechungsindex in der Augenlinse von Fischen die Gestalt $n(x,y) = 2ab/(a^2+r^2)$ hat, wobei $r = \sqrt{x^2+y^2}$ der Abstand zur Linsenmitte $(0,0)$ ist. Zeigen Sie, dass in einem optischen Medium im $\mathbb{R}^2$ mit diesem Brechungsindex für jeden Punkt (x_0, y_0) ein kreisförmiger Lichtstrahl mit Mittelpunkt (x_0, y_0) existiert.

3.2 Erweitertes Fermat–Prinzip, Brechung und Reflexion

(a) Um die Gesetze für Brechung und Reflexion aus dem Fermat–Prinzip herzuleiten, bedarf es einer Erweiterung auf optische Medien mit Grenzflächen. Wir führen dies für ein stückweis isotropes Medium in $\Omega \subset \mathbb{R}^3$ mit einer Grenzfläche $\Gamma \subset \Omega$ aus. Hierbei nehmen wir an, dass $\Omega \setminus \Gamma$ aus zwei Teilgebieten Ω_1, Ω_2 mit Brechungsindizes n_1, n_2 besteht und setzen $n_k \in \mathrm{C}^3(\Omega_k) \cap \mathrm{C}^0(\overline{\Omega}_k)$ für $k = 1, 2$ voraus. Die Lagrange–Funktion ist gegeben durch

$$L(\mathbf{q}, \mathbf{v}) = n_k(\mathbf{q}) \|\mathbf{v}\| \quad \text{auf } \Omega_k \text{ für } k = 1, 2\,,$$

und es gilt $\nabla_{\mathbf{v}} L(\mathbf{q}, \mathbf{v}) = n_k(\mathbf{q}) \|\mathbf{v}\|^{-1} \mathbf{v}$ auf Ω_k.

Im Folgenden betrachten wir reguläre PC^1–Kurven $\mathbf{q} : I \to \Omega$, welche die Fläche Γ nur einmal und nicht tangential treffen, in Γ einen Knick besitzen und sonst glatt sind:

$$\begin{aligned}&\mathbf{q}(0)\in\Gamma,\ \ \dot{\mathbf{q}}(0-),\dot{\mathbf{q}}(0+)\notin T_{\mathbf{q}(0)}\Gamma\,,\\ &\mathbf{q}\in \mathrm{C}^2(I_1,\Omega_1)\ \text{ mit }\ I_1:=\{t\in I\,|\,t<0\}\,,\\ &\mathbf{q}\in \mathrm{C}^2(I_2,\Omega_2)\ \text{ mit }\ I_2:=\{t\in I\,|\,t>0\}\,,\end{aligned}$$

($T_{\mathbf{q}(0)}\Gamma$ bezeichnet den Tangentialraum der Grenzfläche Γ im Punkt $\mathbf{q}(\mathbf{0})$, siehe § 7 : 2.1 (a)). Das Laufzeitintegral für solche *in* Γ *gebrochene Kurven* $\mathbf{q}: I \to \Omega$ ist definiert durch

$$\mathcal{L}_I(\mathbf{q}) := \int\limits_{I_1} L(\mathbf{q},\dot{\mathbf{q}})\,dt + \int\limits_{I_2} L(\mathbf{q},\dot{\mathbf{q}})\,dt\,.$$

Das Fermat–Prinzip für ein Medium mit einer Grenzfläche formulieren wir wieder in zwei Versionen:

Fermat–Prinzip der minimalen Laufzeit. *Lichtstrahlen durchlaufen in* Γ *gebrochene Kurven* $\mathbf{q}: I \to \Omega$*, die das Laufzeitintegral* $\mathcal{L}$ *lokal zum Minimum machen: Zu jedem* $t_0 \in I$ *gibt es eine Intervallumgebung* $J = [t_1, t_2] \subset I$ *von* t_0 *und eine Umgebung* $U \subset \Omega$ *von* $\mathbf{q}(t_0)$ *mit* $\mathbf{q}(J) \subset U$*, so dass die auf* J *eingeschränkte Kurve* $\mathbf{q}$ *die schnellste Verbindung in* U *zwischen den Punkten* $\mathbf{q}(t_1)$ *und* $\mathbf{q}(t_2)$ *ist,*

$$\begin{aligned}\mathcal{L}_J(\mathbf{q}) = \min\{\,\mathcal{L}_J(\mathbf{q}^*)\mid \mathbf{q}^*:[s_1,s_2]\to\Omega\ \ \mathrm{PC}^1\text{-}\mathit{Kurve\ in}\ U\ \mathit{mit}\\ \mathbf{q}^*(s_1)=\mathbf{q}(t_1),\ \mathbf{q}^*(s_2)=\mathbf{q}(t_2)\,\}\,.\end{aligned}$$

Fermat–Prinzip der stationären Laufzeit. *Lichtstrahlen durchlaufen in* Γ *gebrochene Kurven* $\mathbf{q}: I \to \Omega$*, welche das Laufzeitintegral* $\mathcal{L}$ *lokal stationär machen: Für jedes* $t_0 \in I$ *und jede Intervallumgebung* $J \subset I$ *von* t_0 *gilt*

$$\delta\mathcal{L}(\mathbf{q})\varphi = 0 \ \ \textit{für alle}\ \varphi\in \mathrm{C}_c^\infty(J,\mathbb{R}^3)\ \ \textit{mit}\ \ \varphi(0)\in T_{\mathbf{q}(0)}\Gamma.$$

(b) SATZ. *Äquivalente Aussagen sind:*

(1) *Das Fermat–Prinzip der minimalen Laufzeit.*

(2) *Das Fermat–Prinzip der stationären Laufzeit.*

(3) *Für jeden Lichtstrahl* $\mathbf{q}: I \to \Omega$ *gilt:*

(i) *die Euler–Gleichung*

$$\frac{d}{dt}\left[\nabla_{\mathbf{v}}L(\mathbf{q},\dot{\mathbf{q}})\right] = \nabla_{\mathbf{q}}L(\mathbf{q},\dot{\mathbf{q}}) \ \ \textit{auf}\ I_1\ \textit{und}\ I_2\,,$$

(ii) *das* **Brechungsgesetz** in $\mathbf{y} = \mathbf{q}(0)$,

$$n_1(\mathbf{y})\frac{\mathbf{v}_1}{\|\mathbf{v}_1\|} - n_2(\mathbf{y})\frac{\mathbf{v}_2}{\|\mathbf{v}_2\|} \perp T_{\mathbf{y}}\Gamma\,,$$

wobei $\mathbf{v}_1 = \dot{\mathbf{q}}(0-)$, $\mathbf{v}_2 = \dot{\mathbf{q}}(0+)$ *die einseitigen Tangentenvektoren von* $\mathbf{q}$ *an der Stelle* $t = 0$ *sind.*

BEMERKUNGEN. (1) Aus dem Brechungsgesetz folgt das nach SNELLIUS benannte Sinusgesetz

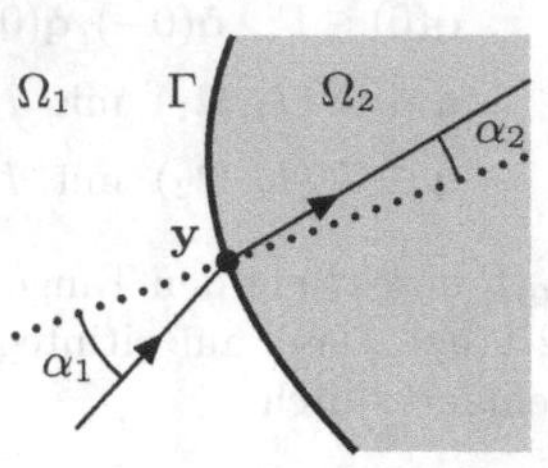

$$n_1(\mathbf{y})\sin\alpha_1 = n_2(\mathbf{y})\sin\alpha_2$$

für die Winkel α_k zwischen $\mathbf{v}_k$ und der Flächennormale im Punkt $\mathbf{y}$.

(2) Trennt die Grenzfläche Γ zwei anisotrope Medien mit Lagrange–Funktionen $L(\mathbf{q},\mathbf{v}) = n_k(\mathbf{q},\mathbf{v}/\|\mathbf{v}\|)\,\|\mathbf{v}\|$ auf Ω_k ($k = 1,2$), so ergibt sich aus dem folgenden Beweis das Brechungsgesetz in der Form

$$\nabla_{\mathbf{v}} L(\mathbf{y},\mathbf{v}_1) - \nabla_{\mathbf{v}} L(\mathbf{y},\mathbf{v}_2) \perp T_{\mathbf{y}}\Gamma\,.$$

(3) Es liegt auf der Hand, wie die beiden Fermat–Prinzipien für ein Medium mit mehreren Grenzflächen zu formulieren sind.

BEWEIS.

(1) $\Longrightarrow$ (2): Sei $\mathbf{q} : I \to \Omega$ ein im Sinne des Fermat–Prinzips (1) in Γ gebrochener Lichtstrahl. Für diesen existiert eine Intervallumgebung $J = [-\varepsilon,\varepsilon]$ von 0 und eine Umgebung U von $\mathbf{y} := \mathbf{q}(0)$ mit $\mathbf{q}(J) \subset U$, so dass das auf J eingeschränkte Kurvenstück $\mathbf{q}$ die Laufzeit $\mathcal{L}_J$ in U minimiert. Es sei $\boldsymbol{\varphi} \in \mathrm{C}_c^\infty(I,\mathbb{R}^3)$ ein Testvektor mit $\operatorname{supp}\boldsymbol{\varphi} \subset]-\varepsilon,\varepsilon[$ und $\boldsymbol{\varphi}(0) \in T_{\mathbf{q}(0)}\Gamma$.
Wir wählen eine Kurve

$$s \mapsto \mathbf{r}(s),\ ]-\delta,\delta[\to \Gamma \ \text{ mit } \ \mathbf{r}(0) = \mathbf{y},\ \dot{\mathbf{r}}(0) = \boldsymbol{\varphi}(0),$$

weiter fixieren wir $\psi \in \mathrm{C}_c^\infty(]-\varepsilon,\varepsilon[)$ mit $\psi(0) = 1$ und setzen

$$\mathbf{q}_s(t) := \mathbf{q}(t) + s\boldsymbol{\varphi}(t) + \psi(t)\,(\mathbf{r}(s) - \mathbf{y} - s\boldsymbol{\varphi}(0)) \ \text{ für } \ s \in]-\delta,\delta[\,,\ t \in J.$$

Für hinreichend kleines $\delta > 0$ ist $\mathbf{q}_s$ eine PC^1–Kurve $J \to U$ und es gilt [ÜA]

$$\begin{aligned}
&\mathbf{q}_0(t) = \mathbf{q}(t) \ \text{ für } \ t \in J\,,\\
&\mathbf{q}_s(\varepsilon) = \mathbf{q}(\varepsilon)\,,\ \mathbf{q}_s(-\varepsilon) = \mathbf{q}(-\varepsilon) \ \text{ für } \ s \in]-\delta,\delta[\,,\\
&\mathbf{q}_s(0) = \mathbf{r}(s) \in \Gamma \ \text{ und } \ \dot{\mathbf{q}}_s(0\pm) \notin T_{\mathbf{r}(s)}\Gamma \ \text{ für } \ s \in]-\delta,\delta[\,,\\
&\mathbf{q}_s(t) \in \Omega_1 \ \text{ für } \ t < 0\,,\ \mathbf{q}_s(t) \in \Omega_2 \ \text{ für } \ t > 0 \ \text{ und } \ s \in]-\delta,\delta[\,,\\
&\frac{d}{ds}\,\mathbf{q}_s(t)\Big|_{s=0} = \boldsymbol{\varphi}(t)\,,\quad \frac{d}{ds}\,\dot{\mathbf{q}}_s(t)\Big|_{s=0} = \dot{\boldsymbol{\varphi}}(t) \ \text{ für } \ t \in J\,.
\end{aligned}$$

Aus der Minimumeigenschaft von $\mathbf{q} : J \to U$ folgt dann

$$\mathcal{L}_J(\mathbf{q}_s) \geq \mathcal{L}_J(\mathbf{q}_0) = \mathcal{L}_J(\mathbf{q}) \ \text{ für } \ s \in]-\delta,\delta[\,,$$

und damit

$$0 = \frac{d}{ds}\,\mathcal{L}_J(\mathbf{q}_s)\Big|_{s=0} = \int_J \big(L_{\mathbf{q}}(\mathbf{q},\dot{\mathbf{q}})\,\varphi + L_{\mathbf{v}}(\mathbf{q},\dot{\mathbf{q}})\,\dot{\varphi}\big)\,dt$$

$$= \int_I \big(L_{\mathbf{q}}(\mathbf{q},\dot{\mathbf{q}})\,\varphi + L_{\mathbf{v}}(\mathbf{q},\dot{\mathbf{q}})\,\dot{\varphi}\big)\,dt = \delta\mathcal{L}(\mathbf{q})\varphi\,.$$

(2)$\Longrightarrow$(3): Sei $\mathbf{q} : I \to \Omega$ ein im Sinne des Fermat–Prinzips (2) in Γ gebrochener Lichtstrahl. Für Testvektoren $\varphi \in \mathrm{C}_c^\infty(I,\mathbb{R}^3)$ mit $\operatorname{supp}\varphi \subset I_1$ oder $\operatorname{supp}\varphi \subset I_2$ gilt $\varphi(0) = \mathbf{0} \in T_{\mathbf{q}(0)}\Gamma$, daher nach dem Fermat–Prinzip (2)

$$\delta\mathcal{L}_{I_1}(\mathbf{q})\varphi = 0 \quad\text{und}\quad \delta\mathcal{L}_{I_2}(\mathbf{q})\varphi = 0\,,$$

und es folgen die Euler–Gleichungen auf I_1 und I_2 nach § 2 : 1.3.

Zum Nachweis des Brechungsgesetzes wählen wir $\mathbf{w} \in T_{\mathbf{y}}\Gamma$.

Es sei $J =]-\varepsilon,\varepsilon[$ für $0 < \varepsilon \ll 1$ und $\psi \in \mathrm{C}_c^\infty(J)$ eine Testfunktion mit $\psi(0) = 1$. Dann ist $\varphi(t) := \psi(t)\mathbf{w}$ ein Testvektor mit $\operatorname{supp}\varphi \subset]-\varepsilon,\varepsilon[$ und $\varphi(0) = \mathbf{w} \in T_{\mathbf{y}}\Gamma$. Nach dem Fermat–Prinzip (2) gilt

$$0 = \delta\mathcal{L}(\mathbf{q})\varphi = \int_{-\varepsilon}^{\varepsilon} \big(L_{\mathbf{q}}(\mathbf{q},\dot{\mathbf{q}})\,\varphi + L_{\mathbf{v}}(\mathbf{q},\dot{\mathbf{q}})\,\dot{\varphi}\big)\,dt$$

$$= \int_{-\varepsilon}^{0} \big(L_{\mathbf{q}}(\mathbf{q},\dot{\mathbf{q}})\,\varphi + L_{\mathbf{v}}(\mathbf{q},\dot{\mathbf{q}})\,\dot{\varphi}\big)\,dt + \int_{0}^{\varepsilon} \big(L_{\mathbf{q}}(\mathbf{q},\dot{\mathbf{q}})\,\varphi + L_{\mathbf{v}}(\mathbf{q},\dot{\mathbf{q}})\,\dot{\varphi}\big)\,dt\,.$$

Partielle Integration und Verwendung der Euler–Gleichungen auf I_1 und I_2 liefern

$$0 = L_{\mathbf{v}}(\mathbf{q},\dot{\mathbf{q}})\,\varphi\,\Big|_{-\varepsilon}^{0} + L_{\mathbf{v}}(\mathbf{q},\dot{\mathbf{q}})\,\varphi\,\Big|_{0}^{\varepsilon}$$

$$= L_{\mathbf{v}}(\mathbf{q}(0),\dot{\mathbf{q}}(0-))\,\varphi(0) - L_{\mathbf{v}}(\mathbf{q}(0),\dot{\mathbf{q}}(0+))\,\varphi(0)$$

$$= \big\langle \nabla_{\mathbf{v}}L(\mathbf{y},\mathbf{v}_1) - \nabla_{\mathbf{v}}L(\mathbf{y},\mathbf{v}_2)\,,\,\varphi(0)\big\rangle = \Big\langle n_1(\mathbf{y})\,\frac{\mathbf{v}_1}{\|\mathbf{v}_1\|} - n_2(\mathbf{y})\,\frac{\mathbf{v}_2}{\|\mathbf{v}_2\|}\,,\,\mathbf{w}\Big\rangle.$$

Da $\mathbf{w} \in T_{\mathbf{y}}\Gamma$ beliebig gewählt war, erhalten wir das Brechungsgesetz

$$n_1(\mathbf{y})\,\frac{\mathbf{v}_1}{\|\mathbf{v}_1\|} - n_2(\mathbf{y})\,\frac{\mathbf{v}_2}{\|\mathbf{v}_2\|} \perp T_{\mathbf{y}}\Gamma\,.$$

(3)$\Longrightarrow$(1): Der Nachweis des Fermat–Prinzips der minimalen Laufzeit erfordert in Analogie zu § 3 : 3.4 eine Feldtheorie mit gebrochenen Extremalen, auf die wir hier nicht eingehen können. Wir verifizieren für den Spezialfall eines Mediums mit stückweis konstantem Brechungsindex die lokale Minimumeigenschaft des Laufzeitintegrals nachfolgend in (c). □

(c) Wir betrachten in der Ebene eine Grenzlinie $\Gamma = \{(s,f(s)) \mid s \in \mathbb{R}\}$, die zwei Gebiete mit konstanten Brechungsindizes n_1 und n_2 mit $n_2 > n_1$ trennt. Es gelte $f \in \mathrm{C}^2(\mathbb{R})$ und $f(0) = f'(0) = 0$. Gegeben sei ein im Punkt $\mathbf{y} = \mathbf{0}$ gebrochener Lichtstrahl und auf diesem Punkte $\mathbf{q}_1 = (-r_1\sin\alpha_1, -r_1\cos\alpha_1)$ und $\mathbf{q}_2 = (r_2\sin\alpha_2, r_2\cos\alpha_2)$ mit $r_1, r_2 > 0$, $0 < \alpha_1, \alpha_2 < \pi/2$.

Für $s \in \mathbb{R}$ liefert die skizzierte stückweis gerade Vergleichskurve von $\mathbf{q}_1$ über $\mathbf{y}(s) = (s, f(s))$ nach $\mathbf{q}_2$ die Laufzeit

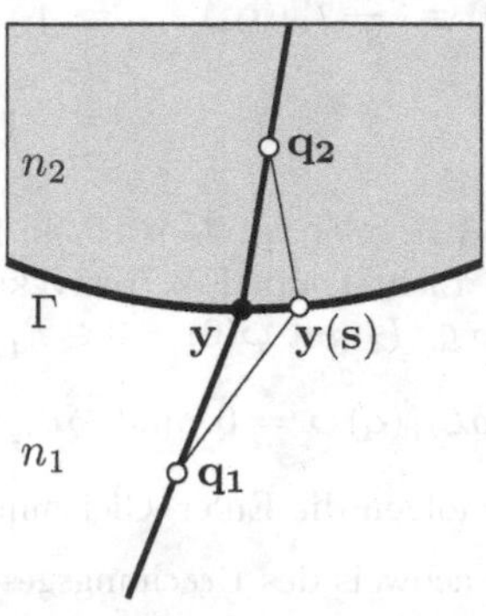

$$L(s) = n_1 \|\mathbf{y}(s) - \mathbf{q}_1\| + n_2 \|\mathbf{y}(s) - \mathbf{q}_2\|,$$

und es folgt ÜA

$$L'(0) = -n_1 \sin\alpha_1 - n_2 \sin\alpha_2 = 0,$$

$$L''(0) = \frac{n_1 \cos\alpha_1}{r_1}\big(\cos\alpha_1 - r_1 f''(0)\big) + \frac{n_2 \cos\alpha_2}{r_2}\big(\cos\alpha_2 + r_2 f''(0)\big).$$

Sind die Punkte $\mathbf{q}_1$ und $\mathbf{q}_2$ hinreichend nahe bei $\mathbf{y} = \mathbf{0}$ gelegen, d.h. sind r_1, r_2 hinreichend klein, so folgt $L''(0) > 0$. Falls $\mathbf{y}(s)$ hinreichend nahe bei $\mathbf{y}$ liegt, so ergibt sich $L(s) > L(0)$.

Damit haben wir für diese Situation das Prinzip der minimalen Laufzeit in einer hinreichend kleinen Umgebung des Kurvenpunktes $\mathbf{y} = \mathbf{q}(0)$ verifiziert.

Für weit von $\mathbf{y}$ entfernte Punkte $\mathbf{q}_1$, $\mathbf{q}_2$ kann hingegen $L''(0) < 0$ eintreten, d.h. das Stück des Lichtstrahls zwischen $\mathbf{q}_1$ und $\mathbf{q}_2$ kann ein lokales Maximum der Laufzeit liefern.

(d) Aufgabe. Übertragen Sie das erweiterte Fermat–Prinzip auf einen Lichtstrahl $t \mapsto \mathbf{q}(t)$, der im Punkt $\mathbf{y} = \mathbf{q}(0)$ einer Fläche Γ reflektiert wird.
Leiten Sie für die einseitigen Tangentenvektoren $\mathbf{v}_1 = \dot{\mathbf{q}}(0-)$, $\mathbf{v}_2 = \dot{\mathbf{q}}(0+)$ das **Reflexionsgesetz**

$$\frac{\mathbf{v}_1}{\|\mathbf{v}_1\|} - \frac{\mathbf{v}_2}{\|\mathbf{v}_2\|} \perp T_{\mathbf{y}}\Gamma$$

her, und schließen Sie auf die Gleichheit von Einfalls– und Ausfallswinkel.
Machen Sie sich wie in (c) klar, dass der Lichtstrahl auch hier ein lokales Minimum des Laufzeitintegrals zwischen hinreichend nahe bei $\mathbf{y}$ auf dem Lichtstrahl liegenden Punkten $\mathbf{q}_1, \mathbf{q}_2$ liefert.

(e) Mit der in (b) verwendeten Methode lässt sich das **Problem Punkt–Fläche** für parametrisch–elliptische Integranden $L(\mathbf{q}, \mathbf{v})$ auf $\Omega \times \mathbb{R}^3$ behandeln. Gegeben seien eine Fläche Γ in Ω und ein Punkt $\mathbf{q}_0 \in \Omega \setminus \Gamma$. Auf der Variationsklasse $\mathcal{V}$ aller PC^1–Kurven $\mathbf{u} : [0, \beta] \to \Omega$ mit

$$\mathbf{u}(\alpha) = \mathbf{q}_0, \quad \mathbf{u}(\beta) \in \Gamma, \quad \mathbf{u}(t) \in \Omega \setminus \Gamma \text{ für } \alpha \le t < \beta,$$

welche Γ nicht tangential treffen, betrachten wir

$$\mathcal{F}(\mathbf{u}) = \int_\alpha^\beta L(\mathbf{u}, \mathbf{u}')\, dt.$$

Liefert eine reguläre Kurve $\mathbf{q} \in \mathcal{V}$ ein lokales Minimum von $\mathcal{F}$ in $\mathcal{V}$, so erfüllt $\mathbf{q}$ die Euler–Gleichung in $]\alpha, \beta[$, und es gilt die **Transversalitätsbedingung**

$$\nabla_{\mathbf{v}} L(\mathbf{q}(\beta), \dot{\mathbf{q}}(\beta)) \perp T_{\mathbf{q}(\beta)}\Gamma .$$

Das folgt ähnlich wie in (b) aus der Bedingung $\frac{d}{ds}\mathcal{F}(\mathbf{q}_s)\big|_{s=0} = 0$ für Nachbarkurven $\mathbf{q}_s \in \mathcal{V}$ von $\mathbf{q}$ ÜA .

3.3 Strahlenbündel und Wellenfronten

(a) Wir betrachten ein optisches Medium ohne Grenzflächen in einem Gebiet $\Omega \subset \mathbb{R}^3$, beschrieben durch eine parametrisch–elliptische Lagrange–Funktion L, bzw. durch die zugehörige parametrische Hamilton–Funktion H, vgl. 2.7, 2.8. Lichtstrahlen identifizieren wir im Folgenden mit ihren normalen Parametrisierungen $t \mapsto \mathbf{q}(t)$, für die also

$$L(\mathbf{q}(t), \dot{\mathbf{q}}(t)) = 1$$

gilt; der Zeitparameter t ist dabei bis auf Translationen eindeutig bestimmt. Als Analogon zum Begriff des Impulses in der Mechanik ordnen wir jedem Lichtstrahl den **Wellenvektor**

$$t \mapsto \mathbf{p}(t) := \nabla_{\mathbf{v}} L(\mathbf{q}(t), \dot{\mathbf{q}}(t))$$

zu und nennen die Kurve $t \mapsto (\mathbf{q}(t), \mathbf{p}(t))$ im Phasenraum $\Omega \times \mathbb{R}^3$ die **Erweiterung** der **Ortskurve** $t \mapsto \mathbf{q}(t)$. Zur Erfassung des Wellenaspekts gehen wir dazu über, Lichtstrahlen durch die Hamiltonschen Gleichungen

$$\text{(HG)}\quad \dot{\mathbf{q}}(t) = \nabla_{\mathbf{p}} H(\mathbf{q}(t), \mathbf{p}(t)), \quad \dot{\mathbf{p}}(t) = -\nabla_{\mathbf{q}} H(\mathbf{q}(t), \mathbf{p}(t)),$$

zu beschreiben, zu ergänzen durch die Normalisierungsbedingung

$$\text{(N)}\quad H(\mathbf{q}(t), \mathbf{p}(t)) = 1.$$

Unter einer **Strahlenschar** verstehen wir eine Schar $t \mapsto \mathbf{Q}(t, \mathbf{c})$ von Lichtstrahlen, deren Parameter $\mathbf{c} = (c_1, c_2)$ ein einfaches Gebiet $\Lambda \subset \mathbb{R}^2$ durchläuft und für welche die erweiterte Schar

$$(t, \mathbf{c}) \mapsto \mathbf{R}(t, \mathbf{c}) := (\mathbf{Q}(t, \mathbf{c}), \mathbf{P}(t, \mathbf{c}))$$

mit $\mathbf{P}(t, \mathbf{c}) := \nabla_{\mathbf{v}} L(\mathbf{Q}(t, \mathbf{c}), \dot{\mathbf{Q}}(t, \mathbf{c}))$ C^2–differenzierbar ist.

Wir schreiben bei Bedarf c_0 anstelle von t und vereinbaren die Abkürzungen

$$\dot{\mathbf{Q}} = \partial_0 \mathbf{Q} := \frac{\partial \mathbf{Q}}{\partial t}, \quad \partial_\alpha \mathbf{Q} := \frac{\partial \mathbf{Q}}{\partial c_\alpha}, \quad \dot{\mathbf{P}} = \partial_0 \mathbf{P} := \frac{\partial \mathbf{P}}{\partial t}, \quad \partial_\alpha \mathbf{P} := \frac{\partial \mathbf{P}}{\partial c_\alpha},$$

für $\alpha = 1, 2$ und

$$a_i := \langle \mathbf{P}, \partial_i \mathbf{Q} \rangle \quad (i = 0, 1, 2).$$

Die **Lagrange–Klammern** einer Strahlenschar sind definiert durch

$$[c_i, c_k] := \langle \partial_i \mathbf{P}, \partial_k \mathbf{Q} \rangle - \langle \partial_k \mathbf{P}, \partial_i \mathbf{Q} \rangle = \sum_{j=1}^{3} \left(\frac{\partial P_j}{\partial c_i} \frac{\partial Q_j}{\partial c_k} - \frac{\partial P_j}{\partial c_k} \frac{\partial Q_j}{\partial c_i} \right)$$

$(i, k \in \{0, 1, 2\})$. Offenbar gilt $[c_k, c_i] = -[c_i, c_k]$. Die Lagrange–Klammern sind C^1–Funktionen von $(t, \mathbf{c}) = (t, c_1, c_2) = (c_0, c_1, c_2)$; die etwas ungewohnte Symbolik entspricht althergebrachter Tradition.

Eigenschaften von Strahlenscharen.

Es bestehen die Beziehungen

(1) $\partial_1 a_2 - \partial_2 a_1 = [c_1, c_2]$,

(2) $a_0 = 1$,

(3) $[c_\alpha, c_0] = [c_0, c_\alpha] = 0 \quad (\alpha = 1, 2)$,

(4) $\dfrac{\partial a_\alpha}{\partial t} = 0 \quad (\alpha = 1, 2)$,

(5) $\dfrac{\partial}{\partial t} [c_1, c_2] = 0$.

Die zeitliche Konstanz der Lagrange–Klammer $[c_1, c_2]$ zeigte Lagrange 1808.

Beweis.

(1) $$\begin{aligned} \partial_1 a_2 - \partial_2 a_1 &= \langle \partial_1 \mathbf{P}, \partial_2 \mathbf{Q} \rangle + \langle \mathbf{P}, \partial_1 \partial_2 \mathbf{Q} \rangle - \langle \partial_2 \mathbf{P}, \partial_1 \mathbf{Q} \rangle - \langle \mathbf{P}, \partial_2 \partial_1 \mathbf{Q} \rangle \\ &= \langle \partial_1 \mathbf{P}, \partial_2 \mathbf{Q} \rangle - \langle \partial_2 \mathbf{P}, \partial_1 \mathbf{Q} \rangle = [c_1, c_2]. \end{aligned}$$

Aus den Hamilton–Gleichungen (HG), der Normalisierungsbedingung (N), und der Homogenitätsrelation für H aus 2.6 (b) folgt

$$a_0 = \big\langle \mathbf{P}, \dot{\mathbf{Q}} \big\rangle = \big\langle \mathbf{P}, \nabla_{\mathbf{P}} H(\mathbf{Q}, \mathbf{P}) \big\rangle = H(\mathbf{Q}, \mathbf{P}) = 1,$$

$$\begin{aligned} [c_\alpha, c_0] &= \sum_{j=1}^{3} \left(\frac{\partial P_j}{\partial c_\alpha} \frac{\partial Q_j}{\partial t} - \frac{\partial P_j}{\partial t} \frac{\partial Q_j}{\partial c_\alpha} \right) \\ &= \sum_{j=1}^{3} \left(\frac{\partial P_j}{\partial c_\alpha} \frac{\partial H}{\partial p_j}(\mathbf{Q}, \mathbf{P}) + \frac{\partial H}{\partial q_j}(\mathbf{Q}, \mathbf{P}) \frac{\partial Q_j}{\partial c_\alpha} \right) \\ &= \frac{\partial}{\partial c_\alpha} \big[H(\mathbf{Q}, \mathbf{P}) \big] = 0, \end{aligned}$$

$$\begin{aligned}\frac{\partial a_\alpha}{\partial t} &= \partial_0\langle \mathbf{P}, \partial_\alpha \mathbf{Q}\rangle = \langle \partial_0 \mathbf{P}, \partial_\alpha \mathbf{Q}\rangle + \langle \mathbf{P}, \partial_0\partial_\alpha \mathbf{Q}\rangle \\ &\overset{(3)}{=} \langle \partial_\alpha \mathbf{P}, \partial_0 \mathbf{Q}\rangle + \langle \mathbf{P}, \partial_\alpha\partial_0 \mathbf{Q}\rangle = \partial_\alpha\langle \mathbf{P}, \partial_0 \mathbf{Q}\rangle = \frac{\partial a_0}{\partial c_\alpha} \overset{(2)}{=} 0\,.\end{aligned}$$

(5) ergibt sich aus (1) und (4). □

Der Zeitparameter t längs jedes Lichtstrahls ist bis auf Translationen eindeutig bestimmt durch $H(\mathbf{q}(t), \mathbf{p}(t)) = 1$. Eine für die ganze Schar einheitliche Zeitmessung wird festgelegt, wenn wir die Lage eines Zeitschnitts $\Sigma_t := \{\mathbf{Q}(t, \mathbf{c}) \mid \mathbf{c} \in \Lambda\}$ für ein t relativ zur Strahlenschar vorschreiben. Die einfachste Möglichkeit ist, den Zeitschnitt Σ_t orthogonal zum Wellenvektorfeld $\mathbf{P}$ zu wählen,

$$\langle \mathbf{P}(t, \mathbf{c}), \partial_\alpha \mathbf{Q}(t, \mathbf{c})\rangle = 0 \quad \text{für } \mathbf{c} \in \Lambda,\ \alpha = 1, 2\,.$$

Bei dieser Wahl sind dann nach (4) alle Zeitschnitte orthogonal zum Wellenvektorfeld; wir sprechen von einer **synchronisierten** Strahlenschar.

SATZ. *Eine der Bedingung*

$$[c_1, c_2] = 0$$

genügende Strahlenschar $\mathbf{Q}$ *kann durch Ausführung von Zeittranslationen synchronisiert werden. Die synchronisierte Schar ist gegeben durch*

$$\begin{aligned}\mathbf{Q}_*(t, \mathbf{c}) &:= \mathbf{Q}(t - \tau(\mathbf{c}), \mathbf{c})\,, \\ \mathbf{P}_*(t, \mathbf{c}) &:= \nabla_{\mathbf{v}} L(\mathbf{Q}_*(t, \mathbf{c}), \dot{\mathbf{Q}}_*(t, \mathbf{c})) = \mathbf{P}(t - \tau(\mathbf{c}), \mathbf{c})\,,\end{aligned}$$

wobei $\tau : \Lambda \to \mathbb{R}$ *eine* C^2*-differenzierbare Funktion ist mit*

$$\partial_\alpha \tau = a_\alpha \quad (\alpha = 1, 2)\,.$$

Eine solche Funktion τ existiert auf dem einfachen Gebiet $\Lambda \subset \mathbb{R}^2$ auf Grund der nach (1) bestehenden Integrabilitätsbedingung (wegen der Rechenregel (4) können die a_1, a_2 als Funktionen auf Λ aufgefasst werden)

$$\partial_1 a_2 - \partial_2 a_1 = [c_1, c_2] = 0\,.$$

Die Strahlenschar $\mathbf{Q}_*$ ist synchronisiert, denn für $t \in \mathbb{R}$, $\mathbf{c} \in \Lambda$, $\alpha = 1, 2$ gilt

$$\begin{aligned}\langle \mathbf{P}_*(t, \mathbf{c}), \partial_\alpha \mathbf{Q}_*(t, \mathbf{c})\rangle &= \langle \mathbf{P}(t - \tau(\mathbf{c}), \mathbf{c}), \partial_\alpha[\mathbf{Q}(t - \tau(\mathbf{c}), \mathbf{c})]\rangle \\ &= \big\langle \mathbf{P}(\ldots), -\dot{\mathbf{Q}}(\ldots)\,\partial_\alpha \tau(\mathbf{c}) + \partial_\alpha \mathbf{Q}(\ldots)\big\rangle \\ &= -\big\langle \mathbf{P}(\ldots), \dot{\mathbf{Q}}(\ldots)\big\rangle\,\partial_\alpha \tau(\mathbf{c}) + \langle \mathbf{P}(\ldots), \partial_\alpha \mathbf{Q}(\ldots)\rangle \\ &= -\,a_0(\mathbf{c})\,\partial_\alpha \tau(\mathbf{c}) + a_\alpha(\mathbf{c}) \\ &= -\,\partial_\alpha \tau(\mathbf{c}) + a_\alpha(\mathbf{c}) = 0\,,\end{aligned}$$

wobei die Rechenregel (2) verwendet wurde. Die synchronisierte Strahlenschar erfüllt wieder die Bedingung $[c_1, c_2] = 0$ [ÜA].

Für eine synchronisierte Strahlenschar $\mathbf{Q}$ interpretieren wir die Zeitschnitte Σ_t als Träger der Signalausbreitung längs der Strahlenschar und bezeichnen diese als **Wellenfronten**. Die auf ganz $\mathbb{R} \times \Lambda$ gültige Beziehung

$$(*) \quad \langle \mathbf{P}, \partial_\alpha \mathbf{Q} \rangle = 0 \quad (\alpha = 1, 2)$$

wird die **Transversalität** von Wellenfronten und Lichtstrahlen genannt.
Als Beispiel für ein System von Wellenfronten betrachten wir eine Strahlenschar $\mathbf{Q}$, die durch einen Punkt $\mathbf{q}_0$ läuft,

$$\mathbf{Q}(t_0, \mathbf{c}) = \mathbf{q}_0 \quad \text{für ein } t_0 \in \mathbb{R} \text{ und alle } \mathbf{c} \in \Lambda,$$

welchen wir als Lichtquelle auffassen. Die Strahlenschar ist synchronisiert, denn aus $\partial_\alpha \mathbf{Q}(t_0, \mathbf{c}) = \mathbf{0}$ folgt $a_\alpha(t_0, \mathbf{c}) = 0$ und damit $a_\alpha(t, \mathbf{c}) = 0$ für alle $t \in \mathbb{R}$ nach (4). Eine zum Zeitpunkt t_0 von der Lichtquelle $\mathbf{q}_0$ ausgehende Lichterregung breitet sich längs der Strahlen aus und erreicht nach der Zeit $t > 0$ die Punkte $\mathbf{Q}(t_0 + t, \mathbf{c})$ $(\mathbf{c} \in \Lambda)$ der Strahlenschar, also genau die Wellenfront Σ_s mit $s = t_0 + t$. Im allgemeinen Modell der Lichtausbreitung sehen wir von der speziellen Art der Lichterzeugung ab und betrachten die Transversalität als charakteristische Eigenschaft von Wellenfronten.
Transversales Schneiden von Wellenfronten und Lichtstrahlen bedeutet i.A. nicht orthogonales Schneiden. Nur im Fall eines isotropen Mediums fallen beide Begriffe zusammen, weil hier der Tangentenvektor der Strahlen $\dot{\mathbf{Q}}(t, \mathbf{c})$ und der Wellenvektor $\mathbf{P}(t, \mathbf{c}) = \nabla_{\mathbf{v}} L(\mathbf{Q}(t, \mathbf{c}), \dot{\mathbf{Q}}(t, \mathbf{c}))$ gleichgerichtet sind. Das ergibt sich aus $L(\mathbf{q}, \mathbf{v}) = n(\mathbf{q})\|\mathbf{v}\|$ und $\mathbf{p} = \nabla_{\mathbf{v}} L(\mathbf{q}, \mathbf{v}) = n(\mathbf{q})\|\mathbf{v}\|^{-1}\mathbf{v}$.

Bemerkung. Bei der Definition von Strahlenscharen (wie auch bei den nachfolgend behandelten Strahlenbündeln) legen wir der Einfachheit halber als Zeitintervall der Strahlen die ganze reelle Achse zu Grunde. Ebenso sinnvoll ist das Konzept von Strahlenscharen mit beschränkten Zeitintervallen, d.h. auf einem schiefberandeten Zylinder

$$\{(t, \mathbf{c}) \in \mathbb{R} \times \Lambda \mid T_1(\mathbf{c}) < t < T_2(\mathbf{c})\},$$

wobei $T_1 < T_2$ C^2–differenzierbare Funktionen auf Λ sind. Nach einem Synchronisierungsprozess gehen die den Zylinder begrenzenden Funktionen T_1, T_2 über in $T_1 - \tau$, $T_2 - \tau$.

(b) Unter einem **Strahlenbündel** in $\Omega \subset \mathbb{R}^3$ verstehen wir eine Strahlenschar $\mathbf{Q} : \mathbb{R} \times \Lambda \to \Omega$, für welche die **Integrabilitätsbedingung**

$$[c_1, c_2] = 0 \quad \text{auf } \mathbb{R} \times \Lambda,$$

und die **Rangbedingung**

$$\operatorname{Rang} d\mathbf{R} = 3 \quad \text{auf } \mathbb{R} \times \Lambda$$

erfüllt sind, hierbei ist $\mathbf{R} = (\mathbf{Q}, \mathbf{P}) : \mathbb{R} \times \Lambda \to \Omega \times \mathbb{R}^3 \subset \mathbb{R}^6$.

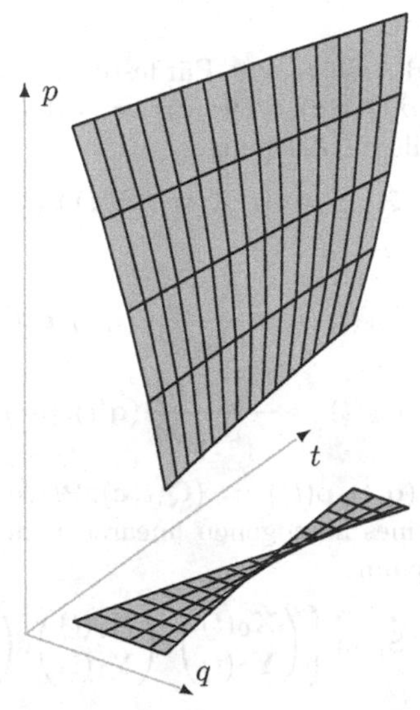

Durch das Modell des Strahlenbündels wird die Ausbreitung des Lichts vollständig beschrieben. Die Rangbedingung schließt die Entartung zu einem niederdimensionalen Gebilde als Ganzem aus, erlaubt jedoch stellenweise Entartungen in Brennpunkten, vgl. 3.4. Die Integrabilitätsbedingung sichert die Existenz von Wellenfronten, wie in (a) festgestellt wurde.

In 3.6 und 3.7 zeigen wir, dass sich Lichtfortpflanzung außerhalb von Brennpunkten in äquivalenter Weise durch die Ausbreitung von Wellenfronten beschreiben lässt. Dabei wird die Bewegung der Wellenfronten durch das *Huygenssche Prinzip* gesteuert bzw. durch dessen differentielle Fassung, die *Eikonalgleichung*.

Die Figur stellt ein Strahlenbündel im (t, q, p)–Raum (erweiterter Phasenraum) unter Verzicht auf zwei räumliche Dimensionen dar.

Wir dürfen Strahlenbündel stets als synchronisiert voraussetzen, denn es gilt:
Für ein Strahlenbündel $\mathbf{Q}$ *ist die zugehörige synchronisierte Strahlenschar* $\mathbf{Q}_*$ *wieder ein Strahlenbündel.*

Denn $(t, \mathbf{c}) \mapsto \mathbf{h}(t, \mathbf{c}) = (t - \tau(\mathbf{c}), \mathbf{c})$ ist ein C^2–Diffeomorphismus und nach (a) gilt $\mathbf{Q}_* = \mathbf{Q} \circ \mathbf{h}$, $\mathbf{P}_* = \mathbf{P} \circ \mathbf{h}$, also $d\mathbf{Q}_* = d\mathbf{Q}(\mathbf{h}) \cdot d\mathbf{h}$, $d\mathbf{P}_* = d\mathbf{P}(\mathbf{h}) \cdot d\mathbf{h}$ nach der Kettenregel. Es folgt $d\mathbf{R}_* = d\mathbf{R}(\mathbf{h}) \cdot d\mathbf{h}$, also $\operatorname{Rang} d\mathbf{R}_* = \operatorname{Rang} d\mathbf{R}(\mathbf{h}) = 3$.

SATZ. *Eine synchronisierte Strahlenschar* $\mathbf{Q}$ *ist schon dann ein Strahlenbündel, wenn es eine Wellenfront* $\Sigma_0 = \{\mathbf{Q}(t_0, \mathbf{c}) \mid \mathbf{c} \in \Lambda\}$ *gibt, auf welcher die Rangbedingung*

$$\operatorname{Rang} d\mathbf{R}(t_0, \mathbf{c}) = 3 \quad \text{für } \mathbf{c} \in \Lambda$$

erfüllt ist.

Diese Aussage ist insbesondere dann von Interesse, wenn wir die Wellenfront Σ_0 als Lichtquelle auffassen. Die Frage, welche Gebilde als Lichtquellen in Frage kommen, gehört zum Themenbereich der *Charakteristikentheorie*.
Jede orientierbare zweidimensionale Fläche $\Sigma \subset \Omega$ erzeugt ein Strahlenbündel (mit i.A. eingeschränkten Zeitintervallen); zum Beweis siehe Bd. 2, § 7 : 3.4. Für eine ausführliche Darstellung der Charakteristikentheorie verweisen wir auf GIAQUINTA–HILDEBRANDT [7] Vol.II, Ch.8, Ch.10.

Beweis.
O.B.d.A. sei $t_0 = 0$. Für festes $\mathbf{c} \in \Lambda$ erfüllen die Vektorfelder $t \mapsto (\mathbf{X}_i(t), \mathbf{Y}_i(t)) := (\partial_i \mathbf{Q}(t,\mathbf{c}), \partial_i \mathbf{P}(t,\mathbf{c})) = \partial_i \mathbf{R}(t,\mathbf{c})$ im $\mathbb{R}^6$ $(i = 0,1,2)$ die linearisierten Hamilton–Gleichungen

$$(\mathbf{L}) \quad \dot{\mathbf{X}}(t) = A(t)\mathbf{X}(t) + B(t)\mathbf{Y}(t)\,, \quad \dot{\mathbf{Y}}(t) = C(t)\mathbf{X}(t) + D(t)\mathbf{Y}(t)$$

mit

$$a_{ik}(t) = \frac{\partial^2 H}{\partial q_k\,\partial p_i}(\mathbf{q}(t),\mathbf{p}(t))\,, \quad b_{ik}(t) = \frac{\partial^2 H}{\partial p_k\,\partial p_i}(\mathbf{q}(t),\mathbf{p}(t))\,,$$

$$c_{ik}(t) = -\frac{\partial^2 H}{\partial q_k\,\partial q_i}(\mathbf{q}(t),\mathbf{p}(t))\,, \quad d_{ik}(t) = -\frac{\partial^2 H}{\partial p_k\,\partial q_i}(\mathbf{q}(t),\mathbf{p}(t))\,,$$

und $(\mathbf{q}(t),\mathbf{p}(t)) := (\mathbf{Q}(t,\mathbf{c}),\mathbf{P}(t,\mathbf{c}))$ ÜA. Nach Bd. 2, § 3 : 1.1 ist für Lösungen eines homogenen linearen Differentialgleichungssystems die Dimension des Aufspanns

$$\operatorname{Span}\left\{\begin{pmatrix}\mathbf{X}_0(t)\\ \mathbf{Y}_0(t)\end{pmatrix}, \begin{pmatrix}\mathbf{X}_1(t)\\ \mathbf{Y}_1(t)\end{pmatrix}, \begin{pmatrix}\mathbf{X}_2(t)\\ \mathbf{Y}_2(t)\end{pmatrix}\right\}$$

unabhängig von t. Diese stimmt mit dem Rang der 6×3–Matrix $d\mathbf{R}(t,\mathbf{c})$ überein, welcher für $t = 0$ nach Voraussetzung gleich 3 ist. □

Eine Wellenfront kann die Gestalt einer Fläche besitzen, sie kann aber auch stellenweise oder überall zu niederdimensionalen Gebilden entarten. Ein wichtiger Fall liegt vor, wenn ein Strahlenbündel punktförmige Wellenfronten (**Knotenpunkte**) besitzt; solche Strahlenbündel werden **stigmatisch** genannt.

Wir untersuchen die Wirkung der Rangbedingung auf die Gestalt des Strahlenbündels in der Umgebung eines Knotenpunktes. Ist $\mathbf{q}_0$ ein Knotenpunkt eines Strahlenbündels $\mathbf{Q}$, d.h. $\mathbf{q}_0 = \mathbf{Q}(t_0,\mathbf{c})$ für ein $t_0 \in \mathbb{R}$ und alle $\mathbf{c} \in \Lambda$, so gilt $\partial_1 \mathbf{Q}(t_0,\mathbf{c}) = \partial_2 \mathbf{Q}(t_0,\mathbf{c}) = \mathbf{0}$. Nach der Rangbedingung ist der Rang der 6×3–Matrix (Argumente $(t_0,\mathbf{c})$ jetzt fortgelassen)

$$d\mathbf{R} = \begin{pmatrix}\partial_0\mathbf{Q} & \partial_1\mathbf{Q} & \partial_2\mathbf{Q}\\ \partial_0\mathbf{P} & \partial_1\mathbf{P} & \partial_2\mathbf{P}\end{pmatrix} = \begin{pmatrix}\partial_0\mathbf{Q} & \mathbf{0} & \mathbf{0}\\ \partial_0\mathbf{P} & \partial_1\mathbf{P} & \partial_2\mathbf{P}\end{pmatrix}$$

gleich 3. Die Spaltenvektoren $(\mathbf{0},\partial_1\mathbf{P})$, $(\mathbf{0},\partial_2\mathbf{P})$ sind also linear unabhängig, somit auch die Wellenvektoren $\partial_1\mathbf{P}$, $\partial_2\mathbf{P}$. Daher sind die Vektoren $\partial_1\dot{\mathbf{Q}}$, $\partial_2\dot{\mathbf{Q}}$ ebenfalls linear unabhängig, denn Strahlenvektoren $\dot{\mathbf{Q}}$ und Wellenvektoren $\mathbf{P}$ stehen nach 2.6 (b) (ii) in bijektiver Beziehung durch das Differential des Diffeomorphismus

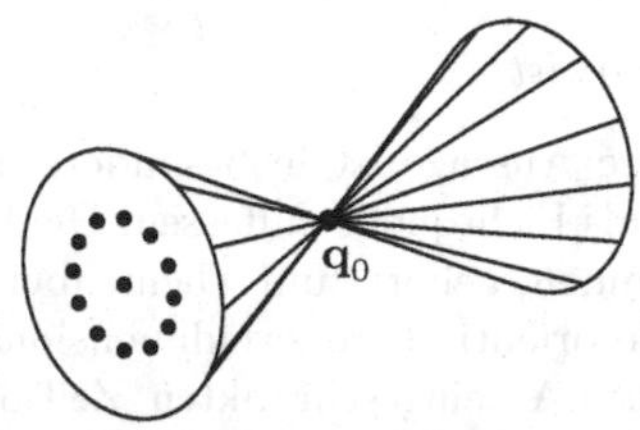

$$\mathbf{v} \mapsto \mathbf{p} = \nabla_{\mathbf{v}} L(\mathbf{q}_0,\mathbf{v})\,.$$

Hiernach spannen die vom Knotenpunkt $\mathbf{q}_0$ ausgehenden Strahlenvektoren $\dot{\mathbf{Q}}(t_0, \mathbf{c})$ $(\mathbf{c} \in \Lambda)$ eine Fläche auf, was zur Folge hat, dass auch die zu $\Sigma_0 = \{\mathbf{q}_0\}$ benachbarten Wellenfronten Σ_t für $0 < |t| \ll 1$ Flächen sind.

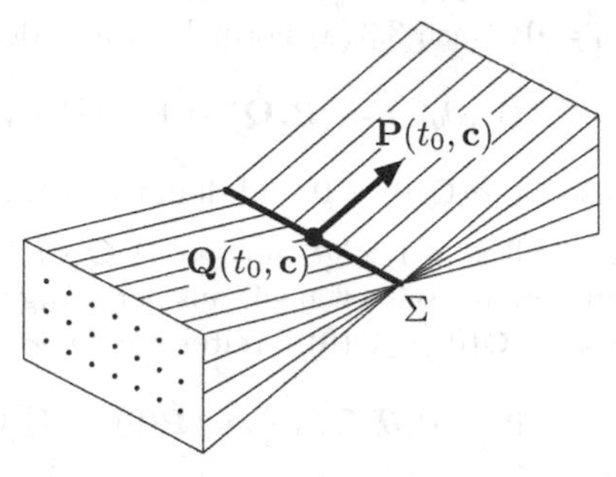

Dieses Beispiel zeigt, wie als Folge der Rangbedingung eine räumliche Entartung des Strahlenbündels durch Beweglichkeit der Strahlenvektoren an dieser Stelle ausgeglichen wird. Ähnliche Verhältnisse liegen bei eindimensionalen Wellenfronten vor.

3.4 Brennpunkte

Ein Punkt $\mathbf{q} = \mathbf{Q}(t, \mathbf{c})$ heißt ein **Brennpunkt** mit **Brennzeit** t zum Parameterwert $\mathbf{c} \in \Lambda$ eines synchronisierten Strahlenbündels $\mathbf{Q}$, falls

$$\operatorname{Rang} d\mathbf{Q}(t, \mathbf{c}) < 3\,.$$

Die Menge der Brennpunkte bildet die **Brennfläche** oder **Kaustik** des Strahlenbündels. In einem Brennpunkt $\mathbf{q} = \mathbf{Q}(t, \mathbf{c})$ hat also das Strahlenbündel eine Entartung. Diese kann darin bestehen, dass sich eine Schar von Lichtstrahlen in $\mathbf{q}$ schneidet oder dass es beliebig nahe bei $\mathbf{q}$ Schnittpunkte von Strahlen gibt. Kaustiken können eine komplizierte Gestalt besitzen, siehe ARNOLD [16].

SATZ (VON ESCHERICH, MAYER, um 1900). *Für jeden Parameterwert* $\mathbf{c} \in \Lambda$ *besteht die Menge der Brennzeiten*

$$\left\{t \in \mathbb{R} \;\middle|\; \operatorname{Rang} d\mathbf{Q}(t, \mathbf{c}) < 3\right\}$$

aus isolierten Punkten, d.h. jedes kompakte Intervall enthält nur endlich viele Brennzeiten.

BEWEIS.

Sei t_0 eine Brennzeit zum Parameter $\mathbf{c} \in \Lambda$ und $\mathbf{q}_0 = \mathbf{Q}(t_0, \mathbf{c})$. Wir zeigen, dass $k := \operatorname{Rang} d\mathbf{Q}(t_0, \mathbf{c}) \in \{1, 2\}$ und dass

$$\Delta(t, \mathbf{c}) := \det d\mathbf{Q}(t, \mathbf{c}) = \lambda\,(t - t_0)^{3-k} + o((t - t_0)^{3-k})$$

mit passendem $\lambda \neq 0$ gilt; hierbei bedeutet wie im Folgenden $o(s(t))$ einen Ausdruck mit $\lim\limits_{t \to 0} o(s(t))/s(t) = 0$. Hiernach gibt es eine Intervallumgebung von t_0 ohne weitere Brennzeiten, was die Behauptung darstellt.

Wir lassen im Folgenden den Parameter $\mathbf{c}$ im Argument fort und setzen o.B.d.A. $t_0 = 0$. Nach 3.3 (a) Formel (2) und der Synchronisierungsbedingung gilt

$$(*) \quad \langle \mathbf{P}, \partial_0 \mathbf{Q} \rangle = \langle \mathbf{P}, \dot{\mathbf{Q}} \rangle = 1, \quad \langle \mathbf{P}, \partial_\alpha \mathbf{Q} \rangle = 0 \text{ für } \alpha = 1, 2,$$

also ist $\partial_0 \mathbf{Q}(0) \neq \mathbf{0}$ und damit $k = \operatorname{Rang}(\partial_0 \mathbf{Q}(0), \partial_1 \mathbf{Q}(0), \partial_2 \mathbf{Q}(0)) \geq 1$.

Im Fall $k = 1$ folgt mit $(*)$ $\partial_\alpha \mathbf{Q}(0) = \mathbf{0}$ für $\alpha = 1, 2$. Wie am Ende von 3.3 ausgeführt, schließen wir aus der Rangbedingung auf die lineare Unabhängigkeit von $\partial_1 \dot{\mathbf{Q}}(0), \partial_2 \dot{\mathbf{Q}}(0)$. Weiter gilt für $\alpha = 1, 2$

$$0 = \langle \mathbf{P}, \partial_\alpha \mathbf{Q} \rangle^{\cdot}(0) = \langle \dot{\mathbf{P}}(0), \partial_\alpha \mathbf{Q}(0) \rangle + \langle \mathbf{P}(0), \partial_\alpha \dot{\mathbf{Q}}(0) \rangle = \langle \mathbf{P}(0), \partial_\alpha \dot{\mathbf{Q}}(0) \rangle.$$

Zusammen mit $(*)$ ergibt sich, dass $\partial_0 \mathbf{Q}(0), \partial_1 \dot{\mathbf{Q}}(0), \partial_2 \dot{\mathbf{Q}}(0)$ linear unabhängige Vektoren sind. Taylor–Entwicklung an der Stelle $t_0 = 0$ liefert mit dem oben definierten „Landau–Symbol" $o(s(t))$

$$\partial_0 \mathbf{Q}(t) = \partial_0 \mathbf{Q}(0) + t^{-1} \mathbf{o}(t), \quad \partial_\alpha \dot{\mathbf{Q}}(t) = t\, \partial_\alpha \dot{\mathbf{Q}}(0) + \mathbf{o}(t) \quad (\alpha = 1, 2).$$

Wir erhalten daraus mit $\lambda := \det(\partial_0 \mathbf{Q}(0), \partial_1 \dot{\mathbf{Q}}(0), \partial_2 \dot{\mathbf{Q}}(0)) \neq 0$

$$\Delta(t) = \det(\partial_0 \mathbf{Q}(t), \partial_1 \mathbf{Q}(t), \partial_2 \mathbf{Q}(t)) = \lambda t^2 + o(t^2).$$

Im Fall $k = 2$ wählen wir eine ONB $\mathbf{v}_0, \mathbf{v}_1, \mathbf{v}_2$ des $\mathbb{R}^3$ mit $\operatorname{Span}\{\mathbf{v}_0, \mathbf{v}_1\} = \operatorname{Span}\{\partial_0 \mathbf{Q}(0), \partial_1 \mathbf{Q}(0), \partial_2 \mathbf{Q}(0)\}$ und bestimmen $\mathbf{w}_0, \mathbf{w}_1, \mathbf{w}_2 \in \mathbb{R}^3$ mit

$$\operatorname{Span}\left\{ \begin{pmatrix} \partial_0 \mathbf{Q}(0) \\ \partial_0 \mathbf{P}(0) \end{pmatrix}, \begin{pmatrix} \partial_1 \mathbf{Q}(0) \\ \partial_1 \mathbf{P}(0) \end{pmatrix}, \begin{pmatrix} \partial_2 \mathbf{Q}(0) \\ \partial_2 \mathbf{P}(0) \end{pmatrix} \right\} = \operatorname{Span}\left\{ \begin{pmatrix} \mathbf{v}_0 \\ \mathbf{w}_0 \end{pmatrix}, \begin{pmatrix} \mathbf{v}_1 \\ \mathbf{w}_1 \end{pmatrix}, \begin{pmatrix} \mathbf{0} \\ \mathbf{w}_2 \end{pmatrix} \right\}.$$

Wegen der Rangbedingung ist dann $\mathbf{w}_2 \neq \mathbf{0}$. Wir bezeichnen mit $(\mathbf{V}_i(t), \mathbf{W}_i(t))$ $(i = 0, 1, 2)$ die Lösungen des linearen DG–Systems $(\mathbf{L})$ in 3.3 (c) mit den Anfangsvektoren $(\mathbf{v}_0, \mathbf{w}_0)$, $(\mathbf{v}_1, \mathbf{w}_1)$, $(\mathbf{0}, \mathbf{w}_2)$. Nach Bd. 2, § 3 : 1.1 besteht dann die Darstellung als Linearkombination

$$(**) \quad \begin{pmatrix} \mathbf{V}_i(t) \\ \mathbf{W}_i(t) \end{pmatrix} = \sum_{k=0}^{2} a_{ik} \begin{pmatrix} \partial_k \mathbf{Q}(t) \\ \partial_k \mathbf{P}(t) \end{pmatrix} \quad (i = 0, 1, 2)$$

mit einer konstanten, invertierbaren 3×3–Matrix (a_{ik}). Aus den Integrabilitätsbedingungen $[c_i, c_k] = 0$ folgt hiermit für $\alpha = 0, 1$

$$\langle \mathbf{w}_2, \mathbf{v}_\alpha \rangle = \langle \mathbf{W}_2(0), \mathbf{V}_\alpha(0) \rangle = \langle \mathbf{W}_\alpha(0), \mathbf{V}_2(0) \rangle = \langle \mathbf{W}_\alpha(0), \mathbf{0} \rangle = 0.$$

Somit gilt $\mathbf{w}_2 = \mu \mathbf{v}_2$ für ein $\mu \neq 0$. Die ersten 3 Gleichungen des DG–Systems $(\mathbf{L})$ liefern

$$\dot{\mathbf{V}}_2(0) = A(0)\mathbf{V}_2(0) + B(0)\mathbf{W}_2(0) = B(0)\mathbf{w}_2 = \mu\, B(0)\mathbf{v}_2.$$

Wegen $\mathbf{v}_2 \perp \partial_0\mathbf{Q}(0) = \dot{\mathbf{Q}}(0) = \boldsymbol{\nabla}_\mathbf{p} H(\mathbf{Q}(0), \mathbf{P}(0))$ gilt nach 2.7 (b) (iii)

$$\left\langle \dot{\mathbf{V}}_2(0), \mathbf{v}_2 \right\rangle = \mu \, \langle B(0)\mathbf{v}_2, \mathbf{v}_2 \rangle \neq 0.$$

Hiernach sind $\mathbf{v}_0, \mathbf{v}_1, \dot{\mathbf{V}}_2(0)$ linear unabhängige Vektoren. Taylor–Entwicklung an der Stelle $t_0 = 0$ liefert

$$\begin{aligned} \mathbf{V}_\alpha(t) &= \mathbf{V}_\alpha(0) + t^{-1}\,\mathbf{o}(t) = \mathbf{v}_\alpha + t^{-1}\,\mathbf{o}(t) \quad (\alpha = 0, 1), \\ \mathbf{V}_2(t) &= t\,\dot{\mathbf{V}}_2(0) + \mathbf{o}(t). \end{aligned}$$

Somit erhalten wir unter Verwendung von $(**)$

$$\begin{aligned} \Delta(t) &= \det\left(\partial_0\mathbf{Q}(t), \partial_1\mathbf{Q}(t), \partial_2\mathbf{Q}(t)\right) \\ &= a \cdot \det\left(\mathbf{V}_0(t), \mathbf{V}_1(t)), \mathbf{V}_2(t)\right) \;=\; \lambda t + o(t), \end{aligned}$$

wobei $\lambda := a \cdot \det\left(\mathbf{v}_0, \mathbf{v}_1, \dot{\mathbf{V}}_2(0)\right) \neq 0.$ □

3.5 Beispiele

(a) Das folgende einfache zweidimensionale Beispiel kann als ebener Schnitt in einem axialsymmetrischen dreidimensionalen Medium mit der y–Achse als Rotationsachse aufgefasst werden. Es dient vor allem der Illustration der in 3.3 und 3.4 eingeführten Begriffe.

In einem Medium in der x, y–Ebene mit Brechungsindex $n = 1$ (also $L(\mathbf{q}, \mathbf{v}) = \|\mathbf{v}\|$, $H(\mathbf{q}, \mathbf{p}) = \|\mathbf{p}\|$) sei $\mathbf{Q}(t, \mathbf{c})$ die Schar der geraden Lichtstrahlen, welche die Parabel $c \mapsto (c, c^2/2)$ zur Zeit $t = 0$ senkrecht schneiden.
Es ergibt sich ÜA

$$\mathbf{Q}(t, c) = \left(c - \frac{ct}{\sqrt{1 + c^2}}, \frac{c^2}{2} + \frac{t}{\sqrt{1 + c^2}}\right),$$

$$\mathbf{P}(t, c) = \left(\frac{-c}{\sqrt{1 + c^2}}, \frac{1}{\sqrt{1 + c^2}}\right).$$

Dabei ist $\operatorname{Rang} d\mathbf{R}(t, c) = 2$ für $\mathbf{R} = (\mathbf{Q}, \mathbf{P})$.

Die Kaustik ist

$$\left\{(-c^3, 1 + 3c^2/2) \;\middle|\; c \in \mathbb{R}\right\},$$

siehe nebenstehende Figur.

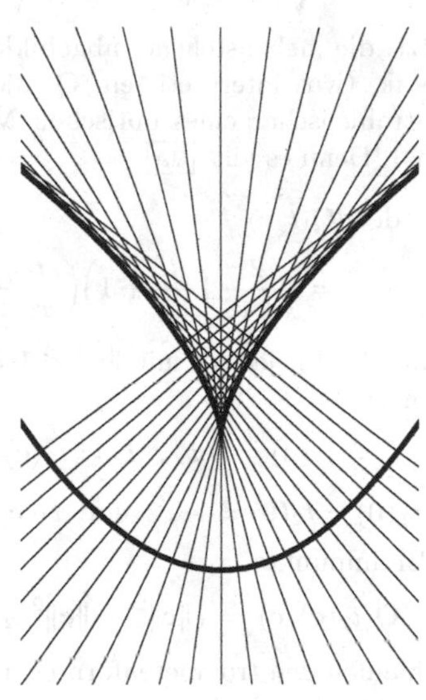

Die Wellenfronten Σ_t zu den Zeiten $t = 0, \frac{1}{2}, 1, \frac{3}{2}, 2$ haben die im nächsten Bild gezeigte Gestalt; der Übersichtlichkeit halber sind diese in verschiedenen Zeitebenen dargestellt.

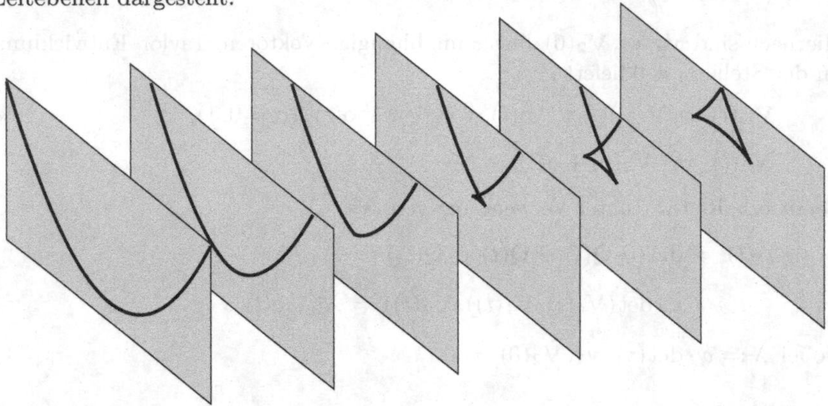

(b) Die axialsymmetrische Geradenschar mit $\mathbf{c} = (c_1, c_2)$, $\|\mathbf{c}\| < 1$,

$$\mathbf{Q}(t, \mathbf{c}) = \left(\left(1 + \frac{t}{w_2}\right) c_1,\ \left(1 + \frac{t}{w_2}\right) c_2,\ \sqrt{2}\left(1 + \frac{w_1 t}{w_2}\right) \right) \quad \text{mit}$$

$$w_1 = \sqrt{1 - \|\mathbf{c}\|^2}, \quad w_2 = \sqrt{2 - \|\mathbf{c}\|^2},$$

besitzt die nebenstehend abgebildete Kaustik (wir interpretieren $\mathbf{Q}$ nicht als Strahlenschar eines optischen Mediums). Denn es gilt ÜA

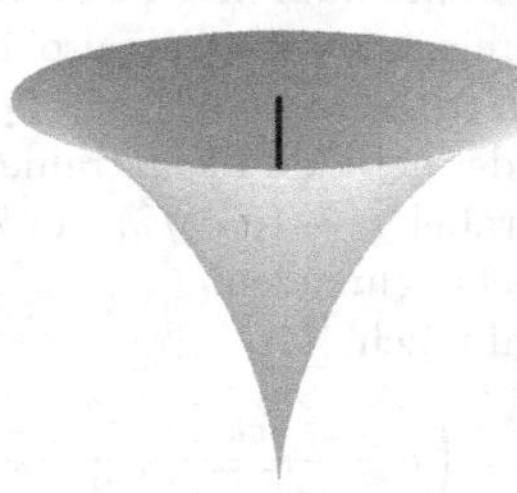

$$\det d\mathbf{Q}(t, \mathbf{c}) = \frac{2}{w_1 w_2} \left(\frac{t}{w_2} + 1\right)\left(\frac{t}{w_2} + w_1^2\right),$$

woraus sich für jedes $\mathbf{c}$ mit $\|\mathbf{c}\| < 1$ die Brennzeiten

$$t_1 = t_1(\mathbf{c}) = -w_2, \quad t_2 = t_2(\mathbf{c}) = -w_1^2 w_2$$

mit $t_1(\mathbf{0}) = t_2(\mathbf{0}) = -\sqrt{2}$ und $t_1(\mathbf{c}) < t_2(\mathbf{c})$ für $\mathbf{c} \neq \mathbf{0}$ ergeben.

Die Brennpunkte

$$\mathbf{Q}(t_2(\mathbf{c}), \mathbf{c}) = \left(\|\mathbf{c}\|^2 c_1, \|\mathbf{c}\|^2 c_2, \sqrt{2}(1 - w_1^3)\right)$$

durchlaufen den trompetenförmigen Teil der Kaustik. Die Brennpunkte

$$\mathbf{Q}(t_1(\mathbf{c}), \mathbf{c}) = \left(0, 0, \sqrt{2}(1 - w_1)\right)$$

zu den Parameterwerten $\|\mathbf{c}\| < 1$ füllen das Segment $\{(0,0,s) \mid 0 \leq s < \sqrt{2}\}$ auf der Rotationsachse, der q^3–Achse aus. Diese Gerade gehört zum Parameterwert $\mathbf{c}_0 = \mathbf{0}$, und der Ursprung ist der einzige Brennpunkt mit Parameterwert $\mathbf{c}_0 = \mathbf{0}$.

3.6 Die Eikonalgleichung

(a) Ein synchronisiertes Strahlenbündel $\mathbf{Q} : \mathbb{R} \times \Lambda \to \Omega$ nennen wir auf einem zylinderartigen Teilgebiet $U_0 \subset \mathbb{R} \times \Lambda$ (vgl. Bemerkung 3.3(b)) **feldartig**, wenn $\mathbf{Q}$ das Gebiet U_0 diffeomorph auf $\Omega_0 := \mathbf{Q}(U_0) \subset \Omega$ abbildet.

Liegt ein Punkt $\mathbf{q}_0 = \mathbf{Q}(t_0, \mathbf{c}_0)$ eines Strahlenbündels ausserhalb der Kaustik, so gibt es wegen Rang $d\mathbf{Q}(t_0, \mathbf{c}_0) = 3$ nach dem Umkehrsatz Umgebungen $U_0 \subset \mathbb{R} \times \Lambda$ von $(t_0, \mathbf{c}_0)$ und $\Omega_0 \subset \Omega$ von $\mathbf{q}_0$, so dass $\mathbf{Q}$ einen C^2–Diffeomorphismus zwischen U_0 und Ω_0 liefert, also auf U_0 feldartig ist.

(b) Wir zeigen jetzt, dass die Ausbreitung der Wellenfronten eines auf U_0 feldartigen Strahlenbündels $\mathbf{Q}$ durch eine Differentialgleichung erster Ordnung beschrieben wird. Diese *Eikonalgleichung* erweist sich als differentielle Version des Huygensschen Prinzips, was wir in 3.7 nachweisen.

Auf $\Omega_0 = \mathbf{Q}(U_0)$ lässt sich das Wellenvektorfeld als Funktion des Ortes darstellen, bezeichnet mit

$$\mathbf{p} := \mathbf{P} \circ \mathbf{Q}^{-1} : \Omega_0 \to \mathbb{R}^3.$$

Dieses ist C^2–differenzierbar, weil $\mathbf{Q}$ und $\mathbf{P}$ C^2–differenzierbar sind.

SATZ. *Ist ein Strahlenbündel* $\mathbf{Q} : \mathbb{R} \times \Lambda \to \Omega$ *auf* $U_0 \subset \mathbb{R} \times \Lambda$ *feldartig, so besitzt das Wellenvektorfeld* $\mathbf{p}$ *auf* $\Omega_0 = \mathbf{Q}(U_0)$ *eine Stammfunktion* S,

$$\nabla S = \mathbf{p}.$$

Die Funktion S *genügt der* **Eikonalgleichung**

$$H(\mathbf{q}, \nabla S(\mathbf{q})) = 1 \quad \textit{für } \mathbf{q} \in \Omega_0, \quad \textit{kurz } H(\mathbf{q}, \nabla S) = 1,$$

und ihre Niveauflächen sind die auf Ω_0 *eingeschränkten Wellenfronten von* $\mathbf{Q}$,

$$\Sigma_t \cap \Omega_0 = \{\mathbf{q} \in \Omega_0 \mid S(\mathbf{q}) = t + a\},$$

wobei a *eine Konstante ist.*

Die Funktion S wird ein **Eikonal** (des feldartigen Teils) von $\mathbf{Q}$ genannt. Als Stammfunktion des Vektorfeldes $\mathbf{p}$ ist diese bis auf additive Konstanten eindeutig bestimmt. Nach Definition der Wellenfronten in 3.3 (a) benötigt jeder Lichtstrahl $t \mapsto \mathbf{Q}(t, \mathbf{c})$ zwischen zwei Wellenfronten $\Sigma_{t_1} = \{S = t_1 + a\}$ und $\Sigma_{t_2} = \{S = t_2 + a\}$ mit $t_2 > t_1$ die Zeitspanne

$$S(\mathbf{Q}(t_2, \mathbf{c})) - S(\mathbf{Q}(t_1, \mathbf{c})) = t_2 - t_1.$$

Das Eikonal misst also die optische Distanz längs Bündelstrahlen.

Für isotrope Medien mit der Hamilton–Funktion $H(\mathbf{q},\mathbf{p}) = \|\mathbf{p}\|/n(\mathbf{q})$ lautet die Eikonalgleichung

$$\|\boldsymbol{\nabla} S(\mathbf{q})\| = n(\mathbf{q}).$$

An dieser lesen wir ab, dass die Wellenfronten an Stellen kleiner Lichtgeschwindigkeit (also an Stellen mit großem Brechungsindex) enger beieinander liegen als an Stellen mit großer Lichtgeschwindigkeit.

BEWEIS.

(i) Aus $\mathbf{P} = \mathbf{p} \circ \mathbf{Q}$ folgt $\partial_i P_j = \sum\limits_{\ell=1}^{3} \partial_\ell p_j(\mathbf{Q}) \partial_i Q_\ell$. Aus der Integrabilitätsbedingung $[c_1, c_2] = 0$ und aus $[c_0, c_1] = [c_0, c_2] = 0$ (Gl.(3) in 3.3 (a)) ergibt sich

$$\begin{aligned} 0 \;=\; [c_i, c_k] \;&=\; \sum_{j=1}^{3} \left(\partial_i P_j\, \partial_k Q_j - \partial_k P_j\, \partial_i Q_j\right) \\ &=\; \sum_{j,\ell=1}^{3} \left(\partial_\ell p_j - \partial_j p_\ell\right)(\mathbf{Q})\, \partial_i Q_\ell\, \partial_k Q_j \quad (i,k = 0,1,2). \end{aligned}$$

Hieraus folgt $\partial_\ell p_j - \partial_j p_\ell = 0$ $(j,\ell = 0,1,2)$ auf Ω_0, weil die Matrizen $d\mathbf{Q} = (\partial_i Q_\ell)$ wegen der Diffeomorphieeigenschaft von $\mathbf{Q}$ an jeder Stelle invertierbar sind. Damit besitzt das C^2–Vektorfeld $\mathbf{p}$ auf dem einfachen Gebiet $\Omega_0 = \mathbf{Q}(U_0)$ eine C^3–differenzierbare Stammfunktion $S : \Omega_0 \to \mathbb{R}$, d.h. $\boldsymbol{\nabla} S = \mathbf{p}$.

(ii) Wegen $\boldsymbol{\nabla} S(\mathbf{Q}) := (\boldsymbol{\nabla} S) \circ \mathbf{Q} = \mathbf{p} \circ \mathbf{Q} = \mathbf{P}$ ergibt sich mit der Normalisierungsbedingung (N) aus 3.3 (a) $H(\mathbf{Q}, \boldsymbol{\nabla} S(\mathbf{Q})) = H(\mathbf{Q},\mathbf{P}) = 1$ und damit die Eikonalgleichung

$$H(\mathbf{q}, \boldsymbol{\nabla} S(\mathbf{q})) = 1 \quad \text{für} \quad \mathbf{q} \in \Omega_0 .$$

Berücksichtigen wir aus 3.3 (a) die Gleichung (2) und die Transversalität $(*)$, so erhalten wir

$$\begin{aligned} \partial_t(S \circ \mathbf{Q}) \;&=\; \big\langle \boldsymbol{\nabla} S(\mathbf{Q}), \dot{\mathbf{Q}} \big\rangle \;=\; \big\langle \mathbf{P}, \dot{\mathbf{Q}} \big\rangle \;=\; a_0 \;=\; 1\,, \\ \partial_\alpha(S \circ \mathbf{Q}) \;&=\; \big\langle \boldsymbol{\nabla} S(\mathbf{Q}), \partial_\alpha \mathbf{Q} \big\rangle \;=\; \big\langle \mathbf{P}, \partial_\alpha \mathbf{Q} \big\rangle \;=\; 0\,. \end{aligned}$$

Somit hat $S(\mathbf{Q}(t,\mathbf{c})) - t$ einen konstanten Wert a, d.h. es gilt

$$S(\mathbf{Q}(t,\mathbf{c})) = t + a \quad \text{auf} \quad U_0 .$$

Hieraus folgt die Mengengleichheit

$$\Sigma_t \cap \Omega_0 \;=\; \{\mathbf{q} \in \Omega_0 \mid S(\mathbf{q}) = t + a\}.$$

Denn für $\mathbf{q} \in \Sigma_t \cap \Omega_0$ gilt $\mathbf{q} = \mathbf{Q}(t,\mathbf{c})$ mit $(t,\mathbf{c}) \in U_0$, also $S(\mathbf{q}) = S(\mathbf{Q}(t,\mathbf{c})) = t + a$, d.h. $\mathbf{q} \in \{S = t + a\}$.

Umgekehrt gibt es zu $\mathbf{q} \in \{S = t + a\}$ ein Paar $(\tau, \mathbf{c}) \in U_0$ mit $\mathbf{q} = \mathbf{Q}(\tau, \mathbf{c})$. Es folgt $t + a = S(\mathbf{q}) = S(\mathbf{Q}(\tau,\mathbf{c})) = \tau + a$, also $\tau = t$ und damit $\mathbf{q} \in \Sigma_t \cap \Omega_0$. □

(c) Wir zeigen jetzt die Umkehrung der vorhergehenden Aussage: Jede sich gemäß der Eikonalgleichung bewegende Flächenschar bestimmt auch wieder ein Strahlenbündel mit diesen Flächen als Wellenfronten.

Gegeben sei eine Lösung $S : \Omega_0 \to \mathbb{R}$ der Eikonalgleichung

$$H(\mathbf{q}, \boldsymbol{\nabla} S(\mathbf{q})) = 1 \quad \text{für} \quad \mathbf{q} \in \Omega_0$$

auf einem Teilgebiet Ω_0 des optischen Mediums Ω. Dabei nehmen wir an, dass S C^3–differenzierbar ist und eine Niveaumenge $\{\mathbf{q} \in \Omega_0 \mid S(\mathbf{q}) = c\}$ durch eine einzige C^2–Parametrisierung $\boldsymbol{\Phi} : \Lambda \to \mathbb{R}^3$ auf einem einfachen Gebiet $\Lambda \subset \mathbb{R}^2$ überdeckt wird. O.B.d.A. sei $c = 0$.

SATZ. *Ist S eine Lösung der Eikonalgleichung auf Ω_0, so existiert ein Strahlenbündel $\mathbf{Q}$ auf einem Zylindergebiet $U_0 \subset \mathbb{R} \times \Lambda$, dessen Wellenfronten die Niveaumengen von S sind.*

BEWEIS.

(i) Wir betrachten das Anfangswertproblem

$$(0) \qquad \dot{\mathbf{q}}(t) = \boldsymbol{\nabla}_{\mathbf{p}} H(\mathbf{q}(t), \boldsymbol{\nabla} S(\mathbf{q}(t)))\,, \quad \mathbf{q}(0) = \boldsymbol{\Phi}(\mathbf{c}) \quad \text{mit} \quad \mathbf{c} \in \Lambda.$$

Dessen maximale Lösung bezeichnen wir mit $\mathbf{Q}(t, \mathbf{c})$ und den zugehörigen Definitionsbereich mit $U_0 = \{(t, \mathbf{c}) \mid \mathbf{c} \in \Lambda,\ T_1(\mathbf{c}) < t < T_2(\mathbf{c})\} \subset \mathbb{R} \times \Lambda$.

Aus der C^3–Differenzierbarkeit von H und S ergibt sich nach Bd. 2, § 5 : 1.1 die C^2–Differenzierbarkeit von $\mathbf{Q} : U_0 \to \Omega_0$, und damit auch die C^2–Differenzierbarkeit von $\mathbf{P} := (\boldsymbol{\nabla} S) \circ \mathbf{Q} : U_0 \to \mathbb{R}^3$. Wir schreiben im Folgenden meistens $\mathbf{P} = \boldsymbol{\nabla} S(\mathbf{Q})$ anstelle von $\mathbf{P} = (\boldsymbol{\nabla} S) \circ \mathbf{Q}$.

Nach der Eikonalgleichung gilt auf U_0

$$(1) \qquad H(\mathbf{Q}, \mathbf{P}) = 1.$$

Aus (0) ergibt sich

$$(2) \qquad \dot{\mathbf{Q}} = \boldsymbol{\nabla}_{\mathbf{p}} H(\mathbf{Q}, \boldsymbol{\nabla} S(\mathbf{Q})) = \boldsymbol{\nabla}_{\mathbf{p}} H(\mathbf{Q}, \mathbf{P}),$$

und unter Beachtung der Euler–Relation für die homogene Hamilton–Funktion

$$(3) \qquad \frac{\partial}{\partial t}(S \circ \mathbf{Q}) = \big\langle \boldsymbol{\nabla} S(\mathbf{Q}), \dot{\mathbf{Q}} \big\rangle = \big\langle \mathbf{P}, \boldsymbol{\nabla}_{\mathbf{p}} H(\mathbf{P}, \mathbf{Q}) \big\rangle = H(\mathbf{Q}, \mathbf{P}) = 1.$$

Hieraus folgt

$$\frac{\partial}{\partial t} \frac{\partial}{\partial c_\alpha}(S \circ \mathbf{Q}) = \frac{\partial}{\partial c_\alpha} \frac{\partial}{\partial t}(S \circ \mathbf{Q}) = 0.$$

Zusammen mit der Anfangsbedingung $S(\mathbf{Q}(0,\mathbf{c})) = S(\mathbf{\Phi}(\mathbf{c})) = 0$ für $\mathbf{c} \in \Lambda$ erhalten wir

$$(4) \quad \big\langle \mathbf{P}, \partial_\alpha \mathbf{Q} \big\rangle = \big\langle \mathbf{\nabla} S(\mathbf{Q}), \partial_\alpha \mathbf{Q} \big\rangle = \frac{\partial}{\partial c_\alpha}(S \circ \mathbf{Q}) = 0.$$

(ii) Aus $\dot{\mathbf{Q}} = \mathbf{\nabla}_{\mathbf{p}} H(\mathbf{Q}, \mathbf{\nabla} S(\mathbf{Q}))$ und $H(\mathbf{Q},\mathbf{P}) = 1$ folgt nach 2.6(b)(ii) die Gleichung

$$\mathbf{P} = \nabla S(\mathbf{Q}) = \mathbf{\nabla}_{\mathbf{v}} L(\mathbf{Q}, \dot{\mathbf{Q}}),$$

d.h. $\mathbf{P}$ ist das $\mathbf{Q}$ zugeordnete Wellenvektorfeld.
Durch Ableiten von $\mathbf{P} = \mathbf{\nabla} S(\mathbf{Q})$ nach t ergibt sich unter Verwendung von (2)

$$\dot{P}_i = \sum_{k=1}^{3} \partial_k\, \partial_i S(\mathbf{Q})\, \dot{Q}_k = \sum_{k=1}^{3} \partial_i \partial_k S(\mathbf{Q})\, \frac{\partial H}{\partial p_k}(\mathbf{Q},\mathbf{P}) \quad (i = 1,2,3).$$

Ableitung der Eikonalgleichung nach q_i liefert

$$0 = \frac{\partial}{\partial q_i}\big[H(\mathbf{q}, \mathbf{\nabla} S(\mathbf{q}))\big] = \frac{\partial H}{\partial q_i}(\ldots) + \sum_{k=1}^{3} \frac{\partial H}{\partial p_k}(\ldots)\, \partial_i \partial_k S(\mathbf{q}).$$

Dies zusammen ergibt

$$(5) \quad \dot{P}_i = -\frac{\partial H}{\partial q_i}(\mathbf{Q},\mathbf{P}) \quad (i = 1,2,3).$$

Das Paar $\mathbf{R} = (\mathbf{Q},\mathbf{P})$ erfüllt somit die Hamilton–Gleichungen (2) und (5).
Wegen (4) ist $\mathbf{Q}$ synchronisiert, genügt insbesondere der Integrabilitätsbedingung.
Nach Voraussetzung sind für $\mathbf{c} \in \Lambda$ die Vektoren $\partial_\alpha \mathbf{Q}(0,\mathbf{c}) = \partial_\alpha \mathbf{\Phi}(\mathbf{c})$ ($\alpha = 1,2$), linear unabhängig. Wegen

$$\langle \mathbf{P}, \partial_0 \mathbf{Q} \rangle = \big\langle \mathbf{P}, \dot{\mathbf{Q}} \big\rangle \overset{(3)}{=} 1 \text{ und } \langle \mathbf{P}, \partial_\alpha \mathbf{Q} \rangle \overset{(4)}{=} 0 \quad (\alpha = 1,2)$$

sind dann auch $\partial_0 \mathbf{Q}(0,\mathbf{c}), \partial_1 \mathbf{Q}(0,\mathbf{c}), \partial_2 \mathbf{Q}(0,\mathbf{c})$ linear unabhängig, d.h. es gilt $\operatorname{Rang} d\mathbf{Q}(0,\mathbf{c}) = 3$. Damit ist die Rangbedingung $\operatorname{Rang} d\mathbf{R} = 3$ auf der Startfläche $\{S = 0\} = \Sigma_0$ erfüllt, was nach dem Satz in 3.3 (c) die Rangbedingung überall sichert. $\mathbf{Q}$ ist damit ein Strahlenbündel auf U_0.

(iii) Nach (3) und (4) gilt

$$\frac{\partial}{\partial t}(S \circ \mathbf{Q}) = 1, \quad \frac{\partial}{\partial c_\alpha}(S \circ \mathbf{Q}) = 0 \quad (\alpha = 1,2).$$

Wie im Beweis des Satzes in (b) folgt hieraus $S(\mathbf{Q}(t,\mathbf{c})) = t + c$. Wegen der Anfangsbedingung in (0) folgt $c = 0$, woraus sich $\Sigma_t = \{S = t\}$ ergibt. □

3.7 Das Huygenssche Prinzip

Wir formulieren nun das Huygenssche Prinzip und zeigen dessen Äquivalenz mit der Eikonalgleichung als Ausbreitungsgesetz für Wellenfronten.

(a) In einem optischen Medium Ω führen wir die **optische Distanz** zwischen zwei Punkten $\mathbf{q}_1, \mathbf{q}_2 \in \Omega$ ein als Infimum der Laufzeiten aller Verbindungskurven von $\mathbf{q}_1$ und $\mathbf{q}_2$,

$$d(\mathbf{q}_1, \mathbf{q}_2) := \inf\big\{\mathcal{L}(\mathbf{q}, [s_1, s_2]) \mid \mathbf{q} : [s_1, s_2] \to \Omega \text{ ist PC}^1\text{–Kurve mit } \mathbf{q}(s_1) = \mathbf{q}_1,\ \mathbf{q}(s_2) = \mathbf{q}_2\big\};$$

dabei ist für Vergleichskurven $\mathbf{q} : [s_1, s_2] \to \Omega$ die Laufzeit nach 1 (b) gegeben durch

$$\mathcal{L}(\mathbf{q}, [s_1, s_2]) = \int_{s_1}^{s_2} L(\mathbf{q}(s), \dot{\mathbf{q}}(s))\, ds.$$

Unter der **Elementarwellenfront** mit Zentrum $\mathbf{q}_0 \in \Omega$ und Laufzeit $\tau > 0$ verstehen wir die optische Abstandssphäre

$$E_\tau(\mathbf{q}_0) := \big\{\mathbf{q} \in \Omega \;\big|\; d(\mathbf{q}_0, \mathbf{q}) = \tau\big\},$$

für kleine $\tau > 0$ vorzustellen als Ort aller Punkte, in der eine von $\mathbf{q}_0$ ausgehende Lichterregung nach der Zeit τ ankommt.

Das Innere der Elementarwellenfront, also die optische Kugel um $\mathbf{q}_0$ mit Radius $\tau > 0$, bezeichnen wir mit

$$K_\tau(\mathbf{q}_0) := \big\{\mathbf{q} \in \Omega \;\big|\; d(\mathbf{q}_0, \mathbf{q}) < \tau\big\}.$$

Diese Begriffe sind auch sinnvoll, wenn im optischen Medium Grenzflächen vorhanden sind; hier schließen wir Grenzflächen jedoch aus.

LEMMA 1. *Für* $0 < \tau \ll 1$ *gilt:*

(i) $E_\tau(\mathbf{q}_0)$ *ist eine (glatte) Fläche (vgl. § 7 : 2.1).*

(ii) *Je zwei Punkte* $\mathbf{q}_1, \mathbf{q}_2 \in K_\tau(\mathbf{q}_0)$ *lassen sich durch genau ein schnellstes Lichtstrahlsegment in* $K_\tau(\mathbf{q}_0)$ *verbinden.*

(iii) $E_\tau(\mathbf{q}_0) = \{\mathbf{q}_0 + \tau\mathbf{v} \mid \mathbf{v} \in \mathbb{R}^3$ *mit* $L(\mathbf{q}_0, \mathbf{v}) = 1 + r(\tau, \mathbf{v})\}$, *wobei die Funktion* $r(\tau, \mathbf{v})$ *für* $\tau \to 0$ *gleichmässig in* $\mathbf{v}$ *gegen* 0 *strebt.*

Nach (i),(ii) ist $K_\tau(\mathbf{q}_0)$ eine glattberandete, „lichtkonvexe“ Umgebung von $\mathbf{q}_0$. Die Aussage (iii) besagt, dass die Elementarwellenfront durch die mit Faktor τ geschrumpfte Indikatrix (vgl. 2.6 (a)) angenähert wird, symbolisch

$$\lim_{\tau \to 0} \frac{E_\tau(\mathbf{q}_0) - \mathbf{q}_0}{\tau} = \mathbf{L}_{\mathbf{q}_0}.$$

Beweis.

(i) und (ii) siehe Giaquinta–Hildebrandt [7] II, Ch.8, 3.3, Thm.3*.

(iii) Nach (ii) kann der Ausgangspunkt $\mathbf{q}_0$ mit jedem Punkt $\mathbf{q} \in E_\tau(\mathbf{q}_0)$ durch ein schnellstes Lichtstrahlsegment $\varphi : [0,\tau] \to \Omega$ verbunden werden, d.h. es gilt $L(\varphi, \dot{\varphi}) = 1$, $\varphi(0) = \mathbf{q}_0$, $\varphi(\tau) = \mathbf{q}$.
Setzen wir $\mathbf{v} = (\mathbf{q} - \mathbf{q}_0)/\tau$, so folgt aus der gleichmässigen Stetigkeit von L

$$1 - L(\mathbf{q}_0, \mathbf{v}) = L(\varphi(t), \dot{\varphi}(t)) - L(\mathbf{q}_0, \mathbf{v}) = r(\tau, \mathbf{v}) \text{ für } 0 \le t \le \tau,$$

wobei $\lim\limits_{\tau \to 0} r(\tau, \mathbf{v}) = 0$ gleichmässig für beschränkte $\mathbf{v} \in \mathbb{R}^3$ gilt. □

(b) Gegeben sei eine durch die Zeit t parametrisierte Schar von Hyperflächen Σ_t, welche ein Teilgebiet des optischen Mediums überdecken, das wir jetzt mit Ω bezeichnen.
Wir sagen, die Schar der Flächen Σ_t **bewegt sich nach dem Huygens–Prinzip**, wenn in einer Umgebung $U \subset \Omega$ jedes Punktes $\mathbf{a} \in \Omega$ gilt:
Liegt der Punkt $\mathbf{a}$ auf Σ_s, so ist jede Wellenfront Σ_t mit $\Sigma_t \cap U \ne \emptyset$ die **Enveloppe** der Elementarwellenfronten $E_\tau(\mathbf{q}_s)$ $(\tau = |t-s| > 0)$ mit Ausgangspunkten $\mathbf{q}_s$ auf der Fläche $\Sigma_s \cap U$, d.h. für jeden Punkt $\mathbf{q}_s \in \Sigma_s \cap U$ wird die Fläche Σ_t von der Elementarwellenfront $E_\tau(\mathbf{q}_s)$ in genau einem Punkt berührt.

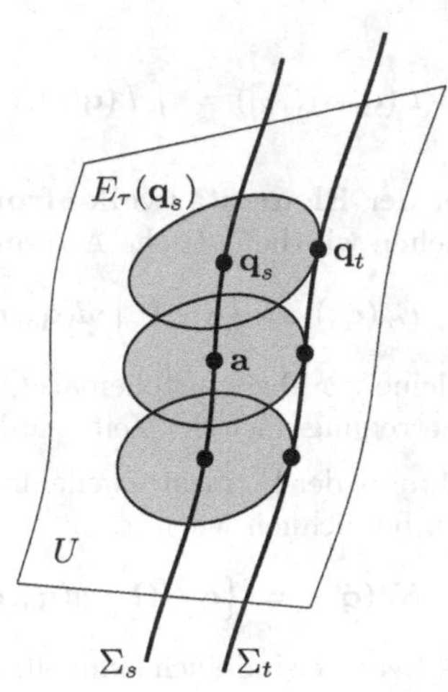

Satz. *Huygens–Prinzip und Eikonalgleichung sind zueinander äquivalent:*

(1) *Bewegt sich eine Fächenschar $\{\Sigma_t\}$ in Ω nach dem Huygens–Prinzip, so erfüllt die Funktion*

$$S : \Omega \to \mathbb{R} \text{ mit } S(\mathbf{q}) = t, \text{ falls } \mathbf{q} \in \Sigma_t$$

die Eikonalgleichung $H(\mathbf{q}, \nabla S) = 1$.

(2) *Ist $S : \Omega \to \mathbb{R}$ eine Lösung der Eikonalgleichung, so bewegen sich die Niveauflächen $\Sigma_t = \{S = t\}$ nach dem Huygens–Prinzip.*

Beweis.

(1) Für die Funktion S gilt $\Sigma_t = \{S = t\}$; für $\mathbf{q} \in \Sigma_t$ ist $\nabla S(\mathbf{q})$ also ein Normalenvektor von Σ_t. Wir fixieren $\mathbf{a} \in \Omega$ und nehmen o.B.d.A. $\mathbf{a} \in \Sigma_0$, also $S(\mathbf{a}) = 0$ an.

Nach dem Huygens–Prinzip finden wir zu dem Punkt $\mathbf{q}_0 = \mathbf{a} \in \Sigma_0 \cap U$ für $0 < \tau \ll 1$ genau einen Berührpunkt $\mathbf{q}_\tau \in \Sigma_\tau \cap U$ der Wellenfront Σ_τ mit der Elementarwellenfront $E_\tau(\mathbf{a})$. Wegen der nach Lemma 1 (ii) bestehenden Konvexität der Kugel $K_\tau(\mathbf{a})$ liegt diese und damit auch $E_\tau(\mathbf{a})$ ganz auf einer Seite der Tangentialebene

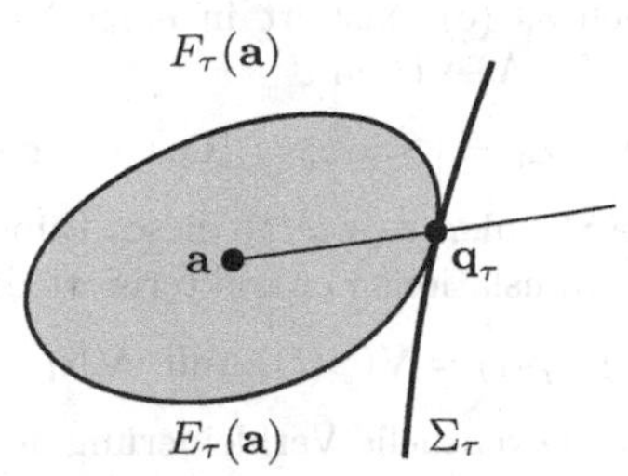

$$\mathbf{q}_\tau + \nabla S(\mathbf{q}_\tau)^\perp,$$

also in dem von der Tangentialebene begrenztem Halbraum $F_\tau(\mathbf{a})$, der $\mathbf{a}$ als Randpunkt enthält, d.h. es gilt $E_\tau(\mathbf{a}) \subset F_\tau(\mathbf{a})$.

Taylor–Entwicklung von S an der Stelle $\mathbf{q}_\tau =: \mathbf{a} + \tau \mathbf{v}_\tau$ liefert

$$-\tau = S(\mathbf{a}) - S(\mathbf{q}_\tau) = -\tau \langle \nabla S(\mathbf{q}_\tau), \mathbf{v}_\tau \rangle + o(\tau) \text{ bzw.}$$

$$\langle \nabla S(\mathbf{q}_\tau), \mathbf{v}_\tau \rangle = 1 + o(\tau)/\tau$$

mit $\lim_{\tau \to 0} o(\tau)/\tau = 0$. Damit ist der Halbraum gegeben durch

$$\begin{aligned} F_\tau(\mathbf{a}) &= \{ \mathbf{q} \in \mathbb{R}^3 \mid \tau^{-1} \langle \nabla S(\mathbf{q}_\tau), \mathbf{q} - \mathbf{q}_\tau \rangle \le 0 \} \\ &= \{ \mathbf{a} + \tau \mathbf{v} \mid \mathbf{v} \in \mathbb{R}^3 \text{ mit } \langle \nabla S(\mathbf{q}_\tau), \mathbf{v} - \mathbf{v}_\tau \rangle \le 0 \} \\ &= \{ \mathbf{a} + \tau \mathbf{v} \mid \mathbf{v} \in \mathbb{R}^3 \text{ mit } \langle \nabla S(\mathbf{q}_\tau), \mathbf{v} \rangle \le 1 + o(\tau)/\tau \}. \end{aligned}$$

Nach Lemma 1 (iii) gilt

$$E_\tau(\mathbf{a}) = \{ \mathbf{a} + \tau \mathbf{v} \mid \mathbf{v} \in \mathbb{R}^3 \text{ mit } L(\mathbf{a}, \mathbf{v}) = 1 + r(\tau, \mathbf{v}) \}$$

mit $\lim_{\tau \to 0} r(\tau, \mathbf{v}) = 0$, somit liefert $E_\tau(\mathbf{a}) \subset F_\tau(\mathbf{a})$ zusammen mit der letzten Gleichung die Beziehung

$$1 + o(\tau)/\tau = \max \{ \langle \nabla S(\mathbf{q}_\tau), \mathbf{v} \rangle \mid \mathbf{v} \in \mathbb{R}^3 \text{ mit } L(\mathbf{a}, \mathbf{v}) = 1 + r(\tau, \mathbf{v}) \}.$$

Für $\tau \to 0$ strebt $\mathbf{q}_\tau$ gegen $\mathbf{a}$, also folgt nach Grenzübergang

$$1 = \max \{ \langle \nabla S(\mathbf{a}), \mathbf{v} \rangle \mid \mathbf{v} \in \mathbb{R}^3 \text{ mit } L(\mathbf{a}, \mathbf{v}) = 1 \}.$$

Das ist aber nach 2.6 (a) die Eikonalgleichung an der Stelle $\mathbf{a} \in \Omega$,

$$H(\mathbf{a}, \nabla S(\mathbf{a})) = 1.$$

(2) Es sei S eine Lösung der Eikonalgleichung und $\mathbf{a} \in \Omega$, o.B.d.A. $S(\mathbf{a}) = 0$. Nach 3.6 (c) existiert in einer Umgebung $U \subset \Omega$ von $\mathbf{a}$ ein Strahlenbündel $\mathbf{Q} : I \times \Lambda \to U$ mit

$$(*) \quad \Sigma_t = \{S = t\} = \{\mathbf{Q}(t, \mathbf{c}) \mid \mathbf{c} \in \Lambda\}.$$

Die Strahlen $t \mapsto \boldsymbol{\varphi}(t)$ dieses Bündels sind nach Gleichung (0) in 3.6 (c) bis auf Zeittranslationen charakterisiert durch die DG

$$(**) \quad \dot{\boldsymbol{\varphi}}(t) = \mathbf{V}(\boldsymbol{\varphi}(t)) \text{ mit } \mathbf{V}(\mathbf{q}) := \boldsymbol{\nabla}_{\mathbf{p}} H(\mathbf{q}, \boldsymbol{\nabla} S(\mathbf{q}))\,.$$

Durch eventuelle Verkleinerung der Umgebung U können wir nach Lemma 1(ii) erreichen, dass je zwei Punkte in U durch ein Lichtstrahlsegment kürzester Laufzeit in U verbunden werden können.
Wir zeigen, dass für $0 < |\tau| \ll 1$ die Fläche Σ_τ die Enveloppe der Elementarfrontenschar $E_{|\tau|}(\mathbf{q}_0)$ mit den Ausgangspunkten $\mathbf{q}_0 \in \Sigma_0$ ist, d.h. dass $\Sigma_\tau \cap E_{|\tau|}(\mathbf{q}_0)$ aus genau einem Punkt besteht.
Hierzu fixieren wir $\mathbf{q}_0, \tau$ und nehmen o.B.d.A. $\tau > 0$ an. Es sei $t \mapsto \boldsymbol{\varphi}(t)$ der Bündelstrahl mit $\boldsymbol{\varphi}(0) = \mathbf{q}_0$. Nach $(*)$ gilt dann $\mathbf{q}_\tau := \boldsymbol{\varphi}(\tau) \in \Sigma_\tau$. Das nachfolgende Lemma 2 besagt

$$\mathcal{L}(\boldsymbol{\varphi}, [0, \tau]) = \tau \quad \text{und} \quad \mathcal{L}(\boldsymbol{\psi}, [0, \sigma]) \geq \tau$$

für jede Vergleichskurve $\boldsymbol{\psi} : [0, \sigma] \to U$ mit den Endpunkten $\mathbf{q}_0 \in \Sigma_0$ und $\mathbf{q}_\tau \in \Sigma_\tau$. Das bedeutet $d(\mathbf{q}_0, \mathbf{q}_\tau) = \tau$, also $\mathbf{q}_\tau \in E_\tau(\mathbf{q}_0)$.
Für jeden von $\mathbf{q}_\tau$ verschiedenen Punkt $\mathbf{q} \in \Sigma_\tau$ gilt dagegen $\mathbf{q} \notin E_\tau(\mathbf{q}_0)$, also $d(\mathbf{q}_0, \mathbf{q}) > \tau$. Denn wäre $d(\mathbf{q}_0, \mathbf{q}) = \tau$, so könnten wir gemäß Lemma 1(ii) diese beiden Punkte durch ein Lichtstrahlsegment $\boldsymbol{\psi} : [0, \tau] \to U$ kürzester Laufzeit $\mathcal{L}(\boldsymbol{\psi}, [0, \tau]) = d(\mathbf{q}_0, \mathbf{q}) = \tau$ verbinden und erhalten aus Lemma 2, dass $\boldsymbol{\psi}$ eine Bündelkurve sein muss. Zusammen mit $\boldsymbol{\psi}(0) = \mathbf{q}_0 = \boldsymbol{\varphi}(0)$ liefert dann der Eindeutigkeitssatz für Lösungen der DG $(**)$ die Identität $\boldsymbol{\psi} = \boldsymbol{\varphi}$, insbesondere den Widerspruch $\mathbf{q} = \boldsymbol{\psi}(\tau) = \boldsymbol{\varphi}(\tau) = \mathbf{q}_\tau$.
Die Flächen $E_\tau(\mathbf{q}_0)$ und Σ_τ berühren sich somit nur im Punkt $\mathbf{q}_\tau$. □

Lemma 2. *Für jede reguläre* PC^1*-Kurve* $\boldsymbol{\psi} : [s_1, s_2] \to U$ *und Zeiten* $t_1 < t_2$ *mit* $\boldsymbol{\psi}(s_1) \in \Sigma_{t_1}$, $\boldsymbol{\psi}(s_2) \in \Sigma_{t_2}$ *gilt*

$$\mathcal{L}(\boldsymbol{\psi}, [s_1, s_2]) \geq t_2 - t_1,$$

wobei Gleichheit genau dann eintritt, wenn $\boldsymbol{\psi}$ *nach Normalisierung eine Bündelkurve ist.*

Beweis.

Sei $\boldsymbol{\psi}$ o.B.d.A. normal, also $L(\boldsymbol{\psi}, \dot{\boldsymbol{\psi}}) = 1$ f.ü., weiter sei das Vektorfeld $\mathbf{V}$ wie im Beweisteil (2) des vorangehenden Satzes definiert.
Für $\mathbf{q} \in \Omega$ sind nach 2.6 (b) (ii) die Gleichungen

$$\mathbf{v}_0 := \mathbf{V}(\mathbf{q}) = \boldsymbol{\nabla}_{\mathbf{p}} H(\mathbf{q}, \boldsymbol{\nabla} S(\mathbf{q})), \quad H(\mathbf{q}, \boldsymbol{\nabla} S(\mathbf{q})) = 1$$

äquivalent mit

$$\nabla S(\mathbf{q}) = \boldsymbol{\nabla}_{\mathbf{v}} L(\mathbf{q}, \mathbf{v}_0), \quad L(\mathbf{q}, \mathbf{v}_0) = 1.$$

Für die Exzessfunktion W_{L^*} der elliptischen Lagrange–Funktion $L^* = \frac{1}{2}L^2$ (vgl. § 3 : 1.1) und für $\mathbf{v} \in \mathbb{R}^3$ mit $L(\mathbf{q}, \mathbf{v}) = 1$ folgt hieraus

$$\begin{aligned} W_{L^*}(\mathbf{q}, \mathbf{v}_0, \mathbf{v}) &= L^*(\mathbf{q}, \mathbf{v}) - L^*(\mathbf{q}, \mathbf{v}_0) - \langle \boldsymbol{\nabla}_{\mathbf{v}} L^*(\mathbf{q}, \mathbf{v}_0), \mathbf{v} - \mathbf{v}_0 \rangle \\ &= \langle \boldsymbol{\nabla}_{\mathbf{v}} L(\mathbf{q}, \mathbf{v}_0), \mathbf{v}_0 \rangle - \langle \boldsymbol{\nabla}_{\mathbf{v}} L(\mathbf{q}, \mathbf{v}_0), \mathbf{v} \rangle \;=\; 1 - \langle \boldsymbol{\nabla} S(\mathbf{q}), \mathbf{v} \rangle, \end{aligned}$$

wobei in der letzten Gleichung die Relation $\langle \boldsymbol{\nabla}_{\mathbf{v}} L(\mathbf{q}, \mathbf{v}_0), \mathbf{v}_0 \rangle = L(\mathbf{q}, \mathbf{v}_0) = 1$ verwendet wurde. Nach § 3 : 1.1 ist die Exzessfunktion nicht negativ und verschwindet nur für $\mathbf{v}_0 = \mathbf{v}$. Hieraus folgt

$$\begin{aligned} \mathcal{L}(\boldsymbol{\psi}, [s_1, s_2]) \;-\; (t_2 - t_1) &= \mathcal{L}(\boldsymbol{\psi}, [s_1, s_2]) - \big(S(\boldsymbol{\psi}(s_2)) - S(\boldsymbol{\psi}(s_1))\big) \\ &= \int_{s_1}^{s_2} \big\{ L(\boldsymbol{\psi}(s), \dot{\boldsymbol{\psi}}(s)) - \tfrac{d}{ds} S(\boldsymbol{\psi}(s)) \big\}\, ds \\ &= \int_{s_1}^{s_2} \big\{ 1 - \big\langle \boldsymbol{\nabla} S(\boldsymbol{\psi}(s)), \dot{\boldsymbol{\psi}}(s) \big\rangle \big\}\, ds \\ &= \int_{s_1}^{s_2} W_{L^*}(\boldsymbol{\psi}(s), \mathbf{V}(\boldsymbol{\psi}(s)), \dot{\boldsymbol{\psi}}(s))\, ds \;\ge\; 0, \end{aligned}$$

und das letzte Integral ist genau dann gleich Null, wenn $\dot{\boldsymbol{\psi}}(s) = \mathbf{V}(\boldsymbol{\psi}(s))$ für $s \in [s_1, s_2]$ gilt, d.h. wenn $\boldsymbol{\psi}$ eine Bündelkurve ist. □

3.8 Das Brechungsgesetz für Strahlenbündel

Wie in 3.2 (b) betrachten wir ein stückweis isotropes Medium in $\Omega \subset \mathbb{R}^3$ mit einer Grenzfläche $\Gamma \subset \Omega$ und eine Umgebung $U \subset \Omega$ eines Punktes $\mathbf{y} \in \Gamma$, für die $U \setminus \Gamma$ in zwei Gebiete U_1, U_2 mit Brechungsindizes n_1, n_2 zerlegt wird. Weiter sei eine Schar von geknickten Strahlen gegeben, welche die Grenzfläche nahe $\mathbf{y}$ gemäß dem Brechungsgesetz durchsetzen. Wir nehmen dabei den für die Anwendungen interessanten Fall an, dass die Strahlenschar auf der Grenzfläche keinen Brennpunkt hat.

Wir wählen eine Parametrisierung von $\Gamma \cap U$ und erhalten damit auch eine (i.A. nicht synchronisierte) Parametrisierung der Strahlenschar

$$\mathbf{Q} :]\alpha, \beta[\times \Lambda \to \Omega$$

mit $\alpha < 0 < \beta$ und

$$\begin{aligned} \mathbf{Q}_1(t, \mathbf{c}) &:= \mathbf{Q}(t, \mathbf{c}) \in U_1 \quad \text{für } \alpha < t < 0,\ \mathbf{c} \in \Lambda, \\ \mathbf{Q}_2(t, \mathbf{c}) &:= \mathbf{Q}(t, \mathbf{c}) \in U_2 \quad \text{für } 0 < t < \beta,\ \mathbf{c} \in \Lambda, \\ \mathbf{q}(\mathbf{c}) &:= \mathbf{Q}(0, \mathbf{c}) \in \Gamma \quad \text{für } \mathbf{c} \in \Lambda. \end{aligned}$$

Die zu $\mathbf{Q}_j$ gehörenden Wellenvektorfelder bezeichnen wir mit $\mathbf{P}_j$ ($j = 1, 2$). Wir setzen $\mathbf{Q}_j$ und $\mathbf{P}_j$ zusammen mit den ersten Ableitungen einseitig auf $\Gamma \cap U$ fort. Das Brechungsgesetz lautet dann nach 3.2 (b), Bemerkung (2)

$$\mathbf{P}_2(0, \mathbf{c}) - \mathbf{P}_1(0, \mathbf{c}) \perp T_{\mathbf{q}(\mathbf{c})}\Gamma \quad \text{für} \quad \mathbf{c} \in \Lambda.$$

Satz (Malus 1808, Dupin 1816). *Ist die Strahlenschar* $\mathbf{Q}$ *ein Strahlenbündel in* U_1*, so auch in* U_2*.*

Beweis.

Wegen $\mathbf{Q}(0, \mathbf{c}) = \mathbf{q}(\mathbf{c}) \in \Gamma$ für $\mathbf{c} \in \Lambda$ sind $\partial_1\mathbf{Q}(0, \mathbf{c}), \partial_2\mathbf{Q}(0, \mathbf{c})$ Tangentenvektoren von Γ in $\mathbf{q}(\mathbf{c})$. Nach dem Brechungsgesetz folgt hieraus

$$\langle \mathbf{P}_1 - \mathbf{P}_2, \partial_\beta \mathbf{Q}\rangle(0, \mathbf{c}) = 0 \quad \text{für} \quad \mathbf{c} \in \Lambda, \ \beta = 1, 2.$$

Durch Ableiten nach c_α ergibt sich

$$0 = \langle \partial_\alpha(\mathbf{P}_1 - \mathbf{P}_2), \partial_\beta \mathbf{Q}\rangle(0, \mathbf{c}) + \langle \mathbf{P}_1 - \mathbf{P}_2, \partial_\alpha\partial_\beta \mathbf{Q}\rangle(0, \mathbf{c}).$$

Damit sind die Lagrange–Klammern auf beiden Seiten der Grenzfläche gleich:

$$\begin{aligned}[c_1, c_2]_1(0, \mathbf{c}) &= \langle \partial_1\mathbf{P}_1, \partial_2\mathbf{Q}_1\rangle(0, \mathbf{c}) - \langle \partial_2\mathbf{P}_1, \partial_1\mathbf{Q}_1\rangle(0, \mathbf{c}) \\ &= \langle \partial_1\mathbf{P}_2, \partial_2\mathbf{Q}_2\rangle(0, \mathbf{c}) - \langle \partial_2\mathbf{P}_2, \partial_1\mathbf{Q}_2\rangle(0, \mathbf{c}) =: [c_1, c_2]_2(0, \mathbf{c}).\end{aligned}$$

Da $\mathbf{Q}$ nach Voraussetzung ein Strahlenbündel in U_1 ist, folgt

$$[c_1, c_2]_2(0, \mathbf{c}) = [c_1, c_2]_1(0, \mathbf{c}) = 0 \quad \text{für} \quad \mathbf{c} \in \Lambda.$$

Nach 3.3 (a) Gl.(5) gilt dann $[c_1, c_2]_2 = 0$ überall in U_2.
Da die Rangbedingung auf $\Gamma \cap U$ erfüllt ist, können wir wie in 3.3 (c) auf deren Gültigkeit auf ganz U_2 schliessen. Die Strahlenschar $\mathbf{Q}$ ist damit auch in U_2 ein Strahlenbündel. □

§ 6 Die direkte Methode der Variationsrechnung

1 Existenz von Minimumstellen

Vorkenntnisse: Grundlagen der Lebesgueschen Integrationstheorie, L^p–Räume, Hilberträume und Sobolew–Räume (Bd. 2, § 8, § 9, § 14 : 6).

Die direkte Methode hat zum Ziel, die Existenz von Minimumstellen von Variationsintegralen nachzuweisen. Hierzu wird ein vorgelegtes Variationsintegral $\mathcal{F}$ auf einen Raum $\mathcal{W}$ schwach differenzierbarer Funktionen fortgesetzt, der bezüglich einer Integralnorm vollständig ist, und es werden Bedingungen für den Integranden und die Variationsklasse $\mathcal{V} \subset \mathcal{W}$ aufgestellt, welche die Existenz einer Minimumstelle $\mathbf{u}$ von $\mathcal{F} : \mathcal{V} \to \mathbb{R}$ sichern. In einem zweiten Schritt werden Regularitäts–, d.h. Glattheits–Eigenschaften der Funktion $\mathbf{u}$ hergeleitet. Zusammen mit den Minimaxmethoden zum Auffinden kritischer (stationärer) Punkte von $\mathcal{F}$ gehört die direkte Methode zu den Hauptthemen der heutigen Variationsrechnung. Der hier gesteckte Rahmen erlaubt nur einen knappen Überblick über die umfangreiche Theorie.

1.1 L^p–Räume und Sobolew–Räume

(a) Im Folgenden ist Ω ein beschränktes Normalgebiet im $\mathbb{R}^n$ und $1 < p < \infty$. Mit $\mathrm{L}^p(\Omega)$ bezeichnen wir die Menge aller messbaren Funktionen $u : \Omega \to \mathbb{R}$, für welche das Integral

$$\|u\|_p := \Big(\int_\Omega |u|^p \, d^n\mathbf{x}\Big)^{1/p}$$

im Lebesgueschen Sinn existiert; hierbei werden fast überall gleiche Funktionen identifiziert. Jede Funktion $u \in \mathrm{L}^p(\Omega)$ gehört zu $\mathrm{L}^1_{\mathrm{loc}}(\Omega)$, d.h. u ist über alle kompakten Teilmengen von Ω integrierbar. Der Raum $\mathrm{C}^\infty_c(\Omega)$ der Testfunktionen auf Ω liegt dicht in $\mathrm{L}^p(\Omega)$, vgl. Bd. 2, § 10 : 3.3.

Gibt es zu $u \in \mathrm{L}^1_{\mathrm{loc}}(\Omega)$ eine Funktion $v_k \in \mathrm{L}^1_{\mathrm{loc}}(\Omega)$ mit

$$\int_\Omega u \, \partial_k\varphi \, d^n\mathbf{x} = - \int_\Omega v_k \, \varphi \, d^n\mathbf{x} \quad \text{für alle } \varphi \in \mathrm{C}^\infty_c(\Omega)\,,$$

so ist diese nach Bd. 2, § 10 : 4.2 eindeutig bestimmt und heißt **schwache (distributionelle) Ableitung** von u nach der k–ten Variablen. Wir bezeichnen diese mit $\partial_k u$; für $u \in \mathrm{C}^1(\Omega)$ ist $\partial_k u$ die gewöhnliche partielle Ableitung nach x_k. Den **Sobolew–Raum** aller L^p–Funktionen mit schwachen L^p–Ableitungen,

$$\mathrm{W}^{1,p}(\Omega) := \big\{u \in \mathrm{L}^p(\Omega) \;\big|\; \partial_1 u, \ldots, \partial_n u \in \mathrm{L}^p(\Omega)\big\},$$

versehen wir mit der Norm

$$\|u\|_{1,p} := \Big(\|u\|_p^p + \sum_{k=1}^n \|\partial_k u\|_p^p\Big)^{1/p}\,.$$

Die Räume $\mathrm{L}^p(\Omega)$ und $\mathrm{W}^{1,p}$ sind separable Banachräume, d.h. vollständige normierte Räume mit einer abzählbaren dichten Teilmenge, vgl. Bd. 2, § 20 : 7.2,

§ 20 : 8.4, § 14 : 6.2.
Die Räume $\mathrm{L}^2(\Omega)$ bzw. $\mathrm{W}^1(\Omega) := \mathrm{W}^{1,2}(\Omega)$ sind Hilberträume mit den Skalarprodukten

$$\langle u, v\rangle_2 := \int_\Omega u\, v\, d^n\mathbf{x} \quad \text{bzw.} \quad \langle u, v\rangle_{1,2} := \langle u, v\rangle_2 + \sum_{k=1}^n \langle \partial_k u, \partial_k v\rangle_2 .$$

(b) Den Abschluss von $\mathrm{C}_c^\infty(\Omega)$ in $\mathrm{W}^1(\Omega)$ bezüglich $\|\cdot\|_{1,2}$ bezeichnen wir mit

$$\mathrm{W}_0^1(\Omega) := \left\{ u \in \mathrm{W}^1(\Omega) \;\middle|\; \lim_{j\to\infty} \|u - u_j\|_{1,2} = 0 \text{ mit } u_j \in \mathrm{C}_c^\infty(\Omega)\right\}.$$

Wegen der vorausgesetzten Beschränktheit von Ω gilt nach Bd. 2, § 14 : 6.2 (d) die **Poincaré–Ungleichung**

$$\|u\|_2 \leq c \cdot \|\boldsymbol{\nabla} u\|_2 \text{ für alle } u \in \mathrm{W}_0^1(\Omega)$$

mit einer Konstanten $c = c(\Omega) > 0$ und mit

$$\|\boldsymbol{\nabla} u\|_2 := \left(\sum_{k=1}^n \|\partial_k u\|_2^2\right)^{\frac{1}{2}}.$$

Hiernach sind die Normen $\|u\|_{1,2}$ und $\|\boldsymbol{\nabla} u\|_2$ auf $\mathrm{W}_0^1(\Omega)$ äquivalent, und $\mathrm{W}_0^1(\Omega)$ mit dem Skalarprodukt $\langle \boldsymbol{\nabla} u, \boldsymbol{\nabla} v\rangle_2 := \sum_{k=1}^n \langle \partial_k u, \partial_k v\rangle_2$ ist ein Hilbertraum. Aufgrund der Poincaré–Ungleichung gehören die konstanten Funktionen $u \neq 0$ nicht zum Raum $\mathrm{W}_0^1(\Omega)$, der somit ein echter Teilraum von $\mathrm{W}^1(\Omega)$ ist. Wir sagen, die Funktionen $u \in \mathrm{W}_0^1(\Omega)$ haben *Randwerte Null im schwachen Sinn.*

(c) Im Fall $n = 1$, $I = \,]a, b[$ lassen sich die Räume $\mathrm{W}^1(I)$, $\mathrm{W}_0^1(I)$ mit Hilfe absolutstetiger Funktionen charakterisieren:
Eine Funktion $u : I \to \mathbb{R}$ heißt **absolutstetig**, wenn es zu jedem $\varepsilon > 0$ ein $\delta > 0$ gibt, so dass $\sum_{k=1}^N |u(\beta_k) - u(\alpha_k)| < \varepsilon$ für je endlich viele Intervalle $[\alpha_k, \beta_k] \subset I$ mit paarweis disjunktem Innern und mit $\sum_{k=1}^N (\beta_k - \alpha_k) < \delta$.

Absolutstetige Funktionen sind f.ü. (fast überall, d.h. auf $I \setminus N$, N eine Nullmenge) im herkömmlichen Sinn differenzierbar. Ihre Ableitung u' ($u' = 0$ auf N) ist über I integrierbar, und es gilt

$$u(\beta) - u(\alpha) = \int_\alpha^\beta u'\, dx \quad \text{für} \quad [\alpha, \beta] \subset I .$$

Umgekehrt ist für $v \in \mathrm{L}^1(I)$ und $\alpha \in I$ durch $u(x) := \int_\alpha^x v\, dt$ eine absolutstetige Funktion u mit $u' = v$ f.ü. gegeben.

Da absolutstetige Funktionen gleichmäßig stetig und damit stetig auf $\overline{I}$ fortsetzbar sind, dürfen wir im Fall $n = 1$ abgeschlossene Intervalle zugrundelegen.

Für absolutstetige Funktionen u, v ist auch das Produkt $u \cdot v$ absolutstetig, und es gilt

$$\int_\alpha^\beta (u'v + v'u)\, dx \;=\; u(\beta)v(\beta) - u(\alpha)v(\alpha)\,.$$

Hiernach stimmt die gewöhnliche Ableitung mit der schwachen überein. Wir erhalten somit die Darstellung der Sobolew–Räume

$$\mathrm{W}^1(I) \;=\; \big\{u \in \mathrm{L}^2(I) \;\big|\; u \text{ ist absolutstetig auf } I\,,\; u' \in \mathrm{L}^2(I)\big\},$$

$$\mathrm{W}_0^1(I) \;=\; \big\{u \in \mathrm{W}^1(I) \;\big|\; u(a) = u(b) = 0\big\}.$$

(d) Mit $\mathrm{L}^p(\Omega,\mathbb{R}^m)$, $\mathrm{W}^{1,p}(\Omega,\mathbb{R}^m)$, $\mathrm{W}^1(\Omega,\mathbb{R}^m)$, $\mathrm{W}_0^1(\Omega,\mathbb{R}^m)$, bezeichnen wir die Räume der Funktionen $\mathbf{u} : \Omega \to \mathbb{R}^m$, $\mathbf{x} \mapsto (u_1(\mathbf{x}),\dots,u_m(\mathbf{x}))$, deren Komponenten u_k beziehungsweise zu $\mathrm{L}^p(\Omega)$, $\mathrm{W}^{1,p}(\Omega)$, $\mathrm{W}^1(\Omega)$, $\mathrm{W}_0^1(\Omega)$ gehören. Die Räume $\mathrm{L}^2(\Omega,\mathbb{R}^m)$ bzw. $\mathrm{W}^1(\Omega,\mathbb{R}^m)$ und $\mathrm{W}_0^1(\Omega,\mathbb{R}^m)$ sind Hilberträume bezüglich der Skalarprodukte

$$\sum_{k=1}^m \langle u_k, v_k\rangle_2 \quad \text{bzw.} \quad \sum_{k=1}^m \langle u_k, v_k\rangle_{1,2}\,.$$

Für $\mathbf{u} \in \mathrm{W}^{1,p}(\Omega,\mathbb{R}^m)$ und eine C^1–Funktion F macht das Integral

$$\mathcal{F}(\mathbf{u}) \;:=\; \int_\Omega F(\mathbf{x},\mathbf{u}(\mathbf{x}),D\mathbf{u}(\mathbf{x}))\, d^n\mathbf{x}$$

Sinn, sofern der Integrand eine Majorante $g \in \mathrm{L}^1(\Omega)$ besitzt.

1.2 Ein allgemeines Minimumprinzip

(a) Die Existenz einer Minimumstelle einer stetigen Funktion $f : K \to \mathbb{R}_+$ auf einer kompakten Menge $K \subset \mathbb{R}^N$ ergibt sich bekanntlich wie folgt: Wir betrachten eine **Minimalfolge**, d.h. eine Folge $(\mathbf{u}_k)$ in K mit $\lim\limits_{k\to\infty} f(\mathbf{u}_k) = \inf f(K)$. Da diese beschränkt ist, enthält sie eine konvergente Teilfolge $(\mathbf{u}_{k_j})$, deren Grenzwert $\mathbf{u} = \lim\limits_{j\to\infty} \mathbf{u}_{k_j}$, zu K gehört, da K abgeschlossen ist. Wegen der Stetigkeit von f folgt $f(\mathbf{u}) = \lim\limits_{j\to\infty} f(\mathbf{u}_{k_j}) = \inf f(K)$.

(b) **Schwache Konvergenz.** Der Übertragung dieser Schlussweise auf nach unten beschränkte Variationsintegrale $\mathcal{F} : \mathcal{V} \to \mathbb{R}$ auf einer abgeschlossenen Teilmenge $\mathcal{V}$ eines Sobolew–Raums stehen eine Reihe von Schwierigkeiten entgegen. Da $\mathcal{V}$ i.A. unbeschränkt ist, konvergente Folgen aber beschränkt sein müssen, ist zunächst die Beschränktheit von Minimalfolgen, d.h. von Folgen (u_k) in $\mathcal{V}$ mit $\lim\limits_{k\to\infty} \mathcal{F}(u_k) = \inf \mathcal{F}(\mathcal{V})$, zu sichern. Hierzu verlangen wir die **Koerzivitätsbedingung**

$$a\,\|u\|^p \;\le\; \mathcal{F}(u) + b \quad \text{mit Konstanten } a,b,p > 0\,.$$

Die nächste Schwierigkeit ergibt sich daraus, dass in unendlichdimensionalen Banachräumen beschränkte Folgen keine konvergenten Teilfolgen besitzen müssen; ein Beispiel liefert jedes abzählbare Orthonormalsystem in einem Hilbertraum. Diese Schwierigkeit überwinden wir durch Abschwächung des Konvergenzbegriffs, wobei wir uns auf separable Hilberträume $\mathcal{H}$ beschränken:

Eine Folge (u_k) in $\mathcal{H}$ heißt **schwach konvergent** gegen $u \in \mathcal{H}$, in Zeichen

$$u_k \rightharpoonup u \quad \text{für } k \to \infty ,$$

wenn

$$\lim_{k\to\infty} \langle v, u_k\rangle = \langle v, u\rangle \quad \text{für alle } v \in \mathcal{H} .$$

Aus der Normkonvergenz $\|u - u_k\| \to 0$ für $k \to \infty$ folgt die schwache Konvergenz $u_k \rightharpoonup u$ für $k \to \infty$, denn es gilt $|\langle v, u_k - u\rangle| \le \|v\| \cdot \|u - u_k\|$. Die Umkehrung gilt nicht, falls $\dim \mathcal{H} = \infty$: Für ein ONS $\{u_k \mid k \in \mathbb{N}\}$ folgt aus der Besselschen Ungleichung $u_k \rightharpoonup 0$ für $k \to \infty$, ohne dass die Folge (u_k) eine normkonvergente Teilfolge besitzt.

Für die schwache Konvergenz gelten folgende Aussagen:

SATZ 1. *Jede schwach konvergente Folge ist beschränkt.*

Für den Beweis siehe Bd. 2, § 21 : 4.3.

SATZ 2 (**Auswahlsatz**). *Jede beschränkte Folge in $\mathcal{H}$ besitzt eine gegen ein $u \in \mathcal{H}$ schwach konvergente Teilfolge.*

SATZ 3. *Jede konvexe, normabgeschlossene Menge $\mathcal{V} \subset \mathcal{H}$ ist schwach abgeschlossen, d.h. aus $u_k \in \mathcal{V}$, $u_k \rightharpoonup u$ für $k \to \infty$ folgt $u \in \mathcal{V}$.*

Entsprechende Aussagen gelten auch für die Räume $\mathrm{W}^{1,p}(\Omega, \mathbb{R}^m)$ $(p > 1)$ mit dem schwachen Konvergenzbegriff $u_k \rightharpoonup u$ für $k \to \infty \iff Lu = \lim\limits_{k\to\infty} Lu_k$ für jede stetige Linearform L.

Die Beweise für separable Hilberträume sind nicht schwierig, vgl. RIESZ–NAGY [133] V, 32,38. Ein Beweis für die Banachräume $\mathrm{W}^{1,p}$ findet sich in YOSIDA [134] V, 2 Thm.1 und 1, Thm.2.

(c) **Schwache Unterhalbstetigkeit**. Der Übertragung der Schlussweise (a) würde nun nichts mehr im Wege stehen, wenn Variationsintegrale schwach folgenstetig wären:

$$u_k \rightharpoonup u \quad \text{für } k \to \infty \implies \mathcal{F}(u) = \lim_{k\to\infty} \mathcal{F}(u_k) .$$

Das ist aber in aller Regel nicht der Fall. Wir illustrieren das am Längenintegral

$$\mathcal{F}(u) := \int_0^1 \sqrt{1 + u'(x)^2}\, dx \quad \text{auf} \quad \mathcal{H} := \mathrm{W}_0^1\,[0, 1] .$$

Für die nebenstehend skizzierte Folge (u_k) gilt $u_k \rightharpoonup 0$ für $k \to \infty$, d.h.

$$\int_0^1 (v\, u_k + v'\, u_k')\, dx \to 0$$

für $k \to \infty$ und alle $v \in \mathrm{W}_0^1\,[0,1]$.

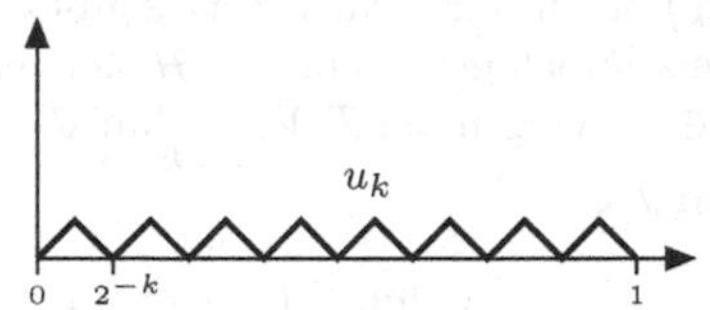

Denn aufgrund der gleichmäßigen Konvergenz $u_k \to 0$ gilt $\lim\limits_{k\to\infty} \int_0^1 v\, u_k\, dx = 0$.

Ferner sind $\int_0^1 v'\, u_k'\, dx = \langle v', u_k' \rangle_2$ die Fourierkoeffizienten von $v' \in \mathrm{L}^2\,[0,1]$ bezüglich des ONS $u_1', u_2', \dots$ ÜA. Es folgt $\lim\limits_{k\to\infty} \int_0^1 v'\, u_k'\, dx = 0$.

Jedoch gilt $\mathcal{F}(u_k) = \sqrt{2} > 1 = \mathcal{F}(0)$, d.h. das Längenintegral $\mathcal{F}$ macht beim Grenzübergang $k \to \infty$ einen Sprung nach unten.

Für den Nachweis der Existenz einer Minimumstelle von $\mathcal{F} : \mathcal{V} \to \mathbb{R}$ ist indes die schwache Folgenstetigkeit nicht erforderlich; es genügt eine schwächere Bedingung: Ein Funktional $\mathcal{F} : \mathcal{V} \to \mathbb{R}$ auf einer Menge $\mathcal{V} \subset \mathcal{H}$ heißt **schwach unterhalbstetig**, wenn folgendes gilt:

Aus der schwachen Konvergenz $u_k \rightharpoonup u$ für $k \to \infty$ folgt

$$\mathcal{F}(u) \le \lim_{j\to\infty} F(u_{k_j})$$

für jede Teilfolge $(u_{k_j})_j$, für welche $\lim\limits_{j\to\infty} F(u_{k_j})$ existiert.

Insbesondere gilt $\mathcal{F}(u) \le \lim\limits_{k\to\infty} \mathcal{F}(u_k)$, falls dieser Limes existiert.

Bedingungen für die schwache Unterhalbstetigkeit von Variationsintegralen werden in 1.3 angegeben.

SATZ 4. *Sei $\mathcal{V}$ eine nichtleere, schwach abgeschlossene Teilmenge eines separablen Hilbertraums $\mathcal{H}$, ferner sei $\mathcal{F} : \mathcal{V} \to \mathbb{R}$ schwach unterhalbstetig und koerziv, d.h. es gebe Zahlen $a > 0$ und $b \ge 0$ mit*

$$a\,\|u\|^2 - b \le \mathcal{F}(u) \text{ für alle } u \in \mathcal{V}.$$

Dann besitzt $\mathcal{F}$ eine Minimumstelle in $\mathcal{V}$.

BEWEIS.

Wegen $\mathcal{F}(u) \ge -b$ existiert das Infimum $\inf \mathcal{F}(\mathcal{V})$. Wir wählen eine Minimalfolge (u_k), $\lim\limits_{k\to\infty} \mathcal{F}(u_k) = \inf \mathcal{F}(\mathcal{V})$. Als konvergente Folge ist $(\mathcal{F}(u_k))$ beschränkt, es gilt also $a\|u_k\|^2 - b \le \mathcal{F}(u_k) \le c$ für alle k. Damit ist die Folge

(u_k) beschränkt. Nach Satz 2 gibt es eine, wieder mit (u_k) bezeichnete Teilfolge, die schwach gegen ein $u \in \mathcal{H}$ konvergiert. Da $\mathcal{V}$ schwach abgeschlossen ist, folgt $u \in \mathcal{V}$. Wegen $\inf \mathcal{F}(\mathcal{V}) = \lim\limits_{k\to\infty} \mathcal{F}(u_k)$ ergibt die schwache Unterhalbstetigkeit von $\mathcal{F}$

$$\mathcal{F}(u) \le \lim_{k\to\infty} \mathcal{F}(u_k) = \inf \mathcal{F}(\mathcal{V}) \le \mathcal{F}(u)\,, \text{ also } \mathcal{F}(u) = \inf \mathcal{F}(\mathcal{V})\,. \qquad \square$$

1.3 Existenz von Minimumstellen für Variationsintegrale

(a) Wir wenden den vorangehenden Satz an auf das Variationsintegral für Funktionen $\mathbf{u} : \mathbb{R}^n \supset \Omega \to \mathbb{R}^m$

$$\mathcal{F}(\mathbf{u}) = \int_\Omega F(\mathbf{x}, \mathbf{u}(\mathbf{x}), D\mathbf{u}(\mathbf{x}))\, d^n\mathbf{x}\,, \quad \text{kurz} \quad \mathcal{F}(\mathbf{u}) = \int_\Omega F(\mathbf{x}, \mathbf{u}, D\mathbf{u})\, d^n\mathbf{x}\,,$$

mit einem Integranden

$$(\mathbf{x}, \mathbf{y}, \mathbf{z}) \mapsto F(\mathbf{x}, \mathbf{y}, \mathbf{z})\,, \quad \Omega \times \mathbb{R}^m \times \mathbb{R}^{m\times n} \to \mathbb{R}\,.$$

Hierbei ist Ω ein beschränktes Gebiet des $\mathbb{R}^n$ und $\mathbb{R}^{m\times n}$ bezeichnet den Vektorraum aller $m\times n$–Matrizen $\mathbf{z} = (z_{ik})$, versehen mit der euklidischen Norm $\|\mathbf{z}\| = \Big(\sum\limits_{i=1}^{m}\sum\limits_{k=1}^{n} z_{ik}^2\Big)^{1/2}$. Entsprechend zu § 2 verwenden wir für die partiellen Ableitungen von F die Bezeichnungen

$$F_{x_k}\,,\ F_{y_i}\,,\ F_{z_{ik}} \quad (i = 1, \ldots, m,\ k = 1, \ldots, n)\,.$$

An F stellen wir folgende Bedingungen:

(1) F ist stetig und besitzt stetige partielle Ableitungen $F_{z_{ik}}$,

(2) $\mathbf{z} \mapsto F(\mathbf{x}, \mathbf{y}, \mathbf{z})$ ist konvex für jedes $(\mathbf{x}, \mathbf{y}) \in \Omega \times \mathbb{R}^m$,

(3) Es gibt Konstanten $0 < a_1 \le a_2$ und $\mathrm{L}^1(\Omega)$–Funktionen $b_1, b_2 \ge 0$ mit

$$a_1 \|\mathbf{z}\|^2 - b_1(\mathbf{x}) \le F(\mathbf{x}, \mathbf{y}, \mathbf{z}) \le a_2 \|\mathbf{z}\|^2 + b_2(\mathbf{x})$$

für alle $(\mathbf{x}, \mathbf{y}, \mathbf{z}) \in \Omega \times \mathbb{R}^m \times \mathbb{R}^{m\times n}$.

Für eine gegebene Funktion $\mathbf{g} \in \mathrm{W}^1 = \mathrm{W}^1(\Omega, \mathbb{R}^m)$ betrachten wir die Menge der W^1–Funktionen auf Ω, die im schwachen Sinn dieselben Randwerte wie $\mathbf{g}$ haben,

$$\begin{aligned} \mathrm{W}^1_{\mathbf{g}} &= \mathrm{W}^1_{\mathbf{g}}(\Omega, \mathbb{R}^m) = \mathbf{g} + \mathrm{W}^1_0(\Omega, \mathbb{R}^m) \\ &:= \big\{ \mathbf{u} \in \mathrm{W}^1 \ \big|\ \mathbf{u} - \mathbf{g} \in \mathrm{W}^1_0(\Omega, \mathbb{R}^m) \big\}\,. \end{aligned}$$

$\mathrm{W}^1_{\mathbf{g}}$ ist mit W^1_0 abgeschlossen in W^1, enthält $\mathbf{g}$ und ist konvex, denn für $\mathbf{u}, \mathbf{v} \in \mathrm{W}^1_{\mathbf{g}}$ und $\alpha, \beta \ge 0$ mit $\alpha + \beta = 1$ ist $\alpha\mathbf{u} + \beta\mathbf{v} - \mathbf{g} = \alpha(\mathbf{u} - \mathbf{g}) + \beta(\mathbf{v} - \mathbf{g}) \in \mathrm{W}^1_0$. Nach Satz 2 ist $\mathrm{W}^1_{\mathbf{g}}$ also schwach abgeschlossen.

Aufgrund der ersten Ungleichung in (3) existiert das Integral $\mathcal{F}(\mathbf{u})$ für $\mathbf{u} \in \mathrm{W}^1_{\mathbf{g}}$ nach dem Majorantensatz. Die zweite Ungleichung in (3),

$$F(\mathbf{x}, \mathbf{u}, D\mathbf{u}) + b_1(\mathbf{x}) \ge a_1 \|D\mathbf{u}\|^2$$

(Koerzivität von F) sichert die für den Satz in 1.2 wesentliche **Koerzivität** von $\mathcal{F}$, denn aufgrund der Poincaré–Ungleichung gilt für $\mathbf{v} \in \mathrm{W}^1_0$

$$\|\mathbf{v}\|^2_{1,2} \le (1+c^2)\,\|D\mathbf{v}\|^2_2 .$$

Für $\mathbf{u} \in \mathrm{W}^1_{\mathbf{g}}$ folgt wegen $\mathcal{F}(\mathbf{u}) \ge a_1\|D\mathbf{u}\|^2_2 - \varrho$ mit $\varrho := \int\limits_\Omega b_1(\mathbf{x})\, d^n\mathbf{x}$

$$\begin{aligned}
\|\mathbf{u}\|^2_{1,2} &\le \left(\|\mathbf{u}-\mathbf{g}\|_{1,2} + \|\mathbf{g}\|_{1,2}\right)^2 \le 2\|\mathbf{u}-\mathbf{g}\|^2_{1,2} + 2\|\mathbf{g}\|^2_{1,2} \\
&\le 2(1+c^2)\,\|D(\mathbf{u}-\mathbf{g})\|^2_2 + 2\|\mathbf{g}\|^2_{1,2} \\
&\le 4(1+c^2)\left(\|D\mathbf{u}\|^2_2 + \|D\mathbf{g}\|^2_2\right) + 2\|\mathbf{g}\|^2_{1,2} \\
&\le \frac{4(1+c^2)}{a_1}\left(\mathcal{F}(\mathbf{u}) + \varrho\right) + \left(6+4c^2\right)\|\mathbf{g}\|^2_{1,2} ,
\end{aligned}$$

also $\mathcal{F}(\mathbf{u}) \ge a\|\mathbf{u}\|^2_{1,2} - b$ mit Konstanten $a > 0$, $b \ge 0$.

Die Konvexitätsbedingung (2) ist eine wesentliche Voraussetzung für die schwache Unterhalbstetigkeit von $\mathcal{F}$:

SATZ 5 (SERRIN 1961). *Unter den Voraussetzungen* (1),(2),(3) *ist* $\mathcal{F}$ *schwach unterhalbstetig auf* $\mathrm{W}^1(\Omega, \mathbb{R}^m)$.

Der Beweis erfordert nichttriviale Mittel aus der Maßtheorie. Beweise finden Sie in MORREY [25] Thm. 1.8.2 und unter sehr allgemeinen Voraussetzungen in DACOROGNA [21] 3.4, 4.2, GIAQUINTA [23] I.2.

In den Fällen $m = 1$ oder $n = 1$ ist die Konvexität von $\mathbf{z} \mapsto F(\mathbf{x}, \mathbf{y}, \mathbf{z})$ sogar äquivalent zur schwachen Unterhalbstetigkeit von $\mathcal{F}$ auf $\mathrm{W}^1(\Omega, \mathbb{R}^m)$, siehe DACOROGNA [21] 3.3.

(b) **Existenzsatz für Minimumstellen** (MORREY, SERRIN 1961). *Unter den Voraussetzungen* (1),(2),(3) *besitzt das Variationsintegral* $\mathcal{F}$ *auf jeder nichtleeren, schwach abgeschlossenen Menge* $\mathcal{V} \subset \mathrm{W}^1_{\mathbf{g}}(\Omega, \mathbb{R}^m)$ *eine Minimumstelle.*

Dieser Satz ist das Resultat einer über 50 Jahre währenden Entwicklung, die von HILBERT, LEBESGUE, B. LEVI um 1900 angestoßen und insbesondere von TONELLI weitergeführt wurde. Zur Geschichte siehe BUTTAZZO et al. [20] 6 Scholia.

BEMERKUNGEN. (i) Beispiele schwach abgeschlossener Mengen $\mathcal{V}$ werden in (c) gegeben.

(ii) Minimumstellen $\mathbf{u}$ von Variationsintegralen in Sobolew–Räumen werden auch **schwache Minimumstellen** genannt. In der englischsprachigen Literatur ist die Bezeichnung **minimizer** üblich; diese verwenden wir im Folgenden für $\mathbf{u}$ als Funktion im Unterschied zu $\mathbf{u}$ als Stelle in einem Funktionenraum.

(iii) Liegt anstelle von (3) eine Wachstumsbedingung

$$(3') \quad a_1\|\mathbf{z}\|^p - b_1(\mathbf{x}) \le F(\mathbf{x},\mathbf{y},\mathbf{z}) \le a_2\|\mathbf{z}\|^p + b_2(\mathbf{x})$$

mit $p > 1$, $0 < a_1 \le a_2$ und $L^1(\Omega)$–Funktionen $b_1, b_2 \ge 0$ vor, so bleibt die Aussage des Existenzsatzes bestehen, wenn $\mathrm{W}^1_{\mathbf{g}}(\Omega,\mathbb{R}^m)$ durch $\mathrm{W}^{1,p}_{\mathbf{g}}(\Omega,\mathbb{R}^m)$ ersetzt wird, vgl. DACOROGNA [21] 3.4, 4.2.

(iv) Für die Anwendung des Existenzsatzes ist es oft nötig, das vorgelegte Problem zu modifizieren, z.B. durch Quadrieren des Integranden F, siehe 2.2, 2.3.

(c) SATZ 6. *Schwach abgeschlossene, nichtleere Teilmengen $\mathcal{V}$ von $\mathrm{W}^1_{\mathbf{g}} = \mathrm{W}^1_{\mathbf{g}}(\Omega,\mathbb{R}^m)$ sind:*

(i) $\mathrm{W}^1_{\mathbf{g}}$ *und alle konvexen, abgeschlossenen Teilmengen $\mathcal{V}$ von $\mathrm{W}^1_{\mathbf{g}}$, sowie*

(ii) $\mathcal{V} = \mathrm{W}^1_{\mathbf{g}}(\Omega,K) := \{\mathbf{u} \in \mathrm{W}^1_{\mathbf{g}} \mid \mathbf{u}(\mathbf{x}) \in K \text{ f.ü.}\}$ *für jede abgeschlossene Menge $K \subset \mathbb{R}^m$* mit $\mathbf{g}(\mathbf{x}) \in K$ f.ü..

BEWEIS.

(i) folgt mit SATZ 3 aus der schwachen Abgeschlossenheit von $\mathrm{W}^1_{\mathbf{g}}$, vgl. (a).

Für (ii) stellen wir zunächst fest, dass $\mathcal{V}$ nichtleer ist wegen $\mathbf{g} \in \mathcal{V}$. Sei $(\mathbf{u}_k)$ eine Folge in $\mathcal{V}$, die schwach gegen $\mathbf{u} \in \mathrm{W}^1_{\mathbf{g}}$ konvergiert. Nach dem Auswahlsatz von Rellich (MORREY [25] Thm. 3.4.4, vgl. Bd. 2, § 14 : 6.2 (e)) folgt aus der schwachen Konvergenz $u_k \rightharpoonup u$ in W^1 die L^2-Konvergenz $\mathbf{u} = \lim\limits_{k\to\infty} \mathbf{u}_k$. Nach dem Satz von Fischer–Riesz (Bd. 2, § 8 : 2.1 (c)) gibt es eine Teilfolge $(\mathbf{u}_{k_j})_j$ mit $\mathbf{u}(\mathbf{x}) = \lim\limits_{j\to\infty} \mathbf{u}_{k_j}(\mathbf{x})$ f.ü.. Da K abgeschlossen ist, folgt $\mathbf{u}(\mathbf{x}) \in K$ f.ü.. □

2 Anwendungen

2.1 Das Dirichlet–Problem

$$-\Delta u = f \text{ in } \Omega\,, \quad u = g \text{ auf } \partial\Omega$$

führen wir gemäß Bd. 2, § 14 : 6.1, 6.3 auf die Aufgabe zurück, eine Minimumstelle von

$$\mathcal{F}(u) = \int\limits_{\Omega} \left(\tfrac{1}{2}\,\|\nabla u\|^2 - f u\right) d^n\mathbf{x}$$

in $\mathcal{V} := \mathrm{W}^1_g(\Omega)$ zu finden. Hierbei setzen wir $f \in \mathrm{C}^1(\overline{\Omega})$, $g \in \mathrm{W}^1(\Omega)$ voraus. Die Existenz einer Minimumstelle von $\mathcal{F}$ in $\mathcal{V}$ ergibt sich nach den Sätzen 3 und 4. Wir zeigen zunächst, dass $\mathcal{F}$ eine modifizierte Koerzivitätsbedingung erfüllt. Für $u = \varphi + g$ mit $\varphi \in \mathrm{W}^1_0(\Omega)$ liefert die Poincaré–Ungleichung $\|\varphi\|_2 \le c\,\|\nabla\varphi\|_2$, hieraus folgt

$$\|u\|_2 \le \|\varphi\|_2 + \|g\|_2 \le c\,\|\nabla\varphi\|_2 + \|g\|_2 \le c\,\|\nabla u\|_2 + d$$

mit $d := c\,\|\nabla g\|_2 + \|g\|_2$. Wegen $\|\nabla u\|_2^2 = 2\mathcal{F}(u) + 2\langle f, u\rangle_2$ ergibt sich

$$\begin{aligned}\|u\|_{1,2}^2 &= \|\nabla u\|_2^2 + \|u\|_2^2 \le (1+2c^2)\|\nabla u\|_2^2 + 2d^2 \\ &= \alpha\mathcal{F}(u) + \alpha\langle f, u\rangle_2 + 2d^2 \le \alpha\mathcal{F}(u) + \alpha\|f\|_2\,\|u\|_2 + 2d^2 \\ &\le \alpha\mathcal{F}(u) + \beta\|u\|_{1,2} + \gamma\end{aligned}$$

mit Konstanten $\alpha, \beta, \gamma > 0$. Es folgt

$$\left(\|u\|_{1,2} - \frac{1}{2}\beta\right)^2 \le \alpha\mathcal{F}(u) + \frac{1}{4}\beta^2 + \gamma,$$

woraus sich ergibt, dass $\mathcal{F}$ nach unten beschränkt ist und dass jede Minimalfolge bezüglich der Sobolew–Norm $\|\cdot\|_{1,2}$ beschränkt ist. Wegen der Konvexität von $\mathbf{z} \mapsto \|\mathbf{z}\|^2$ ist $\mathcal{F}$ schwach unterhalbstetig nach Satz 4. Nach Satz 3 existiert also eine Minmumstelle von $\mathcal{F}$ auf $\mathcal{V}$.

2.2 Parametrisch–elliptische Probleme

(a) Wir betrachten eine spezielle parametrisch–elliptische Lagrange–Funktion L auf $\Omega \times \mathbb{R}^m$, von der wir voraussetzen, dass

$$L^*(\mathbf{y},\mathbf{z}) := \tfrac{1}{2}\,L^2(\mathbf{y},\mathbf{z}) = \tfrac{1}{2}\sum_{i,k=1}^{m} g_{ik}(\mathbf{y})z_i z_k = \tfrac{1}{2}\left\langle \mathbf{z}, G(\mathbf{y})\,\mathbf{z}\right\rangle$$

gilt mit $g_{ik} \in \mathrm{C}^3(\Omega)$ und $G(\mathbf{y}) > 0$ für $\mathbf{y} \in \Omega$.

Ferner sei $K \subset \Omega$ eine abgeschlossene Menge. Wir setzen voraus, dass es Zahlen $0 < a_1 \le a_2$ gibt mit

(1) $\quad a_1\|\mathbf{z}\|^2 \le L^*(\mathbf{y},\mathbf{z}) \le a_2\|\mathbf{z}\|^2 \quad$ für $\mathbf{y} \in K$, $\mathbf{z} \in \mathbb{R}^m$.

Dies ist beispielsweise der Fall, wenn K kompakt ist, denn in diesem Fall nimmt $\frac{1}{2}\langle\mathbf{z}, G(\mathbf{y})\mathbf{z}\rangle$ auf der kompakten Menge $\{(\mathbf{y},\mathbf{z}) \mid \mathbf{y} \in K,\ \|\mathbf{z}\| = 1\}$ ein Minimum $a_1 > 0$ und ein Maximum $a_2 \ge a_1$ an.

Für $I = [0,1]$ und zwei gegebene Punkte $\mathbf{a}, \mathbf{b} \in K$ mit $\mathbf{a} \ne \mathbf{b}$ sei

$$\mathcal{V} := \left\{\mathbf{v} \in \mathrm{W}^1(I,\mathbb{R}^m) \;\middle|\; \mathbf{v}(x) \in K \text{ für } x \in I,\ \mathbf{v}(0) = \mathbf{a},\ \mathbf{v}(1) = \mathbf{b}\right\}$$

eine nicht leere Variationsklasse.

SATZ. *Unter diesen Voraussetzungen besitzt*

$$\mathcal{L}(\mathbf{v}) := \int_0^1 L(\mathbf{v}(t), \mathbf{v}'(t))\, dt$$

eine Minimumstelle $\mathbf{u}$ *in* $\mathcal{V}$. *Für diese gilt* $L(\mathbf{u}(t), \dot{\mathbf{u}}(t)) = c$ *mit einer Konstanten* $c > 0$.

BEWEIS.

An Stelle von $\mathcal{L}$ betrachten wir das wegen (1) für $\mathbf{v} \in \mathrm{W}^1(I)$ definierte Integral

$$\mathcal{L}^*(\mathbf{v}) := \int_0^1 L^*(\mathbf{v}(t), \mathbf{v}'(t))\, dt .$$

Nach § 3 : 1.1 ist $\mathbf{z} \mapsto L^*(\mathbf{y}, \mathbf{z})$ konvex, und nach 1.3 (c) (ii) ist $\mathcal{V}$ schwach abgeschlossen. Also sichert der Satz 1.3 (b) die Existenz einer Minimumstelle $\mathbf{u}$ von $\mathcal{L}^*$ in $\mathcal{V}$. Da wir nicht annehmen dürfen, dass für Testvektoren $\boldsymbol{\varphi}$ die Variationen $\mathbf{u} + s\boldsymbol{\varphi}$ zu $\mathcal{V}$ gehören, verwenden wir „innere Variationen“:
Für eine feste Testfunktion $\eta \in \mathrm{C}_c^\infty(]0,1[)$ betrachten wir

$$\varphi_s : t \mapsto \varphi(s,t) := t + s\,\eta(t) .$$

Offenbar sind die φ_s für $|s| \ll 1$ orientierungstreue C^∞–Parametertransformationen von I auf sich mit C^∞–Umkehrfunktionen ψ_s; dabei ist $\psi_0(x) = x$.

Für die Variationsvektoren $\mathbf{v}_s := \mathbf{u} \circ \varphi_s$ gilt $\mathbf{v}_s : I \to K$ und $\mathbf{v}_s \in \mathcal{V}$, falls $|s| \ll 1$. Denn unter den vorliegenden Bedingungen existiert $\mathbf{v}_s'(t) = \mathbf{u}'(\varphi_s(t))\varphi_s'(t)$ f.ü. Wählen wir $|s|$ so klein, dass $\frac{1}{2} \le \varphi_s'(t) \le 2$ gilt, so ergibt sich die Quadratintegrierbarkeit von $\|\mathbf{v}_s\|$ und von $\|\mathbf{v}_s'\|$ mit Hilfe der Substitutionsregel [ÜA].

Wir erhalten wegen $L^*(\mathbf{y}, \lambda\mathbf{z}) = \lambda^2\, L^*(\mathbf{y}, \mathbf{z})$ mit der Substitution $x = \varphi_s(t)$, $t = \psi_s(x)$

$$\begin{aligned}\mathcal{L}^*(\mathbf{v}_s) &= \int_0^1 L^*(\mathbf{u}(\varphi_s(t)), \mathbf{u}'(\varphi_s(t))) \cdot \varphi_s'(t)^2\, dt \\ &= \int_0^1 L^*(\mathbf{u}(x), \mathbf{u}'(x)) \cdot \varphi_s'(\psi_s(x))\, dx .\end{aligned}$$

Wegen $\mathbf{v}_0 = \mathbf{u}$ und $\mathcal{L}^*(\mathbf{u}) = \mathcal{L}^*(\mathbf{v}_s)$ für $|s| \ll 1$ folgt $\frac{d}{ds}\, \mathcal{L}^*(\mathbf{v}_s)\big|_{s=0} = 0$. Bei der Differentiation von $\mathcal{L}^*(\mathbf{v}_s)$ nach s beachten wir, dass

$$\begin{aligned}\tfrac{\partial}{\partial s}\, \varphi_s'(\psi_s(x)) &= \tfrac{\partial}{\partial s}\, (1 + s\,\eta'(\psi_s(x))) \\ &= \eta'(\psi_s(x)) + s\,\eta''(\psi_s(x))\, \tfrac{d}{ds}\, \psi_s(x) ,\end{aligned}$$

insbesondere

$$\frac{\partial}{\partial s}\,\varphi_s'(\psi_s(x))\Big|_{s=0} = \eta'(x).$$

Somit erhalten wir

$$0 = \int\limits_0^1 L^*(\mathbf{u}(x),\mathbf{u}'(x))\cdot\eta'(x)\,dx = 0 \quad \text{für alle } \eta\in \mathrm{C}_c^\infty(]0,1[)\,.$$

Aus dem Hilbert–Lemma Bd. 2, § 10 : 4.3 folgt $L^*(\mathbf{u},\mathbf{u}') = \kappa$ f.ü. mit einer Konstanten κ. Aus (1) folgt $\kappa > 0$ wegen $\mathbf{a}\neq\mathbf{b}$. Daher gilt

(2) $\quad \mathrm{L}(\mathbf{u},\mathbf{u}') = c_1$ f.ü. mit $c_1 := \sqrt{2\kappa} > 0\,.$

Ist $\mathbf{w}\in\mathcal{V}$ quasinormal, d.h. gilt $L(\mathbf{w},\mathbf{w}') = c_2$ f.ü. mit einer Konstanten $c_2 > 0$, so folgt aus (2) und der Minimaleigenschaft von $\mathbf{u}$

$$\mathcal{L}(\mathbf{u})^2 = c_1^2 = 2\kappa = 2\mathcal{L}^*(\mathbf{u}) \le 2\mathcal{L}^*(\mathbf{w}) = c_2\mathcal{L}(\mathbf{w}) = \mathcal{L}(\mathbf{w})^2\,.$$

Der Rest ergibt sich daraus, dass es zu jeder Kurve $\mathbf{v}\in\mathcal{V}$ eine quasinormale Kurve $\mathbf{w}\in\mathcal{V}$ gibt mit $\mathcal{L}(\mathbf{v}) = \mathcal{L}(\mathbf{w})$, gegeben durch $\mathbf{w} := \mathbf{v}\circ h$, wobei $h\in \mathrm{W}^1(I)$ die Umkehrfunktion zu

$$\eta(s) := \mathcal{L}(\mathbf{v})^{-1}\int\limits_0^s L(\mathbf{v},\mathbf{v}')\,dt$$

ist.

Näheres hierzu siehe Buttazzo et al. [20], Lemma 5.23. □

(b) Aus dem Existenzsatz ergibt sich insbesondere:

Ist K eine kompakte, wegzusammenhängende Teilmenge einer C^3–Mannigfaltigkeit im $\mathbb{R}^m$, so existiert zu je zwei voneinander verschiedenen Punkten $\mathbf{a},\mathbf{b}$ eine kürzeste Verbindung in K.

Hierbei sind zur Konkurrenz alle rektifizierbaren Verbindungswege zugelassen, d.h. alle Kurvenspuren in K mit Endpunkten $\mathbf{a},\mathbf{b}$, für welche die Längen einbeschriebener Sehnenpolygone nach oben beschränkt sind.

Näheres hierzu in Buttazzo et al. [20] 6.3, Riesz–Nagy [133] 15.

(c) Im Allgemeinen ist nicht zu erwarten, dass $\mathbf{u}$ die Euler–Gleichung erfüllt. Setzen wir zusätzlich voraus, dass die Spur von $\mathbf{u}$ im Innern von K liegt, so gilt für jeden Testvektor $\varphi\in \mathrm{C}_c^\infty(]0,1[\,,\mathbb{R}^m)$

$$\delta\mathcal{L}^*(\mathbf{u})\varphi = \int\limits_0^1 \left(L_{\mathbf{y}}^*(\mathbf{u},\mathbf{u}')\varphi + L_{\mathbf{z}}^*(\mathbf{u},\mathbf{u}')\varphi'\right)\,dt = 0\,,$$

d.h. $\mathbf{u}$ ist eine schwache Extremale für $\mathcal{L}^*$. Mit den Schlüssen von § 2 : 3.4 folgt wegen der Elliptizität von L^* die C^3–Differenzierbarkeit von $\mathbf{u}$ und das Bestehen der Euler–Gleichung von L^* und damit nach § 5 : 2.3 (c) auch das der Euler–Gleichung von L.

2.3 Das Plateausche Problem

(a) Das nach dem belgischen Physiker Joseph PLATEAU benannte Problem behandelt Minimalflächen als mathematisches Modell von Seifenhäuten. Es besteht im einfachsten Fall in der Aufgabe, für eine gegebene geschlossene Kurve $\Gamma \subset \mathbb{R}^3$ die Existenz einer von Γ berandeten Minimalfläche nachzuweisen. Dieses Problem widerstand trotz großer Anstrengungen vieler Mathematiker lange Zeit einer Lösung. Zunächst konnten RIEMANN, WEIERSTRASS, SCHWARZ und andere nur für spezielle Polygonkurven Γ Lösungen angeben. 1928 gab GARNIER für allgemeine Randkurven einen langen, schwer verifizierbaren Existenzbeweis. Ein methodischer Durchbruch gelang DOUGLAS und RADÓ 1931, welche die Existenz von Lösungen für beliebige Konturen Γ mit Variationsmethoden nachwiesen. Das Werk von DOUGLAS wurde 1936 mit der Verleihung der ersten Fields–Medaille gewürdigt.
Zur Geschichte empfehlen wir den Artikel von GRAY & MICALLEF: The work of Jesse Douglas on minimal surfaces. *Bull. Amer. Math. Soc.* **45** (2008) 293-302.

(b) Wir skizzieren im Folgenden den von COURANT 1937 gegebenen Beweis. Die vorgegebene Kontour Γ wird als orientierte, hinreichend glatte, geschlossene Kurve angenommen, d.h. Γ soll eine orientierungserhaltende Parametrisierung $t \mapsto \boldsymbol{\gamma}(\cos t, \sin t)$ mit $\boldsymbol{\gamma}(t) = \boldsymbol{\gamma}(t+2\pi)$ besitzen, die auf $[0, 2\pi[$ injektiv ist. Entsprechend beschreiben wir eine von Γ berandete Fläche durch eine Parametrisierung $\mathbf{u} : \overline{\Omega} \to \mathbb{R}^3$ auf dem Abschluss der Einheitskreisscheibe $\Omega = K_1(\mathbf{0}) \subset \mathbb{R}^2$, von der wir verlangen, dass $t \mapsto \mathbf{u}(\cos t, \sin t)$ eine orientierungstreue Parametrisierung von Γ ist.

Unter einer **von $\boldsymbol{\Gamma}$ berandeten (verallgemeinerten) Minimalfläche** verstehen wir eine stetige Abbildung $\mathbf{u} : \overline{\Omega} \to \mathbb{R}^3$, die eine orientierungstreue Parametrisierung von Γ liefert, in Ω C^2–differenzierbar ist und dort den Bedingungen

$$\Delta \mathbf{u} = \mathbf{0}, \quad \|\partial_1 \mathbf{u}\|^2 = \|\partial_2 \mathbf{u}\|^2, \quad \langle \partial_1 \mathbf{u}, \partial_2 \mathbf{u} \rangle = 0$$

genügt. Die Parametrisierung besteht also aus harmonischen Funktionen und ist *isotherm*, d.h. mit $g_{ik} = \langle \partial_i \mathbf{u}, \partial_k \mathbf{u} \rangle$ gilt

$$g_{11} = g_{22}, \quad g_{12} = 0.$$

Der hier verwendete Begriff einer Minimalfläche ist allgemeiner gefasst als in der Differentialgeometrie. Zugelassen sind Selbstdurchdringungen und Verzweigungspunkte, d.h. $\mathbf{u}$ muss nicht injektiv sein und das Differential $D\mathbf{u}$ muss nicht überall Maximalrang haben.

Um die direkte Methode für den Existenzbeweis einer Minimafläche zu nutzen, liegt es nahe, das Flächeninhaltsintegral (Bd. 1, § 25 : 2.1)

$$\mathcal{A}(\mathbf{u}) = \int_\Omega \sqrt{g}\, d^2\mathbf{x} \quad \text{mit} \quad g = g_{11}g_{22} - g_{12}g_{21}$$

als Variationsintegral zu verwenden. Jedoch lässt sich der Existenzsatz 1.3 (b) nicht auf das Funktional $\mathcal{A}$ anwenden, weil der Integrand nicht der Koerzivitätsbedingung (3) genügt. Einen Ausweg bietet der Übergang zum Dirichlet–Integral

$$\mathcal{D}(\mathbf{u}) := \frac{1}{2} \int_\Omega \|D\mathbf{u}\|^2 \, d^2\mathbf{x} = \frac{1}{2} \int_\Omega (g_{11} + g_{22}) \, d^2\mathbf{x}$$

Für dieses besteht die Ungleichung

$$\mathcal{A}(\mathbf{u}) \leq \mathcal{D}(\mathbf{u}),$$

wobei Gleichheit genau für isotherme Parametrisierungen eintritt. Das ergibt sich aus der Beziehung

$$\tfrac{1}{4} \|D\mathbf{u}\|^4 - g = \tfrac{1}{4}(g_{11} + g_{22})^2 - (g_{11}g_{22} - g_{12}g_{21}) = \tfrac{1}{4}(g_{11} - g_{22})^2 + g_{12}{}^2 .$$

Das Dirichlet–Integral ist invariant unter holomorphen Umparametrisierungen $\mathbf{h} : \Omega \to \Omega$, d.h. es gilt $\mathcal{D}(\mathbf{u} \circ \mathbf{h}) = \mathcal{D}(\mathbf{u})$ für alle $\mathbf{u}$ (Nachweis als ÜA mit Hilfe der Cauchy–Riemannschen DG).

Für eine gegebene orientierte Jordankurve Γ betrachten wir die Variationsklasse $\mathcal{V}$ aller stetigen Parametrisierungen $\mathbf{u} : \overline{\Omega} \to \mathbb{R}^3$ mit $\mathbf{u} \in \mathrm{W}^1(\Omega)$, die auf $\partial\Omega$ eine positive Parametrisierung von Γ liefern. Die Klasse $\mathcal{V}$ ist nicht abgeschlossen bezüglich der schwachen Konvergenz in $\mathrm{W}^1(\Omega)$; das liegt daran, dass $\mathbf{u}$ nur die Bedingung $\mathbf{u}(\partial\Omega) = \Gamma$ erfüllt, aber auf $\partial\Omega$ nicht punktweise festgelegt ist. Schwach abgeschlossen ist dagegen die Teilklasse $\mathcal{V}^*$ von $\mathcal{V}$, deren Elemente $\mathbf{u}$ einer Drei–Punkte–Bedingung

$$\mathbf{u}(\mathbf{x}_k) = \mathbf{y}_k \quad (k = 1, 2, 3),$$

genügen, wobei $\mathbf{x}_1, \mathbf{x}_2, \mathbf{x}_3 \in \partial\Omega$ bzw. $\mathbf{y}_1, \mathbf{y}_2, \mathbf{y}_3 \in \Gamma$ jeweils fest gewählte Tripel aus paarweis verschiedenen Punkten sind, deren Abfolge den Orientierungen von $\partial\Omega$ bzw. Γ entspricht.

Für das Variationsintegral $\mathcal{D} : \mathcal{V}^* \to \mathbb{R}$ lässt sich zeigen, dass die Voraussetzungen von Satz 1.3 (b) erfüllt sind und daher eine Minimumstelle $\mathbf{u}^*$ existiert. Wir zeigen, dass $\mathbf{u}^*$ auch eine Minimumstelle in der größeren Klasse $\mathcal{V}$ ist. Zum Nachweis konstruieren wir nachfolgend zu jeder Vergleichsfunktion $\mathbf{u} \in \mathcal{V}$ eine holomorphe Transformation $\mathbf{h} : \Omega \to \Omega$ so, dass $\mathbf{u} \circ \mathbf{h}$ der Drei–Punkte–Bedingung genügt, also zur Klasse $\mathcal{V}^*$ gehört. Hieraus folgt dann zusammen mit der Invarianz des Dirchlet–Integrals unter holomorphen Umparametrisierungen $\mathcal{D}(\mathbf{u}^*) \leq \mathcal{D}(\mathbf{u} \circ \mathbf{h}) = \mathcal{D}(\mathbf{u})$.

Die Transformation $\mathbf{h} : \Omega \to \Omega$ kann durch eine holomorphe Funktion der Gestalt

$$h(z) = \mathrm{e}^{i\varphi} \, \frac{z - a}{1 - \overline{a}\, z} \quad \text{mit Konstanten } \varphi \in \mathbb{R}, \ |a| < 1$$

dargestellt werden (FISCHER–LIEB [130] IX, Satz 4.2). Dabei lassen sich die drei Parameter φ, a_1, a_2 so einrichten, dass $\mathbf{h}(\mathbf{x}_k) = \mathbf{x}'_k$ gilt, wobei $\mathbf{x}'_k \in \partial\Omega$ die Punkte sind, die $\mathbf{v}$ in die Punkte $\mathbf{y}_k \in \Gamma$ $(k = 1, 2, 3)$ überführt.
Zu zeigen bleibt, dass $\mathbf{u}^*$ eine Minimalfläche ist. Zunächst hat die Minimumeigenschaft bezüglich $\mathcal{D} : \mathcal{V} \to \mathbb{R}$ zur Folge, dass $\mathbf{u}^*$ die Euler–Gleichungen des Dirichlet–Integrals $\Delta\mathbf{u}^* = \mathbf{0}$ in schwachem Sinn erfüllt. Aufgrund der Regularitätstheorie erfüllt dann $\mathbf{u}^*$ nach Abänderung auf einer Nullmenge diese Gleichungen auch im klassischen Sinn (Weylsches Lemma, MORREY [25] Ch. 2.3).
Dass $\mathbf{u}^*$ von Γ berandet wird, ergibt sich aus der Tatsache, dass Randwerte von Parametrisierungen durch das Dirichlet–Integral kontrolliert werden können (Courant–Lebesgue–Lemma).

Die Isothermieeigenschaft $g_{11} = g_{22}$, $g_{12} = 0$ von $\mathbf{u}^*$ erhalten wir analog zu 2.2 mit Hilfe von Parametertransformationen (*innere Variationen*)

$$\mathbf{h}_s : \Omega \to \Omega, \quad \mathbf{x} \mapsto \mathbf{x} + s\boldsymbol{\psi}(\mathbf{x}) \;\text{ mit }\; \boldsymbol{\psi} \in \mathrm{C}_c^\infty(\Omega, \mathbb{R}^2)\,, \; |s| \ll 1\,.$$

Wegen $\mathbf{u}^* \circ \mathbf{h}_s^{-1} \in \mathcal{V}$, $\mathbf{h}_0 = \mathbb{1}_\Omega$ und der Minimumeigenschaft von $\mathbf{u}^*$ gilt

$$\tfrac{d}{ds}\,\mathcal{D}(\mathbf{u}^* \circ \mathbf{h}_s^{-1})\,\big|_{s=0} = 0 \quad \text{für alle} \quad \boldsymbol{\psi} \in \mathrm{C}_c^\infty(\Omega, \mathbb{R}^2)\,.$$

Andererseits ergibt sich mit etwas Rechnung

$$\begin{aligned}\tfrac{d}{ds}\,\mathcal{D}(\mathbf{u}^* \circ \mathbf{h}_s^{-1})\,\big|_{s=0} &= \tfrac{1}{2}\int_\Omega \Big\{(g_{22} - g_{11})\,(\partial_1\psi_1 - \partial_2\psi_2)\\ &\qquad - 2\,g_{12}\,(\partial_1\psi_2 + \partial_2\psi_1)\Big\}\,d^2\mathbf{x}\,.\end{aligned}$$

Aus beidem folgt $g_{11} - g_{22} = g_{12} = 0$.

Als Literatur zum Plateauschen Problem empfehlen wir DIERKES, HILDEBRANDT, SAUVIGNY [31], STRUWE [28] Ch. I, pp. 19–25, [34], NITSCHE [33].

3 Regularität von Minimizern und Extremalen

3.1 Übersicht

Wir sprechen von **optimaler Regularität** eines Minimizers oder einer schwachen Extremalen $\mathbf{u} : \Omega \to \mathbb{R}^m$ eines Variationsintegrals $\mathcal{F} : \mathcal{V} \to \mathbb{R}$, wenn $\mathbf{u}$ so oft differenzierbar ist wie der Integrand F. Die Regularitätstheorie liefert optimale Regularität in den Fällen

(I) $n = 1$ und $n = 2$, m beliebig,

(II) $m = 1$, n beliebig.

Für $n \geq 3$, $m \geq 2$ ist im Allgemeinen nur **partielle Regularität** zu erwarten, d.h. Glattheit von $\mathbf{u}$ auf einer offenen Teilmenge $\Omega_0 \subset \Omega$. Ziel der Regularitätstheorie ist hier eine Dimensionsabschätzung für die Singularitätenmenge $\Omega \setminus \Omega_0$.

Für einige Typen von Variationsintegralen mit spezieller Bauart gibt es jedoch auch im Fall $n \geq 3,\ m \geq 2$ optimale Regularitätsaussagen, d.h. mit $\Omega_0 = \Omega$.

Regularitätsnachweise gehören zu den schwierigsten Problemen der direkte Methode. Wir beschränken uns auf die Darstellung der Ergebnisse für die beiden Fälle (I) und (II) und verweisen Interessierte auf GIAQUINTA [23].

3.2 Schwache Extremalen und Euler–Gleichungen

Gegeben sei ein Variationsintegral $\mathcal{F} : \mathrm{W}^1_{\mathbf{g}}(\Omega, \mathbb{R}^m) \to \mathbb{R}$, dessen Integrand F den folgenden Bedingungen genügt:

(i) F ist C^1–differenzierbar auf dem Gebiet $\Omega_F = \Omega \times \mathbb{R}^m \times \mathbb{R}^{m\times n}$,

(ii) $a_1 \|\mathbf{z}\|^2 - b_1 \leq F(\mathbf{x},\mathbf{y},\mathbf{z}) \leq a_2 \|\mathbf{z}\|^2 + b_2$ auf Ω_F,

(iii) $\|F_{\mathbf{y}}(\mathbf{x},\mathbf{y},\mathbf{z})\| \leq a_3 \|\mathbf{z}\|^2 + b_3\,, \quad \|F_{\mathbf{z}}(\mathbf{x},\mathbf{y},\mathbf{z})\| \leq a_4 \|\mathbf{z}\|^2 + b_4$

auf Ω_F mit Konstanten $0 < a_1 \leq a_2$ und $a_3, a_4, b_1, b_2, b_3, b_4 \geq 0$.

SATZ. *Die erste Variation von $\mathcal{F}$ ist an der Stelle $\mathbf{u} \in \mathrm{W}^1(\Omega, \mathbb{R}^m) \cap \mathrm{L}^\infty(\Omega, \mathbb{R}^m)$ für jedes $\varphi \in \mathrm{C}^\infty_c(\Omega, \mathbb{R}^m)$ definiert und gegeben durch*

$$\delta\mathcal{F}(\mathbf{u})\varphi = \int\limits_\Omega \sum_{i=1}^m \Big(\sum_{k=1}^n F_{z_{ik}}(\mathbf{x},\mathbf{u},D\mathbf{u})\partial_k\varphi_i + F_{y_i}(\mathbf{x},\mathbf{u},D\mathbf{u})\varphi_i \Big)\, d^n\mathbf{x}\,.$$

Insbesondere gilt für jeden Minimizer $\mathbf{u} \in \mathrm{L}^\infty(\Omega, \mathbb{R}^m)$ des Variationsintegrals $\mathcal{F} : \mathrm{W}^1_{\mathbf{g}}(\Omega, \mathbb{R}^m) \to \mathbb{R}$

$$\delta\mathcal{F}(\mathbf{u})\varphi = 0 \quad \textit{für alle} \quad \varphi \in \mathrm{C}^\infty_c(\Omega, \mathbb{R}^m)\,.$$

Das Verschwinden der ersten Variation ist die schwache Form der Euler–Gleichungen

$$\sum_{k=1}^n \partial_k \big[F_{z_{ik}}(\mathbf{x},\mathbf{u},D\mathbf{u})\big] = F_{y_i}(\mathbf{x},\mathbf{u},D\mathbf{u}) \quad (i = 1,\ldots,m)\,.$$

Für den BEWEIS siehe GIAQUINTA [23] Ch. I, Thm. 5.2.

3.3 Regularität bei eindimensionalen elliptischen Problemen

SATZ. *Der Integrand F sei C^k–differenzierbar $(2 \leq k \leq \infty)$ auf dem Gebiet $\Omega_F = I \times \mathbb{R}^m \times \mathbb{R}^m$ mit $[\alpha,\beta] \subset \overset{\circ}{I}$; ferner seien die Wachstumsbedingungen* (ii), (iii) *für $\Omega = \,]\alpha,\beta[$ erfüllt, und F sei elliptisch ($F_{\mathbf{zz}}(x,\mathbf{y},\mathbf{z}) > 0$* für *$x \in [\alpha,\beta]$, $\mathbf{y},\mathbf{z} \in \mathbb{R}^m$). Liefert $\mathbf{u}$ ein starkes lokales Minimum von $\mathcal{F}$ in der Klasse*

$$\mathcal{V} = \big\{\mathbf{v} \in \mathrm{W}^1(\alpha,\beta) \;\big|\; \mathbf{v}(\alpha) = \mathbf{a},\ \mathbf{v}(\beta) = \mathbf{b}\big\}\,,$$

so ist $\mathbf{u}$ eine C^k–differenzierbare Lösung der Euler–Gleichung für $\mathcal{F}$.

BEWEISSKIZZE. Jede Kurve $\mathbf{v} \in \mathcal{V}$ ist absolutstetig auf $[\alpha, \beta]$, und es gibt eine Nullmenge $N \subset [\alpha, \beta]$, so dass $\mathbf{v}'(x)$ für $x \in [\alpha, \beta] \setminus N$ existiert. Wir setzen $\mathbf{v}'(x) := \mathbf{0}$ für $x \in N$. Sei $\mathcal{F}(\mathbf{u}) \leq \mathcal{F}(\mathbf{v})$ für alle $\mathbf{v} \in \mathcal{V}$ mit $\|\mathbf{v} - \mathbf{u}\|_\infty \ll 1$. Nach 3.2 gilt dann

$$\int_\alpha^\beta \left(F_{\mathbf{y}}(x, \mathbf{u}, \mathbf{u}')\varphi + F_{\mathbf{z}}(x, \mathbf{u}, \mathbf{u}')\varphi' \right) dx = 0 \text{ für alle } \varphi \in \mathrm{C}_c^\infty(]\alpha, \beta[\,, \mathbb{R}^m).$$

Wegen (iii) ist $\|F_{\mathbf{y}}(x, \mathbf{u}(x), \mathbf{u}'(x))\| \leq a_3 \|\mathbf{u}'(x)\|^2 + b_3$, also existiert

$$\mathbf{\Phi}(x) := \int_\alpha^x \nabla_{\mathbf{y}} F(t, \mathbf{u}(t), \mathbf{u}'(t))\, dt$$

und ist absolutstetig. Partielle Integration (Bd. 2, § 8 : 3.3) ergibt

$$\int_\alpha^\beta \left(\nabla_{\mathbf{z}} F(x, \mathbf{u}(x), \mathbf{u}'(x)) - \mathbf{\Phi}(x) \right) \varphi'(x)\, dx = 0 \text{ für } \varphi \in \mathrm{C}_c^\infty(]a, b[\,, \mathbb{R}^m).$$

Mit dem Hilbert–Lemma (Bd. 2, § 10 : 4.3) ergibt sich die Existenz einer Konstanten $\mathbf{c}$ mit

$$\nabla_{\mathbf{z}} F(x, \mathbf{u}(x), \mathbf{u}'(x)) = \mathbf{\Phi}(x) + \mathbf{c} \text{ f.ü.}$$

Die Regularität von $\mathbf{u}$ folgt nun wie in § 2 : 3.4: Auflösung nach $\mathbf{u}'(x)$ ergibt, dass $\mathbf{u}$ äquivalent zu einer W^1–Funktion ist; hierfür wird die Kettenregel für W^1–Funktionen benötigt, vgl. BUTTAZZO et al. [20] Ch. 2, 2.24. Der Rest ergibt sich genauso wie in § 2 : 3.4. □

3.4 Regularität im mehrdimensionalen Fall $n \geq 2$

Für $n \geq 2$ und Gebiete $\Omega \subset \mathbb{R}^n$ sind die Funktionen $\mathbf{v} \in W_1 := \mathrm{W}^1(\Omega, \mathbb{R}^m)$ i.A. nicht stetig. Wir nennen zwei W^1–Funktionen **äquivalent** (im Wesentlichen gleich), wenn sie sich höchstens auf einer Nullmenge unterscheiden. Um Regularitätsaussagen für einen Minimizer bzw. eine schwache Extremale $\mathbf{u}$ zu gewinnen, wird in einem ersten Schritt deren **Hölder–Stetigkeit** nachgewiesen, d.h. das Bestehen einer Ungleichung

$$\|\mathbf{u}(\mathbf{x}_2) - \mathbf{u}(\mathbf{x}_1)\| \leq c \|\mathbf{x}_2 - \mathbf{x}_1\|^\alpha$$

mit Konstanten $\alpha \in \,]0, 1[$, $c > 0$. Hierzu sind also punktweise Eigenschaften aus Integralbeziehungen abzuleiten. Es ist plausibel, dass solche Beweise anspruchsvolle Techniken erfordern.

Für die Regularitätstheorie werden für den Integranden F schärfere Wachstumsbedingungen als die in 3.3 verlangt; diese garantieren u.a. für eine Minimumstelle $\mathbf{u}$ von $\mathcal{F}$ in $\mathrm{W}^1_{\mathbf{g}}$, dass $\delta\mathcal{F}(\mathbf{u})\varphi = 0$ für alle $\varphi \in \mathrm{W}^1_{\mathbf{0}}$. Für das Folgende setzen wir die C^2–Differenzierbarkeit von F auf $\Omega_F := \Omega \times \mathbb{R}^m \times \mathbb{R}^{m \times n}$ voraus und stellen die Wachstumsbedingungen

(1) $a_1 \|\mathbf{z}\|^2 - b_1 \le F(\mathbf{x},\mathbf{y},\mathbf{z}) \le a_2 \|\mathbf{z}\|^2 + b_2$,

(2) $\left|F_{y_i}(\mathbf{x},\mathbf{y},\mathbf{z})\right|, \left|F_{y_i x_k}(\mathbf{x},\mathbf{y},\mathbf{z})\right|, \left|F_{y_i y_k}(\mathbf{x},\mathbf{y},\mathbf{z})\right| \le c_1 (1 + \|\mathbf{z}\|^2)$,

(3) $\left|F_{z_{ik}}(\mathbf{x},\mathbf{y},\mathbf{z})\right|, \left|F_{z_{ik} y_j}(\mathbf{x},\mathbf{y},\mathbf{z})\right|, \left|F_{z_{ik} x_j}(\mathbf{x},\mathbf{y},\mathbf{z})\right| \le c_2 (1 + \|\mathbf{z}\|)$,

(4) $\left|F_{z_{ik} z_{jl}}(\mathbf{x},\mathbf{y},\mathbf{z})\right| \le c_3$

für $(\mathbf{x},\mathbf{y},\mathbf{z}) \in \Omega_F$ und alle in Frage kommenden Indizes; hierbei sind die a_i, b_j, c_k Konstanten mit $0 < a_1 \le a_2$, $b_1, b_2, c_1, c_2, c_3 \ge 0$.

Ferner gelte in Ω_F die **starke Elliptizitätsbedingung**

(5) $$\sum_{i,j=1}^{m} \sum_{k,l=1}^{n} F_{z_{ik} z_{jl}}(\mathbf{x},\mathbf{y},\mathbf{z})\, \zeta_{ik}\, \zeta_{jl} \ge c_0 \|\boldsymbol{\zeta}\|^2$$

für alle Matrizen $\boldsymbol{\zeta} \in \mathbb{R}^{m\times n}$; dabei ist $c_0 > 0$ eine Konstante.

(a) SATZ (MORREY 1940). *Sei $n = 2$, und F erfülle die Bedingungen* (1)–(5). *Dann ist jeder Minimizer von $\mathcal{F}$ in $\mathrm{W}^1_{\mathbf{g}}(\Omega, \mathbb{R}^m)$ repräsentiert durch eine Funktion $\mathbf{u} : \Omega \to \mathbb{R}^m$, die so glatt ist wie der Integrand. Insbesondere ist* $\mathbf{u}$ *analytisch, wenn F analytisch ist.*

Diesem Satz ordnet sich das Beispiel 2.3 unter mit

$$\mathcal{D}(\mathbf{u}) := \int_\Omega \|D\mathbf{u}\|^2\, d^2\mathbf{x} = \int_\Omega \left(\|\nabla u_1\|^2 + \|\nabla u_2\|^2\right) d^2\mathbf{x},$$

$$\Omega = K_1(\mathbf{0}), \quad F(\mathbf{z}) = \|\mathbf{z}\|^2 \quad \text{für } \mathbf{z} \in \mathbb{R}^{3\times 2}.$$

Offenbar sind die Voraussetzungen (1)–(5) erfüllt. Wie wir in 2.3 gesehen haben, liefert die dort angegebene isotherme Parametrisierung $\mathbf{u}^*$ ein Minimum von $\mathcal{D}$ auf $\mathrm{W}^1_{\mathbf{u}^*}(\Omega, \mathbb{R}^3)$, ist also analytisch.

Ein erster, wesentlicher Schritt zum Beweis des Satzes von Morrey (MORREY [25] Ch. 5) besteht im Nachweis der Hölder–Stetigkeit

$$\|\mathbf{u}(x_2) - \mathbf{u}(x_1)\| \le c\, \|x_2 - x_1\|^\alpha$$

mit $2\alpha = a_1/a_2$. Dieser stützt sich auf die Bedingung (1) und beruht auf folgenden Argumenten (MORREY [25] Thm. 1.10.2, 3.5.2, GIAQUINTA [23] Ch. III.1):

(i) Für das Dirichlet–Integral auf kleinen Kreisscheiben $K_r(\mathbf{x}) \subset \Omega$

$$D_{\mathbf{x}}(r) := \tfrac{1}{2} \int_{K_r(\mathbf{x})} \|Du\|^2\, d^2\boldsymbol{\xi}$$

wird die Wachstumsbedingung

$$D_{\mathbf{x}}(r) \le c(R)^2 \cdot (r/R)^{2\alpha} \quad \text{mit einer Konstanten } c(R) > 0$$

hergeleitet. Diese ergibt sich im Vergleich von $\mathbf{u} = (u_1, \ldots, u_m)$ mit der aus $\mathbf{u}$ durch harmonische Ersetzung auf $B := K_r(\mathbf{x})$ entstehenden Funktion $\mathbf{v}$, d.h.

$$v_k = \begin{cases} u_k & \text{auf } \Omega \setminus B \\ h_k & \text{auf } \Omega \end{cases} \qquad (k = 1, \ldots, m)\,;$$

hierbei sind die h_k die eindeutig bestimmten Lösungen von $\Delta h = 0$ in B, $h = u_k$ auf ∂B $(k = 1, \ldots, m;$ vgl. Bd. 2, § 6 : 5.4).

(ii) Durch Mittelwertbildung

$$\mathbf{u}^*(\mathbf{x}) := \lim_{r \to 0} \frac{1}{\pi r^2} \int\limits_{K_r(\mathbf{x})} \mathbf{u}\, d^2\boldsymbol{\xi}$$

entsteht eine für alle $\mathbf{x} \in \Omega$ definierte, zu $\mathbf{u}$ äquivalente Funktion $\mathbf{u}^* : \Omega \to \mathbb{R}^m$, welche die oben genannte Hölder–Bedingung erfüllt.

(b) *Der skalare Fall* $m = 1$. Hier hat die Elliptizitätsbedingung (5) die Form

$$\sum_{i,k=1}^{n} F_{z_i z_k}(\mathbf{x}, y, \mathbf{z})\, \xi_i, \xi_k \;\geq c_0 \, \|\boldsymbol{\xi}\|^2 \quad \text{mit} \quad c_0 > 0\,.$$

SATZ (LADYZHENSKAYA, URALTSEVA 1961).
Jede schwache Extremale $u \in \mathrm{W}^1(\Omega) \cap \mathrm{L}^\infty(\Omega)$ *von* $\mathcal{F} : \mathrm{W}^1(\Omega) \to \mathbb{R}$ *ist so glatt wie der Integrand* F. *Insbesondere ist* u *analytisch, wenn* F *analytisch ist.*

Hier wird nicht vorausgesetzt, dass u ein Minimizer ist.

Für den BEWEIS verweisen wir auf LADYZHENSKAYA–URALTSEVA [24] Ch. 4, Ch. 5, MORREY [25] Ch. 5.11, GIAQUINTA [23] Ch. VII.1.

Kapitel II
Differentialgeometrie

§ 7 Kurven und Flächen im $\mathbb{R}^3$

In diesem Paragraphen stellen wir die differentialgeometrischen Grundbegriffe Krümmung, Geodätische und Parallelverschiebung für Flächen im $\mathbb{R}^3$ vor. Das Studium dieses Kapitels ist für das Verständnis der Riemann– und Lorentz–Geometrie nicht unbedingt erforderlich, erleichtert aber den Zugang.

Wir betrachten im Folgenden durchweg C^∞–differenzierbare Objekte (Kurven, Flächen, Funktionen). Das vereinfacht den Kalkül und bedeutet keinen Verlust an geometrischer Substanz.

1 Krümmung von Kurven

1.1 Kurven im $\mathbb{R}^3$

(a) Unter einer **Kurve** (genauer **Kurvenparametrisierung**) im $\mathbb{R}^3$ verstehen wir im Folgenden eine C^∞–Abbildung

$$\boldsymbol{\alpha} : I \to \mathbb{R}^n, \quad t \mapsto \boldsymbol{\alpha}(t) = (\alpha_1(t), \alpha_2(t), \alpha_3(t))$$

auf einem offenen Intervall I. Die Bildmenge $\boldsymbol{\alpha}(I)$ heißt **Spur** von $\boldsymbol{\alpha}$. Eine Kurve heißt **regulär**, wenn

$$\dot{\boldsymbol{\alpha}}(t) = (\dot{\alpha}_1(t), \dot{\alpha}_2(t), \dot{\alpha}_3(t)) \neq \mathbf{0} \text{ für alle } t \in I$$

und **Bogenlängen–Parametrisierung** (**Parametrisierung durch die Bogenlänge**), wenn $\|\dot{\boldsymbol{\alpha}}(t)\| = 1$ für alle $t \in I$.
Wie schon in Band 1, § 24 praktiziert, stellen wir uns die Tangentenvektoren $\dot{\boldsymbol{\alpha}}(t)$ mit ihren Fußpunkten an die Kurvenpunkte $\boldsymbol{\alpha}(t)$ angeheftet vor.

Für Bogenlängen–Parametrisierungen gilt

$$\langle \dot{\boldsymbol{\alpha}}, \ddot{\boldsymbol{\alpha}} \rangle = \frac{1}{2} \frac{d}{dt} \langle \dot{\boldsymbol{\alpha}}, \dot{\boldsymbol{\alpha}} \rangle = 0 .$$

Zwei reguläre Kurven $\boldsymbol{\alpha} : I \to \mathbb{R}^3$, $\boldsymbol{\beta} : J \to \mathbb{R}^3$ heißen **äquivalent** (gehen durch **Umparametrisierung** auseinander hervor), wenn es einen C^∞–Diffeomorphismus $h : I \to J$ gibt mit $\boldsymbol{\alpha} = \boldsymbol{\beta} \circ h$. Die Kurven heißen **gleich orientiert**, wenn $\dot{h} > 0$ gilt, andernfalls heißen sie **entgegengesetzt orientiert**

Äquivalente Kurven haben dieselbe Spur; sind zwei reguläre Kurven $\boldsymbol{\alpha}, \boldsymbol{\beta}$ injektiv und stetig invertierbar, so ist die Gleichheit ihrer Spuren auch hinreichend für ihre Äquivalenz (Bd. 1, § 24 : 1.3).

(b) SATZ. *Zu jeder regulären Kurve* $\boldsymbol{\alpha} : I \to \mathbb{R}^3$ *gibt es eine äquivalente, gleich orientierte Bogenlängen–Parametrisierung* $\boldsymbol{\beta} : J \to \mathbb{R}^3$. *Diese ist nach Vorgabe eines Kurvenpunkts* $\mathbf{a}$ *durch die Bedingung* $\boldsymbol{\beta}(0) = \mathbf{a}$ *eindeutig bestimmt.*

BEWEIS siehe § 5 : 2.3 (c) oder Bd. 1, § 24 : 2.5.

(c) Unter einem **Kurvenstück** verstehen wir (abweichend von Bd. 1, § 24 : 1) die Einschränkung einer Kurve auf ein kompaktes Intervall.

1.2 Krümmungsradius und Schmiegkreis

(a) SATZ. *Gegeben sei eine Bogenlängen–Parametrisierung* $\boldsymbol{\beta} : J \to \mathbb{R}^3$ *und ein Kurvenpunkt* $\mathbf{a} = \beta(s_0)$ *mit* $\ddot{\boldsymbol{\beta}}(s_0) \neq \mathbf{0}$, *o.B.d.A.* $s_0 = 0$.
Dann gibt es genau einen Kreis $\boldsymbol{\gamma} : [0, 2\pi] \to \mathbb{R}^3$ *mit Radius* $r > 0$, *der für* $s = 0$ *die Kurve* $\boldsymbol{\beta}$ *im Punkt* $\mathbf{a}$ *von zweiter Ordnung berührt. Dieser ist gegeben durch*

$$\boldsymbol{\gamma}(s) = \mathbf{m} + r\cos(\omega s)\,\mathbf{v}_1 + r\sin(\omega s)\,\mathbf{v}_2$$

mit

$$\boldsymbol{\beta}(0) = \boldsymbol{\gamma}(0)\,, \quad \dot{\boldsymbol{\beta}}(0) = \dot{\boldsymbol{\gamma}}(0)\,, \quad \ddot{\boldsymbol{\beta}}(0) = \ddot{\boldsymbol{\gamma}}(0)\,.$$

Für den Mittelpunkt $\mathbf{m}$, *den Radius* r *und das Orthonormalsystem* $\mathbf{v}_1, \mathbf{v}_2$ *gilt*

$$r = \omega^{-1} = \|\ddot{\boldsymbol{\beta}}(0)\|^{-1}\,, \quad \mathbf{m} = \mathbf{a} + r^2\,\ddot{\boldsymbol{\beta}}(0)\,, \quad \mathbf{v}_1 = r\,\ddot{\boldsymbol{\beta}}(0)\,, \quad \mathbf{v}_2 = \dot{\boldsymbol{\beta}}(0)\,.$$

Wir nennen die Spur von $\boldsymbol{\gamma}$ den **Schmiegkreis**, r den **Krümmungsradius**, $\kappa := r^{-1} = \|\ddot{\boldsymbol{\beta}}(0)\|$ die **Krümmung** und $\mathbf{m}$ den **Krümmungsmittelpunkt** der Kurve $\boldsymbol{\beta}$ im Punkt $\mathbf{a} = \boldsymbol{\beta}(0)$.

BEMERKUNGEN. (i) In Kurvenpunkten $\boldsymbol{\beta}(s_0)$ mit $\ddot{\boldsymbol{\beta}}(s_0) = \mathbf{0}$ setzen wir $\kappa = 0$.
(ii) Das Berühren zweiter Ordnung im Punkt $\mathbf{a}$ kann auch mittels Taylor–Entwicklung gekennzeichnet werden durch die Bedingungen [ÜA]

$$\lim_{s \to 0} \frac{\boldsymbol{\beta}(s) - \boldsymbol{\gamma}(s)}{s^k} = \mathbf{0} \quad \text{für } k = 0, 1, 2.$$

BEWEIS.

Die Berührbedingungen liefern

$$\begin{aligned}
\mathbf{a} = \boldsymbol{\beta}(0) &= \boldsymbol{\gamma}(0) = \mathbf{m} + r\mathbf{v}_1\,,\\
\dot{\boldsymbol{\beta}}(0) &= \dot{\boldsymbol{\gamma}}(0) = r\omega\,\mathbf{v}_2\,,\\
\ddot{\boldsymbol{\beta}}(0) &= \ddot{\boldsymbol{\gamma}}(0) = -r\,\omega^2\,\mathbf{v}_1\,.
\end{aligned}$$

Aus der zweiten Bedingung ergibt sich $r\omega = \|\dot{\boldsymbol{\beta}}(0)\| = 1$, also $\mathbf{v}_2 = \dot{\boldsymbol{\beta}}(0)$. Die dritte Bedingung liefert $\omega\mathbf{v}_1 = r\omega^2\mathbf{v}_1 = -\ddot{\boldsymbol{\beta}}(0)$, somit $r\|\ddot{\boldsymbol{\beta}}(0)\| = r\omega = 1$. □

(b) Die Krümmungsgrößen einer beliebigen regulären Kurve $\boldsymbol{\alpha} : I \to \mathbb{R}^3$ an der Stelle $\mathbf{a} = \boldsymbol{\alpha}(t_0)$ definieren wir durch die entsprechenden Größen der zugehörigen, gleich orientierten Bogenlängen–Parametrisierung $\boldsymbol{\beta} : J \to \mathbb{R}^3$ mit $\boldsymbol{\beta}(0) = \mathbf{a}$; hierzu muss die lineare Unabhängigkeit von $\dot{\boldsymbol{\alpha}}(t_0), \ddot{\boldsymbol{\alpha}}(t_0)$ vorausgesetzt werden. Das Gram–Schmidtsche Orthonormalisierungsverfahren, angewandt auf $\dot{\boldsymbol{\alpha}}(t_0), \ddot{\boldsymbol{\alpha}}(t_0)$, liefert dann ein Orthonormalsystem $\mathbf{T}, \mathbf{N}$ mit

$$\mathbf{T} = \frac{\dot{\boldsymbol{\alpha}}(t_0)}{\|\dot{\boldsymbol{\alpha}}(t_0)\|}, \quad \mathbf{N} = \frac{\ddot{\boldsymbol{\alpha}}(t_0) - \langle \mathbf{T}, \ddot{\boldsymbol{\alpha}}(t_0)\rangle\, \mathbf{T}}{\|\ddot{\boldsymbol{\alpha}}(t_0) - \langle \mathbf{T}, \ddot{\boldsymbol{\alpha}}(t_0)\rangle\, \mathbf{T}\|}.$$

Es ergibt sich

$$\kappa = \frac{\|\dot{\boldsymbol{\alpha}}(t_0) \times \ddot{\boldsymbol{\alpha}}(t_0)\|}{\|\dot{\boldsymbol{\alpha}}(t_0)\|^3},$$

$$\mathbf{m} = \mathbf{a} + \kappa^{-1}\mathbf{N}.$$

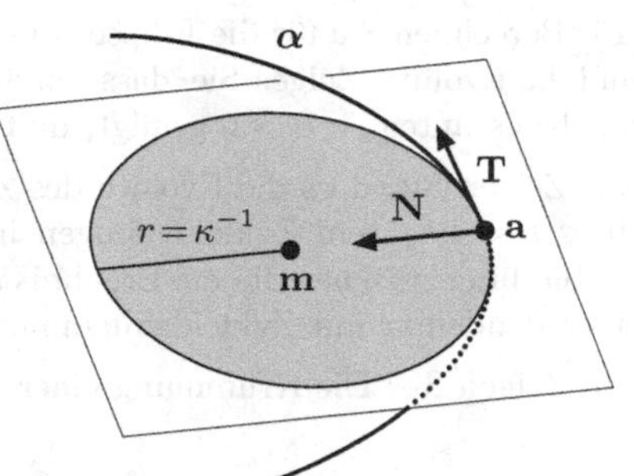

Im Fall der linearen Abhängigkeit von $\dot{\boldsymbol{\alpha}}(t_0), \ddot{\boldsymbol{\alpha}}(t_0)$ setzen wir $\kappa = 0$.

Nachweis als ÜA: Sei o.B.d.A. $t_0 = 0$. Folgern Sie aus $\boldsymbol{\alpha} = \boldsymbol{\beta} \circ h$ mit $\dot{h} > 0$, $h(0) = 0$ und aus $\|\dot{\boldsymbol{\beta}}\| = 1$, dass

$$\dot{h}(0) = \|\dot{\boldsymbol{\alpha}}(0)\|,$$

$$\dot{h}(0)\,\ddot{h}(0) = \langle \dot{\boldsymbol{\alpha}}(0), \ddot{\boldsymbol{\alpha}}(0)\rangle, \quad \ddot{h}(0) = \langle \mathbf{T}, \ddot{\boldsymbol{\alpha}}(0)\rangle, \quad \dot{\boldsymbol{\beta}}(0) = \mathbf{T},$$

$$\ddot{\boldsymbol{\beta}}(0) = \frac{\ddot{\boldsymbol{\alpha}}(0) - \langle \mathbf{T}, \ddot{\boldsymbol{\alpha}}(0)\rangle\, \mathbf{T}}{\|\dot{\boldsymbol{\alpha}}(0)\|^2} = \frac{\|\ddot{\boldsymbol{\alpha}}(0) - \langle \mathbf{T}, \ddot{\boldsymbol{\alpha}}(0)\rangle\, \mathbf{T}\|}{\|\dot{\boldsymbol{\alpha}}(0)\|^2}\,\mathbf{N}$$

$$= \frac{\|\dot{\boldsymbol{\alpha}}(0) \times \ddot{\boldsymbol{\alpha}}(0)\|}{\|\dot{\boldsymbol{\alpha}}(0)\|^3}\,\mathbf{N};$$

die letzte Gleichheit folgt aus

$$\|\mathbf{T} \times \ddot{\boldsymbol{\alpha}}(0)\|^2 = \|\ddot{\boldsymbol{\alpha}}(0)\|^2 - \langle \mathbf{T}, \ddot{\boldsymbol{\alpha}}(0)\rangle^2 = \|\ddot{\boldsymbol{\alpha}}(0) - \langle \mathbf{T}, \ddot{\boldsymbol{\alpha}}(0)\rangle\, \mathbf{T}\|^2.$$

Die Kurve $t \mapsto \mathbf{m}(t)$ der Krümmungsmittelpunkte wird die **Evolute** von $\boldsymbol{\alpha}$ genannt.

(c) Für ebene reguläre Kurven $t \mapsto (x(t), y(t))$ ergeben sich Krümmung und Evolute aus (b) durch die Interpretation als Kurve $t \mapsto \boldsymbol{\alpha}(t) = (x(t), y(t), 0)$ in $\mathbb{R}^3$ ÜA

$$\kappa(t) = \frac{|\dot{x}(t)\,\ddot{y}(t) - \ddot{x}(t)\dot{y}(t)|}{(\dot{x}(t)^2 + \dot{y}(t)^2)^{3/2}},$$

$$\mathbf{m}(t) = \begin{pmatrix} x(t) \\ y(t) \end{pmatrix} + \frac{\dot{x}(t)^2 + \dot{y}(t)^2}{\dot{x}(t)\ddot{y}(t) - \ddot{x}(t)\dot{y}(t)} \begin{pmatrix} -\dot{y}(t) \\ \dot{x}(t) \end{pmatrix}.$$

Für ebene Kurven in Graphengestalt $t \mapsto (t, y(t))$ ergibt sich die in § 2 : 4.4 (c) und § 5 : 3.1 (b) verwendete Formel $\kappa(t) = \ddot{y}(t)\,(1 + \dot{y}(t)^2)^{-3/2}$.

1.3 Aufgaben

(a) Die von NEWTON in den *Principia* verwendete Konstruktion des Krümmungsmittelpunkts einer ebenen Kurve besteht darin, die Normalen benachbarter Kurvenpunkte $\boldsymbol{\alpha}(t)$ und $\boldsymbol{\alpha}(t+h)$ zum Schnitt zu bringen und den sich für $h \to 0$ ergebenden Grenzwert zu bestimmen. Zeigen Sie die Übereinstimmung mit der hier gegebenen Definition.

(b) Berechnen Sie für die Ellipse $t \mapsto (a \cos t, b \sin t)$ $(a \neq b)$ die Krümmung und die Evolute. Zeigen Sie, dass Letztere der Gleichung $(Ax)^{2/3} + (By)^{2/3} = 1$ mit Konstanten $A, B > 0$ genügt, und machen Sie eine Skizze.

(c) Zeigen Sie, dass die Evolute des Zykloidenbogens $t \mapsto (t - \sin t, 1 - \cos t)$ $(0 < t < 2\pi)$ ein Zykloidenbogen in verschobener Lage ist. Stellen Sie die Verbindung zwischen diesem Ergebnis und der Huygensschen Konstruktionsidee einer Pendeluhr mit Zykloidenhemmung her, vgl. § 2 : 2.3 (e).

(d) Zeigen Sie: Die Krümmung einer Kurve ist bewegungsinvariant.

2 Flächen im $\mathbb{R}^3$

2.1 Darstellung von Flächen, Beispiele

(a) Eine nichtleere Menge $M \subset \mathbb{R}^3$ heißt **Fläche**, wenn es zu jedem Punkt $\mathbf{a} \in M$ eine Umgebung $U \subset \mathbb{R}^3$ und eine C^∞-Abbildung $\mathbf{\Phi} : U_0 \to U \subset \mathbb{R}^3$ auf einem Gebiet $U_0 \subset \mathbb{R}^2$ gibt mit folgenden Eigenschaften:

(i) $\mathbf{\Phi}$ ist injektiv und es gilt $\mathbf{\Phi}(U_0) = M \cap U$,

(ii) die Jacobi–Matrix $d\mathbf{\Phi}(\mathbf{u})$ hat an jeder Stelle $\mathbf{u} \in U_0$ den Maximalrang 2,

(iii) die Umkehrabbildung $\mathbf{\Phi}^{-1} : M \cap U \to U_0$ ist stetig.

Jede solche Abbildung $\mathbf{\Phi}$ wird eine **Parametrisierung** von M genannt, und $M \cap U = \mathbf{\Phi}(U_0)$ heißt eine **Koordinatenumgebung** von $\mathbf{a}$ in M. Flächen, die Bild einer einzigen Parametrisierung sind, heißen Flächenstücke. Zu Beispielen von Flächenstücken und zur Bedeutung der Voraussetzungen (i)–(iii) verweisen wir auf Bd. 1, § 25 : 1.

Die Einschränkung einer Parametrisierung $\mathbf{\Phi} : U_0 \to M$ auf ein Teilgebiet von U_0 ist wieder eine Parametrisierung von M. Wir verzichten auf den rein technischen Beweis.

Für zwei Parametrisierungen $\mathbf{\Phi} : U_0 \to \mathbb{R}^3$, $\mathbf{\Psi} : V_0 \to \mathbb{R}^3$ von M mit $D := M \cap \mathbf{\Phi}(U_0) \cap \mathbf{\Psi}(V_0) \neq \emptyset$ vermittelt die **Parametertransformation (Koordinatentransformation)**

$$\mathbf{h} = \mathbf{\Psi}^{-1} \circ \mathbf{\Phi}$$

einen C^∞–Diffeomorphismus zwischen offenen Mengen $\boldsymbol{\Phi}^{-1}(D), \boldsymbol{\Psi}^{-1}(D) \subset \mathbb{R}^2$.
Der BEWEIS wird in Bd. 2, § 11 : 1.3 gegeben.

Die Betrachtung von Flächen mit schwächeren Differenzierbarkeitsvoraussetzungen ist durchaus sinnvoll, liefert aber keine neuen Einsichten in die Geometrie. Die Forderung der C^∞–Differenzierbarkeit vereinfacht den Kalkül und bedeutet keinen Verlust an geometrischer Substanz.

Im Hinblick auf die ab § 8 verwendete Indexkonvention der Tensoranalysis schreiben wir bereits hier die Parameter und die Koordinaten der Flächenpunkte mit hochgestellten Indizes:

$$\mathbf{u} = (u^1, u^2), \quad \mathbf{x} = (x^1, x^2, x^3);$$

eine Verwechslung mit Potenzen ist nicht zu befürchten.

(b) Wir erinnern an die Definition des **Tangentialraums** $T_{\mathbf{a}} M$ einer Fläche M im Punkt $\mathbf{a} \in M$ (Bd. 1, § 25 : 3.3, Bd. 2, § 11 : 1.6). Dieser besteht aus den Tangentenvektoren $\mathbf{v} = \dot{\boldsymbol{\alpha}}(0)$ aller Kurven $\boldsymbol{\alpha} :]-\varepsilon, \varepsilon[\to M$ mit $\boldsymbol{\alpha}(0) = \mathbf{a}$, und ist mit dem Ursprung an den Flächenpunkt $\mathbf{a}$ angeheftet (für die Formalisierung der Fußpunktanheftung siehe § 8 : 2.4*).

Für jede Parametrisierung $\boldsymbol{\Phi}$ von M mit $\mathbf{a} = \boldsymbol{\Phi}(\mathbf{u})$ wird $T_{\mathbf{a}}M$ von den nach (ii) linear unabhängigen partiellen Ableitungen $\partial_1 \boldsymbol{\Phi}(\mathbf{u}), \partial_2 \boldsymbol{\Phi}(\mathbf{u})$ aufgespannt, ist also zweidimensional.

(c) SATZ. *Für jede C^∞-Funktion $f : \mathbb{R}^3 \supset \Omega \to \mathbb{R}$ ist die Nullstellenmenge*

$$M = \{\mathbf{x} \in \Omega \mid f(\mathbf{x}) = 0\}$$

eine Fläche im $\mathbb{R}^3$, falls M nicht lecr ist und falls

$$\nabla f(\mathbf{x}) \neq \mathbf{0} \text{ für alle } \mathbf{x} \in M.$$

Es gilt $\nabla f(\mathbf{a}) \perp T_{\mathbf{a}}M$, d.h. die Normale von M im Punkt $\mathbf{a} \in M$ wird vom Vektor $\nabla f(\mathbf{a})$ aufgespannt (Bd. 2, § 11 : 1.6).

Der Beweis ergibt sich mit Hilfe des Satzes über implizite Funktionen, vgl. Bd. 1, § 22 : 5.5, 5.7. Ist $\mathbf{a} = (a^1, a^2, a^3) \in M$ und etwa $\partial_3 f(\mathbf{a}) \neq 0$, so gibt es Umgebungen U_0 von (a^1, a^2) und V_0 von a^3 sowie eine eindeutig bestimmte C^∞–Funktion $\varphi : U_0 \to V_0$ mit

$$f(x^1, x^2, x^3) = 0 \iff x^3 = \varphi(x^1, x^2) \quad \text{für } (x^1, x^2, x^3) \in U := U_0 \times V_0,$$

also

$$M \cap U = \left\{ \boldsymbol{\Phi}(x^1, x^2) = \left(x^1, x^2, \varphi(x^1, x^2)\right) \;\middle|\; (x^1, x^2) \in U_0 \right\}.$$

ÜA: Prüfen Sie die Eigenschaften (i)–(iii) für $\boldsymbol{\Phi} : U_0 \to M \cap U$ nach.

Mit diesem Satz lassen sich zahlreiche Gebilde im $\mathbb{R}^3$ als Flächen erkennen, z.B.

$$\left\{(x,y,z) \;\middle|\; \frac{x^2}{a^2}+\frac{y^2}{b^2}+\frac{z^2}{c^2}=1\right\} \quad (a,b,c>0) \quad \textbf{Ellipsoid},$$

$$\left\{(x,y,z) \;\middle|\; \sqrt{x^2+y^2}=\cosh z\right\} \quad \textbf{Katenoid},$$

$$\left\{(x,y,z) \;\middle|\; \left(\sqrt{x^2+y^2}-r\right)^2+z^2=h^2\right\} \quad (0<h<r) \quad \textbf{Torus},$$

$$\left\{(x,y,z) \;\middle|\; x^2+y^2-z^2=1\right\} \quad \textbf{einschaliges Hyperboloid},$$

$$\left\{(x,y,z) \;\middle|\; x^2+y^2-z^2=-1\right\} \quad \textbf{zweischaliges Hyperboloid}.$$

ÜA Skizzieren Sie diejenigen dieser Flächen, von denen Sie keine anschauliche Vorstellung haben.

(d) Eine Fläche $M \subset \mathbb{R}^3$ kann in einer Umgebung jedes Flächenpunktes als Graph dargestellt werden:

SATZ. *Zu jedem Flächenpunkt* $\mathbf{a} = (a^1, a^2, a^3) \in M$ *gibt es nach eventueller Umnummerierung der räumlichen Koordinaten eine Umgebung* $V_0 \subset \mathbb{R}^2$ *von* (a^1, a^2), *eine Umgebung* $U \subset \mathbb{R}^3$ *von* $\mathbf{a}$ *und eine* C^∞*-Funktion* $\varphi : V_0 \to \mathbb{R}$, *deren Graph* $M \cap U$ *ist.*
Nach Ausführung einer Bewegung des $\mathbb{R}^3$ *lässt sich noch* $\mathbf{a} = \mathbf{0}$, $\mathbf{e}_3 \perp T_{\mathbf{a}}M$ *und* $\varphi(0,0) = \partial_1\varphi(0,0) = \partial_2\varphi(0,0) = 0$ *erreichen.*

BEWEIS.

Umnummerierungen der Raumkoordinaten und Bewegungen im $\mathbb{R}^3$ sind C^∞–Diffeomorphismen, die Flächen wieder in Flächen und Tangentialebenen wieder in Tangentialebenen überführen.

Wir wählen eine Parametrisierung $\mathbf{\Phi} : U_0 \to \mathbb{R}^3$ für M und eine Koordinatenumgebung U von $\mathbf{a}$ mit $\mathbf{\Phi}(U_0) = M \cap U$. Für $\mathbf{u}_0 = \mathbf{\Phi}^{-1}(\mathbf{a})$ hat $d\mathbf{\Phi}(\mathbf{u}_0)$ den Rang 2; bei entsprechender Nummerierung der Raumkoordinaten dürfen wir deshalb annehmen, dass

$$\begin{vmatrix} \partial_1\Phi^1(\mathbf{u}_0) & \partial_2\Phi^1(\mathbf{u}_0) \\ \partial_1\Phi^2(\mathbf{u}_0) & \partial_2\Phi^2(\mathbf{u}_0) \end{vmatrix} \neq 0\,.$$

Wir wenden den Umkehrsatz Bd. 1, § 22 : 5.2 auf $\mathbf{\Psi} := (\Phi^1, \Phi^2)$ an. Nach der Bemerkung (a) über die Einschränkung von Parametrisierungen können wir U_0 gleich so wählen, dass $\mathbf{\Psi}$ ein C^∞–Diffeomorphismus zwischen U_0 und einer Umgebung V_0 von (a^1, a^2) ist. Die Abbildung $\mathbf{\Phi} \circ \mathbf{\Psi}^{-1} : V_0 \to \mathbb{R}^3$ hat die Gestalt $(u^1, u^2) \mapsto (u^1, u^2, \varphi(u^1, u^2))$ mit der C^∞–Funktion $\varphi = \Phi^3 \circ \mathbf{\Psi}^{-1}$ und besitzt die Bildmenge $\mathbf{\Phi} \circ \mathbf{\Psi}^{-1}(V_0) = \mathbf{\Phi}(U_0) = M \cap U$. □

2.2 Differentialrechnung auf Flächen

(a) Eine Funktion $f : M \to \mathbb{R}$ auf einer Fläche $M \subset \mathbb{R}^3$ heißt **differenzierbar**, wenn es zu jedem Punkt $\mathbf{a} \in M$ eine Parametrisierung $\mathbf{\Phi} : U_0 \to M \cap U$ einer Koordinatenumgebung von $\mathbf{a}$ gibt, so dass $f \circ \mathbf{\Phi}$ auf U_0 differenzierbar ist. Für jede andere Parametrisierung $\mathbf{\Psi} : V_0 \to M \cap V$ einer Koordinatenumgebung $M \cap V$ von $\mathbf{a}$ ist $f \circ \mathbf{\Psi} = (f \circ \mathbf{\Phi}) \circ (\mathbf{\Phi}^{-1} \circ \mathbf{\Psi})$ dann nach 2.1 (a) ebenfalls in einer Umgebung von $\mathbf{\Phi}^{-1}(\mathbf{a})$ differenzierbar, so dass der Begriff der Differenzierbarkeit von Funktionen nicht von der Wahl der Parametrisierung abhängt.

Differenzierbare Funktionen $f : M \to \mathbb{R}$ sind stetig wegen $f = (f \circ \mathbf{\Phi}) \circ \mathbf{\Phi}^{-1}$. Es ist klar, wie C^r–Differenzierbarkeit zu definieren ist. Auf den Begriff der Ableitung einer differenzierbaren Funktion $f : M \to \mathbb{R}$ gehen wir in (c) ein.

Die C^r–Differenzierbarkeit von Vektorfeldern $\mathbf{X} = (X^1, X^2, X^3) : M \to \mathbb{R}^3$ wird auf die C^r–Differenzierbarkeit der Koordinatenfunktionen X^1, X^2, X^3 zurückgeführt. Damit ist auch klar, was C^r-Differenzierbarkeit einer Abbildung $\varphi : M \to N$ zwischen zwei Flächen M und N bedeutet.

Wenn nichts Anderes gesagt wird, setzen wir die C^∞–Differenzierbarkeit voraus. Den Vektorraum der C^∞–Funktionen $f : M \to \mathbb{R}$ bezeichnen wir mit $\mathcal{F}M$.

Unter einer **Kurve** auf einer Fläche M verstehen wir eine Kurve $\boldsymbol{\alpha} : I \to M$ mit der Eigenschaft, dass für jede Parametrisierung $\mathbf{\Phi} : U_0 \to M \cap U$ die Koordinatenkurve $t \mapsto \mathbf{\Phi}^{-1}(\boldsymbol{\alpha}(t))$ für alle $t \in I$ mit $\boldsymbol{\alpha}(t) \in M \cap U$ eine C^∞–Kurve im $\mathbb{R}^2$ ist.

Meist lassen wir das Attribut „C^∞–differenzierbar“ weg und sprechen einfach von **Funktionen**, **Vektorfeldern** und **Kurven** auf einer Fläche M.

(b) Unter einem **tangentialen Vektorfeld X** auf M verstehen wir ein C^∞–Vektorfeld auf M mit $\mathbf{X}(\mathbf{a}) \in T_{\mathbf{a}}M$ für jedes $\mathbf{a} \in M$. Die Gesamtheit der tangentialen Vektorfelder auf M bezeichnen wir mit $\mathcal{V}M$. Die Menge $\mathcal{V}M$ enthält mit $X, Y \in \mathcal{V}M$, $f, g \in \mathcal{F}M$ auch die Linearkombination $fX + gY$.

Für jede Parametrisierung $\mathbf{\Phi} : U_0 \to \mathbb{R}^3$ von M mit Koordinatenumgebung $M \cap U = \mathbf{\Phi}(U_0)$ definieren wir die **lokalen Basisfelder** auf $M \cap U$ durch

$$\mathbf{X}_i(\mathbf{a}) := \partial_i \mathbf{\Phi}(\mathbf{u}) \quad \text{für } \mathbf{a} = \mathbf{\Phi}(\mathbf{u}) \in M \cap U \quad (i = 1, 2)\,.$$

Wegen $\mathbf{X}_i \circ \mathbf{\Phi} = \partial_i \mathbf{\Phi}$ und der C^∞–Differenzierbarkeit von $\mathbf{\Phi} : U_0 \to \mathbb{R}^3$ sind diese C^∞–differenzierbar.

Jedes tangentiale Vektorfeld $\mathbf{X} \in \mathcal{V}M$ hat auf $M \cap U$ die **lokale Basisdarstellung**

$$\mathbf{X} = \sum_{i=1}^{2} \xi^i \, \mathbf{X}_i$$

mit C^∞–differenzierbaren Koeffizientenfunktionen ξ^1, ξ^2.

Denn mit

$$a_{ik} = \langle \partial_i \mathbf{\Phi}, \partial_k \mathbf{\Phi} \rangle\,, \quad b_k = \langle \mathbf{X} \circ \mathbf{\Phi}, \partial_k \mathbf{\Phi} \rangle$$

ergibt sich aus $\mathbf{X} \circ \mathbf{\Phi} = \sum\limits_{i=1}^{2} (\xi^i \circ \mathbf{\Phi})\, \partial_i \mathbf{\Phi}$ durch Skalarproduktbildung mit $\partial_k \mathbf{\Phi}$ das 2×2–Gleichungssystem

$$\sum_{k=1}^{2} a_{ik} \, (\xi^i \circ \mathbf{\Phi}) = b_k \quad (k = 1, 2)$$

mit der Determinante

$$\|\partial_1 \mathbf{\Phi}\|^2 \|\partial_2 \mathbf{\Phi}\|^2 - \langle \partial_1 \mathbf{\Phi}, \partial_2 \mathbf{\Phi} \rangle^2 = \|\partial_1 \mathbf{\Phi} \times \partial_2 \mathbf{\Phi}\|^2 > 0\,.$$

Dessen Lösungen $\xi^i \circ \mathbf{\Phi}$ ergeben sich mit der Cramerschen Regel als rationale Ausdrücke in den differenzierbaren Funktionen a_{ik}, b_k, woraus sich definitionsgemäß die C^∞–Differenzierbarkeit der ξ^i ergibt.

(c) Für eine Funktion $f \in \mathcal{F}M$ und einen Punkt $\mathbf{a} \in M$ definieren wir die **Ableitung in Richtung eines Tangentialvektors** $\mathbf{v} \in T_{\mathbf{a}}M$ durch

$$\partial_{\mathbf{v}} f(\mathbf{a}) := (f \circ \boldsymbol{\alpha})^{\boldsymbol{\cdot}}(0) = \frac{d}{dt} f(\boldsymbol{\alpha}(t))\Big|_{t=0},$$

wobei $\boldsymbol{\alpha} : \,]-\varepsilon, \varepsilon[\, \to M$ eine Flächenkurve ist mit $\boldsymbol{\alpha}(0) = \mathbf{a}$, $\dot{\boldsymbol{\alpha}}(0) = \mathbf{v}$. Die Wahl der Kurve $\boldsymbol{\alpha}$ spielt hierbei keine Rolle; das ergibt sich aus der Koordinatenstellung der Richtungsableitungt: Für jede Parametrisierung $\mathbf{\Phi}$ einer Koordinatenumgebung $M \cap U$ von $\mathbf{a}$ mit $\mathbf{\Phi}(\mathbf{u}_0) = \mathbf{a}$ und die zugehörigen lokalen Basisfelder $\mathbf{X}_1, \mathbf{X}_2$ gilt

(1) $\quad \partial_{\mathbf{v}} f(\mathbf{a}) = \sum\limits_{i=1}^{2} v^i \, \partial_i f(\mathbf{a})\,, \;$ falls $\; \mathbf{v} = \sum\limits_{i=1}^{2} v^i \, \mathbf{X}_i(\mathbf{a})\,;$

hierbei ist

(2) $\quad \partial_i f(\mathbf{a}) := \partial_i (f \circ \mathbf{\Phi})(\mathbf{u}_0) = \partial_{\mathbf{v}_i} f(\mathbf{a}) \quad$ mit $\; \mathbf{v}_i := \mathbf{X}_i(\mathbf{a}) \quad (i = 1, 2)\,.$

Denn für $\mathbf{u}(t) = (u^1(t), u^2(t)) := \mathbf{\Phi}^{-1}(\boldsymbol{\alpha}(t))$ gilt $\mathbf{u}(0) = \mathbf{u}_0$ und

$$\mathbf{v} = \dot{\boldsymbol{\alpha}}(0) = (\mathbf{\Phi} \circ \mathbf{u})^{\boldsymbol{\cdot}}(0) = \sum_{i=1}^{2} \partial_i \mathbf{\Phi}(\mathbf{u}_0)\, \dot{u}^i(0) = \sum_{i=1}^{2} \dot{u}^i(0)\, \mathbf{X}_i(\mathbf{a})\,.$$

Es folgt $v^i = \dot{u}^i(0)$ für $i = 1, 2$ und damit

$$\begin{aligned} (f \circ \boldsymbol{\alpha})^{\boldsymbol{\cdot}}(0) &= ((f \circ \mathbf{\Phi}) \circ \mathbf{u})^{\boldsymbol{\cdot}}(0) = \sum_{i=1}^{2} \partial_i (f \circ \mathbf{\Phi})(\mathbf{u}_0)\, \dot{u}^i(0) \\ &= \sum_{i=1}^{2} v^i \partial_i f(\mathbf{a})\,. \end{aligned}$$

Aus (1) folgt insbesondere $\partial_i f(\mathbf{a}) = \partial_{\mathbf{v}_i} f(\mathbf{a})$ mit $\mathbf{v}_i := \mathbf{X}_i(\mathbf{a}) \;\; (i = 1, 2)$.

Rechenregeln für die Richtungsableitung

(3) $\quad \mathbf{v} \mapsto \partial_{\mathbf{v}} f(\mathbf{a})$ ist linear auf $T_{\mathbf{a}}M$,

(4) $\quad f \mapsto \partial_{\mathbf{v}} f(\mathbf{a})$ ist linear und genügt der Produktregel.

Beweis als ÜA.

(d) Für Vektorfelder

$$\mathbf{X} = (X^1, X^2, X^3) : M \to \mathbb{R}^3$$

erklären wir die Ableitung in Richtung $\mathbf{v} \in T_{\mathbf{a}}M$ durch

$$\partial_{\mathbf{v}}\mathbf{X}(\mathbf{a}) := \left(\partial_{\mathbf{v}}X^1(\mathbf{a}), \partial_{\mathbf{v}}X^2(\mathbf{a}), \partial_{\mathbf{v}}X^3(\mathbf{a})\right).$$

Wie in (c) ergibt sich die Linearität dieser Richtungsableitung bezüglich $\mathbf{v}$ und bezüglich $\mathbf{X}$; ferner gilt die **Skalarproduktregel** ÜA

$$\partial_{\mathbf{v}}\langle \mathbf{X}, \mathbf{Y}\rangle(\mathbf{a}) = \langle \partial_{\mathbf{v}}\mathbf{X}(\mathbf{a}), \mathbf{Y}(\mathbf{a})\rangle + \langle \mathbf{X}(\mathbf{a}), \partial_{\mathbf{v}}\mathbf{Y}(\mathbf{a})\rangle.$$

Für ein tangentiales Vektorfeld $\mathbf{X}$ und ein beliebiges Vektorfeld $\mathbf{Y}$ definieren wir das Feld $\partial_{\mathbf{X}}\mathbf{Y}$ durch die punktweise ausgeführte Richtungsableitung

$$\partial_{\mathbf{X}}\mathbf{Y}(\mathbf{a}) := \partial_{\mathbf{X}(\mathbf{a})}\mathbf{Y}(\mathbf{a}) \quad \text{für } \mathbf{a} \in M.$$

Bei gegebener Parametrisierung mit zugehörigen lokalen Basisfeldern $\mathbf{X}_1, \mathbf{X}_2$ setzen wir wie oben

$$\partial_i \mathbf{Y} := \partial_{\mathbf{X}_i}\mathbf{Y}.$$

Für die lokalen Basisfelder $\mathbf{X}_1, \mathbf{X}_2$ gelten die Vertauschungsrelationen

$$\partial_i \mathbf{X}_k = \partial_k \mathbf{X}_i, \quad \partial_i\partial_j\mathbf{X}_k = \partial_j\partial_i\mathbf{X}_k,$$

denn diese bedeuten nichts anderes als

$$\partial_i\partial_k\mathbf{\Phi} = \partial_k\partial_i\mathbf{\Phi}, \quad \partial_i\partial_j\partial_k\mathbf{\Phi} = \partial_j\partial_i\partial_k\mathbf{\Phi}.$$

2.3 Die innere Geometrie von Flächen

(a) Zur **inneren Geometrie** einer Fläche $M \subset \mathbb{R}^3$ zählen wir seit Gauss alle Begriffe, die sich auf Längenmessung innerhalb von M zurückführen lassen.

Für die Länge

$$L(\boldsymbol{\alpha}) = \int_0^1 \|\dot{\boldsymbol{\alpha}}(t)\|\, dt$$

eines Kurvenstücks $\boldsymbol{\alpha} : [0,1] \to M$ auf der Fläche benötigen wir nur die Kenntnis der Norm von Tangentenvektoren $\mathbf{v} \in T_{\mathbf{a}}M$, $\mathbf{a} \in M$. Die innere Geometrie der Fläche M ist dadurch festgelegt, wenn wir für alle Tangentenvektoren von M die $\mathbb{R}^3$–Norm übernehmen, oder, was auf dasselbe hinausläuft, das $\mathbb{R}^3$–Skalarprodukt $\langle \mathbf{u}, \mathbf{v} \rangle$ von Tangentenvektoren $\mathbf{u}, \mathbf{v} \in T_{\mathbf{a}}M$, $\mathbf{a} \in M$.

Wir bezeichnen das auf $T_{\mathbf{a}}M$ eingeschränkte Skalarprodukt mit

$$\langle \cdot, \cdot \rangle_{\mathbf{a}} : T_{\mathbf{a}}M \times T_{\mathbf{a}}M \to \mathbb{R}$$

und nennen dieses die **erste Fundamentalform** von M an der Stelle $\mathbf{a} \in M$. Entsprechend bezeichnen wir die auf $T_{\mathbf{a}}M$ eingeschränkte $\mathbb{R}^3$–Norm mit $\|\cdot\|_{\mathbf{a}}$. Zur inneren Geometrie der Fläche M zählt somit alles, was sich mit Hilfe der ersten Fundamentalform ausdrücken lässt. Hierzu gehören Winkel, Flächeninhalt, und, wie wir im Folgenden zeigen, die Gaußsche Krümmung, Geodätische und Parallelverschiebung von Vektoren. GAUSS entwickelte dieses Programm in seiner Flächentheorie (*Disquisitiones generales circa superficies curvas 1827* [69], veröffentlicht 1828).

(b) Sei $\mathbf{\Phi} : U_0 \to \mathbb{R}^3$ Parametrisierung einer Koordinatenumgebung $M \cap U = \mathbf{\Phi}(U_0)$, und $\mathbf{X}_1, \mathbf{X}_2$ seien die zugehörigen lokalen Basisfelder, d.h. für $i = 1, 2$ gilt

$$\mathbf{X}_i(\mathbf{a}) = \partial_i \mathbf{\Phi}(\mathbf{u}_0) \quad \text{mit} \quad \mathbf{a} = \mathbf{\Phi}(\mathbf{u}_0).$$

Dann sind die Koeffizienten der ersten Fundamentalform

$$g_{ij} = \langle \mathbf{X}_i, \mathbf{X}_j \rangle$$

C^∞–differenzierbar auf $M \cap U$ wegen $g_{ij} \circ \mathbf{\Phi} = \langle \partial_i \mathbf{\Phi}, \partial_j \mathbf{\Phi} \rangle \in \mathrm{C}^\infty(U_0)$.

Demnach sind die g_{ij} (von der Parametrisierung $\mathbf{\Phi}$ abhängige) Funktionen auf M. In solchen Fällen, in denen die Fläche durch konkrete Parametrisierungen gegeben ist, bezeichnen wir die Skalarprodukte $\langle \partial_i \mathbf{\Phi}, \partial_j \mathbf{\Phi} \rangle = g_{ij} \circ \mathbf{\Phi}^{-1}$ bequemlichkeitshalber ebenfalls mit g_{ij}, so wie dies in § 6 : 2.3 und in Bd. 1, § 25 : 2.1 praktiziert wurde.

Für tangentiale Vektorfelder $\mathbf{X}, \mathbf{Y}$ mit den Basisdarstellungen

$$\mathbf{X} = \sum_{i=1}^{2} \xi^i \mathbf{X}_i, \quad \mathbf{Y} = \sum_{j=1}^{2} \eta^j \mathbf{X}_j$$

erhalten wir

$$\langle \mathbf{X}, \mathbf{Y} \rangle = \sum_{i,j=1}^{2} g_{ij}\, \xi^i \eta^j, \quad \|\mathbf{X}\|^2 = \sum_{i,j=1}^{2} g_{ij}\, \xi^i \xi^j.$$

Die zweite Gleichung wird in traditioneller Notation geschrieben als

$$ds^2 = \sum_{i,j=1}^{2} g_{ij}\, du^i du^j$$

mit der Interpretation von ds als Abstand zweier „infinitesimal benachbarter“ Punkte mit den Koordinaten (u^1, u^2) und $(u^1 + du^1, u^2 + du^2)$.

Die Matrix (g_{ij}) ist an jeder Stelle $\mathbf{a}$ symmetrisch und positiv definit wegen

$$\sum_{i,j=1}^{2} g_{ij}(\mathbf{a})\, v^i\, v^j = \|\mathbf{v}\|^2 > 0 \quad \text{für} \quad \mathbf{v} \neq \mathbf{0}\,.$$

Die inverse Matrix bezeichnen wir mit

$$\begin{pmatrix} g^{11} & g^{12} \\ g^{21} & g^{22} \end{pmatrix};$$

diese ist ebenfalls symmetrisch und positiv definit. Es gilt also

$$\sum_{j=1}^{2} g_{ij} g^{jk} = \delta_i^k\,, \quad \sum_{j=1}^{2} g^{ij} g_{jk} = \delta_k^i \quad \text{mit } \delta_i^k = \begin{cases} 1 & \text{für } i = k, \\ 0 & \text{für } i \neq k, \end{cases}$$

und nach der Cramerschen Regel

$$(*) \qquad \begin{pmatrix} g^{11} & g^{12} \\ g^{21} & g^{22} \end{pmatrix} = \frac{1}{g} \begin{pmatrix} g_{22} & -g_{12} \\ -g_{21} & g_{11} \end{pmatrix} \quad \text{mit } g := \det(g_{ij}) > 0\,.$$

2.4 Orientierte Flächen

Eine Fläche $M \subset \mathbb{R}^3$ heißt **orientierbar**, wenn sie mittels einer Familie $\mathcal{O}$ von Parametrisierungen überdeckt werden kann, so dass je zwei überlappende Parametrisierungen $\mathbf{\Phi}, \mathbf{\Psi}$ durch eine Parametertransformation $\mathbf{h} = \mathbf{\Psi}^{-1} \circ \mathbf{\Phi}$ mit positiver Determinante $\det d\mathbf{h} > 0$ verbunden sind. Eine **Orientierung** von M besteht in der Auszeichnung einer solchen Familie $\mathcal{O}$. Für jede Parametrisierung $\mathbf{\Phi} \in \mathcal{O}$ einer Koordinatenumgebung $\mathbf{\Phi}(U_0)$ eines Punktes $\mathbf{a} \in M$ hat

$$\mathbf{N}(\mathbf{a}) := \frac{\mathbf{X}_1(\mathbf{a}) \times \mathbf{X}_2(\mathbf{a})}{\|\mathbf{X}_1(\mathbf{a}) \times \mathbf{X}_2(\mathbf{a})\|} \quad \text{mit } \mathbf{X}_i = (\partial_i \mathbf{\Phi}) \circ \mathbf{\Phi}^{-1}$$

denselben Wert (Bd. 1, § 25 : 3.3). Auf diese Weise induziert jede Orientierung von M ein Vektorfeld auf M, das zugehörige **Einheitsnormalenfeld**.

Existiert umgekehrt ein Einheitsnormalenfeld $\mathbf{N}$ auf ganz M, d.h. ein Vektorfeld mit

$$\mathbf{N}(\mathbf{a}) \perp T_{\mathbf{a}}M\,, \quad \|\mathbf{N}(\mathbf{a})\| = 1 \quad \text{für} \quad \mathbf{a} \in M\,,$$

so ergibt sich eine Orientierung von M durch Auszeichnung aller Parametrisierungen $\mathbf{\Phi}$, für die $\partial_1 \mathbf{\Phi}(\mathbf{u}) \times \partial_2 \mathbf{\Phi}(\mathbf{u})$ jeweils ein positives Vielfaches von $\mathbf{N}(\mathbf{\Phi}(\mathbf{u}))$ ist. Diese nennen wir *positive* Parametrisierungen der durch das Einheitsnormalenfeld $\mathbf{N}$ orientierten Fläche M. Orientierbare Flächen besitzen demnach genau zwei Orientierungen bzw. genau zwei Einheitsnormalenfelder.

Jede durch eine Gleichung $f = 0$ definierte Fläche M (vgl. 2.1 (c)) ist orientierbar, da $\mathbf{N} = \|\nabla f\|^{-1} \nabla f$ ein Einheitsnormalenfeld auf M ist.

3 Krümmung von Flächen

3.1 Normalkrümmung und der Satz von Meusnier

(a) Sei M eine durch ein Einheitsnormalenfeld $\mathbf{N}$ orientierte Fläche. Wir wollen jeder Tangentenrichtung eines Flächenpunkts eine Krümmung zuordnen.

SATZ. (i) *Sei* $\mathbf{v} \in T_{\mathbf{a}}M$ *ein Vektor der Länge* 1 *und* E *die von* $\mathbf{v}$ *und* $\mathbf{N}(\mathbf{a})$ *aufgespannte Ebene durch* $\mathbf{a}$. *Dann gibt es genau eine Kurve*

$$\boldsymbol{\alpha} :]-\varepsilon, \varepsilon[\to M \cap E$$

in Bogenlängen–Parametrisierung mit

$$\boldsymbol{\alpha}(0) = \mathbf{a}\,, \quad \dot{\boldsymbol{\alpha}}(0) = \mathbf{v}\,,$$

die **Normalschnittkurve** *von* $\mathbf{v}$ *in* $\mathbf{a}$.

Jedem Tangentenvektor $\mathbf{v} \in T_{\mathbf{a}}M$ der Länge 1 ordnen wir die Zahl

$$\kappa_n := \langle \ddot{\boldsymbol{\alpha}}(0), \mathbf{N}(\mathbf{a}) \rangle$$

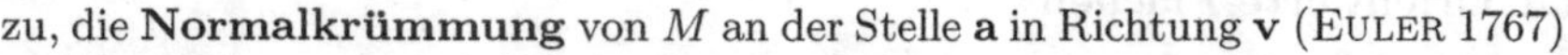

zu, die **Normalkrümmung** von M an der Stelle $\mathbf{a}$ in Richtung $\mathbf{v}$ (EULER 1767).

(ii) *Der Betrag von* κ_n *ist die Krümmung* κ *der Normalschnittkurve. Im Fall* $\kappa_n > 0$ *ist die Normalschnittkurve zum Normalenvektor hin gekrümmt (Fig.) und im Fall* $\kappa_n < 0$ *von ihm weg.*

BEWEIS.

Nach Satz 2.1 (d) können wir durch Umnummerierung der Raumkoordinaten und durch eine räumliche Bewegung erreichen, dass M in einer Umgebung von $\mathbf{a} = \mathbf{0}$ Graph einer C^∞–Funktion φ mit $\varphi(0,0) = \partial_1\varphi(0,0) = \partial_2\varphi(0,0) = 0$ ist und dass damit $\mathbf{N}(\mathbf{0}) = \mathbf{e}_3$ gilt. Nach einer Drehung um die x_3–Achse dürfen wir weiter $\mathbf{v} = \mathbf{e}_1$ annehmen, d.h. $E = \operatorname{Span}\{\mathbf{e}_1, \mathbf{e}_3\}$. Damit ist $M \cap E \cap U$ die Spur der Kurve $t \mapsto \boldsymbol{\beta}(t) := (t, 0, \varphi(t,0))$ $\;(|t| \ll 1)$. Die zugehörige Bogenlängen–Parametrisierung $\boldsymbol{\alpha}$ mit $\boldsymbol{\alpha}(0) = \boldsymbol{\beta}(0)$ liefert dann die eindeutig bestimmte Normalschnittkurve.

Da $\ddot{\boldsymbol{\alpha}}(0)$ auf $\mathbf{v} = \dot{\boldsymbol{\alpha}}(0)$ senkrecht steht und in E liegt, ist $\ddot{\boldsymbol{\alpha}}(0)$ ein Vielfaches von $\mathbf{N}(\mathbf{a})$, somit gilt $|\kappa_n| = \|\ddot{\boldsymbol{\alpha}}(0)\| = \kappa$. □

(b) Bei der Bestimmung der Normalkrümmung dürfen wir den Richtungsvektor $\mathbf{v}$ durch eine beliebige Kurve repräsentieren:

SATZ (MEUSNIER 1776). *Für* $\mathbf{v} \in T_{\mathbf{a}}M$ *mit* $\|\mathbf{v}\| = 1$ *gilt*

$$\kappa_n = -\langle \mathbf{v}, \partial_{\mathbf{v}}\mathbf{N}(\mathbf{a}) \rangle \quad \text{und} \quad \kappa_n = \langle \ddot{\boldsymbol{\alpha}}(0), \mathbf{N}(\mathbf{a}) \rangle$$

für jede Kurve $\boldsymbol{\alpha}$ *auf* M *mit* $\boldsymbol{\alpha}(0) = \mathbf{a}$, $\dot{\boldsymbol{\alpha}}(0) = \mathbf{v}$.

BEWEIS.
Für jede Kurve $\boldsymbol{\alpha} :]-\varepsilon, \varepsilon[\to M$ mit $\boldsymbol{\alpha}(0) = \mathbf{a}$, $\dot{\boldsymbol{\alpha}}(0) = \mathbf{v}$ ist $\langle \dot{\boldsymbol{\alpha}}, \mathbf{N} \circ \boldsymbol{\alpha} \rangle = 0$, daraus ergibt sich durch Differentiation

$$0 = \langle \dot{\boldsymbol{\alpha}}, \mathbf{N} \circ \boldsymbol{\alpha} \rangle^{\cdot} = \langle \ddot{\boldsymbol{\alpha}}, \mathbf{N} \circ \boldsymbol{\alpha} \rangle + \langle \dot{\boldsymbol{\alpha}}, (\mathbf{N} \circ \boldsymbol{\alpha})^{\cdot} \rangle .$$

An der Stelle $t = 0$ folgt daraus wegen $(\mathbf{N} \circ \boldsymbol{\alpha})^{\cdot}(0) = \partial_{\mathbf{v}} \mathbf{N}(\mathbf{a})$

$$\langle \ddot{\boldsymbol{\alpha}}(0), \mathbf{N}(\mathbf{a}) \rangle = - \langle \mathbf{v}, \partial_{\mathbf{v}} \mathbf{N}(\mathbf{a}) \rangle .$$

Für Normalschnittkurven $\boldsymbol{\alpha}$ ist die linke Seite gleich κ_n. □

3.2 Zweite Fundamentalform und Krümmungsgrößen

(a) Wir fassen jetzt die Normalkrümmung als eine Funktion von Tangentenvektoren auf. Hierzu definieren wir die **zweite Fundamentalform** $\mathrm{II}_{\mathbf{a}}$ von M an der Stelle **a** durch

$$\mathrm{II}_{\mathbf{a}} : T_{\mathbf{a}}M \times T_{\mathbf{a}}M \to \mathbb{R}, \quad \mathbf{u}, \mathbf{v} \longmapsto - \langle \mathbf{u}, \partial_{\mathbf{v}} \mathbf{N}(\mathbf{a}) \rangle .$$

Es gilt also

$$\kappa_n = \mathrm{II}_{\mathbf{a}}(\mathbf{v}, \mathbf{v}) \quad \text{für } \|\mathbf{v}\| = 1 .$$

SATZ. *Die zweite Fundamentalform* $\mathrm{II}_{\mathbf{a}}$ *ist eine symmetrische Bilinearform auf* $T_{\mathbf{a}}M$, *und durch* $\mathbf{v} \mapsto - \partial_{\mathbf{v}} \mathbf{N}(\mathbf{a})$ *ist ein linearer Operator*

$$S_{\mathbf{a}} : T_{\mathbf{a}}M \to T_{\mathbf{a}}M$$

gegeben.

$S_{\mathbf{a}}$ heißt der **Gestalt–Operator** oder die **Weingarten–Abbildung** von M an der Stelle **a**.

Die Linearität von $\mathbf{v} \mapsto S_{\mathbf{a}}\mathbf{v} = - \partial_{\mathbf{v}} \mathbf{N}(\mathbf{a})$ ergibt sich nach der Rechenregel (3) in 2.2 (c). Weiter gilt

$$S_{\mathbf{a}}\mathbf{v} = - \partial_{\mathbf{v}} \mathbf{N}(\mathbf{a}) \in T_{\mathbf{a}}M \quad \text{für } \mathbf{v} \in T_{\mathbf{a}}M ,$$

denn aus $\langle \mathbf{N}, \mathbf{N} \rangle = 1$ folgt nach der Skalarproduktregel 2.2 (d)

$$0 = \partial_{\mathbf{v}} \langle \mathbf{N}, \mathbf{N} \rangle = 2 \langle \partial_{\mathbf{v}} \mathbf{N}, \mathbf{N} \rangle, \quad \text{also } \partial_{\mathbf{v}} \mathbf{N} \perp \mathbf{N} .$$

Der Nachweis der Symmetrie wird in 3.3 nachgetragen. □

Für tangentiale Vektorfelder $\mathbf{X}, \mathbf{Y} \in \mathcal{V}M$ auf einer Fläche M vereinbaren wir die Bezeichnungen

$$\langle \mathbf{X}, \mathbf{Y} \rangle : M \to \mathbb{R}, \quad \mathbf{a} \longmapsto \langle \mathbf{X}(\mathbf{a}), \mathbf{Y}(\mathbf{a}) \rangle ,$$

$$\mathrm{II}(\mathbf{X}, \mathbf{Y}) : M \to \mathbb{R}, \quad \mathbf{a} \longmapsto \mathrm{II}_{\mathbf{a}}(\mathbf{X}(\mathbf{a}), \mathbf{Y}(\mathbf{a})) .$$

Der Gestalt–Operator ist symmetrisch bezüglich der ersten Fundamentalform. Somit besitzt das charakteristische Polynom $\det(S_{\mathbf{a}} - \lambda\mathbb{1})$ reelle Nullstellen $\kappa_1 \le \kappa_2$, und es gibt eine Orthonormalbasis $\mathbf{v}_1, \mathbf{v}_2$ für $T_{\mathbf{a}}M$ aus zugehörigen Eigenvektoren.

Die Eigenwerte κ_1, κ_2 von $S_{\mathbf{a}}$ heißen **Hauptkrümmungen** von M an der Stelle $\mathbf{a}$; nach dem Rayleigh–Prinzip (Bd. 1, § 20 : 4.1) ist κ_1 die kleinste und κ_2 die größte Normalkrümmung von M an der Stelle $\mathbf{a}$.

Jeder Eigenvektor von $S_{\mathbf{a}}$ wird eine **Hauptkrümmungsrichtung** genannt.

Die Determinante $K(\mathbf{a})$ von $S_{\mathbf{a}}$ heißt **Gaußsche Krümmung** an der Stelle $\mathbf{a}$, und $H(\mathbf{a}) = \frac{1}{2}\operatorname{Spur} S_{\mathbf{a}}$ heißt **mittlere Krümmung** an der Stelle $\mathbf{a}$. Es gilt also

$$K(\mathbf{a}) = \kappa_1\kappa_2, \quad H(\mathbf{a}) = \tfrac{1}{2}(\kappa_1 + \kappa_2).$$

Die bekannte Beziehung zwischen arithmetischem und geometrischem Mittel besagt

$$K(\mathbf{a}) \le H^2(\mathbf{a}),$$

und aus $\det(S_{\mathbf{a}} - \lambda\mathbb{1}) = (\lambda - \kappa_1)(\lambda - \kappa_2) = \lambda^2 - 2H(\mathbf{a})\lambda + K(\mathbf{a})$ folgt

$$\kappa_1 = \left(H - \sqrt{H^2 - K}\right)(\mathbf{a}), \quad \kappa_2 = \left(H + \sqrt{H^2 - K}\right)(\mathbf{a}).$$

Bei Änderung der Orientierung von M wechseln die Hauptkrümmungen und die mittlere Krümmung das Vorzeichen; die Gaußsche Krümmung ändert sich dabei nicht.

Nach 1.3 (d) bleiben die Krümmungsgrößen κ_1, κ_2, H, K unter einer orientierungstreuen Bewegung der Fläche M erhalten.

Beispiele. (i) Für eine ebene Fläche M ist jeder Normalschnitt eine Gerade, also sind alle Normalkrümmungen Null. Es folgt $H = K = 0$.

(ii) Für die R–Sphäre $M = \left\{\mathbf{x} \in \mathbb{R}^3 \,\middle|\, \|\mathbf{x}\| = R\right\}$ mit dem äußeren Einheitsnormalenfeld sind alle Normalschnitte Großkreise mit Radius R; alle Normalkrümmungen sind $\kappa_n = -1/R$ [ÜA]. Es folgt $\kappa_1 = \kappa_2 = H = -1/R$, $K = 1/R^2$ in jedem Punkt $\mathbf{a} \in M$.

(iii) Für den Zylinder $M = \left\{(x, y, z) \,\middle|\, x^2 + y^2 = R^2\right\}$ mit dem äußeren Einheitsnormalenfeld ergeben sich die Hauptkrümmungen $\kappa_1 = -1/R$, $\kappa_2 = 0$; es gilt also $H = -1/(2R)$ und $K = 0$ in jedem Punkt $\mathbf{a} \in M$.

(b) Aus dem Vorzeichen der Gaußschen Krümmung $K(\mathbf{a})$ lässt sich auf die Gestalt der Fläche nahe $\mathbf{a}$ schließen: Im Fall $K(\mathbf{a}) > 0$ haben beide Hauptkrümmungen κ_1, κ_2 gleiches Vorzeichen. Für $\kappa_1, \kappa_2 > 0$ ist daher jede Normalschnittkurve $\boldsymbol{\alpha}$ mit $\boldsymbol{\alpha}(0) = \mathbf{a}$ wegen $\kappa_n = \langle \ddot{\boldsymbol{\alpha}}(0), \mathbf{N}(\mathbf{a})\rangle \ge \kappa_1 > 0$

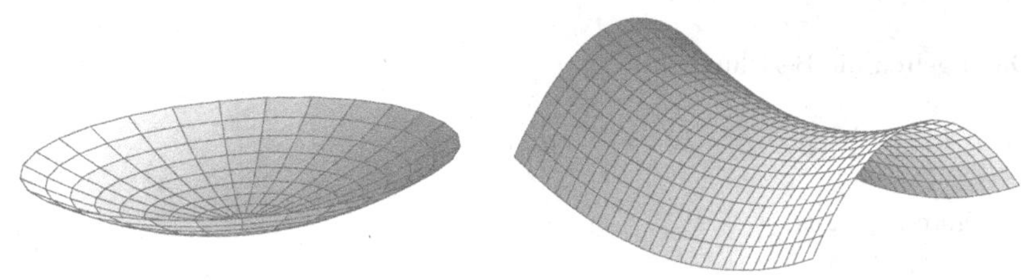

zum Normalenvektor $\mathbf{N}(\mathbf{a})$ hin gekrümmt, für $\kappa_1, \kappa_2 < 0$ dagegen von ihm weg (linke Figur). Im Fall $K(\mathbf{a}) < 0$ haben die Normalschnittkurven $\boldsymbol{\alpha}_1, \boldsymbol{\alpha}_2$ zu den Hauptkrümmungsrichtungen $\mathbf{v}_1 \perp \mathbf{v}_2$ Normalkrümmungen $\kappa_i = \langle \ddot{\boldsymbol{\alpha}}_i(0), \mathbf{N}(\mathbf{a}) \rangle$ verschiedenen Vorzeichens (rechte Figur).

Die sattelförmige Gestalt im letzten Fall ist typisch für nicht ebene Minimalflächen ($H = 0$, $K \neq 0$) wegen $K < H^2 = 0$.

Für $K(\mathbf{a}) = 0$ lassen sich keine Aussagen über die Gestalt der Fläche nahe $\mathbf{a}$ machen, wie die Beispiele $M_{\pm} = \{(x, y, z) \mid z = x^4 \pm y^4\}$, $\mathbf{a} = (0, 0, 0)$ zeigen ÜA.

3.3 Koordinatendarstellung der Krümmungsgrößen

Sei $\mathbf{\Phi} : U_0 \to M \cap U$ eine positive Parametrisierung der orientierten Fläche M, d.h. $\langle \partial_1 \mathbf{\Phi} \times \partial_2 \mathbf{\Phi}, \mathbf{N} \circ \mathbf{\Phi} \rangle > 0$, und $\mathbf{X}_1, \mathbf{X}_2$ seien die zugehörigen lokalen Basisfelder.

(a) Den in 2.3 (b) definierten Koeffizienten $g_{ij} = \langle \mathbf{X}_i, \mathbf{X}_j \rangle$ der ersten Fundamentalform stellen wir die Koeffizienten $h_{ij} := \mathrm{II}(\mathbf{X}_i, \mathbf{X}_j)$ der zweiten zur Seite; dabei beachten wir die aus $\langle \mathbf{X}_i, \mathbf{N} \rangle = 0$ mit der Skalarproduktregel 2.2 (d) folgende Gleichung

$$0 = \partial_j \langle \mathbf{X}_i, \mathbf{N} \rangle = \langle \partial_j \mathbf{X}_i, \mathbf{N} \rangle + \langle \mathbf{X}_i, \partial_j \mathbf{N} \rangle .$$

Mit dem Vertauschungsregeln 2.2 (d) ergibt sich daraus

$$(1) \qquad \langle \mathbf{X}_i, \partial_j \mathbf{N} \rangle = -\langle \partial_j \mathbf{X}_i, \mathbf{N} \rangle = -\langle \partial_i \mathbf{X}_j, \mathbf{N} \rangle = \langle \mathbf{X}_j, \partial_i \mathbf{N} \rangle .$$

Somit haben wir

$$(2) \qquad g_{ij} = \langle \mathbf{X}_i, \mathbf{X}_j \rangle = g_{ji}, \quad g = \det(g_{ij}) > 0, \quad (g^{k\ell}) = (g_{ij})^{-1},$$

$$(3) \qquad h_{ij} = \mathrm{II}(\mathbf{X}_i, \mathbf{X}_j) = -\langle \mathbf{X}_i, \partial_j \mathbf{N} \rangle \overset{(1)}{=} h_{ji} .$$

Mit $h_{ij} = h_{ji}$ folgt $\mathrm{II}_{\mathbf{a}}(\mathbf{u}, \mathbf{v}) = \mathrm{II}_{\mathbf{a}}(\mathbf{v}, \mathbf{u})$ aus den Basisdarstellungen von $\mathbf{u}, \mathbf{v}$ und damit die Symmetrie von S ÜA. Die Koeffizienten von S bezeichnen wir mit h_i^k :

(4) $$S(\mathbf{X}_i) = \sum_{k=1}^{2} h_i^k \, \mathbf{X}_k .$$

Dann gelten die Beziehungen

(5) $$h_{ij} = \sum_{j=1}^{2} g_{ik} h_j^k , \quad h_i^k = \sum_{j=1}^{2} g^{kj} h_{ij} .$$

Die erste folgt aus

$$h_{ij} = \mathrm{II}(\mathbf{X}_i, \mathbf{X}_j) = \langle \mathbf{X}_i, S(\mathbf{X}_j) \rangle = \sum_{k=1}^{2} h_j^k \langle \mathbf{X}_i, \mathbf{X}_k \rangle = \sum_{k=1}^{2} g_{ik} h_j^k ;$$

die zweite folgt aus der ersten:

$$\sum_{j=1}^{2} g^{kj} h_{ij} = \sum_{j=1}^{2} g^{kj} h_{ji} = \sum_{j,\ell=1}^{2} g^{kj} g_{j\ell} h_i^\ell = \sum_{j,\ell=1}^{2} \delta_\ell^k \, h_i^\ell = h_i^k .$$

Lassen wir gemäß der Einsteinschen Konvention die Summenzeichen weg (siehe 4.1 (c)), so erhalten die Gleichungen (5) die übersichtlichere Form

(5′) $$h_{ij} = g_{ik} h_j^k , \quad h_i^k = g^{kj} h_{ij} .$$

Die Bildungsregeln für diese Formeln sind so leichter erkennbar: Senken (Herunterziehen) von Indizes mit Hilfe der g_{ik} und Heben (Heraufziehen) von Indizes mit Hilfe der g^{kj}.

Wir erhalten aus (5) und (∗) von 2.3 mit der Abkürzung $h := \det(h_{ij})$

$$\begin{aligned} K &= \det S = \det(h_i^k) = \det\Big(\sum_{j=1}^{2} g^{jk} h_{ij} \Big) \\ &= \det(g^{jk}) \det(h_{ij}) = \frac{h}{g} , \end{aligned}$$

$$\begin{aligned} H &= \tfrac{1}{2} \operatorname{Spur} S = \tfrac{1}{2} \sum_{i=1}^{2} h_i^i = \tfrac{1}{2} \sum_{i,j=1}^{2} g^{ij} h_{ij} \\ &= \frac{1}{2g} \left(g_{22} h_{11} - 2 g_{12} h_{12} + g_{11} h_{22} \right) . \end{aligned}$$

(b) Nach Definition sind die Koeffizienten g_{ij}, h_{ij}, … und die Krümmungsgrößen Funktionen auf der Koordinatenumgebung $M \cap U = \mathbf{\Phi}(U_0)$. In Beispielen, bei denen die Fläche durch Angabe von Parametrisierungen gegeben ist, ist es sinnvoll, diese Größen nicht auf die Flächenpunkte $\mathbf{a}$, sondern auf die zugehörigen Parameterwerte $\mathbf{u} = (u^1, u^2)$ zu beziehen, also $g_{ij} \circ \mathbf{\Phi}^{-1}$, $h_{ij} \circ \mathbf{\Phi}^{-1}$ usw. zu betrachten. Wir vereinbaren, in solchen Fällen

$$g_{ij} \ \text{ statt } \ g_{ij} \circ \mathbf{\Phi}^{-1} , \quad h_{ij} \ \text{ statt } \ h_{ij} \circ \mathbf{\Phi}^{-1} , \quad \mathbf{N} \ \text{ statt } \ \mathbf{N} \circ \mathbf{\Phi}^{-1}$$

zu schreiben. Mit dieser Konvention ist dann wegen $\mathbf{X}_i = (\partial_i \mathbf{\Phi}) \circ \mathbf{\Phi}^{-1}$

$$g_{ij} = \langle \partial_i \mathbf{\Phi}, \partial_j \mathbf{\Phi} \rangle \,, \quad h_{ij} \overset{(1)}{=} \langle \partial_i \partial_j \mathbf{\Phi}, \mathbf{N} \rangle \,, \quad \mathbf{N} = \pm \frac{\partial_1 \mathbf{\Phi} \times \partial_2 \mathbf{\Phi}}{\|\partial_1 \mathbf{\Phi} \times \partial_2 \mathbf{\Phi}\|} \,,$$

wobei das Minuszeichen im Fall einer negativen Parametrisierung zu wählen ist. GAUSS bezeichnete in der *Flächentheorie* die Koeffizienten

$$\begin{aligned} &g_{11},\ g_{12},\ g_{22}, \quad \text{mit} \quad E,\ F,\ G, \\ &h_{11},\ h_{12},\ h_{22} \quad \text{mit} \quad L,\ M,\ N, \end{aligned}$$

und führte dort auch die Bezeichnungen H, K für die Krümmungsgrößen ein.

Wir geben die Koordinatendarstellungen der Krümmungsgrößen für spezielle Typen von Parametrisierungen an, wobei wir uns an die verabredete Konvention halten.

(c) **Parametrisierung als Graph** $\mathbf{\Phi}(u^1, u^2) = (u^1, u^2, \varphi(u^1, u^2))$ mit dem Einheitsnormalenfeld

$$\mathbf{N} = \frac{\partial_1 \mathbf{\Phi} \times \partial_2 \mathbf{\Phi}}{\|\partial_1 \mathbf{\Phi} \times \partial_2 \mathbf{\Phi}\|} = \frac{1}{\sqrt{1 + \|\nabla \varphi\|^2}} \, (-\partial_1 \varphi, -\partial_2 \varphi, 1) \,.$$

Hierbei ergibt sich ÜA

$$K = \frac{\det(\partial_i \partial_k \varphi)}{\left(1 + \|\nabla \varphi\|^2\right)^2} \,,$$

$$H = \frac{1}{2} \sum_{i=1}^{2} \partial_i \frac{\partial_i \varphi}{\sqrt{1 + \|\nabla \varphi\|^2}} = \frac{1}{2} \operatorname{div} \frac{\nabla \varphi}{\sqrt{1 + \|\nabla \varphi\|^2}} \,.$$

Nach § 2 : 4.5 sind Minimalflächen in Graphengestalt also durch das Verschwinden der mittleren Krümmung gekennzeichnet.

(d) **Parametrisierung von Rotationsflächen**

$$\mathbf{\Phi}(\theta, s) = \big(r(s) \cos \theta, r(s) \sin \theta, z(s)\big) \quad \text{mit} \quad r > 0 \,, \quad r'^2 + z'^2 > 0 \,.$$

Wir orientieren die Rotationsfläche durch das Einheitsnormalenfeld

$$\mathbf{N}(\theta, s) = \frac{1}{\sqrt{r'^2(s) + z'^2(s)}} \big(z'(s) \cos \theta, z'(s) \sin \theta, -r'(s)\big) \,.$$

ÜA Machen Sie sich klar, dass $\mathbf{\Phi}$ eine positive Parametrisierung der durch $\mathbf{N}$ orientierten Rotationsfläche ist ($\langle \partial_1 \mathbf{\Phi} \times \partial_2 \mathbf{\Phi}, \mathbf{N} \rangle > 0$), und dass $\mathbf{N}$ im Fall $z'(s) > 0$ das äußere Normalenfeld liefert.

Mit (a) und (b) ergeben sich unter Verwendung der Abkürzungen

$$\varrho := \sqrt{r'^2 + z'^2}\,, \quad D := \begin{vmatrix} r' & z' \\ r'' & z'' \end{vmatrix}$$

die Beziehungen ÜA

$$\begin{aligned} g_{11} &= r^2\,, & g_{12} &= 0\,, & g_{22} &= \varrho^2\,, & g &= r^2\varrho^2\,, \\ h_{11} &= -rz'/\varrho\,, & h_{12} &= 0\,, & h_{22} &= -D/\varrho\,, & h &= rz'D/\varrho^2\,, \\ K &= \frac{z'}{r\,\varrho^2}\,D\,, & H &= -\frac{1}{2\varrho}\left(\frac{z'}{r} + \frac{1}{\varrho^2}\,D\right). \end{aligned}$$

Ist die **Meridiankurve** $s \mapsto (r(s), 0, z(s))$ durch die Bogenlänge parametrisiert, $r'^2 + z'^2 = 1$, so folgt $r'r'' + z'z'' = 0$ und damit ÜA

$$K = -\frac{r''}{r}\,, \quad H = -\frac{z'}{2r} - \frac{1}{2}\left(r'z'' - r''z'\right).$$

(e) AUFGABEN. (i) Bestimmen Sie H und K für das durch $r(s) = \cosh s$, $z(s) = s$ gegebene Katenoid.

(ii) Zeigen Sie, dass es genau drei Typen von Rotationsflächen mit $K = 0$ gibt.

(iii) Eine Rotationsfläche mit konstanter Krümmung $K = -1$ heißt **Pseudosphäre**. Was ergibt sich für eine Pseudosphäre bei Verwendung der Bogenlängen–Parametrisierung $s \mapsto (r(s), z(s))$ mit $r(0) = 1$, $r'(0) = -1$, $z(0) = 0$, $z'(0) \geq 0$? Skizzieren Sie die Meridianlinie.

4 Kovariante Ableitung und Theorema egregium

4.1 Kovariante Ableitung und Christoffel–Symbole

(a) Für tangentiale Vektorfelder $\mathbf{X}, \mathbf{Y} \in \mathcal{V}M$ auf einer Fläche M vereinbaren wir die Bezeichnung

$$\partial_X \mathbf{Y} : M \to \mathbb{R}^3\,, \quad \mathbf{a} \longmapsto \partial_{\mathbf{X}(\mathbf{a})}\mathbf{Y}(\mathbf{a})\,,$$

vgl. 2.2 (a).

Jeden in einem Punkt $\mathbf{a} \in M$ angehefteten Vektor $\mathbf{v} \in \mathbb{R}^3$ zerlegen wir in den Tangential– und den Normalanteil,

$$\mathbf{v} = \mathbf{v}^{\tan} + \mathbf{v}^{\text{nor}} \;\text{ mit }\; \mathbf{v}^{\tan} \in T_{\mathbf{a}}M\,,\; \mathbf{v}^{\text{nor}} \perp T_{\mathbf{a}}M\,.$$

Hierdurch wird jedes Vektorfeld $\mathbf{X}$ auf M punktweise in den Tangential– und den Normalanteil zerlegt,

$$\mathbf{X} = \mathbf{X}^{\tan} + \mathbf{X}^{\text{nor}}\,.$$

Bezüglich einer Parametrisierung $\mathbf{\Phi}$ von M mit den lokalen Basisfeldern $\mathbf{X}_1, \mathbf{X}_2$ ergibt sich

$$\mathbf{X}^{\tan} = \sum_{i=1}^{2} \xi^i \mathbf{X}_i \quad \text{mit } \xi^i = \sum_{k=1}^{2} g^{ik} \langle \mathbf{X}, \mathbf{X}_k \rangle ,$$

Letzteres folgt aus $0 = \big\langle \mathbf{X} - \mathbf{X}^{\tan}, \mathbf{X}_k \big\rangle = \langle \mathbf{X}, \mathbf{X}_k \rangle - \sum_{i=1}^{2} \xi^i g_{ik}$.

(b) Für tangentiale Vektorfelder $\mathbf{X}, \mathbf{Y} \in \mathcal{V}M$ ist die Richtungsableitung $\partial_{\mathbf{X}}\mathbf{Y}$ im Allgemeinen kein tangentiales Vektorfeld auf M.

Wir definieren die **kovariante Ableitung** von $\mathbf{Y}$ in Richtung von $\mathbf{X}$ als den Tangentialanteil von $\partial_{\mathbf{X}}\mathbf{Y}$,

$$D_{\mathbf{X}}\mathbf{Y} := \big(\partial_{\mathbf{X}}\mathbf{Y}\big)^{\tan} \in \mathcal{V}M .$$

Für Funktionen $f \in \mathcal{F}M$ setzen wir $D_{\mathbf{X}} f := \partial_{\mathbf{X}} f$; ferner vereinbaren wir, dass $D_{\mathbf{X}}$ immer nur auf den nächstfolgenden Term wirken soll.

Rechenregeln für die kovariante Ableitung. *Die kovariante Ableitung*

$$(\mathbf{X}, \mathbf{Y}) \mapsto D_{\mathbf{X}}\mathbf{Y} , \quad \mathcal{V}M \times \mathcal{V}M \to \mathcal{V}M$$

(1) *ist* $\boldsymbol{\mathcal{F}M}$**–linear** *im ersten Argument, d.h.*

$$D_{f_1\mathbf{X}_1 + f_2\mathbf{X}_2} Y = f_1 D_{\mathbf{X}_1} Y + f_2 D_{\mathbf{X}_2} Y \;\; \textit{für} \;\; \mathbf{X}_1, \mathbf{X}_2 \in \mathcal{V}M , \; f_1, f_2 \in \mathcal{F}M,$$

(2) *ist linear im zweiten Argument, d.h.*

$$D_{\mathbf{X}}(a_1\mathbf{Y}_1 + a_2\mathbf{Y}_2) = a_1 D_{\mathbf{X}}\mathbf{Y}_1 + a_2 D_{\mathbf{X}}\mathbf{Y}_2 \;\; (\mathbf{Y}_1, \mathbf{Y}_2 \in \mathcal{V}M, \; a_1, a_2 \in \mathbb{R})$$

(3) *genügt der Produktregel*

$$D_{\mathbf{X}}(f\,\mathbf{Y}) = D_{\mathbf{X}} f\,\mathbf{Y} + f\,D_{\mathbf{X}}\mathbf{Y} \;\; \textit{für} \;\; f \in \mathcal{F}M, \, \mathbf{X}, \mathbf{Y} \in \mathcal{V}M$$

(4) *erfüllt die* **Skalarproduktregel**

$$D_{\mathbf{Z}}\langle \mathbf{X}, \mathbf{Y} \rangle = \langle D_{\mathbf{Z}}\mathbf{X}, \mathbf{Y} \rangle + \langle \mathbf{X}, D_{\mathbf{Z}}\mathbf{Y} \rangle \;\; \textit{für} \;\; \mathbf{X}, \mathbf{Y}, \mathbf{Z} \in \mathcal{V}M .$$

Nachweis als [ÜA].

Weiter gilt für orientierte Flächen M mit Einheitsnormalenfeld $\mathbf{N}$ die **Gaußsche Ableitungsgleichung**

$$\partial_{\mathbf{X}}\mathbf{Y} = D_{\mathbf{X}}\mathbf{Y} + \mathrm{II}(\mathbf{X}, \mathbf{Y})\,\mathbf{N} \;\; \text{für} \;\; \mathbf{X}, \, \mathbf{Y} \in \mathcal{V}M .$$

Denn nach Definition der kovarianten Ableitung gibt es eine Funktion ν auf M mit $\partial_{\mathbf{X}}\mathbf{Y} = D_{\mathbf{X}}\mathbf{Y} + \nu\,\mathbf{N}$, und nach der Skalarproduktregel in 2.2 (d) folgt

$$\begin{aligned} 0 &= \partial_{\mathbf{X}}\langle \mathbf{Y}, \mathbf{N} \rangle = \langle \partial_{\mathbf{X}}\mathbf{Y}, \mathbf{N} \rangle + \langle \mathbf{Y}, \partial_{\mathbf{X}}\mathbf{N} \rangle \\ &= \langle \nu\,\mathbf{N}, \mathbf{N} \rangle - \mathrm{II}(\mathbf{Y}, \mathbf{X}) = \nu - \mathrm{II}(\mathbf{X}, \mathbf{Y}) . \end{aligned}$$

(c) Wir leiten nun die Koordinatendarstellung der kovarianten Ableitung ab. Seien $\mathbf{\Phi}$ eine Parametrisierung von M und $\mathbf{X}_1, \mathbf{X}_2$ deren lokale Basisfelder. Wir schreiben

$$D_i \text{ für } D_{\mathbf{X}_i}\,;$$

weiter verwenden wir im Folgenden die
Summationskonvention: Tritt in einem Ausdruck ein Index einmal oben und einmal unten auf, so ist über diesen Index zu summieren; z.B. ist

$$\xi^i \mathbf{X}_i \quad \text{zu lesen als} \quad \sum_{i=1}^{2} \xi^i \mathbf{X}_i\,, \quad \text{und}$$

$$g^{i\ell} \partial_\ell g_{ik} \quad \text{zu lesen als} \quad \sum_{i,\ell=1}^{2} g^{i\ell} \partial_\ell g_{ik}\,.$$

SATZ. *Besitzen* $\mathbf{X}, \mathbf{Y} \in \mathcal{V}M$ *und* $D_i \mathbf{X}_j$ *die lokalen Basisdarstellungen*

$$\mathbf{X} = \xi^i \mathbf{X}_i\,, \quad \mathbf{Y} = \eta^j \mathbf{X}_j\,, \quad D_i \mathbf{X}_j = \Gamma_{ij}^k \mathbf{X}_k\,,$$

so hat die kovariante Ableitung die Darstellung

$$D_{\mathbf{X}} \mathbf{Y} = \xi^i \big(\partial_i \eta^k + \Gamma_{ij}^k \eta^j\big) \mathbf{X}_k\,,$$

mit

$$\Gamma_{ij}^k = \tfrac{1}{2}\, g^{k\ell} \left(-\partial_\ell g_{ij} + \partial_i g_{\ell j} + \partial_j g_{i\ell}\right).$$

Hiernach ist die kovariante Ableitung allein mit Hilfe der ersten Fundamentalform ausgedrückt, gehört also zur inneren Geometrie der Fläche M.

BEWEIS.

Nach den Rechenregeln (1)–(3) in (b) und nach Definition der Γ_{ij}^k gilt

$$\begin{aligned} D_{\mathbf{X}} \mathbf{Y} &= D_{\xi^i \mathbf{X}_i} \mathbf{Y} = \xi^i D_i \mathbf{Y} = \xi^i D_i(\eta^j \mathbf{X}_j) = \xi^i \big(D_i \eta^j \mathbf{X}_j + \eta^j D_i \mathbf{X}_j\big) \\ &= \xi^i \left(\partial_i \eta^j \mathbf{X}_j + \eta^j \Gamma_{ij}^k \mathbf{X}_k\right) = \xi^i \left(\partial_i \eta^k + \Gamma_{ij}^k \eta^j\right) \mathbf{X}_k\,. \end{aligned}$$

Aus der Skalarproduktregel (4) in (b) ergibt sich

$$\begin{aligned} \partial_k g_{ij} &= \partial_k \langle \mathbf{X}_i, \mathbf{X}_j \rangle = \langle D_k \mathbf{X}_i, \mathbf{X}_j \rangle + \langle \mathbf{X}_i, D_k \mathbf{X}_j \rangle \\ &= \left\langle \Gamma_{ki}^\ell \mathbf{X}_\ell, \mathbf{X}_j \right\rangle + \left\langle \mathbf{X}_i, \Gamma_{kj}^\ell \mathbf{X}_\ell \right\rangle = \Gamma_{ki}^\ell\, g_{\ell j} + \Gamma_{kj}^\ell\, g_{i\ell} \\ &= \Gamma_{kji} + \Gamma_{kij}, \end{aligned}$$

wenn wir setzen

$$\Gamma_{i\ell j} := g_{\ell k}\, \Gamma_{ij}^k = \left\langle \mathbf{X}_\ell, \Gamma_{ij}^k \mathbf{X}_k \right\rangle.$$

Diese Koeffizienten sind symmetrisch in i und j, $\Gamma_{i\ell j} = \Gamma_{j\ell i}$, denn aus der Relation $\partial_i \mathbf{X}_j = \partial_j \mathbf{X}_i$ (vgl. 2.2 (d)) und nach Definition von Γ_{ij}^k folgt

$$\begin{aligned}\Gamma_{i\ell j} &= \left\langle \mathbf{X}_\ell, \Gamma_{ij}^k \mathbf{X}_k \right\rangle = \langle \mathbf{X}_\ell, D_i \mathbf{X}_j \rangle = \langle \mathbf{X}_\ell, \partial_i \mathbf{X}_j \rangle = \langle \mathbf{X}_\ell, \partial_j \mathbf{X}_i \rangle \\ &= \langle \mathbf{X}_\ell, D_j \mathbf{X}_i \rangle = \left\langle \mathbf{X}_\ell, \Gamma_{ji}^k \mathbf{X}_k \right\rangle = \Gamma_{j\ell i}\,.\end{aligned}$$

Aus der letzten Identität und der Formel für $\partial_k g_{ij}$ ergibt sich

$$\begin{aligned}-\,\partial_\ell g_{ij} + \partial_i g_{\ell j} + \partial_j g_{i\ell} &= -\Gamma_{\ell ij} - \Gamma_{\ell ji} + \Gamma_{i\ell j} + \Gamma_{ij\ell} + \Gamma_{ji\ell} + \Gamma_{j\ell i} \\ &= 2\,\Gamma_{i\ell j}\,,\end{aligned}$$

woraus wir erhalten

$$g^{k\ell}\left(-\,\partial_\ell g_{ij} + \partial_i g_{\ell j} + \partial_j g_{i\ell}\right) = 2\,g^{k\ell}\Gamma_{i\ell j} = 2\,\Gamma_{ij}^k\,. \qquad \square$$

(d) Die Koeffizienten $\Gamma_{i\ell j}$ und Γ_{ij}^k werden **Christoffel–Symbole** genannt. Wir stellen ihre Eigenschaften zusammen:

$$\begin{aligned}&D_i \mathbf{X}_j = \Gamma_{ij}^k \mathbf{X}_k\,, \quad \Gamma_{ij}^k = \tfrac{1}{2}\,g^{k\ell}\left(-\,\partial_\ell g_{ij} + \partial_i g_{\ell j} + \partial_j g_{i\ell}\right),\\ &\Gamma_{i\ell j} = g_{\ell k}\Gamma_{ij}^k\,, \quad \Gamma_{ij}^k = g^{k\ell}\Gamma_{i\ell j}\,,\\ &\Gamma_{ij}^k = \Gamma_{ji}^k\,, \quad \Gamma_{i\ell j} = \Gamma_{j\ell i}\,,\\ &\Gamma_{i\ell j} = \langle \partial_i \mathbf{X}_j, \mathbf{X}_\ell \rangle = \langle D_i \mathbf{X}_j, \mathbf{X}_\ell \rangle\,, \quad \partial_k g_{ij} = \Gamma_{kij} + \Gamma_{kji}\,.\end{aligned}$$

Wie in 3.3 (b) beziehen wir bei konkret gegebenen Parametrisierungen $\mathbf{\Phi}$ die Christoffel–Symbole auf die Parameterwerte $\mathbf{u} = (u^1, u^2)$ und schreiben

$$\Gamma_{i\ell j} \text{ für } \Gamma_{i\ell j} \circ \mathbf{\Phi}^{-1} \quad \text{und} \quad \Gamma_{ij}^k \text{ für } \Gamma_{ij}^k \circ \mathbf{\Phi}^{-1}.$$

Die Berechnung dieser Funktionen erfolgt dann nach den Formeln

$$\begin{aligned}&g_{ij} = \langle \partial_i \mathbf{\Phi}, \partial_j \mathbf{\Phi} \rangle\,, \quad \left(g^{k\ell}\right) = (g_{ij})^{-1} \ \text{(vgl. 2.3 (*))},\\ &\Gamma_{i\ell j} = \tfrac{1}{2}\left(-\,\partial_\ell g_{ij} + \partial_i g_{\ell j} + \partial_j g_{i\ell}\right), \quad \Gamma_{ij}^k = g^{k\ell}\,\Gamma_{i\ell j}\,.\end{aligned}$$

(e) AUFGABE. Berechnen Sie die Christoffel–Symbole Γ_{ij}^k für die Parametrisierung einer Rotationsfläche

$$\mathbf{\Phi}(u^1, u^2) = \mathbf{\Phi}(\theta, s) = (r(s)\cos\theta,\, r(s)\sin\theta,\, z(s))\,,$$

vgl. 3.3 (d) (ii). Es ergibt sich

$$\begin{aligned}&\Gamma_{11}^2 = -\,\frac{rr'}{r'^2 + z'^2}\,, \quad \Gamma_{22}^2 = \frac{r'r'' + z'z''}{r'^2 + z'^2}\,,\\ &\Gamma_{12}^1 = \Gamma_{21}^1 = \frac{r'}{r}\,, \qquad \Gamma_{ij}^k = 0 \quad \text{sonst.}\end{aligned}$$

4.2 Die Gleichungen von Gauß und das Theorema egregium

(a) Sei M eine orientierte Fläche und Φ eine Parametrisierung von M. Mit Hilfe der Christoffel–Symbole

$$\Gamma_{ij}^{k} = \tfrac{1}{2}\, g^{k\ell}\left(-\partial_\ell g_{ij} + \partial_i g_{\ell j} + \partial_j g_{i\ell}\right)$$

definieren wir

$$R_{ijk}^{\ell} := \partial_i \Gamma_{jk}^{\ell} - \partial_j \Gamma_{ik}^{\ell} + \Gamma_{im}^{\ell}\Gamma_{jk}^{m} - \Gamma_{jm}^{\ell}\Gamma_{ik}^{m}\,.$$

SATZ. *Die Koeffizienten der ersten und der zweiten Fundamentalform sind durch die folgenden Beziehungen miteinander verbunden:*

$$R_{ijk}^{\ell} = h_i^{\ell}\, h_{jk} - h_j^{\ell}\, h_{ik} \quad \textit{mit} \quad h_i^{j} = g^{j\ell} h_{i\ell}$$

(**Gleichungen von Gauß** 1827) und

$$\partial_i h_{jk} - \partial_j h_{ik} = \Gamma_{ik}^{\ell}\, h_{j\ell} - \Gamma_{jk}^{\ell}\, h_{i\ell}$$

(**Gleichungen von Mainardi–Codazzi**).

GAUSS waren beide Beziehungen bekannt; er stellte die zweite Gleichungsgruppe vermutlich nur deshalb nicht heraus, weil er sie nicht für bemerkenswert hielt. Diese wurde von MAINARDI 1856 und CODAZZI 1860 wiederentdeckt.

BEWEIS.

Die Gaußsche Ableitungsgleichung 4.1(b) und die Koordinatendarstellung 4.1(c) der kovarianten Ableitung liefern

$$(1) \qquad \partial_j \mathbf{X}_k = D_j \mathbf{X}_k + \mathrm{II}(\mathbf{X}_j, \mathbf{X}_k)\,\mathbf{N} = \Gamma_{jk}^{\ell}\, \mathbf{X}_\ell + h_{jk}\, \mathbf{N}\,,$$

vgl. 3.3 (a). Den Gleichungen 3.3 (4),(5) entnehmen wir

$$(2) \qquad \partial_i \mathbf{N} = -h_i^{\ell}\, \mathbf{X}_\ell\,, \quad h_i^{\ell} = g^{j\ell}\, h_{ij}\,, \quad h_{jk} = g_{jm}\, h_k^{m}\,.$$

Aus (1) und (2) folgt mit der Produktregel

$$\begin{aligned}
\partial_i \partial_j \mathbf{X}_k &= \partial_i\left(\Gamma_{jk}^{\ell}\, \mathbf{X}_\ell + h_{jk}\, \mathbf{N}\right) \\
&= \partial_i \Gamma_{jk}^{\ell}\, \mathbf{X}_\ell + \Gamma_{jk}^{\ell}\, \partial_i \mathbf{X}_\ell + \partial_i h_{jk}\, \mathbf{N} + h_{jk}\, \partial_i \mathbf{N} \\
&= \partial_i \Gamma_{jk}^{\ell}\, \mathbf{X}_\ell + \Gamma_{jk}^{\ell}\, (\Gamma_{i\ell}^{m}\, \mathbf{X}_m + h_{i\ell}\mathbf{N}) + \partial_i h_{jk}\mathbf{N} - h_{jk} h_i^{\ell}\, \mathbf{X}_\ell \\
&= \left(\partial_i \Gamma_{jk}^{\ell} + \Gamma_{jk}^{m}\Gamma_{im}^{\ell} - h_{jk}\, h_i^{\ell}\right) \mathbf{X}_\ell \; + \; \left(\Gamma_{jk}^{\ell} h_{i\ell} + \partial_i h_{jk}\right) \mathbf{N}\,.
\end{aligned}$$

Wegen $\partial_i\partial_j\mathbf{X}_k = \partial_j\partial_i\mathbf{X}_k$ (vgl. 2.2 (d)) ergibt sich daraus

$$\begin{aligned}
\mathbf{0} &= \partial_i\partial_j\mathbf{X}_k - \partial_j\partial_i\mathbf{X}_k \\
&= \left(\partial_i\Gamma^\ell_{jk} - \partial_j\Gamma^\ell_{ik} + \Gamma^m_{jk}\Gamma^\ell_{im} - \Gamma^m_{ik}\Gamma^\ell_{jm} - h_{jk}h^\ell_i + h_{ik}h^\ell_j\right)\mathbf{X}_\ell \\
&+ \left(\Gamma^\ell_{jk}h_{i\ell} - \Gamma^\ell_{ik}h_{j\ell} + \partial_i h_{jk} - \partial_j h_{ik}\right)\mathbf{N} \\
&= \left(R^\ell_{ijk} - h_{jk}h^\ell_i + h_{ik}h^\ell_j\right)\mathbf{X}_\ell + \left(\Gamma^\ell_{jk}h_{i\ell} - \Gamma^\ell_{ik}h_{j\ell} + \partial_i h_{jk} - \partial_j h_{ik}\right)\mathbf{N}\,.
\end{aligned}$$

Die Gleichungen von Gauß und Mainardi–Codazzi folgen nun aus der linearen Unabhängigkeit von $\mathbf{X}_1, \mathbf{X}_2, \mathbf{N}$. □

(b) Die wichtigste Folgerung aus den Gaußschen Gleichungen ist das

Theorema egregium (GAUSS 1827). *Die Gaußsche Krümmung K ist eine Größe der inneren Geometrie: Für jede Parametrisierung einer Fläche M gilt*

$$K = \frac{R_{1221}}{g}$$

mit $R_{ijkh} := g_{h\ell}\,R^\ell_{ijk}$ und $g = g_{11}g_{22} - g_{12}g_{21}$.

Denn nach 3.3 (a), der Gleichung (2) oben und den Gaußschen Gleichungen in (a) gilt

$$gK = h = h_{11}h_{22} - h_{12}h_{21} = g_{1\ell}\left(h^\ell_1 h_{22} - h^\ell_2 h_{21}\right) = g_{1\ell}R^\ell_{122} = R_{1221}\,,$$

und nach 4.1 (c) sind die Christoffel–Symbole Größen der inneren Geometrie, somit auch die R^ℓ_{ijk} und R_{ijkh}.

Dieses Theorem verdient in der Tat das Prädikat herausragend. Zum einen erweist sich die Gaußsche Krümmung als zur inneren Geometrie gehörig, obwohl sie mit Hilfe der zweiten Fundamentalform definiert wurde, welche nicht zur inneren Geometrie gehört. Zum anderen ergibt sich aus diesem Theorem als Konsequenz, dass es keine längentreue Erdkarte geben kann. Denn bei einer solchen Abbildung zwischen zwei Flächen müssen die erste Fundamentalform und damit auch die Gaußsche Krümmung in korrespondierenden Punkten übereinstimmen. Jedoch hat nach 3.2 die R–Sphäre die Gaußsche Krümmung $K = 1/R^2$, für die Ebene ist dagegen $K = 0$.

(c) AUFGABEN.

(i) Zeigen Sie

$$R^\ell_{ijk} = K\left(\delta^\ell_i g_{jk} - \delta^\ell_j g_{ik}\right), \quad R_{ijkh} = K\left(g_{ih}g_{jk} - g_{jh}g_{ik}\right).$$

(ii) Zeigen Sie für **isotherme Parametrisierungen**, $g_{11} = g_{22}$, $g_{12} = 0$, dass bei Auffassung der g_{ij} als Funktion des Parameters $\mathbf{u}$

$$K = -\,\mathrm{e}^{-2\mu}\,\Delta\mu \quad \text{mit } \mathrm{e}^{2\mu} := g_{11} = g_{22}\,, \quad \Delta = \partial_1\partial_1 + \partial_2\partial_2.$$

5 Geodätische

5.1 Geodätische als geradeste Kurven

(a) Geraden im Raum können als Kurven verschwindender Krümmung gekennzeichnet werden, also durch $\kappa = \|\ddot{\boldsymbol{\alpha}}\| = 0$ für jede Bogenlängen–Parametrisierung $\boldsymbol{\alpha}$. Bei Flächenkurven müssen wir die Krümmung der Fläche berücksichtigen und charakterisieren deshalb die „geradesten" Kurven als Kurven minimaler Krümmung:

Sei $\boldsymbol{\alpha} : I \to M$ eine Kurve in Bogenlängen–Parametrisierung auf einer Fläche M mit $\mathbf{a} = \boldsymbol{\alpha}(t) \in M$ und $\mathbf{v} = \dot{\boldsymbol{\alpha}}(t) \in T_{\mathbf{a}}M$. Wählen wir einen Einheitsnormalenvektor $\mathbf{N}$ der Fläche in $\mathbf{a}$, so gilt nach 3.1 (a),(b) und 3.2 (a)

$$\langle \ddot{\boldsymbol{\alpha}}(t), \mathbf{N} \rangle = \kappa_n = \mathrm{II}_{\mathbf{a}}(\mathbf{v}, \mathbf{v})$$

und daher für die Krümmung κ von $\boldsymbol{\alpha}$ im Punkt $\mathbf{a} = \boldsymbol{\alpha}(t)$

$$\begin{aligned}\kappa^2 &= \|\ddot{\boldsymbol{\alpha}}(t)\|^2 = \left\|\ddot{\boldsymbol{\alpha}}(t)^{\tan} + \ddot{\boldsymbol{\alpha}}(t)^{\mathrm{nor}}\right\|^2 = \left\|\ddot{\boldsymbol{\alpha}}(t)^{\tan} + \kappa_n \mathbf{N}\right\|^2 \\ &= \left\|\ddot{\boldsymbol{\alpha}}(t)^{\tan}\right\|^2 + \kappa_n^2 \geq \kappa_n^2 = \mathrm{II}_{\mathbf{a}}(\mathbf{v}, \mathbf{v})^2 .\end{aligned}$$

Die Kurve $\boldsymbol{\alpha}$ ist daher an der Stelle $t \in I$ am geradesten, d.h. am wenigsten gekrümmt, wenn $\ddot{\boldsymbol{\alpha}}(t)^{\tan} = \mathbf{0}$.

Eine Kurve $\boldsymbol{\alpha} : I \to M$ mit $\ddot{\boldsymbol{\alpha}}(t)^{\tan} = \mathbf{0}$ für $t \in I$ wird eine **Geodätische** auf M genannt. Wir notieren, dass die Wahl des Einheitsnormalenvektors nicht in den Begriff der Geodätischen eingeht.

Für jede Geodätische gilt $\langle \dot{\boldsymbol{\alpha}}, \dot{\boldsymbol{\alpha}} \rangle^{\boldsymbol{\cdot}} = 2\langle \dot{\boldsymbol{\alpha}}, \ddot{\boldsymbol{\alpha}} \rangle = 2\big\langle \dot{\boldsymbol{\alpha}}, \ddot{\boldsymbol{\alpha}}^{\tan} \big\rangle = 0$, also ist $\boldsymbol{\alpha}$ entweder konstant, oder es gilt $\|\dot{\boldsymbol{\alpha}}(t)\| = c$ mit einer Konstanten $c > 0$. Daher entsteht aus einer nichtkonstanten Geodätischen $\boldsymbol{\alpha}$ durch Umparametrisierung genau dann wieder eine Geodätische $\boldsymbol{\beta} = \boldsymbol{\alpha} \circ h$, wenn $h(t) = at + b$.

(b) BEISPIELE. (i) Enthält eine Fläche M eine Gerade g, so ist jede Parametrisierung $t \mapsto \mathbf{a} + t\mathbf{v}$ von g eine Geodätische. Dies ist z.B. beim einschaligen Hyperboloid der Fall ÜA.

(ii) Geodätische auf der Sphäre $M = \{\mathbf{x} \in \mathbb{R}^3 \mid \|\mathbf{x}\| = R\}$ liegen auf Großkreisen: Genau dann ist $\boldsymbol{\alpha} : I \to M$ eine Geodätische, wenn $\|\dot{\boldsymbol{\alpha}}\|$ konstant ist und wenn es ein $\mathbf{v} \neq \mathbf{0}$ gibt mit $\boldsymbol{\alpha}(t) \perp \mathbf{v}$ für alle $t \in I$. Denn für reguläre Flächenkurven $\boldsymbol{\alpha}$ gilt $2\langle \boldsymbol{\alpha}, \dot{\boldsymbol{\alpha}} \rangle = \langle \boldsymbol{\alpha}, \boldsymbol{\alpha} \rangle^{\boldsymbol{\cdot}} = 0$, also $\dot{\boldsymbol{\alpha}} \perp \boldsymbol{\alpha}$ und $\mathbf{v} := \boldsymbol{\alpha} \times \dot{\boldsymbol{\alpha}} \neq \mathbf{0}$. Der Vektor $\mathbf{v}$ ist genau dann konstant, wenn $\mathbf{0} = \dot{\mathbf{v}} = \boldsymbol{\alpha} \times \ddot{\boldsymbol{\alpha}}$, wenn also $\ddot{\boldsymbol{\alpha}}$ ein Vielfaches von $\boldsymbol{\alpha}$ ist und damit $\ddot{\boldsymbol{\alpha}}^{\tan} = \mathbf{0}$ gilt.

Weitere Beispiele folgen in 5.4.

(c) Bezüglich einer Parametrisierung $\boldsymbol{\Phi}$ von M ergibt sich bei Verwendung der Summationskonvention 4.1 (c), die wir auch im Folgenden beibehalten,

$$\ddot{\boldsymbol{\alpha}}^{\tan} = \left(\ddot{u}^k + \Gamma_{ij}^k(\mathbf{u})\,\dot{u}^i \dot{u}^j\right) \partial_k \boldsymbol{\Phi}(\mathbf{u}) ;$$

hierbei sind die Christoffel–Symbole auf die Koordinaten (u^1, u^2) bezogen, und $t \mapsto \mathbf{u}(t) := \mathbf{\Phi}^{-1}(\boldsymbol{\alpha}(t))$ ist die Koordinatendarstellung von $\boldsymbol{\alpha}$ bezüglich $\mathbf{\Phi}$.

Denn aus $\boldsymbol{\alpha} = \mathbf{\Phi} \circ \mathbf{u}$ folgt

$$\dot{\boldsymbol{\alpha}} = \partial_j \mathbf{\Phi}(\mathbf{u})\, \dot{u}^j \,, \quad \ddot{\boldsymbol{\alpha}} = \partial_j \mathbf{\Phi}(\mathbf{u})\, \ddot{u}^j + \partial_i \partial_j \mathbf{\Phi}(\mathbf{u})\, \dot{u}^i \dot{u}^j \,,$$

also mit der Koordinatendarstellung 4.1 (c) der kovarianten Ableitung

$$\ddot{\boldsymbol{\alpha}}^{\tan} = \ddot{u}^j\, \partial_j \mathbf{\Phi}(\mathbf{u}) + \Gamma^k_{ij} \dot{u}^i \dot{u}^j\, \partial_k \mathbf{\Phi}(\mathbf{u}) = \left(\ddot{u}^k + \Gamma^k_{ij} \dot{u}^i \dot{u}^j\right) \partial_k \mathbf{\Phi}(\mathbf{u})\,.$$

Die Koordinatenkurven $t \mapsto \mathbf{u}(t) = (u^1(t), u^2(t))$ von Geodätischen genügen also dem nichtlinearen System von Differentialgleichungen zweiter Ordnung

$$(*) \qquad \ddot{u}^k + \Gamma^k_{ij} \dot{u}^i \dot{u}^j = 0 \quad (k = 1, 2)\,.$$

Umgekehrt liefert jede Lösung $t \mapsto \mathbf{u}(t) = (u^1(t), u^2(t))$ dieser Gleichungen eine Geodätische $t \mapsto \mathbf{\Phi}(\mathbf{u}(t))$.

Mit den Γ^k_{ij} gehören damit auch die Geodätischen zur inneren Geometrie von M.

5.2 Geodätische als lokal kürzeste Kurven

Für Kurven $\boldsymbol{\alpha} : I \to M$ und kompakte Intervalle $J \subset I$ betrachten wir die Integrale

$$\mathcal{L}(\boldsymbol{\alpha}, J) = \int_J \|\dot{\boldsymbol{\alpha}}(t)\|\, dt\,, \quad \mathcal{E}(\boldsymbol{\alpha}, J) := \int_J \|\dot{\boldsymbol{\alpha}}(t)\|^2\, dt\,.$$

Das erste ist die Länge des Kurvenstücks $\boldsymbol{\alpha} : J \to M$, das zweite nennen wir dessen **Energie**.

Eine Kurve $\boldsymbol{\alpha} : I \to M$ heißt **lokaler Minimizer** von $\mathcal{L}$ (bzw. von $\mathcal{E}$), wenn es zu jedem Kurvenpunkt $\mathbf{a} = \boldsymbol{\alpha}(t_0)$ eine Koordinatenumgebung $V \subset M$ gibt, so dass für jedes kompakte Intervall $J \subset I$ mit $t_0 \in J$ und $\boldsymbol{\alpha}(J) \subset V$ das Kurvenstück $\boldsymbol{\alpha} : J \to V$ das Minimum von $\mathcal{L}$ (bzw. von $\mathcal{E}$) in der Klasse aller Kurven $\boldsymbol{\beta} : J \to V$ mit gleichen Endpunkten wie $\boldsymbol{\alpha} : J \to V$ liefert.

SATZ. *Für eine reguläre Kurve* $\boldsymbol{\alpha} : I \to M$ *sind folgende Aussagen äquivalent*:

(1) $\boldsymbol{\alpha}$ *ist eine Geodätische*,

(2) $\boldsymbol{\alpha}$ *ist lokaler Minimizer der Energie*,

(3) $\boldsymbol{\alpha}$ *ist lokal Kürzeste in* M *und* $\|\dot{\boldsymbol{\alpha}}(t)\| = c$ *mit einer Konstanten* $c > 0$.

Da $\mathcal{L}$ invariant gegenüber Umparametrisierungen ist, ist nach diesem Satz mit einer Geodätischen $\boldsymbol{\alpha}$ auch jede Umparametrisierung $\boldsymbol{\beta} = \boldsymbol{\alpha} \circ h$ eine lokal Kürzeste, jedoch nur dann ein lokaler Minimizer von $\mathcal{E}$, wenn $\dot{h}$ konstant ist.

Beweis.

(i) *Übersicht.* Sei $\boldsymbol{\alpha} : I \to M$ ein lokaler Minimizer von $\mathcal{L}$ (bzw. von $\mathcal{E}$).

Zu $t_0 \in I$ wählen wir eine Koordinatenumgebung $V = \boldsymbol{\Phi}(U_0) \cap M$ der oben angegebenen Art und ein Intervall $J = [t_1, t_2]$ mit $\boldsymbol{\alpha}(J) \subset V$. Für die Koordinatenkurve $\mathbf{u} = \boldsymbol{\Phi}^{-1}(\boldsymbol{\alpha})$ gilt nach 2.3 unter Verwendung der Summationskonvention

$$\|\dot{\boldsymbol{\alpha}}\|^2 = \left\|\partial_i \boldsymbol{\Phi}(\mathbf{u})\dot{u}^i\right\|^2 = g_{ik}(\mathbf{u})\dot{u}^i\dot{u}^k .$$

Wir beziehen die Integrale $\mathcal{L}(\boldsymbol{\alpha}, J)$, $\mathcal{E}(\boldsymbol{\alpha}, J)$ auf die Koordinatenkurve $\mathbf{u}$ und schreiben

$$\mathcal{L}(\mathbf{u}, J) = \int_{t_1}^{t_2} \sqrt{g_{ik}(\mathbf{u})\,\dot{u}^i\dot{u}^k}\,dt\,, \quad \mathcal{E}(\mathbf{u}, J) = \tfrac{1}{2}\int_{t_1}^{t_2} g_{ik}(\mathbf{u})\,\dot{u}^i\dot{u}^k\,dt\,.$$

Dann ist $\mathcal{L}$ ein parametrisch–elliptisches Variationsintegral, vgl. § 5 : 2. Nach Voraussetzung gilt

$$\mathcal{L}(\mathbf{u}, J) \le \mathcal{L}(\mathbf{v}, J) \quad (\text{bzw. } \mathcal{E}(\mathbf{u}, J) \le \mathcal{E}(\mathbf{v}, J))$$

für alle Kurven $\mathbf{v}$ mit $\mathbf{v}(t_1) = \mathbf{u}(t_1)$, $\mathbf{v}(t_2) = \mathbf{u}(t_2)$ und $\mathbf{v}(J) \subset V$; Letzteres ist für $\|\mathbf{v} - \mathbf{u}\|_{C^0} \ll 1$ sicher der Fall. Somit ist $\mathbf{u}$ eine starke lokale Minimumstelle von $\mathcal{L}$ (bzw. von $\mathcal{E}$) und erfüllt daher insbesondere die zugehörigen Euler–Gleichungen.

Wir zeigen in (ii), dass unter den Voraussetzungen (3) (bzw. (2)) diese Euler–Gleichungen jeweils äquivalent zu den Gleichungen $(*)$ für Geodätische sind. Ist umgekehrt $\mathbf{u} : I \to U_0$ eine reguläre Lösung der Euler–Gleichungen $(*)$ und $t_0 \in I$, so ist $\mathbf{u}$ nach Einschränkung auf ein hinreichend kleines Intervall eine lokale Minimumstelle von $\mathcal{L}$ (bzw. von $\mathcal{E}$) bei vorgegebenen Randwerten, vgl. § 5 : 2.5 (bzw. § 3 : 3.4). Dies führt auf die Eigenschaften (3) (bzw. (2)).

(ii) Sei $\boldsymbol{\alpha} : I \to M$ eine lokal Kürzeste mit $\|\dot{\boldsymbol{\alpha}}(t)\| = c > 0$. Da $t \mapsto \boldsymbol{\alpha}(t/c)$ ebenfalls eine lokal Kürzeste ist und da unter Umparametrisierungen $t \mapsto ct$ Geodätische wieder in Geodätische übergehen, dürfen wir $c = 1$ annehmen. Nach § 5 : 2.3 (c) erfüllt mit den Bezeichnungen (i) die Kurve $\mathbf{u} = \boldsymbol{\Phi}^{-1}(\boldsymbol{\alpha})$ die Euler–Gleichungen für das Variationsintegral $\mathcal{E}$ mit der Lagrange–Funktion

$$E(\mathbf{u}, \dot{\mathbf{u}}) = \tfrac{1}{2}\, g_{ik}(\mathbf{u})\,\dot{u}^i\dot{u}^k .$$

Diese lauten

$$\frac{d}{dt}\left[\frac{\partial E}{\partial \dot{u}^\ell}(\mathbf{u}, \dot{\mathbf{u}})\right] - \frac{\partial E}{\partial u^\ell}(\mathbf{u}, \dot{\mathbf{u}}) = 0 \quad (\ell = 1, 2)\,.$$

Wegen

$$\frac{\partial E}{\partial \dot{u}^\ell}(\mathbf{u},\dot{\mathbf{u}}) = g_{\ell i}(\mathbf{u})\,\dot{u}^i\,, \qquad \frac{\partial E}{\partial u^\ell} = \frac{1}{2}\,\partial_\ell g_{ij}(\mathbf{u})\,\dot{u}^i\dot{u}^j$$

erhalten wir aus den Euler–Gleichungen für $\ell = 1,2$

$$\begin{aligned} 0 &= \frac{d}{dt}\left[g_{\ell i}(\mathbf{u})\,\dot{u}^i\right] - \tfrac{1}{2}\,\partial_\ell g_{ij}(\mathbf{u})\,\dot{u}^i\dot{u}^j \\ &= g_{\ell i}(\mathbf{u})\,\ddot{u}^i + \partial_j g_{\ell i}(\mathbf{u})\,\dot{u}^i\dot{u}^j - \tfrac{1}{2}\,\partial_\ell g_{ij}(\mathbf{u})\,\dot{u}^i\dot{u}^j\,. \end{aligned}$$

Mit $\partial_j g_{\ell i}(\mathbf{u})\,\dot{u}^i\dot{u}^j = \partial_i g_{\ell j}(\mathbf{u})\,\dot{u}^i\dot{u}^j$ und der Formel für die $\Gamma_{i\ell j}$ in 4.1 (d) folgt

$$\begin{aligned} 0 &= g_{\ell i}(\mathbf{u})\,\ddot{u}^i + \tfrac{1}{2}\left(-\partial_\ell g_{ij}(\mathbf{u}) + \partial_i g_{\ell j}(\mathbf{u}) + \partial_j g_{i\ell}(\mathbf{u})\right)\dot{u}^i\dot{u}^j \\ &= g_{\ell i}(\mathbf{u})\,\ddot{u}^i + \Gamma_{i\ell j}(\mathbf{u})\,\dot{u}^i\dot{u}^j\,. \end{aligned}$$

Nach Multiplikation mit $g^{k\ell}$ folgt mit $g^{k\ell}g_{\ell i} = \delta^k_i$, $g^{k\ell}\Gamma_{i\ell j} = \Gamma^k_{ij}$ daraus

$$\ddot{u}^k + \Gamma^k_{ij}(\mathbf{u})\,\dot{u}^i\dot{u}^j = 0 \quad (k = 1,2),$$

also die Differentialgleichung $(*)$ der Geodätischen. □

EULER fand 1728 auf diesem Weg die Differentialgleichungen von Geodätischen.

5.3 Exponentialabbildung und geodätische Polarkoordinaten

(a) SATZ 1. *Zu jedem Punkt* $\mathbf{a} \in M$ *und jedem Vektor* $\mathbf{v} \in T_\mathbf{a}M$ *existiert genau eine maximal definierte Geodätische* $\gamma = \gamma_{\mathbf{a},\mathbf{v}} : I \to M$ *auf einer offenen Intervallumgebung* $I = I_{\mathbf{a},\mathbf{v}}$ *von* 0 *mit*

$$\gamma(0) = \mathbf{a}\,, \quad \dot{\gamma}(0) = \mathbf{v}\,.$$

Der BEWEIS ergibt sich im Fall, dass M durch eine einzige Parametrisierung beschrieben wird, unmittelbar aus dem Existenz– und Eindeutigkeitssatz für gewöhnliche Differentialgleichungen. Im allgemeinen Fall ergibt sich die gesuchte Geodätische durch Verkleben von Stücken, die in Koordinatenumgebungen verlaufen, siehe BOOTHBY [53] VIII.5. Ein solches Verkleben wird im Beweis 6.1 (c) ausgeführt.

Da Geodätische unter affinen Substitutionen $t \mapsto at + b$ wieder in Geodätische übergehen, folgt mit Satz 1 $\gamma_{\mathbf{a},\mathbf{v}}(t) = \gamma_{\mathbf{a},t\mathbf{v}}(1)$ für $t \in I$. Daher ist $\gamma_{\mathbf{a},\mathbf{v}}$ auf dem Intervall $[0,1]$ definiert, falls $\|\mathbf{v}\|$ genügend klein ist.

SATZ 2. *Für jeden Punkt* $\mathbf{a}$ *einer Fläche* M *gibt es eine sternförmige Umgebung* $U_\mathbf{a} \subset T_\mathbf{a}M$ *des Nullpunkts, für welche die* **Exponentialabbildung**

$$\exp_{\mathbf{a}} : U_{\mathbf{a}} \to M\,, \quad \mathbf{v} \mapsto \boldsymbol{\gamma}_{\mathbf{a},\mathbf{v}}(1)$$

einen Diffeomorphismus zwischen $U_{\mathbf{a}}$ und $V_{\mathbf{a}} := \exp_{\mathbf{a}}(U_{\mathbf{a}})$ liefert.

BEWEIS siehe DO CARMO [44] 4.6.

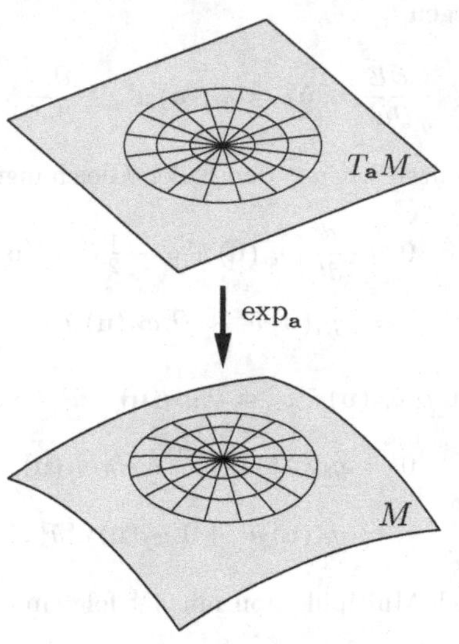

Nach dem eben Gesagten bildet die Exponentialabbildung $\exp_{\mathbf{a}}$ jede genügend kleine Strecke $\{t\mathbf{v} \mid 0 \le t \le 1\}$ auf ein Stück der Geodätischen $\boldsymbol{\gamma}$ mit $\boldsymbol{\gamma}(0) = \mathbf{a}$, $\dot{\boldsymbol{\gamma}}(0) = \mathbf{v}$ ab.

Wählen wir in $T_{\mathbf{a}}M$ eine Orthonormalbasis $\mathbf{e}_1, \mathbf{e}_2$, so erhalten wir durch die Abbildung

$$\boldsymbol{\Phi} : \mathbf{u} = (u^1, u^2) \mapsto \exp_{\mathbf{a}}(u^i \mathbf{e}_i)$$

auf der sternförmigen Nullumgebung

$$U_0 = \left\{(u^1, u^2) \in \mathbb{R}^2 \;\middle|\; u^i \mathbf{e}_i \in U_{\mathbf{a}}\right\}$$

eine geometrisch ausgezeichnete Parametrisierung von M, genannt die Parametrisierung durch **Normalkoordinaten** um $\mathbf{a} \in M$.

SATZ 3. *Für die Parametrisierung durch Normalkoordinaten um $\mathbf{a}$ gilt*

$$g_{ij}(\mathbf{a}) = \delta_{ij}\,, \quad \Gamma_{ij}^k(\mathbf{a}) = 0\,.$$

BEWEIS.

Wegen $\boldsymbol{\gamma}_{\mathbf{a},t\mathbf{e}_i}(1) = \boldsymbol{\gamma}_{\mathbf{a},\mathbf{e}_i}(t)$ gilt $\partial_i \boldsymbol{\Phi}(\mathbf{0}) = \frac{d}{dt} \exp_{\mathbf{a}}(t\mathbf{e}_i)\big|_{t=0} = \dot{\boldsymbol{\gamma}}_{\mathbf{a},\mathbf{e}_i}(0) = \mathbf{e}_i$, also für die g_{ij}, Γ_{ij}^k als Funktion der Parameter $\mathbf{u}$

$$g_{ij}(0) = \langle \partial_i \boldsymbol{\Phi}(0), \partial_j \boldsymbol{\Phi}(0) \rangle = \langle \mathbf{e}_i, \mathbf{e}_j \rangle = \delta_{ij}\,.$$

Für jeden Vektor $\mathbf{0} \neq \mathbf{v} \in \mathbb{R}^2$ liefert $\mathbf{u}(t) = t\mathbf{v}$ die Koordinatendarstellung einer Geodätischen, also gilt nach 5.1 (c)

$$0 = \ddot{u}^k(0) + \Gamma_{ij}^k(\mathbf{0}) \dot{u}^i(0) \dot{u}^j(0) = \Gamma_{ij}^k(\mathbf{0}) v^i v^j$$

für alle (v^1, v^2). Mit $\Gamma_{ij}^k = \Gamma_{ji}^k$ folgt daraus $\Gamma_{ij}^k(\mathbf{0}) = 0$ für alle i, j, k. □

(b) Setzen wir in eine Parametrisierung $\boldsymbol{\Phi}$ durch Normalkoordinaten um $\mathbf{a}$ Polarkoordinaten $u^1 = r\cos\theta$, $u^2 = r\sin\theta$ ein, so erhalten wir eine Parametrisierung durch **geodätische Polarkoordinaten** um $\mathbf{a}$,

$$\boldsymbol{\Psi}(r, \theta) := \boldsymbol{\Phi}(r\cos\theta, r\sin\theta) \quad \text{für } 0 < r \ll 1\,, \quad 0 < \theta < 2\pi\,.$$

SATZ (GAUSS 1827). *Für geodätische Polarkoordinaten gilt*

$$ds^2 = dr^2 + J^2\, d\theta^2 ,$$

bzw.

$$g_{11} = 1, \quad g_{12} = 0, \quad g_{22} = J^2$$

mit einer Funktion $(r,\theta) \mapsto J(r,\theta)$, *die für jedes* θ *die Lösung des Anfangswertproblems*

$$\partial_r\partial_r J + KJ = 0, \quad \lim_{r\to 0} J(r,\theta) = 0, \quad \lim_{r\to 0} \partial_r J(r,\theta) = 1$$

ist.

Für den BEWEIS verweisen wir auf DO CARMO [44] 4.6.

Die geodätischen Polarkoordinaten liefern eine optimale Beschreibung der durch Krümmung erzeugten Abstandsverhältnisse auf der Fläche nahe eines Punkts **a**. Die Abstandskreise $\{r = \text{const}\}$ treffen die radialen Strahlen $\{\theta = \text{const}\}$ senkrecht wegen $g_{12} = 0$, und die Längenmessung auf diesen Kreisen ist über die Funktion J vollständig durch die Gaußsche Krümmung K nahe **a** bestimmt.

FOLGERUNG. *Bezeichnet* $L(\varrho)$ *die Länge des Abstandskreises* $\{r = \varrho\}$ *um* **a** *und* $A(\varrho)$ *den Flächeninhalt der Kreisscheibe* $\{r < \varrho\}$ $(0 < \varrho \ll 1)$, *so gelten die Formeln von* BERTRAND, PUISSEUX *und* DIQUET (*um 1850*)

$$K(\mathbf{a}) = \lim_{\varrho\to 0} \frac{3}{\pi\varrho^3}\bigl(2\pi\varrho - L(\varrho)\bigr), \quad K(\mathbf{a}) = \lim_{\varrho\to 0} \frac{12}{\pi\varrho^4}\bigl(\pi\varrho^2 - A(\varrho)\bigr).$$

Mit Hilfe dieser Formeln ist es Flächenbewohnern möglich, allein durch Längen- bzw. Flächenmessung auf die Krümmung ihrer Welt zu schließen. Eine weitere Methode zur Messung der Krümmung geben wir in 6.3 (c) an.

BEWEISSKIZZE.

Wegen $\lim_{r\to 0} J(r,\theta) = 0 = \lim_{r\to 0} \partial_r\partial_r J(r,\theta)$ lässt sich $J(r,\theta)$ für jedes θ zu einer ungeraden C^3–Funktion auf ein 0 enthaltendes offenes Intervall fortsetzen, die wir wieder mit $J(r,\theta)$ bezeichnen $\boxed{\text{ÜA}}$. Für diese gilt dann $J(0,\theta) = 0$, $\partial_r J(0,\theta) = 1$, und aus der DG $\partial_r\partial_r J + K\,J = 0$ folgt $\partial_r\partial_r J(0,\theta) = 0$ sowie $\partial_r\partial_r\partial_r J(0,\theta) = -K(\mathbf{a})$ wegen $\partial_r\partial_r\partial_r J = -J\,\partial_r K - K\partial_r J$.

Taylorentwicklung an der Stelle $r = 0$ liefert

$$J(r,\theta) = r - \frac{r^3}{3!}\,K(\mathbf{a}) + R(r,\theta) \;\text{ mit }\; \lim_{r\to 0} \frac{R(r,\theta)}{r^3} = 0$$

gleichmäßig in θ. Für die Länge des Abstandskreises $\{r = \varrho\}$ auf M ergibt sich hieraus $\boxed{\text{ÜA}}$

$$L(\varrho) = 2\pi\varrho - \frac{\pi\varrho^3}{3}K(\mathbf{a}) + R_1(\varrho), \quad \lim_{\varrho\to 0} \frac{R_1(\varrho)}{\varrho^3} = 0.$$

Für den Flächeninhalt von $\{r < \varrho\}$ folgt wegen $g = g_{11}g_{22} - g_{12}g_{21} = J$

$$A(\varrho) = \int_0^{2\pi}\int_0^{\varrho} \sqrt{g}\,dr\,d\theta = \int_0^{2\pi}\int_0^{\varrho} J\,dr\,d\theta = 2\pi\left(\frac{\varrho^2}{2} - \frac{\varrho^4}{24}K(\mathbf{a})\right) + R_2(\varrho)$$

mit $\lim\limits_{\varrho\to 0} R_2(\varrho)/\varrho^4 = 0.$ □

Im Fall konstanter Gaußscher Krümmung K hat das im Satz angegebene Anfangswertproblem für J die Lösungen ÜA

$$J(r,\theta) = \begin{cases} \sin(\sqrt{K}r)/\sqrt{K} & \text{für } K > 0\,, \\ r & \text{für } K = 0\,, \\ \sinh(\sqrt{-K}r)/\sqrt{-K} & \text{für } K < 0\,. \end{cases}$$

5.4 Geodätische auf Rotationsflächen

(a) Bei konkret gegebener Parametrisierung lassen sich die Differentialgleichungen für die Koordinatenkurven $t \mapsto \mathbf{u}(t) = (u^1(t), u^2(t))$ von Geodätischen auch ohne die Berechnung der Christoffel–Symbole gewinnen. Nach dem Beweisteil (i) in 5.2 sind diese äquivalent zu den Euler–Gleichungen

$$\frac{d}{dt}\left[\frac{\partial E}{\partial \dot{u}^\ell}(\mathbf{u},\dot{\mathbf{u}})\right] = \frac{\partial E}{\partial u^\ell}(\mathbf{u},\dot{\mathbf{u}}) \quad (\ell = 1,2)$$

für die Lagrange–Funktion der Energie

$$E(\mathbf{u},\dot{\mathbf{u}}) = \tfrac{1}{2}\, g_{ik}(\mathbf{u})\,\dot{u}^i\dot{u}^k\,.$$

Die Formulierung als Euler–Gleichungen hat den Vorteil, dass sich bei Vorliegen einer zyklischen Variablen ein Erhaltungssatz ergibt:

$$\frac{\partial E}{\partial u^\ell} = 0 \Longrightarrow \frac{\partial E}{\partial \dot{u}^\ell}(\mathbf{u},\dot{\mathbf{u}}) = \text{const.}$$

Wir illustrieren das Verfahren anhand einer Rotationsfläche mit der Parametrisierung

$$\mathbf{\Phi}(\theta,z) = \big(r(z)\cos\theta,\, r(z)\sin\theta,\, z\big)$$

wobei $r > 0$ eine C^∞–Funktion ist. Es ergibt sich ÜA

$$g_{11} = r^2\,,\quad g_{12} = 0\,,\quad g_{22} = r'^2 + 1\,.$$

Die Lagrange–Funktion ist also

$$E(\theta,z,\dot{\theta},\dot{z}) = \frac{1}{2}\big(r(z)^2\dot{\theta}^2 + (r'(z)^2 + 1)\,\dot{z}^2\big),$$

und es gilt

$$\frac{\partial E}{\partial \theta} = 0\,, \qquad \frac{\partial E}{\partial z} = r(z)\,r'(z)\,\dot\theta^2 + r'(z)\,r''(z)\,\dot z^2\,,$$

$$\frac{\partial E}{\partial \dot\theta} = r(z)^2\,\dot\theta\,, \quad \frac{\partial E}{\partial \dot z} = \big(r'(z)^2 + 1\big)\,\dot z\,.$$

Die Euler–Gleichungen und damit die Gleichungen für Geodätische sind daher

$$(r(z)^2\,\dot\theta)^{\boldsymbol\cdot} = 0\,, \quad ((r'(z)^2+1)\dot z)^{\boldsymbol\cdot} = r(z)\,r'(z)\,\dot\theta^2 + r'(z)\,r''(z)\,\dot z^2$$

bzw.

$$r(z)^2\,\dot\theta = \text{const.}, \quad (r'(z)^2+1)\,\ddot z = r(z)\,r'(z)\,\dot\theta^2 - r'(z)\,r''(z)\,\dot z^2\,.$$

Wir geben der vorletzten Gleichung eine geometrische Interpretation:

Es sei $t \mapsto \boldsymbol{\alpha}(t) := \boldsymbol{\Phi}(\theta(t), z(t))$ eine nichtkonstante Geodätische, und $\ell := \|\dot{\boldsymbol\alpha}\| = const$ nach 5.1 (a). Weiter sei $\varphi(t)$ der Winkel zwischen $\boldsymbol\alpha(t)$ und dem durch den Punkt $\boldsymbol\alpha(t)$ laufenden Breitenkreis $s \mapsto \boldsymbol\beta(s) := \boldsymbol\Phi(s, z(t))$. Dann ist die integrierte Euler–Gleichung $r(t)^2\dot\theta(t) = \text{const} =: c$ äquivalent zu

$$r(z(t))\cos\varphi(t) = \frac{c}{\ell}$$

(Clairaut 1733).

Denn es gilt

$$\dot{\boldsymbol\alpha} = \partial_1\boldsymbol\Phi(\theta,z)\,\dot\theta + \partial_2\boldsymbol\Phi(\theta,z)\,\dot z\,, \quad \boldsymbol\beta'\circ\theta = \partial_1\boldsymbol\Phi(\theta,z)\,,$$

woraus $g_{12} = 0$ folgt und damit

$$r\cos\varphi = r\,\frac{\langle\dot{\boldsymbol\alpha}, \boldsymbol\beta'\circ\theta\rangle}{\|\dot{\boldsymbol\alpha}\|\cdot\|\boldsymbol\beta'\circ\theta\|} = r\,\frac{g_{11}\,\dot\theta}{\ell\,\sqrt{g_{11}}} = \frac{r^2\,\dot\theta}{\ell} = \frac{c}{\ell}\,.$$

Hieraus ergeben sich die nichtkonstanten Geodätischen von M bis auf affine Umparametrisierungen:

(i) Meridiankurven $z \mapsto \boldsymbol\Phi(\theta, z)$ entsprechend $\dot\theta = 0$,

(ii) Breitenkreise $\theta \mapsto \boldsymbol\Phi(\theta, z_0)$ an Stellen $\mathbf{z}_0$ mit $r'(z_0) = 0$, insbesondere um Taillen und Bäuche.

(iii) Spiralförmige Kurven mit $\dot\theta \neq 0$, $\dot z \neq 0$. Diese verlaufen gemäß der Clairaut–Gleichung an Bäuchen steiler als in Taillen.

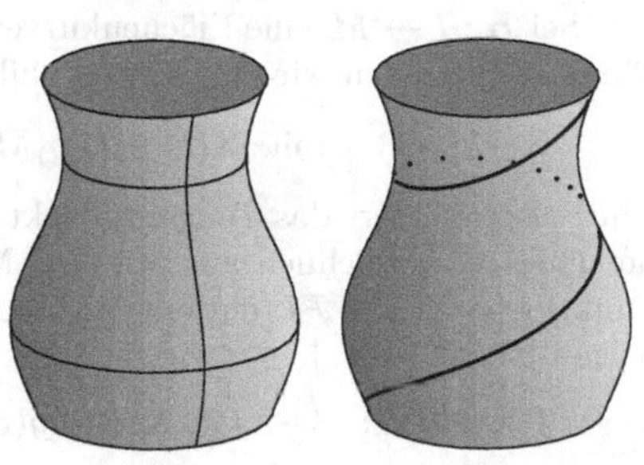

(b) Für einen Zylinder mit der Parametrisierung $\boldsymbol\Phi(\theta, z) = (\cos\theta, \sin\theta, z)$

lauten die Euler–Gleichungen (a) $\dot{\theta} = \text{const}$, $\ddot{z} = 0$. Somit ergeben sich als Geodätische Meridianlinien, Breitenkreise und Spiralen $t \mapsto (\cos t, \sin t, at + h)$ mit $a, h \in \mathbb{R}$, $a \neq 0$.

(c) JACOBI fand 1843 für die Geodätischen auf einem Ellipsoid eine explizite Darstellung, indem er eine Parametrisierung durch elliptische Koordinaten wählte und die zur Lagrange–Funktion E gehörige Hamilton–Jacobi–Gleichung integrierte, vgl. § 4 : 4. Näheres hierzu finden Sie in COURANT–HILBERT [4] II, Kap. II, § 8.5.

(d) AUFGABE. Bestimmen Sie die Exponentialabbildung

(i) um den Nordpol $\mathbf{a} = \mathbf{e}_3$ der Einheitssphäre $M = S^2$,

(ii) um den Punkt $\mathbf{a} = \mathbf{e}_1$ des Einheitszylinders $M = \{(x, y, z) \mid x^2 + y^2 = 1\}$.

6 Parallelverschiebung und Winkelexzess

Für die Grundlagen der ebenen Geometrie, zurückgehend auf die *Elemente* des EUKLID (Anfang 3. Jhd. v. Chr.), spielt neben den Begriffen Strecke, Länge, Winkel, Kreis, Fläche die Parallelität eine zentrale Rolle. EUKLID erkannte, dass der Satz über die Winkelsumme im Dreieck nicht ohne das Parallelenpostulat zu beweisen ist. Dieses kennzeichnet die Parallelität zweier Geraden durch die Gleichheit der Winkel, unter denen schräg zu ihnen laufende Geraden geschnitten werden. Demnach kann eine Dreiecksseite längs einer der anderen Seiten auf genau eine Weise so in die gegenüberliegende Ecke verschoben werden, dass die Schnittwinkel mit dieser Seite gleich bleiben. Nach Ausführung dieser Verschiebung lässt sich die Summe der Dreieckswinkel an der betreffenden Ecke leicht ablesen. Für die Geometrie auf einer Fläche übernehmen Stücke von Geodätischen die Rolle von Strecken. Wir gehen am Ende dieses Abschnitts auf die Winkelsumme in einem geodätischen Dreieck ein. Zuvor führen wir die Parallelverschiebung längs einer Flächenkurve ein.

6.1 Parallele Vektorfelder längs einer Flächenkurve

(a) Sei $\boldsymbol{\alpha} : I \to M$ eine Flächenkurve. Unter einem (tangentialen) **Vektorfeld längs $\boldsymbol{\alpha}$** verstehen wir eine C^∞–Abbildung

$$\mathbf{X} : I \to \mathbb{R}^3 \quad \text{mit} \quad \mathbf{X}(t) \in T_{\alpha(t)}M \quad \text{für} \quad t \in I\,.$$

Ein Beispiel liefert das Tangentialvektorfeld $\dot{\boldsymbol{\alpha}}$. Die Gesamtheit aller Vektorfelder längs $\boldsymbol{\alpha}$ bezeichnen wir mit $\mathcal{V}\alpha$. Mit zwei Vektorfeldern $\mathbf{X}, \mathbf{Y} \in \mathcal{V}\alpha$ und Funktionen $f, g \in \mathcal{F}I$ enthält $\mathcal{V}\alpha$ auch die punktweis definierte Linearkombination

$$f\,\mathbf{X} + g\,\mathbf{Y} : \quad t \mapsto f(t)\,\mathbf{X}(t) + g(t)\,\mathbf{Y}(t)\,.$$

Ist $\boldsymbol{\alpha}$ eine ebene Kurve, so sind parallele Vektorfelder durch $\dot{\mathbf{X}} = \mathbf{0}$ gekennzeichnet. Für gekrümmte Flächen kann diese Definition nicht übernommen werden;

hier zeichnen wir die Vektorfelder $\mathbf{X} \in \mathcal{V}\alpha$ mit minimaler Änderungsrate $\|\dot{\mathbf{X}}\|$ als parallel aus:

Wir fixieren $t \in I$, setzen $\mathbf{a} := \boldsymbol{\alpha}(t)$, $\mathbf{v} := \dot{\boldsymbol{\alpha}}(t)$ und wählen ein Einheitsnormalenfeld $\mathbf{N}$ von M nahe $\mathbf{a}$. Dann gilt

$$0 = \langle \mathbf{X}, \mathbf{N} \circ \boldsymbol{\alpha} \rangle^{\cdot} = \langle \dot{\mathbf{X}}, \mathbf{N} \circ \boldsymbol{\alpha} \rangle + \langle \mathbf{X}, (\mathbf{N} \circ \boldsymbol{\alpha})^{\cdot} \rangle,$$

also

$$\dot{\mathbf{X}}(t)^{\text{nor}} = \langle \dot{\mathbf{X}}(t), \mathbf{N}(\mathbf{a}) \rangle \, \mathbf{N}(\mathbf{a}) = -\, \langle \mathbf{X}(t), \partial_{\mathbf{v}} \mathbf{N}(\mathbf{a}) \rangle \, \mathbf{N}(\mathbf{a}),$$

und damit

$$\begin{aligned} \|\dot{\mathbf{X}}(t)\|^2 &= \|\dot{\mathbf{X}}(t)^{\tan}\|^2 + \|\dot{\mathbf{X}}(t)^{\text{nor}}\|^2 = \|\dot{\mathbf{X}}(t)^{\tan}\|^2 + \langle \mathbf{X}(t), \partial_{\mathbf{v}} \mathbf{N}(\mathbf{a}) \rangle^2 \\ &\geq \langle \mathbf{X}(t), \partial_{\mathbf{v}} \mathbf{N}(\mathbf{a}) \rangle^2 . \end{aligned}$$

Bei gegebenem $\mathbf{X}(t) \in T_{\alpha(t)} M$ ist also $\|\dot{\mathbf{X}}(t)\|$ minimal, wenn $\dot{\mathbf{X}}(t)^{\tan} = \mathbf{0}$.

Wir nennen das Vektorfeld längs α

$$\frac{D\mathbf{X}}{dt} := \dot{\mathbf{X}}^{\tan}$$

die **kovariante Ableitung von X längs $\boldsymbol{\alpha}$**. Ein Vektorfeld $\mathbf{X} \in \mathcal{V}\alpha$ heißt **parallel** oder **parallelverschoben längs $\boldsymbol{\alpha}$**, wenn gilt

$$\frac{D\mathbf{X}}{dt}(t) = \mathbf{0} \text{ für } t \in I$$

(Levi–Civita, Hessenberg 1917, Schouten 1918).

Erhaltungssatz für das Skalarprodukt. *Für parallele Vektorfelder* $\mathbf{X}, \mathbf{Y}$ *längs* $\boldsymbol{\alpha}$ *ist das Skalarprodukt* $\langle \mathbf{X}, \mathbf{Y} \rangle$ *konstant. Insbesondere bleiben die Längen paralleler Vektorfelder und der Winkel zwischen solchen konstant.*

Denn aus $D\mathbf{X}/dt = D\mathbf{Y}/dt = \mathbf{0}$ folgt mit der Skalarproduktregel

$$\langle \mathbf{X}, \mathbf{Y} \rangle^{\cdot} = \langle \dot{\mathbf{X}}, \mathbf{Y} \rangle + \langle \mathbf{X}, \dot{\mathbf{Y}} \rangle = \left\langle \frac{D\mathbf{X}}{dt}, \mathbf{Y} \right\rangle + \left\langle \mathbf{X}, \frac{D\mathbf{Y}}{dt} \right\rangle = 0 .$$

(b) Sei $\boldsymbol{\Phi}$ eine Parametrisierung von M, die ein Stück von $\boldsymbol{\alpha}(I)$ überdeckt; ferner sei $\mathbf{u} = \boldsymbol{\Phi}^{-1} \circ \boldsymbol{\alpha}$ die Koordinatendarstellung von $\boldsymbol{\alpha}$. Hat $\mathbf{X} \in \mathcal{V}\alpha$ die lokale Basisdarstellung

$$\mathbf{X} = \xi^j \partial_j \boldsymbol{\Phi}(\mathbf{u}) \text{ mit Koeffizienten } t \mapsto \xi^j(t)$$

(wir verwenden die Summationskonvention), so folgt

$$\dot{\mathbf{X}} = \dot{\xi}^j \partial_j \mathbf{\Phi}(\mathbf{u}) + \xi^j \partial_i \partial_j \mathbf{\Phi}(\mathbf{u})\, \dot{u}^i = \dot{\xi}^j \partial_j \mathbf{\Phi}(\mathbf{u}) + \dot{u}^i \xi^j\, \Gamma_{ij}^k(\mathbf{u})\, \partial_k \mathbf{\Phi}(\mathbf{u}),$$

also nach 4.1 (b), (c)

$$\frac{D\mathbf{X}}{dt} = \left(\dot{\xi}^k + \Gamma_{ij}^k(\mathbf{u})\, \dot{u}^i \xi^j\right) \partial_k \mathbf{\Phi}(\mathbf{u}).$$

Die Koordinaten ξ^1, ξ^2 eines längs $\boldsymbol{\alpha}$ parallelen Vektorfeldes genügen also dem linearen System von Differentialgleichungen

$$(*) \quad \dot{\xi}^k + \Gamma_{ij}^k(\mathbf{u})\, \dot{u}^i \xi^j = 0 \quad (k = 1, 2).$$

Umgekehrt liefert jede Lösung (ξ^1, ξ^2) von $(*)$ ein Vektorfeld $\mathbf{X} = \xi^j X_j$ längs $\boldsymbol{\alpha}$ mit $D\mathbf{X}/dt = \mathbf{0}$.

Parallelität von Vektorfeldern ist somit ein Begriff der inneren Geometrie.

(c) **Existenz– und Eindeutigkeitssatz für parallele Vektorfelder.** *Gegeben seien eine Kurve* $\boldsymbol{\alpha} : I \to M$, *ein Kurvenpunkt* $\mathbf{a}_0 = \boldsymbol{\alpha}(t_0)$ *und ein Vektor* $\mathbf{v}_0 \in T_{\mathbf{a}_0} M$. *Dann gibt es genau ein paralleles Vektorfeld* $\mathbf{X}$ *längs* $\boldsymbol{\alpha}$ *mit* $\mathbf{X}(t_0) = \mathbf{v}_0$.

Beweis.

Es genügt, die Existenz und Eindeutigkeit für ein beliebiges kompaktes Teilintervall $J = [a, b] \subset I$ mit $t_0 \in \mathring{J}$ nachzuweisen. Die kompakte Menge $\boldsymbol{\alpha}([t_0, b])$ wird durch endlich viele Koordinatenumgebungen überdeckt: Es gibt Parametrisierungen $\mathbf{\Phi}_\ell : V_\ell \to M \cap U_\ell$ $(\ell = 1, \ldots, m)$ und eine Zerlegung $t_0 < t_1 < \ldots < t_m = b$ von $[t_0, b]$, so dass $\boldsymbol{\alpha}([t_{\ell-1}, t_\ell])$ in der Koordinatenumgebung $M \cap U_\ell$ liegt $(\ell = 1, \ldots, m)$.

Auf einem Intervall $I_\varepsilon = \,]t_0 - \varepsilon, t_1 + \varepsilon[$ mit $\boldsymbol{\alpha}(I_\varepsilon) \subset M \cap U_1$ betrachten wir $\mathbf{u}(t) := \mathbf{\Phi}_1^{-1}(\boldsymbol{\alpha}(t))$. Seien $\mathbf{u}_0 := \mathbf{u}(t_0) = \mathbf{\Phi}_1^{-1}(\mathbf{a})$ und $\mathbf{v}_0 := \xi_0^j\, \partial_j \mathbf{\Phi}_1(\mathbf{u}_0)$. Nach dem Existenz– und Eindeutigkeitssatz für lineare Differentialgleichungen Bd. 2, § 2 : 6.7 hat das System $(*)$ eine eindeutig bestimmte Lösung $(\xi^1, \xi^2) : I_\varepsilon \to \mathbb{R}^2$ mit $\xi^j(t_0) = \xi_0^j$ $(j = 1, 2)$. Daher existiert ein eindeutig bestimmtes, längs $\boldsymbol{\alpha} : I_\varepsilon \to M$ paralleles Vektorfeld $\mathbf{X}$ mit $\mathbf{X}(t_0) = \mathbf{v}_0$, gegeben durch $\mathbf{X}(t) = \xi^j(t)\, \partial_j \mathbf{\Phi}_1(\mathbf{u}(t))$.

Seien $J_\varepsilon = \,]t_1 - \varepsilon, t_2 + \varepsilon[$ mit $\boldsymbol{\alpha}(J_\varepsilon) \subset M \cap U_2$, $\mathbf{w}(t) := \mathbf{\Phi}_2^{-1}(\boldsymbol{\alpha}(t))$, $\mathbf{u}_1 := \mathbf{w}(t_1)$, $\mathbf{v}_1 := \mathbf{X}(t_1) = \eta_0^j\, \partial_j \mathbf{\Phi}_2(\mathbf{u}_1)$. Mit den zu $\mathbf{\Phi}_2$ gehörigen Christoffel–Symbolen $\overline{\Gamma}_{ij}^k$ betrachten wir die eindeutig bestimmte Lösung $(\eta^1, \eta^2) : J_\varepsilon \to \mathbb{R}^2$ des AWP

$$\dot{\eta}^k + \overline{\Gamma}_{ij}^k(\mathbf{w})\, \dot{w}_i\, \eta^j = 0, \quad \eta^k(t_1) = \eta_0^k \quad (k = 1, 2).$$

Dann ist durch $\mathbf{Y}(t) = \eta^j(t)\, \partial_j \mathbf{\Phi}_2(\mathbf{w}(t))$ ein eindeutig bestimmtes, längs $\boldsymbol{\alpha} : J_\varepsilon \to M$ paralleles Vektorfeld gegeben mit $\mathbf{Y}(t_1) = \mathbf{v}_1 = \mathbf{X}(t_1)$. Somit stimmen $\mathbf{X}(t)$ und $\mathbf{Y}(t)$ auf $]t_1 - \varepsilon, t_1 + \varepsilon[$ überein. Durch Fortführung dieses Verfahrens und entsprechendes Vorgehen für $[a, t_0]$ ergibt sich die Behauptung. □

6.2 Das Foucault–Pendel

Ein physikalisches Beispiel für Parallelverschiebung liefert das Foucault–Pendel. Wir betrachten ein Pendel der Länge ℓ, das in einem Turm mit der geographischen Breite Θ aufgehängt ist. Als Bezugssystem verwenden wir ein nichtrotierendes Koordinatensystem mit Ursprung im Erdmittelpunkt und dem Nordpol auf der positiven z–Achse. Die Bahn der nicht ausgelenkten Pendelkugel ist dann ein Breitenkreis auf der R–Sphäre $S_R \subset \mathbb{R}^3$,

$$t \mapsto \boldsymbol{\alpha}(t) = (R\cos\Theta\cos(\Omega_0 t), R\cos\Theta\sin(\Omega_0 t), R\sin\Theta),$$

hierbei ist R der Erdradius und $\Omega_0 = 2\pi/24\,\mathrm{h}^{-1}$ die Kreisfrequenz der Erddrehung. Kleine Pendelausschläge vorausgesetzt, dürfen wir die Position der Pendelkugel zur Zeit t durch einen Vektor $\mathbf{Y}(t)$ in der Tangentialebene $T_{\boldsymbol{\alpha}(t)}M$ darstellen.

Die Bewegungsgleichung der Pendelkugel lautet

$$(*) \qquad \frac{D^2\mathbf{Y}}{dt^2}(t) + \omega^2\,\mathbf{Y}(t) = \mathbf{0},$$

wobei $\omega := \sqrt{\omega_0^2 + \Omega_0^2\sin^2\Theta}$, $\omega_0 := \sqrt{g/\ell}$ und g die Erdbeschleunigung ist. Diese ergibt sich nach SOMMERFELD [127] Bd. 1, § 31 mit der nachfolgenden Aufgabe (i).

Zur Gewinnung einer approximativen Lösung machen wir den Ansatz einer Schwingung in Richtung eines Vektorfeldes $\mathbf{X}$ längs $\boldsymbol{\alpha}$,

$$\mathbf{Y}(t) = a\cos(\omega t)\,\mathbf{X}(t) \quad (a > 0 \text{ eine Konstante}).$$

Für diese ergibt sich unter der Annahme $\|\frac{D^2\mathbf{X}}{dt^2}\| \ll \omega\,\|\frac{D\mathbf{X}}{dt}\|$

$$\mathbf{0} = \frac{D^2\mathbf{Y}}{dt^2}(t) + \omega^2\,\mathbf{Y}(t) = -\,2a\omega\sin(\omega t)\,\frac{D\mathbf{X}}{dt}(t).$$

Hieraus folgt $\frac{D\mathbf{X}}{dt} = \mathbf{0}$, das Richtungsvektorfeld $\mathbf{X}$ der Pendelschwingung wird längs des Breitenkreises $\boldsymbol{\alpha}$ parallel verschoben. Daher ist $\|\mathbf{X}(t)\|$ konstant nach dem Erhaltungssatz 6.1 (a) und wir dürfen $\|\mathbf{X}(t)\| = 1$ setzen.

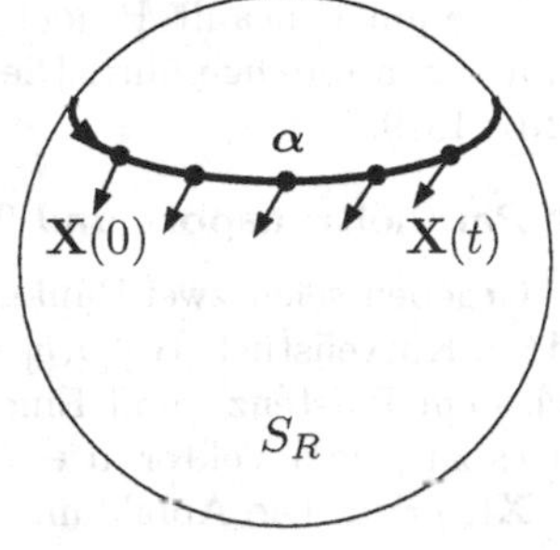

Zur Bestimmung der Winkeländerung von $\mathbf{X}$ nach einer Erdumdrehung führen wir ein Orthonormalsystem $\mathbf{e}_1, \mathbf{e}_2 \in \mathcal{V}\alpha$ ein durch

$$\mathbf{e}_1(t) = (\sin\Theta\cos(\Omega_0 t), \sin\Theta\sin(\Omega_0 t), -\cos\Theta),$$
$$\mathbf{e}_2(t) = (-\sin(\Omega_0 t), \cos(\Omega_0 t), 0).$$

Für dieses gilt ÜA

$$\frac{D\mathbf{e}_1}{dt} = \Omega\mathbf{e}_2\,, \quad \frac{D\mathbf{e}_2}{dt} = -\,\Omega\mathbf{e}_1 \;\text{ mit }\; \Omega := \Omega_0 \sin\Theta\,.$$

Stellen wir $\mathbf{X}$ mit Hilfe einer C^∞–Winkelfunktion $t \mapsto \varphi(t)$ dar, d.h. schreiben wir $\mathbf{X} = \cos\varphi\,\mathbf{e}_1 + \sin\varphi\,\mathbf{e}_2$, so ergibt sich

$$\begin{aligned} \mathbf{0} = \frac{D\mathbf{X}}{dt} &= -\,\dot\varphi\,\sin\varphi\,\mathbf{e}_1 + \dot\varphi\,\cos\varphi\,\mathbf{e}_2 + \Omega\cos\varphi\,\mathbf{e}_2 - \Omega\sin\varphi\,\mathbf{e}_1 \\ &= (\dot\varphi + \Omega)\,(-\sin\varphi\,\mathbf{e}_1 + \cos\varphi\,\mathbf{e}_2)\,, \end{aligned}$$

also $\dot\varphi + \Omega = 0$. Die Winkeländerung von $\mathbf{X}$ nach einer Erdumdrehung $T = 24\,\mathrm{h}$ ist daher

$$\varphi(T) - \varphi(0) = \int_0^T \dot\varphi(t)\,dt = -T\Omega = -2\pi\sin\Theta\,.$$

Eine genauere Darstellung der Pendelbewegung wird durch die Rosettenbahn

$$\mathbf{Y}(t) = a\cos(\omega t)\,\mathbf{X}_1(t) + a\Omega\omega^{-1}\sin(\omega t)\,\mathbf{X}_2(t)\,,$$

geliefert, wobei

$$\mathbf{X}_1(t) = \cos(\Omega t)\mathbf{e}_1(t) - \sin(\Omega t)\mathbf{e}_2(t)\,,\; \mathbf{X}_2(t) = \sin(\Omega t)\mathbf{e}_1(t) + \cos(\Omega t)\mathbf{e}_2(t)$$

ein Orthonormalsystem von parallelen Vektorfeldern längs $\boldsymbol{\alpha}$ ist.

AUFGABE. (i) Zeigen Sie, dass die Bewegungsgleichung $(*)$ für $\mathbf{Y} = \eta_1\,\mathbf{e}_1 + \eta_2\,\mathbf{e}_2$ äquivalent ist mit dem DG–System

$$\ddot\eta_1 - 2\Omega\dot\eta_2 + \omega_0^2\,\eta_1 = 0\,, \quad \ddot\eta_2 + 2\Omega\dot\eta_1 + \omega_0^2\,\eta_2 = 0\,,$$

welches das Foucault–Pendel nach SOMMERFELD [127] Bd. 1, § 31 beschreibt.
(ii) Bestimmen Sie für dieses DG–System ein Fundamentalsystem durch komplexen Exponentialansatz für $\eta_1 + i\eta_2$. Die Lösung mit den Anfangswerten $\eta_1(0) = a,\ \eta_2(0) = \dot\eta_1(0) = \dot\eta_2(0) = 0$ liefert die angegebene Rosettenbahn.

Versuche am Foucault–Pendel wurden von VIVIANI 1661, FOUCAULT 1850/51 und anderen durchgeführt. Die theoretische Behandlung leistete KAMERLINGH ONNES 1879.

6.3 Paralleltransport und Theorema elegantissimum

(a) Gegeben seien zwei Punkte $\mathbf{a}, \mathbf{b}$ auf einer zusammenhängenden Fläche M und ein Kurvenstück $\boldsymbol{\alpha} : [a,b] \to M$ mit $\boldsymbol{\alpha}(a) = \mathbf{a},\ \boldsymbol{\alpha}(b) = \mathbf{b}$.
Nach dem Existenz– und Eindeutigkeitssatz 6.1 (c) für parallele Vektorfelder gibt es zu jedem Vektor $\mathbf{u} \in T_{\mathbf{a}}M$ genau ein paralleles Vektorfeld $\mathbf{X}$ längs $\boldsymbol{\alpha}$ mit $\mathbf{X}(a) = \mathbf{u}$. Die Abbildung

$$P_\alpha : T_{\mathbf{a}}M \to T_{\mathbf{b}}M\,, \quad \mathbf{u} = \mathbf{X}(a) \mapsto \mathbf{X}(b)$$

wird **Paralleltransport** oder **Parallelverschiebung** längs $\boldsymbol{\alpha}$ genannt.

SATZ. *Der Paralleltransport* $P_\alpha : T_{\mathbf{a}}M \to T_{\mathbf{b}}M$ *ist linear und isometrisch,*

$$\langle P_\alpha \mathbf{u}, P_\alpha \mathbf{v}\rangle_{\mathbf{b}} = \langle \mathbf{u}, \mathbf{v}\rangle_{\mathbf{a}}$$

für alle $\mathbf{u}, \mathbf{v} \in T_{\mathbf{a}}M$.

Die Isometrieeigenschaft von P_α folgt aus 6.1 (a); die Linearität ergibt sich mit dem Eindeutigkeitssatz 6.1 (c) ÜA.

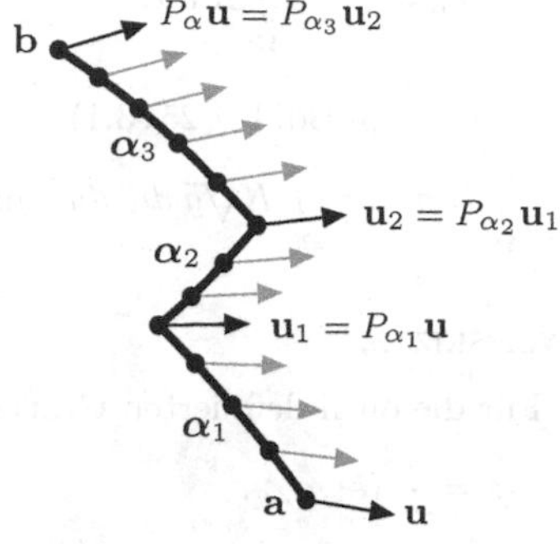

Der Paralleltransport lässt sich unmittelbar auf stückweis glatte Kurven $\boldsymbol{\alpha} = \boldsymbol{\alpha}_1 + \ldots + \boldsymbol{\alpha}_n$ ausdehnen, indem wir $P_\alpha := P_{\alpha_n} \circ \cdots \circ P_{\alpha_1}$ setzen.

(b) Wir untersuchen, ob und inwieweit für gegebene Endpunkte der Paralleltransport vom verbindenden Kurvenstück abhängt. Übersichtlicher zu beschreiben ist das äquivalente Problem für den Paralleltransport längs geschlossener Kurven $\boldsymbol{\alpha}$ mit einem gegebenen Anfangs– und Endpunkt $\mathbf{a}$. Da P_α eine Isometrie ist, kommt es nur auf den Winkel zwischen den Vektoren $\mathbf{u} \in T_{\mathbf{a}}M$ und $P_\alpha \mathbf{u} \in T_{\mathbf{a}}M$ an. Durch den nachfolgenden Satz wird eine fundamentale Verbindung zwischen Paralleltransport und der Flächenkrümmung hergestellt. Zu dessen Formulierung benötigen wir einige Definitionen:

Die Fläche M sei durch ein Normalenfeld $\mathbf{N}$ orientiert. Wir nennen $\Omega \subset M$ ein *einfaches Flächenstück*, wenn es eine positive Parametrisierung $\mathbf{\Phi} : U_0 \to M \cap U$ und ein sternförmiges Gebiet Ω_0 gibt mit $\overline{\Omega}_0 \subset U_0$ und $\Omega = \mathbf{\Phi}(\Omega_0)$. Das Flächenstück $\Omega = \mathbf{\Phi}(\Omega_0)$ heißt von einer geschlossenen, stückweis glatten Kurve $\boldsymbol{\alpha} : [0, L] \to M$ mit $\mathbf{a} = \boldsymbol{\alpha}(0)$ *einfach positiv unlaufen*, wenn das Gebiet $\Omega_0 \subset \mathbb{R}^2$ von der stückweis glatten Kurve $\Phi^{-1} \circ \gamma$ umlaufen wird, vgl. Bd. 1, § 26 : 3.6. Da Φ eine Parametrisierung ist, zeigt der Normalenvektor $\boldsymbol{\nu} = (\mathbf{N} \circ \boldsymbol{\alpha}) \times \dot{\boldsymbol{\alpha}}$ ins Innere von Ω.

Wir wählen ein positiv orientiertes Orthonormalsystem $\mathbf{E}_1$, $\mathbf{E}_2$ von tangentialen Vektorfeldern auf der Koordinatenumgebung $M \cap U$ und setzen $\mathbf{e}_i := \mathbf{E}_i \circ \boldsymbol{\alpha}$ $(i = 1, 2)$. Zu gegebenem Vektor $\mathbf{v} \in T_{\mathbf{a}}M$ der Länge 1 sei $\mathbf{X}$ das parallele Vektorfeld längs $\boldsymbol{\alpha}$ mit $\mathbf{X}(0) = \mathbf{v}$, und $\varphi : [0, L] \to \mathbb{R}$ eine stetige, bis auf endlich viele Stellen C^1–diffenzierbare Funktion mit

$$\mathbf{X} = \cos\varphi\, \mathbf{e}_1 + \sin\varphi\, \mathbf{e}_2 \,;$$

diese ist bis auf eine additiven Konstante $2\pi k$ $(k \in \mathbb{Z})$ eindeutig durch $\mathbf{v}$ bestimmt. Den *orientierten Drehwinkel* von $\mathbf{v}$ beim Paralleltransport längs der geschlossenen Kurve $\boldsymbol{\alpha}$ legen wir fest durch

$$\angle(P_\alpha \mathbf{v}, \mathbf{v}) = \angle(\mathbf{X}(L), \mathbf{X}(0)) := \varphi(L) - \varphi(0)\,.$$

SATZ (SCHOUTEN 1918). *Seien M eine orientierte Fläche und $\Omega \subset M$ ein einfaches Flächenstück, das von einer geschlossenen, stückweis glatten Kurve $\boldsymbol{\alpha} : [0, L] \to M$ mit $\boldsymbol{\alpha}(0) = \boldsymbol{\alpha}(L) = \mathbf{a}$ einfach positiv umlaufen wird. Dann gilt für jeden Vektor $\mathbf{v} \in T_{\mathbf{a}}M$ mit $\|\mathbf{v}\| = 1$*

$$\angle(P_\alpha \mathbf{v}, \mathbf{v}) = \int_\Omega K\, do\,.$$

Hierbei ist (vgl. Bd. 1, § 25 : 3.1)

$$\int_\Omega K\, do := \int_{\Omega_0} K\sqrt{g}\, du^1 du^2 \quad \text{mit} \quad g = \det(g_{ij})\,, \quad g_{ij} = \langle \partial_i \mathbf{\Phi}, \partial_j \mathbf{\Phi} \rangle\,.$$

BEWEISSKIZZE.

(i) Für die oben definierten Größen $\mathbf{e}_1, \mathbf{e}_2, \mathbf{X}, \varphi$ gilt

$$\dot\varphi = -\langle \dot{\mathbf{e}}_1, \mathbf{e}_2 \rangle\,.$$

Denn mit $\mathbf{n} := \mathbf{N} \circ \boldsymbol{\alpha}$ ergibt sich

$$\mathbf{n} \times \mathbf{e}_1 = \mathbf{e}_2\,, \ \mathbf{n} \times \mathbf{e}_2 = -\,\mathbf{e}_1\,,$$

$$\mathbf{n} \times \mathbf{X} = \cos\varphi\, \mathbf{n} \times \mathbf{e}_1 + \sin\varphi\, \mathbf{n} \times \mathbf{e}_2 = \cos\varphi\, \mathbf{e}_2 - \sin\varphi\, \mathbf{e}_1\,,$$

$$\dot{\mathbf{X}} = -\,\dot\varphi \sin\varphi\, \mathbf{e}_1 + \cos\varphi\, \dot{\mathbf{e}}_1 + \dot\varphi \cos\varphi\, \mathbf{e}_2 + \sin\varphi\, \dot{\mathbf{e}}_2\,,$$

und aus

$$0 = \langle \mathbf{e}_1, \mathbf{e}_2 \rangle^{\cdot} = \langle \dot{\mathbf{e}}_1, \mathbf{e}_2 \rangle + \langle \mathbf{e}_1, \dot{\mathbf{e}}_2 \rangle\,, \quad 0 = \langle \mathbf{e}_i, \mathbf{e}_i \rangle^{\cdot} = 2\langle \mathbf{e}_i, \dot{\mathbf{e}}_i \rangle$$

folgt

$$\begin{aligned} 0 &= \left\langle \frac{D\mathbf{X}}{dt}, \mathbf{n} \times \mathbf{X} \right\rangle = \left\langle \dot{\mathbf{X}}, \mathbf{n} \times \mathbf{X} \right\rangle \\ &= \left\langle \dot{\mathbf{X}}, \cos\varphi\, \mathbf{e}_2 - \sin\varphi\, \mathbf{e}_1 \right\rangle \\ &= \dot\varphi \sin^2\varphi + \cos^2\varphi \langle \dot{\mathbf{e}}_1, \mathbf{e}_2 \rangle + \dot\varphi \cos^2\varphi - \sin^2\varphi \langle \dot{\mathbf{e}}_2, \mathbf{e}_1 \rangle \\ &= \dot\varphi + \langle \dot{\mathbf{e}}_1, \mathbf{e}_2 \rangle\,. \end{aligned}$$

Damit erhalten wir

$$\angle(P_\alpha \mathbf{v}, \mathbf{v}) = \varphi(L) - \varphi(0) = \int_0^L \dot\varphi\, dt = -\int_0^L \langle \dot{\mathbf{e}}_1, \mathbf{e}_2 \rangle\, dt\,.$$

(ii) Zur Vereinfachung des Beweises nehmen wir an, dass $\mathbf{\Phi}$ eine *isotherme Parametrisierung* ist, d.h. $g_{ij} = \mathrm{e}^{2\mu}\, \delta_{ij}$ mit einer Funktion $\mu \in \mathrm{C}^\infty(U_0)$ gilt. Nach 4.2 (c) hat dann die Gaußsche Krümmung die einfache Gestalt $K = -\mathrm{e}^{-2\mu} \Delta\mu$. (Siehe die Bemerkung am Beweisende.)

Nach Voraussetzung umläuft die Kurve $t \mapsto (u^1(t), u^2(t)) = \mathbf{u}(t) = \mathbf{\Phi}^{-1} \circ \boldsymbol{\alpha}(t)$, das Gebiet Ω_0 im positiven Sinn. Daher folgt nach dem Stokesschen Satz in der Ebene (Bd. 1, § 26 : 3.3, 3.6)

$$\begin{aligned}\int_\Omega K\,do &= \int_{\Omega_0} K\sqrt{g}\,du^1\,du^2 = \int_{\Omega_0} K\,\mathrm{e}^{2\mu}\,du^1\,du^2 = -\int_{\Omega_0} \Delta\mu\,du^1\,du^2 \\ &= \int_{\partial\Omega_0} \left(\partial_2\mu\,du^1 - \partial_1\mu\,du^2\right) \\ &= \int_0^L \left(\partial_2\mu(\mathbf{u}(t))\,\dot u^1(t) - \partial_1\mu(\mathbf{u}(t))\,\dot u^2(t)\right) dt\,.\end{aligned}$$

(iii) Wegen $\langle \partial_i\mathbf{\Phi}, \partial_j\mathbf{\Phi}\rangle = g_{ij} = \mathrm{e}^{2\mu}\,\delta_{ij}$ bilden die Vektoren

$$\mathbf{E}_i := \mathrm{e}^{-\mu}\,\partial_i\mathbf{\Phi} = \frac{\partial_i\mathbf{\Phi}}{\|\partial_i\mathbf{\Phi}\|} \quad (i = 1, 2)$$

ein Orthonormalsystem. Für dieses gilt

$$\begin{aligned}\partial_i\mathbf{E}_1 &= \partial_i\left(\mathrm{e}^{-\mu}\,\partial_1\mathbf{\Phi}\right) = \mathrm{e}^{-\mu}\left(-\partial_i\mu\,\partial_1\mathbf{\Phi} + \partial_i\partial_1\mathbf{\Phi}\right), \\ \langle \partial_i\mathbf{E}_1, \mathbf{E}_2\rangle &= \mathrm{e}^{-2\mu}\,\langle \partial_i\partial_1\mathbf{\Phi}, \partial_2\mathbf{\Phi}\rangle\,, \\ \partial_2 g_{11} &= 2\langle \partial_1\mathbf{\Phi}, \partial_2\partial_1\mathbf{\Phi}\rangle = 2\langle \partial_1\mathbf{\Phi}, \partial_1\partial_2\mathbf{\Phi}\rangle\,.\end{aligned}$$

Weiter erhalten wir unter Beachtung von $g_{12} = 0$

$$\begin{aligned}&\langle \partial_2\partial_1\mathbf{\Phi}, \partial_2\mathbf{\Phi}\rangle = \langle \partial_1\partial_2\mathbf{\Phi}, \partial_2\mathbf{\Phi}\rangle = \tfrac{1}{2}\,\partial_1 g_{22} = e^{2\mu}\,\partial_1\mu\,, \\ &\langle \partial_1\partial_1\mathbf{\Phi}, \partial_2\mathbf{\Phi}\rangle = \partial_1\langle \partial_1\mathbf{\Phi}, \partial_2\mathbf{\Phi}\rangle - \langle \partial_1\mathbf{\Phi}, \partial_1\partial_2\mathbf{\Phi}\rangle = -\tfrac{1}{2}\,\partial_2 g_{11} = -\mathrm{e}^{2\mu}\,\partial_2\mu\,.\end{aligned}$$

Mit

$$\dot{\mathbf{e}}_1 = \partial_i\mathbf{E}_1(\mathbf{u})\,\dot u^i$$

ergibt sich

$$\begin{aligned}\langle \dot{\mathbf{e}}_1, \mathbf{e}_2\rangle &= \langle \partial_i\mathbf{E}_1(\mathbf{u}), \mathbf{E}_2(\mathbf{u})\rangle\,\dot u^i \\ &= \mathrm{e}^{-2\mu}\left(\langle \partial_1\partial_1\mathbf{\Phi}(\mathbf{u}), \partial_2\mathbf{\Phi}(\mathbf{u})\rangle\,\dot u^1 + \langle \partial_2\partial_1\mathbf{\Phi}(\mathbf{u}), \partial_2\mathbf{\Phi}(\mathbf{u})\rangle\,\dot u^2\right) \\ &= -\partial_2\mu(\mathbf{u})\,\dot u^1 + \partial_1\mu(\mathbf{u})\,\dot u^2\,,\end{aligned}$$

somit die Behauptung

$$\int_\Omega K\,do = \int_0^L \left(\partial_1\mu(\mathbf{u})\,\dot u^2 - \partial_2\mu(\mathbf{u})\,\dot u^1\right) dt = -\int_0^L \langle \dot{\mathbf{e}}_1, \mathbf{e}_2\rangle\,dt = \angle(P_\alpha\mathbf{v}, \mathbf{v}). \;\square$$

Bemerkung. Die Existenz isothermer Parametrisierungen wurde von Korn 1914 und Lichtenstein 1916 gezeigt (siehe Courant [30] I.7, Nitsche [33] 6). Der obige Satz kann jedoch auch ohne dieses nichttriviale Hilfsmittel bewiesen werden, siehe Laugwitz [47] 17.3, Kühnel [46] 4F.

(c) **Theorema elegantissimum** (GAUSS 1827). *Ist ein einfaches Flächenstück $\Omega \subset M$ einer orientierten Fläche M durch drei Geodätenstücke berandet, so gilt für die Innenwinkel $\delta_1, \delta_2, \delta_3$ des Dreiecks*

$$\delta_1 + \delta_2 + \delta_3 - \pi \;=\; \int_\Omega K\,do\,.$$

Die Zahl $\varepsilon(\Omega) = \delta_1 + \delta_2 + \delta_3 - \pi$ heißt der **Winkelexzess** des geodätischen Dreiecks Ω.

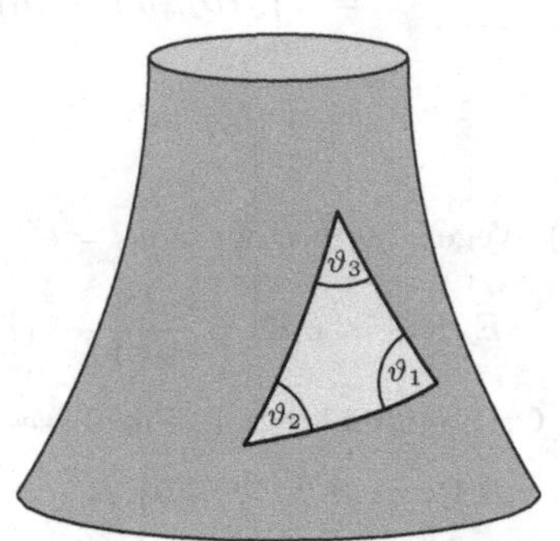

Für jede sich auf einen Punkt $\mathbf{a} \in M$ zusammenziehende Folge von geodätischen Dreiecken Ω_k mit Flächeninhalt $A(\Omega_k)$ folgt somit

$$K(\mathbf{a}) \;=\; \lim_{k\to\infty} \frac{\varepsilon(\Omega_k)}{A(\Omega_k)}\,.$$

Flächenbewohner haben hiernach die weitere Möglichkeit zur Bestimmung der Krümmung ihrer Welt durch Winkelmessung.

Es sei angemerkt, dass ein wichtiger Teil des Satzes von Schouten schon von GAUSS bewiesen und 1848 von BONNET verallgemeinert wurde. GAUSS hat das Konzept des Paralleltransports implizit verwendet, wenn auch nicht thematisiert.

Für geschlossene Flächen M liefert das Integral $\frac{1}{2\pi}\int_M K\,do$ eine topologische Flächeninvariante, die **Eulersche Charakteristik**, siehe DO CARMO [44] 4.5.

BEWEIS.

Wir wählen eine Bogenlängen–Parametrisierung für die drei geodätischen Randstücke

$$\boldsymbol{\alpha}_j : [t_{j-1}, t_j] \to M \;\text{ mit }\; 0 = t_0 < t_1 < t_2 < t_3 = L$$

so, dass die Randkurve $\boldsymbol{\alpha} = \boldsymbol{\alpha}_1 + \boldsymbol{\alpha}_2 + \boldsymbol{\alpha}_3$ mit Länge L das Flächenstück Ω in positivem Sinn umläuft.

Wie in (b) seien $\mathbf{E}_1$, $\mathbf{E}_2$ tangentiale Vektorfelder derart, dass $\mathbf{E}_1(\mathbf{a})$, $\mathbf{E}_2(\mathbf{a})$ an jeder Stelle $\mathbf{a} \in M$ eine positiv orientierte Orthonormalbasis für $T_\mathbf{a}M$ ist; ferner setzen wir $\mathbf{e}_i := \mathbf{E}_i \circ \boldsymbol{\alpha}$ $(i = 1, 2)$. Dann gibt es Winkelfunktionen $\psi_j : [t_{j-1}, t_j] \to [0, 2\pi[$ mit

$$\dot{\boldsymbol{\alpha}}_j \;=\; \cos\psi_j\,\mathbf{e}_1 \;+\; \sin\psi_j\,\mathbf{e}_2 \quad (j = 1, 2, 3).$$

Wir wählen ein längs der stückweis glatten Kurve $\boldsymbol{\alpha}$ paralleles Vektorfeld $\mathbf{X}$ mit $\mathbf{X}(0) = \dot{\boldsymbol{\alpha}}_1(0)$, vgl. (a). Für dieses gibt es eine Winkelfunktion φ mit

$$\mathbf{X} = \cos\varphi\,\mathbf{e}_1 + \sin\varphi\,\mathbf{e}_2 .$$

Nach Voraussetzung ist $\boldsymbol{\alpha}_j$ eine Geodätische, d.h. $\dot{\boldsymbol{\alpha}}_j$ ist ein längs $\boldsymbol{\alpha}_j$ paralleles Vektorfeld ($j = 1, 2, 3$). Daher bleiben nach (a) die Winkel $\angle(\mathbf{X}, \dot{\boldsymbol{\alpha}}_j)$ längs $\boldsymbol{\alpha}_j$ konstant. Wegen des positiven Umlaufs folgt

$$\begin{aligned}
\psi_1(t_1) - \varphi(t_1) &= \psi_1(t_0) - \varphi(t_0) = 0 ,\\
\psi_2(t_2) - \varphi(t_2) &= \psi_2(t_1) - \varphi(t_1) > 0 ,\\
\psi_3(t_3) - \varphi(t_3) &= \psi_3(t_2) - \varphi(t_2) > \psi_2(t_2) - \varphi(t_2) > 0 .
\end{aligned}$$

Nach (b) ist

$$\begin{aligned}
\int_\Omega K\,do &= \varphi(L) - \varphi(0) = \sum_{i=1}^{3} (\varphi(t_i) - \varphi(t_{i-1})) = \sum_{i=1}^{3} (\psi(t_i) - \psi(t_{i-1}))\\
&= \sum_{j=1}^{3} \delta_j - \pi .
\end{aligned}$$

Die letzte Gleichheit ergibt sich nach dem sogenannten *Umlaufsatz*, siehe KLINGENBERG [45] § 6.3.

ÜA Machen Sie sich den Umlaufsatz anhand einer Skizze plausibel: Ist

$$\begin{aligned}
\psi_2(t_1) - \psi_1(t_1) + \delta_2 &= \pi ,\\
\psi_3(t_2) - \psi_2(t_2) + \delta_3 &= \pi ,
\end{aligned}$$

so gilt

$$\psi_3(t_3) - \psi_1(t_0) = \delta_1 + \pi ,$$

woraus die Behauptung folgt. □

§ 8 Mannigfaltigkeiten, Tensoren, Differentialformen

Mannigfaltigkeiten und Tensoren bilden das Rüstzeug für die Differentialgeometrie gekrümmter Räume, die dem mathematischen Modell der allgemeinen Relativitätstheorie zugrunde liegt, insbesondere für Riemann– und Lorentz-Mannigfaltigkeiten. Der für die Bereitstellung dieser Konzepte benötigte mathematische Apparat ist recht umfangreich; geht es doch darum, mehrdimensionale Differentialrechnung auf Mannigfaltigkeiten neu zu etablieren und darüberhinaus einen Differentialkalkül für Tensorfelder auf diesen zu schaffen. Die Übertragung der Begriffe der mehrdimensionalen Differentialrechnung vom $\mathbb{R}^n$ auf Mannigfaltigkeiten geschieht mit Hilfe von Koordinatensystemen, wobei sich als neuer Gesichtspunkt die Frage nach der Invarianz der neugeschaffenen Objekte stellt.

Wir empfehlen unseren Leserinnen und Lesern, sich bei der Verarbeitung der Vielzahl von neuen Begriffen klarzumachen, dass sich die meisten auf natürliche Weise ergeben. Auch ist es hilfreich, sich den Sinn der neuen Konzepte anhand geometrischer Vorstellungen plausibel zu machen, z.B. durch Vergleich mit den entsprechenden Konzepten für Flächen im $\mathbb{R}^3$. Der Kalkül der Differentialformen wird in der Differentialgeometrie nicht benötigt, in der Relativitätstheorie lediglich in § 10 : 2.4, § 10 : 3.2; wir empfehlen, diesen Abschnitt erst bei Bedarf zu lesen.

1 Mannigfaltigkeiten und differenzierbare Funktionen

1.1 Der Begriff der Mannigfaltigkeit

Unter n–dimensionalen Mannigfaltigkeiten verstehen wir Gebilde, die sich durch Koordinatensysteme überdecken lassen, oder anders ausgedrückt, die im Kleinen (d.h. lokal) wie offene Mengen des $\mathbb{R}^n$ aussehen. Ihre Gestalt im Großen kann jedoch komplizierter als die des $\mathbb{R}^n$ sein. Klassische Modelle von zweidimensionalen Mannigfaltigkeiten sind Flächen im $\mathbb{R}^3$, z.B. Sphäre, Torus, Brezelfläche und Katenoid.

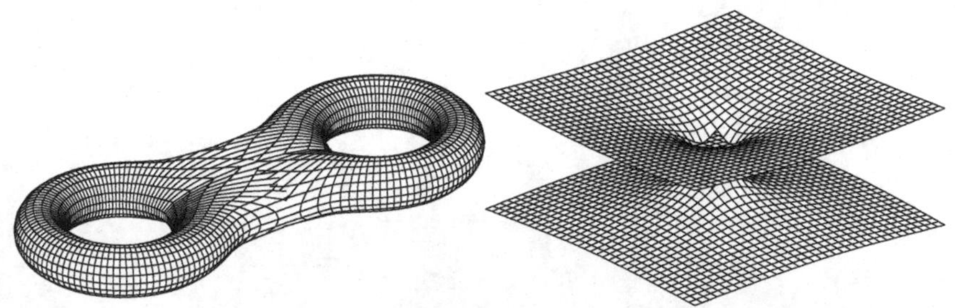

Die Raumzeit–Modelle der allgemeinen Relativitätstheorie sind vierdimensionale Mannigfaltigkeiten, die a priori nicht in einen $\mathbb{R}^m$ eingebettet sind, wir sprechen deshalb auch von *abstrakten Mannigfaltigkeiten.*

(a) Eine **n–dimensionale Mannigfaltigkeit** ($n = 1, 2, \dots$) besteht aus einer Menge M und einer Familie $\mathcal{A} = \{(U_\lambda, x_\lambda) \mid \lambda \in \Lambda\}$, ($\Lambda \neq \emptyset$) mit folgenden Eigenschaften:

(1) $M = \bigcup\limits_{\lambda \in \Lambda} U_\lambda$.

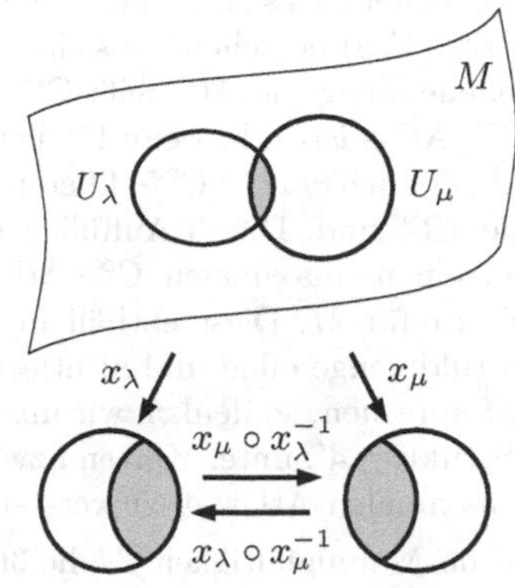

(2) Für jedes $\lambda \in \Lambda$ ist $x_\lambda : U_\lambda \to \mathbb{R}^n$ eine bijektive Abbildung auf eine offene Menge des $\mathbb{R}^n$.

(3) Im Fall $U_\lambda \cap U_\mu \neq \emptyset$ vermittelt $x_\mu \circ x_\lambda^{-1}$ eine C^∞–Abbildung zwischen den offenen Mengen $x_\lambda(U_\lambda \cap U_\mu)$ und $x_\mu(U_\lambda \cap U_\mu)$.

(4) Zu je zwei verschiedenen Punkten $p, q \in M$ gibt es $(U_\lambda, x_\lambda), (U_\mu, x_\mu)$ in $\mathcal{A}$ mit $p \in U_\lambda$, $q \in U_\mu$ und $U_\lambda \cap U_\mu = \emptyset$.

(5) Die natürliche Topologie von M besitzt eine abzählbare Basis; Erläuterungen hierzu in 1.3.

Jedes $U_\lambda \subset M$ heißt eine **Koordinatenumgebung**, jedes Paar (U_λ, x_λ) und auch x_λ selbst eine **Karte** oder ein **Koordinatensystem**, die Kollektion $\mathcal{A}$ aller Karten ein **Atlas**, und jede Abbildung $x_\mu \circ x_\lambda^{-1}$ mit $U_\lambda \cap U_\mu \neq \emptyset$ eine **Koordinatentransformation** von M. Da $x_\mu \circ x_\lambda^{-1}$ die C^∞–Umkehrabbildung $x_\lambda \circ x_\mu^{-1}$ besitzt, ist jede Koordinatentransformation ein C^∞–Diffeomorphismus zwischen offenen Mengen des $\mathbb{R}^n$.

Die Indizierung der x_λ und U_λ hat den alleinigen Zweck, diese beiden Objekte aufeinander zu beziehen; wir schreiben im Folgenden immer (U, x), (V, y) für Koordinatensysteme. Liegt ein Punkt p in einer Koordinatenumgebung U, so sprechen wir von einer **Karte um p**; hierbei lässt sich bei Bedarf nach Ausführung einer Translation des $\mathbb{R}^n$ noch $x(p) = \mathbf{0}$ erreichen. Für die n Koordinaten einer Karte x schreiben wir im Hinblick auf die Indexkonvention der Tensoranalysis $x^1, \dots, x^n$; entsprechend notieren wir Vektoren des $\mathbb{R}^n$ mit $\mathbf{u} = (u^1, \dots, u^n)$ und Abbildungen mit Werten in $\mathbb{R}^n$ mit $h = (h^1, \dots, h^n)$, wobei wir h jetzt nicht mehr fett drucken (handschriftlich also ohne Pfeil schreiben). Eine Verwechslung von Indizes mit Potenzen ist nicht zu befürchten.

Die **Hausdorffsche Trennungseigenschaft** (4) wird zur Sicherung der Eindeutigkeit von Flüssen auf Mannigfaltigkeiten benötigt, vgl. 3.2 (b). Die Abzählbarkeitsbedingung (5) brauchen wir bei der Definition von Integralen, siehe 5.5.

(b) Bei der Festlegung einer Mannigfaltigkeitsstruktur für eine gegebene Menge M werden wir aus Ökonomiegründen bestrebt sein, mit möglichst wenigen Koordinatensystemen auszukommen; das machen auch die Beispiele in 1.2 deutlich. Dagegen ist es von der Geometrie her wünschenswert, möglichst viele Karten zur Verfügung zu haben, z.B. um für gegebene Figuren einfache Koordinatendarstellungen herstellen zu können.
Ein gegebener Atlas $\mathcal{A}$ wird wie folgt durch weitere Koordinatensysteme ergänzt: Ein Paar (V, y) bestehend aus einer bijektiven Abbildung $y : M \supset V \to \mathbb{R}^n$ auf eine offene Menge des $\mathbb{R}^n$ heißt **C^∞–verträglich** mit $\mathcal{A}$, wenn auch $\mathcal{A} \cup \{(V, y)\}$ ein C^∞–Atlas ist, d.h. wenn für jede Karte $(U, x) \in \mathcal{A}$ mit $U \cap V \neq \emptyset$ sowohl $x \circ y^{-1}$ als auch $y \circ x^{-1}$ C^∞–differenzierbare Abbildungen zwischen offenen Mengen des $\mathbb{R}^n$ sind. Durch Auffüllen von $\mathcal{A}$ mit diesen weiteren Karten kommen wir zu einem maximalen C^∞–Atlas $\mathcal{A}'$ für M, die **von $\mathcal{A}$ erzeugte C^∞–Struktur** für M. Diese enthält mit einer Karte x auch jede Einschränkung y, deren Bildmenge offen und nichtleer ist [ÜA]. Wenn wir von einer Mannigfaltigkeit M sprechen, so denken wir uns diese immer in Verbindung mit einer festen C^∞–Struktur $\mathcal{A}'$; unter Karten bzw. Koordinatensystemen sind stets solche aus dem maximalen Atlas $\mathcal{A}'$ zu verstehen.

(c) Eine Mannigfaltigkeit M heißt **orientierbar**, wenn es einen Atlas $\mathcal{O}$ für M gibt mit der Eigenschaft, dass für jedes Paar $x, y \in \mathcal{O}$ überlappender Karten die zugehörige Koordinatentransformation orientierungserhaltend ist, d.h. dass die Jacobische Determinante der Koordinatentransformation positiv ist,

$$(*) \quad \det\big(d(y \circ x^{-1})\big) > 0\,.$$

Es ist leicht zu zeigen, dass jeder maximale Atlas einer orientierbaren Mannigfaltigkeit M in zwei disjunkte Atlanten $\mathcal{O}_1, \mathcal{O}_2$ mit der Eigenschaft $(*)$, den **Orientierungsatlanten** zerfällt. Eine orientierbare Mannigfaltigkeit wird durch Auszeichnung eines der beiden Orientierungsatlanten **orientiert**; die Karten dieses Atlasses legen dann einen **positiv** genannten Drehsinn auf der Mannigfaltigkeit fest.

Ein Beispiel einer 2–dimensionalen nicht orientierbaren Mannigfaltigkeit ist das *Möbiusband*, siehe DO CARMO [44] 2.6.

(d) AUFGABEN. (i) Versehen Sie für gegebene Mannigfaltigkeiten M, N mit den Dimensionen m, n das Produkt $M \times N = \{(p, q) \mid p \in M,\ q \in N\}$ mit einem Atlas, durch welchen dieses zu einer $(m + n)$–dimensionalen Mannigfaltigkeit wird.

Wie lässt sich die Produktmannigfaltigkeit $S^1 \times \mathbb{R}$ ($S^1 =$ Einheitskreislinie) als Fläche im $\mathbb{R}^3$ darstellen?

(ii) Zeigen Sie, dass die Abbildungen $x, y : \mathbb{R} \to \mathbb{R}$ mit $x(t) = t,\ y(t) = t^3$ nicht verträglich sind. Die von diesen erzeugten maximalen Atlanten für $M = \mathbb{R}$ sind also disjunkt.

Weiteres Material zum Mannigfaltigkeitsbegriff finden Sie in BOOTHBY [53] I.

1.2 Beispiele von Mannigfaltigkeiten

(a) Jede offene Teilmenge U des $\mathbb{R}^n$ (insbesondere $U = \mathbb{R}^n$) ist eine n–dimensionale Mannigfaltigkeit. Einen Atlas erhalten wir durch $(U, \mathbb{1}_U)$. Ein weiterer Atlas besteht aus allen (V, x), wo $V \subset U$ offen ist und $x : V \to x(V)$ ein Diffeomorphismus zwischen offenen Mengen des $\mathbb{R}^n$. Dieser liefert eine C^∞–Struktur auf U [ÜA], auf die wir uns im Folgenden beziehen.

(b) Jeder n–dimensionale Vektorraum V über $\mathbb{R}$ ist eine n–dimensionale Mannigfaltigkeit. Nach Wahl einer Basis $(v_1, \dots, v_n)$ liefert die Koordinatenabbildung

$$V \to \mathbb{R}^n, \quad v \longmapsto (\xi^1, \dots, \xi^n) \quad \text{mit} \quad v = \sum_{i=1}^{n} \xi^i v_i$$

eine ganz V überdeckende Karte. Die C^∞–Koordinatentransformation zwischen zwei solchen Koordinatensystemen wird durch eine Transformationsmatrix S dargestellt (Bd. 1, § 15 : 7.2).

(c) Jede Fläche $M \subset \mathbb{R}^3$ ist eine 2–dimensionale Mannigfaltigkeit, vgl. § 7 : 1.

(d) Die Einheitssphäre $S^2 = \{ \mathbf{x} \in \mathbb{R}^3 \mid \|\mathbf{x}\|^2 = 1 \}$ kann wie folgt mit jeweils zwei Koordinatensystemen (U, x), (V, y) überdeckt werden:

(i) *Verwendung der stereographischen Projektion* (Bd. 1, § 25 : 1.5): (U, x) sei die Karte, bestehend aus der Inversen $x : U \to \mathbb{R}^2$ der stereographischen Projektion vom Nordpol $\mathbf{n} = \mathbf{e}_3$ aus mit $U = S^2 \setminus \{\mathbf{e}_3\}$, und (V, y) entsprechend für den Südpol $\mathbf{s} = -\mathbf{e}_3$.

Für die Koordinatentransformation $\mathbf{u} = (u^1, u^2) \mapsto \mathbf{v} = (v^1, v^2)$ zwischen den beiden Karten ergibt sich die Spiegelung am Einheitskreis $\mathbf{u} \mapsto \mathbf{v} = \mathbf{u}/\|\mathbf{u}\|^2$ $(\mathbf{u} \neq \mathbf{0})$, also eine C^∞–Abbildung ([ÜA], betrachten Sie einen geeigneten Thales–Kreis).

(ii) *Verwendung von Kugelkoordinaten* (Bd. 1, § 25 : 1.1): Hierbei müssen die Rotationsachsen der beiden Koordinatensysteme so gelegt werden, dass die jeweils nicht überdeckten Halbkreisschlitze auf der Sphäre disjunkt sind. Machen Sie sich das an Hand einer Skizze klar. Die Koordinatentransformation $y \circ x^{-1}$ ist C^∞–differenzierbar, weil diese aus trigonometrischen Funktionen und deren Umkehrfunktionen aufgebaut ist.

(e) Unter einem n–dimensionalen **affinen Raum** verstehen wir eine Menge A zusammen mit einem n–dimensionalen Vektorraum V und einer Familie von bijektiven Abbildungen $\tau_v : A \to A$ für $v \in V$, wobei folgende Rechenregeln gelten:

(i) $\tau_0 = \mathbb{1}_A$,

(ii) $\tau_u \circ \tau_v = \tau_{u+v}$ für $u, v \in V$,

(iii) für jedes Punktepaar $p, q \in A$ gibt es genau ein $v \in V$ mit $\tau_v(p) = q$.

V heißt der **Richtungsvektorraum**, die Abbildungen τ_v heißen **Translationen** des affinen Raumes A; für $q = \tau_v(p)$ schreiben wir auch $q = p + v$ und $v = q - p$.

Mit dem Konzept des affinen Raumes wird deutlich zwischen Punkten $p \in A$ und Vektoren $v \in V$ unterschieden. Nach Fixierung eines Punktes $p \in A$ können wir jedoch den Vektorraum V mittels der Abbildung $v \mapsto \tau_v(p) = p + v$ mit dem affinen Raum A identifizieren.

Jeder Vektorraum ist mit den Translationen $u \mapsto \tau_v(u) = u + v$ ein affiner Raum.

Ein n–dimensionaler affiner Raum wird zur n–dimensionalen Mannigfaltigkeit, indem wir jedem Punkt $p \in A$ und jeder Basis $v_1, \dots, v_n$ von V das Koordinatensystem

$$A \to \mathbb{R}^n, \quad q \mapsto (\xi^1, \dots, \xi^n) \quad \text{für } q = p + \sum_{i=1}^{n} \xi^i v_i$$

zuordnen. Jede Koordinatentransformation zwischen diesen Koordinatensystemen besteht in leichter Verallgemeinerung des Beispiels (b) aus einer linearen Transformation zuzüglich einer Translation, liefert also eine C^∞–Abbildung $\mathbb{R}^n \to \mathbb{R}^n$ ÜA.

Weitere Beispiele von Mannigfaltigkeiten sind in BOOTHBY [53] III.1, III.2, III.6 und in FRANKEL [83] 1.1 d, 1.2 b zu finden.

1.3 Die natürliche Topologie einer Mannigfaltigkeit

(a) Eine Teilmenge V einer n–dimensionalen Mannigfaltigkeit M heißt **offen**, falls $x(V \cap U)$ für jede Karte (U, x) eine offene Menge im $\mathbb{R}^n$ ist. Aufgrund der Eigenschaft 1.1 (3) ist jede Koordinatenumgebung offen.

Die mengentheoretischen Eigenschaften der Kollektion aller offenen Mengen von M (genannt die **natürliche Topologie** von M) ergeben sich aus den Eigenschaften offener Mengen des $\mathbb{R}^n$ (Bd. 1, § 21 : 3.2):

(i) $\emptyset$ *und* M *sind offene Mengen,*

(ii) *die Vereinigung von beliebig vielen offenen Mengen ist offen,*

(iii) *der Durchschnitt endlich vieler offener Mengen ist offen.*

BEWEIS als ÜA. (Verwenden und beweisen Sie dabei die Mengengleichheiten $x(\bigcup A_i) = \bigcup x(A_i)$, $x(\bigcap A_i) = \bigcap x(A_i)$; Letztere beruht auf der Injektivität von x.)

Wir formulieren nun die in 1.1 geforderte Abzählbarkeitsbedingung (5):

(5) Die Topologie besitzt eine **abzählbare Basis** $V_1, V_2, \dots$ aus offenen Mengen, d.h. jede offene Teilmenge von M ist die Vereinigung geeigneter V_k.

Jede offene Menge $V \subset M$ mit $p \in V$ heißt (offene) **Umgebung** von p. Aus 1.1 (4) folgt:

Zu je zwei verschiedenen Punkten $p, q \in M$ gibt es Umgebungen U von p, V von q mit $U \cap V = \emptyset$ (Hausdorffsche Trennungseigenschaft).

(b) Eine Teilmenge $A \subset M$ heißt **abgeschlossen**, wenn $M \setminus A$ offen ist. Aufgrund der de Morganschen Regeln sind neben $\emptyset$, M beliebige Durchschnitte und endliche Vereinigungen abgeschlossener Mengen abgeschlossen. Ein Punkt p heißt **Randpunkt** einer Menge $A \subset M$ $(p \in \partial A)$, wenn jede Umgebung von p sowohl A als auch $M \setminus A$ trifft. Die Menge $\overline{A} := A \cup \partial A$ heißt der **Abschluss** von A. Es gilt $A \subset B \implies \overline{A} \subset \overline{B}$ und

$$A \text{ ist abgeschlossen} \iff \partial A \subset A \iff \overline{A} = A\,.$$

(c) Eine Folge (p_k) in M heißt **konvergent** gegen $p \in M$ $(p_k \to p$ für $k \to \infty)$, wenn es zu jeder Umgebung $V \subset M$ von p ein $k_0 \in \mathbb{N}$ gibt mit $p_k \in V$ für $k > k_0$. Aus $p_k \to p$, $p_k \to q$ für $k \to \infty$ folgt $p = q$ wegen der Hausdorffschen Trennungseigenschaft. Daher ist die Schreibweise $p = \lim\limits_{k \to \infty} p_k$ gerechtfertigt.

Ist x eine Karte um $p \in M$, so gilt für Folgen (p_k) in M ÜA

$$\lim_{k \to \infty} p_k = p \iff \lim_{k \to \infty} x(p_k) = x(p)\,.$$

(d) Eine Abbildung $\phi : M \to N$ zwischen Mannigfaltigkeiten M, N heißt **stetig**, wenn das Urbild $\phi^{-1}(V)$ jeder offenen Menge $V \subset N$ offen in M ist. Demnach sind alle Karten $x : U \to x(U)$ sowie deren Umkehrabbildungen stetig; hierbei ist $x(U)$ gemäß 1.2 (a) als Mannigfaltigkeit aufzufassen.

(e) Eine Menge $K \subset M$ heißt **kompakt**, wenn für jede Überdeckung von K durch offene Mengen V_i bereits endlich viele der V_i zur Überdeckung von K genügen.

Wegen des Trennungsaxioms (4) ist jede kompakte Menge abgeschlossen ÜA.

(f) Aus den Bedingungen 1.1 (4), (5) ergeben sich folgende Eigenschaften der natürlichen Topologie (Boothby [53] I, 3.6):

$p \in \overline{A} \iff \lim\limits_{k \to \infty} p_k = p$ für eine Folge (p_k) in A.

A ist abgeschlossen $\iff$ A enthält mit jeder konvergenten Folge auch deren Limes.

K ist kompakt $\iff$ jede Folge in K enthält eine in K konvergente Teilfolge.

$\phi : M \to N$ ist stetig $\iff$ aus $p = \lim\limits_{k \to \infty} p_k$ in M folgt $\phi(p) = \lim\limits_{k \to \infty} \phi(p_k)$ in N.

Es existiert ein abzählbarer Atlas $\{(U_i, x_i) \mid i \in \mathbb{N}\}$ für M mit kompakten Abschlüssen $\overline{U}_i$.

1.4 Untermannigfaltigkeiten

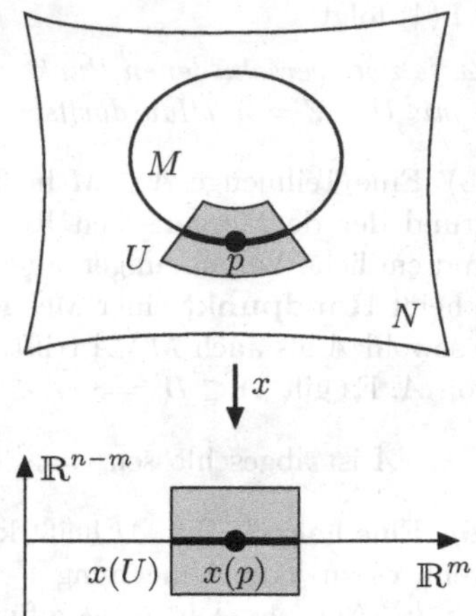

(a) Wir nennen eine Teilmenge M einer n–dimensionalen Mannigfaltigkeit N eine **m–dimensionale Untermannigfaltigkeit** von N $(m < n)$, wenn es für jeden Punkt $p \in N$ ein **angepasstes Koordinatensystem** gibt, d.h. eine Karte (U, x) von N um p mit

$$x(M \cap U) = \mathbb{R}^m \cap x(U)\,.$$

Dabei identifizieren wir den $\mathbb{R}^m$ mit der m–dimensionalen Koordinatenebene im $\mathbb{R}^n$

$$\mathbb{R}^m \times 0^{n-m} = \{\mathbf{u} \in \mathbb{R}^n \mid u^{m+1} = \ldots = u^n = 0\}.$$

Beispiel. Der Äquator

$$S^1 = \left\{(\xi, \eta, 0) \in \mathbb{R}^3 \;\middle|\; \xi^2 + \eta^2 = 1\right\}$$

als Teilmenge der Einheitssphäre

$$S^2 = \left\{\mathbf{x} \in \mathbb{R}^3 \;\middle|\; \|\mathbf{x}\| = 1\right\}$$

ist eine eindimensionale Untermannigfaltigkeit von S^2. Nachweis als ÜA (verwenden Sie Kugelkoordinaten für die S^2).

Satz. *Jede m–dimensionale Untermannigfaltigkeit M von N ist eine m–dimensionale Mannigfaltigkeit: Jeder Atlas von N erzeugt mit*

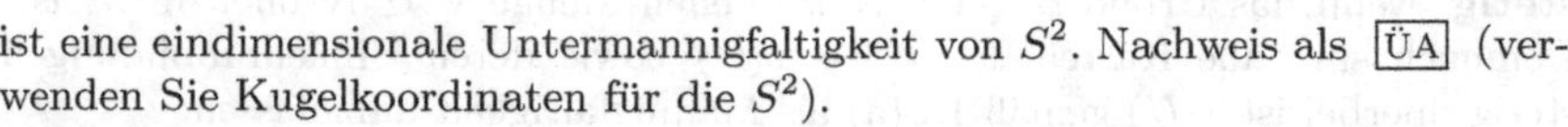

$$\left\{ (M \cap U, x\big|_{M\cap U}) \;\middle|\; (U, x) \in \mathcal{A} \text{ ist ein angepasstes Koordinatensystem}\right\}$$

einen Atlas für M.

Beweis: Berger–Gostiaux [52] 2.6.2 Thm., O'Neill [64] 1.3.1.

(c) Satz. *Jede nichtleere offene Teilmenge M einer n–dimensionalen Mannigfaltigkeit N mit Atlas $\mathcal{A}$ ist mit dem Atlas*

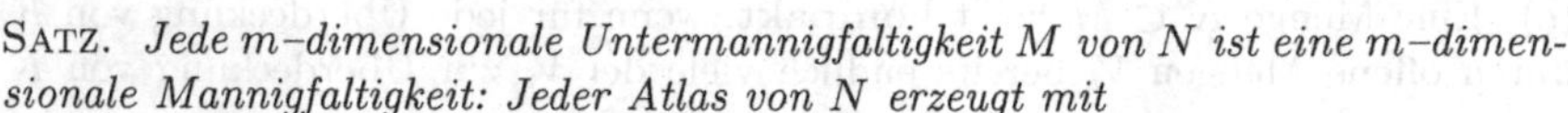

$$\left\{ \left(M \cap U, x\big|_{M\cap U}\right) \;\middle|\; (U, x) \in \mathcal{A}\right\}$$

eine n–dimensionale Mannigfaltigkeit.

Beweis Berger–Gostiaux [52] 2.2.10.2 Prop.

1.5 Differenzierbare Abbildungen, Funktionen und Kurven

(a) Eine Abbildung

$$\phi : M \to N$$

zwischen zwei Mannigfaltigkeiten M und N heißt **differenzierbar** (genauer: **C^∞–Abbildung** bzw. $\phi \in \mathrm{C}^\infty(M,N)$), wenn für jedes Paar von Karten x von M, y von N die **Koordinatendarstellung** von ϕ

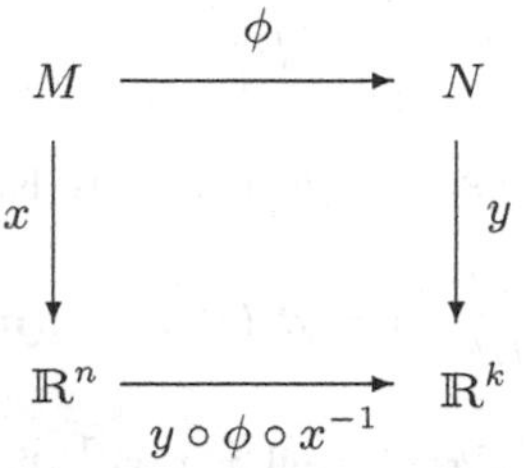

$$y \circ \phi \circ x^{-1}$$

C^∞–differenzierbar im gewöhnlichen Sinn ist.

$$\begin{array}{ccc} M & \xrightarrow{\ \phi\ } & N \\ {\scriptstyle x}\downarrow & & \downarrow{\scriptstyle y} \\ \mathbb{R}^n & \xrightarrow[\ y\circ\phi\circ x^{-1}\ ]{} & \mathbb{R}^k \end{array}$$

Differenzierbare Abbildungen sind stetig (ÜA mit Hilfe von 1.3 (c), (d)).

Eine Abbildung $\phi : M \to \mathbb{R}^k$ ist nach 1.2 (a) genau dann differenzierbar, wenn $\phi \circ x^{-1}$ für jede Karte (U, x) von M eine C^∞-Abbildung ist.

Mit $\psi : L \to M$ und $\phi : M \to N$ ist auch $\phi \circ \psi : L \to N$ eine C^∞–Abbildung, denn für Karten x von L, y von M, z von N ist

$$z \circ (\phi \circ \psi) \circ x^{-1} = (z \circ \phi \circ y^{-1}) \circ (y \circ \psi \circ x^{-1})$$

eine C^∞–Abbildung im gewöhnlichen Sinn.

Ein **Diffeomorphismus** ϕ zwischen zwei n–dimensionalen Mannigfaltigkeiten M und N ist eine bijektive C^∞–Abbildung $\phi : M \to N$ mit C^∞–differenzierbarer Umkehrabbildung $\phi^{-1} : N \to M$.

(b) Die Menge $\mathcal{F}M := \mathrm{C}^\infty(M, \mathbb{R})$ der C^∞–Funktionen auf M (wir sprechen meistens von **Funktionen** auf M) bildet bezüglich der punktweisen Addition und Multiplikation eine kommutative Algebra (siehe dazu Bd. 1, § 15 : 5.6).

Für $p \in M$ ist die Gesamtheit aller **lokal um p definierten Funktionen**,

$$\mathcal{F}_p M = \bigcup \{\mathcal{F}U \mid U \text{ eine Umgebung von } p\},$$

ebenfalls eine kommutative Algebra, wenn Addition und Multiplikation von $f_1 \in \mathcal{F}U_1$, $f_2 \in \mathcal{F}U_2$ auf dem Durchschnitt $U_1 \cap U_2$ definiert werden.

(c) Sei (U, x) eine Karte einer n–dimensionalen Mannigfaltigkeit M um einen Punkt $p \in M$. Für $f \in \mathcal{F}M$, $i = 1, \ldots, n$ setzen wir

$$\frac{\partial f}{\partial x^i}(p) = \left.\frac{\partial f}{\partial x^i}\right|_p := \partial_i (f \circ x^{-1})(\mathbf{u}) \text{ mit } \mathbf{u} := x(p),$$

wobei ∂_i die gewöhnliche i–te partielle Ableitung bedeutet. Bei dieser Notationskonvention wird also die Funktion $f \circ x^{-1}$ mit f identifiziert. Andere Schreibweisen für die partiellen Ableitungen sind

$$\partial_i f(p)\,, \quad \partial_i f\big|_p\,.$$

Beispiele. (i) Für die i–te Koordinatenfunktion $f = x^i$ ergibt sich

$$\frac{\partial x^i}{\partial x^k}(p) = \partial_k(x^i \circ x^{-1})(\mathbf{u}) = \delta^i_k = \begin{cases} 1 & \text{für } i = k \\ 0 & \text{für } i \neq k \end{cases}$$

mit $\mathbf{u} = x(p)$, weil $x^i \circ x^{-1}$ die Projektion $\mathbf{u} = (u^1, \dots, u^n) \mapsto u^i$ auf die i–te Komponente ist.

(ii) Sind x und y Karten von M um p und ist $h := y \circ x^{-1}$ die zugehörige Koordinatentransformation, so sind

$$\frac{\partial y^i}{\partial x^k}(p) = \partial_k(y^i \circ x^{-1})(\mathbf{u}) = \partial_k h^i(\mathbf{u})$$

die Koeffizienten der Jacobi–Matrix von $h = (h^1, \dots, h^n)$ an der Stelle $\mathbf{u} = x(p)$, also

$$dh(\mathbf{u}) = \left(\frac{\partial y^i}{\partial x^k}(p)\right).$$

(d) **Existenz von Buckelfunktionen**. *Für jede Umgebung U von $p \in M$ gibt es eine Funktion $f \in \mathcal{F}M$ mit* supp $f \subset U$ *und $f = 1$ auf einer Umgebung von p.*

Hierbei ist der **Träger** supp f einer Funktion $f \in \mathcal{F}M$ definiert durch

$$\operatorname{supp} f := \overline{\{p \in M \mid f(p) \neq 0\}}\,.$$

Beweis.

Wir wählen eine Karte (V, x) von M mit $x(p) = \mathbf{0}$ und $r > 0$ mit $K_{3r}(\mathbf{0}) \subset x(U \cap V)$. Nach Bd. 2, § 10 : 3.1 existiert eine C$^\infty$–Funktion $g : \mathbb{R} \to \mathbb{R}$ mit $g(t) = 1$ für $t \leq r$, $0 \leq g(t) \leq 1$ für $r \leq t \leq 2r$ und $g(t) = 0$ für $t \geq 2r$. Die Funktion $f : M \to \mathbb{R}$ mit $f(q) = g(\|x(q)\|)$ für $q \in U \cap V$ und $f = 0$ außerhalb $U \cap V$ leistet das Gewünschte. □

(e) Unter einer **Kurve** (C$^\infty$–Kurve) in einer Mannigfaltigkeit M verstehen wir eine C$^\infty$–Abbildung $\alpha : I \to M$ auf einem offenen Intervall I. Eine Abbildung $\alpha : J \to M$ auf einem kompakten Intervall $J = [a, b]$ heißt (anders als in Bd.1) ein **Kurvenstück** in M, wenn diese zu einer C$^\infty$–Kurve in M auf einem umfassenden offenen Intervall $]a - \varepsilon, b + \varepsilon[$ $(\varepsilon > 0)$ fortgesetzt werden kann.

Eine Mannigfaltigkeit M heißt **zusammenhängend**, wenn es zu je zwei Punkten $p, q \in M$ ein Kurvenstück $\alpha : [0,1] \to M$ mit $\alpha(0) = p$, $\alpha(1) = q$ gibt.

Eine offene, zusammenhängende Teilmenge $V \neq \emptyset$ einer Mannigfaltigkeit M wird ein **Gebiet** genannt.

(f) SATZ. *Jede zusammenhängende eindimensionale Mannigfaltigkeit ist entweder diffeomorph zur reellen Achse* $\mathbb{R}$ *oder diffeomorph zur Kreislinie* S^1.

Für den nicht einfachen Beweis siehe BERGER–GOSTIAUX [52] 3.4.1.Thm.

2 Tangentialraum und Differential

2.1 Tangentenvektoren

(a) Tangentenvektoren an eine Fläche $M \subset \mathbb{R}^3$ sind definiert als Tangentenvektoren von Kurven im $\mathbb{R}^3$, deren Spur in M liegt (§ 7 : 2.1). Tangentenvektoren werden hier vom umgebenden Raum $\mathbb{R}^3$ „geerbt“. Bei abstrakten Mannigfaltigkeiten fehlt ein umgebender Raum; für diese müssen Tangentenvektoren neu erfunden werden.

Es gibt mehrere Konstruktionen von Tangentenvektoren für n–dimensionale Mannigfaltigkeiten; alle führen zum gleichen Ergebnis, d.h. liefern isomorphe n–dimensionale Vektorräume als Tangentialräume.

(1) **Tangentenvektoren als Äquivalenzklassen von Koordinaten–n–tupeln** (RICCI 1887). Für $p \in M$, zwei Karten x, y um p und zwei n–tupel $\boldsymbol{\xi} = (\xi^1, \ldots, \xi^n)$, $\boldsymbol{\eta} = (\eta^1, \ldots, \eta^n)$ definieren wir die Äquivalenz

$$(x, \boldsymbol{\xi}) \underset{p}{\sim} (y, \boldsymbol{\eta}) \quad \text{durch} \quad \eta^i = \sum_{k=1}^{n} \frac{\partial y^i}{\partial x^k}(p)\, \xi^k \quad (i = 1, \ldots, n).$$

Jede Äquivalenzklasse wird ein Tangentenvektor von M in p genannt. Die Tangentenvektoren in p bilden einen n–dimensionalen Vektorraum BERGER–GOSTIAUX ([52] Thm. 2.5.11).

(2) **Tangentenvektoren als Äquivalenzklassen von Kurven**. Für $p \in M$ heißen zwei Kurven $\alpha, \beta : \,]-\varepsilon, \varepsilon[\, \to M$ mit $\alpha(0) = \beta(0) = p$ äquivalent, $\alpha \sim_p \beta$, wenn für eine und damit jede Karte x um p die Koordinatenkurven $x \circ \alpha$, $x \circ \beta$ im $\mathbb{R}^n$ an der Stelle $t = 0$ die gleichen Tangentenvektoren besitzen, $(x \circ \alpha)^{\boldsymbol{\cdot}}(0) = (x \circ \beta)^{\boldsymbol{\cdot}}(0)$.

Jede Äquivalenzklasse wird ein Tangentenvektor von M in p genannt. Die Tangentenvektoren in p bilden einen n–dimensionalen Vektorraum (KRIELE [76] 2.2.1).

Beide Konstruktionen sind umständlich zu handhaben, weil stets mit Vertretern der jeweiligen Äquivalenzklassen (Koordinaten–n–tupel, bzw. repräsentierende Kurven) gearbeitet werden muss.

(3) **Tangentenvektoren als Richtungsableitungen** (CHEVALLEY 1946). Um die nachfolgende Konstruktion zu motivieren, erinnern wir an den Begriff der Ableitung einer C^1–Funktion $f : \mathbb{R}^n \to \mathbb{R}$ in Richtung eines Vektors $\mathbf{v} \in \mathbb{R}^n$ in einem Punkt $\mathbf{a} \in \mathbb{R}^n$,

$$\partial_{\mathbf{v}} f(\mathbf{a}) = \frac{d}{dt} f(\mathbf{a} + t\mathbf{v})\Big|_{t=0} .$$

Die Zuordnung

$$f \mapsto \partial_{\mathbf{v}} f(\mathbf{a}), \quad C^1(\mathbb{R}^n) \to \mathbb{R}$$

ist linear und genügt der Produktregel (Bd. 1, § 22 : 3.2).

Durch die folgende Definition werden Tangentenvektoren von Mannigfaltigkeiten als Richtungsableitungen eingeführt:

Ein **Tangentenvektor** v einer Mannigfaltigkeit M im Punkt $p \in M$ ist eine Linearform

$$v : \mathcal{F}M \to \mathbb{R}, \ f \mapsto v(f),$$

die im Punkt p die Produktregel erfüllt, d.h. es gilt

$$v(af + bg) = av(f) + bv(g), \quad v(f \cdot g) = f(p)v(g) + g(p)v(f)$$

für $f, g \in \mathcal{F}M$, $a, b \in \mathbb{R}$.

Um die Linearität des Operators zu betonen, schreiben wir meist vf statt $v(f)$.

Diese Definition von Tangentenvektoren hat gegenüber den beiden vorhergehenden den Vorteil der Einfachheit und Koordinatenfreiheit; außerdem ergibt sich mit dieser auch eine übersichtlichere Beschreibung von Tensoren.

Wir verwenden im Folgenden diese dritte Konstruktion von Tangentenvektoren und stellen Beziehungen zu den beiden vorhergehenden her. Für den etwas gewöhnungsbedürftigen Umgang mit diesen Objekten empfehlen wir für den Anfang die Eselsbrücke „$v = \partial_v$“. Als ersten Schritt zeigen wir zwei bekannte Eigenschaften von Richtungsableitungen:

LEMMA. *Für jeden Tangentenvektor v von M in p gilt*

(i) $vf = 0$ *für konstante Funktionen* f,

(ii) $vf = vg$, *falls f und g in einer Umgebung von p übereinstimmen.*

Die zweite Aussage besagt, dass der Wert von vf nur vom Verhalten der Funktion f auf beliebig kleinen Umgebungen von p abhängt. Hiermit lässt sich leicht folgern, dass wir bei der Definition von Tangentenvektoren anstelle von $\mathcal{F}M$ genauso gut die Algebra $\mathcal{F}_pM$ verwenden können.

Beweis.

(i) Für die konstante Funktion 1 gilt nach der Produktregel $v(1) = v(1 \cdot 1) = 1\,v(1) + 1\,v(1) = 2\,v(1)$, somit $v(1) = 0$, und für $f = c = c \cdot 1$ ($c \in \mathbb{R}$) wegen der Linearität $v(f) = v(c \cdot 1) = c \cdot v(1) = 0$.

(ii) Es sei $h := f - g = 0$ in einer Umgebung $U \subset M$ von p. Wir wählen gemäß 1.5 (d) eine Buckelfunktion $\varphi \in \mathcal{F}M$ mit $\varphi(p) = 1$ und $\varphi = 0$ außerhalb U. Dann gilt $\varphi\, h = 0$ auf M und nach (i)

$$0 = v(\varphi\, h) = \underbrace{\varphi(p)}_{=1}\, v(h) + \underbrace{h(p)}_{=0}\, v(\varphi) = v(h) = v(f-g) = v(f) - v(g)\,. \quad \square$$

Beispiel. Sei (U, x) ein Koordinatensystem von M. Dann gehören zu jedem Punkt $p \in U$ die durch die partiellen Ableitungen gegebenen Tangentenvektoren

$$\frac{\partial}{\partial x^i}\Big|_p : \mathcal{F}M \longrightarrow \mathbb{R} \text{ definiert durch } f \longmapsto \frac{\partial f}{\partial x^i}\Big|_p \quad (i = 1, \ldots, n)\,.$$

Denn die Zuordnung

$$f \longmapsto \frac{\partial f}{\partial x^i}\Big|_p = \partial_i\big(f \circ x^{-1}\big)(\mathbf{u}) \text{ mit } \mathbf{u} = x(p)$$

ist linear und genügt der Produktregel.

(b) **Basissatz**. *Sei M eine n-dimensionale Mannigfaltigkeit und $p \in M$. Dann ist die Gesamtheit T_pM der Tangentenvektoren von M in p bei der natürlichen Verknüpfung*

$$(au + bv)f := a(uf) + b(vf) \text{ für alle } f \in \mathcal{F}M$$

($u, v \in T_pM$, $a, b \in \mathbb{R}$) ein n-dimensionaler Vektorraum, der **Tangentialraum** *von M in p.*

Für jedes Koordinatensystem (U, x) um p bilden die Tangentenvektoren

$$\frac{\partial}{\partial x^1}\Big|_p, \ldots, \frac{\partial}{\partial x^n}\Big|_p$$

eine Basis für T_pM, und zwar hat jeder Vektor $v \in T_pM$ die Darstellung

$$v = \sum_{i=1}^{n} \xi^i \frac{\partial}{\partial x^i}\Big|_p$$

mit der Wirkung $\xi^i = v(x^i)$ von v auf die i-te Koordinatenfunktion x^i.

Für die Basistangentenvektoren schreiben wir auch $\partial_1|_p, \ldots, \partial_n|_p$.

BEWEIS.

Sei (U,x) eine Karte um p, o.B.d.A. $x(p) = \mathbf{0}$.

(i) Die Vektoren $\frac{\partial}{\partial x^1}\big|_p, \ldots, \frac{\partial}{\partial x^n}\big|_p$ sind linear unabhängig. Denn aus der Gleichung

$$0 = \sum_{i=1}^{n} a^i \frac{\partial}{\partial x_i}\Big|_p \quad \text{mit } a^1, \ldots, a^n \in \mathbb{R}$$

folgt durch Anwendung auf die Koordinatenfunktion $f = x^k$ nach 1.5 (c)(i)

$$0 = \Big(\sum_{i=1}^{n} a^i \frac{\partial}{\partial x^i}\Big|_p\Big)\, x^k = \sum_{i=1}^{n} a^i \frac{\partial x^k}{\partial x^i}\Big|_p = \sum_{i=1}^{n} a^i \delta_i^k = a^k$$

für $k = 1, \ldots, n$.

(ii) Wir zeigen für jeden Tangentenvektor $v \in T_pM$ die Identität

$$v = \sum_{i=1}^{m} \xi^i \frac{\partial}{\partial x^i}\Big|_p \quad \text{mit } \xi^i = v(x^i),$$

d.h.

$$vf = \sum_{i=1}^{n} \xi^i \frac{\partial f}{\partial x^i}\Big|_p \quad \text{für alle } f \in \mathcal{F}_pM\,.$$

O.B.d.A. sei $x(U) = K_r(\mathbf{0})$ mit einem $r > 0$. Für $f \in \mathcal{F}U$ ist $g := f \circ x^{-1}$ eine C^∞–Funktion auf $K_r(\mathbf{0}) \subset \mathbb{R}^n$, und es gilt für $\mathbf{u} \in K_r(\mathbf{0})$

$$g(\mathbf{u}) - g(\mathbf{0}) = \int_0^1 \tfrac{d}{dt} g(t\mathbf{u})\, dt = \int_0^1 \sum_{i=1}^{n} \partial_i g(t\mathbf{u})\, u^i\, dt = \sum_{i=1}^{n} u^i g_i(\mathbf{u})$$

mit den C^∞–Funktionen $g_i(\mathbf{u}) := \int_0^1 \partial_i g(t\mathbf{u})\, dt$.

Für $f_i := g_i \circ x \in \mathcal{F}U$ folgt dann

$$f_i(p) = g_i(\mathbf{0}) = \partial_i g(\mathbf{0}) = \partial_i(f \circ x^{-1})(\mathbf{0}) = \frac{\partial f}{\partial x_i}\Big|_p$$

und für alle $q \in U$

$$f(q) = g(x(q)) = g(\mathbf{0}) + \sum_{i=1}^{n} x^i(q)\, g_i(x(q)) = f(p) + \sum_{i=1}^{n} x^i(q)\, f_i(q)\,,$$

also mit der konstanten Funktion $c = f(p)$

$$(*) \qquad f = c + \sum_{i=1}^{n} x^i f_i \ \text{ auf } U \text{ und } \ f_i(p) = \frac{\partial f}{\partial x^i}\Big|_p\,.$$

Die Additions– und Produktregel für v liefern mit $v(c) = 0 = x^i(p)$ und $v(x^i) = \xi^i$ die Behauptung:

$$\begin{aligned} vf &= v\big(c + \sum_{i=1}^n x^i f_i\big) = v(c) + v\big(\sum_{i=1}^n x^i f_i\big) \\ &= \sum_{i=1}^n x^i(p)\, v(f_i) + \sum_{i=1}^n f_i(p) v(x^i) = \sum_{i=1}^n f_i(p)\,\xi^i = \sum_{i=1}^n \xi^i \frac{\partial f}{\partial x^i}\Big|_p . \qquad \square \end{aligned}$$

BEMERKUNG. Wir notieren, dass beim Beweis des Basissatzes die C^∞-Differenzierbarkeit der Mannigfaltigkeit und der für die Definition der Tangentenvektoren verwendeten Funktionen wesentlich verwendet wird. Ist f nur C^r–differenzierbar mit $1 \le r < \infty$, so sind die f_i nur C^{r-1}–differenzierbar, und $(*)$ ist keine Identität zwischen Funktionen des gleichen Funktionenraumes.

(c) **Transformationsverhalten bei Koordinatenwechsel.**

SATZ. *Für Koordinatensysteme x und y um p gilt*

$$\frac{\partial}{\partial x^k}\Big|_p = \sum_{i=1}^n \frac{\partial y^i}{\partial x^k}(p)\,\frac{\partial}{\partial y^i}\Big|_p \quad (k = 1, \ldots, n).$$

Besitzt also $v \in T_pM$ die Basisdarstellungen

$$v = \sum_{k=1}^n \xi^k \frac{\partial}{\partial x^k}\Big|_p = \sum_{i=1}^n \eta^i \frac{\partial}{\partial y^i}\Big|_p ,$$

so gilt das Transformationsgesetz

$$\eta^i = \sum_{k=1}^n \frac{\partial y^i}{\partial x^k}(p)\,\xi^k \quad (i = 1, \ldots n).$$

Dies ist die Äquivalenzrelation $(x, \boldsymbol{\xi}) \sim_p (y, \boldsymbol{\eta})$, die der Konstruktion (a) (1) der Tangentenvektoren nach Ricci zugrunde liegt.

BEWEIS.

Nach dem Basissatz besteht eine Darstellung

$$\frac{\partial}{\partial x^k}\Big|_p = \sum_{j=1}^n a_k^j \frac{\partial}{\partial y^j}\Big|_p \quad \text{mit } a_k^j \in \mathbb{R} \quad (k = 1, \ldots, n).$$

Anwendung dieser Identität auf die Koordinatenfunktion y^i ergibt nach 1.5 (c)

$$\begin{aligned} \frac{\partial y^i}{\partial x^k}(p) &= \Big(\frac{\partial}{\partial x^k}\Big|_p\Big) y^i = \Big(\sum_{j=1}^n a_k^j \frac{\partial}{\partial y^j}\Big|_p\Big) y^i \\ &= \sum_{j=1}^n a_k^j \frac{\partial y^i}{\partial y^j}(p) = \sum_{j=1}^n a_k^j\,\delta_j^i = a_k^i . \qquad \square \end{aligned}$$

(d) **Tangentialräume von affinen Räumen und von Vektorräumen.**

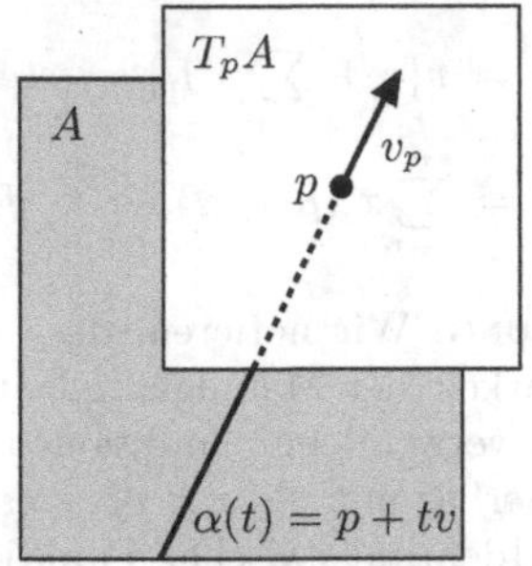

Sei A ein n–dimensionaler affiner Raum mit Richtungsvektorraum V. Wir bezeichnen wie in 1.2 (e) die vom Vektor $v \in V$ erzeugte Translation $A \to A$ mit $p \mapsto p + v$.

SATZ. *Für jeden Punkt $p \in A$ ist durch die Zuordnung*

$$i_p : V \to T_pA\,, \quad v \mapsto v_p$$

mit

$$v_p = \dot{\alpha}(0)\,, \quad \alpha(t) = p + tv$$

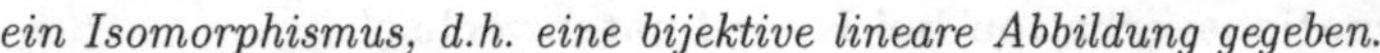

ein Isomorphismus, d.h. eine bijektive lineare Abbildung gegeben.

Da diese Zuordnung ohne Basiswahl definiert wurde, sprechen wir von einem **natürlichen Isomorphismus** und schreiben $T_pA \cong V$.

BEWEIS als [ÜA]. Zeigen Sie, dass die Abbildung $i_p : V \to T_pA$ linear und injektiv ist (Letzteres durch Basiswahl in V). Wegen $\dim T_pA = n = \dim V$ ist diese dann ein Isomorphismus.

Da jeder Vektorraum V ein affiner Raum ist, erhalten wir $T_pV \cong V$ für jedes $p \in V$, insbesondere $T_{\mathbf{u}}\mathbb{R}^n \cong \mathbb{R}^n$ für jedes $\mathbf{u} \in \mathbb{R}^n$.

2.2 Tangentenvektoren von Kurven

Den **Tangentenvektor** $\dot{\alpha}(t)$ einer Kurve $\alpha : I \to M$ an der Stelle $t \in I$ definieren wir durch

$$\dot{\alpha}(t)f := (f \circ \alpha)^{\boldsymbol{\cdot}}(t) \quad \text{für alle } f \in \mathcal{F}M\,.$$

Der Tangentenvektor ordnet also jeder Funktion f die Ableitung von f bei Verschiebung längs der Kurve α zu. Es gilt

$$\dot{\alpha}(t) \in T_{\alpha(t)}M\,,$$

denn der Operator $f \mapsto \dot{\alpha}(t)f$ ist linear und genügt der Produktregel an der Stelle $p = \alpha(t)$.

Wir nennen eine Kurve $\alpha : I \to M$ **regulär**, wenn $\dot{\alpha}(t) \neq 0$ für jedes $t \in I$ gilt.

Sei x eine Karte um einen Kurvenpunkt $p = \alpha(t)$. Mit der auch im Folgenden verwendeten Abkürzung

$$x^i(t) := x^i(\alpha(t))$$

hat der Tangentenvektor $\dot{\alpha}(t)$ nach dem Basissatz die Darstellung

$$\dot{\alpha}(t) = \sum_{i=1}^{n} \xi^i \partial_i\Big|_p \quad \text{mit } \xi^i = \dot{\alpha}(t)x^i = \dot{x}^i(t)\,.$$

FOLGERUNG. *Jeder Tangentenvektor $v \in T_pM$ kann als Tangentenvektor einer Kurve $\alpha :]-\varepsilon, \varepsilon[$ mit $\alpha(0) = p$ dargestellt werden: $v = \dot{\alpha}(0)$.*

Zum BEWEIS wählen wir eine Karte x mit $x(p) = \mathbf{0}$, stellen v durch die zugehörige Basis dar,

$$v = \sum_{i=1}^{n} \xi^i \partial_i\Big|_p\,,$$

und setzen

$$\alpha(t) = x^{-1}\Big(\sum_{i=1}^{n} t\,\xi^i \mathbf{e}_i\Big)$$

für $|t| < \varepsilon \ll 1$.

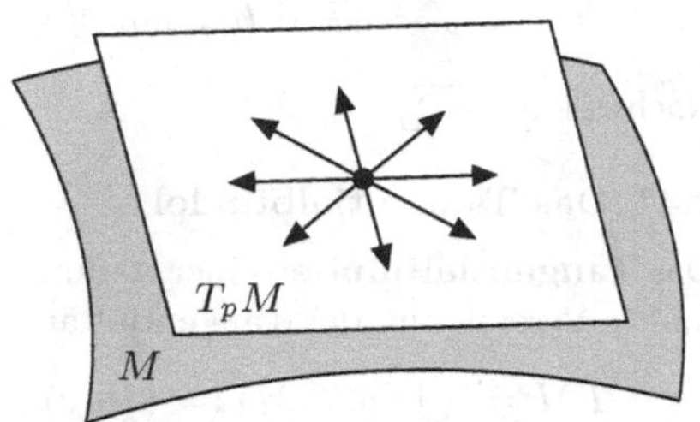

Dann gilt $\alpha(0) = p$, $x^i(t) = t\,\xi^i$ und somit $\dot{\alpha}(0) = \sum_{i=1}^{n} \xi^i \partial_i\Big|_p = v$.

Damit ist die Vorstellung von Vektoren $v \in T_pM$ als im Punkt p angetragene Pfeile gerechtfertigt. Des Weiteren ergibt sich die der zweiten Konstruktion zugrunde liegende Darstellung von Tangentenvektoren als Äquivalenzklassen von Kurven [ÜA].

[ÜA] Zeigen Sie: Gehen die Kurven $\alpha : I \to M$ und $\beta : J \to M$ durch Umparametrisierung auseinander hervor, also $\beta = \alpha \circ h$ mit einem C^∞-Diffeomorphismus $h : J \to I$, so gilt die Kettenregel

$$\dot{\beta}(t) = \dot{h}(t)\,\dot{\alpha}(s) \text{ mit } s = h(t) \text{ für } t \in J\,.$$

2.3 Das Differential von C$^\infty$-Abbildungen

Sei $\phi : M \to N$ eine C^∞-Abbildung zwischen Mannigfaltigkeiten M, N. Das **Differential** von ϕ an der Stelle $p \in M$ erklären wir als Abbildung

$$d\phi_p : T_pM \to T_qN\,, \quad v \mapsto w \text{ mit } q = \phi(p)\,,$$

wobei für jedes $v \in T_pM$ der Bildvektor $w \in T_qN$ festgelegt wird durch

$$wf := v(f \circ \phi) \text{ für alle } f \in \mathcal{F}N\,.$$

[ÜA] Zeigen Sie, dass diese Definition eine lineare Abbildung $d\phi_p$ liefert.

Wir geben dieser Definition eine anschaulichere Form: Hierzu wählen wir zum Vektor $v \in T_pM$ gemäß 2.2 (c) eine Kurve $\alpha :]-\varepsilon, \varepsilon[\to M$ mit $\alpha(0) =$

p, $\dot{\alpha}(0) = v$ und erhalten die Darstellung $d\phi_p(v) = \dot{\beta}(0)$, wobei $\beta = \phi \circ \alpha$ die Bildkurve von α unter der Abbildung ϕ ist.
Das ergibt sich unmittelbar mit der Definition in 2.2 (c): Mit $w := d\phi_p(v)$ gilt für alle $f \in \mathcal{F}N$

$$wf = v(f \circ \phi) = \dot{\alpha}(0)(f \circ \phi) = (f \circ \phi \circ \alpha)^{\cdot}(0) = (f \circ \beta)^{\cdot}(0) = \dot{\beta}(0)f\,.$$

Es gilt die Kettenregel für Abbildungen $\psi : L \to M$, $\phi : M \to N$ und $p \in M$,

$$d(\phi \circ \psi)_p = d\phi_q \circ d\psi_p \quad \text{mit} \quad q = \psi(p)\,.$$

Nachweis als ÜA.

2.4* Das Tangentialbündel

Das **Tangentialbündel** einer n–dimensionalen Mannigfaltigkeit M ist die disjunkte Vereinigung der Tangentialräume

$$TM = \bigcup_{p \in M} (p, T_pM) := \{(p, v) \mid p \in M,\ v \in T_pM\}\,.$$

Der Übergang von T_pM zu (p, T_pM) bedeutet Markieren des Fußpunktes $p \in M$ von Vektoren $v \in T_pM$. Die Zuordnung

$$\pi : TM \to M\,, \quad (p, v) \mapsto p$$

heißt **Fußpunktabbildung** oder **Projektion**.

Wir identifizieren im Folgenden stets T_pM mit (p, T_pM).

Das Tangentialbündel TM ist auf natürliche Weise eine $2n$–dimensionale Mannigfaltigkeit: Für jedes Koordinatensystem (U, x) von M ist durch

$$(p, v) \longmapsto \big(x^1(p), \ldots, x^n(p), \xi^1(p, v), \ldots, \xi^n(p, v)\big),$$

wobei die $\xi^i = \xi^i(p, v)$ durch $v = \sum\limits_{k=1}^{n} \xi^i\, \partial_i \big|_p$ gemäß dem Basissatz 2.1 (b) eindeutig bestimmt sind, eine bijektive Abbildung

$$\widetilde{x} : \pi^{-1}(U) = \bigcup_{p \in U} T_pM \longrightarrow \mathbb{R}^{2n}$$

zugeordnet. Für zwei überlappende Koordinatensysteme (U, x), (V, y) von M ergibt sich unmittelbar nach 2.1 (d)

$$\left(\widetilde{y} \circ \widetilde{x}^{-1}\right)(\mathbf{u}, \boldsymbol{\xi}) = (\mathbf{v}, \boldsymbol{\eta})$$

mit

$$\mathbf{v} = y \circ x^{-1}(\mathbf{u})\,, \quad \eta^i = \sum_{k=1}^{n} \frac{\partial y^i}{\partial x^k}(p)\, \xi^k\,, \quad p = x^{-1}(\mathbf{u})\,.$$

Dies liefert eine C^∞–Abbildung zwischen offenen Mengen des $\mathbb{R}^{2n}$. Die Gültigkeit der Hausdorffschen Trennungseigenschaft von TM ist leicht zu sehen. Die Projektion $\pi : TM \to M$ wird hierbei eine C^∞–Abbildung.

3 Vektorfelder und 1–Formen

3.1 Vektorfelder

(a) Unter einem **Vektorfeld** (**C$^\infty$–Vektorfeld**) X auf einer Mannigfaltigkeit M verstehen wir eine Abbildung

$$X : M \to TM\,, \quad p \mapsto X_p \in T_pM\,,$$

die C$^\infty$–differenzierbar ist in dem Sinn, dass für jede Funktion $f \in \mathcal{F}M$ die Funktion

$$p \mapsto X_p f, \quad M \to \mathbb{R}$$

C$^\infty$–differenzierbar ist (zur Schreibweise siehe 2.1 (a) (3)).

Die Gesamtheit aller Vektorfelder auf M bezeichnen wir mit $\mathcal{V}M$. Für Vektorfelder $X, Y \in \mathcal{V}M$ und Funktionen $f, g \in \mathcal{F}M$ entsteht die Linearkombination $fX + gY \in \mathcal{V}M$ durch punktweise Verknüpfung

$$(fX + gY)_p := f(p)\,X_p + g(p)\,Y_p \in T_pM\,.$$

Die hierbei gültigen Rechenregeln ergeben sich unmittelbar aus der Vektorraumeigenschaft der Tangentialräume T_pM.

Es liegt auf der Hand, was unter einem Vektorfeld X auf einer offenen Teilmenge $U \subset M$ ($X \in \mathcal{V}U$) zu verstehen ist.

Für jede Karte (U, x) von M sind

$$U \ni p \longmapsto \frac{\partial}{\partial x^i}\Big|_p \in T_pM \quad (i = 1, \ldots, n)$$

Vektorfelder auf der Koordinatenumgebung U, denn für jedes $f \in \mathcal{F}U$ ist

$$p \longmapsto \frac{\partial}{\partial x^i}\Big|_p f = \frac{\partial f}{\partial x^i}\Big|_p = \partial_i(f \circ x^{-1})(x(p))$$

C$^\infty$–differenzierbar nach Definition 1.5 (a).

Jedes Vektorfeld $X \in \mathcal{V}M$ (oder $X \in \mathcal{V}U$) hat die lokale Basisdarstellung

$$X_p = \sum_{i=1}^{n} \xi^i(p) \frac{\partial}{\partial x^i}\Big|_p$$

mit eindeutig bestimmten Koeffizientenfunktionen $\xi^i \in \mathcal{F}U$, denn nach dem Basissatz 2.1 (b) besteht für jedes $p \in U$ eine solche Darstellung, und die Funktionen $p \mapsto \xi^i(p) = X_p x^i$ sind C$^\infty$–differenzierbar.

Wir nennen $\partial/\partial x^1, \ldots \partial/\partial x^n$ bzw. $\partial_1, \ldots, \partial_n$ die **lokalen Basisfelder** der Karte (U, x).

Lassen wir in der obigen Basisdarstellung das Argument p fort, so wird die Notation übersichtlicher,

$$X = \sum_{i=1}^{n} \xi^i \frac{\partial}{\partial x^i} \quad \text{bzw.} \quad X = \sum_{i=1}^{n} \xi^i \, \partial_i \, .$$

Mit der später eingeführten Summationskonvention lautet diese Gleichung

$$X = \xi^i \frac{\partial}{\partial x^i} \quad \text{bzw.} \quad X = \xi^i \, \partial_i \, .$$

(b) **Vektorfelder als Derivationen**. Für jedes Vektorfeld $X \in \mathcal{V}M$ liefert die Schreibweise

$$(Xf)(p) := X_p f \quad \text{für } p \in M, \; f \in \mathcal{F}M$$

eine Uminterpretation als Abbildung $X : \mathcal{F}M \to \mathcal{F}M$, welche linear ist und der Produktregel genügt:

(1) $X(af + bg) = aXf + bXg$ für $f, g \in \mathcal{F}M$, $a, b \in \mathbb{R}$,

(2) $X(f \cdot g) = fXg + gXf$ für $f, g \in \mathcal{F}M$.

Solche Abbildungen $\mathcal{F}M \to \mathcal{F}M$ werden **Derivationen** genannt. Jede Derivation Y lässt sich durch die Vorschrift

$$Y_p f := (Yf)(p) \quad \text{für } f \in \mathcal{F}M, \; p \in M$$

wegen $(Yf)(p) \in T_pM$ auch wieder als Vektorfeld verstehen. Wir unterscheiden nicht zwischen diesen beiden Interpretationen und fassen Vektorfelder meistens als Derivationen auf. Im Hinblick auf die Definition von Tangentenvektoren in 2.1 (a) (3) bezeichnen wir Xf auch als **Richtungsableitung.**

3.2 Lie–Klammer und Integralkurven von Vektorfeldern

(a) **Die Lie–Klammer von Vektorfeldern**. Für Vektorfelder $X, Y \in \mathcal{V}M$ ist die Hintereinanderausführung der Derivationen

$$f \mapsto Y(Xf), \quad \mathcal{F}M \to \mathcal{F}M$$

zwar linear, genügt aber nicht der Produktregel, denn für $f, g \in \mathcal{F}M$ gilt

$$\begin{aligned} Y(X(f\,g)) &= Y(f\,Xg + g\,Xf) \\ &= (Yf)\,(Xg) + f\,Y(Xg) + (Yg)\,(Xf) + g\,Y(Xf). \end{aligned}$$

Bilden wir jedoch den Kommutator der beiden Derivationen,

$$[X,Y]f := X(Yf) - Y(Xf) \quad \text{für } f \in \mathcal{F}M,$$

so heben sich die störenden ersten und dritten Terme weg, d.h. $[X,Y]$ erfüllt die Produktregel und ist als Derivation ein Vektorfeld. Die Verknüpfung

$$[\cdot\,,\cdot] : \mathcal{V}M \times \mathcal{V}M \to \mathcal{V}M$$

wird **Lie–Klammer** auf M genannt.

Rechenregeln für die Lie–Klammer. *Die Lie–Klammer* $[\cdot\,,\cdot]$

(1) *ist* $\mathbb{R}$*–linear in jedem der beiden Argumente,*

(2) *ist schiefsymmetrisch,*

(3) *erfüllt die* **Jacobi–Identität**

$$\big[[X,Y],Z\big] + \big[[Y,Z],X\big] + \big[[Z,X],Y\big] = 0 \quad \text{für } X,Y,Z \in \mathcal{V}M\,.$$

BEWEIS als ÜA.

Haben Vektorfelder $X, Y \in \mathcal{V}M$ bezüglich eines Koordinatensystems die lokalen Basisdarstellungen $X = \sum\limits_{i=1}^{n} \xi^i \partial_i$, $Y = \sum\limits_{k=1}^{n} \eta^k \partial_k$, so besitzt die Lie–Klammer von X und Y die Darstellung ÜA

$$[X,Y] = \sum_{i,k=1}^{n} \left(\xi^i \partial_i \eta^k - \eta^i \partial_i \xi^k\right) \frac{\partial}{\partial x_k}\,.$$

FOLGERUNG. *Die Lie–Klammer von lokalen Basisfeldern verschwindet stets,*

$$\left[\frac{\partial}{\partial x^i}, \frac{\partial}{\partial x^k}\right] = 0 \quad (i,k = 1,\ldots,n)\,.$$

(b) **Integralkurven von Vektorfeldern**. Zu gegebenem Vektorfeld $X \in \mathcal{V}M$ heißt eine Kurve $\varphi : I \to M$ **Integralkurve** von X, wenn sie Lösung der Differentialgleichung

$$\dot\varphi(t) = X_{\varphi(t)} \quad \text{für } t \in I$$

ist. Analog wie im $\mathbb{R}^n$ gilt auch auf Mannigfaltigkeiten der

Existenz– und Eindeutigkeitssatz für das Anfangswertproblem. *Zu jedem Punkt* $p \in M$ *gibt es genau eine maximal definierte Integralkurve* $\varphi : I \to M$ *von* X *mit* $\varphi(0) = p$.

Für die maximal definierte Integralkurve schreiben wir

$$\Phi(t,p) = \Phi_t(p) := \varphi(t)\,, \quad I_p := I$$

und setzen

$$\mathcal{D}(X) := \left\{(t,p) \in \mathbb{R} \times M \;\middle|\; t \in I_p\right\} .$$

Die Abbildung $\Phi : \mathcal{D}(X) \to M,\ (t,p) \mapsto \Phi(t,p)$ wird **der vom Vektorfeld X erzeugte Fluss** genannt.

Differenzierbarkeit des Flusses.

(i) *$\mathcal{D}(X)$ ist eine offene Teilmenge der Produktmannigfaltigkeit $\mathbb{R} \times M$, und der Fluss Φ ist eine C^∞-Abbildung $\mathcal{D}(X) \to M$.*

(ii) *Im Fall $\mathcal{D}(X) = \mathbb{R} \times M$ gilt das Exponentialgesetz*

$$\Phi_0 = \mathbb{1}_M , \quad \Phi_s \circ \Phi_t = \Phi_{s+t} \text{ für } s,t \in \mathbb{R}.$$

Der BEWEIS besteht in der Übertragung der für Differentialgleichungen im $\mathbb{R}^n$ verwendeten Methoden (vgl. Bd. 2, § 2 : 5 und § 2 : 7) auf Mannigfaltigkeiten, siehe BOOTHBY [53] IV.4, BERGER–GOSTIAUX [52] 3.5.

Für den Nachweis der Eindeutigkeit von maximal definierten Integralkurven wird die Hausdorffsche Trennungseigenschaft (4) von 1.1 (a) benötigt. Bei Verletzung dieser Forderung kann es geschehen, dass Integralkurven in zwei Äste verzweigen, siehe BERGER–GOSTIAUX [52] 3.5.5.

Im Fall $\mathcal{D}(X) = \mathbb{R}\times M$ sind die Abbildungen $\Phi_t : M \to M$ Diffeomorphismen wegen $\Phi_t \circ \Phi_{-t} = \Phi_{t-t} = \Phi_0 = \mathbb{1}_M$.

Auch im allgemeinen Fall ist das Exponentialgesetz $\Phi_s(\Phi_t(p)) = \Phi_{s+t}(p)$ gültig, wenn $|s|, |t|, |s+t| \ll 1$.

Es seien $X, Y \in \mathcal{V}M$ zwei Vektorfelder auf M und Φ, Ψ die von diesen erzeugten Flüsse. Der Einfachheit halber nehmen wir $\mathcal{D}(X) = \mathcal{D}(Y) = \mathbb{R} \times M$ an.

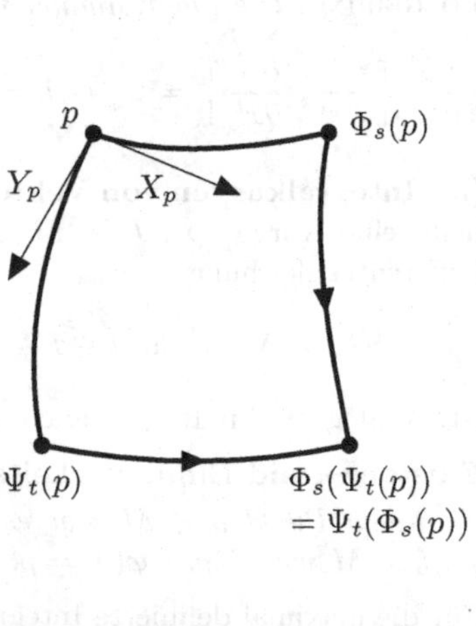

SATZ (LIE 1876). *Genau dann kommutieren die Flüsse von X und Y,*

$$\Phi_s \circ \Psi_t = \Psi_t \circ \Phi_s \text{ für } s,t \in \mathbb{R},$$

wenn die Lie–Klammer von X und Y verschwindet,

$$[X,Y] = 0 .$$

Diese Aussage liefert eine wichtige Interpretation der Lie–Klammer. Ihre Bedeutung ergibt sich aus der Tatsache, dass Flüsse als Lösungen von Differentialgleichungen im Allgemeinen nicht explizit bekannt sind, die Verifikation der Bedingung $[X,Y]=0$ dagegen nur Ausführung von Differentiationen verlangt.

Für den BEWEIS verweisen wir auf BOOTHBY [53] IV.7.

(c)* Mit Hilfe des **Tangentialbündels** 2.4* kann jedes Vektorfeld $X \in \mathcal{V}M$ nach Identifizierung

$$X_p \cong (p, X_p)$$

als C^∞–Abbildung $X : M \to TM$ mit

$$\pi \circ X = \mathbb{1}_M$$

charakterisiert werden [ÜA].

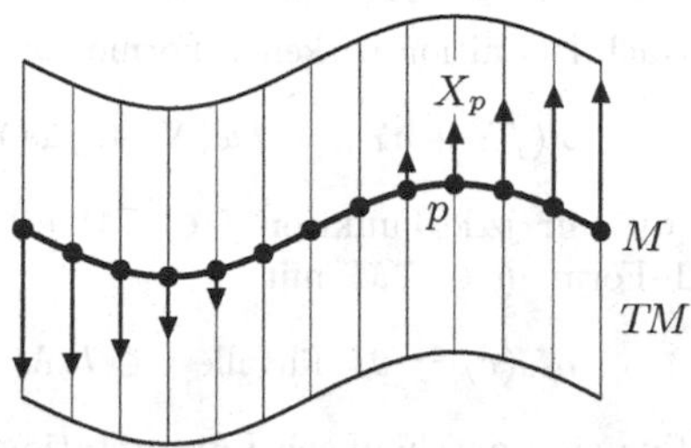

Die Figur macht die für Vektorfelder auch verwendete Bezeichnung **Schnitte im Tangentialbündel** plausibel.

3.3 1–Formen

(a) Für einen n–dimensionalen Vektorraum V nennen wir den Vektorraum der Linearformen (**Kovektoren**) $\omega : V \to \mathbb{R}$ den **Dualraum** von V und bezeichnen diesen mit V^*.

V^* ist ebenfalls n–dimensional, und für jede Basis $v_1, \dots, v_n$ von V bilden die Linearformen $v_*^1, \dots, v_*^n$ mit

$$v_*^i(v_k) = \delta_k^i \quad (k = 1, \dots, n)$$

eine Basis für V^*. Denn für jede Linearform $\omega \in V^*$ gilt

$$\omega = \sum_{k=1}^{n} a_k v_*^k$$

mit den eindeutig bestimmten Koeffizienten $a_k := \omega(v_k)$, da beide Seiten Linearformen sind, die auf den Basisvektoren v_i denselben Wert annehmen.

$v_1, \dots, v_n; v_*^1, \dots, v_*^n$ heißt ein **Paar dualer Basen** (**duales Basispaar**) von V und V^*. Den Dualraum von T_pM bezeichnen wir mit T_p^*M.

(b) Eine **1–Form** ω auf einer Mannigfaltigkeit M ist eine Abbildung

$$\omega : \, p \mapsto \omega_p \in T_p^*M ,$$

die differenzierbar ist in dem Sinn, dass für jedes Vektorfeld $X \in \mathcal{V}M$ durch

$$\omega(X) : \, p \mapsto \omega_p(X_p) , \quad M \to \mathbb{R}$$

eine C^∞–Funktion auf M gegeben ist.

Die Gesamtheit der 1–Formen auf M bezeichnen wir mit $\mathcal{V}^*M$. Für 1–Formen $\omega_1, \omega_2 \in \mathcal{V}^*M$ und Funktionen $f_1, f_2 \in \mathcal{F}M$ entsteht durch die punktweise Verknüpfung $(f_1\omega_1 + f_2\omega_2)\big|_p := f_1(p)\omega_1\big|_p + f_2(p)\omega_2\big|_p$ die $\mathcal{F}M$–Linearkombination $f_1\omega_1 + f_2\omega_2$. Da die T_p^*M Vektorräume sind, folgt $f_1\omega_1 + f_2\omega_2 \in \mathcal{V}^*M$.

Nach Definition wirken 1–Formen ω auf Vektorfelder $\mathcal{F}M$–linear, d.h. es gilt

$$\omega(fX + gY) = f\,\omega(X) + g\,\omega(Y) \quad \text{für } f, g \in \mathcal{F}M, \;\; X, Y \in \mathcal{V}M\,.$$

(c) Für jede Funktion $f \in \mathcal{F}M$ erklären wir das **Differential** von f als die 1–Form $df \in \mathcal{V}^*M$ mit

$$df_p(v) = vf \quad \text{für alle } v \in T_pM \text{ und } p \in M\,.$$

Für eine anschauliche Interpretation des Differentials wählen wir eine Kurve $\alpha :]-\varepsilon, \varepsilon[\to M$ mit $\alpha(0) = p$, $\dot{\alpha}(0) = v$. Dann gilt nach 2.2 (c)

$$df_p(v) = \dot{\alpha}(0)f = (f \circ \alpha)^{\boldsymbol{\cdot}}(0)\,.$$

Hiernach beschreibt $df_p(v)$ also die Änderung der Funktion f längs der Kurve α im Punkt p.

Nach 3.1 (b) gilt

$$df(X) = Xf \quad \text{für alle } X \in \mathcal{V}M\,.$$

Für jede Karte (U, x) um p besitzen die Koordinatenfunktionen $x^1, \ldots, x^n$ Differentiale $dx^1, \ldots, dx^n \in \mathcal{V}^*U$. Für diese gilt nach 1.5 (c)

$$dx^i\Big(\frac{\partial}{\partial x^k}\Big) = \Big(\frac{\partial}{\partial x^k}\Big)x^i = \frac{\partial x^i}{\partial x^k} = \delta^i_k\,,$$

d.h. die Linearformen $dx^1_p, \ldots, dx^n_p$ bilden die zu $\frac{\partial}{\partial x^1}\big|_p, \ldots, \frac{\partial}{\partial x^n}\big|_p$ duale Basis in T_p^*M.

Damit erhalten wir für jede 1–Form $\omega \in \mathcal{V}^*M$ (oder $\omega \in \mathcal{V}^*U$) die Darstellung

$$\omega = \sum_{i=1}^n a_i\, dx^i$$

mit den nach (a) eindeutig bestimmten Koeffizientenfunktionen

$$a_i = \omega\Big(\frac{\partial}{\partial x^i}\Big) \in \mathcal{F}U \quad (i = 1, \ldots, n).$$

Für $v = \sum\limits_{k=1}^n \xi^k \frac{\partial}{\partial x^k}\,\Big|_p \in T_pM$ ergibt sich

$$\omega(v) = \sum_{i=1}^n a_i\, \xi^i.$$

Für Differentiale $\omega = df$ folgt insbesondere die Basisdarstellung

$$df = \sum_{i=1}^{n} \frac{\partial f}{\partial x^i}\, dx^i \quad \text{wegen} \quad a_i = df\Big(\frac{\partial}{\partial x^i}\Big) = \frac{\partial f}{\partial x^i}\,.$$

Rechenregeln für das Differential

Die Abbildung $f \mapsto df$, $\mathcal{F}M \to \mathcal{V}^*M$

(i) *ist linear,* $d(\alpha f + \beta g) = \alpha df + \beta dg$ *für* $\alpha, \beta \in \mathbb{R}$, $f, g \in \mathcal{F}M$,

(ii) *Es gilt die Produktregel* $d(f \cdot g) = g\, df + f\, dg$ *für* $f, g \in \mathcal{F}M$.

Nachweis als ÜA.

(d) Das Differential von Funktionen $f : M \to \mathbb{R}$, für den Moment mit $\widetilde{d}f_p : T_pM \to \mathbb{R}$ bezeichnet, stimmt mit dem in 2.3 definierten Differential von Abbildungen nicht überein; vielmehr gilt $df_p = i_t \circ \widetilde{d}f_p$ mit $t := f(p)$ und dem natürlichen Isomorphismus $i_t : \mathbb{R} \to T_t\mathbb{R}$ von 2.1 (d) ÜA.

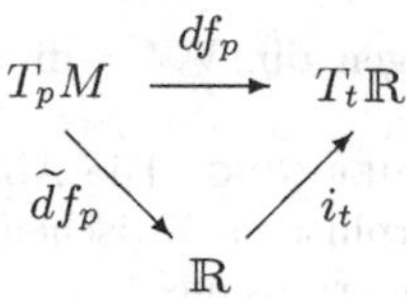

Die gleiche Schreibweise für die beiden Begriffe wird durch die Identifizierung $T_t\mathbb{R} \cong \mathbb{R}$ gerechtfertigt.

Bemerkung. Wir haben in Kap. I Impulse und Wellenvektoren durch Vektoren dargestellt, obwohl es sich um Linearformen handelt. Dies geschah aus dem Bestreben, den Lesern den Einstieg durch eine einfache und anschauliche Darstellung zu erleichtern.

Auch die in Bd. 1, § 24 : 6.1 betrachtete differentielle Wärmeänderung eines thermodynamischen Systems ist kein Vektorfeld (Q_1, Q_2), sondern seiner Natur nach eine 1–Form $\omega = Q_1\, dT + Q_2\, dv$ auf dem $\mathbb{R}^2$.

Auf Lorentz- und Riemann–Mannigfaltigkeiten vermitteln die dort gegebenen Metriken eine Korrespondenz von Vektorfeldern und 1–Formen, siehe § 9 : 2.4.

4 Tensoren

4.1 Tensoren als multilineare Abbildungen

(a) Den Dualraum von V^* bezeichnen wir mit V^{**}. Zu jedem $v \in V$ ist durch

$$\ell_v(\omega) := \omega(v) \quad \text{für alle } \omega \in V^*$$

eine Linearform ℓ_v auf V^* gegeben, also $\ell_v \in V^{**}$.

Satz. *Die Abbildung*

$$I_V : V \to V^{**}\,, \quad v \mapsto \ell_v \quad \textit{ist ein Isomorphismus.}$$

Wir identifizieren daher im Folgenden den Bidualraum V^{**} mit V und schreiben mitunter auch

$$(*) \quad v(\omega) \text{ an Stelle von } \ell_v(\omega) = \omega(v)\,.$$

Die in der Literatur hierfür oft gebrauchte Notation $\langle \omega, v \rangle$ verwenden wir nicht, um Konfusionen mit dem Skalarpordukt auf Riemann– und Lorentz–Mannigfaltigkeiten (§9) zu vermeiden.

BEWEIS.

Die Linearität on I_V folgt aus der Linearität der $\omega \in V^*$. I_V ist injektiv: Aus $\ell_v = 0$ und $v = \sum\limits_{i=1}^{n} \xi^i v_i$ folgt $0 = v_*^k(v) = \sum\limits_{i=1}^{n} \xi^i v_*^k(v_i) = \xi^k$ $(k = 1, \ldots, n)$. Wegen $\dim V^{**} = \dim V^* = \dim V = n$ ist I_V bijektiv. □

BEMERKUNG. Die Abbildung I_V ist ein natürlicher (basisfrei definierter) Isomorphismus. Zwischen den Räumen V und V^* existiert dagegen kein natürlicher Isomorphismus.

(b) Im Folgenden seien $V_1, \ldots V_r, W$ endlichdimensionale Vektorräume. Eine Abbildung

$$A : V_1 \times \cdots \times V_r \longrightarrow W$$

heißt **multilinear**, wenn sie in jedem der r Argumente bei Festhalten der restlichen linear ist.

Die Gesamtheit der multilinearen Abbildungen $V_1 \times \cdots \times V_r \to W$ bezeichnen wir mit $L(V_1 \times \cdots \times V_r, W)$.

Für $A, B \in L(V_1 \times \cdots \times V_r, W)$ und $a, b \in \mathbb{R}$ ist durch punktweise Verknüpfung in W die Linearkombination

$$aA + bB : (v_1, \ldots, v_r) \longmapsto a\,A(v_1, \ldots, v_r) + b\,B(v_1, \ldots, v_r)$$

definiert, die diese Menge zu einem Vektorraum macht. Jede multilineare Abbildung ist schon durch ihre Wirkung auf Basisvektoren in $V_1, \ldots, V_r$ festgelegt.

SATZ. $\dim L(V_1 \times \cdots \times V_r, W) \;=\; \dim V_1 \cdots \dim V_r \cdot \dim W.$

BEWEIS.

Wir beschränken uns auf den Fall $r = 2$ und betrachten drei Vektorräume U, V, W der Dimensionen l, m, n und für diese Basen $(u_1, \ldots, u_l)$, $(v_1, \ldots, v_m)$, $(w_1, \ldots, w_n)$.

Wir legen $A_k^{ij} \in L(U \times V, W)$ fest durch die Wirkung auf die Paare von Basisvektoren (u_a, v_b),

$$A_k^{ij}(u_a, v_b) := \delta_a^i\, \delta_b^j\, w_k\,.$$

Diese $l \cdot m \cdot n$ bilinearen Abbildungen bilden eine Basis von $L(U \times V, W)$, denn für jede Abbildung $A \in L(U \times V, W)$ sind die Basisdarstellungen

$$(1) \qquad A(u_i, v_j) = \sum_{k=1}^{n} a_{ij}^k \, w_k \quad \text{in } W \quad (i = 1, \ldots, l, \; j = 1, \ldots, m)$$

äquivalent zu der Beziehung

$$(2) \qquad A = \sum_{i=1}^{l} \sum_{j=1}^{m} \sum_{k=1}^{n} a_{ij}^k \, A_k^{ij} ,$$

was sich durch Auswertung beider Seiten auf den Paaren (u_a, v_b) ergibt. □

(c) Sei V ein n–dimensionaler Vektorraum, und $r, s \geq 0$ seien ganze Zahlen. Wir setzen

$$\bigotimes\nolimits_s^r V := L(\underbrace{V^* \times \cdots \times V^*}_{r\text{–mal}} \times \underbrace{V \times \cdots \times V}_{s\text{–mal}}, \mathbb{R})$$

für $r + s \geq 1$ und $\bigotimes_0^0 V := \mathbb{R}$. Die Elemente von $\bigotimes_s^r V$ heißen **(r,s)–Tensoren (r–fach kontravariante, s–fach kovariante Tensoren)** auf V. Die Zahl r heißt **kontravarianter Rang**, und s heißt **kovarianter Rang**. $\bigotimes_s^r V$ ist nach (b) ein Vektorraum der Dimension n^{r+s}.

Einige Tensortypen sind uns schon bekannt, z.B.

$$\begin{array}{lll}
\bigotimes_0^0 V = \mathbb{R} & & \text{Skalare,} \\
\bigotimes_0^1 V = L(V^*, \mathbb{R}) = V^{**} = V & & \text{Vektoren,} \\
\bigotimes_1^0 V = L(V, \mathbb{R}) = V^* & & \text{Linearformen,} \\
\bigotimes_2^0 V = L(V \times V, \mathbb{R}) & & \text{Bilinearformen,} \\
\bigotimes_s^0 V = L(\underbrace{V \times \cdots \times V}_{s\text{–mal}}, \mathbb{R}) & & \text{Multilinearformen.}
\end{array}$$

Wir setzen zur Abkürzung

$$V^s := \underbrace{V \times \cdots \times V}_{s\text{–mal}}, \quad (V^*)^r := \underbrace{V^* \times \cdots \times V^*}_{r\text{–mal}},$$

$$\bigotimes\nolimits^r V := \bigotimes\nolimits_0^r V = L((V^*)^r, \mathbb{R}).$$

(r,s)–Tensoren mit $r, s \geq 1$ können auch als lineare Abbildungen $V^s \to \bigotimes^r V$ aufgefasst werden: Ist eine lineare Abbildung $A : V^s \to \bigotimes^r V$ gegeben, so ordnen wir dieser die Multilinearform $\widetilde{A} : (V^*)^r \times V^s \longrightarrow \mathbb{R}$ zu mit

$$\widetilde{A}(\omega_1, \ldots, \omega_r, v_1, \ldots, v_s) := A(v_1, \ldots, v_s)(\omega_1, \ldots, \omega_r)$$

für $\omega_i \in V^*$, $v_j \in V$.

SATZ. *Durch diese Vorschrift ist ein (r,s)–Tensor $\widetilde{A}$ gegeben. Die lineare Abbildung*

$$J : L(V^s, \bigotimes^r V) \longrightarrow \bigotimes_s^r V\,, \quad A \longmapsto \widetilde{A}$$

ist ein Isomorphismus.

BEWEIS.

J ist injektiv, denn $J(A) = 0$ bedeutet, dass A die Nullabbildung ist. Die Surjektivität von J folgt aus Dimensionsgründen: Nach (c) ist $\dim \bigotimes_s^r V = n^{r+s}$ und $\dim \bigotimes^r V = n^r$. Mit (b) folgt $\dim L(V^s, \bigotimes^r V) = n^s n^r$. □

Von der Isomorphie $L(V \times V \times V, V) \cong \otimes_3^1 V$ machen wir bei der Einführung des Krümmungstensors in § 9 : 3.4 (b) Gebrauch.

(d) Für endlichdimensionale Vektorräume $V_1, \ldots, V_m$ heißt der Vektorraum

$$V_1 \otimes \cdots \otimes V_m := L(V_1^* \times \cdots \times V_m^*, \mathbb{R})$$

das **Tensorprodukt** von $V_1, \ldots, V_m$.

Demnach ist wegen $V^{**} = V$

$$\bigotimes_s^r V = \underbrace{V \otimes \cdots \otimes V}_{r\text{–mal}} \otimes \underbrace{V^* \otimes \cdots \otimes V^*}_{s\text{–mal}}.$$

Für $v_1 \in V_1, \ldots, v_m \in V_m$ heißt die r–Form $v_1 \otimes \cdots \otimes v_m \in V_1 \otimes \cdots \otimes V_m$ mit

$$(v_1 \otimes \cdots \otimes v_m)(\omega_1, \ldots, \omega_m) := \omega_1(v_1) \cdots \omega_m(v_m)$$

für $\omega_i \in V_i^*$, $i = 1, \ldots, m$ das **Tensorprodukt** der Vektoren $v_1, \ldots, v_m$.

4.2 Basisdarstellung von Tensoren

Es sei $v_1, \ldots, v_n; v_*^1, \ldots, v_*^n$ ein Paar dualer Basen von V. Für die aus diesen Basisvektoren gebildeten Tensorprodukte gilt nach Definition und unter Beachtung von 3.3 (a) und $V^{**} = V$

$$\begin{aligned} &\left(v_{i_1} \otimes \cdots \otimes v_{i_r} \otimes v_*^{j_1} \otimes \cdots \otimes v_*^{j_s}\right) \left(v_*^{k_1}, \ldots, v_*^{k_r}, v_{l_1}, \ldots, v_{l_s}\right) \\ (**) \qquad &= v_*^{k_1}(v_{i_1}) \cdots v_*^{k_r}(v_{i_r}) \cdot v_*^{j_1}(v_{l_1}) \cdots v_*^{j_s}(v_{l_s}) \\ &= \delta_{i_1}^{k_1} \cdots \delta_{i_r}^{k_r} \cdot \delta_{l_1}^{j_1} \cdots \delta_{l_s}^{j_s}. \end{aligned}$$

SATZ. *Die n^{r+s} Tensorprodukte $v_{i_1} \otimes \cdots \otimes v_{i_r} \otimes v_*^{j_1} \otimes \cdots \otimes v_*^{j_s}$ bilden für $r + s \geq 1$ eine Basis von $\bigotimes_s^r V$.*

Jeder (r,s)–Tensor $A \in \bigotimes_s^r V$ besitzt somit die Basisdarstellung

$$A = \sum_{i_1=1}^{n} \cdots \sum_{j_s=1}^{n} a_{j_1 \cdots j_s}^{i_1 \cdots i_r} \, v_{i_1} \otimes \cdots \otimes v_{i_r} \otimes v_*^{j_1} \otimes \cdots \otimes v_*^{j_s}$$

mit den Koeffizienten

$$a_{j_1 \cdots j_s}^{i_1 \cdots i_r} = A(v_*^{i_1}, \ldots, v_*^{i_r}, v_{j_1}, \ldots, v_{j_s}) .$$

Der BEWEIS verläuft unter Verwendung von $(**)$ ganz analog wie der des Dimensionssatzes in (b).

Um die Basisdarstellung etwas übersichtlicher zu gestalten, verwenden wir die **Einsteinsche Summationskonvention**: Über jeden doppelt auftretenden Index ist zu summieren; das entsprechende Summenzeichen wird fortgelassen. Die Basisdarstellung schreibt sich hiermit

$$A = a_{j_1 \cdots j_s}^{i_1 \cdots i_r} \, v_{i_1} \otimes \cdots \otimes v_{i_r} \otimes v_*^{j_1} \otimes \cdots \otimes v_*^{j_s} .$$

4.3 Kontraktion von Tensoren

Für einen $(1,1)$–Tensor $A \in \bigotimes_1^1 V$ ist die Kontraktion definiert als die Zahl

$$C_1^1 A := A(v_*^i, v_i) \quad \text{(Summationskonvention)},$$

hierbei ist $v_1, \ldots, v_n \,;\, v_*^1, \ldots, v_*^n$ ein beliebiges Paar dualer Basen für V, V^*.

Die Zahl hängt nicht vom gewählten Basispaar ab: Ist $w_1, \ldots, w_n \,;\, w_*^1, \ldots, w_*^n$ ein anderes Basispaar von V, so ergibt sich mit $v_i = S_i^k w_k$, $v_*^j = T_\ell^j w_*^\ell$, $T_\ell^i S_i^k = \delta_\ell^k$ die Gleichheit

$$\begin{aligned} A(v_*^i, v_i) &= A(T_\ell^i w_*^\ell, S_i^k w_k) = T_\ell^i S_i^k \, A(w_*^\ell, w_k) \\ &= \delta_\ell^k \, A(w_*^\ell, w_k) = A(w_*^k, w_k) . \end{aligned}$$

Fassen wir gemäß 4.1 (c) $A \in \bigotimes_1^1 V$ als lineare Abbildung von V auf, so ist die Kontraktion nichts anderes als die Spur.

Ganz entsprechend definieren wir die Kontraktion von $A \in \bigotimes_s^r V$ mit $r, s \geq 1$ für $1 \leq \mu \leq r$, $1 \leq \nu \leq s$ als den $(r-1, s-1)$–Tensor $C_\nu^\mu A$ mit

$$\begin{aligned} &(C_\nu^\mu A)(\omega_1, \ldots, \omega_{r-1}, v_1, \ldots, v_{s-1}) \\ &\qquad := \sum_{k=1}^{n} A(\ldots, \omega_{\mu-1}, v_*^k, \omega_\mu, \ldots, v_{\nu-1}, v_k, v_\nu, \ldots) \end{aligned}$$

für $\omega_1, \ldots, \omega_{r-1} \in V^*$, $v_1, \ldots, v_{s-1} \in V$.

Hat A die Koeffizienten $a^{i_1 \dots i_r}_{j_1 \dots j_s}$ bezüglich eines dualen Basispaars von V, so besitzt der kontrahierte Tensor $C^\mu_\nu A$ die Koeffizienten

$$\sum_{k=1}^{n} a^{i_1 \dots i_{\mu-1}\, k\, i_\mu \dots i_r}_{j_1 \dots j_{\nu-1}\, k\, j_\nu \dots j_s} .$$

4.4 Tensorfelder, lokale Basisdarstellung, Transformationsgesetz

(a) Ein **(r,s)–Tensorfeld** auf einer n–dimensionalen Mannigfaltigkeit M ist eine Abbildung

$$A : p \longmapsto A_p \in \bigotimes\nolimits^r_s T_pM ,$$

die differenzierbar ist in dem Sinn, dass für beliebige 1–Formen $\omega^1, \dots, \omega^r \in \mathcal{V}^*M$ und Vektorfelder $X_1 \dots, X_s \in \mathcal{V}M$ die Funktion

$$M \longrightarrow \mathbb{R}, \quad p \longmapsto A_p\left(\omega^1\big|_p, \dots, \omega^r\big|_p, X_1\big|_p, \dots, X_s\big|_p\right)$$

C^∞–differenzierbar ist.

Die Gesamtheit der (r,s)–Tensorfelder auf M bezeichnen wir mit $\mathcal{T}^r_sM$. Für $A, B \in \mathcal{T}^r_sM$ und Funktionen $f, g \in \mathcal{F}M$ definieren wir die $\mathcal{F}M$–Linearkombination $fA + gB \in \mathcal{T}^r_sM$ punktweise, d.h. durch $p \mapsto f(p)A(p) + g(p)B(p) \in \bigotimes^r_s T_pM$.

Insbesondere ist

$$\mathcal{T}^0_0M = \mathcal{F}M, \quad \mathcal{T}^1_0M = \mathcal{V}M, \quad \mathcal{T}^0_1M = \mathcal{V}^*M .$$

Meistens werden Tensorfelder einfach **Tensoren** genannt. Diese Sprechweise ist unproblematisch, weil Tensoren in einem Punkt so gut wie nie auftreten.

(b) **Tensorfelder als $\mathcal{F}M$–Multilinearformen.** Ein Tensorfeld $A \in \mathcal{T}^r_sM$ mit $r + s \geq 1$ lässt sich uminterpretieren in eine Abbildung

$$\widehat{A} : \underbrace{\mathcal{V}^*M \times \dots \times \mathcal{V}^*M}_{r\text{–mal}} \times \underbrace{\mathcal{V}M \times \dots \times \mathcal{V}M}_{s\text{–mal}} \longrightarrow \mathcal{F}M$$

mit

$$\widehat{A}(\omega^1, \dots, \omega^r, X_1, \dots, X_s)(p) := A_p\left(\omega^1\big|_p, \dots, \omega^r\big|_p, X_1\big|_p, \dots, X_s\big|_p\right)$$

für $\omega^1, \dots, \omega^r \in \mathcal{V}^*M$, $X_1, \dots, X_s \in \mathcal{V}M$ und $p \in M$.

Die Abbildung $\widehat{A}$ ist in jedem der $r + s$ Argumente **$\mathcal{F}M$–linear**; d.h. es gilt

$$\widehat{A}(\dots, fX_k + gY_k, \dots) = f\,\widehat{A}(\dots, X_k, \dots) + g\,\widehat{A}(\dots, Y_k, \dots)$$

für $f, g \in \mathcal{F}M$, $X_k, Y_k \in \mathcal{V}M$ sowie Entsprechendes für die Variablen ω^i. Dies liegt an der Definition von $\mathcal{F}M$–Linearkombinationen. Wir sprechen von einer **$\mathcal{F}M$–Multilinearform**.

Wir zeigen jetzt, dass sich die Zuordnung $A \mapsto \widehat{A}$ auch wieder umkehren lässt, d.h. dass zu jeder $\mathcal{F}M$–Multilinearform ein Tensor gehört. Das ist von Bedeutung, weil die meisten Tensoren der Differentialgeometrie durch Differentiation von Vektorfeldern entstehen und zunächst nicht punktweise definiert sind. Das wichtigste Beispiel ist der Riemannsche Krümmungstensor, der durch zweifache Differentiation von Vektorfeldern gebildet wird.

SATZ (*Punktweise Auswertbarkeit von $\mathcal{F}M$-Multilinearformen*). *Gilt $r + s \geq 1$ und ist $A : (\mathcal{V}^*M)^r \times (\mathcal{V}M)^s \to \mathcal{F}M$ eine $\mathcal{F}M$-Multilinearform, so hängt für $\omega^1, \ldots, \omega^r \in \mathcal{V}^*M$, $X_1 \ldots, X_s \in \mathcal{V}M$ und $p \in M$ die Zahl*

$$A(\omega^1, \ldots, \omega^r, X_1, \ldots, X_s)(p)$$

nur von den Werten von $\omega^1, \ldots, \omega^r, X_1, \ldots, X_s$ im Punkt p ab.

Hiernach können wir die $\mathcal{F}M$–Multilinearform A in jedem Punkt $p \in M$ ausweiten, indem wir gegebene Kovektoren $\omega^1, \ldots, \omega^r \in T_pM^*$ und Vektoren $v_1, \ldots, v_s \in T_pM$ zu 1–Formen $\Omega^1, \ldots, \Omega^r \in \mathcal{V}^*M$ und Vektorfeldern $V_1, \ldots, V_s \in \mathcal{V}M$ fortsetzen mit

$$\Omega_i\Big|_p = \omega^i, \quad V_j\Big|_p = v_j \quad (i = 1, \ldots, r,\ j = 1, \ldots, s).$$

Dass dies möglich ist, zeigen wir anschließend. Setzen wir dem Satz gemäß

$$\widetilde{A}\Big|_p (\omega^1, \ldots, \omega^r, v_1, \ldots, v_s) := A(\Omega^1, \ldots, \Omega^r, V_1, \ldots, V_s)(p)$$

und lassen dann $p \in M$ laufen, so erhalten wir ein (r, s)–Tensorfeld $\widetilde{A} \in \mathcal{T}^r_s M$.

Aufgrund dieser Isomorphie ist es erlaubt, (r, s)–Tensoren mit $\mathcal{F}M$–Multilinearformen $(\mathcal{V}^*M)^r \times (\mathcal{V}M)^s \mapsto \mathcal{F}M$ zu identifizieren.

Vor dem Beweis des Satzes zeigen wir, dass jeder Vektor in einem Punkt zu einem Vektorfeld auf M fortsetzbar ist.

Zu gegebenem Vektor $v \in T_pM$ wählen wir eine Karte (U, x) um p und gemäß 1.5 (d) eine Buckelfunktion $f \in \mathcal{F}M$ mit $f(p) = 1$ und $\operatorname{supp} f \subset U$. Wir setzen dann

$$V := f\,\xi^i \partial_i \text{ in } U \text{ und } V := 0 \text{ in } M \setminus U,$$

wobei $v := \xi^i \partial_i\Big|_p$ die Basisdarstellung von v ist. Dann ist V ein Vektorfeld auf M mit $V\Big|_p = v$.

Ganz analog gehen wir bei der Fortsetzung eines Kovektors zu einer 1–Form auf M vor $\boxed{\text{ÜA}}$.

BEWEIS des Satzes.

(i) *Gilt* $\omega^i\big|_p = 0$ *für ein* $i = 1,\ldots,r$ *oder* $X_j\big|_p = 0$ *für ein* $j = 1,\ldots,s$, *so ist* $A(\omega^1,\ldots,\omega^r,X_1,\ldots,X_s)(p) = 0$.

Zum Nachweis wählen wir eine Karte (U,x) um p und gemäß 1.5 (d) eine Buckelfunktion $f \in \mathcal{F}M$ mit $f(p) = 1$ und $\operatorname{supp} f \subset U$. Angenommen, es gilt $\omega^1\big|_p = 0$. Dann folgt mit der lokalen Basisdarstellung $\omega^1 = a_i\,dx^i$ (vgl. 3.3 (a))

$$\begin{aligned} f^2 A(\omega^1,\ldots,\omega^r,X_1,\ldots,X_s) &= A(f^2\,\omega^1,\ldots,\omega^r,X_1,\ldots,X_s)\\ &= A(fa_i f\,dx^i,\omega^2,\ldots,\omega^r,X_1,\ldots,X_s)\\ &= fa_i A(f\,dx^i,\omega^2,\ldots,\omega^r,X_1,\ldots,X_s)\,, \end{aligned}$$

insbesondere wegen $f(p)\,a_i(p) = 0$ für $i = 1,\ldots,n$

$$A(\omega^1,\ldots,\omega^r,X_1,\ldots,X_s)(p) = f(p)^2 A(\omega^1,\ldots,\omega^r,X_1,\ldots,X_s)(p) = 0\,.$$

(ii) *Für* $\omega^1,\ldots,\omega^r,\sigma^1,\ldots,\sigma^r \in \mathcal{V}^*M$, $X_1,\ldots,X_s,Y_1,\ldots,Y_s \in \mathcal{V}M$ *mit*

$$\omega^i\big|_p = \sigma^i\big|_p \quad \text{für } i = 1,\ldots,r, \quad X_j\big|_p = Y_j\big|_p \quad \text{für } j = 1,\ldots,s$$

gilt

$$A(\omega^1,\ldots,\omega^r,X_1,\ldots,X_s)(p) = A(\sigma^1,\ldots,\sigma^r,Y_1,\ldots,Y_s)(p)\,.$$

Denn mit der $\mathcal{F}M$–Multilinearität von A folgt durch sukzessives Einschieben

$$\begin{aligned} A(\omega^1,\ldots,X_s) &- A(\sigma^1,\ldots,Y_s)\\ &= A(\omega^1-\sigma^1,\omega^2,\ldots,X_s) + A(\sigma^1,\omega^2-\sigma^2,\omega^3,\ldots,X_s)\\ &\quad + \ldots + A(\sigma^1,\ldots,Y_{s-1},X_s-Y_s)\,, \end{aligned}$$

und nach (i) verschwindet die rechte Seite an der Stelle p, was die Behauptung liefert. □

(c) **Lokale Basisdarstellung von Tensoren.** Ist (U,x) eine Karte von M, so bilden nach 3.3 (a) in jedem Punkt $p \in U$ die Vektoren und Kovektoren

$$\partial_1\big|_p,\ldots,\partial_n\big|_p \;;\; dx^1\big|_p,\ldots,dx^n\big|_p$$

ein Paar dualer Basen für T_pM und T_p^*M.

Jeder Tensor $A \in \mathcal{T}_s^rM$ mit $r+s \geq 1$ besitzt dann nach 4.2 die lokale Basisdarstellung auf U

$$A = a^{i_1\ldots i_r}_{j_1\ldots j_s}\,\partial_{i_1}\otimes\cdots\otimes\partial_{i_r}\otimes dx^{j_1}\otimes\cdots\otimes dx^{j_s}$$

mit den Koeffizientenfunktionen

$$a^{i_1\ldots i_r}_{j_1\ldots j_s} = A(dx^{i_1},\ldots,dx^{i_r},\partial_{j_1},\ldots,\partial_{j_s}) \in \mathcal{F}U\,.$$

FOLGERUNG. *Sind (U,x), (V,y) überlappende Koordinatensysteme von M und hat der Tensor $A \in \mathcal{T}^r_s M$ mit $r+s \geq 1$ die Koeffizienten*

$$a^{i_1\ldots i_r}_{j_1\ldots j_s} \text{ bezüglich } x\,, \quad b^{k_1\ldots k_r}_{\ell_1\ldots \ell_s} \text{ bezüglich } y\,,$$

so gilt das **Transformationsgesetz**

$$(*) \quad b^{k_1\ldots k_r}_{\ell_1\ldots \ell_s} = a^{i_1\ldots i_r}_{j_1\ldots j_s} S^{k_1}_{i_1}\cdots S^{k_r}_{i_r}\cdot T^{j_1}_{\ell_1}\cdots T^{j_s}_{\ell_s} \text{ auf } U\cap V \text{ mit}$$

$$S^k_i := \frac{\partial y^k}{\partial x_i}\,, \quad T^j_\ell := \frac{\partial x^j}{\partial y_\ell}\,.$$

Denn nach 2.1 (c) gilt für die Basisfelder das Transformationsgesetz

$$\frac{\partial}{\partial x^i} = \frac{\partial y^k}{\partial x^i}\frac{\partial}{\partial y^k} = S^k_i\frac{\partial}{\partial y^k}\,.$$

Aufgrund der Basiseigenschaft sind $dx^1,\ldots,dx^n$ aus den $dy^1,\ldots,dy^n$ linear kombinierbar, $dx^j = \widetilde{T}^j_\ell\, dy^\ell$ mit geeigneten Koeffizientenfunktionen $\widetilde{T}^j_\ell$. Hieraus folgt

$$\begin{aligned}\delta^j_i &= dx^j\left(\frac{\partial}{\partial x^i}\right) = dx^j\left(S^k_i\frac{\partial}{\partial y^k}\right) = S^k_i\, dx^j\left(\frac{\partial}{\partial y^k}\right)\\ &= S^k_i\,\widetilde{T}^j_\ell\, dy^\ell\left(\frac{\partial}{\partial y^k}\right) = S^k_i\,\widetilde{T}^j_\ell\,\delta^\ell_k = S^k_i\,\widetilde{T}^j_\ell\end{aligned}$$

und damit $\widetilde{T}^j_\ell = \partial x^j/\partial y^\ell = T^j_\ell$, weil die Matrizen (S^k_i) und (T^j_ℓ) zueinander invers sind. Das Transformationsgesetz $(*)$ ergibt sich nun mit Hilfe der obigen Basisdarstellungen durch Koeffizientenvergleich.

4.5* Die Lie–Ableitung

Gegeben sei ein Vektorfeld $V \in \mathcal{V}M$. Für jedes Tensorfeld $A \in \mathcal{T}^r_s M$ misst die Lie–Ableitung $L_V A \in \mathcal{T}^r_s M$ die Änderung von A bei Verschiebung längs der Integralkurven von V. Dies wird in (b) formuliert, die folgende Definition lässt das nicht unmittelbar erkennen.

(a) Die **Lie–Ableitung** L_V bezüglich des Vektorfeds $V \in \mathcal{V}M$ legen wir in der Wirkung auf Funktionen und Vektorfelder fest durch

(1) $\quad L_V f := vf = df(V)$ für $f \in \mathcal{F}M$,

(2) $\quad L_V X := [V,X]$ für $X \in \mathcal{V}M$;

hierbei ist $[V,X]$ die in 3.2 (a) eingeführte Lie–Klammer. Nach 3.2 (a) bzw. 3.3 (c) gilt die Produktregel:

$$[V,X](f \cdot g) = ([V,X]f)g + ([V,X]g)f$$

bzw.

$$L_V(f \cdot g) = (L_v f)g + (L_V g)f.$$

Die Erweiterung auf Tensorfelder ergibt sich auf eindeutige Weise, wenn wir die Gültigkeit der Produktregel für die Tensorprodukte fordern. Um diese suggestiv zu formulieren, schreiben wir für den Moment für die Wirkung einer 1–Form ω auf ein Vektorfeld Y

$$\omega \cdot Y \quad \text{statt} \quad \omega(Y),$$

und für die Wirkung eines Tensors $A \in \mathcal{T}^r_s M$ mit $r+s \geq 1$ auf seine Argumente $\omega^i \in \mathcal{V}^*M$, $Y_k \in \mathcal{V}M$

$$A \cdot \omega^1 \cdots \omega^r \cdot Y_1 \cdots Y_s \quad \text{statt} \quad A(\omega^1,\ldots,\omega^r,Y_1,\ldots,Y^s).$$

Des Weiteren verabreden wir, dass der Operator L_V stets nur auf den unmittelbar nachfolgenden Term wirken soll.

Für $\omega \in \mathcal{T}^0_1 M = \mathcal{V}^*M$ legen wir die Lie–Ableitung $L_V\omega$ als 1–Form fest durch die Gültigkeit der Produktregel

$$L_V(\omega \cdot Y) = L_V\omega \cdot Y + \omega \cdot L_V Y \quad \text{für } Y \in \mathcal{V}M,$$

wobei der erste Ausdruck nach (1) und der letzte nach (2) definiert sind. Wir setzen also $L_V\omega \cdot Y := L_V(\omega \cdot Y) - \omega\, L_V Y$ und erhalten in der üblichen Schreibweise unter Verwendung von (1),(2)

$$(3) \qquad (L_V\omega)Y := V\omega(Y) - \omega([V,Y]) \quad \text{für } Y \in \mathcal{V}M.$$

Entsprechend definieren wir für einen (r,s)–Tensor $A \in \mathcal{T}^r_s M$ die Lie–Ableitung $L_V A \in \mathcal{T}^r_s M$ über die Produktregel für $1+r+s$ Faktoren:

$$\begin{aligned} L_V(A \cdot \omega^1 \cdots \omega^r \cdot Y_1 \cdots Y_s) = {} & (L_V A) \cdot \omega^1 \cdots \omega^r \cdot Y_1 \cdots Y_s \\ & + \sum_{i=1}^r A \cdot \omega^1 \cdots (L_V\omega^i) \cdots \omega^r \cdot Y_1 \cdots Y_s \\ & + \sum_{k=1}^s A \cdot \omega^1 \cdots \omega^r \cdot Y_1 \cdots (L_V Y_k) \cdots Y_s, \end{aligned}$$

wobei die linke Seite nach (1) definiert ist, die erste Summe nach (3) und die letzte Summe nach (2). Damit ergibt sich die Definition von $L_V A$ in der üblichen

Notation:

$$
\begin{aligned}
L_V A(\omega^1,\dots,\omega^r,Y_1,\dots,Y_s) \;:=\; & V\big(A(\omega^1,\dots,\omega^r,Y_1,\dots,Y_s)\big) \\
& - \sum_{i=1}^{r} A(\omega^1,\dots,L_V\omega^i,\dots,\omega^r,Y_1,\dots,Y_s) \\
& - \sum_{k=1}^{s} A(\omega^1,\dots,\omega^r,Y_1,\dots,L_V Y_k,\dots,Y_s)
\end{aligned} \tag{4}
$$

für $\omega^1,\dots,\omega^r \in \mathcal{V}^*M,\; Y_1,\dots,Y_s \in \mathcal{V}M.$

SATZ. *Die Lie–Ableitung* $L_V : \mathcal{T}^r_s M \to \mathcal{T}^r_s M$ *ist linear und genügt der Produktregel*

$$L_V(fA) = (L_V f)A + f\,L_V A\,.$$

Das ergibt sich unmittelbar aus der Definition.

Für die Koordinatendarstellung der Lie–Ableitung ergibt sich mit $V = v^j\,\partial_j$ ÜA:

$$
\begin{aligned}
L_v f &= v^j\,\partial_j f && \text{für Funktionen } f\,,\\
L_V X &= \big(v^j\partial_j\xi^k - \partial_j v^k\xi^j\big)\,\partial_k && \text{für Vektorfelder } X = \xi^i\,\partial_i\,,\\
L_V\omega &= \big(v^j\,\partial_j a_k + \partial_k v^j\,a_j\big)\,dx^k && \text{für 1–Formen } \omega = a_k\,dx^k\,,\\
L_V A &= \big(v^j\,\partial_j a_{ik} + \partial_i v^j\,a_{jk} + \partial_k v^j\,a_{ij}\big)\,dx^i \otimes dx^k && \\
& && \text{für 2–Formen } A = a_{ik}\,dx^i \otimes dx^k\,.
\end{aligned}
$$

Insbesondere gilt

$$L_V\partial_i = -\,\partial_i v^k\,\partial_k\,, \quad L_V dx^i = \partial_k v^i\,dx^k\,.$$

(b) Wir beschreiben jetzt die Lie–Ableitung L_V mit Hilfe des von V erzeugten Flusses $\boldsymbol{\Phi}$. Dieser ist nach 3.2 (b) auf einer offenen Menge $\mathcal{D}(V) \subset \mathbb{R}\times M$ definiert, daher gibt es um jeden Punkt $p \in M$ eine Umgebung $W_p \subset M$ und ein $\varepsilon > 0$ mit $]-\varepsilon,\varepsilon[\times W_p \subset \mathcal{D}(V)$. Somit sind die **lokalen Flussabbildungen** $\boldsymbol{\Phi}_t : W_p \to M$ für $|t| < \varepsilon$ erklärt und liefern wegen $\boldsymbol{\Phi}_{-t}\circ\boldsymbol{\Phi}_t = \boldsymbol{\Phi}_0 = \mathbb{1}$ Diffeomorphismen.

Für einen kontravarianten Tensor $A \in \mathcal{T}^0_s M$ $(s \geq 1)$ definieren wir den mit $\boldsymbol{\Phi}_t$ **zurückgeholten Tensor** $\boldsymbol{\Phi}_t^* A \in \mathcal{T}^0_s M$ durch

$$(\boldsymbol{\Phi}_t^* A)(Y_1,\dots,Y_s) \;:=\; A(d\boldsymbol{\Phi}_t(Y_1),\dots,d\boldsymbol{\Phi}_t(Y_s))$$

für $Y_1,\dots,Y_s \in \mathcal{V}M$. (Zur Definition des Differentials siehe 2.3.)

SATZ. (1) *Für Vektorfelder* $X \in \mathcal{V}M$ *gilt*

$$(L_V X)_p = \lim_{t \to 0} \frac{1}{t} \big(d\boldsymbol{\Phi}_{-t}(X_{\Phi(t,p)}) - X_p \big) \quad \textit{für } p \in M\,.$$

(2) *Für kovariante Tensoren* $A \in \mathcal{T}^0_s M$ *mit* $s \geq 1$ *gilt*

$$L_V A = \lim_{t \to 0} \frac{1}{t} \left(\boldsymbol{\Phi}_t^* A - A \right).$$

Letzteres ist im Fall $s = 2$ zu lesen als

$$(L_V A)_p(X_p, Y_p) = \lim_{t \to 0} \frac{1}{t} \left((\Phi_t^* A)(X_p, Y_p) - A_p(X_p, Y_p) \right)$$

für $X, Y \in \mathcal{V}M$ und $p \in M$.

Für den BEWEIS verweisen wir auf BOOTHBY [53] IV.7, O'NEILL [64] Prop 1.58, Prop. 9.21.

5* Differentialformen

Der Kalkül der Differentialformen, eingeführt um 1900 von BURALI–FORTI und E. CARTAN, verallgemeinert die Operationen der Vektoranalysis (Kreuzprodukt, Rotation, Divergenz) für beliebige Dimensionen und erlaubt damit eine übersichtliche Formulierung des Integralsatzes. Da Differentialformen in diesem Band keine wichtige Rolle spielen, beschränken wir uns auf eine knappe Darstellung und verweisen für die Beweise auf die Literatur, insbesondere auf CHERN et al. [60] § 2, § 3, FORSTER [131] § 19–21, KRIELE [76] 2.3, 2.5.

5.1 Äußere Algebra

(a) Die Permutationen von $A_n = \{1, 2, \ldots, n\}$, d.h. die Bijektionen $\sigma : A_n \to A_n$, bilden bezüglich der Hintereinanderausführung eine Gruppe S_n mit $n!$ Elementen. Unter einer **Transposition** $\tau \in S_n$ werden nur zwei Elemente von A_n vertauscht ($n \geq 2$). Jede Permutation $\sigma \in S_n$ lässt sich auf verschiedene Weise als Produkt $\sigma = \tau_1 \circ \cdots \circ \tau_r$ von Transpositionen darstellen; für jede solche Darstellung hat aber das **Signum** (Vorzeichen) von σ

$$\operatorname{sign} \sigma := (-1)^r$$

denselben Wert. Im Fall $\operatorname{sign} \sigma = 1$ heißt σ **gerade**, sonst **ungerade**. Es gilt

$$\operatorname{sign}(\sigma_1 \circ \sigma_2) = \operatorname{sign} \sigma_1 \cdot \operatorname{sign} \sigma_2 \quad \text{für } \sigma_1, \sigma_2 \in S_n\,,$$

und für jede $n \times n$–Matrix $A = (a_{ik})$ ist

$$\det A = \sum_{\sigma \in S_n} \operatorname{sign} \sigma \cdot a_{1\sigma(1)} \cdots a_{n\sigma(n)}\,,$$

siehe FISCHER [129] 4.1, 4.2.

(b) Sei V ein n–dimensionaler Vektorraum und $r = 0, 1, \ldots$. Wir nennen eine r–Form $\xi \in \bigotimes_r^0 V = L(V^r, \mathbb{R})$ mit $r \geq 2$ **alternierend**, wenn sie beim Vertauschen zweier Argumente das Vorzeichen wechselt, oder äquivalent hierzu, wenn

$$\xi(v_{\sigma(1)}, \ldots, v_{\sigma(r)}) = \operatorname{sign} \sigma \cdot \xi(v_1, \ldots, v_r)$$

für alle $v_1, \ldots, v_r \in V$ und $\sigma \in S_n$ gilt. Die Gesamtheit $\bigwedge_r V$ der alternierenden r–Formen ist ein Teilraum von $\bigotimes_r^0 V$; wir setzen noch

$$\bigwedge\nolimits_0 V := \mathbb{R}, \quad \bigwedge\nolimits_1 V := L(V, \mathbb{R}) = V^*.$$

Für $\xi \in \bigwedge_r V$, $\eta \in \bigwedge_s V$ mit $r, s \geq 1$ erklären wir das **Dachprodukt** oder **äußere Produkt** (*wedge product*) $\xi \wedge \eta \in \bigwedge_{r+s} V$ durch

$$\begin{aligned}
&(\xi \wedge \eta)(v_1, \ldots, v_{r+s}) \\
&= \frac{1}{r!\, s!} \sum_{\sigma \in S_{r+s}} \operatorname{sign} \sigma \cdot \xi(v_{\sigma(1)}, \ldots, v_{\sigma(r)}) \cdot \eta(v_{\sigma(r+1)}, \ldots, v_{\sigma(r+s)}) \\
&= \sum_{\substack{\sigma \in S_{r+s} \\ \sigma(1) < \cdots < \sigma(r) \\ \sigma(r+1) < \cdots < \sigma(r+s)}} \operatorname{sign} \sigma \cdot \xi(v_{\sigma(1)}, \ldots, v_{\sigma(r)}) \cdot \eta(v_{\sigma(r+1)}, \ldots, v_{\sigma(r+s)}).
\end{aligned}$$

Im Fall $r = 0$ setzen wir $\xi \wedge \eta := \xi \cdot \eta$ und für $s = 0$ entsprechend $\xi \wedge \eta := \eta \cdot \xi$. Für $r = s = 1$ ist also

$$(\xi \wedge \eta)(v_1, v_2) = \xi(v_1)\, \eta(v_2) - \xi(v_2)\, \eta(v_1),$$

und für $r = 2$, $s = 1$ ergibt sich

$$(\xi \wedge \eta)(v_1, v_2, v_3) = \xi(v_1, v_2)\, \eta(v_3) - \xi(v_1, v_3)\, \eta(v_2) + \xi(v_2, v_3)\, \eta(v_1).$$

Hieraus folgt für $\xi_1, \xi_2, \xi_3 \in \bigwedge_1 V$, $v_1, v_2, v_3 \in V$

$$(\xi_1 \wedge \xi_2 \wedge \xi_3)(v_1, v_2, v_3) = \det(\xi_i(v_k)).$$

Rechenregeln für das Dachprodukt.

Das Dachprodukt $\bigwedge_r V \times \bigwedge_s V \longrightarrow \bigwedge_{r+s} V$ *ist*

(i) *bilinear und*

(ii) *antikommutativ:* $\eta \wedge \xi = (-1)^{rs}\, \xi \wedge \eta$.

(iii) *Es gilt das Assoziativgesetz: Für* $\eta_i \in \bigwedge_{r_i} V$ $(i = 1, 2, 3)$ *ist*

$$(\eta_1 \wedge \eta_2) \wedge \eta_3 = \eta_1 \wedge (\eta_2 \wedge \eta_3).$$

Daher dürfen wir bei Dachprodukten aus mehreren Faktoren die Klammern weglassen.

Allgemein gilt für $\xi_i \in \bigwedge_1 V,\ v_k \in V\ (i,k = 1,\dots,r)$

$$(\xi_1 \wedge \cdots \wedge \xi_r)(v_1,\dots,v_r) = \det(\xi_i(v_k)).$$

Den Beweis der Rechenregeln und des folgenden Satzes finden Sie in Boothby [53] V,6.

(c) Satz. (i) $\dim \bigwedge_r V = \binom{n}{r}$.

Insbesondere gilt $\bigwedge_r V = \{0\}$ *für* $r > n$.

(ii) *Für* $2 \le r \le n$ *und jedes Paar* $v_1,\dots,v_n; v_*^1,\dots,v_*^n$ *dualer Basen von* V *und* V^* *bilden die* r*–Formen*

$$v_*^{i_1} \wedge \ldots \wedge v_*^{i_r} \quad \textit{mit } i_1 < \ldots < i_r$$

eine Basis für $\bigwedge_r V$. *Jedes* $\xi \in \bigwedge_r V$ *besitzt die Basisdarstellung*

$$\xi = \sum_{i_1<\cdots<i_r} a_{i_1\cdots i_r}\, v_*^{i_1} \wedge \ldots \wedge v_*^{i_r}$$

mit

$$a_{i_1\cdots i_r} = \xi(v_{i_1},\dots,v_{i_r}).$$

(iii) *Haben* $\xi \in \bigwedge_r V$, $\eta \in \bigwedge_s V$ *mit* $r,s \ge 1$ *die Basisdarstellungen*

$$\xi = \sum_{i_1<\cdots<i_r} a_{i_1\cdots i_r}\, v_*^{i_1} \wedge \ldots \wedge v_*^{i_r},$$

$$\eta = \sum_{j_1<\cdots<j_s} b_{j_1\cdots j_s}\, v_*^{j_1} \wedge \ldots \wedge v_*^{j_s},$$

so ist

$$\xi \wedge \eta = \sum_{\substack{i_1<\cdots<i_r \\ j_1<\cdots<j_s}} a_{i_1\cdots i_r}\, b_{j_1\cdots j_s}\, v_*^{i_1} \wedge \ldots \wedge v_*^{i_r} \wedge v_*^{j_1} \wedge \ldots \wedge v_*^{j_s}.$$

5.2 Differentialformen

(a) Sei M eine n–dimensionale Mannigfaltigkeit und $r = 0,1,\dots$. Eine (**alternierende**) **Differentialform** vom Grad r, kurz r**–Form** auf M ist ein Tensorfeld $\omega \in \mathcal{T}_r^0 M$ mit $\omega\big|_p \in \bigwedge_r T_pM$ für jedes $p \in M$. Die Gesamtheit der r–Formen bezeichnen wir mit $\vartheta_r M$; es ist also $\vartheta_0 M = \mathcal{F}M$ und $\vartheta_1 M = \mathcal{V}^*M$.

Wie bei Tensorfeldern schreiben wir für $\omega \in \vartheta_r M$, $X_1,\dots,X_r \in \mathcal{V}M$ mit $r \ge 1$

$$\omega(X_1,\dots,X_r) \quad \text{für die Funktion } p \longmapsto \omega\big|_p\left(X_1\big|_p,\dots,X_r\big|_p\right).$$

Ist (U,x) ein Koordinatensystem von M so hat eine r–Form $\omega \in \vartheta_r M$ (oder $\omega \in \vartheta_r U$) für $r \geq 2$ nach 5.1 (c) und 3.3 (c) die lokale Basisdarstellung

$$(*) \qquad \omega = \sum_{i_1<\cdots<i_r} a_{i_1\cdots i_r}\, dx^{i_1} \wedge \ldots \wedge dx^{i_r}$$

mit den Koeffizientenfunktionen $a_{i_1\cdots i_r} = \omega(\partial_{i_1}, \ldots, \partial_{i_r}) \in \mathcal{F}U$.

(b) Wir führen die **äußere Ableitung** $d\omega$ von $\omega \in \vartheta_r M$ mit Hilfe eines Atlasses ein: Ist (U,x) eine Karte und hat ω in U die Darstellung $(*)$, so setzen wir

$$(**) \qquad \begin{aligned} d\omega = d_{(U,x)}\omega &:= \sum_{i_1<\cdots<i_r} da_{i_1\cdots i_r} \wedge dx^{i_1} \wedge \ldots \wedge dx^{i_r} \\ &= \sum_{i_1<\cdots<i_r} \sum_{k=1}^{n} \partial_k a_{i_1\cdots i_r}\, dx^k \wedge dx^{i_1} \wedge \ldots \wedge dx^{i_r}\,; \end{aligned}$$

hierbei haben wir für die Koeffizientenfunktionen $f = a_{i_1\cdots i_r}$ die lokale Basisdarstellung $df = \sum\limits_{k=1}^{n} \partial_k f\, dx^k$ verwendet, vgl. 3.3 (c).

SATZ. *Diese Definition liefert Operatoren*

$$d_r : \vartheta_r M \to \vartheta_{r+1} M\,, \quad \omega \mapsto d\omega \quad (r = 0, \ldots, n-1)\,,$$

die eindeutig durch die folgenden Bedingungen festgelegt sind:

(1) d_r *ist linear.*

(2) $df = d_0 f$ *ist das Differential von Funktionen* $f \in \vartheta_0 M = \mathcal{F}M$,

(3) $d(d\omega) = 0$ *für* $\omega \in \vartheta_r M$, $r = 0, 1, \ldots$ (**Poincaré–Relation**),

(4) $d(\omega \wedge \sigma) = (d\omega) \wedge \sigma + (-1)^r \omega \wedge d\sigma$ *für* $\omega \in \vartheta_r M, \sigma \in \vartheta_s M$ (**Produktregel**).

Beispiele werden in (c) gegeben.

Der BEWEIS besteht in zwei Schritten. Zunächst wird gezeigt, dass aus $(**)$ die Eigenschaften (1)–(4) folgen. Dann wird für die Operatoren mit den Eigenschaften (1)–(4) Folgendes gezeigt:

(i) d wirkt lokal, d.h. $d\omega\big|_p$ ist für $p \in M$, $\omega \in \vartheta_r M$ schon bestimmt durch die Werte von ω in einer Umgebung U von p:

$$\omega_1 = \omega_2 \;\text{ auf } U \implies d\omega_1\big|_p = d\omega_2\big|_p\,,$$

(ii) für jedes Koordinatensystem (U,x) von M hat $d\omega$ notwendigerweise die Gestalt $(**)$.

Zum Nachweis von (i) setzen wir $\omega := \omega_1 - \omega_2$ und wählen gemäß 1.5 (d) eine Buckelfunktion $f \in \mathcal{F}M$ mit $\operatorname{supp} f \subset U$ und $f = 1$ in einer kleineren Umgebung von p. Dann gilt $df_p = 0$ und $f \wedge \omega = f \cdot \omega = 0$, vgl. 5.1 (c). Aus (i) und der Produktregel (4) folgt

$$0 = d(f \wedge \omega) = (df) \wedge \omega + f \wedge d\omega = (df) \wedge \omega + f \cdot d\omega ,$$

insbesondere ergibt sich an der Stelle p

$$d\omega\Big|_p = f(p) \cdot d\omega\Big|_p = -df_p \wedge \omega\Big|_p = 0 ,$$

somit $d\omega_1\Big|_p = d\omega_2\Big|_p$.

Den Nachweis von (ii) stellen wir als ÜA unter Beachtung von

$$ddx^i = 0 \text{ und } d(dx^{i_1} \wedge \ldots \wedge dx^{i_r}) = 0 .$$

Für den vollständigen Beweis verweisen wir auf CHERN et al. [60] § 3–2, KRIELE [76] 2.5.

(c) **Spezialfälle**. Für $n = 3$, insbesondere für $M = \mathbb{R}^3$, ergeben sich folgende Darstellungen von $d\omega$ bezüglich eines Koordinatensystems $x = (x^1, x^2, x^3)$:

(1) Für $f \in \vartheta_0 M = \mathcal{F}M$ ist $df = \sum\limits_{i=1}^{3} \partial_i f \, dx^i$.

(2) Für $\omega \in \vartheta_1 M = \mathcal{V}^* M$ mit $\omega = \sum\limits_{i=1}^{3} a_i \, dx^i$ ist

$$\begin{aligned} d\omega &= \sum_{i=1}^{3} da_i \wedge dx^i = \sum_{i=1}^{3} \sum_{k=1}^{3} \partial_k a_i \, dx^k \wedge dx^i \\ &= (\partial_2 a_3 - \partial_3 a_2) \, dx^2 \wedge dx^3 + (\partial_3 a_1 - \partial_1 a_3) \, dx^3 \wedge dx^1 \\ &\quad + (\partial_1 a_2 - \partial_2 a_1) \, dx^1 \wedge dx^2 ; \end{aligned}$$

die Koeffizienten von $d\omega$ stimmen in kartesischen Koordinaten mit denen der Rotation des Vektorfelds (a_1, a_2, a_3) in kartesischen Koordinaten überein.

(3) Für $\omega \in \vartheta_2 M$ mit

$$\omega = \sum_{i<k} a_{ik} \, dx^i \wedge dx^k =: b_1 \, dx^2 \wedge dx^3 + b_2 \, dx^3 \wedge dx^1 + b_3 \, dx^1 \wedge dx^2$$

folgt mit (2) und der Gleichung (3) von (b)

$$\begin{aligned} d\omega &= db_1 \, dx^2 \wedge dx^3 + db_2 \, dx^3 \wedge dx^1 + db_3 \, dx^1 \wedge dx^2 \\ &= \sum_{k=1}^{3} \partial_k b_1 \, dx^k \wedge dx^2 \wedge dx^3 + \sum_{k=1}^{3} \partial_k b_2 \, dx^k \wedge dx^3 \wedge dx^1 \\ &\quad + \sum_{k=1}^{3} \partial_k b_3 \, dx^k \wedge dx^1 \wedge dx^2 \\ &= (\partial_1 b_1 + \partial_2 b_2 + \partial_3 b_3) \, dx^1 \wedge dx^2 \wedge dx^3 . \end{aligned}$$

Der Koeffizient von $d\omega$ ist also die Divergenz des Vektorfeldes (b_1, b_2, b_3) in kartesischen Koordinaten.

AUFGABE. Zeigen Sie die invariante Darstellung der äußeren Ableitung $d\omega$ für $\omega \in \vartheta_1 M$:

$$(d\omega)(X,Y) = X(\omega(Y)) - Y(\omega(X)) - \omega([X,Y])$$

für alle $X, Y \in \mathcal{V}M$.

5.3 Das Poincaré–Lemma

Eine Differentialform $\omega \in \vartheta_{r+1}M$ heißt **geschlossen**, wenn $d\omega = 0$ gilt, und **exakt**, wenn es eine Differentialform $\theta \in \vartheta_r M$ mit $\omega = d\theta$ gibt. Die Poincaré–Relation $dd\theta = 0$ besagen, dass jede exakte Form geschlossen ist. Diesen Relationen entsprechen in der Vektoranalysis die Beziehungen $\operatorname{rot} \nabla U = \mathbf{0}$ und $\operatorname{div} \operatorname{rot} \mathbf{v} = 0$. Rotationsfreie Vektorfelder und divergenzfreie Vektorfelder besitzen lokale Potentiale (Bd. 1, § 24 : 7.2, 7.3, vgl. 5.2 (c)).

Diese Beziehungen werden verallgemeinert durch das

Poincaré–Lemma. *Jede geschlossene $(r+1)$–Form $\omega \in \vartheta_{r+1}M$ ist lokal exakt, d.h. zu jedem Punkt $p \in M$ gibt es eine r–Fom $\theta \in \vartheta_r U$ auf einer Umgebung $U \subset M$ von p mit*

$$\omega = d\theta \quad \text{auf } U.$$

Diese lokalen r–Formen lassen sich i.A. nicht zu einer r–Form auf ganz M verkleben. Möglich ist das, falls M einfach zusammenhängend ist, d.h. wenn sich jede geschlossene Kurve in M stetig auf einen Punkt zusammenziehen lässt.

Der BEWEIS des Poincaré–Lemmas besteht in der Übertragung des Konstruktion von Potentialen für Vektorfelder mit Integrabilitätsbedingung auf sternförmigen Gebieten in Bd. 1, § 24 : 5.5 ; siehe KRIELE [76] 2.5.1.

5.4 Zurückholen von Differentialformen

Sei $\phi : M \to N$ eine C^∞–differenzierbare Abbildung zwischen Mannigfaltigkeiten M, N. Dann ist für jede Differentialform $\omega \in \vartheta_r N$ die mit ϕ **zurückgeholte Form (pull back)** $\phi^*\omega \in \vartheta_r M$ im Fall $r \geq 1$ definiert durch

$$(\phi^*\omega)\Big|_p(v_1, \ldots, v_r) := \omega\Big|_{\phi(p)}(d\phi_p(v_1), \ldots, d\phi_p(v_r))$$

für $v_1, \ldots, v_r \in T_pM$, $p \in M$, und im Fall $r = 0$ durch

$$\phi^*\omega = \omega \circ \phi .$$

Hierbei ist $d\phi_p : T_pM \to T_{\phi(p)}N$ das Differential von ϕ an der Stelle $p \in M$, siehe 2.2.

Eigenschaften des pull back. *Die Abbildung* $\phi^* : \vartheta_r N \to \vartheta_r M$ *hat die folgenden Eigenschaften*:

(1) $\phi^*(f\,\omega + g\,\sigma) \,=\, f\,\phi^*\omega + g\,\phi^*\sigma$ *($\mathcal{F}M$–Linearität)*,

(2) $\phi^*(\omega \wedge \sigma) \,=\, (\phi^*\omega) \wedge (\phi^*\sigma)$ *(Verträglichkeit mit dem Dachprodukt)*,

(3) $\phi^*(d\omega) \,=\, d(\phi^*\omega)$ *(Verträglichkeit mit der äußeren Ableitung)*.

Sind $(U,x) = (U,x^1,\ldots,x^m)$, $(V,y) = (V,y^1,\ldots,y^n)$ Koordinatensysteme von M bzw. N, so hat die zurückgeholte Form die Basisdarstellung ÜA:

$$\phi^*\omega \;=\; \sum_{i=1}^{n}\sum_{k=1}^{n}(a_i \circ \phi)\,\frac{\partial y^i}{\partial x^k}\,dx^k \quad \text{für } \omega \in \vartheta_1 N \text{ mit } \omega = \sum_{k=1}^{n} a_i\,dy^i\,.$$

Für $\omega \in \vartheta_2 N$ mit $\omega = \sum\limits_{i<j} a_{ij}\,dy^i \wedge dy^j$ gilt unter Verwendung der Abkürzung $S^i_k := \partial(y^i \circ \phi)/\partial_k$

$$\begin{aligned}\phi^*\omega \;&=\; \sum_{i<j}(a_{ij}\circ\phi)\,d(y^i\circ\phi)\wedge d(y^i\circ\phi)\\ &=\; \sum_{i<j}\sum_{k,\ell=1}^{m}(a_{ij}\circ\phi)\,S^i_k\,S^j_\ell\,dx^k\wedge dx^\ell\\ &=\; \sum_{i<j}\sum_{k<\ell}(a_{ij}\circ\phi)(S^i_kS^j_\ell - S^i_\ell S^j_k)\,dx^k\wedge dx^\ell\,.\end{aligned}$$

Für $\omega \in \vartheta_n N$ mit $\omega = a\,dy^1 \wedge \cdots \wedge dy^n$ erhalten wir im Fall $m = n$

$$\phi^*\omega \;=\; (a\circ\phi)\,|S|\,dx^1\wedge\cdots\wedge dx^n\,;$$

hierbei ist $|S| = \det(S^i_k)$ die Jacobi–Determinante der Abbildung $y\circ\phi\circ x^{-1}$.

FOLGERUNG. Hat eine n–Form $\omega \in \vartheta_n M$ auf einer n–dimensionalen Mannigfaltigkeit M die lokalen Basisdarstellungen bezüglich zweier überlappender Koordinatensysteme (U,x) und (V,y),

$$\omega \;=\; a\,dx^1\wedge\ldots\wedge dx^n \;=\; b\,dy^1\wedge\ldots\wedge dy^n \quad \text{in } U\cap V,$$

so gilt das Transformationsgesetz

$$(*) \qquad a \;=\; b\cdot\frac{\partial(y^1,\ldots,y^n)}{\partial(x^1,\ldots,x^n)} \quad \text{mit} \quad \frac{\partial(y^1,\ldots,y^n)}{\partial(x^1,\ldots,x^n)} := \det\left(\frac{\partial y^i}{\partial x^k}\right).$$

Das ergibt sich aus der lokalen Basisdarstellung von $\phi^*\omega$ für $\omega \in \vartheta_n M$ für den Spezialfall $M = N$, $\phi = \mathbb{1}_M$ durch Koeffizientenvergleich

$$\begin{aligned}a\,dx^1\wedge\ldots\wedge dx^n \;&=\; \omega \;=\; \phi^*(b\,dy^1\wedge\ldots\wedge dy^n)\\ &=\; \frac{\partial(y^1,\ldots,y^n)}{\partial(x^1,\ldots,x^n)}\,b\,dx^1\wedge\ldots\wedge dx^n\,.\end{aligned}$$

5.5 Integrale von Differentialformen

(a) Sei M eine orientierte n–dimensionale Mannigfaltigkeit und ω eine n–Form auf M. Wir erklären das **Integral** von ω über eine kompakte Menge $K \subset M$ durch

$$\int\limits_K \omega := \int\limits_{x(K)} (a \circ x^{-1})(\mathbf{u})\, du^1 \cdots du^n \,,$$

falls K durch ein positiv orientiertes Koordinatensystem (U, x) von M überdeckt wird und ω die Basisdarstellung $\omega = a\, dx^1 \wedge \ldots \wedge dx^n$ in U besitzt. Hierbei lassen wir auch stetige Koeffizientenfunktionen a zu und definieren das Integral von $|\omega| := |a|\, dx^1 \wedge \ldots \wedge dx^n$ über K entsprechend.

Im allgemeinen Fall lässt sich K durch endlich viele positiv orientierte Koordinatensysteme $(U_1, x_1), \ldots, (U_m, x_m)$ überdecken. Dann gibt es eine zugehörige Zerlegung der Eins, d.h. Funktionen $\varphi_1, \ldots, \varphi_m \in \mathcal{F}M$ mit $0 \leq \varphi_j \leq 1$, $\operatorname{supp} \varphi_j \subset U_j$ für $j = 1, \ldots, m$ und $\sum\limits_{j=1}^{m} \varphi_j = 1$ auf K. Das ergibt sich mit Hilfe von 1.5 (d) wie in Bd. 2, § 10 : 3.5. Das Integral

$$\int\limits_K \omega := \sum_{j=1}^{m} \int\limits_{K \cap U_j} \varphi_j\, \omega \,.$$

ist unabhängig von der Wahl der Koordinatensysteme. Das folgt ganz analog wie in Bd. 2, § 11 : 2.1 unter Beachtung der Koordinateninvarianz

$$\int\limits_{x(K \cap U \cap V)} (a \circ x^{-1})(\mathbf{u})\, du^1 \cdots du^n = \int\limits_{y(K \cap U \cap V)} (b \circ y^{-1})(\mathbf{v})\, dv^1 \cdots dv^n \,,$$

falls ω die Basisdarstellungen

$$\omega = a\, dx^1 \wedge \ldots \wedge dx^n = b\, dy^1 \wedge \ldots \wedge dy^n \quad \text{in } U \cap V$$

bezüglich zweier positiv orientierter Karten (U, x), (V, y) mit $K \cap U \cap V \neq \emptyset$ besitzt. Dies wiederum ergibt sich wie folgt.

Mit $h := y \circ x^{-1}$, $J := \det(\partial_i h^k) > 0$ gilt nach 5.4 $(*)$

$$(a \circ x^{-1})(\mathbf{u}) = (b \circ x^{-1})(\mathbf{u})\, J(\mathbf{u}) \quad \text{für } \mathbf{u} \in x(U \cap V) \subset \mathbb{R}^n$$

woraus mit dem Transformationssatz für Integrale Bd. 1, § 23 : 8.1 unter Beachtung von $x = h^{-1} \circ y$ und $x^{-1} = y^{-1} \circ h$ folgt

$$\begin{aligned} &\int\limits_{x(K \cap U \cap V)} (a \circ x^{-1})(\mathbf{u})\, du^1 \cdots du^n \\ &\quad = \int\limits_{x(K \cap U \cap V)} (b \circ x^{-1})(\mathbf{u})\, |J(\mathbf{u})|\, du^1 \cdots du^n = \end{aligned}$$

$$= \int\limits_{h^{-1}\circ y(K\cap U\cap V)} (b\circ y^{-1}\circ h)(\mathbf{u})\,|J(\mathbf{u})|\,du^1\cdots du^n$$

$$= \int\limits_{y(K\cap U\cap V)} (b\circ y^{-1})(\mathbf{v})\,dv^1\cdots dv^n .$$

SATZ. *Für das Integral von $\omega \in \vartheta_n M$ über eine kompakte Menge $K \subset M$ gilt*

$$\int\limits_K (a_1\omega_1 + a_2\omega_2) = a_1 \int\limits_K \omega_1 + a_2 \int\limits_K \omega_2 ,$$

wobei für $\omega_1, \omega_2 \in \vartheta_n M$, $a_1, a_2 \in \mathbb{R}$ die Linearkombination $a_1\omega_1 + a_2\omega_2$ punktweise gebildet wird.

(b) Nach 1.3 (f) gibt es einen abzählbaren Atlas $\{(U_i, x_i) \mid i \in \mathbb{N}\}$, wobei die $\overline{U}_i$ kompakt sind. Nach eventueller Umorientierung der Karten x_i dürfen wir diese als positiv orientiert annehmen. Wir setzen $V_k := \overline{U}_1 \cup \ldots \cup \overline{U}_k$. Dann bilden die gemäß (a) definierten Integrale $\int_{V_k} |\omega|$ eine aufsteigende Folge reeller Zahlen. Ist diese beschränkt, so heißt $\omega \in \vartheta_n M$ über M **integrierbar**, und wir definieren

$$\int\limits_M \omega := \lim_{k\to\infty} \int\limits_{V_k} \omega .$$

SATZ. *Integrierbarkeit und Integral sind wohldefiniert, d.h. sind unabhängig vom gewählten Atlas. Das Integral ist linear und monoton.*

Zum BEWEIS siehe KRIELE [76] 2.5.4.

5.6 Der Integralsatz von Stokes

Sei M eine n–dimensionale orientierte Mannigfaltigkeit mit $n \geq 2$. Ein Gebiet $D \subset M$ heißt **glatt berandet**, wenn der Rand ∂D eine $(n-1)$–dimensionale Untermannigfaltigkeit von M ist. Wir geben ∂D eine Orientierung, indem wir einen Atlas von M, bestehend aus positiv orientierten, angepassten Karten (U, x) mit

$$\overline{D} \cap U = \left\{ q \in U \;\middle|\; (-1)^n x^n(q) \geq 0 \right\}$$

auswählen und auf ∂D einschränken, vgl. 1.4 (a).

SATZ. *Seien $D \subset M$ ein glatt berandetes Gebiet mit kompaktem Abschluss und $\omega \in \vartheta_{n-1} M$. Dann gilt*

$$\int\limits_D d\omega = \int\limits_{\partial D} i^*\omega ,$$

wobei $i^*\omega$ die mit der Einbettung $i : \partial D \subset M$ zurückgeholte Form ω ist.

Für die rechte Seite wird meist $\int\limits_{\partial D} \omega$ geschrieben. Der Satz bleibt gültig, wenn der Rand ∂D singuläre Punkte (Kanten, Ecken) aufweist. Dies ist z.B. von Interesse für Flussröhrenstücke

$$D = \mathbf{\Phi}(]0, T[\times S),$$

die als Bild einer $(n-1)$-dimensionalen Scheibe S unter dem Fluss $\mathbf{\Phi}$ eines Vektorfelds entstehen. Hierbei besteht ∂D aus den beiden Deckeln S und $S_T := \mathbf{\Phi}_T(S)$ sowie aus der Schar der Integralkurven, die den Zylindermantel aufspannen (Figur).

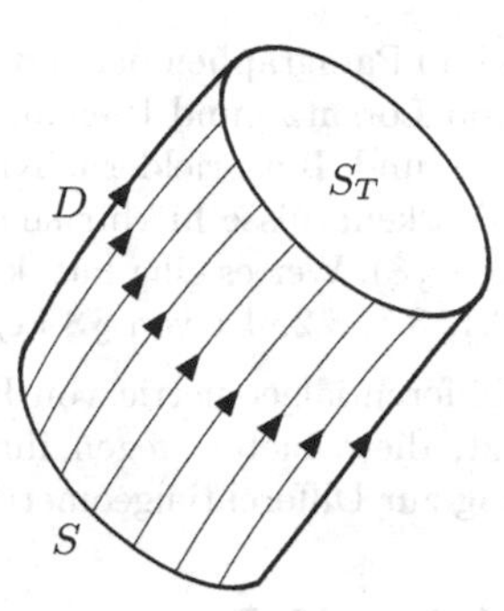

Der allgemeine Stokessche Satz enthält die Integralsätze der Vektoranalysis als Spezialfälle. Zum den Beweis siehe ABRAHAM–MARSDEN–RATIU [49] § 72, 7.2 B, 7.3.

§ 9 Lorentz– und Riemann–Mannigfaltigkeiten

In diesem Paragraphen behandeln wir die wichtigsten Grundbegriffe der Geometrie von Lorentz– und Riemann–Mannigfaltigkeiten: kovariante Ableitung von Vektor– und Tensorfeldern, Krümmungstensoren, Parallelismus und Geodätische. Vorkenntnisse hierfür sind Mannigfaltigkeiten und Tensoren (Abschnitte 1–4 von § 8). Wer es eilig hat, kann sich zunächst mit den Unterabschnitten 1.1, 1.5, 2.1, 3.1, 3.2, 4.1 von § 8 begnügen.

Die Differentialgeometrie von Flächen im $\mathbb{R}^3$ wird im Folgenden nicht vorausgesetzt; diese bietet wegen ihrer Anschaulichkeit eine Vorerfahrung, die den Zugang zur Differentialgeometrie auf abstrakten Mannigfaltigkeiten erleichtert.

1 Minkowski–Räume

1.1 Das Minkowski–Skalarprodukt

(a) Eine quadratische Form (also eine symmetrische Bilinearform) $\mathbf{g}$ auf einem endlichdimensionalen $\mathbb{R}$–Vektorraum V heißt **nicht entartet**, wenn die lineare Abbildung

$$V \to V^*, \quad u \mapsto \mathbf{g}(u, \cdot)$$

injektiv ist:

$$\text{Aus } \mathbf{g}(u,v) = 0 \text{ für alle } v \in V \text{ folgt } u = 0$$

bzw.

$$\text{zu jedem } u \neq 0 \text{ gibt es ein } v \in V \text{ mit } \mathbf{g}(u,v) \neq 0 .$$

Wegen $\dim V^* = \dim V$ (§ 8 : 3.3) ist für eine nichtentartete quadratische Form die Abbildung $u \mapsto \mathbf{g}(u, \cdot)$ sogar ein Isomorphismus zwischen V und V^*.

Eine positiv definite quadratische Form ist nicht entartet, denn zu jedem $u \neq 0$ gibt es ein $v \in V$ mit $\mathbf{g}(u,v) \neq 0$, nämlich $v = u$.

ÜA Zeigen Sie, dass eine quadratische Form genau dann nicht entartet ist, wenn für eine (und damit jede) Basis $v_1, \ldots, v_n$ von V gilt

$$\det(g_{ij}) \neq 0 \quad \text{mit } g_{ij} := \mathbf{g}(v_i, v_j) .$$

Der **Index** einer quadratischen Form $\mathbf{g}$ ist die maximale Dimension von Teilräumen $W \subset V$, auf denen $\mathbf{g}$ negativ definit ist ($\mathbf{g}(u,u) < 0$ für $u \in W \setminus \{0\}$).

(b) Unter einem **Minkowski–Raum** verstehen wir einen Vektorraum V der Dimension $n \geq 2$, zusammen mit einer nichtentarteten quadratischen Form $\mathbf{g}$ vom Index 1. Diese quadratische Form nennen wir das **Minkowski–Skalarprodukt** oder – in Abänderung unserer bisherigen Sprechweise – einfach **Skalarprodukt** und schreiben meistens $\langle u, v \rangle$ an Stelle von $\mathbf{g}(u,v)$.

Mit dem Symbol $\langle\,\cdot\,,\,\cdot\,\rangle$ übernehmen wir auch die Bezeichnungen

$$\begin{aligned} \|u\| &:= \sqrt{|\langle u,u\rangle|} && \textbf{(Norm)}, \\ \|u\| &= 1 && \textbf{(Einheitsvektor)}, \\ u \perp v &\iff \langle u,v\rangle = 0 && \textbf{(Orthogonalität)}, \\ u^\perp &= \{v \in V \mid u \perp v\} && \textbf{(Orthogonalraum)}. \end{aligned}$$

(c) Definition (Minkowski 1908). Ein Vektor u eines Minkowski–Raumes heißt

$$\begin{aligned} &\textbf{zeitartig}, && \text{wenn } \langle u,u\rangle < 0\,, \\ &\textbf{lichtartig}, && \text{wenn } \langle u,u\rangle = 0 \text{ und } u \neq 0\,, \\ &\textbf{raumartig}, && \text{wenn } \langle u,u\rangle > 0 \text{ oder } u = 0\,. \end{aligned}$$

Zeit– oder lichtartige Vektoren heißen auch **kausale Vektoren**. Lichtartige Vektoren werden auch **Nullvektoren** genannt. Ein Teilraum $W \subset V$ heißt **raumartig**, wenn alle Vektoren $u \in W$ raumartig sind, d.h. wenn das Skalarprodukt auf W positiv definit ist.

(d) Satz *Für jeden zeitartigen Einheitsvektor u eines n–dimensionalen Minkowski–Raumes V (also $\langle u,u\rangle = -1$) ist der Orthogonalraum $u^\perp$ ein $(n-1)$–dimensionaler raumartiger Teilraum mit*

$$V = \mathbb{R}u \oplus u^\perp$$

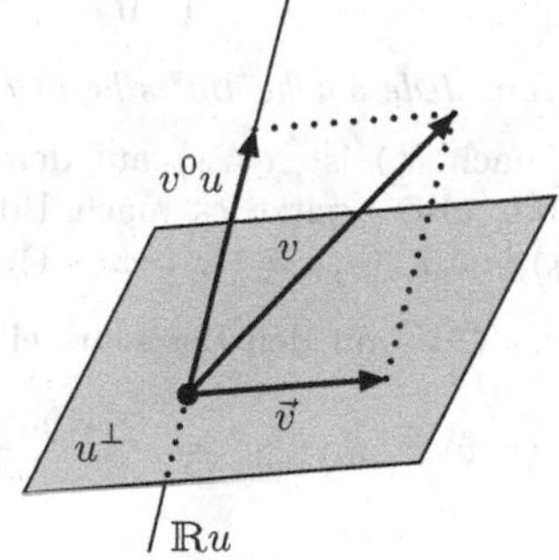

($\mathbb{R}u := \operatorname{Span}\{u\}$). *Jeder Vektor $v \in V$ besitzt also eine eindeutig bestimmte Zerlegung*

$$v = v^0 u + \vec{v}$$

mit $v^0 \in \mathbb{R}$, $\vec{v} \in u^\perp$, dabei ist

$$v^0 = -\langle u,v\rangle, \quad \vec{v} = v + \langle u,v\rangle u.$$

Für $v, w \in V$ ergibt sich

$$\langle v,w\rangle = -v^0 w^0 + \langle \vec{v}, \vec{w}\rangle.$$

Beweis. (1) *$u^\perp$ ist raumartig.* Für $v \in u^\perp$, $v \neq 0$ ist $\langle v,v\rangle > 0$ zu zeigen. Wegen $\langle u,v\rangle = 0$ sind u und v linear unabhängig. Weiter gilt

$$\langle su + tv, su + tv\rangle = s^2\langle u,u\rangle + 2st\langle u,v\rangle + t^2\langle v,v\rangle = -s^2 + t^2\langle v,v\rangle,$$

also scheidet der Fall $\langle v,v\rangle < 0$ aus, denn sonst wäre das Skalarprodukt negativ definit auf dem zweidimensionalen Teilraum $\operatorname{Span}\{u,v\}$, im Widerspruch zu Index $\mathbf{g} = 1$. Auch die Annahme $\langle v,v\rangle = 0$ führt zum Widerspruch: Wegen der Nichtentartung gibt es ein $v_1 \in V$ mit $\langle v, v_1\rangle \neq 0$.

Für $v_2 := v_1 + \langle v_1, u\rangle u$ gilt dann $v_2 \in u^\perp$ und $\langle v, v_2\rangle = \langle v, v_1\rangle \neq 0$. Damit ist $v' := v + tv_2 \in u^\perp$ für $t \in \mathbb{R}$ und

$$\langle v', v'\rangle = \langle v, v\rangle + 2t\langle v, v_2\rangle + t^2\langle v_2, v_2\rangle = 2t\langle v, v_2\rangle + t^2\langle v_2, v_2\rangle < 0$$

für passende Wahl von t wegen $\langle v, v_2\rangle \neq 0$, was wie oben zum Widerspruch führt.

(2) Für $v \in V$ gilt $v = -\langle u, v\rangle u + \vec{v}$ mit $\vec{v} := v + \langle u, v\rangle u \perp u$. Umgekehrt folgt aus $v = su + w$ mit $s \in \mathbb{R}$, $w \perp u$

$$\langle u, v\rangle = -s\,, \quad \text{also} \quad w = v + \langle u, v\rangle u = \vec{v}\,,$$

$$\|\vec{v}\|^2 = \langle v, v\rangle + 2\langle u, v\rangle^2 + \langle u, v\rangle^2\|u\|^2 = \|v\|^2 + \langle u, v\rangle^2\,.$$

(3) Nach (1) entsteht aus jeder Basis von $u^\perp$ durch Hinzunahme von u eine Basis von V, also gilt $\dim u^\perp = n - 1$. □

Ist $u \in V$ lichtartig, so liegt u im $n-1$–dimensionalen Orthogonalraum $u^\perp$. In diesem Fall spannen $\mathbb{R}u$ und $u^\perp$ nicht den ganzen Raum V auf.

(d) FOLGERUNG. *Jeder zeitartige Einheitsvektor* e_0 *eines* n*–dimensionalen Minkowski–Raumes* V *lässt sich zu einer Basis* $(e_0, \ldots, e_{n-1})$ *von* V *mit*

$$\langle e_i, e_j\rangle = \eta_{ij} := \begin{cases} -1 & \text{für } i = j = 0\,, \\ 1 & \text{für } i = j > 0\,, \\ 0 & \text{für } i \neq j \end{cases}$$

ergänzen. Jede solche Basis heißt eine **Orthonormalbasis (ONB)** *von* V.

Denn nach (c) ist $\langle\,\cdot\,,\,\cdot\,\rangle$ auf dem Teilraum $e_0^\perp$ ein positiv definites Skalarprodukt, also besitzt $e_0^\perp$ nach Bd. 1, § 19 : 3.2 eine Basis $(e_1, \ldots, e_{n-1})$ mit $\langle e_a, e_b\rangle = \delta_{ab}$ $(a, b = 1, \ldots, n-1)$.

Für $u, v \in V$ mit den Basisdarstellungen $u = u^i e_i$, $v = v^j e_j$ gilt

$$\langle u, v\rangle = \eta_{ij}\, u^i v^j = -u^0 v^0 + \sum_{a=1}^{n-1} u^a v^a\,.$$

BEMERKUNG. Mit Bezug auf die auftretenden Vorzeichen sprechen wir von der *Signatur* $(-+\ldots+)$. Manche Autoren betrachten $-\langle\,\cdot\,,\,\cdot\,\rangle$ statt $\langle\,\cdot\,,\,\cdot\,\rangle$, die betreffende Signatur ist dann $(+-\ldots-)$. Später verwenden wir für die Lorentz–Mannigfaltigkeiten die Signatur $(+\ldots+-)$.

(e) **Die natürliche Topologie eines Minkowski–Raums.** Jeder n–dimensionale Minkowski–Raum V ist eine n–dimensionale Mannigfaltigkeit: Nach Wahl einer ONB $(e_0, \ldots, e_{n-1})$ ist die lineare Abbildung

$$u = u^i e_i \longmapsto x(u) = (u^0, \ldots, u^{n-1}), \;\; V \to \mathbb{R}^n$$

eine ganz V überdeckende Karte, vgl. § 8 : 1.2 (b). Für die natürliche Topologie von V (§ 8 : 1.3) ist die Konvergenz $u_k \to u$ für $k \to \infty$ äquivalent zur Konvergenz der Koordinaten. Aus $u_k \to u$ folgt $\lim\limits_{k\to\infty} \|u - u_k\| = 0$; die Umkehrung gilt nicht, wie das Beispiel eines lichtartigen Vektors u und $u_k = ku$ zeigt.

1.2 Zeitkegel

(a) Mit $\mathcal{Z} := \{u \in V \mid \langle u, u\rangle < 0\}$ bezeichnen wir die Menge aller zeitartigen Vektoren eines Minkowski–Raums V. Für $u \in \mathcal{Z}$ ist

$$\mathcal{Z}(u) := \{v \in \mathcal{Z} \mid \langle u, v\rangle < 0\}$$

der u enthaltende **Zeitkegel.**

Die Kegeleigenschaft bedeutet, dass für $v_1, v_2 \in \mathcal{Z}(u)$, $t_1, t_2 \geq 0$ mit $t_1 + t_2 > 0$ auch $t_1 v_1 + t_2 v_2$ in $\mathcal{Z}(u)$ liegt.

Für jeden zeitartigen Vektor $u \in V$ gilt

$$\mathcal{Z} = \mathcal{Z}(u) \cup \mathcal{Z}(-u),$$
$$\mathcal{Z}(u) \cap \mathcal{Z}(-u) = \emptyset.$$

Das folgt aus 1.1 (c), denn für $u \in \mathcal{Z}$, $v \in V$ gilt

$$\langle u, v\rangle = 0 \iff v = \vec{v} \iff \langle v, v\rangle \geq 0.$$

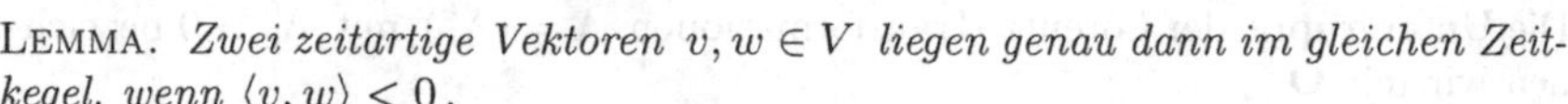

Lemma. *Zwei zeitartige Vektoren $v, w \in V$ liegen genau dann im gleichen Zeitkegel, wenn $\langle v, w\rangle < 0$.*

Beweis.

Sei $v \in \mathcal{Z}(u)$ und o.B.d.A. $\|u\| = 1$. Nach Satz 1.1 (c) gilt

$$v = v^0 u + \vec{v} \quad \text{mit } v^0 = -\langle u, v\rangle > 0 \quad \text{und } \vec{v} \in u^\perp,$$
$$\|\vec{v}\|^2 = v^0 v^0 + \langle v, v\rangle < |v^0|^2$$

sowie mit der entsprechenden Zerlegung $w = w^0 u + \vec{w}$ für $w \in \mathcal{Z}$

$$(*) \qquad \langle v, w\rangle = -v^0 w^0 + \langle \vec{v}, \vec{w}\rangle, \quad \|\vec{w}\| < |w^0|, \quad w^0 = -\langle w, u\rangle.$$

Da $\vec{v}, \vec{w}$ raumartig sind, gilt die Cauchy–Schwarzsche Ungleichung

$$|\langle \vec{v}, \vec{w}\rangle| \leq \|\vec{v}\| \cdot \|\vec{w}\| < |v^0| \cdot |w^0| = v^0 \cdot |w^0|.$$

Hieraus folgt mit $(*)$

$$-v^0 \cdot \big(w^0 + |w^0|\big) < \langle v, w\rangle < v^0 \cdot \big(|w^0| - w^0\big), \quad \text{also}$$
$$w \in \mathcal{Z}(u) \iff w^0 = -\langle w, u\rangle > 0 \iff w^0 = |w^0| \iff \langle v, w\rangle < 0. \quad \square$$

(b) Mit 1.1 (c) ergibt sich ÜA

$$\partial\mathcal{Z} = \{u \in V \mid \langle u,u\rangle = 0\}.$$

1.3 Isometrien und Lorentz–Transformationen

Eine lineare Abbildung T eines Minkowski–Raums V in sich heißt **Isometrie**, wenn

$$\langle Tu, Tv\rangle = \langle u,v\rangle \text{ für alle } u,v \in V$$

gilt. Wegen der Nichtentartung des Skalarprodukts ist jede Isometrie injektiv und nach der Dimensionsformel auch surjektiv. Die Gesamtheit der Isometrien von V bildet also bezüglich der Hintereinanderausführung als Verknüpfung eine Gruppe, die **Isometriegruppe** des Minkowski–Raums.

Ist T eine Isometrie, $(e_0,\dots,e_{n-1})$ eine ONB von V und $\Lambda = (\Lambda_i^k)$ die Koeffizientenmatrix von T bezüglich dieser Basis, so gilt

$$\eta_{ij} = \langle e_i, e_j\rangle = \langle Te_i, Te_j\rangle = \left\langle \Lambda_i^k e_k \,,\, \Lambda_j^\ell e_\ell\right\rangle = \Lambda_i^k\Lambda_j^\ell\,\langle e_k, e_\ell\rangle = \eta_{k\ell}\,\Lambda_i^k\Lambda_j^\ell\,.$$

Die durch die Relation

$$\eta_{ij} = \eta_{k\ell}\,\Lambda_i^k\Lambda_j^\ell \quad \text{bzw.} \quad E = \Lambda E \Lambda^T,$$

(mit $E := (\eta_{ij})$) definierten **Lorentz–Transformationen** $\Lambda = (\Lambda_i^k)$ bilden bezüglich der Matrixmultiplikation eine Gruppe, die **Lorentz–Gruppe** $\mathbf{O}_{n-1,1}$. Die Untergruppe der Lorentz–Transformationen $\Lambda = (\Lambda_i^k)$ mit $\Lambda_0^0 > 0$ bezeichnen wir mit $\mathbf{O}_{n-1,1}^+$.

Ein Beispiel einer Lorentz–Transformation in $\mathbf{O}_{1,1}^+$ ist die **Lorentz–Drehung** mit dem Winkel $\vartheta \in \mathbb{R}$,

$$\Lambda = \begin{pmatrix} \cosh\vartheta & \sinh\vartheta \\ \sinh\vartheta & \cosh\vartheta \end{pmatrix}.$$

1.4 Weitere Besonderheiten der Minkowski–Geometrie

(a) **Die zeitartige Cauchy–Schwarz–Ungleichung und die zeitartige Dreiecks–Ungleichung.** *Für zeitartige Vektoren* $u,v \in V$ *gilt*

(i) $|\langle u,v\rangle| \geq \|u\|\cdot\|v\|$,

(ii) $\|u\| + \|v\| \leq \|u+v\|$ *im Fall* $\langle u,v\rangle < 0$.

In beiden Fällen tritt Gleichheit genau dann ein, wenn u und v linear abhängig sind.

BEWEIS als ÜA. Nehmen Sie in (i) o.B.d.A. $\|u\| = 1$ an und verwenden Sie den Satz 1.1 (c). (ii) folgt unmittelbar aus (i).

(b) Ist $u \in V$ lichtartig, so gibt es nach 1.2 (b) eine Folge zeitartiger Vektoren u_k mit $u = \lim\limits_{k\to\infty} u_k$. Für jede solche Folge streben die u_k gegen die Orthogonalräume $u_k^\perp$, d.h. es existiert eine Folge (v_k) mit $u = \lim\limits_{k\to\infty} v_k$ und $v_k \in u_k^\perp$. Nachweis als [ÜA] mit Hilfe der Zerlegung $u = -\langle u_k, u\rangle\, u_k + v_k$.

(c) AUFGABE. Konstruieren Sie für einen vierdimensionalen Minkowski–Raum eine Basis $u_1, \dots, u_4$ mit

$$\begin{aligned} \langle u_i, u_i\rangle &= 1 \text{ für } i = 1,2\,,\ \langle u_1, u_2\rangle = 0\,,\\ \langle u_k, u_k\rangle &= 0 \text{ für } k = 3,4\,,\ \langle u_3, u_4\rangle = -1\,,\\ \langle u_i, u_k\rangle &= 0 \text{ für } i = 1,2 \text{ und } k = 3,4\,. \end{aligned}$$

2 Lorentz– und Riemann–Mannigfaltigkeiten

2.1 Definitionen und Bezeichnungen

Wir erinnern an die Definition eines $(0,2)$–Tensorfeldes $\mathbf{g}$ auf einer n–dimensionalen Mannigfaltigkeit M (§ 8 : 4.4): Jedem Punkt $p \in M$ ist eine Bilinearform $\mathbf{g}_p$ auf dem Tangentialraum T_pM zugeordnet, wobei für jedes Paar von Vektorfeldern $X, Y \in \mathcal{V}M$ die Funktion

$$p \mapsto \mathbf{g}_p(X_p, Y_p)\,,\quad M \to \mathbb{R}$$

C^∞–differenzierbar ist.

Ein Paar $(M, \mathbf{g})$ heißt **Lorentz–Mannigfaltigkeit** mit **Lorentz–Metrik** $\mathbf{g}$, wenn $\mathbf{g}_p$ an jeder Stelle $p \in M$ ein Minkowski–Skalarprodukt auf T_pM ist.

Ein Paar $(M, \mathbf{g})$ heißt **Riemann–Mannigfaltigkeit** mit **Riemann–Metrik** $\mathbf{g}$, wenn $\mathbf{g}_p$ für jeden Punkt $p \in M$ positiv definit ist.

In beiden Fällen schreiben wir meistens $\langle\cdot,\cdot\rangle$ statt $\mathbf{g}$ und $\langle\cdot,\cdot\rangle_p$ statt $\mathbf{g}_p$. Damit ist für Vektorfelder $X, Y \in \mathcal{V}M$ die Funktion

$$\langle X, Y\rangle : M \to \mathbb{R}\,,\quad p \mapsto \langle X_p, Y_p\rangle_p$$

C^∞–differenzierbar auf M. Mit den zu einer Karte (U, x) gehörigen lokalen Basisfeldern $\partial_i = \partial/\partial x^i$ erhalten wir die Koeffizienten der Metrik $\mathbf{g}$

$$g_{ij} := \langle\, \partial_i, \partial_j\,\rangle : p \longmapsto g_{ij}(p) = \langle\, \partial_i|_p\,, \partial_j|_p\,\rangle_p = \mathbf{g}_p\big(\partial_i|_p\,, \partial_j|_p\big).$$

Haben die Vektorfelder $X, Y \in \mathcal{V}M$ die lokalen Basisdarstellungen $X = \xi^i\partial_i$, $Y = \eta^j\partial_j$ auf U (wir verwenden die Summationskonvention § 8 : 4.2), so folgt

$$(*)\qquad \langle X, Y\rangle = \big\langle \xi^i\partial_i, \eta^j\partial_j\big\rangle = \xi^i\eta^j\langle\partial_i, \partial_j\rangle = g_{ij}\,\xi^i\eta^j\,.$$

Eine weitere Schreibweise für $(*)$ ist

$$(**)\qquad \mathbf{g} = g_{ij}\, dx^i \otimes dx^j\,,$$

denn nach der Definition des Tensorprodukts § 8 : 4.1 (d) und wegen $dx^i(\partial_k) = \delta^i_k$ § 8 : 3.3 (c) gilt

$$g_{ij}\, dx^i \otimes dx^j(\partial_k, \partial_\ell) = g_{ij}\, dx^i(\partial_k)\, dx^j(\partial_\ell) = g_{ij}\, \delta^i_k\, \delta^j_\ell = g_{k\ell} = \mathbf{g}(\partial_k, \partial_\ell)\,.$$

Eine weniger präzise, häufig verwendete Schreibweise für (∗) und (∗∗) ist

$$ds^2 = g_{ij}\, dx^i dx^j\,.$$

Dieser liegt im Riemannschen Fall die Vorstellung zu Grunde, dass das „Linienelement“ ds den Abstand zweier „infinitesimal benachbarter“ Punkte mit den Koordinaten $(x^1, \dots, x^n)$ und $(x^1 + dx^1, \dots, x^n + dx^n)$ misst. Für Lorentz–Mannigfaltigkeiten wird diese Symbolik meistens übernommen.

Nach Voraussetzung ist die Minkowski–Metrik $\mathbf{g}_p$ für kein $p \in M$ entartet, und dies bedeutet nach 1.1, dass für jede Karte (U, x) die zugehörige Koeffizientenmatrix $(g_{ij}(p))$ für $p \in U$ invertierbar ist. Die Inverse

$$\left(g^{k\ell}(p)\right) := \left(g_{ij}(p)\right)^{-1}$$

ist symmetrisch, und nach der Cramerschen Regel ist $g^{k\ell} \in \mathcal{F}U$. Dasselbe gilt für die positiv definite Matrix $(g_{ij}(p))$ der Riemann–Metrik bezüglich (U, x). Wie wir in 3.1 ,3.4 und 3.5 zeigen, ermöglicht die Nichtentartung der Metrik die Einführung der kovarianten Ableitung und der Krümmungsgrößen. Aus diesem Grund lassen sich die Grundkonzepte für Riemann– und Lorentz–Mannigfaltigkeiten gemeinsam entwickeln.

Bei Koordinatensystemen $x = (x^1, \dots, x^n)$ für Lorentz–Mannigfaltigkeiten wählen wir in diesem Paragraphen x^n als zeitartige Koordinate, d.h. es gilt $\mathbf{g}(\partial_n, \partial_n) < 0$. Für die 4–dimensionalen Raumzeiten in § 10 und § 11 wird die zeitartige Koordinate wie in 1.1 mit x^0 bezeichnet.

2.2 Zeitorientierte Lorentz–Mannigfaltigkeiten

(a) Unser Ziel ist, auf stetige Weise in jedem Tangentialraum einer Lorentz–Mannigfaltigkeit M einen Zeitkegel auszuzeichnen. Nach 1.2 (a) enthält jeder Tangentialraum T_pM genau zwei Zeitkegel; zwei zeitartige Vektoren $u, v \in T_pM$ liegen genau dann im gleichen Zeitkegel, wenn $\langle u, v\rangle < 0$. Wir nennen eine zusammenhängende Lorentz–Mannigfaltigkeit M **zeitorientierbar**, wenn es auf M ein zeitartiges Vektorfeld Z gibt, d.h. ein Vektorfeld mit $\langle Z_p, Z_p\rangle < 0$ für $p \in M$. Wählen wir für eine zeitorientierbare Lorentz–Mannigfaltigkeit ein solches Vektorfeld Z aus, so ist für jedes $p \in M$ der Z_p enthaltende Zeitkegel

$$\boldsymbol{I}_p^+ := \mathcal{Z}_p(Z_p) = \{u \in T_pM \mid \langle u, u\rangle < 0,\ \ \langle u, Z_p\rangle < 0\}$$

nach Lemma 1.2 ausgezeichnet und damit auch dessen Abschluß in T_pM,

$$\boldsymbol{J}_p^+ := \overline{\mathcal{Z}_p(Z_p)} = \{u \in T_pM \mid \langle u, u\rangle \le 0,\ \ \langle u, Z_p\rangle \le 0\}\,.$$

Wir nennen die Kegelschar $\{\boldsymbol{J}_p^+ \mid p \in M\}$ eine **Zeitorientierung** von M und M eine **zeitorientierte Lorentz–Mannigfaltigkeit** . Die Vektoren $u \neq 0$ in $\boldsymbol{J}_p^+$ werden **zukunftsgerichtet** genannt.

(b) Lemma. *Für* $u \in \boldsymbol{I}_p^+$, $v \in \boldsymbol{J}_p^+ \setminus \{0\}$ *gilt* $\langle u, v\rangle < 0$.

Denn für $v \in \boldsymbol{J}_p^+ = \overline{\boldsymbol{I}_p^+}$ mit $v \neq 0$ gibt es Vektoren $v_k \in \boldsymbol{I}_p^+$ mit $v = \lim\limits_{k\to\infty} v_k$. Nach Lemma 1.2 gilt $\langle u, v_k\rangle < 0$ und $\langle v_k, v_k\rangle < 0$, und nach 1.1 (b) folgt $\langle u, v\rangle = \lim\limits_{k\to\infty} \langle u, v_k\rangle \leq 0$, $\langle v, v\rangle = \lim\limits_{k\to\infty} \langle v_k, v_k\rangle \leq 0$. Wäre $\langle u, v\rangle = 0$, so wäre v nach Satz 1.1 (c) raumartig, also $\langle v, v\rangle > 0$. Das widerspricht aber $\langle v, v\rangle \leq 0$.

2.3 Beispiele von Riemann– und Lorentz–Mannigfaltigkeiten

(a) Jede Fläche $M \subset \mathbb{R}^3$, versehen mit dem auf die Tangentialräume $T_{\mathbf{a}}M$ eingeschränkten Skalarprodukt des $\mathbb{R}^3$, ist eine zweidimensionale Riemann–Mannigfaltigkeit.

(b) Jeder n–dimensionale Minkowski–Raum V kann als n–dimensionale Lorentz–Mannigfaltigkeit aufgefasst werden: Nach Wahl einer Basis $(u_1, \ldots, u_n)$ erhalten wir eine ganz V überdeckende Karte $x = (x^1, \ldots, x^n)$ durch die Koordinaten x^k bezüglich dieser Basis. Nach § 8 : 2.1 (d) liefert

$$A_p : V \to T_pV, \quad v \mapsto v_p := \dot{\alpha}(0) \text{ mit } \alpha(t) = p + tv$$

einen natürlichen Isomorphismus zwischen V und T_pV für $p \in V$.

Das Minkowski–Skalarprodukt $\langle \cdot , \cdot \rangle$ induziert durch

$$\langle u_p, v_p\rangle_p := \langle u, v\rangle$$

ein Minkowski–Skalarprodukt $\langle \cdot , \cdot \rangle_p$ auf T_pV; hiermit sind je zwei Tangentialräume durch eine Isometrie miteinander verbunden.

Nach § 8 : 2.2 sind die Basisfelder ∂_i gegeben durch $\partial_i|_p = A_p(u_i)$. Für die Koeffizienten der Lorentz–Metrik ergibt sich somit

$$g_{ij}(p) = \big\langle \partial_i|_p, \partial_j|_p \big\rangle_p = \langle u_i, u_j\rangle.$$

Eine Zeitorientierung von V erhalten wir durch Auszeichnung eines zeitartigen Vektors $z \in V$, Fortsetzung zu dem zeitartigen Vektorfeld $p \mapsto Z_p := A_p(z)$ und Auszeichnung der Zeitkegel $\mathcal{Z}_p(Z_p)$. Der vierdimensionale Minkowski–Raum als Lorentz–Mannigfaltigkeit bildet das Raumzeit–Modell der Speziellen Relativitätstheorie.

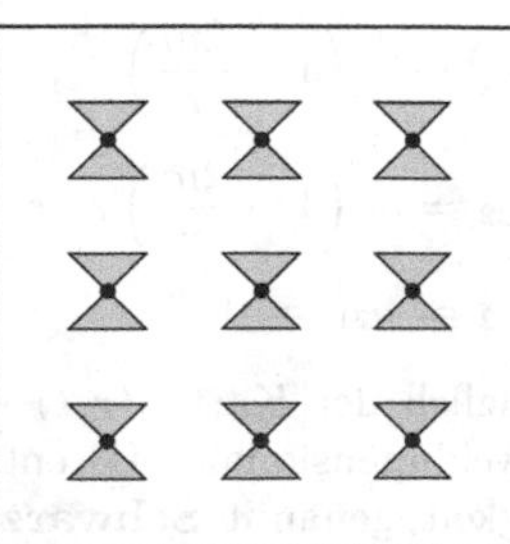

(c) Zahlreiche Modelle von Riemann– und Lorentz–Mannigfaltigkeiten sind wie die Folgenden auf einem Gebiet M des $\mathbb{R}^n$ gegeben, wobei die Metrik durch ihre Koeffizienten g_{ij} bezüglich der Karte $x = \mathbb{1}_M : M \to \mathbb{R}^n$ festgelegt ist. Das Transformationsgesetz § 8 : 2.1 (c) für die lokalen Basisfelder erlaubt die Berechnung der metrischen Koeffizienten bezüglich jedes anderen Koordinatensystems.

(d) So ist die obere Halbebene $H^2 = \{(x,y) \mid y > 0\}$ versehen mit der Metrik

$$ds^2 = \frac{dx^2 + dy^2}{y^2}, \quad \text{also mit} \quad g_{ij}(x,y) = \frac{\delta_{ij}}{y^2}$$

bezüglich des Koordinatensystems $(x,y) \mapsto (x,y)$ eine Riemannsche Mannigfaltigkeit, genannt die **Poincaré–Halbebene**. Diese liefert ein Modell der nichteuklidischen Geometrie, in welcher das Parallelenpostulat verletzt ist, siehe LAUGWITZ [47] IV.12.6.

(e) Versehen wir die x,y–Ebene $\mathbb{R}^2$ mit einer Lorentz–Metrik, welche die nebenstehend skizzierten Zeitkegel besitzt, und wickeln wir diese durch Identifikation der Geraden $\{x = \pi\}$ und $\{x = -\pi\}$ zu einem Zylinder auf, so entsteht eine nicht zeitorientierbare Lorentz–Mannigfaltigkeit.

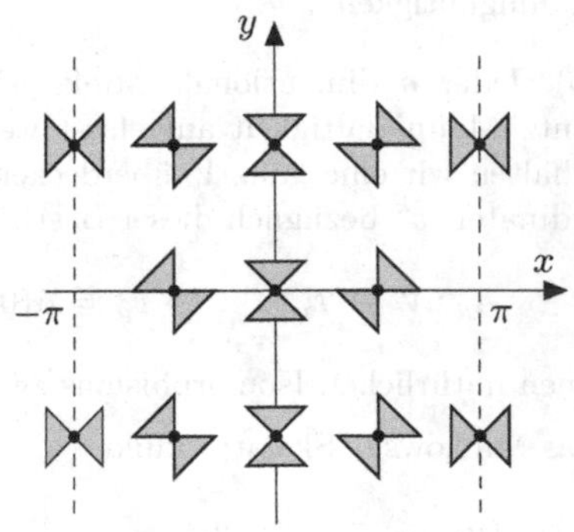

Die Lorentz–Metrik lässt sich durch $ds^2 = \cos x(x\,dx - y\,dy)^2 + 2\sin x\,dx\,dy$ realisieren ÜA.

(f) Die Halbebene $M = \{(r,t) \mid r > 2m\}$ ($m > 0$ eine Konstante), versehen mit der Metrik

$$ds^2 = \left(1 - \frac{2m}{r}\right)^{-1} dr^2 - \left(1 - \frac{2m}{r}\right) dt^2,$$

also mit den Koeffizienten

$$g_{11} = \left(1 - \frac{2m}{r}\right)^{-1},$$

$$g_{22} = -\left(1 - \frac{2m}{r}\right),$$

$$g_{12} = g_{21} = 0$$

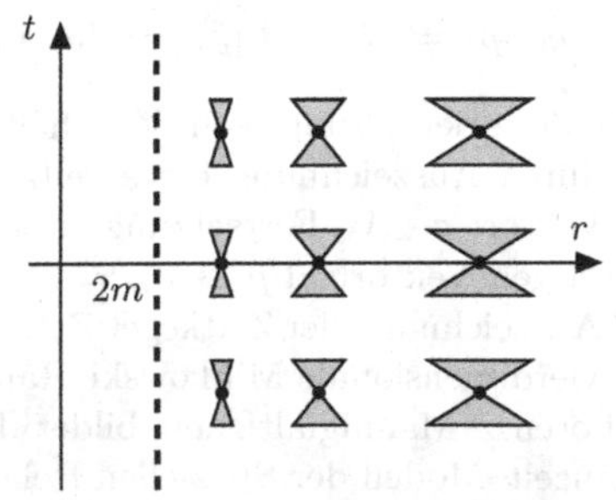

ist bezüglich der Karte $(r,t) \mapsto (r,t)$ eine zweidimensionale Lorentz–Mannigfaltigkeit, genannt **Schwarzschild-Halbebene**.

2.4 Metrische Äquivalenz von Tensoren

(a) Sei M eine Lorentz– oder Riemann–Mannigfaltigkeit und $p \in M$. Für jeden Vektor $u \in T_pM$ definieren wir den Kovektor $u_\flat \in T_p^*M$ durch

$$u_\flat : v \longmapsto \langle u, v \rangle .$$

Da die Metrik in beiden Fällen nicht entartet ist (vgl. 1.1), liefert

$$u \longmapsto u_\flat : T_pM \longrightarrow T_p^*M$$

einen Isomorphismus. Dessen Umkehrung bezeichnen wir mit

$$\sigma \longmapsto \sigma^\sharp : T_p^*M \longrightarrow T_pM .$$

Für $\sigma \in T_p^*M$ ist also $u = \sigma^\sharp \in T_pM$ der Vektor mit $\sigma = u_\flat$, d.h.

$$(*) \qquad \sigma(v) = u_\flat(v) = \langle u, v \rangle = \left\langle \sigma^\sharp, v \right\rangle \quad \text{für } v \in T_pM .$$

Durch punktweise Anwendung der „musikalischen" Operationen $\flat$ und $\sharp$ erhalten wir, wie anschließend gezeigt wird, eine Zuordnung von Vektorfeldern zu 1–Formen und umgekehrt:

$$X \mapsto X_\flat : \mathcal{V}M \to \mathcal{V}^*M \quad \text{bzw.} \quad \omega \mapsto \omega^\sharp : \mathcal{V}^*M \to \mathcal{V}M.$$

Wir sprechen von **metrischer Äquivalenz** von Vektorfeldern und 1–Formen.

Die Differenzierbarkeit von $X_\flat$ bzw. $\omega^\sharp$ ergibt sich aus den Koordinatendarstellungen

$$(**) \qquad \begin{aligned} X &= \xi^i \partial_i &\Longrightarrow X_\flat &= \xi_j \, dx^j \quad \text{mit } \xi_j := g_{ij}\, \xi^i , \\ \omega &= a_k \, dx^k &\Longrightarrow \omega^\sharp &= a^\ell \, \partial_\ell \quad \text{mit } a^\ell := g^{k\ell} a_k . \end{aligned}$$

Die Operation $\flat$ bewirkt also in der Koordinatendarstellung das **Senken von Indizes** mit Hilfe der g_{ij}, und $\sharp$ bewirkt das **Heben von Indizes** mit Hilfe der $g^{k\ell}$.

Zum Nachweis von $(**)$ betrachten wir eine 1–Form $\omega \in \mathcal{V}^*M$. Nach § 8 : 3.3 (c) gilt

$$\omega = a_k \, dx^k \quad \text{mit } a_k = \omega(\partial_k) \in \mathcal{F}M .$$

Das Vektorfeld $\omega_p^\sharp$ hat nach § 8 : 2.1 (b) eine lokale Basisdarstellung $\omega^\sharp = a^h \, \partial_h$ mit eindeutig bestimmten Koeffizienten a^h. Aus $(*)$ folgt

$$a_k = \omega(\partial_k) = \left\langle \omega^\sharp, \partial_k \right\rangle = \left\langle a^h \partial_h, \partial_k \right\rangle = g_{hk}\, a^h ,$$

also

$$g^{k\ell} a_k = g^{k\ell} g_{hk} a^h = a^\ell .$$

Da die $g^{k\ell}$ nach 2.1 differenzierbar sind, gilt dies auch für die a^ℓ. Entsprechend folgt aus den Darstellungen $X = \xi^i \partial_i$ mit $\xi^i \in \mathcal{F}M$ und $X_\flat = \xi_k \, dx^k$ mit

$\sigma = X_\flat$, $\sigma^\sharp = X$ die Gleichung $\xi_k = g_{ik}\,\xi^i$, aus der sich die Differenzierbarkeit von $X_\flat$ ergibt.

(b) Der **Gradient** einer differenzierbaren Funktion $f \in \mathcal{F}M$ ist definiert als das Vektorfeld $\nabla f \in \mathcal{V}M$, welches mit dem Differential $df \in \mathcal{V}^*M$ (§ 8 : 3.3 (c)) durch die Operation $\sharp$ verbunden ist: $\nabla f = (df)_\sharp$, also nach $(*)$

$$\langle \nabla f, X\rangle = df(X) \text{ für alle } X \in \mathcal{V}M .$$

Aus $df = \partial_i f\, dx^i$ ergibt sich mit $(**)$ die Koordinatendarstellung des Gradienten:

$$\nabla f = g^{ij}\frac{\partial f}{\partial x^i}\frac{\partial}{\partial x^j} = g^{ij}\,\partial_i f\,\partial_j .$$

(c) Nach § 8 : 4.4 lässt sich ein Tensor $A \in \mathcal{T}^r_s M$ auffassen als $\mathcal{F}M$–Multilinearform

$$A : (\mathcal{V}^*M)^r \times (\mathcal{V}M)^s \longrightarrow \mathcal{F}M ,$$
$$p \longmapsto A_p(\omega^1|_p, \dots, \omega^r|_p, X_1|_p, \dots, X_s|_p) .$$

Aus einem symmetrischen Tensor $A \in \mathcal{T}^0_2 M$ erhalten wir **metrisch äquivalente Tensoren** $A^\sharp \in \mathcal{T}^1_1 M$, $A^{\sharp\sharp} \in \mathcal{T}^2_0 M$ durch die Vorschriften

$$A^\sharp(\sigma, Y) := A(\sigma^\sharp, Y) = A(Y, \sigma^\sharp) \text{ für } \sigma \in \mathcal{V}^*M,\ \ Y \in \mathcal{V}M,$$
$$A^{\sharp\sharp}(\omega, \sigma) := A(\omega^\sharp, \sigma^\sharp) \text{ für } \omega, \sigma \in \mathcal{V}^*M .$$

Nach § 8 : 4.4 (c) gibt es Koordinatendarstellungen

$$A = a_{ij}\, dx^i \otimes dx^j , \quad A^\sharp = a_i^k\, \partial_k \otimes dx^i , \quad A^{\sharp\sharp} = a^{k\ell}\, \partial_k \otimes \partial_\ell .$$

Wie sich unmittelbar aus $(**)$ ergibt, sind diese verbunden durch ÜA

$$a_i^k = g^{jk}\, a_{ij} , \quad a^{k\ell} = g^{ik}\, g^{j\ell}\, a_{ij} .$$

Die Operation $A \mapsto C(A)$, die jedem symmetrischen $(0,2)$–Tensor A den Tensor $C_1^1(A^\sharp)$ zuordnet, heißt **metrische Kontraktion**; hierbei bedeutet C_1^1 die Kontraktion (Spurbildung) von $(1,1)$–Tensoren, vgl. § 8 : 4.3.

Hiernach gilt

$$C(A) = a_i^i = g^{ij} a_{ij} \text{ für } A = a_{ij}\, dx^i \otimes dx^j .$$

(d) Allgemein ergibt sich aus einem Tensor $A \in \mathcal{T}^r_s M$ ein metrisch äquivalenter Tensor, indem in $A(\omega^1, \dots, \omega^r, X_1, \dots, X_s)$ ein Argument X_i durch $\sigma^\sharp$ bzw. ein Argument ω^k durch $X_\flat$ ersetzt wird. In der Koordinatendarstellung bedeutet dies Heben eines Index mit Hilfe der $g^{k\ell}$ bzw. Senken eines Index mit Hilfe der g_{ij}.

(e) Für Kurven $\alpha : I \to M$ und Funktionen $f : M \to \mathbb{R}$ gilt die **Kettenregel**

$$(f \circ \alpha)^{\cdot}(t) = \big\langle \nabla f|_{\alpha(t)}, \dot{\alpha}(t) \big\rangle \quad \text{für } t \in I.$$

Denn nach § 8 : 3.3 (c) gilt für $t \in I$ und $p = \alpha(t)$

$$(f \circ \alpha)^{\cdot}(t) = \dot{\alpha}(t) f = df|_p(\dot{\alpha}(t)) = \big\langle \nabla f|_{\alpha(t)}, \dot{\alpha}(t) \big\rangle .$$

3 Kovariante Ableitung und Krümmung

3.1 Kovariante Ableitung von Vektorfeldern

(a) Sei M eine Lorentz– oder Riemann–Mannigfaltigkeit. Unser Ziel ist es, die Ableitung D_vY eines Vektorfelds $Y \in \mathcal{V}M$ in Richtung eines Vektors $v \in T_pM$ einzuführen. Im Fall $M = \mathbb{R}^n$ ist das möglich durch die Definition

$$D_vY := \lim_{t \to 0} \frac{1}{t} \big(\|_t Y(p + tv) - Y(p) \big) .$$

Hierbei bedeutet $\|_t Y(p + tv)$ den aus $Y(p+tv)$ durch Parallelverschiebung in den Punkt p entstehenden Vektor.

Eine äquivalente Definition ist

$$D_vY := \lim_{t \to 0} \frac{1}{t} \big(\|_t Y(\alpha(t)) - Y(p) \big) ,$$

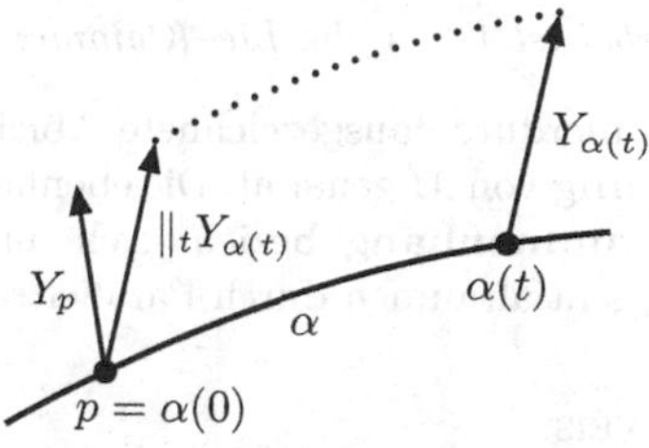

wobei $t \mapsto \alpha(t)$ eine Kurve mit $\alpha(0) = p$, $\dot{\alpha}(0) = v$ und $\|_t Y(\alpha(t))$ parallel zu $Y(\alpha(t))$ ist (Figur).

Die Übertragung dieser Definition auf eine Mannigfaltigkeit M erfordert einen Parallelitätsbegriff zwischen den Tangentialräumen $T_{\alpha(t)}M$ und T_pM.

Ein solcher Parallelitätsbegriff lässt sich für Lorentz– und Riemann–Mannigfaltigkeiten als isometrische Abbildung $\|_t : T_{\alpha(t)}M \to T_pM$ einführen und ermöglicht die Festlegung der Richtungsableitung durch die letzte Gleichung. Dieses Vorgehen erweist sich jedoch als schwerfällig in der Handhabung. Leichter ist die Durchführung des Programms in der umgekehrten Reihenfolge:

- Kennzeichnung eines Ableitungsoperators D_XY durch Rechenregeln,
- Nachweis der Existenz und Eindeutigkeit dieses Operators,
- Konstruktion des Parallelismus zwischen Tangentialräumen.

(b) Unter einem **Ableitungsoperator** für Vektorfelder auf M verstehen wir eine Abbildung

$$X, Y \mapsto D_XY , \quad \mathcal{V}M \times \mathcal{V}M \to \mathcal{V}M$$

mit folgenden Rechenregeln:

(1) $X \mapsto D_X Y$ ist $\mathcal{F}M$–linear für jedes $Y \in \mathcal{V}M$,

(2) $Y \mapsto D_X Y$ ist linear für jedes $X \in \mathcal{V}M$,

(3) $D_X(fY) = (D_X f)Y + f(D_X Y)$ für $X \in \mathcal{V}M$, $f \in \mathcal{F}M$ (Produktregel).

Hierbei haben wir aus Gründen der einheitlichen Notation $D_X f$ für die Richtungsableitung Xf geschrieben, vgl. § 8 : 3.1 (b). Für den Begriff $\mathcal{F}M$–linear verweisen wir auf § 8 : 4.4 (b). Wegen der Produktregel (3) genügt es, statt der Linearität (2) die **Additivität** $D_X(Y+Z) = D_X Y + D_X Z$ zu fordern.

Satz. *Es gibt genau einen Ableitungsoperator für Vektorfelder auf M mit den zusätzlichen Eigenschaften*

(4) $D_Z\langle X,Y\rangle = \langle D_Z X,Y\rangle + \langle X, D_Z Y\rangle$ *für* $X,Y,Z \in \mathcal{V}M$ (*Skalarproduktregel*),

(5) $D_X Y - D_Y X = [X,Y]$ *für* $X,Y \in \mathcal{V}M$ (*Symmetrie*);

hierbei ist $[\,\cdot\,,\,\cdot\,]$ *die Lie–Klammer, vgl.* § 8 : 3.2.

Der hierdurch ausgezeichnete Ableitungsoperator D wird die **kovariante Ableitung** von M genannt. Die ebenfalls gebräuchliche Bezeichnung **Levi–Civita–Zusammenhang** bezieht sich auf die hiermit ermöglichte Verbindung von Tangentialräumen durch Paralleltransport, der in 4.1(b) behandelt wird.

Beweis.

(i) *Eindeutigkeit.* Hat D die Eigenschaften (4),(5), so ergibt sich

$$\begin{aligned}
-Z\langle X,Y\rangle + X\langle Z,Y\rangle + Y\langle X,Z\rangle &= -D_Z\langle X,Y\rangle + D_X\langle Z,Y\rangle + D_Y\langle X,Z\rangle \\
&\overset{(4)}{=} -\langle D_Z X,Y\rangle - \langle X,D_Z Y\rangle + \langle D_X Z,Y\rangle + \langle Z,D_X Y\rangle \\
&\quad + \langle D_Y X,Z\rangle + \langle X,D_Y Z\rangle \\
&= \langle D_X Z - D_Z X,Y\rangle + \langle D_Y Z - D_Z Y,X\rangle + \langle D_X Y + D_Y X,Z\rangle \\
&\overset{(5)}{=} \langle [X,Z],Y\rangle + \langle [Y,Z],X\rangle + \langle [Y,X],Z\rangle + 2\langle D_X Y,Z\rangle\,,
\end{aligned}$$

also mit der Schiefsymmetrie der Lie–Klammer (§ 8 : 3.2 (a))

$$\begin{aligned}
2\langle D_X Y,Z\rangle = {} & -Z\langle X,Y\rangle + X\langle Z,Y\rangle + Y\langle X,Z\rangle \\
& + \langle [Z,X],Y\rangle - \langle [Y,Z],X\rangle + \langle [X,Y],Z\rangle\,.
\end{aligned}$$

Diese für alle $Z \in \mathcal{V}M$ bestehende **Koszul–Formel** legt das Vektorfeld $D_X Y$ eindeutig fest, da das Skalarprodukt nicht entartet ist.

(ii) *Existenz der kovarianten Ableitung.* Wir fixieren $X, Y \in \mathcal{V}M$ und bezeichnen für $Z \in \mathcal{V}M$ die rechte Seite der Koszul–Formel mit $\omega(Z)$. Die Abbildung $\mathcal{V}M \to \mathcal{F}M$, $Z \mapsto \omega(Z)$ ist $\mathcal{F}M$–linear: Für den Nachweis von $\omega(fZ) = f\,\omega(Z)$ für $f \in \mathcal{F}M$ beachten wir, dass bei der Ersetzung von Z durch fZ in der rechten Seite der Koszul–Formel Ableitungen Xf, Yf produziert werden, diese sich aber wegheben. Für den zweiten und vierten Term ergibt sich nämlich nach der Produktregel

$$\begin{aligned} X\langle fZ, Y\rangle &= X(f\langle Z,Y\rangle) = (Xf)\langle Z,Y\rangle + fX\langle Z,Y\rangle\,, \\ \langle [fZ,X],Y\rangle &= \langle fZ(X) - X(fZ), Y\rangle \\ &= \langle fZ(X) - (Xf)Z - fX(Z), Y\rangle \\ &= -(Xf)\langle Z,Y\rangle + f\langle [Z,X],Y\rangle\,; \end{aligned}$$

entsprechend heben sich in der Summe des dritten und fünften Terms die Ableitungen Yf weg.

Damit ist $\omega : \mathcal{V}M \to \mathcal{F}M$ nach § 8 : 4.4 (b) eine 1–Form. Das zugehörige metrisch äquivalente Vektorfeld $\omega^\sharp$ bezeichnen wir mit $2D_XY \in \mathcal{V}M$; es gilt also für alle $Z \in \mathcal{V}M$

$$2\langle D_XY, Z\rangle = \left\langle \omega^\sharp, Z\right\rangle = \omega(Z) = \text{rechte Seite der Koszul–Formel}\,.$$

Der hierdurch definierte Operator $Y \mapsto D_XY$ besitzt die Eigenschaften (1)–(5). Dies ergibt sich durch Rechnungen nach dem eben vorgeführten Muster $\boxed{\text{ÜA}}$. □

(c) Wir wiederholen die Argumente des Beweises in der Sprache der Koordinaten. Sei D eine kovariante Ableitung, und seien $\partial_1, \dots, \partial_n$ die lokalen Basisfelder eines Koordinatensystems von M. Für $D_i := D_{\partial_i}$ besteht die lokale Basisdarstellung

$$D_i\partial_j = \Gamma_{ij}^k \partial_k$$

mit Koeffizientenfunktionen Γ_{ij}^k auf der Koordinatenumgebung.

Für Vektorfelder $X = \xi^i\partial_i$, $Y = \eta^j\partial_j$ ergibt sich die Darstellung

$$(1'-3')\quad D_XY = \xi^i\big(\partial_i\eta^k + \Gamma_{ij}^k\eta^j\big)\,\partial_k\,,$$

denn mit den Rechenregeln (1),(2),(3) folgt

$$\begin{aligned} D_XY &= D_{\xi^i\partial_i}Y = \xi^i D_iY = \xi^i D_i(\eta^j\partial_j) = \xi^i\big(D_i\eta^j\partial_j + \eta^j D_i\partial_j\big) \\ &= \xi^i\big(\partial_i\eta^j\partial_j + \eta^j\Gamma_{ij}^k\partial_k\big) \;-\; \xi^i\big(\partial_i\eta^k + \Gamma_{ij}^k\eta^j\big)\,\partial_k\,. \end{aligned}$$

Die Skalarproduktregel (4) liefert mit $\Gamma_{i\ell j} := g_{\ell k}\Gamma_{ij}^k$

$$(4')\quad \partial_k g_{ij} = \Gamma_{kij} + \Gamma_{kji}\,,$$

denn es gilt

$$\begin{aligned}\partial_k g_{ij} &= \partial_k\langle\partial_i,\partial_j\rangle = \langle D_k\partial_i,\partial_j\rangle + \langle\partial_i, D_k\partial_j\rangle \\ &= \left\langle\Gamma^\ell_{ki}\partial_\ell,\partial_j\right\rangle + \left\langle\partial_i,\Gamma^\ell_{kj}\partial_\ell\right\rangle \\ &= \Gamma^\ell_{ki}g_{\ell j} + \Gamma^\ell_{kj}g_{i\ell} = \Gamma_{kji} + \Gamma_{kij} = \Gamma_{kij} + \Gamma_{kji}\,.\end{aligned}$$

Die Bedingung (5) führt auf die Symmetriebedingungen

$$(5') \quad \Gamma^k_{ij} = \Gamma^k_{ji} \quad \text{und} \quad \Gamma_{i\ell j} = \Gamma_{j\ell i}\,,$$

denn es gilt $[\partial_i,\partial_j] = 0$ nach der Folgerung in § 8 : 3.2 (a), also folgt aus (5)

$$0 = D_i\partial_j - D_j\partial_i - [\partial_i,\partial_j] = \Gamma^k_{ij}\partial_k - \Gamma^k_{ji}\partial_k = \left(\Gamma^k_{ij} - \Gamma^k_{ji}\right)\partial_k\,.$$

Aus (4′) und (5′) ergibt sich nun

$$\begin{aligned}-\partial_\ell g_{ij} + \partial_i g_{\ell j} + \partial_j g_{i\ell} &= -\Gamma_{\ell ij} - \Gamma_{\ell ji} + \Gamma_{i\ell j} + \Gamma_{ij\ell} + \Gamma_{ji\ell} + \Gamma_{j\ell i} \\ &= 2\Gamma_{i\ell j}\,,\end{aligned}$$

also

$$(6') \quad \Gamma^k_{ij} = g^{k\ell}\Gamma_{i\ell j} = \tfrac{1}{2}\,g^{k\ell}\left(-\partial_\ell g_{ij} + \partial_i g_{\ell j} + \partial_j g_{i\ell}\right)\,,$$

was zusammen mit (1′ – 3′) die eindeutige Bestimmtheit der kovarianten Ableitung durch die Metrik bedeutet.

Zum Nachweis der Existenz der kovarianten Ableitung definieren wir für $X, Y \in \mathcal{V}M$ und jedes Koordinatensystem (U,x) von M

$$(D_X Y)_{(U,x)} \quad \text{durch } (1'–3') \text{ und } (6').$$

Hierdurch ist in eindeutiger Weise ein Vektorfeld auf M definiert, d.h. für überlappende Koordinatensysteme (U,x), (V,y) gilt $(D_X Y)_{(U,x)} = (D_X Y)_{(V,y)}$ auf $U \cap V$. Dies beruht auf dem folgenden Transformationsgesetz zwischen den Koeffizienten g_{ij}, Γ^k_{ij} bezüglich x und $\overline{g}_{ab}$, $\overline{\Gamma}^c_{ab}$ bezüglich y:

$$(*) \quad \Gamma^k_{ij} = \left(\overline{\Gamma}^c_{ab}\,\frac{\partial y^a}{\partial x^i}\frac{\partial y^b}{\partial x^j} + \frac{\partial^2 y^c}{\partial x^i\partial x^j}\right)\frac{\partial x^k}{\partial y^c} \quad \text{auf } U\cap V\,;$$

dieses beruht wiederum auf der Transformationsformel

$$(**) \quad g_{ij} = \overline{g}_{ab}\,\frac{\partial y^a}{\partial x^i}\,\frac{\partial y^b}{\partial x^j} \quad \text{auf } U\cap V\,,$$

vgl. § 8 : 4.4 (c). Die Verifikation dieser Formeln und der Nachweis der Rechenregeln (1)–(5) ist eine Fleißarbeit und sei den Lesern überlassen; für Details verweisen wir auf Boothby [53] VII.3.

Die Koeffizienten Γ_{ij}^k und $\Gamma_{i\ell j}$ der kovarianten Ableitung heißen **Christoffel–Symbole**. Die heute verbreitete invariante Schreibweise der kovarianten Ableitung geht auf KOSZUL (um 1950) zurück; durch diese gewinnt der Kalkül der Differentialgeometrie gegenüber der Koordinatenschreibweise beträchtlich an begrifflicher Klarheit.

3.2 Kovariante Ableitung von Tensoren

(a) Wir setzen die für Funktionen und Vektorfelder definierte kovariante Ableitung jetzt auf Tensorfelder fort, wobei wir die Schreibweise D_X für alle Tensortypen beibehalten. Hierbei verfahren wir völlig analog zur Einführung der Lie–Ableitung in § 8 : 4.5*, wobei nur das Symbol L_V durch D_X zu ersetzen ist. Für 1–Formen $\omega \in \mathcal{V}^*M$ schreiben wir für den Moment $\omega \cdot Y$ statt $\omega(Y)$ und verlangen die Gültigkeit der Produktregel,

$$D_X(\omega \cdot Y) = D_X\omega \cdot Y + \omega \cdot D_X Y.$$

Kehren wir zur üblichen Schreibweise zurück und beachten wir, dass definitionsgemäß $D_X f = Xf$ für $f \in \mathcal{F}M$ gilt, so führt dies auf die Definition von $D_X\omega \in \mathcal{V}^*M$ durch

(i) $$(D_X\omega)(Y) := X\,\omega(Y) - \omega(D_X Y) \quad \text{für } \omega \in \mathcal{V}^*M,\ Y \in \mathcal{V}M\,.$$

Für Tensoren $A \in \mathcal{T}_s^r M$ liefert die Produktregel, angewandt auf die $1+r+s$ Faktoren

$$A \cdot \omega^1 \cdots \omega^r \cdot Y_1 \cdots Y_s\,,$$

nach Rückkehr zur üblichen Schreibweise

(ii) $$\begin{aligned}(D_X A)(\omega^1,\dots,\omega^r,Y_1,\dots,Y_s) := {} & X(A(\omega^1,\dots,\omega^r,Y_1,\dots,Y_s)) \\ & - \sum_{i=1}^r A(\omega^1,\dots,D_X\omega^i,\dots,\omega^r,Y_1,\dots,Y_s) \\ & - \sum_{k=1}^s A(\omega^1,\dots,\omega^r,Y_1,\dots,D_X Y_k,\dots,Y_s)\end{aligned}$$

für $\omega^1,\dots,\omega^r \in \mathcal{V}^*M$, $Y_1,\dots,Y_s \in \mathcal{V}M$.

SATZ. *Für $X \in \mathcal{V}M$ und $A \in \mathcal{T}_s^r M$ ist $D_X A \in \mathcal{T}_s^r M$. Ferner gelten folgende Rechenregeln:*

(1) $X \mapsto D_X A$ *ist $\mathcal{F}M$-linear,*

(2) $A \mapsto D_X A$ *ist linear,*

(3) $D_X(fA) = (D_X f)A + f D_X A$ *(Produktregel).*

[ÜA] Verifizieren Sie die Aussage $D_X A \in \mathcal{T}_s^r M$ und die Rechengregeln exemplarisch für zwei Tensortypen, z.B. für 1–Formen $\omega \in \mathcal{T}_1^0 M$ und $(1,2)$–Tensoren.

(b) Das **kovariante Differential** eines Tensors $A \in \mathcal{T}^r_s M$ ist der Tensor $DA \in \mathcal{T}^r_{s+1} M$ mit

$$(DA)(\omega^1, \ldots, \omega^r, Y_1, \ldots, Y_s, X) := (D_X A)(\omega^1, \ldots, \omega^r, Y_1, \ldots, Y_s)$$

für $\omega^1, \ldots, \omega^r \in \mathcal{V}^* M$, $Y_1, \ldots, Y_s, X \in \mathcal{V} M$.

Für ein Vektorfeld Y, aufgefasst als $(1,0)$–Tensorfeld $\omega \mapsto \omega(Y)$, ergibt sich demnach $DY(\omega, X) = \omega(D_X Y)$.

(c) **Koordinatendarstellung der kovarianten Ableitung.** Es sei (U, x) ein Koordinatensystem von M mit den lokalen Basisfeldern $\partial_1, \ldots, \partial_n \in \mathcal{V}M$ und $dx^1, \ldots, dx^n \in \mathcal{V}^* M$.

Ist A ein (r,s)–Tensor und X ein Vektorfeld mit der Basisdarstellung $X = \xi^h \partial_h$, so gilt wegen der $\mathcal{F}M$–Linearität der kovarianten Ableitung im ersten Argument

$$D_X A = D_{\xi^h \partial_h} A = \xi^h D_{\partial_h} A = \xi^h D_h A\,,$$

wobei wir D_h für D_{∂_h} schreiben. Es reicht also, die Koordinatendarstellung von $D_h A$ zu bestimmen. Hat A die Koeffizienten

$$a^{i_1 \ldots i_r}_{j_1 \ldots j_s} = A(dx^{i_1}, \ldots, dx^{i_r}, \partial_{j_1}, \ldots, \partial_{j_s})\,,$$

so bezeichnen wir die Koeffizienten von $D_h A$ mit

$$\nabla_h a^{i_1 \ldots i_r}_{j_1 \ldots j_s} = (D_h A)(dx^{i_1}, \ldots, dx^{i_r}, \partial_{j_1}, \ldots, \partial_{j_s})\,.$$

Andere Schreibweisen hierfür sind

$$a^{i_1 \ldots i_r}_{j_1 \ldots j_s \| h} \quad \text{und} \quad a^{i_1 \ldots i_r}_{j_1 \ldots j_s ; h}\,.$$

Wir erläutern die Berechnung dieser Ableitungen an einigen Spezialfällen und kommen dann nochmals auf die Bezeichnungsweise zurück. Ausgangspunkt sind die Relationen

$$\text{(iii)} \quad \begin{cases} \Gamma^k_{ij} = \frac{1}{2} g^{k\ell} \left(-\partial_\ell g_{ij} + \partial_i g_{\ell j} + \partial_j g_{i\ell} \right), \\[2mm] D_i \partial_j = \Gamma^k_{ij} \partial_k \;\text{ und }\; D_i dx^k = -\,\Gamma^k_{ij} dx^j\,. \end{cases}$$

Die ersten beiden gelten nach 3.1 (c). Die dritte ergibt sich unter Beachtung von $dx^k(\partial_i) = \delta^k_i$ aus der Definition (i):

$$\begin{aligned} (D_i dx^k)(\partial_j) &\overset{(i)}{=} \partial_i(dx^k(\partial_j)) - dx^k(D_i \partial_j) = \partial_i \delta^k_j - dx^k(\Gamma^\ell_{ij} \partial_\ell) \\ &= -\,\Gamma^\ell_{ij} dx^k(\partial_\ell) = -\Gamma^\ell_{ij} \delta^k_\ell = -\,\Gamma^k_{ij}\,. \end{aligned}$$

Beispiele.

(1) Für Funktionen $f \in \mathcal{F}M = \mathcal{T}^0_0 M$ gilt

$$\nabla_h f = \partial_h f .$$

(2) Für Vektorfelder $Y \in \mathcal{V}M = \mathcal{T}^1_0 M$ mit Koeffizienten η^k gilt nach 3.1 (c)

$$\nabla_h \eta^k = \partial_h \eta^k + \Gamma^k_{hj}\, \eta^j .$$

(3) Für 1–Formen $\omega \in \mathcal{V}^* M = \mathcal{T}^0_1 M$ mit Koeffizienten $a_j = \omega(\partial_j)$ gilt

$$\nabla_h a_j = \partial_h a_j - \Gamma^k_{hj} a_k ,$$

denn nach den Rechenregeln (2),(3) gilt

$$\begin{aligned} D_h\omega &= D_h(a_j dx^j) = D_h a_j\, dx^j + a_j D_h dx^j \\ &= \partial_h a_j\, dx^j - a_j \Gamma^j_{hi}\, dx^i = \left(\partial_h a_j - \Gamma^k_{hj} a_k\right) dx^j . \end{aligned}$$

(4) Für einen $(0,2)$–Tensor $A \in \mathcal{T}^0_2$ mit den Koeffizienten a_{ij} gilt

$$\nabla_h a_{ij} = \partial_h a_{ij} - \Gamma^k_{hi}\, a_{kj} - \Gamma^k_{hj}\, a_{ik} .$$

Denn mit $a_{ij} = A(\partial_i, \partial_j)$ ergibt sich nach (ii) und (iii)

$$\begin{aligned} \nabla_h a_{ij} &= (D_h A)(\partial_i, \partial_j) = \partial_h(A(\partial_i, \partial_j)) - A(D_h\partial_i, \partial_j) - A(\partial_i, D_h\partial_j) \\ &= \partial_h a_{ij} - A(\Gamma^k_{hi}\partial_k, \partial_j) - A(\partial_i, \Gamma^k_{hj}\partial_k) \\ &= \partial_h a_{ij} - \Gamma^k_{hi} A(\partial_k, \partial_j) - \Gamma^k_{hj} A(\partial_i, \partial_k) \\ &= \partial_h a_{ij} - \Gamma^k_{hi} a_{kj} - \Gamma^k_{hj} a_{ik} . \end{aligned}$$

(5) Für einen $(1,1)$–Tensor A mit den Koeffizienten a^k_i gilt

$$\nabla_h a^k_i = \partial_h a^k_i + \Gamma^k_{hj} a^j_i - \Gamma^j_{hi} a^k_j .$$

Denn mit $a^k_i = A(dx^k, \partial_i)$ ergibt sich nach (ii) und (iii)

$$\begin{aligned} \nabla_h a^k_i &= (D_h A)(dx^k, \partial_i) \\ &= \partial_h(A(dx^k, \partial_i)) - A(D_h dx^k, \partial_i) - A(dx^k, D_h\partial_i) \\ &= \partial_h a^k_i - A(-\Gamma^k_{hj}\, dx^j, \partial_i) - A(dx^k, \Gamma^j_{hi}\partial_j) \\ &= \partial_h a^k_i + \Gamma^k_{hj}\, A(dx^j, \partial_i) - \Gamma^j_{hi}\, A(dx^k, \partial_j) \\ &= \partial_h a^k_i + \Gamma^k_{hj}\, a^j_i - \Gamma^j_{hi}\, a^k_j . \end{aligned}$$

(6) Für einen $(2,0)$–Tensor A mit Koeffizienten $a^{k\ell}$ gilt

$$\nabla_h a^{k\ell} = \partial_h a^{k\ell} + \Gamma^k_{hj} a^{j\ell} + \Gamma^\ell_{hj} a^{kj} .$$

Denn mit $a^{k\ell} = A(dx^k, dx^\ell)$ ergibt sich nach (ii) und (iii)

$$\begin{aligned}
\nabla_h a^{k\ell} &= (D_h A)(dx^k, dx^\ell) \\
&= \partial_h (A(dx^k, dx^\ell)) - A(D_h dx^k, dx^\ell) - A(dx^k, D_h dx^\ell) \\
&= \partial_h a^{k\ell} - A(-\Gamma^k_{hj} dx^j, dx^\ell) - A(dx^k, -\Gamma^\ell_{hj} dx^j) \\
&= \partial_h a^{k\ell} + \Gamma^k_{hj} A(dx^j, dx^\ell) + \Gamma^\ell_{hj} A(dx^k, dx^j) \\
&= \partial_h a^{k\ell} + \Gamma^k_{hj} a^{j\ell} + \Gamma^\ell_{hj} a^{kj}
\end{aligned}$$

(7) Für einen (1,3)–Tensor A mit Koeffizienten a^ℓ_{ijk} ergibt sich ÜA

$$\nabla_h a^\ell_{ijk} = \partial_h a^\ell_{ijk} + \Gamma^\ell_{hm} a^m_{ijk} - \Gamma^m_{hi} a^\ell_{mjk} - \Gamma^m_{hj} a^\ell_{imk} - \Gamma^m_{hk} a^\ell_{ijm} .$$

(d) Die Bezeichnung $\nabla_h a^{\,i_1 \ldots i_r}_{\,j_1 \ldots j_s}$ ist mit Bedacht in einer ambivalenten Bedeutung gewählt. Wie die Beispiele (2)–(7) zeigen, hängt dieser Ausdruck von allen Koeffizienten $a^{\cdots}_{\cdots}$ des Tensors A ab, ∇_h ist also im Unterschied zur partiellen Ableitung ∂_h kein allein auf den Koeffizienten $a^{\,i_1 \ldots i_r}_{\,j_1 \ldots j_s}$ wirkender Operator. Trotzdem kann die suggestive Symbolik ∇_h als Operator für den Koordinatenkalkül der kovarianten Ableitung genützt werden, weil für ∇_h stets die Produktregel gültig ist.

Beispielsweise gilt für die Koeffizienten a^{ik} von $A \in \mathcal{T}^2_0 M$ und die Koeffizienten $b_{k\ell}$ von $B \in \mathcal{T}^0_2 M$ die Produktregel

$$(*) \qquad \nabla_h (a^{ik} b_{k\ell}) = \nabla_h a^{ik} b_{k\ell} + a^{ik} \nabla_h b_{k\ell} .$$

(∇_h soll stets nur auf den nächstfolgenden Term wirken.)

Denn für die linke Seite ergibt sich aus (5)

$$\nabla_h (a^{ik} b_{k\ell}) = \partial_h (a^{ik} b_{k\ell}) + \Gamma^i_{hj} a^{jk} b_{k\ell} - \Gamma^j_{h\ell} a^{ik} b_{kj} ,$$

und für die rechte Seite gilt nach (6) und (4)

$$\begin{aligned}
\nabla_h a^{ik} b_{k\ell} + a^{ik} \nabla_h b_{k\ell} &= \left(\partial_h a^{ik} + \Gamma^i_{hj} a^{jk} + \Gamma^k_{hj} a^{ij} \right) b_{k\ell} \\
&\quad + a^{ik} \left(\partial_h b_{k\ell} - \Gamma^j_{hk} b_{j\ell} - \Gamma^j_{h\ell} b_{kj} \right) .
\end{aligned}$$

Da sich im letzten Ausdruck der dritte und fünfte Term wegheben, folgt die Übereinstimmung beider Seiten.

Eine häufig verwendete Abkürzung ist

$$\nabla^i := g^{ik} \nabla_k .$$

Dieser Operator wird im gleichen Sinn wie ∇_k als Ableitungsoperator verwendet.

Hiermit hat der in 2.3 (b) eingeführte Gradient die Koordinatendarstellung

$$\nabla f = g^{ij}\partial_i f\,\partial_j = \nabla^j f\,\partial_j\,,$$

und mit dem nachfolgenden Lemma sowie der Produktregel (∗) folgt

$$\nabla^i\nabla_i = g^{ij}\nabla_j\nabla_i = \nabla_j(g^{ij}\nabla_i) = \nabla_j\nabla^j\,.$$

(e) **Ricci–Lemma**. *Mit den Bezeichnungen* von (c) *gilt*

$$\nabla_h g_{ij} = 0\,,\ \ \nabla_h g^{ij} = 0\,,\ \ \nabla^h g_{ij} = 0\,,\ \ \nabla^h g^{ij} = 0\,.$$

BEWEIS.
Mit der Formel (4) in (c) und der Produktregel (4′) in 3.1 ergibt sich

$$\begin{aligned}\nabla_h g_{ij} &= \partial_h g_{ij} - \Gamma^k_{hi}g_{kj} - \Gamma^k_{hj}g_{ik}\\ &= \Gamma_{hij} + \Gamma_{hji} - \Gamma^k_{hi}g_{kj} - \Gamma^k_{hj}g_{ik}\\ &= \Gamma_{hij} + \Gamma_{hji} - \Gamma_{hji} + \Gamma_{hij} = 0\,.\end{aligned}$$

Weiter gilt nach der Formel (5) in (c)

$$\nabla_h\delta^i_j = \partial_h\delta^i_j + \Gamma^i_{hk}\delta^k_j - \Gamma^k_{hj}\delta^i_k = \Gamma^i_{hj} - \Gamma^i_{hj} = 0\,.$$

Mit der Produktregel (∗) in (d) folgt aus $\delta^i_j = g^{ik}g_{kj}$

$$0 = \nabla_h\delta^i_j = \nabla_h g^{ik}g_{kj} + g^{ik}\nabla_h g_{kj} = g_{kj}\nabla_h g^{ik} + g^{ik}\nabla_h g_{kj}\,.$$

Da die Matrix (g_{ik}) invertierbar ist (vgl. 2.1), folgt die Behauptung. □

3.3 Divergenz, d'Alembert– und Laplace–Beltrami–Operator

(a) Die **Divergenz** eines Vektorfelds $Y \in \mathcal{V}M = \mathcal{T}^1_0 M$ ist definiert als die Spur des kovarianten Differentials $DY \in \mathcal{T}^1_1 M$ (vgl. 3.2 (b)), also mit den Bezeichnungen von § 8 : 4.3

$$\operatorname{div} Y := C^1_1(DY).$$

In Koordinaten ergibt sich mit 3.2 (b) und der Formel (2) in 3.2 (c) ÜA

$$\operatorname{div} Y = \nabla_i\eta^i = \partial_i\eta^i + \Gamma^j_{ij}\eta^i \quad \text{für} \quad Y = \eta^i\partial_i\,.$$

Eine weitere Darstellung der Divergenz lautet

$$\operatorname{div} Y = \frac{1}{\sqrt{|g|}}\,\partial_i\big(\sqrt{|g|}\,\eta^i\big) \quad \text{mit} \quad g := \det(g_{ij})\,.$$

Denn aus dem Laplaceschen Entwicklungssatz folgt mit Hilfe der Matrix der Adjunkten die Gleichung $\partial g/\partial g_{jk} = g\, g^{jk}$ (ÜA, vgl. Bd. 1, § 17 : 2.5, 3.4). Daher liefern die Kettenregel und die Skalarproduktregel 3.1 (4′) ÜA

$$\frac{\partial g}{\partial x^i} = \frac{\partial g}{\partial g_{jk}}\,\frac{\partial g_{jk}}{\partial x^i} = g\, g^{jk}\,(\Gamma_{ijk} + \Gamma_{ikj}) = g\Gamma^k_{ik} + g\Gamma^j_{ij} = 2g\Gamma^j_{ij}\,.$$

Hieraus folgt für Lorentz–Mannigfaltigkeiten ($g < 0$) und Riemann–Mannigfaltigkeiten ($g > 0$)

$$\partial_i\bigl(\sqrt{|g|}\,\eta^i\bigr) = \sqrt{|g|}\,\bigl(\Gamma^j_{ij}\eta^i + \partial_i\eta^i\bigr) = \sqrt{|g|}\,\operatorname{div} Y\,.$$

(b) Unter der **Divergenz eines (1,1)–Tensors** $A \in \mathcal{T}^1_1 M$ verstehen wir in Verallgemeinerung von (a) die Spur des kovarianten Differentials $DA \in \mathcal{T}^1_2 M$,

$$\operatorname{div} A := C^1_2(DA) \in \mathcal{T}^0_1 M = \mathcal{V}^* M\,,$$

vgl. 3.2 (b), § 8 : 4.3. Die Divergenz einer symmetrischen 2–Form $B \in \mathcal{T}^0_2 M$, ist definiert als die Divergenz des metrisch äquivalenten (1, 1)–Tensors $B^\sharp$ (vgl. 2.3 (c)), also durch

$$\operatorname{div} B := C^1_2(DB^\sharp)\,.$$

Für $A = a^k_i\,\partial_k \otimes dx^i$ und $B = b_{ij}\,dx^i \otimes dx^j$ ergibt sich nach 3.2 (c),(d) und dem Ricci–Lemma ÜA

$$\operatorname{div} A = \nabla_k\, a^k_i\, dx^i\,,$$

$$\operatorname{div} B = \nabla_k\, b^k_i\, dx^i = \nabla_k\,(g^{kj} b_{ij})\,dx^i = g^{kj}\,\nabla_k b_{ij}\,dx^i = \nabla^j b_{ij}\,dx^i\,.$$

(c) Wir definieren den **d'Alembert–Operator** $\Box$ auf einer Lorentz–Mannigfaltigkeit M durch

$$\Box f = \Box_{\mathbf{g}} f := \operatorname{div} \nabla f \quad \text{für } f \in \mathcal{F}M$$

und den **Laplace–Beltrami–Operator** Δ auf einer Riemann–Mannigfaltigkeit M entsprechend durch

$$\Delta f = \Delta_{\mathbf{g}} f := \operatorname{div} \nabla f \quad \text{für } f \in \mathcal{F}M\,.$$

Beide Operatoren besitzen nach (a), 2.3 (b) und 3.2 (d) die Koordinatendarstellungen ÜA

$$\nabla_k \nabla^k f = \nabla^i \nabla_i f = g^{ik}(\partial_i\partial_k f - \Gamma^j_{ik}\partial_j f) = \frac{1}{\sqrt{|g|}}\,\partial_i\left(\sqrt{|g|}\, g^{ik}\,\partial_k f\right).$$

3.4 Der Krümmungstensor

(a) RIEMANN untersuchte die Frage, unter welchen Bedingungen es um jeden Punkt p einer Riemannschen Mannigfaltigkeit M ein Koordinatensystem (V, y) gibt mit

$$g_{ij} = \delta_{ij} \quad \text{auf } V.$$

(Ein solches Koordinatensystem nennen wir **euklidisch**.) Er stellte Integrabilitätsbedingungen auf, die für die Existenz euklidischer Koordinatensysteme notwendig und hinreichend sind (*Preisschrift für die Pariser Akademie* 1861). Diese haben in jedem Koordinatensystem (U, x) von M die Form

$$(*) \qquad R^{\ell}_{ijk} := \partial_i \Gamma^{\ell}_{jk} - \partial_j \Gamma^{\ell}_{ik} + \Gamma^{\ell}_{ih}\Gamma^{h}_{jk} - \Gamma^{\ell}_{jh}\Gamma^{h}_{ik} = 0\,.$$

Verschwindet dieser Ausdruck an einer Stelle $p \in M$ nicht, so liegen in M nahe p keine euklidischen Maßverhältnisse vor; die Riemannsche Mannigfaltigkeit ist an der Stelle p **gekrümmt**. Wir zeigen, dass die R^{ℓ}_{ijk} die Koeffizienten eines $(1,3)$–Tensors sind, genannt der **Riemannsche Krümmungstensor**.

Auf Flächen im $\mathbb{R}^3$ ist der Krümmungstensor nach dem Theorema egregium (§ 7 : 4.2 (b)) mit der Gaußschen Krümmung K eng verbunden,

$$R^{\ell}_{ijk} = K\big(\delta^{\ell}_i g_{jk} - \delta^{\ell}_j g_{ik}\big).$$

Deren Einführung mit Hilfe von Normalschnitten (§ 7 : 3.1, 3.2) vermittelt eine anschauliche Vorstellung der Flächenkrümmung.

Eine Beweisskizze für den Riemannschen Satz geben wir im Abschnitt 3.7.

(b) Für eine Lorentz– oder Riemann–Mannigfaltigkeit M definieren wir die Abbildung

$$Rm : \mathcal{V}M \times \mathcal{V}M \times \mathcal{V}M \to \mathcal{V}M$$

durch

$$Rm(X, Y, Z) := D_X D_Y Z - D_Y D_X Z - D_{[X,Y]} Z \quad \text{für } X, Y, Z \in \mathcal{V}M\,.$$

SATZ. *Die Abbildung Rm ist $\mathcal{F}M$-linear in jedem der drei Argumente, und durch*

$$\widetilde{Rm}(\omega, X, Y, Z) := \omega(Rm(X, Y, Z)) \quad \textit{für } \omega \in \mathcal{V}^*M,\ X, Y, Z \in \mathcal{V}M$$

ist ein $(1,3)$–Tensor gegeben.

Meistens wird $Rm(X, Y)Z$ anstelle von $Rm(X, Y, Z)$ zur Betonung der schiefsymmetrische Abhängigkeit von den ersten beiden Argumenten geschrieben.

Mit Bezug auf die Isomorphie $\bigotimes^1_3 V \cong L(V^3, V)$ von § 8 : 4.1 (c) und den Erörterungen in § 8 : 4.4 (b) fassen wir Rm und $\widetilde{Rm}$ als verschiedene Ausprägungen des gleichen Objekts auf, bezeichnet als **Riemannscher Krümmungstensor**.

BEWEIS.

Die Additivität in den drei Argumenten von Rm ist klar. Zum Nachweis der $\mathcal{F}M$–Linearität im ersten Argument

$$Rm(fX,Y)Z = f\,Rm(X,Y)Z \quad \text{für } X,Y,Z \in \mathcal{V}M,\ f \in \mathcal{F}M$$

beachten wir, dass nach der Produktregel für Vektorfelder § 8 : 3.1

$$\begin{aligned}[fX,Y] &= (fX)Y - Y(fX) = fXY - (Yf)X - fYX \\ &= f[X,Y] - (Yf)X\end{aligned}$$

gilt und nach den Rechenregeln für die kovariante Ableitung in 3.1 (b)

$$D_Y D_{fX} Z = D_Y(f D_X Z) = (D_Y f) D_X Z + f D_Y D_X Z\,.$$

Hiermit folgt

$$\begin{aligned}Rm(fX,Y)Z &= D_{fX} D_Y Z - D_Y D_{fX} Z - D_{[fX,Y]} Z \\ &= f D_X D_Y Z - (D_Y f) D_X Z - f D_Y D_X Z \\ &\quad - f D_{[X,Y]} Z + (Yf) D_X Z = f\,Rm(X,Y)Z\,.\end{aligned}$$

Mit der Schiefsymmetrie von Rm in den ersten beiden Argumenten folgt hieraus

$$Rm(X,fY)Z = f\,Rm(X,Y)Z \quad \text{für } X,Y,Z \in \mathcal{V}M,\ f \in \mathcal{F}M.$$

Der Nachweis von $Rm(X,Y)(fZ) = f\,Rm(X,Y)Z$ verläuft analog ÜA.

Hiernach ist $\widetilde{Rm}$ $\mathcal{F}M$–multilinear und liefert deshalb nach § 8 : 4.4 (b) einen (1, 3)–Tensor. □

Wir bestimmen die Koeffizienten R^ℓ_{ijk} von Rm und $\widetilde{R}^\ell_{ijk}$ von $\widetilde{Rm}$ bezüglich eines Koordinatensystems. Die Koeffizienten sind definiert durch

$$Rm(\partial_i,\partial_j)\partial_k = R^\ell_{ijk}\,\partial_\ell\,, \quad \widetilde{Rm} = \widetilde{R}^\ell_{ijk}\,\partial_\ell \otimes dx^i \otimes dx^j \otimes dx^k\,,$$

vgl. § 8 : 4.1 (b) und 4.4 (c). Wir zeigen

$$R^\ell_{ijk} = \widetilde{R}^\ell_{ijk} = \partial_i \Gamma^\ell_{jk} - \partial_j \Gamma^\ell_{ik} + \Gamma^\ell_{ih}\Gamma^h_{jk} - \Gamma^\ell_{jh}\Gamma^h_{ik}\,,$$

wobei nach 3.1 (c) (6′)

$$\Gamma^k_{ij} = \tfrac{1}{2}\, g^{k\ell}\,(-\,\partial_\ell g_{ij} + \partial_i g_{\ell j} + \partial_j g_{i\ell})\,.$$

Die Koeffizienten von $\widetilde{Rm}$ und Rm stimmen überein:

$$\begin{aligned}\widetilde{R}^\ell_{ijk} &= \widetilde{Rm}(dx^\ell,\partial_i,\partial_j,\partial_k) = dx^\ell(Rm(\partial_i,\partial_j)\partial_k) = dx^\ell(R^h_{ijk}\,\partial_h) \\ &= R^h_{ijk}\,dx^\ell(\partial_h) = R^h_{ijk}\,\delta^\ell_h = R^\ell_{ijk}\,.\end{aligned}$$

Wir bestimmen die Koeffizienten von Rm. Hierbei schreiben wir im Folgenden wie in 3.1 D_i abkürzend für D_{∂_i} (Wirkung immer nur auf den nächstfolgenden Term) und erinnern an die Notation $D_i f = \partial_i f$ für $f \in \mathcal{F}M$, sowie an $D_i\partial_j = \Gamma_{ij}^k\partial_k$. Es ergibt sich

$$\begin{aligned} D_iD_j\partial_k &= D_i(D_j\partial_k) = D_i(\Gamma_{jk}^h\partial_h) = D_i\Gamma_{jk}^h\partial_h + \Gamma_{jk}^h D_i\partial_h \\ &= \partial_i\Gamma_{jk}^h\partial_h + \Gamma_{jk}^h\Gamma_{ih}^\ell\partial_\ell = \left(\partial_i\Gamma_{jk}^\ell + \Gamma_{ih}^\ell\Gamma_{jk}^h\right)\partial_\ell\,, \end{aligned}$$

und unter Beachtung von $[\partial_i,\partial_j] = 0$ (vgl. § 8 : 3.2 (a))

$$\begin{aligned} R_{ijk}^\ell\partial_\ell &= Rm(\partial_i,\partial_j)\partial_k = D_iD_j\partial_k - D_jD_i\partial_k \\ &= \left(\partial_i\Gamma_{jk}^\ell - \partial_j\Gamma_{ik}^\ell + \Gamma_{ih}^\ell\Gamma_{jk}^h - \Gamma_{jh}^\ell\Gamma_{ik}^h\right)\partial_\ell\,. \end{aligned}$$

Bemerkung. In der Literatur wird weder das Vorzeichen des Krümmungstensors noch die Bezeichnung der Koeffizienten einheitlich gehandhabt.

(c) Eine Lorentz– oder Riemann–Mannigfaltigkeit mit verschwindendem Krümmungstensor wird **flach** genannt.

Nach (a) besitzt eine Riemann–Mannigfaltigkeit M genau dann um jeden Punkt $p \in M$ ein euklidisches Koordinatensystem (V, y),

$$g_{ij} = \delta_{ij} \text{ in } V,$$

wenn sie flach ist.

Ein **Minkowski–Koordinatensystem** (V, y) für eine Lorentz–Mannigfaltigkeit M ist gekennzeichnet durch $g_{ij} = \eta_{ij}$ mit $\eta_{nn} = -1$, $\eta_{ij} = \delta_{ij}$ für $i + j < 2n$. In völliger Analogie zur Argumentation in (a) ergibt sich

Satz. *Eine Lorentz-Mannigfaltigkeit M besitzt um jeden Punkt $p \in M$ ein Minkowski-Koordinatensystem (V, y) genau dann, wenn sie flach ist.*

Bemerkung. Jeder Minkowski–Raum, gemäß 2.3 (b) als Lorentz–Mannigfaltigkeit aufgefasst, ist flach. Eine flache Lorentz–Mannigfaltigkeit muss aber nicht Teilmenge eines Minkowski–Raums sein; z.B. kann der flache zwei–dimensionale Minkowski–Raum im Beispiel 2.3 (e) zu einem Zylinder zusammengerollt werden.

(d) **Identitäten des Krümmungstensors**

(1) $Rm(Y,X)Z = -\,Rm(X,Y)Z$
(*Schiefsymmetrie in den ersten beiden Argumenten*),

(2) $Rm(X,Y)Z + Rm(Y,Z)X + Rm(Z,X)Y = 0$
(*erste Bianchi–Identität*),

(3) $\langle Rm(X,Y)Z,W\rangle = -\langle Rm(X,Y)W,Z\rangle$
(*Schiefsymmetrie in den letzten beiden Argumenten*),

(4) $\langle Rm(X,Y)Z,W\rangle = \langle Rm(Z,W)X,Y\rangle$
(*blockweise Symmetrie*),

(5) $(D_X\widetilde{Rm})(\omega,Y,Z,W) + (D_Y\widetilde{Rm})(\omega,Z,X,W) + (D_Z\widetilde{Rm})(\omega,X,Y,W) = 0$
(*zweite Bianchi–Identität*).

In der Koordinatendarstellung schreiben sich diese Identitäten mit der Abkürzung $R_{ijkh} := g_{h\ell}R^{\ell}_{ijk}$ [ÜA]:

(1′) $R^{\ell}_{ijk} = -R^{\ell}_{jik}$,

(2′) $R^{\ell}_{ijk} + R^{\ell}_{jki} + R^{\ell}_{kij} = 0$,

(3′) $R_{ijkh} = -R_{ijhk}$,

(4′) $R_{ijkh} = R_{khij}$,

(5′) $\nabla_i R^{\ell}_{jkh} + \nabla_j R^{\ell}_{kih} + \nabla_k R^{\ell}_{ijh} = 0$.

BEWEIS.

(1) folgt aus der Definition und der Schiefsymmetrie der Lie–Klammer.

(2) Aus der Symmetrie der kovarianten Ableitung 3.1 (b) (5) und der Jacobi-Identität für die Lie–Klammer § 8 : 3.2 (a) ergibt sich

$$\begin{aligned}
&Rm(X,Y)Z + Rm(Y,Z)X + Rm(Z,X)Y \\
&= D_X(D_YZ - D_ZY) + D_Y(D_ZX - D_XZ) + D_Z(D_XY - D_YX) \\
&\quad - D_{[X,Y]}Z - D_{[Y,Z]}X - D_{[Z,X]}Y \\
&= D_X[Y,Z] + D_Y[X,Z] + D_Z[X,Y] - D_{[X,Y]}Z - D_{[Y,Z]}X - D_{[Z,X]}Y \\
&= [X,[Y,Z]] + [Y,[X,Z]] + [Z,[X,Y]] = 0\,.
\end{aligned}$$

(3) Wir zeigen $\langle Rm(X,Y)Z,Z\rangle = 0$; die Behauptung folgt dann durch Ersetzen von Z durch $Z+W$. Aus der Skalarproduktregel 3.1 (b) (4) ergibt sich

$$D_X\langle D_YZ,Z\rangle = \langle D_XD_YZ,Z\rangle + \langle D_YZ,D_XZ\rangle\,,$$

daraus durch Rollentausch und mit der Skalarproduktregel

$$\begin{aligned}
\langle D_XD_YZ - D_YD_XZ, Z\rangle &= D_X\langle D_YZ,Z\rangle - D_Y\langle D_XZ,Z\rangle \\
&= \tfrac{1}{2}D_XD_Y\langle Z,Z\rangle - \tfrac{1}{2}D_YD_X\langle Z,Z\rangle = \tfrac{1}{2}[X,Y]\langle Z,Z\rangle = \big\langle D_{[X,Y]}Z,Z\big\rangle\,,
\end{aligned}$$

was $\langle Rm(X,Y)Z,Z\rangle = 0$ bedeutet.

(4) Aus (2) folgt

$$\begin{aligned}
\langle Rm(X,Y)Z,W\rangle + \langle Rm(Y,Z)X,W\rangle + \langle Rm(Z,X)Y,W\rangle &= 0\,,\\
\langle Rm(W,Y)Z,X\rangle + \langle Rm(Y,Z)W,X\rangle + \langle Rm(Z,W)Y,X\rangle &= 0\,,\\
\langle Rm(X,W)Z,Y\rangle + \langle Rm(W,Z)X,Y\rangle + \langle Rm(Z,X)W,Y\rangle &= 0\,,\\
-\langle Rm(X,Y)W,Z\rangle - \langle Rm(Y,W)X,Z\rangle - \langle Rm(W,X)Y,Z\rangle &= 0\,.
\end{aligned}$$

Addition dieser Gleichungen liefert zusammen mit (1) und (3)

$$2\langle Rm(X,Y)Z,W\rangle - 2\langle Rm(Z,W)X,Y\rangle = 0\,.$$

(5) Zum Nachweis verwenden wir im Vorgriff auf 4.2 (c), dass wir um jeden Punkt $p \in M$ eine Karte mit $\Gamma^k_{ij}(p) = 0$ wählen können. Im Punkt p gilt dann (wir unterdrücken im Folgenden das Argument p):

$$R^\ell_{jkh} = \partial_j\Gamma^\ell_{kh} - \partial_k\Gamma^\ell_{jh}\,,$$

und nach 3.2 (c) (7)

$$\nabla_i R^\ell_{jkh} = \partial_i R^\ell_{jkh} = \partial_i\partial_j\Gamma^\ell_{kh} - \partial_i\partial_k\Gamma^\ell_{jh}\,.$$

Hieraus folgt

$$\begin{aligned}
&\nabla_i R^\ell_{jkh} + \nabla_j R^\ell_{kih} + \nabla_k R^\ell_{ijh}\\
&\quad = \partial_i\partial_j\Gamma^\ell_{kh} - \partial_i\partial_k\Gamma^\ell_{jh} + \partial_j\partial_k\Gamma^\ell_{ih} - \partial_j\partial_i\Gamma^\ell_{kh} + \partial_k\partial_i\Gamma^\ell_{jh} - \partial_k\partial_j\Gamma^\ell_{ih} = 0\,.
\end{aligned}$$

Die für Normalkoordinaten abgeleitete Identität $\nabla_i R^\ell_{jkh}|_p = 0$ besteht dann auf Grund der Tensoreigenschaft in jedem Koordinatensystem und stellt die Koordinatenform der zweiten Bianchi–Identität dar. □

3.5 Ricci–Tensor und Skalarkrümmung

(a) Durch Kontraktion (§ 8 : 4.3) entstehen aus dem Krümmungstensor weitere Krümmungsgrößen, der **Ricci–Tensor** $Rc \in \mathcal{T}^0_2 M$, definiert durch

$$Rc(X,Y) = (C^1_1\widetilde{Rm})(X,Y) \;\text{ für }\; X,Y \in \mathcal{V}M\,,$$

und die **Skalarkrümmung** (der **Krümmungsskalar**) $R \in \mathcal{F}M$ mit

$$R = C(Rc)$$

(vgl. 2.3).

Satz. *Der Ricci–Tensor ist eine symmetrische 2–Form,*

$$Rc(X,Y) = Rc(Y,X) \;\textit{ für }\; X,Y \in \mathcal{V}M,$$

und es gilt

$$\operatorname{div}\big(Rc - \tfrac{1}{2}R\,\mathbf{g}\big) = 0\,.$$

Der **Einstein–Tensor** $G := Rc - \frac{1}{2}R\,\mathbf{g}$, also die symmetrische 2–Form

$$G(X,Y) := Rc(X,Y) - \tfrac{1}{2}R\,\langle X,Y\rangle \quad \text{für } X,Y \in \mathcal{V}M,$$

ist somit divergenzfrei. Dieser Tensor spielt in der Allgemeinen Relativitätstheorie eine prominente Rolle.

BEWEIS.

Für jedes Vektorfeld $Z = \zeta^h\partial_h$ *gilt* $dx^k(Z) = g^{k\ell}\langle Z,\partial_\ell\rangle$. *Denn*

$$dx^k(Z) = dx^k(\zeta^h\partial_h) = \zeta^h\,dx^k(\partial_h) = \zeta^h\delta^k_h = \zeta^k,$$
$$g^{k\ell}\langle Z,\partial_\ell\rangle = g^{k\ell}\big\langle\zeta^h\partial_h,\partial_\ell\big\rangle = \zeta^h g^{k\ell}g_{h\ell} = \zeta^h\delta^k_h = \zeta^k .$$

(ii) *Symmetrie des Ricci–Tensors.* Nach (i) gilt

$$\begin{aligned} Rc(X,Y) &= (C^1_1\widetilde{Rm})(X,Y) = \widetilde{Rm}(dx^k,\partial_k,X,Y) \\ &= dx^k(Rm(\partial_k,X)Y) = g^{k\ell}\langle Rm(\partial_k,X)Y,\partial_\ell\rangle . \end{aligned}$$

Hieraus folgt mit Hilfe der Eigenschaften (4), (1), (3) von Rm

$$\begin{aligned} Rc(X,Y) &= g^{k\ell}\langle Rm(\partial_k,X)Y,\partial_\ell\rangle \overset{(4)}{=} g^{k\ell}\langle Rm(Y,\partial_\ell)\partial_k,X\rangle \\ &\overset{(1),(3)}{=} g^{k\ell}\langle Rm(\partial_\ell,Y)X,\partial_k\rangle = g^{k\ell}\langle Rm(\partial_k,Y)X,\partial_\ell\rangle \\ &= Rc(Y,X) . \end{aligned}$$

(iii) *Die Divergenzfreiheit des Einstein–Tensors* folgt aus der zweiten Bianchi–Identität (5′)

$$\nabla_i R^\ell_{jkh} + \nabla_j R^\ell_{kih} + \nabla_k R^\ell_{ijh} = 0$$

durch zweifache Kontraktion unter Verwendung des Ricci–Lemmas 3.2 (e):

$$\begin{aligned} 0 &= g^{hk}\big(\nabla_i R^i_{jkh} + \nabla_j R^i_{kih} + \nabla_k R^i_{ijh}\big) = g^{hk}\big(\nabla_i R^i_{jkh} - \nabla_j R^i_{ikh} + \nabla_k R^i_{ijh}\big) \\ &= \nabla_i\big(g^{hk}R^i_{jkh}\big) - \nabla_j\big(g^{hk}R_{kh}\big) + \nabla_k\big(g^{hk}R_{jh}\big) \\ &= \nabla_i\big(g^{hk}g^{i\ell}R_{jkh\ell}\big) - \nabla_j R + \nabla_k\big(g^{hk}R_{jh}\big) \\ &= \nabla_i\big(g^{hk}g^{i\ell}R_{kj\ell h}\big) - \nabla_j R + \nabla_k R^k_j = \nabla_i\big(g^{i\ell}R^k_{kj\ell}\big) - \nabla_j R + \nabla_k R^k_j \\ &= \nabla_i\big(g^{i\ell}R_{j\ell}\big) - \nabla_j R + \nabla_k R^k_j = \nabla_i R^i_j - \nabla_j R + \nabla_k R^k_j \\ &= 2\nabla_i R^i_j - \nabla_j R = \nabla_i(2R^i_j - R\delta^i_j) = 2\nabla_i G^i_j . \end{aligned}$$

□

Wir bestimmen die Koordinatendarstellungen dieser Krümmungsgrößen.

Der Ricci–Tensor besitzt die Koordinatendarstellung $Rc = R_{ij}\,dx^i \otimes dx^j$ mit

$$R_{ij} = R^k_{kij} = \partial_k \Gamma^k_{ij} - \partial_i \Gamma^k_{kj} + \Gamma^k_{kh}\Gamma^h_{ij} - \Gamma^k_{ih}\Gamma^h_{kj}\,,$$

denn es gilt nach § 8 : 4.3 und nach (b)

$$Rc(X,Y) = (C^1_1 \widetilde{Rm})(X,Y) = \widetilde{Rm}(dx^k, \partial_k, X, Y)\,,$$

$$R_{ij} = Rc(\partial_i, \partial_j) = \widetilde{Rm}(dx^k, \partial_k, \partial_i, \partial_j) = \widetilde{R}^k_{kij} = R^k_{kij}\,.$$

Die Skalarkrümmung hat die Darstellung

$$R = R^i_i = g^{ij} R_{ij} \quad \text{mit} \quad R^k_i = g^{jk} R_{ij}\,,$$

denn der zu Rc metrisch äquivalente $(1,1)$–Tensor $Rc^\sharp$ besitzt nach 2.3 (c) die Koeffizienten $R^k_i = g^{jk} R_{ij}$ und hat die Spur $R = C^1_1(Rc^\sharp) = R^i_i$.

Der Einstein–Tensor G hat die Koeffizienten

$$G_{ij} = R_{ij} - \tfrac{1}{2} R\, g_{ij}\,,$$

die Koeffizienten des metrisch äquivalenten $(1,1)$–Tensors $G^\sharp$ lauten daher

$$G^k_i = R^k_i - \tfrac{1}{2} R\, \delta^k_i\,,$$

und $\operatorname{div} G = 0$ hat nach 3.3 (b) die Koeffizientendarstellungen

$$\nabla^j G_{ij} = 0 \quad \text{oder} \quad \nabla_j G^{ij} = 0\,.$$

(b) Aufgabe. Zeigen Sie

$$\begin{aligned} R_{ijk\ell} = g_{\ell h} R^h_{ijk} &= \tfrac{1}{2}\big(\partial_i\partial_k g_{j\ell} + \partial_j\partial_\ell g_{ik} - \partial_j\partial_k g_{i\ell} - \partial_i\partial_\ell g_{jk}\big) \\ &\quad + g_{ab}\big(\Gamma^a_{ik}\Gamma^b_{j\ell} - \Gamma^a_{jk}\Gamma^b_{i\ell}\big). \end{aligned}$$

Verwenden Sie hierbei die aus dem Ricci–Lemma 3.2 (e) und aus 3.2 (c) (6) folgende Beziehung

$$0 = \nabla_i g^{ab} = \partial_i g^{ab} + \Gamma^a_{ic} g^{cb} + \Gamma^b_{ic} g^{ac}\,.$$

Hieraus ergibt sich

$$\begin{aligned} R_{ij} = R^k_{kij} = g^{k\ell} R_{kij\ell} &= \tfrac{1}{2}\, g^{k\ell}\big(\partial_i\partial_k g_{j\ell} + \partial_j\partial_\ell g_{ik} - \partial_i\partial_j g_{k\ell} - \partial_k\partial_\ell g_{ij}\big) \\ &\quad + g_{ab} g^{k\ell}\big(\Gamma^a_{ik}\Gamma^b_{j\ell} - \Gamma^a_{ij}\Gamma^b_{k\ell}\big). \end{aligned}$$

3.6 Vom Schmiegkreis zum Krümmungstensor

EULER führte 1767 die zweite Fundamentalform von Flächen mit Hilfe von Normalschnitten ein.

GAUSS zeigte 1827 in seiner Flächentheorie, dass die nach ihm benannte Flächenkrümmung eine Größe der inneren Geometrie einer Fläche ist, d.h. dass diese aus Abstands–, Winkel– und Flächeninhaltsmessungen innerhalb der Fläche bestimmt werden kann (Theorema egregium, § 7 : 4.2 (b)). Von dem mittels Schmiegkreis festgelegten Krümmungsbegriff für Kurven im $\mathbb{R}^3$ führt dabei ein direkter Weg zur Gaußschen Krümmung über Normalschnitte und die zweite Fundamentalform (§ 7 : 3.2).

RIEMANN gab dem Konzept der inneren Geometrie eine rigorose Form, indem er eine Geometrie auf abstrakten Mannigfaltigkeiten entwarf („*Über die Hypothesen, welche der Geometrie zu Grunde liegen*“, Habilitationsvortrag Göttingen 1854 [70]). Er führte den Krümmungstensor ein und zeigte, dass die aus diesem abgeleitete *Schnittkrümmung* einen zur Gaußschen Krümmung analogen Ausdruck liefert (*Preisschrift für die Pariser Akademie der Wissenschaften* 1861, erschienen erst 1876). Nach der posthumen Veröffentlichung des Habilitationsvortrages 1868 wurden RIEMANNs Ideen in einer stürmischen Entwicklung von BELTRAMI, CHRISTOFFEL, LIPSCHITZ, SCHERING, RICCI, BIANCHI, LEVI–CIVITA und anderen aufgenommen und zur *Riemannschen Geometrie* ausgebaut.

EINSTEIN benötigte für die Formulierung seiner Idee, Gravitation als geometrische Eigenschaft von Raum und Zeit zu beschreiben, eine Geometrie auf einer vierdimensionalen Mannigfaltigkeit, die punktweise durch Minkowski–Räume als Träger der Speziellen Relativitätstheorie approximiert wird. Er fand mit Hilfe des Mathematikers GROSSMANN den hierfür benötigten Kalkül in der Riemannschen Geometrie angelegt. Die Ersetzung der positiv definiten Riemannschen Metrik durch das indefinite Minkowski–Skalarprodukt bereitete keine Schwierigkeiten; damit waren die Grundkonzepte der *Lorentz–Geometrie* geschaffen (1913).
Für die geschichtliche Entwicklung verweisen wir auf GERICKE [72], REICH [73], RIEMANN [70], PAIS [126].

3.7 Beweis des Riemannschen Satzes in 3.4 (a)

Zum Nachweis, dass die Gleichung $(*)$ notwendig für die Existenz eines euklidischen Koordinatensystems ist, fixieren wir einen Punkt $p \in M$ und betrachten zwei Koordinatensysteme um p,

$$(U,x) \text{ mit Koeffizienten } g_{ij},\ \Gamma^k_{ij} = \tfrac{1}{2}\, g^{k\ell}\,(-\partial_\ell g_{ij} + \partial_i g_{\ell j} + \partial_j g_{i\ell}),$$

$$(V,y) \text{ mit Koeffizienten } \overline{g}_{ab},\ \overline{\Gamma}^c_{ab} = \tfrac{1}{2}\, \overline{g}^{cd}\,(-\partial_d \overline{g}_{ab} + \partial_a \overline{g}_{db} + \partial_b \overline{g}_{ad}).$$

Aus den Transformationsregeln $(*)$ und $(**)$ in 3.1 (c) folgt

$$\Gamma_{ij}^k \frac{\partial y^c}{\partial x^k} = \overline{\Gamma}_{ab}^c \frac{\partial y^a}{\partial x^i} \frac{\partial y^b}{\partial x^j} + \frac{\partial^2 y^c}{\partial x^i \, \partial x^j}.$$

Ist (V, y) euklidisch, d.h. gilt $\overline{g}_{ab} = \delta_{ab} = \text{const}$ und damit auch $\overline{\Gamma}_{ab}^c = 0$ auf V, so folgt

$$\frac{\partial^2 y^c}{\partial x^i \, \partial x^j} = \Gamma_{ij}^k \frac{\partial y^c}{\partial x^k} \quad \text{auf } U.$$

Für die Koeffizienten $\phi_j^c := \partial y^c / \partial x^j$ der Jacobi–Matrix der Koordinatentransformation $\phi = y \circ x^{-1}$ gilt also

$$\partial_i \phi_j^c = \Gamma_{ij}^k \phi_k^c .$$

Durch Identifizierung von $U \subset M$ mit $x(U) \subset \mathbb{R}^n$ dürfen wir diese als Gleichungen im $\mathbb{R}^n$ auffassen, vgl. § 8 : 1.5. Durch Ableiten nach x^j folgt

$$\begin{aligned} \partial_j \partial_i \phi_k^c &= \partial_j \big(\Gamma_{ik}^\ell \phi_\ell^c \big) = \partial_j \Gamma_{ik}^\ell \phi_\ell^c + \Gamma_{ik}^\ell \partial_j \phi_\ell^c \\ &= \partial_j \Gamma_{ik}^\ell \phi_\ell^c + \Gamma_{ik}^\ell \Gamma_{j\ell}^h \phi_h^c = \big(\partial_j \Gamma_{ik}^\ell + \Gamma_{ik}^h \Gamma_{jh}^\ell \big) \phi_\ell^c . \end{aligned}$$

Hieraus ergibt sich

$$0 = \partial_i \partial_j \phi_k^c - \partial_j \partial_i \phi_k^c = \big(\partial_i \Gamma_{jk}^\ell - \partial_j \Gamma_{ik}^\ell + \Gamma_{ih}^\ell \Gamma_{jk}^h - \Gamma_{jh}^\ell \Gamma_{ik}^h \big) \phi_\ell^c = R_{ijk}^\ell \phi_\ell^c .$$

Da die Jacobi–Matrix (ϕ_ℓ^c) invertierbar ist, folgt als notwendige Bedingung für die Existenz von euklidischen Koordinatensystemen um jeden Punkt $p \in M$ das Verschwinden der Ausdrücke R_{ijk}^ℓ für jedes Koordinatensystem (U, x) von M, d.h. die Integrabilitätsbedingung $(*)$.

Der Beweis der Umkehrung erfolgt in folgenden Schritten:

– Wahl eines Koordinatensystems (U_0, x) um $p \in M$ mit $g_{ij}(p) = \delta_{ij}$ und $x(p) = 0$.

– Lösung der Anfangswertprobleme

$$\partial_i \phi_j^c = \Gamma_{ij}^k \phi_k^c , \quad \phi_k^c(0) = \delta_k^c \quad (c = 1, \ldots n).$$

Die Existenz einer eindeutig bestimmten Lösung $(\phi_1^c, \ldots, \phi_n^c)$ in einer Umgebung $U \subset U_0 \subset \mathbb{R}^n$ von 0 ergibt sich nach Bd. 2, § 7 : 4.

– Bestimmung einer Stammfunktion φ^c für das Vektorfeld $(\phi_1^c, \ldots, \phi_n^c)$. Die hierfür benötigte Integrabilitätsbedingung $\partial_i \phi_j^c = \partial_j \phi_i^c$ folgt aus $\Gamma_{ij}^k = \Gamma_{ji}^k$ und der eindeutigen Lösbarkeit der Anfangswertproblems.

– Einführung des Koordinatensystems (V, y) mit $V = \varphi(U)$, $y = \varphi \circ x$ und $\varphi = (\varphi^1, \ldots, \varphi^n)$. Wegen $\partial \varphi^c / \partial x^k(0) = \phi_k^c(0) = \delta_k^c$ ist φ bei geeigneter Verkleinerung von U ein Diffeomorphismus.

– Nachweis der Gleichungen $\overline{\Gamma}_{ab}^c = 0$, $\partial_c \overline{g}_{ab} = 0$ für die zu (V, y) gehörigen Koeffizienten, woraus mit $\overline{g}_{ab}(p) = \delta_{ab}$ dann $\overline{g}_{ab} = \delta_{ab}$ folgt.

4 Parallelverschiebung von Vektorfeldern und Geodätische

4.1 Parallelverschiebung von Vektorfeldern

(a) Wir wenden uns nun dem zu Beginn von Abschnitt 3.1 skizzierten Programm zu, durch Paralleltransport einen isometrischen Zusammenhang zwischen Tangentialräumen herzustellen.

Sei M eine Lorentz- oder Riemann-Mannigfaltigkeit und $\alpha : I \to M$ eine Kurve in M. Unter einem **Vektorfeld längs α** verstehen wir eine Abbildung

$$X : t \mapsto X(t) \text{ mit } X(t) \in T_{\alpha(t)}M \quad \text{für } t \in I$$

und der Eigenschaft, dass für jede Funktion $h \in \mathcal{F}M$ auch die Funktion

$$t \mapsto X(t)h$$

C^∞-differenzierbar auf I ist. Die Gesamtheit aller Vektorfelder längs α bezeichnen wir mit $\mathcal{V}\alpha$. Für $f, g \in \mathcal{F}I = C^\infty(I)$ und $X, Y \in \mathcal{V}\alpha$ gehört auch

$$fX + gY : t \mapsto f(t)X(t) + g(t)Y(t).$$

zu $\mathcal{V}\alpha$.

BEISPIELE.

(i) Das Tangentenvektorfeld $t \mapsto \dot\alpha(t) \in T_{\alpha(t)}M$ ist ein Vektorfeld längs α.

(ii) Für jedes Vektorfeld $Y \in \mathcal{V}M$ ist $Y_\alpha : t \mapsto Y_{\alpha(t)}$ ein Vektorfeld längs α.

SATZ. *Für jede Kurve $\alpha : I \to M$ gibt es genau einen Differentialoperator*

$$\frac{D}{dt} : \mathcal{V}\alpha \to \mathcal{V}\alpha, \quad X \mapsto \dot X = \frac{DX}{dt}$$

mit folgenden Eigenschaften:

(1) $(aX + bY)^{\boldsymbol\cdot} = a\dot X + b\dot Y$ für $X, Y \in \mathcal{V}\alpha$, $a, b \in \mathbb{R}$ (*Linearität*),

(2) $(fX)^{\boldsymbol\cdot} = \dot f X + f\dot X$ *für* $f \in \mathcal{F}I$, $X \in \mathcal{V}\alpha$ (*Produktregel*),

(3) $(Y_\alpha)^{\boldsymbol\cdot}(t) = D_{\dot\alpha(t)}Y$ für $Y \in \mathcal{V}M$, $t \in I$
(*Verträglichkeit mit der kovarianten Ableitung auf* M).

Des Weiteren gilt die **Skalarproduktregel**

(4) $\langle X, Y\rangle^{\boldsymbol\cdot} = \langle \dot X, Y\rangle + \langle X, \dot Y\rangle$ für $X, Y \in \mathcal{V}\alpha$.

Der Operator $^{\boldsymbol\cdot} = D/dt$ wird die **kovariante Ableitung längs α** genannt (LEVI-CIVITA, HESSENBERG 1917, SCHOUTEN 1918).

Ein Vektorfeld $X \in \mathcal{V}\alpha$ heisst **parallel** oder **parallel verschoben längs α**, wenn $\dot X = 0$. Für parallele Vektorfelder X, Y längs α ist das Skalarprodukt $\langle X, Y\rangle$ nach der Skalarproduktregel konstant.

Wir verwenden den Punkt $^\cdot$ also in drei Bedeutungen: Für Vektorfelder $X \in \mathcal{V}\alpha$ liefert seine Anwendung die kovariante Ableitung $\dot{X} = DX/dt$, für Kurven α ist $\dot{\alpha}$ das Tangentenvektorfeld, und für Funktionen $t \mapsto f(t)$ verstehen wir unter $\dot{f}$ wie bisher die gewöhnliche Ableitung df/dt; insbesondere gilt Letzteres für die Koordinatenfunktionen $t \mapsto \xi^i(t)$ von Vektorfeldern längs α.

Für die kovariante Ableitung des Tangentenvektorfeldes $\dot{\gamma} \in \mathcal{V}\gamma$ einer Kurve γ können wir sowohl $D\dot{\gamma}/dt$ als auch $\ddot{\gamma}$ schreiben. Hierbei werden die beiden Punkte also in zwei Bedeutungen verwendet.

BEWEIS.

(i) *Eindeutigkeit von D/dt.* Es sei D/dt ein Operator mit den Eigenschaften (1), (2), (3). Bezüglich jeder ein Stück von α überdeckenden Karte (U, x) ergibt sich dann mit $x^i(t) := x^i(\alpha(t))$ und den Basisdarstellungen

$$\dot{\alpha}(t) = \dot{x}^i(t)\,\partial_i|_{\alpha(t)}\,, \quad X(t) = \xi^j(t)\,\partial_j|_{\alpha(t)}$$

(vgl. § 8 : 2.2) unter Weglassung des Arguments t

$$(*) \quad \dot{X} = \left(\dot{\xi}^k + \Gamma^k_{ij}(\alpha)\,\dot{x}^i\xi^j\right)\partial_k|_\alpha\,,$$

denn es gilt aufgrund von (1), (2), (3) und von 3.1 (b) (1), 3.1 (c)

$$\begin{aligned}\dot{X} &= (\xi^j\,\partial_j|_\alpha)^\cdot \overset{(1),(2)}{=} \dot{\xi}^j\,\partial_j|_\alpha + \xi^j\,(\partial_j|_\alpha)^\cdot \overset{(3)}{=} \dot{\xi}^j\,\partial_j|_\alpha + \xi^j D_{\dot{\alpha}}\partial_j \\ &= \dot{\xi}^j\,\partial_j|_\alpha + \xi^j D_{\dot{x}^i\partial_i|_\alpha}\partial_j|_\alpha = \dot{\xi}^j\,\partial_j|_\alpha + \xi^j\,\dot{x}^i D_{\partial_i|_\alpha}\partial_j|_\alpha \\ &= \dot{\xi}^j\,\partial_j|_\alpha + \xi^j\,\dot{x}^i\,\Gamma^k_{ij}(\alpha)\,\partial_k|_\alpha = \left(\dot{\xi}^k + \Gamma^k_{ij}(\alpha)\,\dot{x}^i\xi^j\right)\partial_k|_\alpha\,.\end{aligned}$$

Somit ist $\dot{X}$ durch (1), (2), (3) eindeutig bestimmt.

(ii) *Existenz von D/dt.* Auf jedem Teilintervall $J \subset I$, für welches $\alpha(J)$ durch ein Koordinatensystem überdeckt wird, definieren wir $\dot{X}$ durch $(*)$ und verifizieren, dass die Rechenregeln (1), (2), (3) erfüllt sind [ÜA]. Wegen der Eindeutigkeit von D/dt liefern die lokalen Stücke ein Vektorfeld $\dot{X} \in \mathcal{V}\alpha$.

(iii) Die Skalarproduktregel (4) ergibt sich aus $(*)$ und $\partial_k g_{ij} = \Gamma_{kij} + \Gamma_{kji}$ nach 3.1 (4′) [ÜA]. □

(b) **Existenz– und Eindeutigkeit von parallelen Vektorfeldern.** *Für eine Kurve $\alpha : I \to M$ gibt es zu $t_0 \in I$ und $u_0 \in T_{\alpha(t_0)}M$ genau ein längs α paralleles Vektorfeld X mit $X(t_0) = u_0$.*

Der BEWEIS verläuft wörtlich wie der für Kurven auf Flächen in § 7 : 6.1 (c): Überdeckung jedes kompakten Kurventeils $\alpha([a, b])$ von α durch endlich viele Koordinatensysteme und Lösung eines Anfangswertproblems für das lineare Differentialgleichungssystem

$$\dot{\xi}^k + \Gamma^k_{ij}(\alpha)\,\dot{x}^i\xi^j = 0 \quad (k = 1, \ldots, n)$$

in jeder dieser Koordinatenumgebungen.

Hiermit können wir nun zwischen zwei Tangentialräumen T_pM und T_qM längs eines Kurvenstücks $\alpha : [0,1] \to M$ mit $\alpha(0) = p$, $\alpha(1) = q$ eine Isometrie $P_\alpha : T_pM \to T_qM$ herstellen:
Der **Levi–Civita–Zusammenhang** oder **Paralleltransport** längs α ist erklärt durch

$$u \mapsto P_\alpha u := X(1), \quad X \text{ das längs } \alpha \text{ parallele Vektorfeld mit } X(0) = u\,.$$

Diese Abbildung liefert eine lineare Isometrie zwischen den Tangentialräumen T_pM und T_qM [ÜA]; es gilt also

$$\langle P_\alpha u, P_\alpha v\rangle_q = \langle u, v\rangle_p \quad \text{für } u, v \in T_pM\,.$$

Der Paralleltransport lässt sich durch $P_\alpha := P_{\alpha_N} \circ \cdots \circ P_{\alpha_1}$ auf stückweis glatte Kurvenstücke $\alpha = \alpha_1 + \ldots + \alpha_N$ fortsetzen.

(c) **Beziehung zwischen Paralleltransport und kovarianter Ableitung.** *Es gilt*

$$D_uY = \lim_{t\to 0} \frac{1}{t}\left(\|_t Y_{\alpha(t)} - Y_p\right) \quad \textit{für } u \in T_pM,\ Y \in \mathcal{V}M\,.$$

Hierbei ist $\alpha :]-\varepsilon, \varepsilon[\to M$ *eine Kurve mit* $\alpha(0) = p$, $\dot\alpha(0) = u$, *und* $\|_t$ *ist der Paralleltransport* $T_{\alpha(t)}M \to T_pM$ *längs der Einschränkung von* α *auf* $[0, t]$.

Wir erwähnen an dieser Stelle ohne Beweis noch eine Relation zwischen Paralleltransport und Krümmungstensor,

$$\lim_{\varepsilon\to 0} \frac{1}{\varepsilon^2}\left(w - P_{\alpha_\varepsilon} w\right) = Rm_p(u,v)\,w$$

für $p \in M$, $u, v, w \in T_pM$. Dabei ist $\alpha_\varepsilon\,[0,1] \to M$ mit $\alpha_\varepsilon(0) = \alpha_\varepsilon(1) = p$, $\dot\alpha_\varepsilon(0) = \varepsilon u$, $\dot\alpha_\varepsilon(1) = -\varepsilon v$ eine Schar von Viereckkurven, die sich für $\varepsilon \to 0$ auf den Punkt p zusammenziehen.

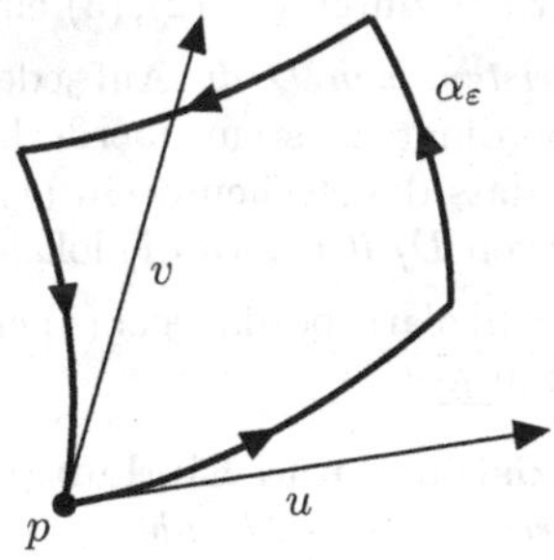

Für den Beweis siehe LAUGWITZ [47] III.10.2, KRIELE [76] Thm. 2.8.1.

Hiernach muss in Bereichen nichtverschwindender Krümmung mit der Wegabhängigkeit des Paralleltransports längs geschlossener Kurven gerechnet werden. Dagegen liegt im flachen Minkowski–Raum $M = V$ nach 2.3 (c) ein wegunabhängiger *Fernparallelismus* zwischen Tangentialräumen T_pM, T_qM von beliebigen Punkten $p, q \in M$ vor. Dieser ist durch den natürlichen Isomorphismus $v_p \mapsto v_q$, vgl. 2.3 (b) gegeben.

Beweis.

Für jedes t sei $X_t \in \mathcal{V}\alpha$ das parallele Vektorfeld mit $X_t(t) = Y_{\alpha(t)}$. Nach Definition ist dann $\|_t Y_{\alpha(t)} = X_t(0)$. Wir wählen eine Karte um p und diesbezüglich die lokalen Basisdarstellungen

$$\dot{\alpha}(t) = \dot{x}^i(t)\,\partial_i|_{\alpha(t)}\,, \quad X_s(t) = \xi_s^j(t)\,\partial_j|_{\alpha(t)}\,, \quad Y = \eta^k\partial_k\,.$$

Für die Koeffizienten gilt dann nach (a) (∗)

$$(1) \qquad \xi_t^j(t) = \eta^j(\alpha(t))\,,$$

$$(2) \qquad \dot{\xi}_s^k(t) + \Gamma_{ij}^k(\alpha(t))\,\dot{x}^i(t)\,\xi_s^j(t) = 0\,.$$

Die Theorie gewöhnlicher Differentialgleichungen (Bd. 2, § 2 : 7.4) liefert für die Lösungen $\xi_s^j(t)$ des Anfangswertproblems (1),(2) die Stetigkeit in beiden Variablen s und t,

$$(3) \qquad \lim_{(s,t)\to(0,0)} \xi_s^k(t) = \xi_0^k(0) = \eta^k(\alpha(0)) = \eta^k(p)\,.$$

Nach dem Mittelwertsatz gibt es für $t \neq 0$ und $k = 1, \ldots, n$ Zahlen t_k zwischen 0 und t mit

$$\frac{1}{t}\left(\xi_t^k(t) - \xi_t^k(0)\right) = \dot{\xi}_t^k(t_k)\,.$$

Mit (3), (2) und der Basisdarstellung von $\dot{\alpha}(t)$ folgt für $t \to 0$

$$\frac{1}{t}\left(\xi_t^k(0) - \xi_t^k(t)\right) = -\dot{\xi}_t^k(t_k) = \Gamma_{ij}^k(\alpha(t_k))\,\dot{x}^i(t_k)\,\xi_t^j(t_k) \to \Gamma_{ij}^k(p)\,\dot{x}^i(0)\,\eta^j(p),$$

$$\frac{1}{t}\left(\eta^k(\alpha(t)) - \eta^k(p)\right) \to \partial_i\eta^k(\alpha(0))\,\dot{x}^i(0) = \partial_i\eta^k(p)\,\dot{x}^i(0),$$

also mit (1) und 3.1 (c), (1′ − 3′)

$$\begin{aligned}
\frac{1}{t}\left(\|_t Y_{\alpha(t)} - Y_p\right) &= \frac{1}{t}\left(X_t(0) - Y_p\right) = \frac{1}{t}\left(\xi_t^k(0) - \eta^k(p)\right)\partial_k|_p \\
&= \left[\frac{1}{t}\left(\xi_t^k(0) - \xi_t^k(t)\right) + \frac{1}{t}\left(\eta^k(\alpha(t)) - \eta^k(p)\right)\right]\partial_k|_p \\
&\to \dot{x}^i(0)\left(\Gamma_{ij}^k(p)\,\eta^j(p) + \partial_i\eta^k(p)\right)\partial_k|_p = D_u Y. \qquad \square
\end{aligned}$$

4.2 Geodätische, Exponentialabbildung und Normalkoordinaten

(a) Unter einer **Geodätischen** in einer Lorentz– oder Riemann–Mannigfaltigkeit M verstehen wir eine Kurve $\gamma : I \to M$ mit parallelem Tangentenvektorfeld,

$$\ddot{\gamma} = \frac{D\dot{\gamma}}{dt} = 0\,.$$

Durch die Gleichung $\ddot{\gamma} = 0$ soll in suggestiver Weise ausgedrückt werden, dass Geodätische die „geradesten" Kurven dieser Geometrie sind. Die Notation $\ddot{\gamma}$ wurde in 4.1 (a) eingeführt.

Das Skalarprodukt $\langle \dot{\gamma}, \dot{\gamma} \rangle$ ist für eine Geodätische konstant, dies ergibt sich mit der Skalarproduktregel (4) in 4.1 (a). Des Weiteren gilt das

LEMMA. *Sei γ eine nichtkonstante Geodätische. Dann ist eine Umparametrisierung $\gamma \circ h$ eine Geodätische genau dann, wenn $h(t) = at + b$ mit Konstanten a, b.*

Das ergibt sich aus

$$(\gamma \circ h)^{\cdot}(t) = \dot{h}(t)\,\dot{\gamma}(h(t)), \quad (\gamma \circ h)^{\cdot\cdot}(t) = \ddot{h}(t)\,\dot{\gamma}(h(t)) + \dot{h}(t)^2 \ddot{\gamma}(h(t)).$$

Nach 4.1 (a) (∗) genügt jedes von einem Koordinatensystem x überdeckte Stück einer Geodätischen der Differentialgleichung

$$(*) \qquad \ddot{x}^k + \Gamma_{ij}^k(\gamma)\,\dot{x}^i \dot{x}^j = 0 \quad (k = 1, \ldots, n)$$

mit der üblichen Abkürzung $x^i(t) := x^i(\alpha(t))$.

BEISPIEL. In einer flachen Lorentz- oder Riemann-Mannigfaltigkeit gibt es nach 3.4 (c) um jeden Punkt Koordinatensysteme mit konstanten g_{ij}, also mit $\Gamma_{ij}^k = 0$. In diesen ausgezeichneten Bezugssystemen ist dann jede Geodätische von der Gestalt $t \mapsto x^j(t) = a^j + b^j t$. In einem Minkowski-Raum M kann dabei ganz M als Koordinatenumgebung gewählt werden..

(b) SATZ 1. *Zu jedem Punkt $p \in M$ und zu jedem Vektor $v \in T_pM$ gibt es genau eine maximal definierte Geodätische $\gamma = \gamma_{p,v} : I \to M$ auf einem offenen Intervall $I = I_{p,v}$ mit*

$$\gamma(0) = p, \quad \dot{\gamma}(0) = v.$$

Das folgt aus der Theorie gewöhnlicher Differentialgleichungen, siehe BOOTHBY [53] VII.5.

SATZ 2. *Für jeden Punkt $p \in M$ gibt es eine sternförmige Umgebung $U_p \subset T_pM$ des Ursprungs, für welche die Abbildung*

$$\exp_p : U_p \to M, \quad v \mapsto \gamma_{p,v}(1)$$

einen Diffeomorphismus zwischen U_p und der Umgebung $U := \exp_p(U_p) \subset M$ von p liefert.

Diese **Exponentialabbildung** $\exp_p$ bildet jedes hinreichend kleine Geradenstück $\{tv \mid t \in [0,1]\}$ im Tangentialraum T_pM auf ein vom Punkt p ausgehendes Geodätenstück $\{\gamma_{p,v}(t) \mid t \in [0,1]\}$ ab, denn nach der Eindeutigkeitsaussage von Satz 1 gilt $\gamma_{p,v}(t) = \gamma_{p,tv}(1) = \exp_p(tv)$ für $t \in [0,1]$, ÜA, somit

$$\{\gamma_{p,v}(t) \mid t \in [0,1]\} = \{\exp_p(tv) \mid t \in [0,1]\}.$$

Das Schema der Exponentialabbildung für Flächen wurde in § 7 : 5.3 dargestellt.

Der BEWEIS von Satz 2 beruht auf der Verallgemeinerung des Umkehrsatzes für Mannigfaltigkeiten (BERGER–GOSTIAUX [52] Prop. 2.5.20). Hiernach muss für den Nachweis, dass die C^∞–Abbildung

$$v \mapsto \exp_p(v) = \gamma_{p,v}(1) \quad \text{auf} \quad \mathcal{D}_p := \{v \in T_pM \mid 1 \in I_{p,v}\}$$

nach passender Einschränkung ein C^∞–Diffeomorphismus ist, nur gezeigt werden, dass das in § 8 : 2.3 definierte Differential

$$d_0 \exp_p : T_0V \to T_pM \quad \text{mit} \quad V := T_pM$$

eine invertierbare Abbildung ist. Dies ist der Fall, denn nach § 8 : 2.1 (d) ist

$$i_0 : V \to T_0V\,, \quad v \mapsto v_0 = \dot\alpha(0) \quad \text{mit} \quad \alpha(t) = tv$$

ein Isomorphismus, und nach § 8 : 2.3 gilt

$$d_0 \exp_p(v_0) \;=\; d_0 \exp_p(\dot\alpha(0)) \;=\; (\exp_p \circ \alpha)^\cdot(0) \;=\; \dot\gamma_{p,v}(0) \;=\; v\,,$$

somit ist $d_0 \exp_p$ die Umkehrabbildung des Isomorphismus i_0. □

(c) Wir wählen eine Orthonormalbasis $(e_1, \ldots, e_n)$ für T_pM, also $\langle e_i, e_j\rangle = \eta_{ij}$ bzw. $\langle e_i, e_j\rangle = \delta_{ij}$, und setzen für $\mathbf{u} = (u^1, \ldots, u^n) \in \mathbb{R}^n$

$$\phi(u^1, \ldots, u^n) := \exp_p(u^i e_i) \in M\,.$$

Dann ist auch ϕ ein C^∞–Diffeomorphismus zwischen einer Nullumgebung in $\mathbb{R}^n$ und einer Umgebung U von p. Damit ist (U, x) mit $x := \phi^{-1}$ ein Koordinatensystem um p. Dieses heißt ein **Normalkoordinatensystem** und U wird eine **normale Umgebung** von p genannt.

SATZ. *Für jedes Normalkoordinatensystem (U, x) um p gilt*

$$g_{ij}(p) \;=\; \delta_{ij} \quad \textit{bzw.} \quad g_{ij}(p) \;=\; \eta_{ij} \quad \textit{und} \quad \Gamma^k_{ij}(p) \;=\; 0\,.$$

BEWEIS.

Für $\mathbf{u} = (u^1, \ldots, u^n) \in \mathbb{R}^n$ setzen wir $v := u^i e_i \in T_pM$. Nach Konstruktion der Karte x gilt für $|t| < 1$

$$x^i(t) := x^i(\gamma_{p,v}(t)) \;=\; x^i(\exp_p(tv)) \;=\; tu^i\,.$$

Nach § 8 : 2.2 folgt

$$v \;=\; \dot\gamma_{p,v}(0) \;=\; \dot x^i(0)\, \partial_i|_p \;=\; u^i\, \partial_i|_p\,,$$

insbesondere $e_i = \partial_i|_p$ und damit

$$g_{ij}(p) \;=\; \langle \partial_i|_p, \partial_j|_p\rangle \;=\; \langle e_i, e_j\rangle_p\,.$$

Wegen $x^i(t) = tu^i$ reduzieren sich die geodätischen Differentialgleichungen $(*)$ in (a) auf $\Gamma^k_{ij}(\gamma_{p,v}(t))\, u^i u^j = 0$. Mit $\gamma_{p,v}(0) = p$ folgt $\Gamma^k_{ij}(p)\, u^i u^j = 0$ für beliebige $\mathbf{u} \in \mathbb{R}^n$ und daraus $\Gamma^k_{ij}(p) = 0$ aufgrund der Symmetrie $\Gamma^k_{ij} = \Gamma^k_{ji}$. □

BEISPIELE. (i) Für die Einheitssphäre $M = S^2 \subset \mathbb{R}^3$ und den Nordpol $\mathbf{a} = \mathbf{e}_3$ ist die mit dem Vektor $\mathbf{v} \in T_{\mathbf{a}}M$, $\mathbf{v} \neq \mathbf{0}$ startende Geodätische $\boldsymbol{\gamma} = \boldsymbol{\gamma}_{\mathbf{a},\mathbf{v}}$ der Großkreis

$$t \mapsto \boldsymbol{\gamma}(t) = \cos(\|\mathbf{v}\|t)\, \mathbf{e}_3 + \|\mathbf{v}\|^{-1} \sin(\|\mathbf{v}\|t)\, \mathbf{v}.$$

Die Kreisscheibe $U_{\mathbf{a}} = \{\mathbf{v} \in T_{\mathbf{a}}M \mid \|\mathbf{v}\| < \pi\}$ wird durch die Exponentialabbildung $\exp_{\mathbf{a}}$ auf die im Südpol gelochte Sphäre $U = S^2 \setminus \{-\mathbf{e}_3\}$ abgebildet. (ÜA, Skizze!)

(ii) In einem Minkowski–Raum $M = V$, gemäß 2.3 (a) als Lorentz–Mannigfaltigkeit aufgefasst, ist die von einem Punkt $p \in M$ mit einem Vektor $v \in T_pM$ startende Geodätische gegeben durch $t \mapsto p + tv$. Dies folgt aus Beispiel (a) mit Satz 1. Die Exponentialabbildung ist hier die Translation $\exp_p : v \mapsto p + v$, welche den ganzen Tangentialraum T_pM auf M abbildet.

(d) Eine Geodätische $\gamma : I \to M$ einer Lorentz–Mannigfaltigkeit M heißt **zeitartig**, wenn für das (nach (a) konstante) Skalarprodukt $\langle\dot\gamma, \dot\gamma\rangle < 0$ gilt.

SATZ. *Ist γ eine zeitartige Geodätische einer Lorentz–Mannigfaltigkeit, die auf einem kompakten Intervall J injektiv ist, so gibt es ein* **Fermi–Koordinatensystem** (U, x) *längs γ, d.h. U ist eine Umgebung von $\gamma(J)$ und es gilt*

$$g_{ij}(\gamma(t)) = \eta_{ij}\,, \quad \Gamma^k_{ij}(\gamma(t)) = 0 \quad \textit{für} \;\; t \in J.$$

Der BEWEIS (siehe GROMOLL–KLINGENBERG–MEYER [62] 3.8 (ii)) besteht in folgenden Schritten:

(i) Es darf $\langle\dot\gamma, \dot\gamma\rangle = -1$ angenommen werden. Wir fixieren ein $t_0 \in J$ und ergänzen $e_n := \dot\gamma(t_0)$ gemäß 1.1 (d) zu einem Orthonormalsystem $e_1, \dots, e_n$ für $T_{\gamma(t_0)}M$. Für die längs γ parallelen Vektorfelder $E_1, \dots, E_n$ mit $E_i(t_0) = e_i$ (vgl. 4.1 (b)) gilt wegen der Konstanz der $\langle E_i, E_j\rangle$

$$\langle E_i(t), E_j(t)\rangle = \langle E_i(t_0), E_j(t_0)\rangle = \langle e_i, e_j\rangle = \eta_{ij} \quad (t \in J)\,.$$

(ii) Für $t \in J$, $\mathbf{t} = (t^1, \dots, t^{n-1}) \in \mathbb{R}^{n-1}$ mit $\|\mathbf{t}\| \ll 1$ setzen wir

$$\phi(t^1, \dots, t^{n-1}, t) := \exp_{\gamma(t)}\Big(\sum_{i=1}^{n-1} t^i E_i(t)\Big)\,.$$

Nach dem Umkehrsatz folgt dann, dass $\phi : V \to U$ ein C^∞–Diffeomorphismus zwischen geeigneten Umgebungen $V \subset \mathbb{R}^n$ der Strecke $\{(0, \dots, 0, t) \mid t \in J\}$ und $U \subset M$ von $\gamma(J)$ ist. Mit $x := (\phi|_V)^{-1}$ ist dann (U, x) ein Koordinatensystem von M. Die Eigenschaften $g_{ij} = \eta_{ij}$, $\Gamma^k_{ij} = 0$ längs $\gamma(J)$ folgen ähnlich wie in (c).

5 Jacobi–Felder

(a) Es sei $\gamma : I \to M$ eine Geodätische in einer Lorentz– oder Riemann–Mannigfaltigkeit M. Wir fragen, welcher Differentialgleichung ein Vektorfeld X längs γ genügen muss, damit die Nachbarkurven $\widetilde{\gamma}_s : I \to M$ mit

$$t \mapsto \widetilde{\gamma}_s(t) := \exp_{\gamma(t)}(s\,X(t))$$

für kleine s näherungsweise Geodätische sind.

Die Antwort liefert folgende, in gewisser Weise umgekehrte Betrachtung: Gegeben sei eine Schar $\gamma_s : I \to M$ von Geodätischen ($|s| \ll 1$) mit den Eigenschaften

$$\gamma_0 = \gamma\,,$$

$$(s,t) \mapsto A(s,t) := \gamma_s(t) \text{ ist } C^\infty\text{–differenzierbar.}$$

Eine solche Schar nennen wir eine **geodätische Variation** von γ und das Vektorfeld X längs γ mit

$$t \mapsto X(t) := \frac{\partial A}{\partial s}(0,t)$$

das **Variationsvektorfeld** der Schar.

SATZ. *Für jede geodätische Variation von γ genügt das zugehörige Variationsvektorfeld X der linearen Differentialgleichung*

$$\ddot{X} + Rm(X,\dot{\gamma})\dot{\gamma} = 0\,,$$

genannt die **Jacobi–Gleichung** *oder* **Gleichung der geodätischen Abweichung**.

Lösungen der Jacobi–Gleichung heißen **Jacobi–Felder** längs γ.

BEWEISSKIZZE.

Wir nennen eine C^∞–Abbildung $(s,t) \mapsto Y(s,t) = \xi^j(s,t)\,\partial_j|_{A(s,t)} \in T_{A(s,t)}M$ ein **Vektorfeld längs** A. Für Vektorfelder Y längs A erklären wir die kovariante Ableitungen nach s und nach t durch

$$\frac{DY}{\partial s} := \left(\frac{\partial \xi^k}{\partial s} + \Gamma^k_{ij}(A)\,\frac{\partial A^i}{\partial s}\,\xi^j\right)\partial_k|_A\,, \quad \frac{DY}{\partial t} := \left(\frac{\partial \xi^k}{\partial t} + \Gamma^k_{ij}(A)\,\frac{\partial A^i}{\partial t}\,\xi^j\right)\partial_k|_A\,.$$

Das Vektorfeld $DY/\partial s$ ist also die kovariante Ableitung von Y längs der Kurve $s \mapsto A(s,t)$ und $DY/\partial t$ ist die kovariante Ableitung von Y längs der Kurve $t \mapsto A(s,t)$.

Hierfür gelten folgende Rechenregeln (vgl. O'NEILL [64] 4.44, Proposition):

(i) $$\frac{D}{\partial s}\frac{\partial A}{\partial t} = \frac{D}{\partial t}\frac{\partial A}{\partial s}\,,$$

(ii) $$\left(\frac{D}{\partial s}\frac{D}{\partial t} - \frac{D}{\partial t}\frac{D}{\partial s}\right)\frac{\partial A}{\partial t} = Rm\left(\frac{\partial A}{\partial s}, \frac{\partial A}{\partial t}\right)\frac{\partial A}{\partial t}\,.$$

Da $t \mapsto A(s,t) = \gamma_s(t)$ für jedes s eine Geodätische ist, gilt $(D/\partial t)(\partial A/\partial t) = 0$; hieraus folgt mit (i), (ii)

$$\begin{aligned}\frac{D}{\partial t}\frac{D}{\partial t}\frac{\partial A}{\partial s} &= \frac{D}{\partial t}\frac{D}{\partial s}\frac{\partial A}{\partial t} = -\left(\frac{D}{\partial s}\frac{D}{\partial t} - \frac{D}{\partial t}\frac{D}{\partial s}\right)\frac{\partial A}{\partial t}\\ &= -Rm\left(\frac{\partial A}{\partial s}, \frac{\partial A}{\partial t}\right)\frac{\partial A}{\partial t}\,.\end{aligned}$$

Für $s = 0$ ergibt sich die Behauptung unter Beachtung von

$$\frac{\partial A}{\partial s}(0,t) = X(t)\,, \quad \frac{\partial A}{\partial t}(0,t) = \dot\gamma(t)\,. \qquad \square$$

(b) SATZ. *Sei $\gamma : I \to M$ eine Geodätische. Dann existiert zu jedem $t_0 \in I$ und zu gegebenen Vektoren $u_0, u_1 \in T_{\gamma(t_0)}M$ genau ein Jacobi–Feld X längs γ mit*

$$X(t_0) = u_0\,, \quad \dot X(t_0) = u_1\,.$$

Der BEWEIS folgt der gleichen Argumentation wie der für die Existenz und Eindeutigkeit paralleler Vektorfelder längs einer Kurve, siehe 4.1 (b), § 7 : 6.1 (c).

(c) **Gauss–Lemma**. *Ist γ_s eine geodätische Variation von γ mit der Eigenschaft*

$$\langle\dot\gamma_s(t), \dot\gamma_s(t)\rangle = \text{const} \quad \textit{für alle} \quad s, t,$$

so gilt für das zugehörige Variationsvektorfeld X

$$\langle X, \dot\gamma\rangle = \text{const.}$$

BEWEIS.
Wir verwenden die Bezeichnungen und Rechenregeln von (a). Nach Voraussetzung gilt

$$\left\langle \frac{\partial A}{\partial t}(s,t)\,, \frac{\partial A}{\partial t}(s,t)\right\rangle = \langle\dot\gamma_s(t), \dot\gamma_s(t)\rangle = \text{const.}$$

Hieraus folgt mit der Skalarproduktregel 4.1 (a) und nach (a) (i)

$$0 = \frac{1}{2}\frac{\partial}{\partial s}\left\langle\frac{\partial A}{\partial t}, \frac{\partial A}{\partial t}\right\rangle = \left\langle\frac{D}{\partial s}\frac{\partial A}{\partial t}, \frac{\partial A}{\partial t}\right\rangle = \left\langle\frac{D}{\partial t}\frac{\partial A}{\partial s}, \frac{\partial A}{\partial t}\right\rangle.$$

Für $s = 0$ bedeutet dies $\langle\dot X, \dot\gamma\rangle = 0$, und mit $\ddot\gamma = 0$ ergibt sich

$$\langle X, \dot\gamma\rangle^{\cdot} = \langle\dot X, \dot\gamma\rangle + \langle X, \ddot\gamma\rangle = 0\,. \qquad \square$$

(d) Satz. *Für Jacobi–Felder X, Y längs einer Geodätischen $\gamma : I \to M$ gilt*

(i) $X \perp \dot\gamma \iff X(t_0), \dot X(t_0) \perp \dot\gamma(t_0)$ *für ein* $t_0 \in I$,

(ii) $\langle \dot X, Y\rangle - \langle X, \dot Y\rangle = \text{const.}$,

(iii) *Ist X tangential an γ, so gilt $X(t) = (at+b)\,\dot\gamma(t)$ mit Konstanten a, b.*

Beweis als [ÜA]. Zeigen Sie $\langle X, \dot\gamma\rangle^{\cdot\cdot} = 0$ für den Nachweis von (i).

6* Isometrien und Raumformen

6.1 Homothetien, Isometrien und Schnittkrümmung

(a) Seien M, N zwei Lorentz– oder zwei Riemann–Mannigfaltigkeiten. Unter einer **Homothetie** $\phi : M \to N$ mit Skalierungsfaktor $c > 0$ verstehen wir einen C^∞–Diffeomorphismus zwischen M und N mit

$$\langle d\phi_p(u), d\phi_p(v)\rangle = c^2 \langle u, v\rangle \quad \text{für } p \in M \text{ und } u, v \in T_pM\,.$$

Im Fall $c = 1$ sprechen wir von einer **Isometrie**. Zur Definition des Differentials $d\phi$ siehe § 8 : 2.3.

Satz. *Für eine Homothetie $\phi : M \to N$ gilt*

$$d\phi(Rm(X,Y)Z) = \overline{Rm}\,(d\phi(X), d\phi(Y))d\phi(Z) \quad (X, Y, Z \in \mathcal{V}M)\,;$$

hierbei bezeichnet $\overline{Rm}$ den zu N gehörigen Krümmungstensor.

Beweisskizze.

Wir fixieren $p \in M$ und wählen eine Karte y von N um $\phi(p)$. Wegen der Diffeomorphieeigenschaft von ϕ ist $x := y \circ \phi$ eine Karte von M um p. Nach Definition von $d\phi$ gilt [ÜA]

$$d\phi\Big(\frac{\partial}{\partial x^i}\Big) = \frac{\partial}{\partial y^i}\Big|_\phi\,,$$

also mit $\overline{g}_{ij} = \Big\langle \dfrac{\partial}{\partial y^i}, \dfrac{\partial}{\partial y^j}\Big\rangle$

$$\overline{g}_{ij}(\phi) = \Big\langle d\phi\Big(\frac{\partial}{\partial x^i}\Big), d\phi\Big(\frac{\partial}{\partial x^j}\Big)\Big\rangle = c^2\Big\langle \frac{\partial}{\partial x^i}, \frac{\partial}{\partial x^j}\Big\rangle = c^2 g_{ij}\,.$$

Hieraus ergibt sich mit den zu $\overline{g}_{ij}$ gehörenden Koeffizienten $\overline{\Gamma}^k_{ij}$ und $\overline{R}^\ell_{ijk}$

$$\overline{g}^{ij}(\phi) = c^{-2}\, g^{ij}\,, \quad \overline{\Gamma}^k_{ij}(\phi) = \Gamma^k_{ij}\,, \quad \overline{R}^\ell_{ijk}(\phi) = R^\ell_{ijk}\,,$$

woraus die Behauptung folgt. □

(b) Sei M eine Riemann–Mannigfaltigkeit der Dimension $n \geq 2$. Für $p \in M$ und einen zweidimensionalen Teilraum E von T_pM definieren wir die **Schnittkrümmung** durch

$$K_p(E) := \frac{\langle Rm_p(u,v)v, u \rangle}{\|u\|^2 \|v\|^2 - \langle u,v \rangle^2},$$

wobei u, v eine Basis von E ist. Der Quotient hängt nicht von der gewählten Basis ab, denn sowohl die 4–Form $(u,v,\xi,\eta) \mapsto \langle Rm_p(u,v)\xi, \eta \rangle$ als auch die 4–Form $(u,v,\xi,\eta) \mapsto \langle u,\eta \rangle \langle v,\xi \rangle - \langle u,\xi \rangle \langle v,\eta \rangle$ sind schiefsymmetrisch im ersten und im zweiten Argumentenpaar. Daher ändert sich der Quotient nicht, wenn u durch $\alpha u + \beta v$ mit $\alpha \neq 0$ ersetzt wird bzw. v durch $\gamma u + \delta v$ mit $\delta \neq 0$ [ÜA].

Für die nach 3.4 (c) symmetrische biquadratische Form Q mit

$$Q(X,Y) := \langle Rm(X,Y)Y, X \rangle$$

gilt die Polarisierungsgleichung

$$\langle Rm(X,Y)U, V \rangle = \frac{1}{6} \frac{\partial^2}{\partial s\, \partial t} \big(Q(X+sV, Y+tU) - Q(X+sU, Y+tV) \big) \Big|_{s=t=0}$$

([ÜA] unter Verwendung der Rechenregeln 3.4 (c)).

Der Krümmungstensor ist daher aus Q und damit auch aus allen Schnittkrümmungen rekonstruierbar.

(c) Hat M im Punkt $p \in M$ **konstante Schnittkrümmung** κ,

$$K_p(E) = \kappa \quad \text{für alle zweidimensionalen Teilräume } E \text{ von } T_pM,$$

so hat der Krümmungstensor an der Stelle p die Gestalt

$$Rm_p(u,v)w = \kappa \cdot \big(\langle w,v \rangle u - \langle w,u \rangle v \big) \quad \text{für } u,v,w \in T_pM\,.$$

Denn bezeichnen wir die rechte Seite dieser Gleichung mit $\overline{Rm}_p(u,v)w$ und die zugehörige biquadratische Form mit $\overline{Q}_p(u,v) = \kappa \cdot \big(\|u\|^2 \|v\|^2 - \langle u,v \rangle^2 \big)$, so gilt nach Voraussetzung $\overline{Q}_p = Q_p$. Durch Polarisierung folgt $\overline{Rm}_p = Rm_p$.

Lemma von Schur. *Ist M eine wegzusammenhängende Riemann–Mannigfaltigkeit der Dimension $n \geq 3$, deren Schnittkrümmungen in jedem Punkt konstant sind, so ist die Schnittkrümmung auf ganz M konstant.*

Beweis.

Nach dem Vorangehenden gibt es eine Funktion $K : M \to \mathbb{R}$ mit

$$\begin{aligned} R^\ell_{ijk}\, \partial_\ell &= Rm(\partial_i, \partial_j)\partial_k = K \cdot \big(\langle \partial_j, \partial_k \rangle \partial_i - \langle \partial_i, \partial_k \rangle \partial_j \big) \\ &= K \cdot \big(g_{kj}\, \delta^\ell_i - g_{ki}\, \delta^\ell_j \big)\, \partial_\ell\,, \quad \text{also} \quad R^\ell_{ijk} = K \cdot \big(g_{kj}\, \delta^\ell_i - g_{ki}\, \delta^\ell_j \big)\,. \end{aligned}$$

Für die Koeffizienten R_{ij} des Ricci–Tensors, die Skalarkrümmung R und die Koeffizienten G_{ij} des Einstein–Tensors folgt nach 3.5

$$R_{ij} = R^k_{kij} = (n-1)Kg_{ij}\,, \quad R = g^{ij}R_{ij} = n(n-1)K\,,$$
$$G_{ij} = R_{ij} - \tfrac{1}{2}R\,g_{ij} = -\tfrac{1}{2}(n-1)(n-2)Kg_{ij}\,.$$

Mit dem Ricci–Lemma 3.2 (e) und den Rechenregeln 3.2 folgt hieraus

$$0 = -\tfrac{2}{n(n-1)}\nabla^j G_{ij} = \nabla^j(Kg_{ij}) = g_{ij}\nabla^j K = \nabla_i K = \partial_i K\,. \qquad \square$$

BEMERKUNG. Für Flächen $M \subset \mathbb{R}^3$ ist die einzige 2–dimensionale Ebene $E \subset T_pM$ der Tangentialraum selbst, also ist die Schnittkrümmung in jedem Punkt $p \in M$ konstant. Sie variiert aber von Punkt zu Punkt, und stimmt nach dem Theorema egregium § 7 : 4.2 (b) mit der Gaußschen Krümmung $K(p)$ im Punkt p überein ÜA.

(d) SATZ. *Ist $\phi : M \to N$ eine Homothetie zwischen Riemann–Mannigfaltigkeiten und $c > 0$ der Skalierungsfaktor, so gilt für jeden zweidimensionalen Teilraum E von T_pM, $p \in M$*

$$K^N_q(E') = c^{-2}\,K^M_p(E) \;\; \textit{mit} \;\; q = \phi(p)\,,\; E' = d\phi_p(E)\,.$$

Dies folgt aus dem Satz (a) und der Definition der Schnittkrümmung ÜA.

6.2 Raumformen

(a) Unter einer **Raumform** verstehen wir eine Riemann–Mannigfaltigkeit M mit überall konstanter Schnittkrümmung, welche **geodätisch vollständig** ist, d.h. das Existenzintervall jeder maximal definierten Geodätischen ist $\mathbb{R}$.

Wir legen für jedes $\kappa \in \mathbb{R}$ eine Standard–Raumform $\mathbf{S}^n(\kappa)$ mit Schnittkrümmung κ fest:

(1) $\mathbf{S}^n(0)$ sei der mit der euklidischen Metrik versehene $\mathbb{R}^n$.

(2) Für $\kappa > 0$ sei

$$\mathbf{S}^n(\kappa) = \left\{ \mathbf{u} \in \mathbb{R}^{n+1} \;\middle|\; \langle \mathbf{u}, \mathbf{u} \rangle = 1/\kappa \right\}$$

die n–dimensionale Sphäre mit Radius $R = 1/\sqrt{\kappa}$, versehen mit der durch die euklidische Metrik erzeugten Metrik.

(3) Für $\kappa < 0$ versehen wir $\mathbb{R}^{n,1} := \mathbb{R}^{n+1}$ mit dem Minkowski–Skalarprodukt

$$\langle \mathbf{u}, \mathbf{v} \rangle_{n,1} := -u^0 v^0 + \sum_{a=1}^{n} u^a v^a$$

und setzen

$$\mathbf{S}^n(\kappa) := \left\{ \mathbf{u} \in \mathbb{R}^{n+1} \;\middle|\; u^0 > 0,\; \langle \mathbf{u}, \mathbf{u} \rangle_{n,1} = 1/\kappa \right\}.$$

Diese Untermannigfaltigkeit ist ein einschaliges Hyperboloid. Die Minkowski–Metrik des $\mathbb{R}^{n,1}$ induziert auf $\mathbf{S}^n(\kappa)$ eine Riemann–Metrik, denn für jeden

Punkt $\mathbf{u} \in \mathbf{S}^n(\kappa)$ ist $\mathbf{u}$ als Vektor des $\mathbb{R}^{n,1}$ zeitartig, der Tangentialraum $T_{\mathbf{u}}\mathbf{S}^n(\kappa) = \mathbf{u}^\perp$ also nach 1.1 (c) raumartig (hierbei haben wir den $\mathbb{R}^{n,1}$ mit dem Tangentialraum $T_{\mathbf{u}}\mathbb{R}^{n,1}$ identifiziert).

SATZ. *Die Riemannschen Mannigfaltigkeiten $\mathbf{S}^n(\kappa)$ sind Raumformen mit konstanter Schnittkrümmung κ. Die Raumformen $\mathbf{S}^n(\kappa)$ sind* ***homogen****, d.h. zu je zwei Punkten $q, q' \in \mathbf{S}^n(\kappa)$ gibt es eine Isometrie, die q in q' überführt.*

Die Mannigfaltigkeiten $\mathbf{S}^n(\kappa)$ mit $\kappa < 0$ werden **hyperbolische Räume** genannt.

BEWEIS.

(1) $\kappa = 0$: In $\mathbf{S}^n(0) = \mathbb{R}^n$ lassen sich je zwei Punkte durch eine Translation ineinander überführen. Die maximal definierten Geodäten sind die Geraden $\mathbb{R} \to \mathbb{R}^n$, $t \mapsto \mathbf{a} + t\mathbf{v}$.

(2) $\kappa < 0$: O.B.d.A. nehmen wir $\kappa = -1$ an, was durch eine Streckung $\mathbf{u} \mapsto a\mathbf{u}$ des $\mathbb{R}^{n+1}$ erreicht werden kann. Die stereographische Projektion der Einheitskugel $K_1(\mathbf{0}) \subset \mathbb{R}^n \cong \{u^0 = 0\} \subset \mathbb{R}^{n+1}$ vom „Südpol“ $\mathbf{s} = -\mathbf{e}_0$ aus liefert die Parametrisierung (ÜA)

$$\mathbf{\Phi} : K_1(0) \to \mathbf{S}^n(-1)\,, \quad \mathbf{u} \mapsto \mathbf{\Phi}(\mathbf{u}) = \frac{1}{1 - \|\mathbf{u}\|^2}\,(1 + \|\mathbf{u}\|^2, 2u^1, \dots, 2u^n)\,.$$

Jede Lorentz-Transformation $\Lambda \in \mathbf{O}^+_{n,1}$ (siehe 1.3) führt $\mathbf{S}^n(-1)$ in sich über und liefert nach Einschränkung auf $\mathbf{S}^n(-1)$ eine Isometrie; ÜA unter Verwendung von § 8 : 2.3 (In O'NEILL [64] 4.30 wird bewiesen, dass jede Isometrie von $\mathbf{S}^n(-1)$ auf diese Weise entsteht.)

Wir zeigen, dass jeder Punkt $\mathbf{u} = (u^0, \dots, u^n) \in \mathbf{S}^n(-1)$ durch eine Lorentz-Transformation $\Lambda \in \mathbf{O}^+_{n,1}$ (siehe 1.3) in den „Nordpol“ $\mathbf{e}_0 \in \mathbf{S}^n(-1)$ überführt wird. Hieraus folgt dann, dass je zwei Punkte von $\mathbf{S}^n(-1)$ durch eine Isometrie ineinander übergeführt werden können.

Setzen wir $\vec{u} := (u^1, \dots, u^n)$, $r := \|\,\vec{u}\,\|$, so gilt

$$-1 = \langle\, \mathbf{u}, \mathbf{u}\,\rangle_{n,1} = -\,u^0 u^0 + \|\,\vec{u}\,\|^2 = -\,u^0 u^0 + r^2\,,$$

also $u^0 = \sqrt{1 + r^2}$. Es existiert eine Drehung $A = (A^b_a) \in \mathbf{O}_n$ des $\mathbb{R}^n$ mit $A\vec{u} = r\,\mathbf{e}_1$. Die Transformation $\Lambda' = (\Lambda^k_i)$ des $\mathbb{R}^{n+1}$ mit

$$\Lambda^0_0 = 1, \quad \Lambda^a_0 = \Lambda^0_a = 0, \quad \Lambda^b_a = A^b_a \quad \text{für } a, b \geq 1$$

gehört zur Lorentz-Gruppe $\mathbf{O}^+_{n,1}$ und es gilt

$$\Lambda'\mathbf{u} = u^0\mathbf{e}_0 + r\,\mathbf{e}_1 = \sqrt{1 + r^2}\,\mathbf{e}_0 + r\,\mathbf{e}_1\,.$$

Die Transformation Λ'' des $\mathbb{R}^{n+1}$ mit

$$\Lambda''\mathbf{e}_0 = \sqrt{1 + r^2}\,\mathbf{e}_0 - r\,\mathbf{e}_1\,, \quad \Lambda''\mathbf{e}_1 = -r\,\mathbf{e}_0 + \sqrt{1 + r^2}\,\mathbf{e}_1\,,$$

$$\Lambda''\mathbf{e}_a = \mathbf{e}_a \quad \text{für } a \geq 2$$

gehört ebenfalls zur Lorentz–Gruppe $\Lambda'' \in \mathbf{O}^+_{n,1}$. Für $\Lambda := \Lambda''\Lambda' \in \mathbf{O}^+_{n,1}$ ergibt sich dann die Behauptung

$$\begin{aligned}\Lambda\mathbf{u} &= \Lambda''\Lambda'\mathbf{u} = \Lambda''(\sqrt{1+r^2}\,\mathbf{e}_0 + r\,\mathbf{e}_1)\\ &= \sqrt{1+r^2}\,(\sqrt{1+r^2}\,\mathbf{e}_0 - r\,\mathbf{e}_1) + r(-r\,\mathbf{e}_0 + \sqrt{1+r^2}\,\mathbf{e}_1) = \mathbf{e}_0\,.\end{aligned}$$

Wir zeigen, dass die maximal definierten Geodätischen $\alpha : I \to \mathbf{S}^n(-1)$ durch den Nordpol $\mathbf{n} = \mathbf{e}_0 \in \mathbf{S}^n(-1)$ Großhyperbeln sind. O.B.d.A. sei $\alpha(0) = \mathbf{n}$, $\dot\alpha(0) = \mathbf{v}$ und $\|\mathbf{v}\| = 1$. Die Spiegelung S des $\mathbb{R}^{n+1}$ an der von $\mathbf{e}_0$ und $\mathbf{v}$ aufgespannten Ebene E durch $\mathbf{0}$ liefert eine Isometrie von $S^n(-1)$, also ist auch $\beta := S \circ \alpha$ eine Geodätische und es gilt $\beta(0) = \mathbf{n} = \alpha(0)$, $\dot\beta(0) = \mathbf{v} = \dot\alpha(0)$. Wegen der eindeutigen Bestimmtheit von Geodätischen durch ihre Anfangswerte folgt $\alpha = \beta$, d.h. α verläuft in der Ebene E. α ist somit die Großhyperbel $\mathbb{R} \to \mathbf{S}^n(-1)$, $t \mapsto \cosh t\,\mathbf{e}_0 + \sinh t\,\mathbf{v}$ und es ist $I = \mathbb{R}$.

(3) $\kappa > 0$: O.B.d.A. sei $\kappa = 1$. Die stereographische Projektion der Äquatorebene $\mathbb{R}^n \cong \{u^0 = 0\} \subset \mathbb{R}^{n+1}$ vom Südpol $\mathbf{s} = -\,\mathbf{e}_0$ aus liefert die Parametrisierung (ÜA , vgl. Bd. 1, § 25 : 1.4)

$$\mathbf{\Phi} : \mathbb{R}^n \to \mathbf{S}^n(1)\setminus\{\mathbf{s}\}\,, \quad \mathbf{u} \mapsto \mathbf{\Phi}(\mathbf{u}) = \frac{1}{1+\|\mathbf{u}\|^2}\,(1-\|\mathbf{u}\|^2, 2u^1, \ldots, 2u^n).$$

Ganz analog zu (2) lässt sich zeigen, dass sich je zwei Punkte der Sphäre $\mathbf{S}^n(1)$ durch eine Drehung $A \in \mathbf{O}_{n+1}$ ineinander überführen lassen, und dass diese auf $\mathbf{S}^n(1)$ als Isometrie wirkt.

(4) In den Fällen (2) und (3) ergeben sich bezüglich der stereographischen Projektionen die metrischen Koeffizienten (ÜA)

$$g_{ij}(\mathbf{u}) = \langle \partial_i\mathbf{\Phi}(\mathbf{u}), \partial_j\mathbf{\Phi}(\mathbf{u})\rangle = \frac{4}{\left(1+\kappa\|\mathbf{u}\|^2\right)^2}\,\delta_{ij}\,,$$

und hieraus die Koeffizienten des Krümmungstensors (ÜA)

$$R^\ell_{ijk} = \kappa(g_{kj}\,\delta^\ell_i - g_{ki}\,\delta^\ell_j)\,.$$

Der Krümmungstensor hat also in allen drei Fällen die Gestalt

$$Rm(X,Y)Z = \kappa(\langle Z,Y\rangle X - \langle Z,X\rangle Y)\,,$$

die Schnittkrümmung von $\mathbf{S}^n(\kappa)$ ist somit nach 6.1 (b) gleich κ. □

(b) SATZ (HOPF 1925). *Jede n–dimensionale, einfach zusammenhängende Raumform mit Krümmung κ ist isometrisch zur Standard–Raumform* $\mathbf{S}^n(\kappa)$.

Dabei heißt eine Mannigfaltigkeit M **einfach zusammenhängend**, wenn sich jede geschlossene Kurve in M auf stetige Weise zu einem Punkt zusammenziehen lässt.

Für den nichttrivialen BEWEIS siehe O'NEILL [64] 8, 25.

7* Der Gaußsche Integralsatz für Lorentz– und Riemann–Mannigfaltigkeiten

7.1 Volumen und Integral

Wir beziehen uns im Folgenden auf das Integral von n–Formen, siehe § 8 : 5.5. Sei M eine n–dimensionale, orientierte Lorentz– oder Riemann–Mannigfaltigkeit. Wir definieren die **Volumenform** $\mu_M \in \vartheta_n M$ für $p \in M$, $v_1, \ldots, v_n \in T_pM$ durch

$$\mu_M(v_1, \ldots, v_n) := \sigma \cdot \left|\det(\langle v_i, v_k \rangle)\right|^{1/2},$$

wobei $\sigma = 1$ bzw. $\sigma = -1$ gesetzt wird, falls $(v_1, \ldots, v_n)$ eine positiv bzw. negativ orientierte Basis von T_pM ist und $\sigma = 0$, falls $v_1, \ldots, v_n$ linear abhängig sind.

Bezüglich einer positiv orientierten Karte x hat μ_M dann die Basisdarstellung

$$\mu_M = \sqrt{|g|}\, dx^1 \wedge \ldots \wedge dx^n \quad \text{mit } g = \det(g_{ik}), \quad g_{ik} = \langle \partial_i, \partial_k \rangle,$$

vgl. § 8 : 5.2 (a).

Für ein Gebiet $D \subset M$ mit kompaktem Abschluss definieren wir das Volumen durch

$$V^n(D) := \int_D \mu_M\,,$$

wobei D als n–dimensionale Mannigfaltigkeit aufgefasst wird. Nach § 8 : 5.5 ist $V^n(D) < \infty$, d.h. die 1–Form $\omega = \mu_M\big|_D$ ist über D integrierbar.

Für $f \in \mathcal{F}\, M$ setzen wir

$$\int_D f\, dV^n := \int_D f\, \mu_M$$

falls die auf D eingeschränkte 1–Form $\omega = f\,\mu_M$ über D integrierbar ist; dies ist z.B. für auf D beschränkte Funktionen der Fall.

7.2 Der Gaußsche Integralsatz

(a) Seien M eine n–dimensionale, orientierte Lorentz– oder Riemann–Mannigfaltigkeit mit $n \geq 2$ und $D \subset M$ ein glatt berandetes Gebiet mit kompaktem Abschluss. Die Randfläche $S = \partial D$, nach Voraussetzung eine $(n-1)$–dimensionale Untermannigfaltigkeit, orientieren wir gemäß § 8 : 5.6. Wir legen das **äußeres Einheitsnormalenfeld** $\boldsymbol{\nu}$ auf S fest durch die üblichen Eigenschaften, auf S normal zu sein und von D wegzuweisen: Ist $(v_1, \ldots, v_{n-1})$ eine positiv orientierte Basis von T_pS, so gibt es ein positiv orientiertes Koordinatensystem (U, x) für M um p mit $v_i := \partial_i|_p$ für $i = 1, \ldots, n-1$ und $(-1)^n x^n(p) > 0$. Wir legen ν_p fest als den zu T_pS orthogonalen Vektor mit $\langle \nu_p, \nu_p \rangle = 1$ und $(-1)^n \nu_p^n < 0$. Da die n–ten Koordinaten von $(-1)^{n-1}\nu_p$

und von $v_n := \partial_n|_p$ positiv sind, weisen beide Vektoren von p aus in denselben durch T_pS begrenzten Halbraum. Aus Stetigkeitsgründen bilden daher $v_1, \ldots, v_n$ und $v_1, \ldots, v_{n-1}, (-1)^{n-1}\nu_p$ gleich orientierte Basen. (Machen Sie eine Skizze für $n = 3$.) Bringen wir den Vektor $(-1)^{n-1}\nu_p$ durch $n-1$ Transpositionen an die erste Stelle, so ändert sich die Orientierung $(n-1)$–mal; also ist $(\nu_p, v_1, \ldots, v_{n-1})$ eine positiv orientierte Basis von T_pM.

Hieraus ergibt sich die Beziehung

$$\mu_S(v_1, \ldots, v_{n-1}) = \mu_M(\nu_p, v_1, \ldots, v_{n-1}) \quad \text{für alle } v_1, \ldots, v_{n-1} \in T_pS,$$

denn im Fall der linearen Abhängigkeit sind beide Seiten Null, und für eine positiv orientierte Basis $(v_1, \ldots, v_{n-1})$ von T_pS gilt mit $v_0 := \nu_p$ wegen $\langle v_0, v_0\rangle = 1$, $\langle v_0, v_i\rangle = 0$ für $i = 1, \ldots, n-1$

$$\begin{aligned}
\mu_M(v_0, \ldots, v_{n-1})^2 &= \det(\langle v_i, v_k\rangle)_{0\le i,k\le n-1} \\
&= \det(\langle v_i, v_k\rangle)_{1\le i,k\le n-1} \\
&= \mu_S(v_1, \ldots, v_{n-1})^2 .
\end{aligned}$$

(b) **Der Gaußsche Integralsatz für Riemann–Mannigfaltigkeiten**. *Sei M eine orientierte Riemann–Mannigfaltigkeit und $D \subset M$ ein glattberandetes Gebiet mit kompaktem Abschluss. Dann gilt für jedes Vektorfeld $X \in \mathcal{V}M$*

$$\int_D \operatorname{div} X \, dV^n = \int_{\partial D} \langle X, \nu\rangle \, dV^{n-1} .$$

BEWEIS.

Wir zeigen: Die n–Form $(\operatorname{div} X)\mu_M$ ist das Differential der $(n-1)$–Form ω mit

$$\omega(X_1, \ldots, X_{n-1}) = \mu_M(X, X_1, \ldots, X_{n-1}) \quad \text{für } X_1, \ldots, X_{n-1} \in \mathcal{V}M .$$

Zum Nachweis wählen wir eine Karte x, markieren ein wegzulassendes Argument mit $\widetilde{\ }$ und setzen im Folgenden die Einsteinsche Konvention außer Kraft. Dann erhalten wir

$$\begin{aligned}
\omega(\partial_1, \ldots, \widetilde{\partial_i}, \ldots, \partial_n) &= \mu_M(X, \partial_1, \ldots, \widetilde{\partial_i}, \ldots, \partial_n) \\
&= \mu_M\Big(\sum_{k=1}^n \xi^k \partial_k, \partial_1, \ldots, \widetilde{\partial_i}, \ldots, \partial_n\Big) \\
&= \xi^i \mu_M(\partial_i, \partial_1, \ldots, \widetilde{\partial_i}, \ldots, \partial_n) \\
&= (-1)^{i-1} \xi^i \mu_M(\partial_1, \ldots, \partial_n) .
\end{aligned}$$

Mit der Definition von $d\omega$ in § 8 : 5.2 (a) und von $\operatorname{div} X$ in 3.3 (a) folgt

$$\begin{aligned} d\omega &= \sum_{i=1}^{n} (-1)^{i-1}\, d(\sqrt{g}\,\xi^i) \wedge dx^1 \wedge \ldots \wedge \widetilde{dx^i} \wedge \ldots \wedge dx^n \\ &= \sum_{i,k=1}^{n} (-1)^{i-1}\, \partial_k(\sqrt{g}\,\xi^i)\, dx^k \wedge dx^1 \wedge \ldots \wedge \widetilde{dx^i} \wedge \ldots \wedge dx^n \\ &= \sum_{i=1}^{n} (-1)^{i-1} \partial_i(\sqrt{g}\,\xi^i)\, dx^i \wedge dx^1 \wedge \ldots \wedge \widetilde{dx^i} \wedge \ldots \wedge dx^n \\ &= \sum_{i=1}^{n} \partial_i(\sqrt{g}\,\xi^i)\, dx^1 \wedge \ldots \wedge dx^n \\ &= \frac{1}{\sqrt{g}} \sum_{i=1}^{n} \partial_i(\sqrt{g}\,\xi^i)\, \sqrt{g}\, dx^1 \wedge \ldots \wedge dx^n \\ &= (\operatorname{div} X)\, \mu_M\,. \end{aligned}$$

Aus der Orthogonalzerlegung

$$(*) \qquad X = a\nu + Y \quad \text{mit } \langle Y, \nu\rangle = 0\,, \quad a = \langle X, \nu\rangle$$

und der Identität in (a) ergibt sich für $v_1, \ldots, v_{n-1} \in T_p\partial D$

$$\omega(v_1, \ldots, v_{n-1}) = \mu_M(X_p, v_1, \ldots, v_{n-1}) = \mu_M(a(p)\,\nu_p + Y_p, v_1, \ldots, v_{n-1}),$$

also $\omega = a\,\mu_S = \langle X, \nu\rangle \mu_S$. Mit dem Integralsatz von Stokes § 8 : 5.6 folgt

$$\begin{aligned} \int_D \operatorname{div} X\, dV^n &= \int_D (\operatorname{div} X)\, \mu_M = \int_D d\omega = \int_{\partial D} \omega = \int_{\partial D} \langle X, \nu\rangle\, \mu_S \\ &= \int_{\partial D} \langle X, \nu\rangle\, dV^{n-1}\,. \end{aligned}$$

□

(c) **Der Gaußsche Integralsatz für Lorentz–Mannigfaltigkeiten.** *Sei D ein stückweis glatt berandetes Gebiet mit kompaktem Abschluss in einer n–dimensionalen Lorentz–Mannigfaltigkeit M. Das äußere Einheitsnormalenfeld ν sei in jedem regulären Randpunkt entweder zeit– oder raumartig. Dann gilt für jedes Vektorfeld $X \in \mathcal{V}M$*

$$\int_D \operatorname{div} X\, dV^n = \int_{\partial D} \frac{\langle X, \nu\rangle}{\langle \nu, \nu\rangle}\, dV^{n-1}\,.$$

Ein typisches Beispiel eines solchen Gebiets D ist ein von einem zeitartigen Vektorfeld und einer raumartigen Scheibe erzeugtes Flussröhrenstück, vgl. § 8 : 5.6. Für ein solches ist das Einheitsnormalenfeld auf Boden und Deckel zeitartig, auf der Mantelfläche raumartig.

Der BEWEIS geschieht wie im Riemannschen Fall (b) durch Zurückführung auf den Satz von Stokes für stückweis glatt berandete Gebiete, wobei in der Orthogonalzerlegung $(*)$ jetzt $a = \langle X, \nu\rangle / \langle \nu, \nu\rangle$ gesetzt wird.

Kapitel III

Mathematische Grundlagen der Allgemeinen Relativitätstheorie

Der für dieses Kapitel benötigte mathematische Apparat, die Differentialgeometrie von Lorentz–Mannigfaltigkeiten, ist in § 8 und § 9 bereitgestellt. Nicht jede Leserin und jeder Leser wird die Geduld und die Zeit mitbringen, diesen nicht sehr schwierigen, aber doch umfangreichen Stoff gründlich zu studieren.

Um einen ersten Überblick über die Grundkonzepte der Relativitätstheorie zu gewinnen, kann der folgende kürzere Einstieg reichen: Aneignung der Begriffe Mannigfaltigkeit, Tangentenvektor, Vektorfeld in § 8 sowie deren Eigenschaften, ohne auf die Beweise und spezielle Formeln einzugehen (Unterabschnitte 1.1, 2.1, 3.1). Dasselbe Verfahren schlagen wir vor für die Begriffe Minkowski–Raum, Lorentz- und Riemann–Mannigfaltigkeit, kovariante Ableitung, Krümmung, Parallelverschiebung, Geodätische in § 9 (Unterabschnitte 1.1, 2.1, 2.2, 3.1, 3.2, 3.4, 4.1, 4.2) und Tensoren (§ 8 : 4.1–4.2, § 9 : 3.1–3.4); Letztere werden nicht von Anfang an benötigt.

Hiermit, gestützt auf physikalische und geometrische Intuition, sollte ein erster Durchgang durch dieses Kapitel möglich sein. Hierbei wird gelegentliches Zurückblättern nach § 8 und § 9 unvermeidlich sein, und nicht jedes Detail wird gleich vollständig verstanden werden können.

§ 10 Grundkonzepte der Relativitätstheorie

Die Allgemeine Relativitätstheorie ist im Wesentlichen eine Theorie der Gravitation. In dieser bilden Raum, Zeit, Trägheit und Schwere die Aspekte eines Objekts, des *Gravitationsfeldes.* Dieses ist gegeben durch die Lorentz–Metrik einer vierdimensionalen Mannigfaltigkeit; wir sprechen von einer *Raumzeit.* Die Beziehung zwischen dem Gravitationsfeld und der Materieverteilung wird durch die *Feldgleichung* hergestellt. Ihr Inhalt lässt sich grob wie folgt beschreiben:

- die Materieverteilung bestimmt die Krümmung des Gravitationsfeldes,
- das Gravitationsfeld bestimmt die Bewegung der Materie.

In der mathematischen Darstellung der Relativitätstheorie erscheinen physikalische Grundkonzepte in Gestalt von Definitionen (wir vermeiden das etwas streng wirkende Wort Axiom). Anders als bei rein mathematischen Definitionen steht hinter solchen Begriffen ein umfangreiches Erfahrungsmaterial, dessen Darstellung aus Platzgründen hier etwas zu kurz kommt. Für den physikalischen Hintergrund empfehlen wir D'INVERNO [81] 9, 10.

1 Die Geometrie des Gravitationsfeldes

1.1 Raumzeiten, materie– und lichtartige Teilchen

(a) In der Relativitätstheorie gibt es zwei universelle Konstanten, die **Lichtgeschwindigkeit** c und die Newtonsche **Gravitationskonstante G**. Diese haben die Werte

$$c = 2.998 \cdot 10^{10}\ \mathrm{cm} \cdot \mathrm{s}^{-1}\,, \quad \mathbf{G} = 6.673 \cdot 10^{-8}\ \mathrm{cm}^3 \cdot \mathrm{s}^{-2} \cdot \mathrm{g}^{-1}\,.$$

Häufig werden **geometrisierte Einheiten** verwendet, bei welchen die Lichtgeschwindigkeit und die Gravitationskonstante den dimensionslosen Wert 1 erhalten. Jede Einheit kann dann mit Hilfe der Gleichungen $c = \mathbf{G} = 1$ als eine Potenz der Zeit–, Längen– oder Masseneinheit ausgedrückt werden. Hierbei ergeben sich folgende Entsprechungen:

$$1\ \mathrm{g} \mathrel{\widehat{=}} 2.476 \cdot 10^{-39}\ \mathrm{s} \mathrel{\widehat{=}} 7.426 \cdot 10^{-29}\ \mathrm{cm}\,,$$

z.B. für die Sonnenmasse

$$1.989 \cdot 10^{33}\ \mathrm{g} \mathrel{\widehat{=}} 4.925 \cdot 10^{-6}\ \mathrm{s} \mathrel{\widehat{=}} 1.477 \cdot 10^{5}\ \mathrm{cm}\,.$$

(b) Unter einer **Raumzeit** verstehen wir eine zusammenhängende, zeitorientierte, vierdimensionale Lorentz–Mannigfaltigkeit M mit einer Lorentz–Metrik $\mathbf{g} = \langle\cdot\,,\cdot\rangle$ der Signatur $(-+++)$, vgl. § 9 : 2.1. Die Punkte von M heißen **Ereignisse**.

Wir erinnern an die Zukunftskegel $\boldsymbol{I}_p^+$, $\boldsymbol{J}_p^+, \partial\boldsymbol{J}_p^+ \subset T_pM$ der zeitartigen, kausalen und lichtartigen Vektoren, vgl. § 9 : 2.2 (a).

(c) Unter **Materieteilchen** oder **materieartigen Teilchen** einer Raumzeit M verstehen wir zukunftsgerichtete, zeitartige Kurven auf offenen Intervallen $\alpha : I \to M$ mit $\|\dot\alpha\| = c$, also mit

$$\langle\dot\alpha(\tau), \dot\alpha(\tau)\rangle = -\,c^2 \quad \text{und} \quad \dot\alpha(\tau) \in \boldsymbol{I}^+_{\alpha(\tau)} \quad \text{für} \quad \tau \in I\,.$$

Der bis auf Translationen eindeutig bestimmte Parameter τ ist die **Eigenzeit** (**proper time**) des Teilchens. Kurven $\tau \mapsto \alpha(\tau)$ und $\tau \mapsto \alpha(\tau - \tau_0)$ mit $\tau_0 \in \mathbb{R}$ sehen wir als das gleiche Teilchen an. Die Ausführung von Parametertransformationen $\tau \mapsto \tau - \tau_0$ bedeutet also Stellen von Uhren. Jede von einem Materieteilchen mitgeführte gute Uhr (z.B. eine Atomuhr, vgl. [81] 2.12) zeigt nach geeigneter Skalierung die Eigenzeit an.

Materieteilchen modellieren die Lebensgeschichte von Körpern, deren Ausdehnung, innere Struktur und Beitrag zum Gravitationsfeld vernachlässigt werden kann. Was als Materieteilchen angesehen werden kann, hängt vom betrachteten Raumzeitmodell ab, ähnlich wie beim Begriff des Massenpunkts in der klassischen Mechanik. So kann z.B. in einem kosmologischen Modell die Sonne als Materieteilchen angesehen werden. Da der Zeitbegriff an Materieteilchen gebunden ist, ist Gleichzeitigkeit verschiedener Ereignisse nicht wie in der klassischen

Mechanik a priori definiert, sondern muss erst durch Übereinkunft festgelegt werden, etwa mittels Radarecho, siehe 1.2 (b).

Für Materieteilchen α definieren wir die Vektorfelder längs α,

$\dot{\alpha}$ = **Vierergeschwindigkeit**,
$\ddot{\alpha}$ = **Viererbeschleunigung**.

Wegen $\langle\dot{\alpha},\dot{\alpha}\rangle = -c^2$ gilt $\langle\dot{\alpha},\ddot{\alpha}\rangle = 0$. Ein Materieteilchen α heißt **frei fallend**, wenn es eine Geodätische ist, $\ddot{\alpha} = 0$ (§ 9 : 4.2).

Frei fallende Teilchen bewegen sich hiernach auf „geradesten" Linien der durch die Materieverteilung des Weltalls bestimmten Raumzeit–Geometrie. In der Newtonschen Mechanik bedeutet dagegen freier Fall gleichförmige Bewegung auf einer Geraden in der a priori vorgegebenen euklidischen Geometrie. Dass in die Differentialgleichung frei fallender Teilchen die Masse nicht eingeht, trägt den Experimenten von EÖTVÖS (1906) Rechnung, wonach schwere und träge Masse identisch sind. Beispiele für frei fallende Teilchen sind näherungsweis vom Baum fallende Äpfel, künstliche Satelliten und Raumschiffe mit abgeschaltetem Antrieb.

(d) Unter **lichtartigen Teilchen** verstehen wir zukunftsgerichtete, lichtartige Geodätische $\gamma : I \to M$. Für diese gilt also

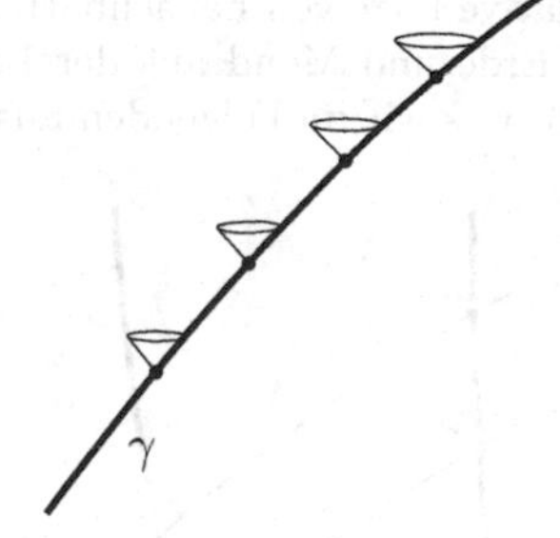

$$\ddot{\gamma} = 0\,, \quad \langle\dot{\gamma},\dot{\gamma}\rangle = 0$$

und

$$\dot{\gamma}(s) \in \partial \boldsymbol{J}^+_{\gamma(s)} \setminus \{0\} \quad \text{für } s \in I\,.$$

Lichtartige Teilchen $s \mapsto \gamma(s)$ und $s \mapsto \gamma(s - s_0)$ mit $s_0 \in \mathbb{R}$ sehen wir als identisch an.

Für lichtartige Teilchen lässt sich wegen $\langle\dot{\gamma},\dot{\gamma}\rangle = 0$ keine Eigenzeit–Parametrisierung festlegen. Die Parameter zweier lichtartigen Teilchen mit gleicher Spur sind jedoch nach § 9 : 4.2 (a) durch eine lineare Transformation $s \mapsto \lambda s + \mu$ mit Konstanten $\lambda > 0$ und μ verbunden. Lichtartige Teilchen sind z.B. Photonen, näherungsweise Neutrinos und die hypothetischen Gravitonen als Träger der Gravitationswechselwirkung.

Ein **Lichtstrahl** zwischen zwei Ereignissen $p, q \in M$ ist gegeben durch $\gamma([a,b])$, wobei $\gamma : I \to M$ ein lichtartiges Teilchen und $[a,b] \subset I$ ein kompaktes Intervallmit $p = \gamma(a)$, $q = \gamma(b)$ ist.

(e) Unter einer **Minkowski–Raumzeit** verstehen wir einen affinen Raum A mit einem 4–dimensionalen zeitorientierten Minkowski–Raum $V, \langle\,.\,,.\,\rangle$ als Richtungsvektorraum, vgl. § 8 : 1.2 (e). Dieses Konzept der Speziellen Relativitätstheorie beschreibt nach § 9 : 3.4 (c) eine Raumzeit mit verschwindendem Krümmungstensor. Nach § 8 : 2.1 (d) können alle Tangentialräume T_pA mit dem Richtungsvektorraum V identifiziert werden. Freifallende Teilchen in der Minkowski–Raumzeit sind Geraden $\tau \mapsto p + \tau u$ mit $p \in A$ und einem zukunftsgerichteten Vektor $u \in V$ der Länge c. Zum Zweck eines etwas einfacheren Kalküls ist es ohne Verlust an Allgemeinheit zulässig, den affinen Raum A mit seinem Richtungsvektorraum V zu identifizieren.

(f) BEMERKUNG. Eine stärker physikalisch orientierte Grundlegung der Raumzeitstruktur gaben EHLERS, PIRANI, SCHILD. Bei diesem (mathematisch recht anspruchsvollen) Zugang wird die Lorentz–Metrik aus Eigenschaften von Lichtstrahlen und frei fallenden Teilchen abgeleitet, siehe [74], [102].

1.2 Beobachter, Relativgeschwindigkeit und Zeitdilatation

(a) Unter einem **Beobachter** in einer Raumzeit M verstehen wir ein Materieteilchen $\alpha : I \to M$, auf welchem materie- und lichtartige Teilchen mittels Eigenzeitmessungen registriert werden. Wir können uns hierbei einen Physiker vorstellen, der in einem mit Uhr, Fernrohr, Teilchendetektor, Funk, Radar und Spektrometer ausgestatteten Labor Messungen ausführt. Ein Beobachter kann z.B. Funksignale von einem Raumschiff und Lichtsignale von einem entfernten Stern empfangen (Figur links). Weiter kann er mittels Radarecho Schlüsse über die relative Lage von benachbarten Teilchen β ziehen, z.B. die Entfernung zwischen Erde und Mond aus der Laufzeit von Radarsignalen bestimmen (Figur rechts), was wir im Folgenden ausführen.

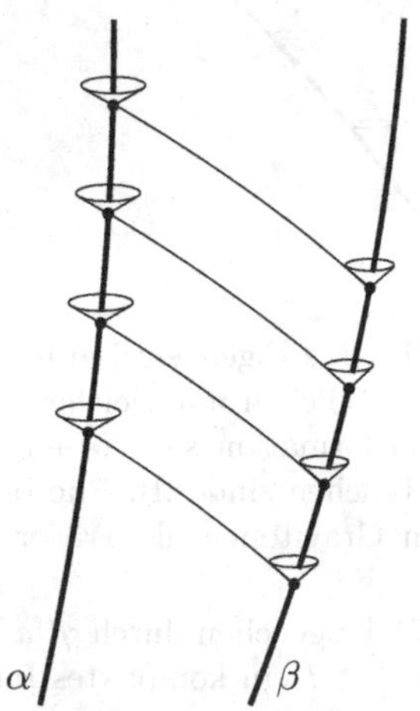

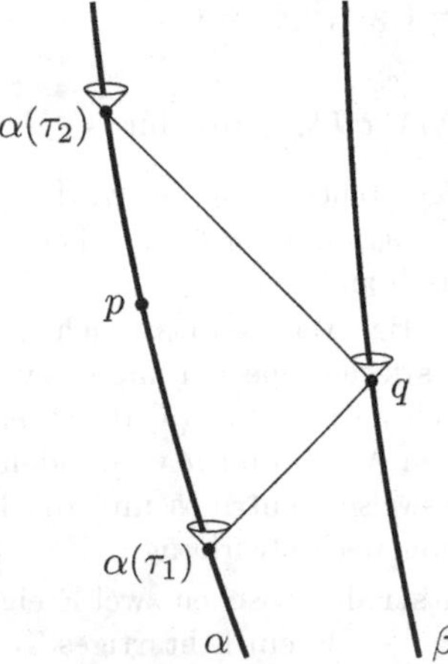

(b) Für einen Beobachter $\alpha : I \to M$ betrachten wir das in der rechts stehenden Figur skizzierte Radarexperiment mit den Ereignissen: Aussendung eines Lichtstrahls in $\alpha(\tau_1)$, Reflexion in $q \in M$, Empfang des reflektierten Lichtstrahls in $\alpha(\tau_2)$ mit $\tau_2 > \tau_1$. Wir zeigen dass Beobachter mit Hilfe des **Radarechos** das Lorentz–Skalarprodukt bestimmen können.

Zunächst betrachten wir das Radarecho in einer Minkowski–Raumzeit A mit Richtungsvektorraum V für einen Beobachter $\tau \mapsto \alpha(\tau) = p + \tau u$ mit $p \in A$ und einem zukunftsgerichteten Vektor $u \in V$ mit $\|u\| = c$. Für einen außerhalb dieser Geraden liegenden Reflektionspunkt $q \in A$ sind die verbindenden Lichtstrahlen Geraden $s \mapsto \gamma_i(s) = q + s v_i$ mit $\langle v_i, v_i \rangle = 0$. Für die Parameterwerte s_i mit $\alpha(\tau_i) = q + s_i v_i$ $(i = 1, 2)$ ergibt sich unter Verwendung der Abkürzung $v := q - p$

$$\begin{aligned}
q + s_i v_i &= \gamma_i(s_i) = \alpha(\tau_i) = p + \tau_i u \,, \\
s_i v_i &= p + \tau_i u - q = \tau_i u - v \,, \\
0 &= \langle s_i v_i, s_i v_i \rangle = \langle \tau_i u - v, \tau_i u - v \rangle \\
&= \tau_i^2 \langle u, u \rangle - 2\tau_i \langle u, v \rangle + \langle v, v \rangle \\
&= -c^2 \tau_i^2 - 2\tau_i \langle u, v \rangle + \langle v, v \rangle \\
&= -\big(c\tau_i + \langle u, v \rangle\big)^2 + \langle u, v \rangle^2 + \langle v, v \rangle \,,
\end{aligned}$$

also

$$c\tau_{1,2} = -\langle u, v \rangle \mp \sqrt{\langle u, v \rangle^2 + \langle v, v \rangle} \,,$$

und damit

$$\langle v, v \rangle = -c^2 \tau_1 \tau_2 \,, \quad \langle u, v \rangle = -\tfrac{1}{2} c (\tau_1 + \tau_2) \,.$$

Der Beobachter kann also die Skalarprodukte $\langle u, v \rangle$, $\langle v, v \rangle$ für jedes benachbarte Ereignis $q = p + v$ mit Hilfe des Radarechos bestimmen. Weiter kann mittels Radarecho festgelegt werden, welche Ereignisse q als mit p gleichzeitig angesehen werden sollen. Als einfachste Möglichkeit bietet sich die 1904 von POINCARÉ vorgeschlagene Übereinkunft an, alle Ereignisse $q \in A$ als mit p **simultan** anzusehen, für welche $\tau_1 + \tau_2 = 0$ gilt. Für den Beobachter α ist die Gesamtheit der mit p simultanen Ereignisse damit durch den affinen Teilraum $p + u^\perp$ gegeben, genannt die **Simultanebene** von p. Der Raum $u^\perp = \dot\alpha(0)^\perp$ ist nach § 9 : 1.1 (d) ein dreidimensionaler raumartiger Teilraum des Tangentialraums $T_p A = V$, genannt die **Ruhebene** (**rest space**) des Beobachters α an der Stelle $p = \alpha(0)$.

Als **Abstand** zwischen den für α simultanen Ereignissen p und $q = p + v$ mit $v \in u^\perp$ ergibt sich $\operatorname{dist}(p, q) := \|v\| = c\tau_2$.

Analoge Beziehungen gelten für beliebige Raumzeiten:

Satz vom Radarecho. *Es sei $\alpha : I \to M$ ein Beobachter in einer Raumzeit M und $S = \alpha(I)$ dessen Spur. Die Kurve $\alpha : I \to M$ sei injektiv und $K \subset I$ sei ein kompaktes Intervall. Dann gilt:*

(i) *Es gibt Umgebungen* $U \subset V \subset M$ *von* $\alpha(K)$ *und* C^∞*-Funktionen* T_1, T_2 *auf* $U \setminus S$ *mit* $T_1 < T_2$*, so dass jedes Ereignis* $q \in U \setminus S$ *mit den Ereignissen* $\alpha(T_1(q))$, $\alpha(T_2(q))$ *durch eindeutig bestimmte Lichtstrahlen in* V *verbunden werden kann.*

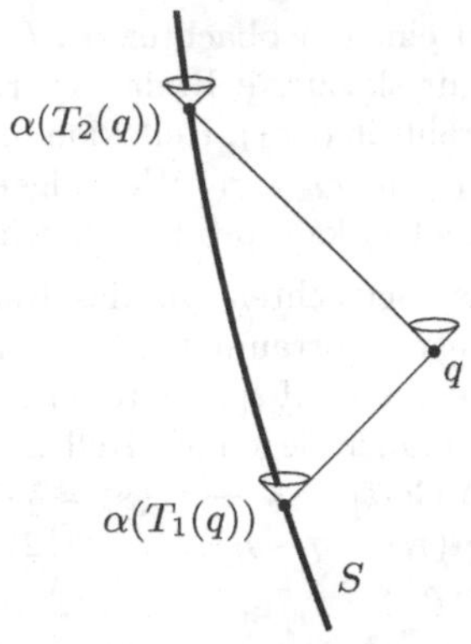

(ii) *Die Funktion* $\frac{1}{2}(T_1 + T_2)$ *lässt sich zu einer* C^∞*-Funktion* $T : U \to \mathbb{R}$ *fortsetzen, und für* $\tau \in I$ *mit* $\alpha(\tau) \in U$ *gilt*

$$T(\alpha(\tau)) = \tau, \quad \nabla T\big|_{\alpha(\tau)} = -\dot{\alpha}(\tau).$$

(iii) *Sei für* $\tau \in I$, $p := \alpha(\tau) \in U$ *und* $v \in T_pM$ *ein von* $\dot{\alpha}(\tau)$ *linear unabhängiger Vektor. Für jede Kurve* $s \mapsto \beta(s)$ *in* M *mit* $\beta(0) = p$, $\dot{\beta}(0) = v$ *gilt dann*

$$\langle v, v \rangle = -\lim_{s \to 0} \frac{c^2}{s^2} \big(T_1(\beta(s)) - T(p)\big)\big(T_2(\beta(s)) - T(p)\big).$$

Der BEWEIS beruht auf der Anwendung des Umkehrsatzes auf die erweiterte Exponentialabbildung

$$TM \to M \times M, \quad (q, w) \mapsto (q, \exp_q(w)).$$

Siehe hierzu O'NEILL [64] 5.6, 5.7, HAWKING–ELLIS [75] Prop. 4.5.1,

Für $\tau \in I$ mit $p = \alpha(\tau) \in U$ gilt nach Satzteil (ii) $T(p) = \tau$ und $\nabla T\big|_p$ ist ein zeitartiger Vektor. Nach geeigneter Verkleinerung der Umgebung U ist daher die Niveaumenge $\Sigma_\tau := \{q \in U \,|\, T(q) = \tau\}$ eine dreidimensionale raumartige Untermannigfaltigkeit von M mit $T_p\Sigma_\tau = \dot{\alpha}(\tau)^\perp$. Wir vereinbaren wie im vorher betrachteten Spezialfall, die Ereignisse in der Niveaumenge Σ_τ als mit $p = \alpha(\tau)$ **simultan** anzusehen und nennen Σ_τ eine **Simultanfläche** des Beobachters α. Wir bezeichnen auch im allgemeinen Fall die Tangentialebene $T_p\Sigma_\tau = \dot{\alpha}(\tau)^\perp \subset T_pM$ der Simultanfläche als **Ruhebene** des Beobachters α an der Stelle $p = \alpha(\tau)$.

(c) Für viele Zwecke reicht das Konzept des **momentanen Beobachters** in einer Raumzeit M aus. Hierunter verstehen wir ein Paar (p, u) mit $p \in M$ und einem zukunftsgerichteten Vektor $u \in T_pM$ mit $\langle u, u \rangle = -c^2$; dabei können sowohl cgs–Einheiten als auch geometrisierte Einheiten mit $c = 1$ verwendet werden. Für jeden Beobachter $\alpha : I \to M$ ist z.B. das Paar $(\alpha(\tau), \dot{\alpha}(\tau))$ für jedes $\tau \in I$ ein momentaner Beobachter.

Für momentane Beobachter (p, u) legen wir analog einen lokalen Begriff von Raum und Zeit fest durch Auszeichnung der dreidimensionalen Ruhebene $u^\perp \subset T_pM$ als **Raum**, und $\mathbb{R}u = \mathrm{Span}\{u\} \subset T_pM$ als **Zeitachse**. Jeder Vektor $v \in T_pM$ besitzt nach § 9 : 1.1 (d), angewandt auf den zeitartigen Einheitsvektor $\widehat{u} = c^{-1}u$ eine eindeutig bestimmte orthogonale Zerlegung

$$v = v^0 u + \vec{v} \text{ mit } v^0 \in \mathbb{R}, \ \vec{v} \in u^\perp$$

in den **Zeitanteil** v^0 und den **Raumanteil** $\vec{v}$. Es gilt $\langle u, v\rangle = \big\langle u, v^0 u + \vec{v}\big\rangle = v^0\langle u, u\rangle = -\, v^0 c^2$, also

$$v^0 = -\, c^{-2}\langle u, v\rangle\,.$$

(c) Wir nehmen an, das sich in einer Minkowski–Raumzeit A ein Beobachter $\tau \mapsto \alpha(\tau) = p + \tau u$ und ein materie– oder lichtartiges Teilchen $t \mapsto \beta(t) = p + tv$ im Ereignis $p \in V$ treffen. Der Beobachter α nimmt die Raum–Zeit–Zerlegung

$$\beta(t) - \beta(0) = (\beta^0(t) - \beta^0(0))u + (\vec{\beta}(t) - \vec{\beta}(0)) \text{ mit } \vec{\beta}(t) - \vec{\beta}(0) \in u^\perp$$

vor, und definiert den **relativen Geschwindigkeitsvektor** von β im Ereignis p als den Quotienten

$$\vec{v}_{\text{rel}} = \frac{\text{beobachtete Differenz der Positionen } \vec{\beta}(t) - \vec{\beta}(0)}{\text{beobachtete Differenz der Zeiten } \beta^0(t) - \beta^0(0)} = \frac{t\vec{v}}{tv^0} = \frac{1}{v^0}\,\vec{v}\,.$$

Wegen $u \in \boldsymbol{I}_p^+$, $v = \dot{\beta}(0) \in \boldsymbol{J}_p^+ \setminus \{0\}$ gilt nach § 9 : 2.2 (b) $v^0 = -\, c^{-2}\langle u, v\rangle > 0$. Aus $v = v^0(u + \vec{v}_{\text{rel}})$, $\vec{v}_{\text{rel}} \in u^\perp$ und $\langle u, u\rangle = -\, c^2$ folgt

$$\begin{aligned}\langle v, v\rangle &= v^0 v^0 \langle u + \vec{v}_{\text{rel}}, u + \vec{v}_{\text{rel}}\rangle \\ &= v^0 v^0\big(-\, c^2 + \|\vec{v}_{\text{rel}}\|^2\big)\,.\end{aligned}$$

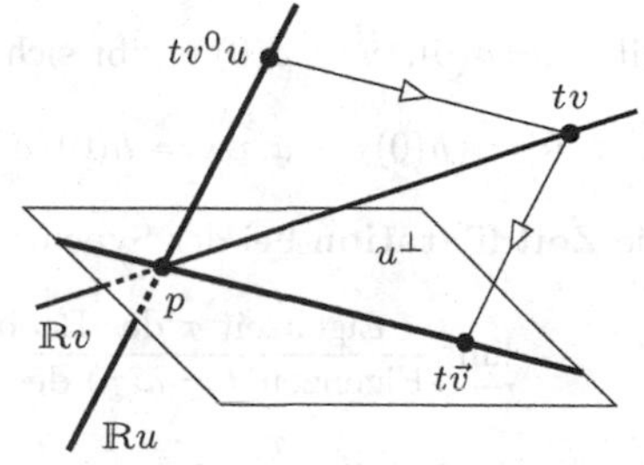

Ist das Teilchen β lichtartig, $\langle v, v\rangle = \big\langle \dot{\beta}(0), \dot{\beta}(0)\big\rangle = 0$, so ergibt sich

$$\|\vec{v}_{\text{rel}}\| = c\,,$$

der Beobachter α misst von β die Lichtgeschwindigkeit c als Relativgeschwindigkeit.

Ist das Teilchen β materieartig, $\langle v, v\rangle = \big\langle \dot{\beta}(0), \dot{\beta}(0)\big\rangle = -\, c^2$, so erhalten wir mit $v^0 = -\, c^{-2}\langle u, v\rangle$

$$\frac{\|\vec{v}_{\text{rel}}\|^2}{c^2} = 1 - \frac{c^4}{\langle u, v\rangle^2} < 1\,,$$

der Beobachter α misst von β also eine Relativgeschwindigkeit unterhalb der Lichtgeschwindigkeit c. In diesem Fall ergibt sich durch Vertauschen der Rollen von α und β, dass β von α dieselbe Relativgeschwindigkeit beobachtet.

Wir notieren noch

$$(*) \quad v^0 = -\,\frac{\langle u, v\rangle}{c^2} = \frac{1}{\sqrt{1 - (\|\vec{v}_{\text{rel}}\|/c)^2}}\,, \quad v = \frac{u + \vec{v}_{\text{rel}}}{\sqrt{1 - (\|\vec{v}_{\text{rel}}\|/c)^2}}$$

mit dem **Lorentz–Faktor** $1/\sqrt{1 - (\|\vec{v}_{\text{rel}}\|/c)^2}$ (LORENTZ 1895).

(d) Es seien α ein Beobachter und β ein Materieteilchen in einer Minkowski–Raumzeit A, die sich in $p \in A$ treffen, o.B.d.A. $p = \alpha(0) = \beta(0)$.

Unter der **Synchronisierung** von β durch den Beobachter α verstehen wir die Zuordnung $\tau \mapsto t = h(\tau)$, $(|\tau| \ll 1)$ von Eigenzeiten derart, dass $\beta(h(\tau))$ und $\alpha(\tau)$ für den Beobachter α simultane Ereignisse sind,

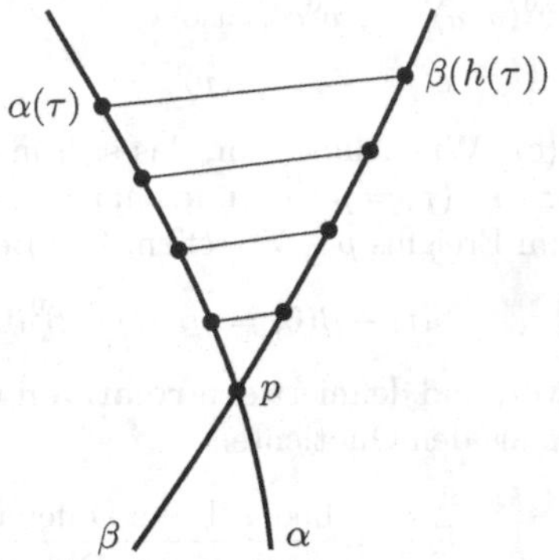

$$\beta(h(\tau)) - \alpha(\tau) \in \dot{\alpha}(\tau)^{\perp},$$

bzw.

$$\langle \beta(h(\tau)) - \alpha(\tau), \dot{\alpha}(\tau) \rangle = 0 .$$

$\alpha(\tau)$ $\beta(h(\tau))$ p β α

Durch Differentiation folgt

$$\begin{aligned} 0 &= \tfrac{d}{d\tau} \langle \beta(h(\tau)) - \alpha(\tau), \dot{\alpha}(\tau) \rangle \\ &= \big\langle \dot{h}(\tau)\,\dot{\beta}(h(\tau)) - \dot{\alpha}(\tau), \dot{\alpha}(\tau) \big\rangle + \langle \beta(h(\tau)) - \alpha(\tau), \ddot{\alpha}(\tau) \rangle . \end{aligned}$$

Mit $u := \dot{\alpha}(0)$, $v := \dot{\beta}(0)$ ergibt sich für $\tau = 0$

$$0 = \big\langle \dot{h}(0)v - u, u \big\rangle = \dot{h}(0)\langle v, u\rangle - \langle u, u\rangle = \dot{h}(0)\langle v, u\rangle + c^2 .$$

Die **Zeitdilatation** bei der Synchronisierung $\tau \mapsto t = h(\tau)$ ist somit

$$\begin{aligned} &\lim_{\tau \to 0} \frac{\text{Eigenzeit } \tau \text{ des Beobachters } \alpha}{\text{Eigenzeit } t = h(\tau) \text{ des Teilchens } \beta} \\ &= \lim_{\tau \to 0} \frac{\tau}{h(\tau)} = \frac{1}{\dot{h}(0)} = -\frac{\langle u, v\rangle}{c^2} = \frac{1}{\sqrt{1 - (\|\vec{v}_{\text{rel}}\|/c)^2}} \geq 1 \end{aligned}$$

unter Verwendung von $(*)$. Auch hier können die Rollen von α und β vertauscht werden.

(e) Die Begriffe relativer Geschwindigkeitsvektor und Zeitdilatation sind auch sinnvoll, wenn $\beta : I \to M$ ein beliebiges materie– oder lichtartiges Teilchen in einer Raumzeit M und (p, u) ein momentaner Beobachter in M ist, der β im Ereignis $p = \beta(t_0)$ trifft, o.B.d.A. $t_0 = 0$. Hierzu betrachten wir die Konfiguration der beiden Teilchen infinitesimal nahe p, d.h. wir ersetzen β durch dessen Tangente $t \mapsto \tilde{\beta}(t) = tv$ mit $v := \dot{\beta}(0)$ im Minkowski–Raum T_pM, und den momentanen Beobachter durch die Gerade $\tau \mapsto \tilde{\alpha}(\tau) := \tau u \in T_pM$. Dann ist gemäß (c) der relative Geschwindigkeitsvektor von $\tilde{\beta}$ beobachtet von $\tilde{\alpha}$

$$\vec{v}_{\text{rel}} = \frac{1}{v^0}\,\vec{v} \quad \text{mit} \quad v = \frac{d}{dt}\,\tilde{\beta}_p(0) = \dot{\beta}(0)$$

definiert und damit auch die Zeitdilation als Lorentz–Faktor $1/\sqrt{1 - (\|\vec{v}_{\text{rel}}\|/c)^2}$.

1.3 Aufgaben

(a) **Gleichförmig beschleunigte Materieteilchen.** Es sei A eine Minkowski–Raumzeit und e_0, e_1, e_2, e_3 eine Orthonormalbasis des Richtungsvektorraums V mit zukunftsgerichtetem zeitartigem Vektor e_0 (§ 9 : 1.1), $\tau_0 \in \mathbb{R}$, $g > 0$. Zeigen Sie, dass die Hyperbel in A

$$\tau \longmapsto \alpha(\tau) = \frac{c^2}{g}\left[\sinh\Big(\frac{g}{c}(\tau - \tau_0)\Big)\, e_0 + \cosh\Big(\frac{g}{c}(\tau - \tau_0)\Big)\, e_1\right]$$

ein Materieteilchen mit konstanter Viererbeschleunigung ist, $\|\ddot{\alpha}\| = g$, und dass sich alle Normalen in Richtung des Beschleunigungsfeldes $\ddot{\alpha}$ in einem Punkt schneiden.

(b) **Das Zwillingsparadoxon.** Es seien α und β zwei Beobachter in einer Minkowski–Raumzeit A, genannt die Zwillinge Alexander und Bert. Alexander reist in einem Raumschiff mit gleichförmiger Beschleunigung ins Weltall und Bert bleibt unbeschleunigt auf der Erde. Im Folgenden soll gezeigt werden, dass Alexander nach der Rückkehr jünger als Bert ist, d.h.

$$\text{Reisezeit } T \text{ gemessen von } \alpha < \text{Reisezeit } T_0 \text{ gemessen von } \beta.$$

Wir dürfen annehmen, dass

$$\beta(t) = (ct + b_0)e_0 + b_1 e_1$$

mit einer Orthonormalbasis e_0, e_1, e_2, e_3 von V wie in (a), und Konstanten b_0, b_1. Wir wählen α als Bahn konstanter Beschleunigung g, und können nach Stellen von Uhren erreichen

$$\alpha(0) = \beta(0)\,, \quad \alpha(T) = \beta(T_0)\,.$$

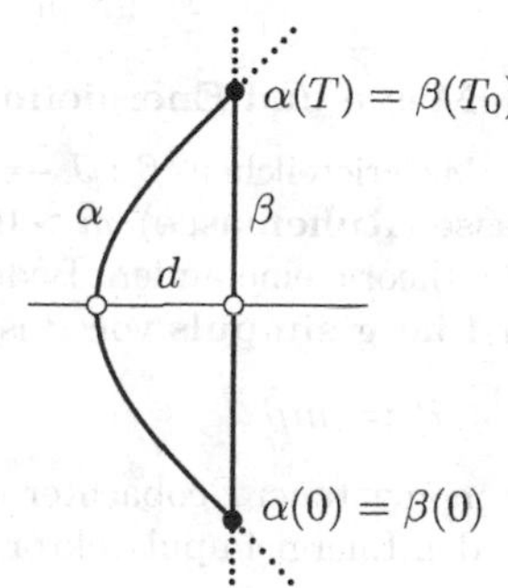

Für die Werte

$$g = 19.084\,\text{cm/s}^2, \quad T_0 = 5\,\text{Jahre},$$

sind die Reisezeit T, der maximale Abstand d von α und β, und die relative Geschwindigkeit $v_{\text{rel}} = \|\vec{v}_{\text{rel}}\|$ bei der Rückkehr zu bestimmen. Zeigen Sie

$$T = 0.9996\,T_0, \quad d = 5.927 \cdot 10^{11}\,\text{km}, \quad v_{\text{rel}} = 0.1\,c.$$

Zur Kontrolle: Aus $\alpha(0) = \beta(0)$ ergeben sich die Gleichungen (1),(2):

$$b_0 = -\frac{c^2}{g}\sinh\Big(\frac{g\tau_0}{c}\Big), \quad b_1 = \frac{c^2}{g}\cosh\Big(\frac{g\tau_0}{c}\Big),$$

und aus $\alpha(T) = \beta(T_0)$ die Gleichungen (3),(4):

$$cT_0 + b_0 = \frac{c^2}{g}\sinh\Big(\frac{g}{c}(T - \tau_0)\Big), \quad b_1 = \frac{c^2}{g}\cosh\Big(\frac{g}{c}(T - \tau_0)\Big).$$

Die Gleichungen (2),(4) liefern $\tau_0 = T - \tau_0$ bzw. $T = 2\tau_0$, und mit den Gleichungen (1),(3) folgt

$$\frac{gT_0}{2c} = \sinh\left(\frac{g\tau_0}{c}\right) \quad \text{bzw.} \quad \frac{gT}{2c} = \frac{g\tau_0}{c} = \ln\left[\frac{gT_0}{2c} + \left(1 + \left(\frac{gT_0}{2c}\right)^2\right)^{1/2}\right].$$

Der maximale Abstand d von α und β wird in den für beide Beobachter simultanen Ereignissen $\alpha(T/2) = (c^2/g)e_1$ und $\beta(T_0/2) = b_1 e_1$ angenommen,

$$d = \left\|\beta\left(\frac{T_0}{2}\right) - \alpha\left(\frac{T}{2}\right)\right\| = \left\|\left(b_1 - \frac{c^2}{g}\right)e_1\right\| = \frac{c^2}{g}\left[\cosh\left(\frac{g\tau_0}{c}\right) - 1\right].$$

Mit

$$u := \dot\beta(T_0) = c\,e_0\,, \quad v := \dot\alpha(T) = c\left[\cosh\left(\frac{gT}{c}\right)e_0 + \sinh\left(\frac{gT}{c}\right)e_1\right]$$

folgt nach 1.2 (c) für den momentanen Beobachter $(\beta(T_0), \dot\beta(T_0))$

$$v^0 = \cosh\left(\frac{gT}{c}\right), \quad \vec v = c\,\sinh\left(\frac{gT}{c}\right)e_1,$$

$$v_{\text{rel}} = \|\vec v_{\text{rel}}\| = \left\|\frac{\vec v}{v^0}\right\| = c\,\tanh\left(\frac{gT}{c}\right).$$

1.4 Masse und Energieimpuls von Teilchen

(a) Materieteilchen $\beta : J \to M$ in einer Raumzeit M besitzen eine konstante **Masse (Ruhemasse)** $m > 0$. Energie und Impuls haben jedoch in der Relativitätstheorie eine andere Bedeutung als in der klassischen Mechanik.
Der **Energieimpuls** von β ist definiert als das Vektorfeld längs β:

$$P := m\dot\beta\,.$$

Ein momentaner Beobachter (p, u) an der Stelle $\beta(t_0) = p$ (o.B.d.A. $t_0 = 0$) zerlegt den Energieimpulsvektor $P(0)$ von β in einen Zeit– und einen Raumanteil,

$$P(0) = c^{-2}Eu + \vec P \quad \text{mit} \quad \vec P \in u^\perp.$$

Nach § 9 : 2.2 (b) gilt mit $v := \dot\beta(0)$

$$E = -\langle u, P(0)\rangle = -m\langle u, v\rangle > 0\,.$$

E ist die **Energie** und $\vec P$ der **Impuls** von β, gemessen vom Beobachter (p, u). Wegen $\langle u, u\rangle = \langle v, v\rangle = -c^2$ und $\vec P \perp u$ folgt

$$\begin{aligned} -c^2m^2 &= \langle mv, mv\rangle = \langle P(0), P(0)\rangle = \left\langle c^{-2}Eu + \vec P, c^{-2}Eu + \vec P\right\rangle \\ &= c^{-4}E^2\langle u, u\rangle + \langle \vec P, \vec P\rangle = -c^{-2}E^2 + \|\vec P\|^2 \end{aligned}$$

also

$$(*) \quad E^2 = c^4m^2 + c^2\|\vec P\|^2 \quad (\text{Einstein } 1905).$$

Die Größen E und $\vec{P}$ lassen sich mit Hilfe der Relativgeschwindigkeit $\vec{v}_{\rm rel}$ ausdrücken: Nach $(*)$ in 1.2 (c) gilt

$$c^{-2}Eu+\vec{P} \,=\, P(0) \,=\, mv \,=\, \frac{m}{\sqrt{1-(\|\vec{v}_{\rm rel}\|/c)^2}}\,(u+\vec{v}_{\rm rel})\,.$$

Wegen der Eindeutigkeit der Orthogonalzerlegung folgt daraus

$$E \,=\, \frac{mc^2}{\sqrt{1-(\|\vec{v}_{\rm rel}\|/c)^2}}\,, \quad \vec{P} \,=\, \frac{m\vec{v}_{\rm rel}}{\sqrt{1-(\|\vec{v}_{\rm rel}\|/c)^2}}\,.$$

Entwicklung der Wurzel in eine Binomialreihe ergibt

$$E \,=\, mc^2\Big(1+\,\frac{1}{2}\,\frac{\|\vec{v}_{\rm rel}\|^2}{c^2}+\ldots\Big) \,=\, mc^2+\,\frac{1}{2}m\,\|\vec{v}_{\rm rel}\|^2+\ldots\,.$$

Diese Beziehung macht den Unterschied zwischen dem relativistischen und klassischen Energiebegriff deutlich. Der Beobachter interpretiert das erste Glied auf der rechten Seite als **Ruhenergie** des Materieteilchens, und das zweite als kinetische Energie im Sinne der klassischen Mechanik.

(b) Für lichtartige Teilchen $\gamma : J \to M$ wird der **Energieimpuls** erklärt durch

$$P = \dot{\gamma}\,.$$

Ein momentaner Beobachter (p,u) an der Stelle $p=\gamma(s_0)$ (o.B.d.A. $s_0=0$) ordnet dem Teilchen durch die Raum–Zeit–Zerlegung (a) die **Energie** E und den **Impuls** $\vec{P}$ zu:

$$P(0)=c^{-2}Eu+\vec{P} \quad \text{mit } \vec{P}\in u^{\perp},$$

Analog zu (a) ergibt sich

$$E \,=\, -\,\langle P(0),u\rangle \,>\, 0\,,$$

und

$$\begin{aligned} 0 \,&=\, \langle\dot{\gamma}(0),\dot{\gamma}(0)\rangle \,=\, \langle P(0),P(0)\rangle \\ &=\, \big\langle c^{-2}Eu+\vec{P},c^{-2}Eu+\vec{P}\big\rangle \,=\, c^{-4}E^2\langle u,u\rangle+\big\|\vec{P}\big\|^2 \\ &=\, -\,c^{-2}E^2+\|\vec{P}\|^2\,. \end{aligned}$$

Diese zu Materieteilchen analoge Begriffsbildung ist motiviert durch den Teilchen–Welle–Dualismus, ausgedrückt durch die Einstein–de Broglie–Beziehung

$$E=h\nu\,,\quad \vec{P}=h\vec{k}\,, \quad (\text{Einstein } 1905,\ \text{de Broglie } 1924),$$

($h=$ Plancksches Wirkungsquantum, $\vec{k}=$ Wellenvektor der Materiewelle).

Die Beziehung $E=c\|\vec{P}\|$ legt nach der Gleichung $(*)$ nahe, lichtartigen Teilchen die Masse $m=0$ zuzuordnen.

(c) Unter einer **Teilchenkollision** im Ereignis $p \in M$ verstehen wir eine Kollektion von einlaufenden materie– oder lichtartigen Teilchen

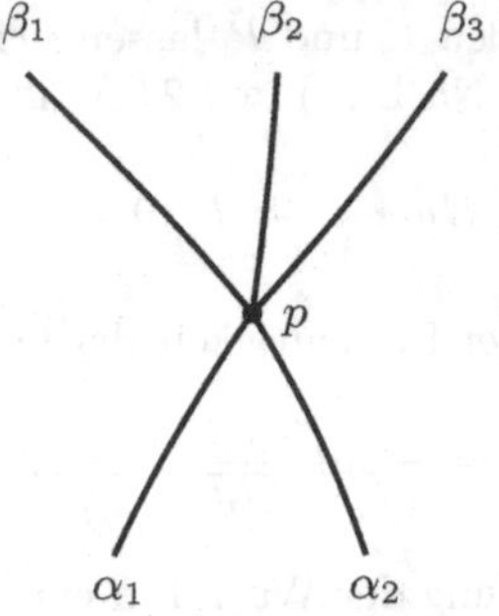

$$\alpha_1, \ldots, \alpha_m \; : \;]-\varepsilon, 0] \to M$$

und auslaufenden Teilchen

$$\beta_1, \ldots, \beta_n \; : \; [0, \varepsilon[\; \to M$$

mit $\alpha_i(0) = \beta_j(0) = p \;\; (i = 1, \ldots, m, \; j = 1, \ldots, n, \; \varepsilon > 0)$.

Der Satz von der **Energieimpuls–Erhaltung** bei unelastischer Teilchenkollision im Ereignis p lautet

$$\sum_{i=1}^{m} P_i^{\text{ein}} = \sum_{j=1}^{n} P_j^{\text{aus}} ,$$

hierbei ist $P_i^{\text{ein}} \in T_pM$ der Energieimpuls–Vektor des einlaufenden Teilchens α_i an der Stelle $p = \alpha_i(0)$ und $P_j^{\text{aus}} \in T_pM$ der Energieimpuls–Vektor des auslaufenden Teilchens β_j in $p = \beta_j(0)$. Dieser Erhaltungssatz ist eine durch zahlreiche Experimente gesicherte Tatsache.

Ein momentaner Beobachter im Kollisionsereignis p misst daher nach (a),(b)

$$\sum_{i=1}^{m} E_i^{\text{ein}} = \sum_{j=1}^{n} E_j^{\text{aus}} , \quad \sum_{i=1}^{m} \vec{P}_i^{\text{ein}} = \sum_{j=1}^{n} \vec{P}_j^{\text{aus}} .$$

(d) Aufgabe. Zeigen Sie: Für die unelastische Kollision zweier einlaufender Materieteilchen α_1, α_2 mit Massen m_1, m_2 und einem auslaufenden Teilchen β der Masse m besteht die Beziehung

$$m^2 \; = \; m_1^2 + m_2^2 + \frac{2m_1m_2}{\sqrt{1 - (v_{\text{rel}}/c)^2}} > (m_1 + m_2)^2 ,$$

wobei $v_{\text{rel}} = \|\vec{v}_{\text{rel}}\|$ die relative Geschwindigkeit von α_1 und α_2 ist. Für diese gilt nach 1.2 (c) (∗)

$$\frac{1}{\sqrt{1 - (v_{\text{rel}}/c)^2}} \; = \; - \, \frac{\langle \dot{\alpha}_1(0), \dot{\alpha}_2(0) \rangle}{c^2} .$$

(e) Bemerkung. Eine einheitliche Beschreibung des Energieimpulses von materieartigen und lichtartigen Teilchen lässt sich durch folgende modifizierte Teilchendefinition erhalten: *Ein Teilchen der Masse* $m \geq 0$ ist eine zukunftsgerichtete Kurve $s \mapsto \beta(s)$ in der Raumzeit mit $\langle d\beta/ds, d\beta/ds \rangle = -\, m^2c^2$, ihr *Energieimpuls* ist das Vektorfeld $P = d\beta/ds$. *Materieartige Teilchen* sind durch $m > 0$, *lichtartige Teilchen* durch $m = 0$ und $\ddot{\beta} = 0$ gekennzeichnet. Den materieartigen Teilchen sind durch $\alpha(\tau) = \beta(\tau/m)$ materieartigen Teilchen im Sinne von 1.1 (c) zugeordnet und es gilt $P(\tau/m) = m\dot{\alpha}(\tau)$.

1.5 Rotverschiebung

Gegeben seien zwei Beobachter α_0, α_1 in einer Raumzeit M und ein Lichtstrahl S zwischen den beiden Ereignissen $p_0 = \alpha_0(\tau_0)$, $p_1 = \alpha_1(t_0)$, wobei wir $\tau_0 = t_0 = 0$ annehmen.
Der Rotverschiebungs–Parameter wird auf zwei Weisen eingeführt. Bei der ersten Definition verwenden wir die Einstein–Relation $E = h\nu$, bei der zweiten synchronisieren wir die beiden Beobachter durch verbindende Lichtstrahlen.

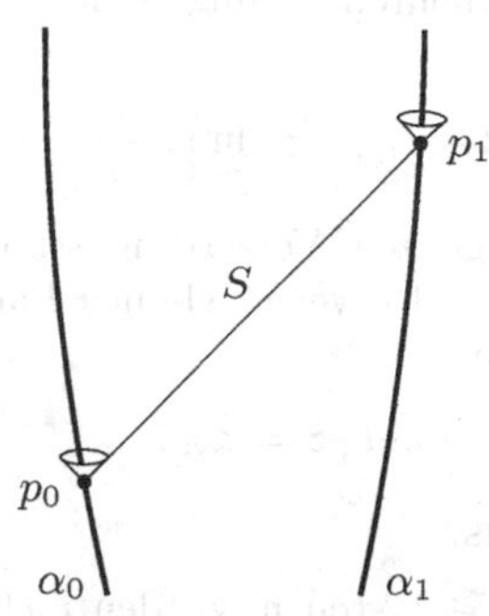

(a) Der Lichtstrahl S sei durch ein Stück $\gamma : [0, a] \to M$ eines lichtartigen Teilchens repräsentiert, es gilt also $p_0 = \alpha_0(0) = \gamma(0)$ und $p_1 = \alpha_1(0) = \gamma(a)$. Die beiden Beobachter α_0, α_1 messen gemäß 1.4 (b) von dem Lichtteilchen an den Stellen p_0, p_1 die Energien E_0, E_1. Nach der Einstein–Relation gehören zu diesen Energien die Frequenzen ν_0, ν_1 mit

$$\nu_0 = \frac{E_0}{h} = -\frac{1}{h}\langle\dot\gamma(0), \dot\alpha_0(0)\rangle\,, \quad \nu_1 = \frac{E_1}{h} = -\frac{1}{h}\langle\dot\gamma(a), \dot\alpha_1(0)\rangle\,,$$

wobei h das PLANCKSCHE Wirkungsquantum ist.
Der **Rotverschiebungs–Parameter** z von (α_0, p_0) und (α_1, p_1) ist definiert durch die relative Frequenzänderung

$$z := \frac{\nu_0 - \nu_1}{\nu_1} = \frac{\nu_0}{\nu_1} - 1 = \frac{\langle\dot\gamma(0), \dot\alpha_0(0)\rangle}{\langle\dot\gamma(a), \dot\alpha_1(0)\rangle} - 1\,.$$

Diese Zahl ist unabhängig von der den Lichtstrahl darstellenden Geodätischen γ, denn für eine andere Darstellung $\gamma_* : [0, a_*] \to M$ von S folgt nach 1.1 (d)

$$\gamma(s) = \gamma_*(bs) \quad \text{mit} \quad b = a_*/a\,,$$

woraus sich $\dot\gamma(s) = b\,\dot\gamma_*(bs)$ und damit die Gleichheit der Skalarprodukt–Quotienten ergibt.
Rotverschiebung im engeren Sinn bedeutet, dass die empfangene Frequenz ν_1 kleiner als die ausgesandte Frequenz ν_0 ist, d.h. $z > 0$. Bei der kosmischen Hintergrundstrahlung beträgt z.B. der Rotverschiebungs–Parameter $z = 1089$.

(b) Wir synchronisieren α_0 und α_1 durch einen C^∞–Diffeomorphismus

$$h : I \to J$$

(I, J Intervallumgebungen von 0), indem wir fordern, dass $\alpha_0(\tau)$ und $\alpha_1(h(\tau))$ für $\tau \in I$ durch genau einen Lichtstrahl S_τ verbindbar sind.

Die **Eigenzeit–Verzerrung** z_{syn} dieser Synchronisierung definieren wir durch

$$1 + z_{\text{syn}} := \lim_{\tau \to 0} \frac{h(\tau)}{\tau} = \dot{h}(0)\,.$$

Die Eigenzeit–Verzerrung stimmt mit dem Rotverschiebungs–Parameter überein:

SATZ. *Es gilt* $z = z_{\text{syn}}$.

BEWEIS.

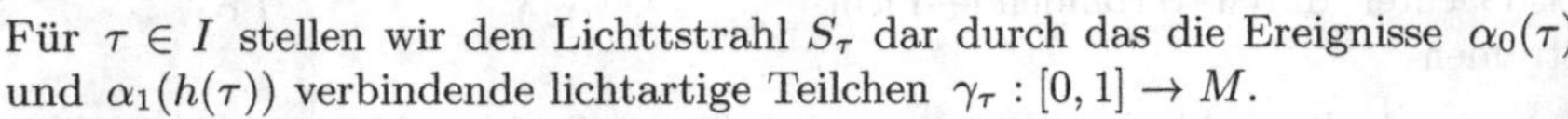

Für $\tau \in I$ stellen wir den Lichttstrahl S_τ dar durch das die Ereignisse $\alpha_0(\tau)$ und $\alpha_1(h(\tau))$ verbindende lichtartige Teilchen $\gamma_\tau : [0,1] \to M$.

Die Abbildung

$$A : [0,1] \times I \to M\,, \quad (s,\tau) \mapsto A(s,\tau) := \gamma_\tau(s)$$

ist differenzierbar und hat die Eigenschaften

$$A(0,\tau) = \alpha_0(\tau)\,, \quad A(1,\tau) = \alpha_1(h(\tau))\,,$$
$$s \mapsto A(s,\tau) = \gamma_\tau(s) \quad \text{ist ein lichtartiges Teilchen.}$$

Da die Schar $\{\gamma_\tau\}$ aus lichtartigen Geodätischen besteht, ist nach § 9 : 5 (a)

$$s \longmapsto X(s) := \frac{\partial \gamma_\tau(s)}{\partial \tau}\Big|_{s=0} = \frac{\partial A}{\partial \tau}(s,0)$$

ein Jacobi–Feld längs $\gamma := \gamma_0$. Weiter gilt

$$X(0) = \frac{\partial A}{\partial \tau}(0,0) = \dot{\alpha}_0(0)\,,$$

$$X(1) = \frac{\partial A}{\partial \tau}(1,0) = (\alpha_1 \circ h)^{\bullet}(0) = \dot{h}(0)\,\dot{\alpha}_1(0)\,,$$

$$\left\| \frac{\partial A}{\partial s}(s,\tau) \right\|^2 = \|\dot{\gamma}_\tau(s)\|^2 = \langle \dot{\gamma}_\tau(s), \dot{\gamma}_\tau(s) \rangle = 0 \quad \text{für} \quad \tau \in I.$$

Nach dem Gauss–Lemma § 9 : 5 (c) ist $\langle X, \dot{\gamma} \rangle$n konstant, also gilt

$$\langle \dot{\alpha}_0(0), \dot{\gamma}(0) \rangle = \langle X(0), \dot{\gamma}(0) \rangle = \langle X(1), \dot{\gamma}(1) \rangle = \dot{h}(0) \langle \dot{\alpha}_1(0), \dot{\gamma}(1) \rangle,$$

und damit

$$1 + z = \frac{\langle \dot{\gamma}(0), \dot{\alpha}_0(0) \rangle}{\langle \dot{\gamma}(1), \dot{\alpha}_1(0) \rangle} = \dot{h}(0) = 1 + z_{\text{syn}}\,. \qquad \square$$

(c) **Ein Modell für ein terrestrisches Rotverschiebungsexperiment.** POUND und REBKA führten 1960 ein Experiment zur Messung der Rotverschiebung durch, bei welchem γ–Strahlen von einem Emitter am Boden eines Turms zu einem Absorber in der Spitze des Turms gesandt wurden. Der Abstand von Emitter und Absorber betrug $h = 22.6\,\mathrm{m}$. Für den Versuchsaufbau siehe MISNER–THORNE–WHEELER [86] § 38.5, WEINBERG [119] 3.5.

Wir beschreiben die Konfiguration in einer Minkowski–Raumzeit V und bestimmen den Rotverschiebungs–Parameter z von (α_0, p_0) und (α_1, p_1) für den Emitter α_0 und den Absorber α_1; o.B.d.A. sei $\alpha_0(0) = p_0$. Hierzu fixieren wir einen frei fallenden Beobachter β mit $p := \beta(0)$ nahe p_0 und p_1.. Wir wählen $e_0 = u := \dot{\beta}(0)$, einen zur Erdoberfläche senkrechten Einheitsvektor $e_1 \in u^{\perp}$, und ergänzen diese zu einer ONB e_0, e_1, e_2, e_3 von V.

Es ergibt sich :

(1) Der Beobachter β wird durch die Gerade $\tau \mapsto \tau e_0$ dargestellt.

(2) $p_0 = -h_0 e_1$ für ein $h_0 \in]0, h[$ bei geeigneter Wahl von $p \in V$.

(3) Der von $p_0 = \alpha_0(0)$ ausgesandte γ–Strahl ist gegeben durch die Gerade $s \mapsto \gamma(s) = s e_0 + (s - h_0) e_1$.

(4) Der Emitter α_0 ist die um den Vektor $-h_0 e_1$ verschobene Hyperbel α von Aufgabe 1.3 (a), und der Absorber α_1 ist die um $h_1 e_1 = (h - h_0) e_1$ verschobene Hyperbel α.

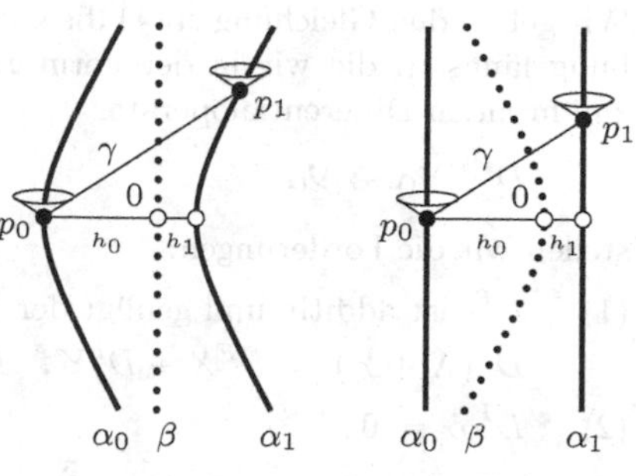

Denn α_0 und α_1 bewegen sich relativ zu β mit konstanter Erdbeschleunigung g nach oben (also in der linken Figur nach rechts). Die Gerade γ trifft die Hyperbel α_1 in genau einem Punkt p_1. Für den zugehörigen Rotverschiebungs–Parameter z ergibt sich unter der Annahme $|z| \ll 1$ ÜA

$$z \approx \frac{z}{1+z} = \frac{gh}{c^2} .$$

Der Wert

$$z = gh/c^2 = 981 \cdot 2260/(2.998 \cdot 10^{10})^2 = 2.466 \cdot 10^{-15}$$

wurde in diesem und in nachfolgenden Experimenten mit ansteigender Genauigkeit gemessen. Für eine andere Ableitung dieses Resultats siehe 1.8 (f).

Hätten wir das erdfeste Labor und damit den Emitter und den Absorber als frei fallend angenommen, so wären α_0 und α_1 parallele Geraden (rechte Figur), und es würde sich der Wert $z = 0$ ergeben.

1.6 Trägheitsachsen

(a) Sei α ein Beobachter in einer Raumzeit M. Unter einer **Trägheitsachse** (**Kreiselachse**) von α verstehen wir ein Vektorfeld X längs α mit den Eigenschaften

$$(*) \qquad \vec{\dot{X}} = 0 \text{ und } \langle X, \dot{\alpha} \rangle = 0 ,$$

wobei $\dot{X} = DX/d\tau$ die kovariante Ableitung von X längs α ist (§ 9 : 4.1) und

$$Y \mapsto \vec{Y} := Y + \langle Y, \dot{\alpha} \rangle \, \dot{\alpha} \, , \; \mathcal{V}\alpha \to \mathcal{V}\alpha$$

die punktweise ausgeführte Projektion auf die Ruhebenen von α, vgl. 1.2 (b). Durch die Gleichungen $(*)$ wird die räumliche Fixierung des Vektorfeldes X in den Ruhebenen des Beobachters α beschrieben. Eine Trägheitsachse kann durch einen Kreiselkompass realisiert werden, wobei die Kreiselachse mit dem aufspannenden Vektor identifiziert wird.

Wir geben den Gleichungen $(*)$ die Gestalt einer modifizierten Parallelverschiebung längs α, die wir in der Form $D^F X = 0$ schreiben. An den hierzu einzuführenden Differentialoperator

$$D^F : \mathcal{V}\alpha \to \mathcal{V}\alpha$$

stellen wir die Forderungen:

(1) D^F ist additiv und genügt der Produktregel,

$$D^F(X + Y) = D^F X + D^F Y \, , \quad D^F(fX) = \dot{f}X + f D^F X \, ,$$

(2) $D^F \dot{\alpha} = 0$,

(3) $\langle X, \dot{\alpha} \rangle = 0 \implies D^F X = \vec{\dot{X}}$.

Satz. *Es gibt genau einen Operator* $D^F : \mathcal{V}\alpha \to \mathcal{V}\alpha$ *mit den Eigenschaften* (1),(2),(3), *genannt die* **Fermi–Ableitung** *oder* **Fermi–Walker–Ableitung** *längs* α. *Dieser ist gegeben durch*

$$D^F X = \dot{X} + \langle X, \dot{\alpha} \rangle \ddot{\alpha} - \langle X, \ddot{\alpha} \rangle \dot{\alpha} \quad \textit{für } X \in \mathcal{V}\alpha$$

und erfüllt die Skalarproduktregel

$$(4) \qquad \langle X, Y \rangle^{\cdot} = \big\langle D^F X, Y \big\rangle + \big\langle X, D^F Y \big\rangle \quad \textit{für } X, Y \in \mathcal{V}\alpha .$$

(Fermi 1922, Walker 1932). Vektorfelder $X \in \mathcal{V}\alpha$ mit $D^F X = 0$ werden **Fermi–parallel längs** α genannt.

Fermi–parallele Vektorfelder $X, Y \in \mathcal{V}\alpha$ erhalten nach (4) das Skalarprodukt. Ist $X \in \mathcal{V}\alpha$ Fermi–parallel und gilt $\langle X(\tau_0), \dot{\alpha}(\tau_0) \rangle = 0$ zu einem Zeitpunkt τ_0, so ist X eine Trägheitsachse. Denn nach (2), (4) gilt dann $\langle X(\tau), \dot{\alpha}(\tau) \rangle = 0$ für alle Zeiten τ und nach (3) ist $\vec{\dot{X}} = D^F X = 0$.

Ist der Beobachter frei fallend, so stimmt wegen $\ddot{\alpha} = 0$ die Fermi–Ableitung $D^F X$ mit der kovarianten Ableitung $\dot{X}$ längs α überein. In diesem Fall ist jede Trägheitsachse längs α parallel verschoben.

BEWEIS.

(i) *Existenz von* D^F: Der im Satz angegebene Ausdruck für D^F genügt den Rechenregeln (1)–(4) (ÜA mit Hilfe der Rechenregeln § 9 : 4.1 für die kovariante Ableitung längs α).

(ii) *Eindeutigkeit von* D^F: Sei $D^F : \mathcal{V}\alpha \to \mathcal{V}\alpha$ ein Operator mit den Eigenschaften (1), (2), (3). Wir zerlegen jedes Vektorfeld $X \in \mathcal{V}\alpha$ orthogonal bezüglich des Beobachters und setzen $c = 1$:

$$X = X^0 \dot{\alpha} + \vec{X} \quad \text{mit} \quad X^0 = -\langle X, \dot{\alpha}\rangle, \quad \langle \vec{X}, \dot{\alpha}\rangle = 0.$$

Aus (1), (2) folgt dann mit $Y := \vec{X} = X + \langle X, \dot{\alpha}\rangle\, \dot{\alpha}$

$$\begin{aligned} D^F X &= D^F(X^0 \dot{\alpha} + Y) = \dot{X}^0 \dot{\alpha} + X^0 D^F \dot{\alpha} + D^F Y = \dot{X}^0 \dot{\alpha} + D^F Y \\ &= -\langle X, \dot{\alpha}\rangle^{\boldsymbol{\cdot}}\, \dot{\alpha} + D^F Y. \end{aligned}$$

Mit $\langle \dot{\alpha}, \dot{\alpha}\rangle = -1$, $\langle \dot{\alpha}, \ddot{\alpha}\rangle = 0$ und $\langle Y, \dot{\alpha}\rangle = 0$ ergibt sich

$$0 = \langle Y, \dot{\alpha}\rangle^{\boldsymbol{\cdot}} = \langle \dot{Y}, \dot{\alpha}\rangle + \langle Y, \ddot{\alpha}\rangle = \langle \dot{Y}, \dot{\alpha}\rangle + \langle X, \ddot{\alpha}\rangle,$$

also $\langle \dot{Y}, \dot{\alpha}\rangle = -\langle X, \ddot{\alpha}\rangle$. Wegen $\langle Y, \dot{\alpha}\rangle = 0$ gilt nach (3) $D^F Y = \vec{\dot{Y}}$ und es folgt

$$\begin{aligned} D^F \vec{X} &= D^F Y = \vec{\dot{Y}} = \dot{Y} + \langle \dot{Y}, \dot{\alpha}\rangle\, \dot{\alpha} = \dot{Y} - \langle X, \ddot{\alpha}\rangle\, \dot{\alpha} \\ &= (X + \langle X, \dot{\alpha}\rangle\, \dot{\alpha})^{\boldsymbol{\cdot}} - \langle X, \ddot{\alpha}\rangle\, \dot{\alpha} \\ &= \dot{X} + \langle X, \dot{\alpha}\rangle^{\boldsymbol{\cdot}}\, \dot{\alpha} + \langle X, \dot{\alpha}\rangle\, \ddot{\alpha} - \langle X, \ddot{\alpha}\rangle\, \dot{\alpha}. \end{aligned}$$

Damit erhalten wir

$$D^F X = -\langle X, \dot{\alpha}\rangle^{\boldsymbol{\cdot}}\, \dot{\alpha} + D^F \vec{X} = \dot{X} + \langle X, \dot{\alpha}\rangle\, \ddot{\alpha} - \langle X, \ddot{\alpha}\rangle\, \dot{\alpha}. \qquad \square$$

(b) SATZ. *Für jeden Beobachter* $\alpha : I \to M$ *hat das Anfangswertproblem*

$$D^F X = 0, \quad X(\tau_0) = u_0$$

zu gegebenen $\tau_0 \in I$, $u_0 \in T_{\alpha(\tau_0)}M$ *genau eine Lösung* $X \in \mathcal{V}\alpha$.

Der BEWEIS ergibt sich mit den gleichen Argumenten wie der für parallele Vektorfelder in § 9 : 4.2 (c).

Jeder Beobachter $\alpha : I \to M$ kann mit einem Orthonormalsystem von Trägheitsachsen $E_1, E_2, E_3 \in \mathcal{V}\alpha$ versehen werden, denn nach Fixierung von $\tau_0 \in I$ und Ergänzung von $e_0 := c^{-1}\dot{\alpha}(\tau_0)$ zu einer Orthonormalbasis e_0, e_1, e_2, e_3 von $T_{\alpha(\tau_0)}M$ existieren Fermi–parallele Vektorfelder E_0, E_1, E_2, E_3 mit $E_i(\tau_0) = e_i$

längs α. Für diese gilt $E_0 = \dot\alpha$ und $\langle E_i, E_j\rangle = \langle E_i(\tau_0), E_j(\tau_0)\rangle = \langle e_i, e_j\rangle = \eta_{ij}$, somit

$$\langle E_i, E_j\rangle \;=\; \delta_{ij} \;\text{ für }\; i,j \geq 1 \;\text{ und }\; \langle E_i, \dot\alpha\rangle = 0 \;\text{ für }\; i \geq 1\,.$$

Mit Hilfe der Exponentialabbildung lassen sich hiermit Fermi–Koordinaten in einer Umgebung des Beobachters einführen, vgl. § 9 : 4.2 (c).

(c) **Die Thomas–Präzession**. In einer Minkowski–Raumzeit A sei ein Materieteilchen α in V der Gestalt

$$\alpha(\tau) = \lambda\big(\tau e_0 + r\cos(\omega\tau)\, e_1 + r\sin(\omega\tau)\, e_2\big) \;\text{ mit }\; \lambda := (1 + r^2\omega^2)^{-1/2},$$

gegeben, wobei $e_0, \ldots, e_3$ eine Orthonormalbasis in V mit einem zukunftsgerichteten, zeitartigen Vektor e_0 ist und $r, \omega > 0$ Konstanten sind. Die Projektion von α auf die von e_1, e_2, e_3 aufgespannte Ebene ist eine Kreisbahn

$$\vec\alpha(\tau) \;=\; r\lambda\big(\cos(\omega\tau)\, e_1 \,+\, \sin(\omega\tau)\, e_2\big).$$

Bei der Bestimmung einer Trägheitsachse X von α reicht es, anstelle der Differentialgleichung $D^F X = 0$ die einfacher zu lösende Gleichung $\dot X - \langle X, \ddot\alpha\rangle\, \dot\alpha = 0$ zu verwenden. Denn ist diese erfüllt, so folgt

$$\langle X, \dot\alpha\rangle^{\boldsymbol\cdot} \;=\; \big\langle \dot X, \dot\alpha\big\rangle \,+\, \langle X, \ddot\alpha\rangle \;=\; \langle X, \ddot\alpha\rangle\, \langle\dot\alpha, \dot\alpha\rangle \,+\, \langle X, \ddot\alpha\rangle \;=\; 0\,,$$

also $\langle X(\tau), \dot\alpha(\tau)\rangle = 0$ für alle τ, falls das zu einem Zeitpunkt gilt. Aus der reduzierten DG ergibt sich damit $D^F X = 0$.

Schreiben wir ξ^i statt $\xi^i(\tau)$ für die Koeffizienten von $X(\tau)$, so erhalten wir

$$\begin{aligned}
\dot\alpha(\tau) \;&=\; \lambda\big(e_0 - r\omega\,\sin(\omega\tau)\, e_1 + r\omega\,\cos(\omega\tau)\, e_2\big)\,,\\
\ddot\alpha(\tau) \;&=\; -\,r\lambda\omega^2\big(\cos(\omega\tau)\, e_1 + \sin(\omega\tau)\, e_2\big)\,,\\
\langle X(\tau), \dot\alpha(\tau)\rangle \;&=\; \lambda\big(-\,\xi^0 - r\omega\,\sin(\omega\tau)\,\xi^1 + r\omega\,\cos(\omega\tau)\,\xi^2\big)\,,\\
\langle X(\tau), \ddot\alpha(\tau)\rangle \;&=\; -\,r\lambda\omega^2\big(\cos(\omega\tau)\,\xi^1 + \sin(\omega\tau)\,\xi^2\big)\,.
\end{aligned}$$

Die reduzierte DG lautet in der Koordinatendarstellung

$$\begin{aligned}
&(0) \quad \dot\xi^0 \;=\; -\,r\lambda^2\omega^2\big(\cos(\omega\tau)\,\xi^1 + \sin(\omega\tau)\,\xi^2\big)\,,\\
&(1) \quad \dot\xi^1 \;=\; r^2\lambda^2\omega^3\big(\cos(\omega\tau)\,\xi^1 + \sin(\omega\tau)\,\xi^2\big)\sin(\omega\tau)\,,\\
&(2) \quad \dot\xi^2 \;=\; -\,r^2\lambda^2\omega^3\big(\cos(\omega\tau)\,\xi^1 + \sin(\omega\tau)\,\xi^2\big)\cos(\omega\tau)\,,\\
&(3) \quad \dot\xi^3 \;=\; 0\,.
\end{aligned}$$

Das DG–System (1), (2) kann separat gelöst werden. Für

$$\eta^1 := \cos(\omega\tau)\,\xi^1 + \sin(\omega\tau)\,\xi^2\,, \quad \eta^2 := \sin(\omega\tau)\,\xi^1 - \cos(\omega\tau)\,\xi^2$$

ergibt sich das DG–System

$$\dot{\eta}^1 = -\omega\eta^2, \quad \dot{\eta}^2 = \lambda^2\omega\eta^2$$

mit den Lösungen

$$\begin{aligned}\eta^1(\tau) &= a\cos(\lambda\omega\tau) + b\sin(\lambda\omega\tau),\\ \eta^2(\tau) &= -\lambda b\cos(\lambda\omega\tau) + \lambda a\sin(\lambda\omega\tau)\end{aligned}$$

(a, b Konstanten). Bei der Wahl $a = 1$, $b = 0$ erhalten wir

$$\begin{aligned}\xi^1(\tau) &= \cos(\lambda\omega\tau)\cos(\omega\tau) + \lambda\sin(\lambda\omega\tau)\sin(\omega\tau),\\ \xi^2(\tau) &= \cos(\lambda\omega\tau)\sin(\omega\tau) - \lambda\sin(\lambda\omega\tau)\cos(\omega\tau).\end{aligned}$$

Wählen wir noch $\xi^0(0) = r\omega\xi^2(0) = 0$, so ist $\langle X(0), \dot{\alpha}(0)\rangle = 0$ erfüllt. Mit der Periode $T := 2\pi/\omega$ der Kreisbahn $\vec{\alpha}$ ergibt sich dann für den räumlichen Anteil $\vec{X}$ von X

$$\vec{X}(0) = e_1, \quad \vec{X}(T) = \cos(2\pi\lambda)\,e_1 - \lambda\sin(2\pi\lambda)\,e_2.$$

Der räumliche Anteil der Trägheitsachse verschiebt sich somit nach einem Umlauf um

$$\vec{X}(T) - \vec{X}(0) = -2\sin(\pi\lambda)\,(\cos(\pi\lambda)\,e_1 + \sin(\pi\lambda)\,e_2).$$

Die Rotationsachse des Elektrons im Wasserstoffatom zeigt ein solches Präzessionsverhalten, die **Thomas–Präzession** (THOMAS, L.H.: The motion of the spinning electron, *Nature* **117** (1926) pp. 514).

1.7 Gravitation als Krümmung

(a) EINSTEINS Ausgangspunkt für die Schaffung der Allgemeinen Relativitätstheorie war die Einsicht, dass Schwerkraft im Sinne der klassischen Mechanik ein koordinatenabhängiger Begriff ist, weil dieser durch Wahl eines geeigneten Bezugssystems wegtransformiert werden kann (PAIS [126] IV, 9). Diese Aussage ergibt sich im Rahmen der Lorentz–Geometrie wie folgt: Ist α ein frei fallendes Materieteilchen, so können wir nach § 9 : 4.2 (d) Fermi–Koordinaten mit

$$g_{ij} = \eta_{ij}, \quad \Gamma_{ij}^k = 0 \text{ längs } \alpha$$

wählen. Bezüglich dieses Koordinatensystems ist längs α also keine Schwerkraft vorhanden, denn die geodätische Differentialgleichung von α hat die Gestalt $\ddot{x}^k = 0$ mit $x^i(\tau) := x^i(\alpha(\tau))$.

Die Aufhebung der Schwerkraft in einer ganzen Umgebung des Materieteilches ist jedoch im Allgemeinen unmöglich, denn bei vorhandener Krümmung der Raumzeit verschwinden außerhalb des Materieteilchens die Christoffel–Symbole nicht, siehe § 9 : 3.4 (c). Frei fallende Nachbarteilchen β erfahren daher eine nicht wegtransformierbare Beschleunigung relativ zu α, nämlich

$$\ddot{\xi}^k = -\Gamma^k_{ij}(\beta)\,\dot{\xi}^i\dot{\xi}^j \quad \text{mit} \quad \xi^i(\tau) = x^i(\beta(\tau)),$$

also eine „echte Schwerkraft". Wir zeigen im Folgenden, dass sich mit Hilfe der relativen Beschleunigung von Nachbarteilchen ein Maß für die Intensität des Gravitationsfeldes gewinnen lässt, und dass dieses direkt mit der Krümmung verbunden ist. Siehe hierzu auch D'INVERNO [81] 9.4, 10.1.

(b) Wir präzisieren die Auffassung von Gravitation als relative Beschleunigung frei fallender Nachbarteilchen bezüglich eines Beobachters. Hierbei verwenden wir, dass für eine gegebene Geodätische infinitesimal benachbarte Geodätische durch Jacobi–Felder dargestellt werden, vgl. § 9 : 5 (a).

Gegeben sei ein frei fallender Beobachter α in einer Raumzeit M. Jedes zu $\dot{\alpha}$ orthogonale Jacobifeld X längs α nennen wir ein **frei fallendes Nachbarteilchen** von α; für dieses gilt also

$$\ddot{X} + Rm(X, \dot{\alpha})\dot{\alpha} = 0,$$
$$\langle X, \dot{\alpha}\rangle = 0.$$

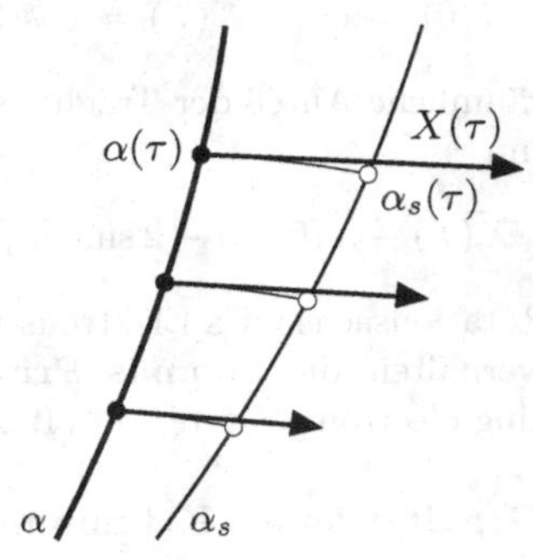

Diese Interpretation ist zulässig, weil die durch

$$\tau \mapsto \alpha_s(\tau) = \exp_{\alpha(\tau)}(sX(\tau))$$

für $|s| \ll 1$ gegebenen Kurven näherungsweise zukunftsgerichtete, zeitartige Geodätische, also näherungsweise frei fallende, zu α benachbarte Materieteilchen darstellen.

Als Beispiel können wir uns eine Raumstation im All und einen von dieser ausgesetzten Satelliten vorstellen.

Für ein frei fallendes Nachbarteilchen X von α interpretieren wir das Vektorfeld $\ddot{X}$ längs α als **Beschleunigung von X relativ zu α**. Die Jacobi–Gleichung liefert

$$\ddot{X}(\tau) = -Rm(X(\tau), \dot{\alpha}(\tau))\dot{\alpha}(\tau),$$

und wegen $\langle Rm(X, \dot{\alpha})\dot{\alpha}, \dot{\alpha}\rangle = 0$ gilt $\ddot{X}(\tau) \in \dot{\alpha}(\tau)^\perp$, vgl. § 9 : 3.4 (c). Hiernach hängt der relative Beschleunigungsvektor $\ddot{X}(\tau) \in \dot{\alpha}(\tau)^\perp$ eines frei fallenden Nachbarteilchens nur vom relativen Positionsvektor $X(\tau) \in \dot{\alpha}(\tau)^\perp$ ab.

Wir fixieren nun τ und den momentanen Beobachter $(p, u) = (\alpha(\tau), \dot{\alpha}(\tau))$. Die Messung der relativen Beschleunigung aller frei fallenden Nachbarteilchen durch den momentanen Beobachter bedeutet hiernach die Bestimmung der Zuordnung

$$u^\perp \to u^\perp, \quad v = X(\tau) \mapsto \ddot{X}(\tau) = -Rm(v, u)u.$$

Der damit für jeden momentanen Beobachter (p, u) einer Raumzeit M definierte Operator

$$K_u : u^\perp \to u^\perp\,, \quad v \mapsto -\,Rm(v,u)u$$

wird der **Gezeitenkraft–Operator** des Beobachters genannt.

SATZ. $K_u : u^\perp \to u^\perp$ *ist ein symmetrischer linearer Operator,*

$$\langle K_u v, w\rangle \;=\; \langle v, K_u w\rangle \;\; \textit{für} \;\; v,w \in u^\perp,$$

und es gilt

$$Spur K_u \;=\; -\,Rc(u,u)\,.$$

BEWEIS als ÜA mit den Identitäten des Krümmungstensors § 9 : 3.4 (d).

Hiermit sind Komponenten des Riemannschen Krümmungstensors einer Raumzeit durch Messung von Gezeitenkräften prinzipiell bestimmbar. Für einen momentanen Beobachter in einem Raumzeit–Gebiet mit $Rc = 0$ ("Vakuum“, vgl. 2.2 (b)) existieren sowohl Eigenvektoren v mit negativem Eigenwert (Anziehung), als auch Eigenvektoren mit positivem Eigenwert (Abstoßung), vgl. das Beispiel in D'INVERNO [81] 16.10.

1.8 Stationäre und statische Raumzeiten

(a) Unter einer **lokalen Isometrie** einer Raumzeit M verstehen wir eine C^∞–Abbildung $\varphi : U \to M$ auf einer Umgebung U eines Punktes $p \in M$, welche die Lorentz–Metrik erhält,

$$\langle d\varphi_p(u)\,, d\varphi_q(v)\rangle_{\varphi(q)} \;=\; \langle u, v\rangle_q \quad \text{für} \;\; q \in U, \;\; u,v \in T_qM.$$

Hierbei ist $d\varphi_q : T_qM \to T_{\varphi(q)}M$ das Differential von φ an der Stelle q, vgl. § 8 : 2.3. Die Isometriebedingung lässt sich in der kürzeren Form

$$(\varphi^*\mathbf{g})_q = \mathbf{g}_q \quad \text{für} \;\; q \in U$$

schreiben, wobei $\varphi^*\mathbf{g}$ die mit der Abbildung φ zurückgeholte Lorentz–Metrik $\mathbf{g} = \langle\,\cdot\,,\,\cdot\,\rangle$ ist, vgl. § 8 : 4.4 (c). Für ein Vektorfeld V auf der Raumzeit M bezeichnen wir mit $t \mapsto \Phi_t(p)$ die nach § 8 : 3.2 (b) eindeutig bestimmte, maximal definierte Lösung des Anfangswertproblems

$$\dot\varphi(t) = V_{\varphi(t)}, \;\; \varphi(0) = p\,.$$

SATZ. *Die von V erzeugten lokalen Flussabbildungen Φ_t $(|t| \ll 1)$ sind genau dann lokale Isometrien von M, wenn die Lie–Ableitung der Lorentz–Metrik $\mathbf{g} = \langle\,\cdot\,,\,\cdot\,\rangle$ bezüglich V verschwindet,*

$$L_V\mathbf{g} \;=\; 0\,.$$

Die Lie–Ableitung von (0, 2)–Tensoren ist nach § 8 : 4.5* (a) definiert durch

$$\begin{aligned}(L_V\mathbf{g})(X,Y) &= V(\mathbf{g}(X,Y)) - \mathbf{g}(L_VX,Y) - \mathbf{g}(X,L_VY)\\ &= V\langle X,Y\rangle - \langle [V,X],Y\rangle - \langle X,[V,Y]\rangle .\end{aligned}$$

Mit der Skalarproduktregel (§ 8 : 3.1 (b)) ergibt sich ÜA

$$\begin{aligned}(L_V\mathbf{g})(X,Y) &= \langle D_VX - [V,X],Y\rangle + \langle X, D_VY - [V,Y]\rangle\\ &= \langle D_XV,Y\rangle + \langle X,D_YV\rangle \quad \text{für } X,Y \in \mathcal{V}M .\end{aligned}$$

Ein Vektorfeld $V \in \mathcal{V}M$ mit $L_V\mathbf{g} = 0$, d.h. mit schiefsymmetrischem kovarianten Differential $X \mapsto D_XV$, heißt ein **Killing–Vektorfeld** oder eine **infinitesimale Isometrie** von M.

BEWEIS.

Nach § 8 : 4.5* (b) besteht die Beziehung

$$L_V\mathbf{g} = \lim_{t\to 0} \tfrac{1}{t}\left(\Phi_t^*(\mathbf{g}) - \mathbf{g}\right)$$

bzw. ausgeschrieben

$$(L_V\mathbf{g})_p(u,v) = \lim_{t\to 0} \tfrac{1}{t}\left(\langle d\Phi_t(u), d\Phi_t(v)\rangle - \langle u,v\rangle\right)$$

für $p \in M,\ u,v \in T_pM$, vgl. § 8 : 4.5* (b).

Erzeugt V lokale Isometrien, so folgt hieraus die Isometrieeigenschaft $L_V\mathbf{g} = 0$.

Ist umgekehrt V ein Killing–Feld, so betrachten wir für $p \in M,\ u,v \in T_pM$ und $|s| \ll 1$ die Vektoren $\tilde{u} := d\Phi_s(u)$, $\tilde{v} := d\Phi_s(v)$. Aus dem Exponentialgesetz $\Phi_s \circ \Phi_t = \Phi_{s+t}$ folgt mit der Kettenregel $d\Phi_s \circ d\Phi_t = d\Phi_{s+t}$ und daher

$$\begin{aligned}0 = (L_V\mathbf{g})_{\Phi_s(p)}(\tilde{u},\tilde{v}) &= \lim_{t\to 0} \tfrac{1}{t}\left(\langle d\Phi_t(\tilde{u}), d\Phi_t(\tilde{v})\rangle - \langle \tilde{u},\tilde{v}\rangle\right)\\ &= \lim_{t\to 0} \tfrac{1}{t}\left(\langle d\Phi_{s+t}(u), d\Phi_{s+t}(v)\rangle - \langle d\Phi_s(u), d\Phi_s(v)\rangle\right) = \dot{f}(s)\end{aligned}$$

mit $f(s) := \langle d\Phi_s(u), d\Phi_s(v)\rangle$. Die Konstanz von f liefert die Isometrieeigenschaft der Φ_s. □

In der Koordinatendarstellung ist ein Killing–Vektorfeld $V = v^j\partial_j$ charakterisiert durch ÜA

$$\nabla_i v_j + \nabla_j v_i = 0 .$$

Das Basisvektorfeld ∂_0 eines Koordinatensystems von M ist ein Killing–Vektorfeld genau dann, wenn

$$\partial_0 g_{ij} = 0 .$$

Das ergibt sich mit der Skalarproduktregel

$$\partial_0 g_{ij} = \partial_0\langle \partial_i,\partial_j\rangle = \langle D_0\partial_i,\partial_j\rangle + \langle \partial_i, D_0\partial_j\rangle = \langle D_i\partial_0,\partial_j\rangle + \langle \partial_i, D_j\partial_0\rangle .$$

(b) *Ist V ein Killing–Vektorfeld, so gilt für jede Geodätische γ von M der* **Erhaltungssatz**

$$\left\langle V_{\gamma(t)}, \dot{\gamma}(t) \right\rangle = \text{const}.$$

Denn für $V_\gamma : t \mapsto V_{\gamma(t)}$ gilt $\dot{V}_\gamma = D_{\dot{\gamma}} V$ nach § 9 : 4.1 (a),(3). Wegen der Schiefsymmetrie von $X \mapsto D_X V$ folgt

$$\langle V_\gamma, \dot{\gamma} \rangle^\cdot = \langle \dot{V}_\gamma, \dot{\gamma} \rangle + \langle V_\gamma, \ddot{\gamma} \rangle = \langle \dot{V}_\gamma, \dot{\gamma} \rangle = \langle D_{\dot{\gamma}} V, \dot{\gamma} \rangle = 0 .$$

(c) Unter einem **Bezugs**– oder **Beobachterfeld** in einer Raumzeit M verstehen wir ein zeitartiges, zukunftsgerichtetes Vektorfeld U mit $\|U\| = c$ auf M, wobei wir $c = 1$ setzen. Jede Integralkurve $\alpha : I \to M$ von U (d.h. $\dot{\alpha}(t) = U_{\alpha(t)}$ für $t \in I$) ist wegen $\langle \dot{\alpha}, \dot{\alpha} \rangle = \langle U_\alpha, U_\alpha \rangle = -1$ ein Materieteilchen und kann als Beobachter aufgefasst werden. Die zum Beobachter im Ereignis p gehörende Ruhebene ist $U_p^\perp$.

Für ein Vektorfeld $X \in \mathcal{V}M$ liefert die punktweise Ausführung der Orthogonalprojektion $X_p \mapsto \vec{X}_p = X_p + \langle U_p, X_p \rangle U_p$ auf die Ruhebene $U_p^\perp$ (vgl. (§ 9 : 1.1 (c))) einen (1,1)–Tensor Π, den **Projektionstensor** mit

$$\Pi X = \vec{X} = X + \langle U, X \rangle U \quad \text{für alle } X \in \mathcal{V}M .$$

Ein Bezugsfeld U heißt **wirbelfrei**, wenn

$$\langle D_Y U, X \rangle - \langle D_X U, Y \rangle = 0$$

für alle zu U orthogonalen Vektorfelder X, Y gilt, bzw. hierzu äquivalent, wenn

$$\left\langle D_{\vec{Y}} U, \vec{X} \right\rangle - \left\langle D_{\vec{X}} U, \vec{Y} \right\rangle = 0 \quad \text{für alle } X, Y \in \mathcal{V}M .$$

In Koordinaten schreibt sich die Wirbelfreiheit ÜA

$$h_i^k h_j^\ell \left(\nabla_\ell u_k - \nabla_k u_\ell \right) = h_i^k h_j^\ell \left(\partial_\ell u_k - \partial_k u_\ell \right) = 0 ,$$

wobei die h_i^j die Koeffizienten des Projektionstensors Π sind,

$$\Pi\, \partial_i = h_i^j \partial_j , \quad h_i^j = \delta_i^j + u_i u^j .$$

Satz. *Ein Bezugsfeld U ist genau dann wirbelfrei, wenn durch jeden Punkt $p \in M$ eine zu U orthogonale Hyperfläche $N \subset M$ geht, d.h. wenn es eine dreidimensionale Untermannigfaltigkeit $N \subset M$ gibt mit $p \in N$ und*

$$T_q N \perp U_q \quad \textit{für } q \in N .$$

Für wirbelfreie Beobachterfelder lassen sich die Ruhebenen also lokal zu Hyperflächen zusammensetzen.

Der Beweis beruht auf einem Satz von Frobenius (Boothby [53] IV.8, Wasserman [57] 14.2), wonach durch jeden Punkt $p \in M$ genau dann eine solche Orthogonalfläche N existiert, wenn die Integrabilitätsbedingung

$$[X,Y] \perp U \quad \text{für alle Vektorfelder} \quad X,Y \perp U$$

erfüllt ist. Diese ist äquivalent zur Wirbelfreiheit, denn nach § 9 : 3.1 (b) gilt

$$\begin{aligned} \langle D_Y U, X\rangle - \langle D_X U, Y\rangle &= Y\langle U,X\rangle - \langle U, D_Y X\rangle - X\langle U,Y\rangle + \langle U, D_X Y\rangle \\ &= \langle U, [X,Y]\rangle \quad \text{für } X,Y \perp U\,. \end{aligned}$$

(d) Eine Raumzeit M heißt **stationär**, wenn es auf M ein überall zeitartiges, zukunftsgerichtetes Killing–Vektorfeld V gibt. Hiermit wird eine Zeit–Translationsymmetrie der Raumzeit beschrieben, vgl. (b).
Ist das zugehörige Bezugsfeld $U = \|V\|^{-1}V$ zusätzlich wirbelfrei, so heißt die Raumzeit **statisch**.
Für den Fluss Φ_t eines beliebigen Vektorfelds V gilt

$$d\Phi_t(V_p) = V_q \quad \text{mit} \quad q = \Phi_t(p)$$

aufgrund der Wirkung des Differentials auf Kurventangenten § 8 : 2.3 und des Exponentialgesetzes ÜA.
Ist daher V ein zeitartiges Killing-Vektorfeld auf M mit wirbelfreiem Bezugsfeld $U = \|V\|^{-1}V$, so wird jede zu U orthogonale Hyperfläche N durch den Fluss Φ_t von V wieder in eine zu U orthogonale Hyperfläche $N_t := \Phi_t(N)$ übergeführt.

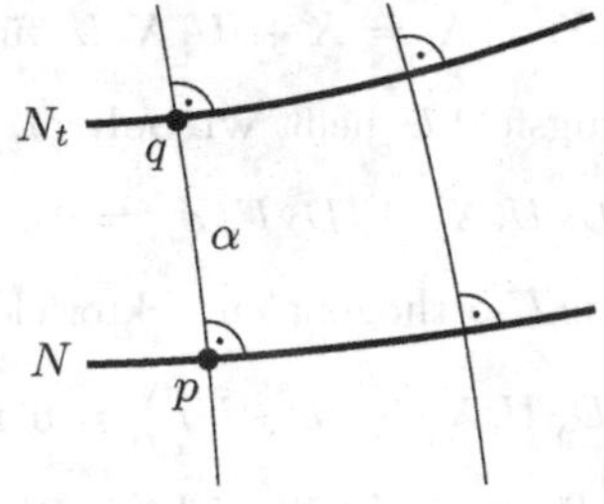

Dieselbe Konfiguration ergibt sich für den Fluss des Beobachterfelds U: Ist α ein Beobachter mit $\dot\alpha(t) = U_{\alpha(t)}$, $\alpha(0) = p$, so gilt $\alpha(t) = \Phi_{at}(p)$ mit $a := \|V_p\|^{-1}$. Denn nach (a) ist Φ_t eine lokale Isometrie, für $\beta(t) := \Phi_t(p)$ gilt also $\|V_{\beta(t)}\| = \|d\Phi_t(V_p)\| = \|V_p\|$ und somit $\dot\beta(t) = a^{-1}U_{\beta(t)}$. Es folgt $\alpha(t) = \beta(at)$.
Salopp gesprochen sieht für jeden Beobachter das räumliche Universum „immer gleich“ aus.

(e) Die Konfiguration von Flusslinien und Orthogonalflächen liefert eine Zerlegung der statischen Raumzeit in ein Produkt: Es sei N eine dreidimensionale Riemann–Mannigfaltigkeit mit Skalarprodukt $\langle\,\cdot\,,\,\cdot\,\rangle^N = ds_N^2$. Die Produktmannigfaltigkeit $M' = \mathbb{R} \times N$ versehen wir mit der Lorentz–Metrik

$$\langle u,v\rangle_p := -A(q)\,u^0v^0 + \langle\vec{u},\vec{v}\rangle_q^N$$

für $p = (t,q) \in M = \mathbb{R} \times N$, $u = (u^0,\vec{u})$, $v = (v^0,\vec{v}) \in T_pM' = T_t\mathbb{R} \times T_qN$ mit $A(q) > 0$, wofür wir symbolisch schreiben

$$ds^2 = -A(q)\,dt^2 + ds_N^2\,.$$

Für diese Raumzeit gilt:

(i) $V := \partial_t$ ist ein Killing–Vektorfeld mit dem Fluss

$$\Phi_t(p) = (s + t, q) \quad \text{für} \quad p = (s, q).$$

(ii) Das zugehörige Beobachterfeld $U = \|\partial_t\|^{-1}\partial_t = A^{-1/2}\partial_t$ ist wirbelfrei.

(iii) Die Hyperflächen $N_t := \{t\} \times N$ werden von den Flusslinien orthogonal durchsetzt, und die Projektion $(t, q) \mapsto q$ ist eine Isometrie zwischen N_t und N. Wir nennen M' die **statische Standard–Raumzeit.**

Ein Beispiel einer stationären Raumzeit ist gegeben durch die axialsymmetrische Lorentz–Metrik ($c = 1$ gesetzt)

$$ds^2 = -e^{-2F}dt^2 + r^2e^{2F+2H}(d\varphi - \Omega\,dt)^2 + e^{2F+2G}(dr^2 + dz^2)$$

bezüglich Zylinderkoordinaten (r, z, φ), $(r > 0,\ -\infty < z < \infty,\ 0 < \varphi < 2\pi)$, wobei $\{r = 0\}$ die Rotationsachse ist. Hierbei sind F, G, H, Ω Funktionen von r und z (den Koordinaten einer Meridianebene), und ∂_t ist ein zeitartiges Killing–Vektorfeld, vgl. 4.3. Eine solche Raumzeit kann einen mit konstanter Winkelgeschwindigkeit ω rotierenden Stern enthalten, und es lässt sich zeigen (mit Hilfe der Feldgleichung für eine ideale Flüssigkeit unter der Voraussetzung der asymptotischen Flachheit):

$$\omega \geq 0 \implies \Omega \geq 0, \text{ mit Gleichheit nur für } \omega = 0.$$

Im Fall $\omega > 0$ ist also $\Omega > 0$, und die Raumzeit ist nicht statisch.

Stationäre Raumzeiten erlauben somit rotierende Materieverteilungen, statische Raumzeiten dagegen nicht.

(f) Aufgabe. In einer stationären Raumzeit M mit Killing–Vektorfeld V seien zwei Beobachter α_0 und α_1 gegeben, die (nach Umparametrisierung) Integralkurven von V sind. Zeigen Sie, dass für den Rotverschiebungs–Parameter z von (α_0, p_0) und (α_1, p_1) gilt

$$1 + z = \|V(p_1)\| / \|V(p_0)\|.$$

Ist M zusätzlich statisch, so können auf der rechten Seite der Gleichung die Ereignisse p_i durch die Schnittpunkte q_i von α_i mit einer Orthogonalfläche N ersetzt werden.

Das Ergebnis des Rotverschiebungsexperiments in 1.6 (c) ergibt sich auch hiermit unter der Annahme, dass bezüglich eines erdfesten Koordinatensystems (x, y, z) ($\{z = 0\}$ = Erdoberfläche) lokal eine statische Metrik

$$ds^2 = -(1 + 2gc^{-2}z)\,dt^2 + dx^2 + dy^2 + dz^2$$

mit Killing–Vektorfeld $V = \partial_t$ existiert.

2 Die Feldgleichung

2.1 Motivation der Feldgleichung

Für das Folgende verabreden wir die Indexkonvention:

$$i, j, k, \ell \in \{0, 1, 2, 3\}, \quad a, b, c, d \in \{1, 2, 3\}.$$

Wir beginnen mit der klassisch–mechanischen Beschreibung einer idealen Flüssigkeit unter dem Einfluss eines Gravitationsfeldes mit Potential ϕ bezüglich eines Inertialsystems (t, x^1, x^2, x^3). Die Massendichte ϱ, der Druck p und das Geschwindigkeitsfeld $\mathbf{v} = (v^1, v^2, v^3)$ sind durch die folgenden Gleichungen miteinander verbunden, wobei die Operatoren $\boldsymbol{\nabla}$, div und Δ im herkömmlichen euklidischen Sinn zu verstehen sind:

Die Newtonsche Gravitationsgleichung

$$(1) \qquad -\Delta\phi = 4\pi\mathbf{G}\varrho$$

mit der Gravitationskonstanten $\mathbf{G}$, und die Eulerschen Gleichungen für die Massen– und Impulserhaltung nach Bd. 1, § 26 : 6.4,

$$(2) \qquad \begin{cases} \dfrac{\partial\varrho}{\partial t} + \operatorname{div}(\varrho\mathbf{v}) = 0, \\ \varrho\left(\dfrac{\partial\mathbf{v}}{\partial t} + \sum\limits_{b=1}^{3} v^b \dfrac{\partial\mathbf{v}}{\partial x^b}\right) + \boldsymbol{\nabla}p - \varrho\boldsymbol{\nabla}\phi = \mathbf{0}. \end{cases}$$

Wir geben den Gleichungen (1) und (2) formal eine relativistische Gestalt. Zunächst ersetzen wir die Zeitkoordinate t durch $x^0 = ct$ und schreiben $v^0 := c$. Dann lauten die Gleichungen (2) in Komponentendarstellung

$$\begin{cases} \partial_0\varrho v^0 + \sum\limits_{b=1}^{3} \partial_b(\varrho v^b) = 0, \\ \varrho\partial_0 v^a v^0 + \sum\limits_{b=1}^{3} v^b\,\partial_b v^a + \partial_a p - \varrho\partial_a\phi = 0. \end{cases}$$

Äquivalent hierzu sind die Gleichungen

$$\begin{cases} \sum\limits_{j=0}^{3} \partial_j(\varrho v^0 v^j) = 0, \\ \sum\limits_{j=0}^{3} \partial_j(\varrho v^a v^j + p\delta^{aj}) - \varrho\partial_a\phi = 0 \end{cases}$$

bzw.

$$(2') \qquad \begin{cases} \sum\limits_{j=0}^{3} \partial_j T^{0j} = 0, \\ \sum\limits_{j=0}^{3} \partial_j T^{aj} - \varrho\partial_a\phi = 0 \end{cases}$$

mit den Koeffizienten

(3) $T^{ij} := \begin{cases} \varrho v^i v^j + p\,\delta^{ij} & \text{für } i,j \geq 1, \\ \varrho v^i v^j & \text{sonst.} \end{cases}$

Wir führen die Lorentz–Metrik mit den Koeffizienten ein

$(*)\quad g_{ij} := \eta_{ij} + 2c^{-2}\phi\,\delta_i^0\,\delta_j^0$

und machen die Kleinheitsannahmen

$$|\phi|\,, \|\nabla\phi\| \ll c^2, \quad |\partial_0\partial_0\phi|, |\partial_0\partial_a\phi| \ll |\Delta\phi|\,, \quad \|\mathbf{v}\| \ll c\,.$$

Hiermit lassen sich die Gleichungen (2′) überführen in

$(2'')\quad \nabla_j T^{ij} = 0$ (Einsteinsche Summationskonvention).

Denn mit der Näherung $g^{ij} \approx \eta^{ij}$ ergibt sich ÜA

$$\Gamma_{00}^a \approx \Gamma_{0a}^0 = \Gamma_{a0}^0 \approx -c^{-2}\partial_a\phi\,, \quad \Gamma_{ij}^k \approx 0 \text{ sonst.}$$

Für die Divergenz $\nabla_j T^{ij} = \partial_j T^{ij} + \Gamma_{jk}^i T^{kj} + \Gamma_{jk}^j T^{ik}$ bezüglich der Metrik $(*)$ (siehe 3.2 (c), (d)) folgt ÜA

$$\begin{aligned} \nabla_j T^{0j} &\approx \partial_j T^{0j} + 3\Gamma_{a0}^0 T^{a0} \approx \partial_j T^{0j} - 3c^{-1}\partial_a\phi\varrho v^a \approx \partial_j T^{0j}, \\ \nabla_j T^{aj} &\approx \partial_j T^{aj} + \Gamma_{00}^a T^{00} + \Gamma_{0b}^0 T^{ab} \\ &\approx \partial_j T^{aj} - \varrho\partial_a\phi - c^{-2}\partial_b\phi(\varrho v^a v^b + p\delta^{ab}) \approx \partial_j T^{aj} - \varrho\partial_a\phi, \end{aligned}$$

womit (2′) in (2″) übergeht (mit „=" statt „≈").
Die Gravitationsgleichung (1) lässt sich schreiben

$(1')\quad -\Delta g_{00} = -2c^{-2}\Delta\phi = 8\pi\mathbf{G}c^{-2}\varrho = 8\pi\mathbf{G}c^{-4}T_{00}\,.$

Die linke Seite kann durch Krümmungsterme der Metrik $(*)$ ausdrückt werden, denn nach § 9 : 3.5 (b) gilt für die Koeffizienten des Ricci–Tensors

$$R_{ij} \approx \tfrac{1}{2}\eta^{k\ell}\big(\partial_i\partial_k g_{j\ell} + \partial_j\partial_\ell g_{ik} - \partial_i\partial_j g_{k\ell} - \partial_k\partial_\ell g_{ij}\big)\,,$$

wobei wir aufgrund der Kleinheitsannahmen die quadratischen Terme $\Gamma_{\cdot\cdot}^{\cdot}\,\Gamma_{\cdot\cdot}^{\cdot}$ vernachlässigt haben. Es ergibt sich weiter ÜA

$(4)\quad R_{00} \approx -\tfrac{1}{2}\,\eta^{k\ell}\partial_k\partial_\ell g_{00} = -\tfrac{1}{2}\,\Delta g_{00}\,, \quad R = g^{ij}R_{ij} \approx \eta^{ij}R_{ij} = -\Delta g_{00}\,.$

Wir fassen zusammen: Geben wir den Gleichungen idealer Flüssigkeiten der klassischen Mechanik formal eine relativistische Gestalt mit der Lorentz–Metrik $(*)$, so erhalten die Gravitationsgleichung (1) und die Erhaltungsgleichungen für Masse und Impuls (2) die Gestalt

$(5)\quad R_{00} = 4\pi\mathbf{G}c^{-4}T_{00}\,, \quad \nabla_j T^{ij} = 0\,.$

Die Gravitationsgleichung stellt eine Beziehung zwischen dem Krümmungsterm R_{00} und der Massendichte her. Der Krümmungsterm $R_{00} = -\tfrac{1}{2}\,\Delta g_{00}$ ist aus den zweiten Ableitungen der Lorentz–Metrik gebildet.

2.2 Die Einsteinsche Feldgleichung

Für die Feldgleichung der Allgemeinen Relativitätstheorie postulieren wir:

- Das Materiefeld wird durch einen symmetrischen, divergenzfreien $(0,2)$–Tensor T beschrieben, genannt der **Energie–Impulstensor**,

$$T_{ij} = T_{ji}\,, \quad \nabla_j T^{ij} = 0\,.$$

- Die Kopplung von Gravitationsfeld $\mathbf{g}$ und Materiefeld T wird durch eine Tensorgleichung

$$\mathcal{G}_{ij} = \kappa T_{ij}$$

hergestellt, wobei in die Koeffizienten $\mathcal{G}_{ij}$ nur nullte, erste und zweite Ableitungen der metrischen Koeffizienten eingehen und κ eine Konstante ist.

Beide Postulate führen hiernach zu der Aufgabe, alle symmetrischen, divergenzfreien $(0,2)$–Tensoren $\mathcal{G}_{ij}$ zu finden, die in der genannten Weise aus der Lorentz–Metrik aufgebaut sind. Zwei solche sind nach § 9 : 3.5 der Einstein-Tensor $G = Rc - \frac{1}{2}R\mathbf{g}$ (bzw. in Koordinaten $G_{ij} = R_{ij} - \frac{1}{2}R\,g_{ij}$), sowie nach dem Ricci–Lemma § 9 : 3.2 (e) die Metrik $\mathbf{g}$ selbst.

Dass hierdurch schon alle in Frage kommenden Kandidaten erfasst sind, besagt der folgende

SATZ (WEYL 1917, LOVELOCK 1972). *Jeder symmetrische, divergenzfreie* $(0,2)$*–Tensor auf einer vierdimensionalen Lorentz–Mannigfaltigkeit, der aus den nullten, ersten und zweiten Ableitungen der Metrik gebildet ist, hat die Gestalt*

$$aG + b\mathbf{g} \quad \textit{bzw.} \quad aG_{ij} + bg_{ij}$$

mit Konstanten a, b.

Für den BEWEIS siehe STRAUMANN [89] Ch. 2, 2.2.

Hiernach kann die Feldgleichung nur die Form $aG + b\mathbf{g} = cT$ mit Konstanten a, b, c besitzen bzw. nach Division durch a,

$$G + \Lambda\mathbf{g} = \kappa T \;\; \text{bzw.} \;\; G_{ij} + \Lambda g_{ij} = \kappa T_{ij}\,.$$

Der Term $\Lambda\mathbf{g}$ in der Feldgleichung heißt **kosmologisches Glied** und Λ die **kosmologische Konstante**. Wir dürfen $\Lambda = 0$ setzen, denn im Standardmodell der heutigen Kosmologie enthält der Energieimpuls–Tensor T den Bestandteil $T_{vak} = p_{vak}\,\mathbf{g}$ mit dem konstanten **Vakuumdruck** p_{vak} (siehe 2.3 und § 11 : 2.4 (c)); ein weiterer Term $\Lambda\mathbf{g}$ wird daher nicht benötigt.

Die **Kopplungskonstante** κ in der Feldgleichung wird aus dem **Newtonschen Grenzfall** bestimmt, bei welchem der Feldgleichung eine Lorentz–Metrik der Gestalt 2.1 $(*)$ zugrunde gelegt wird: Aus (4) und der Feldgleichung mit $\Lambda = 0$ ergibt sich dann einerseits

$$\kappa T_{00} = G_{00} = R_{00} - \tfrac{1}{2}R\,g_{00} \approx R_{00} - \tfrac{1}{2}R\,\eta_{00} = R_{00} + \tfrac{1}{2}R \approx -\Delta g_{00}\,,$$

andererseits gilt nach der Newtonschen Gravitationsgleichung in der Form

$$-\Delta g_{00} \approx 8\pi \mathbf{G} c^{-4} T_{00}\,,$$

somit

$$\kappa = \frac{8\pi \mathbf{G}}{c^4} = 2.076 \cdot 10^{-48}\ \mathrm{g}^{-1} \cdot \mathrm{cm}^{-1} \cdot \mathrm{s}^2\,.$$

Wir verwenden meistens geometrisierte Einheiten, dann ist $\kappa = 8\pi$ dimensionslos.

Die **Einsteinsche Feldgleichung** lautet damit

$$G = Rc - \tfrac{1}{2} R\mathbf{g} = \kappa T \quad \text{bzw.} \quad G_{ij} = R_{ij} - \tfrac{1}{2} R\, g_{ij} = \kappa T_{ij}\,.$$

Zum Materiefeld wird alles gezählt, was zum Energieimpuls beiträgt: sichtbare Materie, elektromagnetische Felder und unsichtbare, durch ihre dominierende Gravitationswirkung feststellbare Materie. Der Energieimpuls–Tensor setzt sich additiv aus den Energieimpuls–Tensoren der Bestandteile zusammen.

Eine äquivalente Form der Feldgleichung ist

$$Rc = \kappa\big(T - \tfrac{1}{2}\widehat{T}\mathbf{g}\big) \quad \text{bzw.} \quad R_{ij} = \kappa\big(T_{ij} - \tfrac{1}{2}\widehat{T} g_{ij}\big).$$

mit $\widehat{T} := C(T) = g^{k\ell} T_{k\ell}$. Denn durch Spurbildung in beiden Gleichungen ergibt sich jeweils $R = -\kappa \widehat{T}$.

Ein Raumzeit–Gebiet mit verschwindendem Energieimpuls–Tensor wird **Vakuum** genannt. Im Vakuum gilt $Rc = 0$ bzw. $R_{ij} = 0$ nach der zweiten Form der Feldgleichung.

EINSTEIN stellte die Feldgleichung Ende 1915 auf. Vorangegangen war eine lange Suche nach dem Krümmungsterm $\mathcal{G}_{ij}$ auf der linken Seite. Diese gestaltete sich deshalb so mühsam, weil EINSTEIN die zweite Bianchi–Identität und damit die Divergenzfreiheit des Tensors $G_{ij} = R_{ij} - \frac{1}{2} R g_{ij}$ nicht bekannt waren. HILBERT leitete die Feldgleichung aus einem Variationsprinzip ab, siehe 4.1. Sein Ergebnis erschien fast gleichzeitig mit EINSTEINs Publikation der Feldgleichung. HILBERTs Beschäftigung mit diesem Problem wurde angeregt durch eine Reihe von Vorträgen in Göttingen im Sommer 1915, in denen EINSTEIN seine damals noch unvollständigen Ansätze für die Feldgleichung vorstellte. Näheres hierzu siehe NEFFE [125] Kap.11, PAIS [126] Kap.9, Kap.12, FÖLSING [123] III.4, IV.2, MISNER–THORNE–WHEELER [86] § 17.7.

2.3 Die Feldgleichung für ideale Flüssigkeiten

In diesem Abschnitt verwenden wir geometrisierte Einheiten $c = \mathbf{G} = 1$.

(a) Eine **ideale Flüssigkeit** in einer Raumzeit M ist gekennzeichnet durch ein Tripel (U, ε, p), bestehend aus einem zukunftsgerichteten, zeitartigen Einheitsvektorfeld $U \in \mathcal{V}M$ und Skalarfunktionen $\varepsilon, p \in \mathcal{F}M$ mit $\varepsilon \geq 0$; hierbei sind

U das **Vierergeschwindigkeitsfeld**, ε die **Energiedichte** und p der **Druck** der idealen Flüssigkeit. Die ideale Flüssigkeit erfüllt die **dominante Energiebedingung**, wenn $|p| \leq \varepsilon$ gilt. Der **Energieimpuls–Tensor** der idealen Flüssigkeit ist die symmetrische 2–Form

$$T = (\varepsilon + p) U_\flat \otimes U_\flat + p\mathbf{g},$$

d.h. nach § 8 : 4.1 (d), § 9 : 2.4 (a)

$$T(X,Y) = (\varepsilon + p) \langle U, X\rangle\langle U, Y\rangle + p\langle X, Y\rangle \quad \text{für } X, Y \in \mathcal{V}M.$$

In Koordinaten hat der Energieimpuls–Tensor die Darstellung

$$T_{ij} = (\varepsilon + p)\, u_i u_j + p\, g_{ij}$$

bzw. in metrisch äquivalenten Darstellungen (§ 9 : 2.4 (a))

$$T_i^k = (\varepsilon + p)\, u_i u^k + p\, \delta_i^k, \quad T^{ij} = (\varepsilon + p) u^i u^j + p\, g^{ij}.$$

In konkreten Modellen sind ε und p durch eine **Zustandsgleichung** $F(\varepsilon, p) = 0$ oder $F(\varepsilon, p, T) = 0$ ($T =$ Temperatur) miteinander gekoppelt. Im Fall $p = 0$ nennen wir die ideale Flüssigkeit **Staub** oder **druckfreie Materie**. Die in der Kosmologie betrachtete **Vakuumenergie (dunkle Energie)** ist durch die Zustandsgleichung $\varepsilon + p = 0$ gekennzeichnet.

Der Energieimpuls–Tensor enthält alle Informationen über die Materie: Energiedichte, Impulsdichte und den Spannungstensor, siehe MISNER–THORNE–WHEELER [86] § 5.2–5. Die einfache Gestalt des Spannungstensors beruht wie in der klassischen Mechanik darauf, dass bei idealen Flüssigkeiten nur normale Oberflächenkräfte auftreten, vgl. Bd. 1, § 26 : 6.4. Den Zusammenhang mit dem Energieimpuls–Vektor von Materieteilchen stellen wir in (c) her.

(b) Aus der Feldgleichung

$$G = 8\pi T \quad \text{bzw.} \quad G_{ij} = 8\pi T_{ij}$$

folgt mit der Divergenzfreiheit des Einstein–Tensors (§ 9 : 3.5 (a))

$$\operatorname{div} G = 0 \quad \text{bzw.} \quad \nabla_j G^{ij} = 0,$$

notwendig die Divergenzfreiheit des Energieimpuls–Tensors

$$\operatorname{div} T = 0 \quad \text{bzw.} \quad \nabla_j T^{ij} = 0.$$

SATZ. *Die aus der Feldgleichung folgende Divergenzfreiheit des Energieimpuls–Tensors der idealen Flüssigkeit ist äquivalent mit den beiden Bedingungen*

(1) $U\varepsilon + (\varepsilon + p) \operatorname{div} U = 0,$

(2) $(\varepsilon + p) D_U U + \overrightarrow{\nabla p} = 0.$

Jede Integralkurve α des Vierergeschwindigkeitsfeldes U nennen wir einen **mitgeführten Beobachter** der idealen Flüssigkeit. Aus $\dot\alpha = U_\alpha$ folgt $\ddot\alpha = (U_\alpha)^\cdot = D_{\dot\alpha}U = (D_U U)_\alpha$ nach § 9 : 4.1 (a); wir nennen deshalb $D_U U$ das **Beschleunigungsfeld** von U. Schreiben wir für den Moment ε und p anstelle von $\varepsilon \circ \alpha$ und $p \circ \alpha$, so liefern die Gleichungen (1) und (2) längs der mitgeführten Beobachter

$$(3) \qquad \dot\varepsilon + (\varepsilon + p)(\operatorname{div} U)_\alpha = 0\,,$$

$$(4) \qquad (\varepsilon + p)\ddot\alpha + (\overrightarrow{\nabla p})_\alpha = 0\,.$$

Die Gleichungen (3) und (4) stellen Erhaltungsgleichungen für Energie und Impuls der idealen Flüssigkeit dar; diese ergeben sich bemerkenswerterweise als Folge der Feldgleichung.

Im Fall von Staub besagt die Gleichung (4), dass die Staubteilchen in Raumzeit–Gebieten mit nicht verschwindender Energiedichte frei fallend sind. Die Gleichung (3) kann hier in der Gestalt $\operatorname{div}(\varepsilon\, U) = 0$ geschrieben werden.

Für die Vakuumsenergie ist $\varepsilon = -\,p$ eine Konstante, denn aus $T^{ij} = p\,g^{ij}$ folgt $0 = \nabla_j T^{ij} = g^{ij}\nabla_j p + p\nabla_j g^{ij} = \nabla^i p$ nach § 9 : 3.2 (e). Enthält ein Materiemodell Vakuumsenergie, so tritt im Energieimpuls–Tensor auf der rechten Seite der Feldgleichung der Term $p g_{ij}$ mit der Konstanten p auf. Die Einführung eines zusätzlichen kosmologischen Gliedes Λg_{ij} auf der rechten Seite der Feldgleichung ist also überflüssig.

Beweis.

Mit der Vereinbarung, dass ∇_j immer nur auf den nächstfolgenden Term wirken soll, gilt nach § 9 : 3.2 (c) und aufgrund des Ricci–Lemmas § 9 : 3.2 (e)

$$\begin{aligned} 0 &= \nabla_j T^{ij} = \nabla_j \left((\varepsilon + p)u^i u^j + p\,g^{ij}\right) \\ &= \nabla_j(\varepsilon + p)u^i u^j + (\varepsilon + p)\nabla_j u^i u^j + (\varepsilon + p)u^i \nabla_j u^j + \nabla_j p\, g^{ij} \\ &= \left(u^j \nabla_j \varepsilon + (\varepsilon + p)\nabla_j u^j\right) u^i + (\varepsilon + p)\, u^j \nabla_j u^i + \nabla_j p\, g^{ij} + u^j \nabla_j p\, u^i\,. \end{aligned}$$

Unter Beachtung von

$$\left(\nabla_j p\, g^{ij} + u^j \nabla_j p u^i\right) \partial_i = \nabla p + \langle \nabla p, U\rangle U = \overrightarrow{\nabla p}$$

bedeutet das in invarianter Schreibweise

$$(U\varepsilon + (\varepsilon + p)\operatorname{div} U)U + (\varepsilon + p) D_U U + \overrightarrow{\nabla p} = 0\,.$$

Wegen $\langle U, U\rangle = -1$ gilt $0 = U\langle U, U\rangle = 2\langle D_U U, U\rangle$, somit liefert die Orthogonalzerlegung des links stehenden Ausdrucks die Gleichungen (1) und (2). □

ÜA Drücken Sie für einen momentanen Beobacher (q, v) die Werte $T_q(v, v)$ und $T_q(v, w)$ für $w \in v^\perp$ gemäß 1.4 (a) mit Hilfe der an $u := U_q$ beobachteten Relativgeschwindigkeit $\vec u_{\mathrm{rel}}$ aus.

(c*) Die folgende Überlegung soll plausibel machen, dass beim kontinuierlichen Materiemodell der Energieimpuls durch eine quadratische Form dargestellt werden muss. Eine Schar von Materieteilchen sei gegeben durch die Integralkurven eines zukunftsgerichteten, zeitartigen Einheitsvektorfeldes U. Des Weiteren sei eine positive Dichtefunktion $\nu : M \to \mathbb{R}$ gegeben, die **Teilchendichte**. Der Einfachheit halber nehmen wir an, dass alle Teilchen die gleiche Masse m besitzen; $P = mU$ ist dann gemäß 1.4 (a) das Energieimpuls–Feld der Schar.

Jeder momentane Beobachter (q, v) misst nach 1.4 (a) von dem durch q laufenden Teilchen die Energie

(3) $E_q = -\langle P_q, v\rangle = -m\langle U_q, v\rangle$.

Das Volumen eines Spats

$$\Sigma = \left\{ \sum_{a=1}^{3} t^a v_a \mid 0 \le t^1, t^2, t^3 \le 1 \right\}$$

in der Ruhebene $v^\perp$ ist

$$V^3(\Sigma) = \sqrt{\det(\langle v_a, v_b\rangle)}.$$

Mit Hilfe der Teilchendichte ν lässt sich für jedes Hyperflächenstück $S \subset M$ eine Teilchenzahl $N^3(S)$ definieren (darstellbar durch ein Integral $\int_S \nu \, dV^3$, was wir hier aber nicht tun wollen). Wesentlich ist hierbei die Beziehung

(4) $$\nu(q) = -\frac{1}{\langle U_q, v\rangle} \lim_{V^3(\Sigma)\to 0} \frac{N^3(\Sigma)}{V^3(\Sigma)}.$$

ÜA Machen Sie sich plausibel, dass für jeden (hinreichend kleinen) Spat $\Sigma \subset v^\perp$ und dessen Projektion $\vec{\Sigma}$ auf die Ruhebene $u^\perp$ des mitgeführten Beobachters $u = U_q$ die Beziehung besteht

$$-\frac{1}{\langle U_q, v\rangle} \frac{N^3(\Sigma)}{V^3(\Sigma)} = \frac{N^3(\vec{\Sigma})}{V^3(\vec{\Sigma})}.$$

Nach (3) und (4) ist für einen kleinen Spat $\Sigma \subset v^\perp$ die vom Beobachter (q, v) gemessene Gesamtenergie der durch Σ tretenden Teilchen näherungsweise $N^3(\Sigma)E_q \approx -mN^3(\Sigma)\langle U_q, v\rangle$ und die zugehörige Energiedichte daher

$$\lim_{V^3(\Sigma)\to 0} \frac{N^3(\Sigma)E_q}{V^3(\Sigma)} = -m\langle U_q, v\rangle \lim_{V^3(\Sigma)\to 0} \frac{N^3(\Sigma)}{V^3(\Sigma)} = m\,\nu(q)\langle U_q, v\rangle^2.$$

Die vom Beobachter (q, v) gemessene Energiedichte ist somit ein in v quadratischer Ausdruck; wir bezeichnen diese mit

$$T_q(v, v) = \varepsilon\,\langle U_q, v\rangle^2,$$

wobei wir $\varepsilon = m\nu$ setzen. Es lässt sich zeigen, dass die Fortsetzung dieses Ausdrucks auf alle Vektorfelder nur auf eine Weise möglich ist mit dem Ergebnis

$$T(X,Y) = \varepsilon \langle U,X\rangle\langle U,Y\rangle .$$

Für die präzise Fassung der hier angedeuteten Argumente verweisen wir auf KRIELE [76] 5.1, SYNGE [90] Ch. IV, § 1, O'NEILL [64] p. 337-9, SACHS–WU [78] 3.01, 3.3.

2.4 Der Energieimpuls–Tensor des elektromagnetischen Feldes

Wir setzen voraus, dass M eine orientierte Raumzeit ist und geben der Ruhebene $u^\perp$ jedes momentanen Beobachters (p,u) eine Orientierung durch die Vorschrift: Eine Basis v_1, v_2, v_3 von $u^\perp$ ist *positiv orientiert*, wenn es um p eine positiv orientierte Karte x gibt mit $u = \partial_0|_p,\ v_a = \partial_a|_p$.

(a) Ein **elektromagnetisches Feld** in einer Raumzeit M wird durch eine schiefsymmetrische 2–Form $F \in \vartheta_2 M \subset \mathcal{T}_2^0 M$, dem **Faraday–Tensor**, und ein Vektorfeld $J \in \mathcal{V}M$, der **Ladungsstromdichte** beschrieben. Diese genügen den **Maxwell–Gleichungen** im Vakuum,

$$\nabla_i F_{jk} + \nabla_j F_{ki} + \nabla_k F_{ij} = 0\,, \quad \nabla_j F^{ij} = 4\pi J^i\,,$$

wobei F_{ij} die Koeffizienten von F und $F^{k\ell} = g^{ik}g^{j\ell}F_{ij}$ die von $F^{\sharp\sharp}$ sind (vgl. § 9 : 2.4 (c)).

Aus den Maxwell–Gleichungen ergibt sich der Erhaltungssatz

$$\operatorname{div} J = \nabla_i J^i = \frac{1}{4\pi}\nabla_i\nabla_j F^{ij} = 0\,.$$

Die erste Gruppe der Maxwell–Gleichungen kann auch in der Form

$$\partial_i F_{jk} + \partial_j F_{ki} + \partial_k F_{ij} = 0$$

geschrieben werden [ÜA]; mit dem Differentialformenkalkül können diese in der Gleichung $dF = 0$ zusammengefasst werden, vgl. § 8 : 5.2.

Ein momentaner Beobachter (p,u) zerlegt den Faraday–Tensor in die **elektrische Feldstärke** $\vec{E} \in u^\perp$, definiert durch

$$\big\langle \vec{E}, v\big\rangle = F_p(v,u) \quad \text{für } v \in u^\perp\,,$$

und in die **magnetische Feldstärke** $\vec{B} \in u^\perp$, definiert durch

$$\big\langle \vec{B}, v \times w\big\rangle = F_p(v,w) \quad \text{für } v,w \in u^\perp\,.$$

In der Beobachterzerlegung der Ladungsstromdichte J,

$$J_p = \sigma u + \vec{J} \quad \text{mit } \sigma \in \mathbb{R}\,,\ \vec{J} \in u^\perp$$

heißen σ die **Ladungsdichte** und $\vec{J}$ die **Stromdichte**.

Wählen wir um $p \in M$ Normalkoordinaten (§ 9 : 4.2 (c)) und definieren bezüglich des Beobachterfeldes $U = \partial_0$ in der Koordinatenumgebung die beiden Felder $\vec{E} = E^a\,\partial_a$, $\vec{B} = B^a\,\partial_a$, so ergibt sich ÜA

$$\left(F_{ij}\right) = \begin{pmatrix} 0 & -E^1 & -E^2 & -E^3 \\ E^1 & 0 & B^3 & -B^2 \\ E^2 & -B^3 & 0 & B^1 \\ E^3 & B^2 & -B^1 & 0 \end{pmatrix}, \quad \left(F^{k\ell}\right) = \begin{pmatrix} 0 & E^1 & E^2 & E^3 \\ -E^1 & 0 & B^3 & -B^2 \\ -E^2 & -B^3 & 0 & B^1 \\ -E^3 & B^2 & -B^1 & 0 \end{pmatrix},$$

und die Maxwell–Gleichungen an der Stelle p erhalten mit $t = x^0/c = x^0$ die bekannte Gestalt ÜA

$$\begin{aligned} \operatorname{div} \vec{B} &= 0, & \frac{\partial \vec{B}}{\partial t} + \operatorname{rot} \vec{E} &= \vec{0}, \\ \operatorname{div} \vec{E} &= 4\pi\sigma, & -\frac{\partial \vec{E}}{\partial t} + \operatorname{rot} \vec{B} &= 4\pi \vec{J}. \end{aligned}$$

(b) Einem elektromagnetischen Feld mit Faraday–Tensor F ordnen wir den **Energieimpuls–Tensor** T zu, in Koordinaten gegeben durch

$$T_{ij} = \frac{1}{4\pi}\left(g^{k\ell} F_{ik} F_{j\ell} - \tfrac{1}{4}\, g_{ij} F^{k\ell} F_{k\ell}\right).$$

SATZ. *Für den Energieimpuls–Tensor T des elektromagnetischen Feldes gilt:*

(1) *T ist symmetrisch und spurfrei,*

$$T_{ij} = T_{ji}, \quad g^{ij} T_{ij} = 0.$$

(2) *T erfüllt die* **schwache Energiebedingung**

$$T(X, X) \geq 0 \text{ für alle zeitartigen Vektorfelder } X.$$

(3) $\operatorname{div} T = FJ$ *bzw.* $\nabla^j T_{ij} = F_{ki} J^k$.

Hierbei bedeutet FX für $X \in \mathcal{V}M$ die 1–Form $Y \mapsto F(X, Y)$.

BEWEIS.

(1) ist leicht nachzurechnen ÜA.

(2) Wir fixieren $p \in M$, wählen eine Orthonormalbasis $e_0, \ldots, e_3$ für T_pM mit $e_0 = X_p$ und verwenden die Indexkonvention von 2.1,

$$i, j, k, \ell \in \{0, 1, 2, 3\}, \quad a, b, c, d \in \{1, 2, 3\}.$$

Wegen $g^{ij} = \eta^{ij}$ und $F_{ij} = -F_{ji}$ ergibt sich, jeweils auf die Stelle p bezogen

$$F^{00} = 0, \quad F^{0a} = -F_{0a}, \quad F^{ab} = F_{ab},$$

und daraus

$$\begin{aligned}4\pi\, T(X,X) &= 4\pi T_{00} = g^{ik} F_{0i} F_{0k} - \tfrac{1}{4}\, g_{00} F^{ik} F_{ik} \\ &= F_{0a} F_{0a} + \tfrac{1}{4}\left(F^{00} F_{00} + 2F^{0a} F_{0a} + F^{ab} F_{ab}\right) \\ &= F_{0a} F_{0a} + \tfrac{1}{4}\left(-2F_{0a} F_{0a} + F^{ab} F_{ab}\right) \\ &= \tfrac{1}{2} F_{0a} F_{0a} + \tfrac{1}{4} F_{ab} F_{ab} \geq 0\,.\end{aligned}$$

(3) Nach den Rechenregeln § 9 : 3.2 (c),(d),(e) gilt

$$\nabla^j (g_{ij} F^{k\ell} F_{k\ell}) = g_{ij} \nabla^j (F^{k\ell} F_{k\ell}) = \nabla_i (F^{k\ell} F_{k\ell}) = 2F^{k\ell} \nabla_i F_{k\ell}\,,$$

$$\begin{aligned}4\pi \nabla^j T_{ij} &= \nabla^j \left(g^{k\ell} F_{ik} F_{j\ell} - \tfrac{1}{4}\, g_{ij} F^{k\ell} F_{k\ell}\right) \\ &= g^{k\ell} \nabla^j F_{ik} F_{j\ell} + g^{k\ell} F_{ik} \nabla^j F_{j\ell} - \tfrac{1}{2}\, F^{k\ell} \nabla_i F_{k\ell}\,.\end{aligned}$$

Für den mittleren Term auf der rechten Seite ergibt sich mit der zweiten Gruppe der Maxwell–Gleichungen

$$g^{k\ell} F_{ik} \nabla^j F_{j\ell} = F_{ik} \nabla_j F^{jk} = -F_{ik} \nabla_j F^{kj} = -4\pi F_{ik} J^k = 4\pi F_{ki} J^k\,.$$

Die beiden restlichen Terme liefern unter Verwendung der ersten Gruppe der Maxwell–Gleichungen

$$\begin{aligned}& g^{k\ell} \nabla^j F_{ik} F_{j\ell} - \tfrac{1}{2}\, F^{k\ell} \nabla_i F_{k\ell} = \nabla_j F_{ik} F^{jk} - \tfrac{1}{2} F^{kj} \nabla_i F_{kj} \\ &= F^{jk} \nabla_j F_{ik} + \tfrac{1}{2}\, F^{jk} \nabla_i F_{kj} = \tfrac{1}{2}\, F^{jk} \left(\nabla_j F_{ik} + \nabla_k F_{ji} + \nabla_i F_{kj}\right) = 0\,,\end{aligned}$$

letzteres durch zweimaliges Ausnützen der Schiefsymmetrie. □

(c) Die Zerlegung des Energieimpuls–Tensors durch einen momentanen Beobachter (p,u) ergibt mit den Bezeichnungen von (a) die **Energiedichte**

$$T_p(u,u) = \frac{1}{8\pi}\left(\|\vec{E}\|^2 + \|\vec{B}\|^2\right),$$

die **Impulsdichte**

$$v \mapsto T_p(u,v) = -\frac{1}{4\pi}\left\langle \vec{E} \times \vec{B}, v\right\rangle, \quad u^\perp \to \mathbb{R}\,,$$

und den **Maxwellschen Spannungstensor**, welcher als Bilinearform auf $u^\perp \times u^\perp$ gegeben ist durch

$$T_p(v,w) = \frac{1}{4\pi}\left(\frac{1}{2}\left(\|\vec{E}\|^2 + \|\vec{B}\|^2\right)\langle v,w\rangle - \left\langle \vec{E}, v\right\rangle\left\langle \vec{E}, w\right\rangle - \left\langle \vec{B}, v\right\rangle\left\langle \vec{B}, w\right\rangle\right).$$

(d) Wir bestimmen die Bewegungsgleichungen von elektrisch geladenem Staub. Gemäß 2.2 legen wir den Energieimpuls–Tensor

$$T = T^{\,Staub} + T^{\,Em}$$

zugrunde; hierbei ist $T_{ij}^{Staub} = \varepsilon\, u_i u_j$ der Energieimpuls–Tensor des Staubmodells (vgl. 2.3 (a)) und T^{Em} der Energieimpuls–Tensor des elektromagnetischen Feldes in (b), wobei wir die Ladungsstromdichte in der Form $J = \sigma\, U$ mit der elektrischen **Stromdichte** σ ansetzen. Als Folge der Feldgleichung ergibt sich das Verschwinden der Divergenz von T. Nach (b) und 2.2 gilt also mit der Abkürzung $a := U\varepsilon + \varepsilon \operatorname{div} U = \operatorname{div}(\varepsilon U)$

$$0 = \nabla^j T_{ij} = a u_i + \varepsilon u^j \nabla_j u_i + F_{ji} J^j = a u_i + \varepsilon u^j \nabla_j u_i - \sigma F_{ij} u^j\,,$$

was in invarianter Schreibweise bedeutet

$$\langle aU + \varepsilon D_U U, X\rangle \;=\; \sigma F(X,U) \;\text{ für alle } X \in \mathcal{V}M\,.$$

Wählen wir $X = U$, so folgt $a = 0$ wegen $\langle D_U U, U\rangle = 0$ und $F(U,U) = 0$. Wir erhalten somit als Bewegungsgleichungen des elektrisch geladenen Staubs

$$\operatorname{div}(\varepsilon U) \;=\; 0\,, \quad \langle D_U U, X\rangle \;=\; \tfrac{\sigma}{\varepsilon} F(X,U) \;\text{ für alle } X \in \mathcal{V}M\,,$$

bzw. in Koordinatenschreibweise

$$\nabla_i(\varepsilon u^i) \;=\; 0\,, \quad u^j \nabla_j u^i \;=\; \tfrac{\sigma}{\varepsilon} F^{ij} u_j\,.$$

Für Staubteilchen (d.h. Integralkurven von U) mit Koordinaten $\tau \mapsto x^i(\tau)$ bedeutet die zweite Gleichungsgruppe das **Heaviside–Lorentz–Kraftgesetz**

$$\ddot{x}^k + \Gamma_{ij}^k \dot{x}^i \dot{x}^j \;=\; \tfrac{\sigma}{\varepsilon} F^{k\ell} \dot{x}_\ell\,.$$

Die Beobachterzerlegung dieser Gleichung lautet bei Verwendung von Normalkoordinaten mit den Bezeichnungen von (a)

$$\ddot{x}^0 \;=\; \tfrac{\sigma}{\varepsilon}\langle \vec{E}, \dot{\vec{x}}\rangle\,, \quad \ddot{\vec{x}} \;=\; \tfrac{\sigma}{\varepsilon}\big(\dot{x}^0 \vec{E} + \dot{\vec{x}} \times \vec{B}\big).$$

3* Der Energieimpuls isolierter Systeme

3.1 Der Energieimpuls–Vektor als Erhaltungsgröße

(a) In der klassischen Mechanik verstehen wir unter einem isolierten System eine Massenverteilung, die zu jedem Zeitpunkt einen kompakten Träger hat. Besitzt diese zu einem im Folgenden festen Zeitpunkt die Dichte ϱ so ist die Masse des Systems gegeben durch (wir setzen im Folgenden wieder $c = \mathbf{G} = 1$)

$$m \;=\; \int_{\mathbb{R}^3} \varrho\, d^3\mathbf{x}\,.$$

Das zugehörige Gravitationspotential ϕ ist eindeutig bestimmt durch

$$-\Delta\phi \;=\; 4\pi\varrho\,, \qquad \lim_{\|\mathbf{x}\|\to\infty} \phi(\mathbf{x}) \;=\; 0\,,$$

und besitzt nach Bd. 2, § 14 : 3.3, 5.2 die Integraldarstellung

$$\phi(\mathbf{x}) \;=\; \int_{\mathbb{R}^3} \frac{\varrho(\mathbf{y})}{\|\mathbf{x}-\mathbf{y}\|}\, d^3\mathbf{y}\,.$$

Zur Beschreibung des asymptotischen Verhaltens des Gravitationspotentials ϕ für große Distanzen $r = \|\mathbf{x}\|$ verwenden wir die *Landau–Symbole* O und o:
Ist eine Funktion $f(\mathbf{x})$ für $r = \|\mathbf{x}\| \gg 1$ definiert und bleibt $r^\mu f(\mathbf{x})$ beschränkt für $r = \|\mathbf{x}\| \to \infty$ $(\mu \in \mathbb{R})$, so schreiben wir symbolisch $f(\mathbf{x}) = O(r^{-\mu})$. Gilt sogar $\lim_{r\to\infty} r^\mu f(\mathbf{x}) = 0$, so notieren wir dies in der Form $f(\mathbf{x}) = o(r^{-\mu})$.
Wir zeigen für das Newtonsche Gravitationspotential

$$\phi(\mathbf{x}) = \frac{m}{r} + O(r^{-2}), \quad \partial_a\phi(\mathbf{x}) = O(r^{-2}), \quad \partial_a\partial_b\phi(\mathbf{x}) = O(r^{-3}).$$

Denn mit den Abkürzungen

$$s = \frac{\langle \mathbf{x}, \mathbf{y}\rangle}{\|\mathbf{x}\| \cdot \|\mathbf{y}\|}, \quad t = \frac{\|\mathbf{y}\|}{\|\mathbf{x}\|}, \quad r = \|\mathbf{x}\|$$

gilt $O(t^k) = O(r^{-k})$ und

$$\frac{1}{\|\mathbf{x} - \mathbf{y}\|} = \frac{1}{r}\frac{1}{\sqrt{1 - 2st + t^2}} = \sum_{k=0}^{\infty} P_k(s)t^k$$

mit den Legendre–Polynomen P_k (Bd. 2, § 4 : 3.2 (d)). Entsprechend ergeben sich die Abschätzungen für die Ableitungen nach x^a [ÜA].

(b) In der Relativitätstheorie charakterisieren wir isolierte Systeme durch Abklingbedingungen wie folgt:

Eine Raumzeit M zerlegen wir in Raum und Zeit durch Wahl eines Bezugsfeldes U (vgl. 1.8 (c)) und einer Funktion $\tau : M \to \mathbb{R}$ mit $\langle \nabla\tau, U\rangle = 1$, wobei wir von den dreidimensionalen Untermannigfaltigkeiten $N_t := \{p \in M \mid \tau(p) = t\}$ voraussetzen, dass diese **Cauchy–Flächen** sind, d.h. von jeder nichtfortsetzbaren zeitartigen Kurve von M genau einmal geschnitten werden (die N_t sind dann notwendig raumartig). Wir nennen τ eine **Zeitfunktion** von M und die N_t deren **Raumblätter**. Weil für jede Integralkurve α von U die Beziehung $(\tau \circ \alpha)^{\cdot} = \langle (\nabla\tau) \circ \alpha, \dot\alpha\rangle = \langle (\nabla\tau) \circ \alpha, U \circ \alpha\rangle = 1$ gilt, transportiert der von U erzeugte Fluss Φ die Raumblätter ineinander, $\Phi_s(N_t) \subset N_{s+t}$ für $s, t \in \mathbb{R}$. Jede Wahl von Koordinaten (x^1, x^2, x^3) auf einem Raumblatt erzeugt hierdurch Koordinaten auf allen Raumblättern, und mit $x^0 = t = \tau(p)$ Koordinaten (x^0, x^1, x^2, x^3) für M.

Isolierte Systeme in der Relativitätstheorie werden durch asymptotisch flache Raumzeiten M beschrieben: Wir nennen eine Raumzeit **asymptotisch flach im räumlichen Unendlich** (bezüglich einer Raum–Zeit–Zerlegung), wenn es für jedes $s \in \mathbb{R}$ eine Umgebung $J \subset \mathbb{R}$ von s, eine kompakte Menge $K \subset M$, eine Zahl $\rho_0 > 0$, sowie Raum und Zeit zerlegende Koordinatensysteme (x^1, x^2, x^3) gibt, die $N_t \setminus K$ in $\mathbb{R}^3 \setminus K_{\rho_0}(\mathbf{0})$ abbilden, welche die **Abklingbedingungen**

$$g_{ij} - \eta_{ij} = O(r^{-1}), \quad \partial_k g_{ij} = O(r^{-2}), \quad \partial_\ell\partial_k g_{ij} = O(r^{-3})$$

$(\, r := (x^1x^1 + x^2x^2 + x^3x^3)^{1/2}\,)$ gleichmäßig in t erfüllen. Hierbei sind die η_{ij} die Koeffizienten der Minkowski–Metrik mit Signatur $(-+++)$:

$$\eta_{00} = -1,\ \eta_{ab} = \delta_{ab},\ \eta_{ij} = 0 \ \text{ außerhalb der Diagonale.}$$

Den Abklingbedingungen geben wir eine geometrische Interpretation, indem wir die Minkowski–Raumzeit $M^\infty = \mathbb{R}^4$ mit der Minkowski–Metrik $g_{ij}^\infty = \eta_{ij}$ und der Zeitorientierung durch ∂_0 als *Hintergrundraumzeit von M im räumlichen Unendlich* auffassen. Heben und Senken von Indizes wird im Folgenden bezüglich der Hintergrundmetrik η_{ij} ausgeführt. Wir bezeichnen mit $S_{\varrho,t} \subset N_t$ die zweidimensionale Sphäre $\{x^0 = t,\ r = \varrho\}$ und mit $\mathbf{n} = (n^1, n^2, n^3)$ das äußere Einheitsnormalenfeld von $S_{\varrho,t} \subset N_t$ bezüglich der Hintergrundmetrik, also $n^a = n_a = x^a/r$. Wie dieses Konzept präzisiert werden kann, beschreiben wir in 3.3.

Wir bilden die im räumlichen Unendlich „kleinen" Größen

(1) $\quad \mathbf{h} := \mathbf{g} - \boldsymbol{\eta} \quad$ bzw. $\; h_{ij} := g_{ij} - \eta_{ij}$

und führen Größen H_{ij} als bezüglich $\mathbf{h}$ linearen Anteil des Einstein–Tensors wie folgt ein: Nach § 9 : 3.5 (b) lässt sich der Ricci–Tensor in die Form

$$R_{ij} = \tfrac{1}{2}\, g^{k\ell}\left(\partial_i\partial_k g_{j\ell} + \partial_j\partial_\ell g_{ik} - \partial_i\partial_j g_{k\ell} - \partial_k\partial_\ell g_{ij}\right) + Q_{ij}$$

bringen, wobei Q_{ij} quadratische Ausdrücke in den Christoffel–Symbolen sind. Dann ist der in $\mathbf{h}$ lineare Anteil von R_{ij}

(2) $\quad S_{ij} := \tfrac{1}{2}\,\eta^{k\ell}\left(\partial_i\partial_k h_{j\ell} + \partial_j\partial_\ell h_{ik} - \partial_i\partial_j h_{k\ell} - \partial_k\partial_\ell h_{ij}\right).$

Der in $\mathbf{h}$ lineare Anteil des Einstein–Tensors lautet entsprechend

(3) $\quad H_{ij} := S_{ij} - \tfrac{1}{2}\, S\,\eta_{ij} \quad$ mit $\; S := \eta^{k\ell} S_{k\ell}\,,$

und die H_{ij} erfüllen die Abklingbedingungen

(4) $\quad H_{ij} = O(r^{-3}).$

Weiter besteht die Darstellung [ÜA]

(5) $\quad H^{ij} = \partial_k H^{kij}\,,$

wobei die H^{kij} gegeben sind durch

$$2H^{kij} = \eta^{i\ell}\partial_\ell h^{kj} - \eta^{k\ell}\partial_\ell h^{ij} + \eta^{kj}\partial_\ell h^{i\ell} - \eta^{ij}\partial_\ell h^{k\ell} + (\eta^{k\ell}\eta^{ij} - \eta^{i\ell}\eta^{kj})\,\partial_\ell h^n_n\,.$$

Wegen der Schiefsymmetrie der H^{kij} in den ersten beiden Indizes ergibt sich

(6) $\quad \partial_j H^{ij} = \partial_j H^{ji} = \partial_j\partial_k H^{kji} = 0,$

also Divergenzfreiheit der H^{ij} bezüglich der Hintergrundsmetrik.
Aus $H^{00j} = 0$ folgt ferner

(7) $\quad H^{0j} = H^{j0} = \partial_a H^{aj0}.$

Wir setzen zunächst voraus, dass alle Raumblätter N_t diffeomorph zum $\mathbb{R}^3$ sind, bezeichnen mit $K_{\rho,t} \subset N_t \mathrel{\widehat{=}} \mathbb{R}^3$ die dreidimensionale Kugel $\{x^0 = t, r < \rho\}$

und mit $S_{\rho,t}$ die Sphäre $\{x^0 = t,\ r = \rho\}$. Das Verschwinden der Divergenz (6) liefert dann unter Verwendung des Gaußschen Integralsatzes

$$\begin{aligned} \frac{\partial}{\partial t} \int\limits_{N_t} H^{j0}\, d^3\mathbf{x} &= \partial_0 \int\limits_{N_t} H^{j0}\, d^3\mathbf{x} = \int\limits_{N_t} \partial_0 H^{j0}\, d^3\mathbf{x} \\ &= -\int\limits_{N_t} \partial_a H^{ja}\, d^3\mathbf{x} = -\lim_{\varrho\to\infty} \int\limits_{K_{\varrho,t}} \partial_a H^{ja}\, d^3\mathbf{x} \\ &= -\lim_{\varrho\to\infty} \int\limits_{S_{\varrho,t}} H^{ja}\, n_a\, do = 0\,, \end{aligned}$$

wobei in der letzten Gleichheit die Abklingbedingung (4) verwendet wurde. Die Größen

$$(8) \qquad P^j := \frac{1}{8\pi} \int\limits_{N_t} H^{j0}\, d^3\mathbf{x}$$

sind also unabhängig von t; d.h. wir haben Erhaltungsgrößen P^j gefunden, die Komponenten des **Energieimpuls–Vektors.**

Um zu einer Definition des Energieimpulses zu kommen, welche auch Raumzeiten mit Singularitäten und Horizonten zulässt (das bedeutet, dass Raumblätter nicht diffeomorph zum $\mathbb{R}^3$ zu sein brauchen, d.h. „Löcher" besitzen können), formen wir die P^j darstellenden Integrale in Integrale über asymptotisch große zweidimensionale Sphären um. Nach (7) ergibt sich mit dem Gaußschen Integralsatz

$$\begin{aligned} 8\pi P^j &= \int\limits_{N_t} H^{j0}\, d^3\mathbf{x} = \lim_{\rho\to\infty} \int\limits_{K_{\rho,t}} H^{j0}\, d^3\mathbf{x} = \lim_{\rho\to\infty} \int\limits_{K_{\rho,t}} \partial_a H^{aj0}\, d^3\mathbf{x} \\ &= \lim_{\rho\to\infty} \int\limits_{S_{\rho,t}} H^{aj0}\, n_a\, do\,. \end{aligned}$$

Der letzte Grenzwert ist ebenfalls unabhängig von t, denn bezeichnen wir für $t_1 < t_2$, $r \gg 1$ das Zylinderstück $\{t_1 \le t \le t_2,\ r = \rho\}$ mit T_ρ, so gilt

$$\begin{aligned} \int\limits_{S_{\rho,t_2}} H^{aj0}\, n_a\, do - \int\limits_{S_{\rho,t_1}} H^{aj0}\, n_a\, do &= \int\limits_{t_1}^{t_2} \int\limits_{S_{\rho,t}} \partial_0 H^{aj0}\, n_a\, do\, dt \\ &= \int\limits_{T_\rho} \partial_0\, H^{aj0}\, n_a\, do\, dt\,. \end{aligned}$$

Nach (ii) gilt $\partial_0 H^{aj0} = O(r^{-3})$, also ist das letzte Integral abschätzbar durch $\mathrm{const}\cdot(t_2 - t_1)/\rho$. Durch Grenzübergang $\varrho \to \infty$ folgt die Gleichheit der Grenzwerte der beiden Integrale auf der linken Seite.

Verwenden wir nun die Definition der H^{aj0}, so ergibt sich unter Beachtung von $\partial_k h_{ij} = \partial_k g_{ij}$ die allgemeine Definition des **Energieimpuls–Vektors**

$$P = (P^0, P^1, P^2, P^3) \in M^\infty$$

für beliebige asymptotisch flache Raumzeiten M [ÜA]:

$$(9') \qquad P^0 = \lim_{\varrho\to\infty} \frac{1}{16\pi} \int\limits_{S_{\varrho,t}} \big(\partial_b g_{ab} - \partial_a g_{bb}\big) n_a\, do\,,$$

und für $b = 1, 2, 3$,

$$(9'') \qquad \begin{aligned} P^b &= \lim_{\varrho\to\infty} \tfrac{1}{16\pi} \int\limits_{S_{\varrho,t}} \left\{\partial_a g_{0b} - \partial_0 g_{ab} + \left(\partial_0 g_{cc} - \partial_c g_{0bc}\right)\delta_{ab}\right\} n_a \, do \\ &= \lim_{\varrho\to\infty} \tfrac{1}{8\pi} \int\limits_{S_{\varrho,t}} \left(k^{ab} n_a - k_c^c n_b\right) do \,, \end{aligned}$$

wobei die k_{ab} die Koeffizienten der zweiten Fundamentalform von N_t sind. Die Faktoren vor den Integralen lauten in cgs–Einheiten $c^3/(16\pi\mathbf{G})$ bzw. $c^3/(8\pi\mathbf{G})$. Der Koordinatenvektor (P^0, P^1, P^2, P^3) wird der **ADM–Energieimpuls** und $E = cP^0$ die **ADM–Energie** des isolierten Systems (bezüglich der Raum–Zeit–Zerlegung) genannt, nach ARNOWITT, DESER, MISNER 1961 [95], die diese Erhaltungsgröße durch Interpretation der Feldgleichung als Hamiltonsches System gewannen, vgl. WALD [79] App. E.2. Der hier gewählte Zugang folgt dem Konzept in WEINBERG [119] 7.6.

Das Integral für die ADM–Energie $E = cP^0$ in (9′) enthält nur Koeffizienten der Riemannschen Metrik der Raumblätter N_t. Hiernach kann die ADM–Energie für jede 3–dimensionale asymptotisch flache Riemannschen Mannigfaltigkeit, unabhängig von einer umgebenden Raumzeit, eingeführt werden. Die Koordinateninvarianz der Energie wurde von BARTNIK [96] für Riemannschen Mannigfaltigkeiten mit integrierbarer Skalarkrümmung gezeigt.

Die Integranden des Energieimpuls–Vektors sind nicht eindeutig bestimmt. Die erste Darstellung gaben EINSTEIN und KLEIN 1918, siehe PAULI [121] 23, WEYL [122] § 37. Für Varianten verweisen wir auf ARNOWITT–DESER–MISNER [95], LANDAU–LIFSCHITZ [85] § 100. Entscheidend ist jeweils das Bestehen einer Potentialdarstellung und die Divergenzfreiheit der Integranden wie in (5) und (6).

(c) Geben wir der Newtonschen Gravitationsgleichung $-\Delta\phi = 4\pi\mathbf{G}\varrho$ eine relativistische Gestalt unter Verwendung der Lorentz–Metrik wie in 2.1,

$$g_{ij} = \eta_{ij} + h_{ij} \ \text{ mit } \ h_{ij} = 2c^{-2}\phi\,\delta_i^0\,\delta_j^0 \,,$$

so gilt nach (4),(5) in 2.1

$$H^{00} = \eta^{0i}\eta^{0j}H_{ij} = H_{00} = S_{00} - \tfrac{1}{2}S\eta_{00} = -\Delta h_{00} = -2c^{-2}\Delta\phi = \tfrac{8\pi\mathbf{G}}{c^2}\,\varrho \,.$$

Für die Newtonsche Masse erhalten wir somit

$$m = \int\limits_{\mathbb{R}^3} \varrho\, d^3\mathbf{x} = c^2/(8\pi\mathbf{G}) \int\limits_{\mathbb{R}^3} H^{00}\, d^3\mathbf{x} = c^{-1}P^0 = c^{-2}E \,.$$

3.2 Eigenschaften des Energieimpuls–Vektors

(a) Die Positivität der ADM–Energie.

SATZ. *Sei M eine asymptotisch flache Raumzeit, welche eine geodätisch vollständige Cauchy–Fläche N besitzt, vgl. 3.1 (b). Die Materie erfülle die* **dominante Energiebedingung**, *d.h. für den Energieimpuls–Tensor T gelte*

$T(X,Y) \geq 0$ für alle zukunftsgerichteten kausalen Vektorfelder X,Y.

Dann ist der Energieimpuls–Vektor P von M entweder zukunftsgerichtet und zeitartig,

$$P^0 > 0\,, \quad \langle P,P\rangle_\infty \;=\; -\,P^0P^0 + P^1P^1 + P^2P^2 + P^3P^3 \;<\; 0\,,$$

oder es gilt $P = 0$. Letzteres ist genau dann der Fall, wenn M der flache Minkowski–Raum M^∞ ist.

Die ADM–Energie $E = cP^0$ stellt somit ein Maß für die Abweichung der Raumzeit M vom Grundzustand M^∞ dar:

$$E \;\geq\; 0 \text{ mit Gleichheit genau dann, wenn } M = M^\infty\,.$$

Diese Aussage ist von fundamentaler Bedeutung für die Relativitätstheorie. Der Beweis ist aufwändig; der Grund hierfür liegt in der Nichtlinearität der Feldgleichung, was zur Folge hat, dass sich die Energie nicht einfach als Integral über eine Summe von Quadraten schreiben und damit als positiv erkennen lässt. Die dominante Energiebedingung charakterisiert „normales" Verhalten der Materie. Für ideale Flüssigkeiten ist diese äquivalent mit

$$|p| \leq \varepsilon,$$

ÜA (Orthogonalzerlegung von X,Y bezüglich U, § 9 : 1.1 (c)).

Beweise gaben SCHOEN und YAU 1979/81 (Minimalflächenbeweis) [110] und WITTEN 1981 (Spinorbeweis) [111], BARTNIK [96] 5. Diesen Beweisen waren zahlreiche Teilresultate vorangegangen, siehe hierzu den Artikel von BRILL und JANG in [105, Vol.1] pp. 173–193. Einen Überblick über neuere Entwicklungen gibt der Bericht von BARTNIK [97].

(b) **Die Energie von stationären, asymptotisch flachen Raumzeiten.** Eine Lorentz–Mannigfaltigkeit M heißt **stationär und asymptotisch flach**, wenn sie asymptotisch flach im räumlichen Unendlich ist und ein zeitartiges, zukunftsgerichtetes Killing–Vektorfeld U besitzt mit

$$U \;=\; \partial_0$$

bezüglich eines Koordinatensystems $x \;=\; (x^0,\ldots,x^3)$ wie in 3.1 (b). Für ein solches gilt nach 1.8 (a)

$$\partial_0 g_{ij} \;=\; 0\,.$$

Ein Raumblatt $N \subset M$ wird **asymptotisch orthogonal** zu U genannt, wenn $N = \{x^0 = \tau\}$ bezüglich eines solchen Koordinatensystems (o.B.d.A. $\tau = 0$); es gilt dann also mit $\langle U, \partial_a\rangle = g_{0a}$

$$g_{0a} = O(r^{-1})\,, \quad \partial_b g_{0a} = O(r^{-2})\,, \quad \partial_b\partial_c g_{0a} = O(r^{-3})\,,$$

gleichmäßig auf kompakten Zeitintervallen.

Die zweidimensionalen Sphären in N bezeichnen wir wieder mit S_ϱ, und deren äußeres Einheitsnormalenfeld in der Mannigfaltigkeit N mit n (Figur).

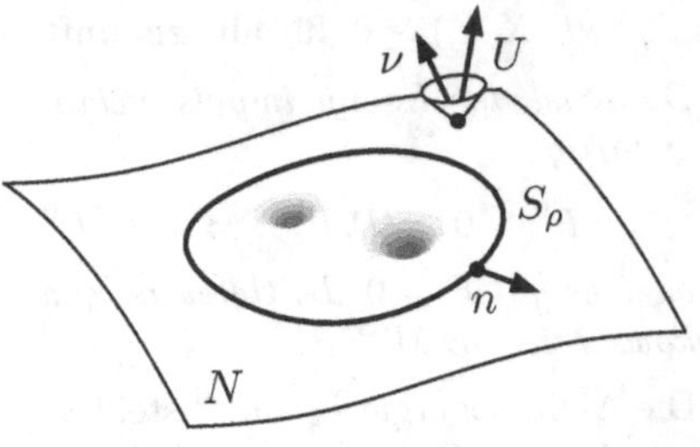

SATZ. *Sei M eine stationäre, asymptotisch flache Raumzeit mit Killing–Vektorfeld U. Dann besitzt die ADM–Energie E auf jedem zu U asymptotisch orthogonalen Raumblatt $N \subset M$ die Darstellung durch das* **Komar–Integral**

$$E = \lim_{\varrho\to\infty} \tfrac{1}{4\pi} \int_{S_\varrho} \langle D_\nu U, n\rangle \, dV^2,$$

hierbei ist ν das zukunftsgerichtete Einheitsnormalenfeld von N. Ist N diffeomorph zum $\mathbb{R}^3$, so gilt weiter

$$E = \tfrac{1}{4\pi} \int_N Rc(U,\nu) \, dV^3.$$

Für Koordinaten mit $U = \partial_0$ gilt für die Koeffizienten von ν

$$\nu^j \sqrt{\gamma} = -\sqrt{-g}\, g^{0j} \quad \text{mit } g = \det(g_{ij}),\ \gamma = \det(g_{ab})_{a,b\geq 1}\,.$$

(ÜA unter Verwendung von $g^{00} = \gamma/g$ nach Bd. 1, § 17 : 3.4). Die zweite Darstellung der ADM–Energie lautet damit in Koordinatenform

$$\begin{aligned} E &= \frac{1}{4\pi} \int_{\{x^0=0\}} R_{ij} u^i \nu^j \sqrt{\gamma}\, d^3\mathbf{x} \;=\; -\frac{1}{4\pi} \int_{\{x^0=0\}} R^0_0 \sqrt{-g}\, d^3\mathbf{x} \\ &= \int_{\{x^0=0\}} \big(-T^0_0 + T^1_1 + T^2_2 + T^3_3\big) \sqrt{-g}\, d^3\mathbf{x}; \end{aligned}$$

die letzte Gleichheit ergibt sich unter Verwendung der Feldgleichung

$$R^0_0 = 8\pi\big(T^0_0 - \tfrac{1}{2}\, T\, \delta^0_0\big) = 4\pi\big(T^0_0 - T^1_1 - T^2_2 - T^3_3\big), \quad \text{vgl. 2.2 (b).}$$

Für ideale Flüssigkeiten mit Druck p, Energiedichte ε und Vierergeschwindigkeit $V = v^i\partial_i$ $(-1 = \langle V, V\rangle = v_0 v^0 + v_a v^a)$ folgt ÜA

$$E = \int_{\{x^0=0\}} \big(\varepsilon + 3p + 2(\varepsilon + p) v_a v^a\big) \sqrt{-g}\, d^3\mathbf{x}\,.$$

Den Beweis für die erste Darstellung der ADM–Energie gab BEIG 1978 [98]. Die Gleichheit der beiden Integraldarstellungen zeigen wir in (c). Die zweite Darstellung leitete TOLMAN 1930 unter der Annahme ab, dass die Raumzeit Koordinaten besitzt mit

$$(*) \quad g_{ij} = \eta_{ij} + \frac{2m}{r}\,\delta_{ij} + o\Big(\frac{1}{r}\Big), \quad \partial_a g_{ij} = -\frac{2m}{r^3}\,\delta_{ij}\, x^a + o\Big(\frac{1}{r^2}\Big) \quad \text{für } r \gg 1,$$

wobei $m > 0$ eine Konstante ist. Wir führen dies in (d) aus. Eine Metrik der Form (∗) ergibt sich für die Schwarzschild–Raumzeit in isotropen Koordinaten. Für diese gilt nach § 11 : 1.4 (c)

$$g_{00} = -\left(1-\frac{m}{2r}\right)^2\left(1+\frac{m}{2r}\right)^{-2} = -1+\frac{2m}{r}+o\left(\frac{1}{r}\right),$$
$$g_{ab} = \left(1+\frac{m}{2r}\right)^4\delta_{ab} = \left(1+\frac{2m}{r}\right)\delta_{ab}+o\left(\frac{1}{r}\right), \quad g_{0a} = 0,$$

und entsprechend für die ersten Ableitungen.

Dass jede stationäre, asymptotisch flache Raumzeit Koordinaten mit (∗) besitzt, wurde von Beig, Simon 1981 [99] bewiesen.

(c) Beweis der Gleichheit der Integraldarstellungen der ADM–Energie in (b).

(i) Für jedes Killing–Vektorfeld U besteht die Identität

$$\nabla_j\nabla^j u^\ell = -R^\ell_k u^k \quad \text{bzw.} \quad \nabla_j\nabla^j u_i = -R_{ik}u^k,$$

denn nach Definition des Krümmungstensors § 9 : 3.4 (b) gilt

$$D_iD_jU - D_jD_iU = Rm(\partial_i,\partial_j)U \quad \text{bzw.} \quad \nabla_i\nabla_j u^h - \nabla_j\nabla_i u^h = R^h_{ijk}u^k.$$

Unter Verwendung der Killing–Gleichung $\nabla_i u_\ell + \nabla_\ell u_i = 0$ (1.8 (a)) folgt

$$\nabla_i\nabla_j u_\ell + \nabla_j\nabla_\ell u_i = \nabla_i\nabla_j u_\ell - \nabla_j\nabla_i u_\ell = R_{ijk\ell}u^k = -R_{ij\ell k}u^k.$$

Hieraus ergibt sich

$$\begin{aligned}2\nabla_j\nabla_\ell u_i &= (\nabla_i\nabla_j u_\ell + \nabla_j\nabla_\ell u_i) + (\nabla_j\nabla_\ell u_i + \nabla_\ell\nabla_i u_j)\\ &\quad - (\nabla_\ell\nabla_i u_j + \nabla_i\nabla_j u_\ell)\\ &= (-R_{ij\ell k} - R_{j\ell ik} + R_{\ell ijk})\,u^k = 2R_{\ell ijk}u^k = -2R_{\ell ikj}u^k,\end{aligned}$$

wobei in den letzten beiden Gleichungen die Identitäten (3′) und (2′) für den Krümmungstensors in § 9 : 3.4 (d) verwendet wurden. Metrische Kontraktion liefert die Behauptung

$$\nabla_j\nabla^j u_i = g^{j\ell}\nabla_j\nabla_\ell u_i = -g^{j\ell}R_{\ell ikj}u^k = -R^\ell_{\ell ik}u^k = -R_{ik}u^k.$$

(ii) Das Vektorfeld $X = D_\nu U$ ist wegen $\langle D_\nu U,\nu\rangle = 0$ tangential zu N, d.h. $X \in \mathcal{V}N$. Unter Beachtung von $N = \{x^0 = 0\}$ ergibt sich

$$\begin{aligned}X^a\partial_a &= X = D_\nu U = \nu^i\nabla_i u^j\partial_j = \nu^i g^{jk}\nabla_i u_k\partial_j = -\nu^i g^{jk}\nabla_k u_i\,\partial_j\\ &= \sqrt{-g/\gamma}\,g^{0i}g^{jk}\nabla_k u_i\partial_j = \sqrt{-g/\gamma}\,\nabla^j u^0\partial_j.\end{aligned}$$

Unter Verwendung der Identität (i) folgt

$$\begin{aligned}\operatorname{div}_N X &= \frac{1}{\sqrt{\gamma}}\,\partial_a\big(\sqrt{\gamma}\,X^a\big) = \frac{1}{\sqrt{\gamma}}\,\partial_a\big(\sqrt{-g}\ \nabla^a u^0\big) = \frac{1}{\sqrt{\gamma}}\,\partial_j\big(\sqrt{-g}\ \nabla^j u^0\big)\\ &= \sqrt{-g/\gamma}\ \nabla_j\nabla^j u^0 = -\sqrt{-g/\gamma}\,R^0_i u^i = R_{ij}u^i\nu^j = Rc(U,\nu),\end{aligned}$$

und mit dem Gaußschen Integralsatz ergibt sich

$$\begin{aligned}\int_N Rc(U,\nu)\,dV^3 &= \int_N \mathrm{div}_N X\,dV^3 = \lim_{\varrho\to\infty}\int_{K_\varrho} \mathrm{div}_N X\,dV^3 \\ &= \lim_{\varrho\to\infty}\int_{S_\varrho}\langle X,n\rangle\,dP^2 = \lim_{\varrho\to\infty}\int_{S_\varrho}\langle D_\nu U,n\rangle\,dP^2 . \qquad \square\end{aligned}$$

(d) BEWEIS der ersten Integraldarstellung der Energie in (b) unter der Annahme, dass Koordinaten mit $(*)$, $U=\partial_0$ und $N=\{x^0=0\}$ existieren.

Aus $(*)$ ergibt sich

$$\partial_b g_{ab} - \partial_a g_{bb} = -2\,\tfrac{m}{r^3}\,\delta_{ab}\,x^b + 2\,\tfrac{m}{r^3}\,\delta_{bb}\,x^a + o(\tfrac{1}{r^2}) = 4\,\tfrac{m}{r^3}\,x^a + o(\tfrac{1}{r^2}),$$

und mit $n_a = r^{-1}x^a$ folgt nach 3.1 (b) (9′)

$$\begin{aligned}16\pi E &= 16\pi P^0 = \lim_{\varrho\to\infty}\int_{S_\varrho}(\partial_b g_{ab} - \partial_a g_{bb})\,n_a\,dP^2 \\ &= \lim_{\varrho\to\infty}\int_{S_\varrho}\big(4m\varrho^{-2} + o(\varrho^{-2})\big)\,dP^2 = 16\pi m .\end{aligned}$$

Auf der anderen Seite erhalten wir für die Koeffizienten X^a des Vektorfeldes $X = D_\nu U$ auf N

$$\begin{aligned}X^a &= \sqrt{-g/\gamma}\;\nabla^a u^0 = \nabla^a u^0 + o(r^{-2}) = \nabla_a u^0 + o(r^{-2}) \\ &= \Gamma^0_{ai}u^i + o(r^{-2}) = \Gamma^0_{a0} + o(r^{-2}) = -\tfrac{1}{2}\,\partial_a g_{00} + o(r^{-2}) \\ &= m r^{-3} x^a + o(r^{-2}) .\end{aligned}$$

Für das äußere Einheitsnormalenfeld n der Sphäre $S_\varrho = \{x^0 = 0,\ r = \varrho\}$ gilt $n_a = \varrho^{-1}x^a + o(r^0)$, also folgt

$$\langle X,n\rangle = X^a n_a = m\varrho^{-4}x^a x^a + o(\varrho^{-2}) = m\varrho^{-2} + o(\varrho^{-2}) .$$

Weiter lässt sich unschwer zeigen, dass

$$\varrho^{-2}\int_{S_\varrho} dP^2 = 4\pi + o(r^0)$$

gilt, woraus durch Grenzübergang $\varrho\to\infty$ folgt

$$\int_{S_\varrho}\langle X,n\rangle\,dP^2 = \big(m\varrho^{-2} + o(\varrho^{-2})\big)\int_{S_\varrho} dP^2 \to 4\pi m = 4\pi E . \qquad \square$$

3.3 Beobachter des Energieimpuls–Vektors im räumlichen Unendlich

Die Präzisierung des Konzepts der *asymptotischen Flachheit im räumlichen Unendlich* einer Raumzeit $(M,\mathbf{g})$ besteht in der Existenz einer positiven Funktion $\Omega : M \to \mathbb{R}$ mit der Eigenschaft, dass die Mannigfaltigkeit mit deformierter Metrik $(M,\Omega^2\mathbf{g})$ zu einer größeren Raumzeit $(\tilde M,\tilde{\mathbf{g}})$ erweitert werden kann und in dieser ein Randpunkt $i^0 \in \partial M \subset \tilde M$ als *räumliches Unendlich* von $(M,\mathbf{g})$ existiert. Damit ist gemeint, dass es eine Isometrie

$$\psi : (M, \Omega^2 \mathbf{g}) \to (\tilde{M}, \tilde{\mathbf{g}})$$

gibt (also $\tilde{\mathbf{g}} = \Omega^2 \mathbf{g}$ auf $\psi(M) \subset \tilde{M}$), dass für jeden Randpunkt $p \in \partial\psi(M) \subset \tilde{M}$ gilt

$$\lim_{\psi(M) \ni q \to p} \Omega(q) = 0 \,,$$

und dass jeder Punkt in $\psi(M)$ mit i^0 durch eine Kurve in $\psi(M)$ verbunden werden kann, die in i^0 mit einem raumartigen Tangentenvektor endet, vgl. WALD [79] 11. Für eine solche Konfiguration kann der Energieimpuls der Raumzeit $(M, \mathbf{g})$ in invarianter Weise als Vektor in $i^0 \in \tilde{M}$ eingeführt werden, siehe den Übersichtsartikel von ASHTEKAR in [105] Vol. 2, pp. 37–69. Bezüglich geeigneter Koordiatensysteme von $\tilde{M}$ liefert der Energieimpuls die Komponenten (9′),(9″) des ADM–Energieimpulses. In diesem Sinn kann vom räumlichen Unendlich $i^0 \in \tilde{M}$ aus der Energieimpuls–Vektor eines isolierten Systems „beobachtet" werden. Eine Raumzeit kann mehrere räumliche Unendlich besitzen; z.B. hat die in § 11 : 1.6 behandelte Kruskal–Szekeres–Raumzeit zwei räumliche Unendlich, vgl. HAWKING–ELLIS [75] 5.5.

Das folgende Beispiel der zweidimensionalen Minkowski–Raumzeit $(M, \mathbf{g})$ mit $M = \mathbb{R}^2$ und der Lorentz–Metrik $\mathbf{g} : ds^2 = -dt^2 + dx^2$ illustriert dieses Konzept des räumlichen Unendlich.

ÜA Zeigen Sie, daß die Abbildung

$$\psi : \mathbb{R}^2 \to \mathbb{R}^2 \,,\ (t,x) \mapsto (T,X)$$

mit

$$\begin{aligned} T &= \arctan v + \arctan u \,, \\ X &= \arctan v - \arctan u \,, \\ u &= t - x ,\ v = t + x \,, \end{aligned}$$

die Ebene $\mathbb{R}^2$ auf das Quadrat

$$Q = \{(T,X) \mid |T - X| \,, |T + X| < \pi\}$$

abbildet, und dass auf diesem

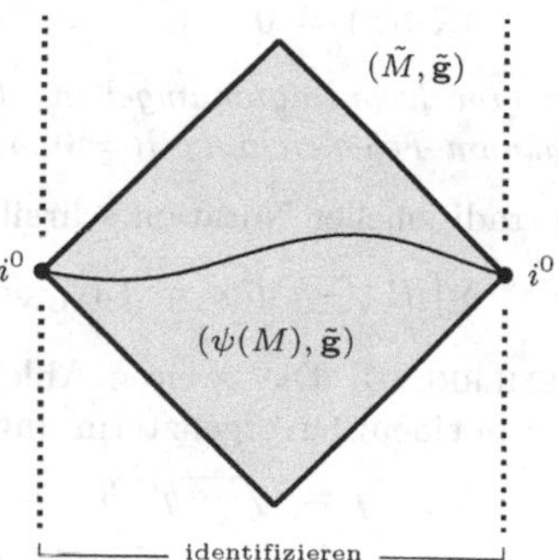

$$d\tilde{s}^2 = -dT^2 + dX^2 = \Omega^2(-dt^2 + dx^2) = \Omega^2 ds^2$$

gilt mit

$$\Omega = 2\cos\left(\tfrac{T-X}{2}\right)\cos\left(\tfrac{T+X}{2}\right) = \frac{2}{\sqrt{(1+u^2)(1+v^2)}} \,.$$

Die Raumzeit $(\tilde{M}, \tilde{\mathbf{g}})$ entsteht durch Zusammenbiegen des Streifens $\{X| \le \pi\}$ zu einem Zylinder. Hierbei geht das Quadrat Q in die „unphysikalische" Minkowski–Raumzeit $(\psi(M), \tilde{\mathbf{g}})$ über und besitzt das räumliche Unendlich i^0 als Randpunkt.

4* Variationsprinzipien für die Feldgleichung

4.1 Das Hilbertsche Wirkungsintegral

Für eine vierdimensionale orientierte Mannigfaltigkeit M ist das **Hilbertsche Wirkungsintegral** $\mathcal{R}(\mathbf{g})$ definiert als das Integral über die Skalarkrümmung $R = R(\mathbf{g})$ von Lorentz–Metriken $\mathbf{g}$

$$\mathcal{R}(\mathbf{g}) = \mathcal{R}_U(\mathbf{g}) := \int_U R(\mathbf{g})\, dV^4(\mathbf{g})\,,$$

wobei U eine offene Teilmenge von M ist und die Existenz des Integrals gemäß § 9 : 7.1 vorausgesetzt wird. Für positiv orientierte Karten (U,x) gilt mit $g = \det(g_{ij})$

$$\mathcal{R}(\mathbf{g}) = \int_{x(U)} R\sqrt{-g}\, d^4\mathbf{x}\,.$$

Satz (Hilbert 1915). *Für jeden symmetrischen $(0,2)$–Tensor $\mathbf{h}$ auf M mit kompaktem Träger in U gilt*

$$\delta\mathcal{R}(\mathbf{g})\mathbf{h} := \tfrac{d}{ds}\,\mathcal{R}(\mathbf{g}+s\mathbf{h})\big|_{s=0} = -\int_U G_{ij}\, h^{ij}\, dV^4\,,$$

wobei $G_{ij} = R_{ij} - \frac{1}{2}R\, g_{ij}$ der Einstein–Tensor der Metrik $\mathbf{g}$ ist. Macht also $\mathbf{g}$ das Hilbert–Integral stationär, d.h. gilt

$$\delta\mathcal{R}_U(\mathbf{g}) = 0$$

für eine Koordinatenumgebung $U \subset M$ jedes Punktes $p \in M$, so erfüllt $\mathbf{g}$ die Vakuum–Feldgleichung $R = 0$ bzw. $R_{ij} = 0$.

In traditioneller Notation schreibt sich die erste Beziehung

$$\delta\int R\sqrt{-g}\, d^4\mathbf{x} = \int G_{ij}\,\delta g^{ij}\sqrt{-g}\, d^4\mathbf{x}\,.$$

Bemerkung. Die zweiten Ableitungen der Metrik im Hilbert–Integral lassen sich in einem Divergenzterm unterbringen: Nach § 9 : 3.5 (a) gilt

$$\begin{aligned} R\sqrt{-g} &= \sqrt{-g}\, g^{ij} R_{ij} = \sqrt{-g}\, g^{ij}(\partial_k\Gamma^k_{ij} - \partial_i\Gamma^k_{kj}) + \ldots \\ &= \partial_k(\sqrt{-g}\, g^{ij}\,\Gamma^k_{ij}) - \partial_i(\sqrt{-g}\, g^{ij}\,\Gamma^k_{kj}) + \ldots \\ &= \partial_i W^i + \widehat{R}\sqrt{-g}\,, \end{aligned}$$

mit

$$W^i := \sqrt{-g}\,(g^{jk}\,\Gamma^i_{jk} - g^{ij}\,\Gamma^k_{jk})\,,$$

wobei der *reduzierte Hilbert–Integrand* $\widehat{R}\sqrt{-g}$ höchstens erste Ableitungen der Metrik enthält [ÜA]. In der ersten Variation des Hilbert–Integrals lässt sich das Integral über den Divergenzterm mit dem Gaußschen Integralsatz in ein Randintegral verwandeln und liefert daher keinen Beitrag zu den Euler–Gleichungen. Daher sind die Euler–Gleichungen des Hilbert–Integrals von zweiter und nicht von vierter Ordnung.

BEWEISSKIZZE.

(i) Wir bezeichnen die Ableitung nach s an der Stelle $s=0$ mit einem Punkt. Unter Beachtung von $\dot g_{ij} = h_{ij}$ erhalten wir die folgenden Beziehungen:

$$(1) \quad \dot g^{ij} = -\, g^{ik} g^{j\ell} \dot g_{k\ell} = -g^{ik} g^{j\ell} h_{k\ell} = -\, h^{ij} \,,$$

$$(2) \quad \sqrt{-g}^{\,\boldsymbol{\cdot}} = -\tfrac{1}{2}\sqrt{-g}\, g_{k\ell}\, \dot g^{k\ell} \,,$$

$$(3) \quad \begin{aligned} g^{ij}\dot R_{ij} &= g^{ij}\big(\nabla_k \dot\Gamma^k_{ij} - \nabla_j \dot\Gamma^k_{ik}\big) = \nabla_k\big(g^{ij}\dot\Gamma^k_{ij}\big) - \nabla_j\big(g^{ij}\dot\Gamma^k_{ik}\big) \\ &= \nabla_\ell w^\ell = \operatorname{div} W \quad \text{mit} \quad w^\ell := g^{ij}\,\dot\Gamma^\ell_{ij} - g^{i\ell}\,\dot\Gamma^j_{ij} \,. \end{aligned}$$

Weil die Ableitung d/ds mit partiellen Ableitungen vertauschbar ist, erhalten wir mit Hilfe von § 9 : 3.2, § 9 : 3.3:

Formel (1) aus $0 = \delta_i^{k\,\boldsymbol{\cdot}} = (g_{ij}\,g^{jk})^{\boldsymbol{\cdot}} = \dot g_{ij}\, g^{jk} + g_{ij}\,\dot g^{jk}$,

Formel (2) aus $\dot g = (\partial g/\partial g^{ij})\,\dot g^{ij}$ und der Relation

$$(*) \quad \frac{\partial g}{\partial g^{ij}} = g\, g_{ij} \,,$$

die sich mit Hilfe des Laplaceschen Entwicklungssatzes ergibt, vgl. § 9 : 3.3 (a). Für den Nachweis von (3) verwenden wir, dass die $\dot\Gamma^k_{ij}$ die Koeffizienten eines (1, 2)–Tensors sind, siehe STRAUMANN [89] § II, 2.3.1. Fixieren wir $p \in U$ und eine Normalkarte um p, so gilt $\Gamma^k_{ij}(p) = 0$ (§ 9 : 4.2 (c)) und daher nach § 9 : 3.5 an der Stelle p

$$\begin{aligned} \dot R_{ij} &= \big(\partial_k \Gamma^k_{ij} - \partial_j \Gamma^k_{ik} + \Gamma\Gamma + \ldots\big)^{\boldsymbol{\cdot}} = \partial_k \dot\Gamma^k_{ij} - \partial_j \dot\Gamma^k_{ik} + \Gamma\Gamma + \ldots \\ &= \partial_k \dot\Gamma^k_{ij} - \partial_j \dot\Gamma^k_{ik} + \Gamma\Gamma + \ldots = \nabla_k \dot\Gamma^k_{ij} - \nabla_j \dot\Gamma^k_{ik} + \Gamma\Gamma + \ldots . \end{aligned}$$

Aufgrund der Tensoreigenschaft der $\dot\Gamma^k_{ij}$ gilt diese Beziehung dann in jedem Koordinatensystem. Aus (3),(2),(1) folgt

$$\begin{aligned} (R\sqrt{-g}\,)^{\boldsymbol{\cdot}} &= (g^{ij} R_{ij}\sqrt{-g}\,)^{\boldsymbol{\cdot}} \\ &= \dot g^{ij} R_{ij}\sqrt{-g} + g^{ij}\dot R_{ij}\sqrt{-g} + g^{ij} R_{ij}(\sqrt{-g})^{\boldsymbol{\cdot}} \\ (**) \qquad &= \dot g^{ij} R_{ij}\sqrt{-g} + (\operatorname{div} W)\sqrt{-g} - \tfrac{1}{2} R\, g_{k\ell}\,\dot g^{k\ell}\sqrt{-g} \\ &= (R_{ij} - \tfrac{1}{2} R\, g_{ij})\,\dot g^{ij}\sqrt{-g} + (\operatorname{div} W)\sqrt{-g} \\ &= -\, G_{ij} h^{ij}\sqrt{-g} + (\operatorname{div} W)\sqrt{-g}\,. \end{aligned}$$

Mit Hilfe des Integralsatzes von Gauß § 9 : 7*, angewandt auf ein stückweis glatt berandetes Gebiet D mit $\operatorname{supp}\mathbf{h} \subset D$ und kompaktem Abschluss $\overline{D} \subset U$ erhalten wir

$$\begin{aligned} \delta\mathcal{R}(\mathbf{g})\mathbf{h} &= \tfrac{d}{ds}\, \mathcal{R}(\mathbf{g} + s\mathbf{h})\big|_{s=0} = \int_D (R\sqrt{-g})^{\boldsymbol{\cdot}}\, d^4\mathbf{x} \\ &= -\int_D G_{ij} h^{ij}\, dV^4 + \int_D \operatorname{div} W\, dV^4 \end{aligned}$$

$$= -\int\limits_D G_{ij} h^{ij}\, dV^4 + \int\limits_{\partial D} \langle \nu, \nu\rangle^{-1} \langle W, \nu\rangle \, dV^3 = -\int\limits_D G_{ij} h^{ij}\, dV^4,$$

weil $\mathbf{h}$ und damit W auf ∂D verschwinden.

(ii) Macht $\mathbf{g}$ das Hilbert–Integral stationär, so wählen wir $p \in M$, eine positiv orientierte Karte (U, x) um p und einen Vektor $v = v^i \partial_i|_p \in T_pM$. Weiter sei φ eine Buckelfunktionmit Träger in U und $h^{ij} = \varphi v^i v^j$. Dann gilt

$$\int \left(G_{ij} v^i v^j \sqrt{-g} \right) \varphi \, d^4\mathbf{x} = \delta \mathcal{R}_U(\mathbf{g}) = 0\,,$$

und mit dem Fundamentallemma der Variationsrechnung § 2 : 1.4 ergibt sich $G_{ij}(p) v^i v^j = 0$ für alle $v = v^i \partial_i|_p \in T_pM$, woraus $G_{ij} = 0$ und dazu äquivalent $R_{ij} = 0$ nach 2.2 (b). □

4.2 Variationsprinzip für das elektromagnetische Feld

Wir erinnern an die Begriffe des elektromagnetischen Feldes in 2.4 (a). Auf einer vierdimensionalen orientierten Mannigfaltigkeit M sei eine Ladungsstromdichte $J \in \mathcal{V}M$ gegeben. Wir stellen die Faraday–Tensoren des elektromagnetischen Feldes durch Potentiale dar, d.h. durch 1–Formen $A \in \vartheta_1 M$ mit

$$F = dA \quad \text{bzw.} \quad F_{ij} = \partial_i A_j - \partial_j A_i\,.$$

Das Wirkungsintegral ist in Abhängigkeit von Lorentz–Metriken $\mathbf{g}$ und Potentialen $A \in \vartheta_1 M$ definiert durch

$$\mathcal{W}(\mathbf{g}, A) = \int\limits_U \left(R(\mathbf{g}) - 8\pi L(\mathbf{g}, A) \right) dV^4(\mathbf{g})\,,$$

wobei

$$\begin{aligned} L(\mathbf{g}, A) &= \tfrac{1}{8\pi} F_{k\ell} F^{k\ell} - 2A_i J^i = \tfrac{1}{8\pi} g^{ik} g^{j\ell} F_{ij} F_{k\ell} - 2A_i J^i \\ &= \tfrac{1}{8\pi} g^{ik} g^{j\ell} (\partial_i A_j - \partial_j A_i)(\partial_k A_\ell - \partial_\ell A_k) - 2A_i J^i\,. \end{aligned}$$

Für die Feldgleichung des elektromagnetischen Feldes und die Maxwell–Gleichungen gilt das folgende Variationsprinzip:

Satz. *Ist $(\mathbf{g}, A)$ eine stationäre Stelle des Wirkungsintegrals,*

$$\delta \mathcal{W}(\mathbf{g}, A) = 0 \quad \text{(lokal zu verstehen wie in 4.1)},$$

so gilt

$$G_{ij} = 8\pi T_{ij}\,, \quad \nabla_j F^{ij} = 4\pi J^i\,.$$

Die erste Gruppe der Maxwell–Gleichungen ist schon auf Grund der Potentialdarstellung $dF = d^2 A = 0$ nach § 8 : 5.2 (b) erfüllt.

Beweis.

Für die Funktion $L_0 := (1/8\pi)\, F_{k\ell} F^{k\ell}$ gilt nach 4.1 (1) und 2.4 (b)

$$\frac{\partial\sqrt{-g}}{\partial g^{ij}} = \frac{\partial\sqrt{-g}}{\partial g}\,\frac{\partial g}{\partial g^{ij}} = -\frac{1}{2}\sqrt{-g}\,\partial g_{ij}\,, \qquad \frac{\partial L_0}{\partial g^{ij}} = \frac{1}{4\pi}\,g^{k\ell}\,F_{ik}\,F_{j\ell}\,,$$

$$\begin{aligned}\frac{1}{\sqrt{-g}}\,\frac{\partial(L_0(\sqrt{-g}))}{\partial g^{ij}} &= \frac{1}{4\pi}\,g^{k\ell}\,F_{ik}\,F_{j\ell} - \frac{1}{2}\,L_0\,g_{ij} \\ &= \frac{1}{4\pi}\left(g^{k\ell}\,F_{ik}\,F_{j\ell} - \frac{1}{4}\,g_{ij}\,F_{k\ell}\,F^{k\ell}\right) = T_{ij}\,.\end{aligned}$$

Bezeichnen wir wie im vorigen Beweis die Ableitungen nach s an der Stelle $s = 0$ wieder mit einem Punkt, so folgt mit $(**)$

$$((R - 8\pi L_0)\sqrt{-g})^{\boldsymbol{\cdot}} = -\,(G_{ij} - 8\pi T_{ij})\,h^{ij}$$

nach Streichung der Divergenzterme. Damit ergibt sich

$$\delta\mathcal{W}(\mathbf{g}, A)(\mathbf{h}, 0) = \tfrac{d}{ds}\,\mathcal{W}(\mathbf{g} + s\mathbf{h}, A)\big|_{s=0} = 0 \;\Rightarrow\; G_{ij} = 8\pi T_{ij}\,.$$

Es bleibt noch zu zeigen:

$$\delta\mathcal{W}(\mathbf{g}, A)(\mathbf{0}, B) = -\,8\pi\,\tfrac{d}{ds}\,\mathcal{W}(\mathbf{g}, A + sB)\big|_{s=0} = 0 \Rightarrow \nabla_i F^{ik} = 4\pi J^k.$$

Für $L := F_{k\ell}F^{k\ell} - 16\pi A_i J^i = 8\pi(L_0 - 2A_i J^i) =$ ergibt sich unter Beachtung von $(\partial_i A_k)^{\boldsymbol{\cdot}} = \partial_i \dot{A}_k = \partial_i B_k$

$$\begin{aligned}8\pi\dot{L} &= g^{ij}g^{k\ell}((\partial_i A_k - \partial_k A_i)(\partial_j A_\ell - \partial_\ell A_j))^{\boldsymbol{\cdot}} - 16\pi \dot{A}_k J^k \\ &= 2\,g^{ij}g^{k\ell}(\partial_i \dot{A}_k - \partial_k \dot{A}_i)(\partial_j A_\ell - \partial_\ell A_j) - 16\pi B_k J^k \\ &= 2\,g^{ij}g^{k\ell}(\partial_i B_k - \partial_k B_i)F_{j\ell} - 16\pi B_k J^k \\ &= 2(\nabla_i B_k - \nabla_k B_i)F^{ik} - 16\pi B_k J^k = 4(\nabla_i B_k)F^{ik} - 16\pi B_k J^k \\ &= 4\nabla_i(B_k F^{ik}) - 4B_k\nabla_i F^{ik} - 16\pi B_k J^k = 4\nabla_i w^i + 4(\nabla_i F^{ik} - 4\pi J^k)B_k.\end{aligned}$$

Analog zum vorigen Beweis folgt nun $\nabla_i F^{ik} = 4\pi J^k$. □

4.3 Variationsprinzip für einen rotierenden Stern

Der Stern wird modelliert durch eine ideale Flüssigkeit mit einer gegebenen Zustandsgleichung $n \longmapsto (p(n), \varepsilon(n))$, Baryonendichte $\longmapsto$ (Druck,Energiedichte). Druck und Energiedichte sind durch den ersten Hauptsatz der Thermodynamik miteinander verbunden

$$\tfrac{d\varepsilon}{dn}(n) = \tfrac{\varepsilon(n)+p(n)}{n}\,, \quad \varepsilon_0 := \tfrac{d\varepsilon}{dn}(0) > 0\,,$$

siehe MISNER–THORNE–WHEELER [86] §22.2. Um eine starr rotierende Materieverteilung zu ermöglichen, legen wir eine stationäre, axialsymmetrische Raumzeit M zugrunde, gekennzeichnet durch zwei kommutierende Killing–Vektorfelder ξ und η ($[\xi, \eta] = 0$), ξ zeitartig mit Integralkurven diffeomorph zu $\mathbb{R}$, und η raumartig mit Integralkurrven, die außerhalb der *Rotationsachse* $Y := \{\eta = 0\}$ diffeomorph zur Kreislinie sind. Senkrecht zu der Ebenenschar $\operatorname{Span}\{\xi|_p, \eta|_p\}$ mit $p \in M\setminus Y$ existieren zweidimensionale Flächen (KUNDT–TRÜMPER 1966). Wir wählen auf solch einer *Meridianfläche* Koordinaten (r, z) und ergänzen diese auf einem Raumblatt $N \subset M$ zu Zylinderkoordinaten (r, z, φ) mit $\eta = \partial_\varphi$. Durch Transport längs der Orbits von ξ und η erhalten wir Koordinaten $(x^0, x^1, x^2, x^3) = (t, r, z, \varphi)$ für $M \setminus Y$ mit $\xi = \partial_t$. Die Lorentz–Metrik $\mathbf{g}$ von $M \setminus Y$ läßt sich bezüglich dieser Koordinaten in die folgende Gestalt bringen

$$ds^2 = -\,\mathrm{e}^{-2F} dt^2 + r^2 \mathrm{e}^{2F+2H} (d\varphi - \Omega\, dt)^2 + \mathrm{e}^{2F+2G} (dr^2 + dz^2)\,,$$

mit Funktionen F, G, H, Ω, die nur von (r, z) abhängen. Die unter ξ und η invariante Baryonendichte n des Sterns fassen wir ebenfalls als Funktion von (r, z) auf. Die Vierergeschwindigkeit des Sterns bei Rotation mit konstanter Winkelgeschwindigkeit ω ist

$$u = (\xi + \omega\eta)/\|\xi + \omega\eta\| = u^i \partial_i = u^0 (\partial_0 + \omega\, \partial_3)\,.$$

Aus $\langle u, u\rangle = -1$ folgt $u^0 = \mathrm{e}^F / \sqrt{1 - v^2}$ mit $v := r\mathrm{e}^{2F+H}(\omega - \Omega)$. Zu den Killing–Vektorfeldern ξ und η gehören die Erhaltungsgrößen *Baryonenzahl* und *Drehimpuls*

$$\mathcal{A}(\mathbf{g}) = -\int_N n \langle u, \nu\rangle\, dV^3(\mathbf{h}) = 2\pi \int_{\{r>0\}} \tfrac{n}{\sqrt{1-v^2}}\, \mathrm{e}^{3F+2G+H} r\, dr\, dz\,,$$

$$\mathcal{J}(\mathbf{g}) = \int_N T(\eta, \nu)\, dV^3(\mathbf{h}) = 2\pi \int_{\{r>0\}} (\varepsilon(n) + p(n))\, \tfrac{v}{1-v^2}\, \mathrm{e}^{4F+2G+2H} r^2 dr\, dz\,.$$

Hierbei ist $\mathbf{h}$ die von $\mathbf{g}$ auf N erzeugte Metrik, ν das zukunftsgerichtete Einheitsnormalenfeld von N, und T der Energieimpulstensor von idealen Flüssigkeiten 2.3 (a). Als Wirkungsintegral wählen wir

$$\begin{aligned} \mathcal{W}(\mathbf{g}) &= \int_N \bigl(T(\xi, \nu) + \tfrac{1}{16\pi} \widehat{R}(\mathbf{g}) \langle \xi, \nu\rangle\bigr)\, dV^3(\mathbf{h}) \\ &= 2\pi \int_{\{r>0\}} \bigl\{\varepsilon(n) + (\varepsilon(n) + p(n))\, \tfrac{r\omega v}{1-v^2}\, \mathrm{e}^{2F+H}\bigr\}\, \mathrm{e}^{2F+2G+H} r\, dr\, dz \\ &\quad + \tfrac{1}{4} \int_{\{r>0\}} \bigl\{|\nabla F|^2 - \langle \nabla G, \nabla H\rangle - \tfrac{1}{4} r^2 \mathrm{e}^{4F+2H} |\nabla\Omega|^2 \\ &\qquad + \tfrac{1}{r}\, \partial_r (H - G)\bigr\}\, \mathrm{e}^H r\, dr\, dz. \end{aligned}$$

Der in 4.1, Bemerkung definierte reduzierte Hilbert–Integrand ist hier durch $\widehat{R}\sqrt{-g} = R\sqrt{-g} - \partial_1 W^1 - \partial_2 W^2$ gegeben, da die Koeffizienten der Metrik nur von $(x^1, x^2) = (r, z)$ abhängen. Im letzten Integral sind $\nabla, \langle\,.\,,\,.\,\rangle, |\,.\,|$ im Sinne der euklidischen Metrik des $\mathbb{R}^2$ zu verstehen.

Satz (Hartle–Sharp 1967 [104]). *Zu gegebener Zustandsgleichung (p, ε), gegebener Baryonenzahl $A > 0$ und gegebenem Drehimpuls J liefert jede stationäre Stelle $\mathbf{g}$ des Wirkungsintegrals $\mathcal{W}$ unter den Nebenbedingungen $\mathcal{A}(\mathbf{g}) = A$, $\mathcal{J}(\mathbf{g}) = J$ die Feldgleichungen für einen rotierenden Stern.*

ÜA Drücken Sie die Koeffizienten von $\mathbf{g}$ durch Skalarprodukte von ξ und η aus.

§ 11 Raumzeit–Modelle

1 Schwarzschild–Raumzeiten

1.1 Übersicht

Die Schwarzschild–Raumzeiten entstehen als Lösungen der Feldgleichung für ein Raumzeitmodell, in welchem ein nicht rotierender, kugelsymmetrischer Stern die einzige Quelle des Gravitationsfeldes ist. Hierbei wird eine statische, asymptotische flache Raumzeit zugrunde gelegt, denn statische Raumzeiten besitzen ein wirbelfreies Bezugsfeld (§ 10 : 1.8 (d)) und die asymptotische Flachheit modelliert die Abwesenheit von weiteren Sternen (§ 10 : 4.1 (b)).

Zwei Fälle sind zu unterscheiden:

- **Die reguläre Schwarzschild–Raumzeit.** In dieser wird ein aus einer idealen Flüssigkeit bestehender Stern mit nicht zu starker Massenkonzentration betrachtet.
- **Die singuläre Schwarzschild–Raumzeit.** Diese besteht aus einem statischen Teil und einem *schwarzen Loch*, welches eine Singularität umgibt. Dieses Modell kann als Endzustand eines nichtrotierenden, kugelsymmetrischen Sterns nach dem Gravitationskollaps aufgefasst werden.

1.2 Modellbildung

Wir gehen aus von einer statischen Standard–Raumzeit $M = \mathbb{R} \times N$ mit der Metrik $ds^2 = -A(q)\,dt^2 + ds_N^2$, wobei N eine dreidimensionale Riemann–Mannigfaltigkeit mit Metrik ds_N^2 und A eine positive Funktion auf N ist, vgl. § 10 : 1.8 (e).

Die Modellierung der sphärischen Symmetrie können wir aus Platzgründen nur andeuten. Diese bedeutet, dass N (und damit auch alle Ruheflächen $N_t = \{t\} \times N$ in M) eine zur SO_3 isomorphe Gruppe $\widetilde{\mathrm{SO}}_3$ von Isometrien besitzt. Für jeden Punkt $q \in N$ (mit Ausnahme möglicher Fixpunkte) entsteht durch Anwendung der Isometrien $\phi \in \widetilde{\mathrm{SO}}_3$ auf q eine zur Einheitssphäre S^2 diffeomorphe zweidimensionale Untermannigfaltigkeit $S_q = \{\phi(q) \mid \phi \in \widetilde{\mathrm{SO}}_3\}$, genannt **Orbitsphäre** von q. Mit Hilfe des Flächeninhalts $V^2(S_q)$ der Orbitsphären (vgl. § 9 : 7.1) erklären wir den **Schwarzschild–Radius** als Funktion

$$r : M \to \mathbb{R} \;\text{ mit }\; r(p) = r(t,q) := \sqrt{V^2(S_q)/4\pi}\,,$$

also durch $4\pi r(p)^2 = V^2(S_q)$. Die **Schwarzschild–Zeit** ist die Projektion

$$t : M \to \mathbb{R}\,, \quad p = (t,q) \mapsto t\,.$$

Unter der Annahme, dass ∇r nirgends verschwindet, lässt sich ein Koordinatensystem (t, r, θ, φ) auf M einführen, bezüglich dessen die Lorentz–Metrik die Gestalt

$$(*) \quad ds^2 = -A(r)\,dt^2 + B(r)\,dr^2 + r^2\,d\sigma^2$$

hat, wobei A, B positive Funktionen auf dem Bildintervall $I =]a,b[$ des Schwarzschild–Radius r sind und $d\sigma^2 = d\theta^2 + \sin^2\theta\,d\varphi^2$ die Metrik der Einheitssphäre $S^2 \subset \mathbb{R}^3$ ist. Für eine genauere Begründung der Kugelsymmetrie siehe WALD [79] 6.1, HAWKING–ELLIS [75] App. B.

Hiernach kann die Raumzeit M als Produkt $\mathbb{R} \times I \times S^2$ geschrieben werden. Die Bedingung der asymptotischen Flachheit verlangt $b = \infty$ und für $r \to \infty$ den Übergang der Lorentz–Metrik in die flache Minkowski–Metrik

$$ds_\infty^2 = -dt^2 + dr^2 + r^2\,d\sigma^2, \text{ also}$$

$$(**) \quad \lim_{r\to\infty} A(r) = \lim_{r\to\infty} B(r) = 1\,.$$

1.3 Aufstellung der Feldgleichung

Für die Koeffizienten $G_i^k = R_i^k - \frac{1}{2}R\,\delta_i^k$ des Einstein–Tensors (§ 9 : 3.5) der Metrik $(*)$ bezüglich der Koordinaten $(x^0, x^1, x^2, x^3) = (t, r, \theta, \varphi)$ ergibt sich nach längerer Rechnung ÜA

$$G_0^0 = -\frac{1}{r^2} + \frac{1}{B}\left(\frac{1}{r^2} - \frac{B'}{rB}\right), \quad G_1^1 = -\frac{1}{r^2} + \frac{1}{B}\left(\frac{1}{r^2} + \frac{A'}{rA}\right),$$

$$G_2^2 = G_3^3 = \frac{1}{2B}\left(\frac{A''}{A} - \frac{A'}{2A}\left(\frac{A'}{A} + \frac{B'}{B}\right) + \frac{1}{r}\left(\frac{A'}{A} - \frac{B'}{B}\right)\right),$$

vgl. HAWKING–ELLIS [75] App. B.

BEMERKUNG. Dieses Ergebnis gilt auch im Fall $A, B < 0$, d.h. wenn ∂_r zeitartig und ∂_t raumartig ist.

Wir nehmen an, dass die Energiedichte ε und der Druck p wie die Lorentz–Metrik nur von r abhängen. Für das Vierergeschwindigkeitsfeld der idealen Flüssigkeit wählen wir das Bezugsfeld der statischen Raumzeit (§ 10 : 1.8 (d)),

$$U = \|\partial_0\|^{-1}\,\partial_0 = A^{-1/2}\,\partial_0\,.$$

Für deren Komponenten ergibt sich $u^k = A^{-1/2}\,\delta_0^k$, $u_i = -A^{1/2}\,\delta_i^0$, die Koeffizienten des Energieimpuls–Tensors (vgl. § 10 : 2.3 (a)) lauten daher

$$T_i^k = (\varepsilon + p)\,u_i u^k + p\,\delta_i^k = -(\varepsilon + p)\,\delta_i^0\delta_0^k + p\,\delta_i^k\,.$$

Die Feldgleichung besteht somit aus dem Gleichungssystem

$$(1) \quad -\frac{1}{r^2} + \frac{1}{B}\left(\frac{1}{r^2} - \frac{B'}{rB}\right) = G_0^0 = 8\pi T_0^0 = -8\pi\varepsilon\,,$$

$$(2) \quad -\frac{1}{r^2} + \frac{1}{B}\left(\frac{1}{r^2} + \frac{A'}{rA}\right) = G_1^1 = 8\pi T_1^1 = 8\pi p,$$

(3) $$\frac{1}{2B}\left(\frac{A''}{A}-\frac{A'}{2A}\left(\frac{A'}{A}+\frac{B'}{B}\right)+\frac{1}{r}\left(\frac{A'}{A}-\frac{B'}{B}\right)\right) = G_2^2 = 8\pi T_2^2 = 8\pi p\,,$$

und $G_3^3 = 8\pi T_3^3 = 8\pi p$ ist mit (3) identisch.

Die Divergenzgleichung $\nabla_k T_i^k = 0$ liefert die **Gleichung des hydrodystatischen Gleichgewichts** ÜA

(4) $$\frac{p'}{\varepsilon+p} = -\,\frac{A'}{2A}\,.$$

LEMMA. *Bei Gültigkeit der Gleichungen* (1) und (2) *sind die Gleichungen* (3) *und* (4) *äquivalent.*

BEWEIS.

Seien L_1, L_2, L_3 die linken Seiten von (1), (2), (3). Wir eliminieren A''/A in L_3 mit Hilfe der differenzierten Gleichung (2). Unter Beachtung der aus (1), (2) folgenden Beziehung $\frac{1}{B}\left(\frac{A'}{A}+\frac{B'}{B}\right) = 8\pi r(\varepsilon+p)$ ergibt sich ÜA

$$L_3 - 8\pi p = L_3 - L_2 = 2\pi r\left(2p' + \tfrac{A'}{A}\,(\varepsilon+p)\right),$$

woraus die Behauptung folgt. □

Hiernach können wir uns bei der Lösung der Feldgleichung auf die Betrachtung der einfach gebauten Gleichungen (1), (2) und (4) beschränken.

Gleichung (1) ist äquivalent zu

(1′) $$B(r) = (1-2r^2\mu(r))^{-1} \quad \text{mit} \quad \mu(r) = \frac{4\pi}{r^3}\int_0^r \varepsilon(s)\,s^2\,ds\,.$$

Denn es gilt

$$\begin{aligned}\left(\tfrac{r}{B(r)} - r + 2r^3\mu(r)\right)' &= \tfrac{1}{B(r)} - \tfrac{rB'(r)}{B(r)^2} - 1 + 8\pi r^2\varepsilon(r)\\ &= r^2\left(\tfrac{1}{r^2} + \tfrac{1}{B(r)}\left(\tfrac{1}{r^2} - \tfrac{B'(r)}{r\,B(r)}\right) + 8\pi\varepsilon(r)\right),\end{aligned}$$

$$\lim_{r\to 0}\left(\tfrac{r}{B(r)} - r + 2r^3\mu(r)\right) = 0\,.$$

Eliminieren wir in (4) den Term A'/A mit Hilfe von (2) und drücken B gemäß (1′) durch μ aus, so erhalten wir die **Tolman–Oppenheimer–Volkoff–Gleichung (TOV–Gleichung)**

(2′) $$p' = -\,\frac{r(\varepsilon+p)\,(\mu+4\pi p)}{1-2r^2\mu}\,,$$

(TOLMAN, OPPENHEIMER, VOLKOFF 1939). Aus einem Lösungspaar p,μ dieser Gleichung ergeben sich die Koeffizienten A und B mit (2) und (1′).

1.4 Die reguläre Schwarzschild–Raumzeit

(a) Wir betrachten das **Innenraum–Problem** für die reguläre Schwarzschild-Raumzeit. Gegeben sei der Zentraldruck $p_0 = p(0) > 0$ und eine **Zustandsgleichung** $\varepsilon = f(p)$, wobei $f : \mathbb{R}_+ \to \mathbb{R}_+$ eine stetige, in $]0,\infty[$ C^∞–differenzierbare Funktion ist mit $f(0) = 0$, $f'(s) > 0$ für $s > 0$ und

$$\int_0^{p_0} \frac{ds}{f(s)+s} < \infty .$$

(Die letzte Bedingung hat die Unbeschränktheit von f' nahe 0 zur Folge.)

Die Lösung von (2′) in 1.3 mit der Anfangsbedingung $p(0) = p_0$ erfordert auch die Bestimmung von μ. Hierzu beachten wir, dass μ der singulären DG

$$\mu'(r) = (4\pi\varepsilon(r) - 3\mu(r))/r$$

genügt; eine Anfangsbedingung für μ kann bei dieser in in $r = 0$ singulären DG nicht vorgeschrieben werden. Wir charakterisieren μ jetzt durch diese DG und kommen so zu dem Anfangswertproblem für das DG–System

$$(\mathrm{TOV}) \quad \begin{cases} \mu' = \dfrac{4\pi\varepsilon - 3\mu}{r}, \\ p' = -\dfrac{r(\varepsilon + p)(\mu + 4\pi p)}{1 - 2r^2\mu}, \quad p(0) = p_0 . \end{cases}$$

Satz (Rendall, Schmidt 1991).

(1) *Für jeden Anfangswert* $p_0 > 0$ *gibt es genau ein Intervall* $[0, R[$ $(0 < R \leq \infty)$, *auf welchem das System* TOV *ein eindeutig bestimmtes Lösungspaar* p, μ *besitzt mit*

$$p(r) > 0 \;\; in \;\; [0, R[, \quad \lim_{r \to R} p(r) = 0 .$$

(2) *In cgs–Einheiten gilt*

$$\frac{4\pi}{c^2} \int_0^r \varepsilon(s)\, s^2\, ds < \frac{c^2}{2\mathbf{G}}\, r \;\; für \;\; r \leq R .$$

(3) *Der Sternradius* R *ist endlich, falls* $\int_0^{p_0} f(s)^{-2}\, ds < \infty$.

Nach (2) gilt insbesondere

$$m = \frac{4\pi}{c^2} \int_0^R \varepsilon(s)\, s^2 ds < \frac{c^2}{2\mathbf{G}}\, R \quad \text{mit} \quad \frac{c^2}{2\mathbf{G}} = 6.75 \cdot 10^{27}\, \mathrm{g/cm} .$$

Wir zeigen in (c), dass mc^2 die ADM–Energie und m die Masse der Schwarzschild–Raumzeit ist.

BEMERKUNGEN. (i) Wegen des singulären Charakters des DG–Systems (TOV) kann der Existenzbeweis für die Lösungen nicht mit Standardmethoden geleistet werden, sondern erfordert eine eigene Lösungstheorie. Für den Beweis des Satzes und der nachfolgenden Bemerkung (ii) siehe [108].

(ii) Eine weitere hinreichende Bedingung für die Endlichkeit des Sternradius R liefert die fast polytrope Zustandsgleichung $p = f^{-1}(\varepsilon) = K\varepsilon^{\gamma} + L\varepsilon^{2\gamma-1}$ mit Konstanten $0 < L \ll K$ und $5/4 \le \gamma \le 2$.

(iii) BUCHDAHL zeigte 1959 die Masse–Radius–Schranke

$$m \le \frac{4}{9}\frac{c^2}{\mathbf{G}}\,R$$

mit Gleichheit nur für $\varepsilon = \text{const}$ und $p(0) = \infty$. Diese Schranke liefert also eine notwendige Bedingung für die Existenz des statischen Sternmodells, siehe STRAUMANN [89] Ch. 6.6.3, WALD [79] 6.2.

Im Fall konstanter Energiedichte $\varepsilon = \text{const} = \varepsilon_0 > 0$ als Zustandsgleichung ist $\mu(r) = 4\pi\varepsilon_0/3$, und die TOV–Gleichung ist eine DG mit getrennten Variablen. Die Integration mit dem Anfangswert $p(R) = 0$ ($\varepsilon_0, R > 0$ gegeben) ergibt für $0 \le r \le R$ $\boxed{\text{ÜA}}$

$$p(r) = \varepsilon_0\,\frac{u(r) - u(R)}{3u(R) - u(r)} \quad \text{mit} \quad u(r) := \sqrt{1 - \frac{2Mr^2}{R^3}}\,, \quad M := \frac{4\pi\mathbf{G}R^3}{3c^2}\,\varepsilon_0\,.$$

Die aus der Positivität des Nenners folgende Ungleichung $3u(R) > u(0) = 1$ liefert wieder die Schranke $m < 4c^2R/(9\mathbf{G})$.

SCHWARZSCHILD fand diese Lösung der Feldgleichung für Sterne konstanter Energiedichte 1916, nur wenige Monate nach Einsteins Aufstellung der Feldgleichung; siehe FÖLSING [123] IV.2.

In der klassischen Mechanik lautet die zur TOV–Gleichung analoge Beziehung

$$p'(r) = -c^2 r\,\varrho(r)\mu(r) \text{ mit } \varrho := c^{-2}\varepsilon\,, \quad \mu(r) := \tfrac{4\pi}{r^3}\int_0^r \varrho(s)\,s^2\,ds\,.$$

Diese Gleichung ergibt sich unter den Annahmen $p \ll \varepsilon$, $r^2\mu \ll 1$ aus der TOV–Gleichung. Bei konstanter Massendichte $\varrho = \varrho_0 > 0$ ist $\mu(r) = 4\pi\varrho_0/3$, und die Gleichung des hydrostatischen Gleichgewichts geht über in

$$p'(r) = -\frac{4\pi c^2\varrho_0^2}{3}\,r\,.$$

Die Integration mit dem Anfangswert $p(R) = 0$ ergibt hier

$$p(r) = \frac{2\pi c^2\varrho_0^2}{3}\,(R^2 - r^2) = \left(\frac{\pi}{6}\right)^{\frac{1}{3}} c^2 m^{\frac{2}{3}} \varrho_0^{\frac{4}{3}}\left(1 - \left(\frac{r}{R}\right)^2\right) \quad \text{für} \quad 0 \le r \le R\,.$$

Die Newtonsche Mechanik erlaubt somit Sternmodelle beliebig großer Masse $m = 4\pi\varrho_0 R^3/3$, da R und ϱ_0 beliebig groß gewählt werden können.

(b) Der **Außenraum** des Sterns besteht aus dem Raumzeitgebiet $\{r > R\}$. In diesem wird Vakuum $\varepsilon = p = 0$ angenommen, wodurch die Feldgleichung (4) in 1.3 identisch erfüllt ist. Die übrigen Komponenten der Feldgleichung (1),(2) aus 1.3 lauten

$$-\frac{1}{r^2} + \frac{1}{B}\left(\frac{1}{r^2} - \frac{B'}{rB}\right) = 0, \quad -\frac{1}{r^2} + \frac{1}{B}\left(\frac{1}{r^2} + \frac{A'}{rA}\right) = 0.$$

Die Subtraktion beider Gleichungen liefert $0 = A'/A + B'/B = (\log(AB))'$, also $AB = \text{const}$ und unter Beachtung der asymptotischen Flachheit (**) in 1.2 dann $AB = 1$. Aus 1.3 (1′) folgt

$$(rB^{-1})' = B^{-1} - rB^{-2}B' = r^2B^{-1}\left(\frac{1}{r^2} - \frac{B'}{rB}\right) = 1,$$

somit

$$A = B^{-1} = 1 + \frac{k}{r} \quad \text{mit einer Integrationskonstanten } k.$$

Bei der Zusammensetzung der Innenraum– und Außenraum–Lösung fordern wir die Stetigkeit der Gesamtlösung auf $]0, \infty[$, also den stetigen Anschluss der Metrik $A_{innen}(R) = A_{außen}(R)$, $B_{innen}(R) = B_{außen}(R)$.
Unter Beachtung von

$$p(R) = 0, \quad \varepsilon(R) = f(p(R)) = 0,$$
$$\mu'(R) = R^{-1}(4\pi\varepsilon(R) - 3\mu(R)) = -3R^{-4}m,$$

und der Gleichungen (1′),(2) in 1.3 ergibt sich, dass wir den stetigen Anschluss der Metrik durch die Wahl $k = -2m$ für die Integrationskonstante erreichen. Damit erhalten wir (jetzt in geometrischen Einheiten)

$$(***) \quad A(r) = B(r)^{-1} = 1 - \frac{2m}{r} \quad \text{für } r > R \quad \text{mit} \quad m = 4\pi \int_0^R \varepsilon(s)\, s^2 ds.$$

Die hiermit gefundene **reguläre Schwarzschild–Raumzeit** besitzt eine Metrik, die am Sternrand $r = R$ einen Sprung in den ersten und zweiten Ableitungen besitzt. Der Begriff der Raumzeit muss also für dieses Sternmodell also modifiziert werden.

(c) *Die Zahl mc^2 ist die ADM–Energie der regulären Schwarzschild–Raumzeit.* Hierzu bringen wir die Schwarzschild–Metrik im Außenraum durch eine Transformation der Radiuskoordinate $r \mapsto \varrho(r)$ $(r > 2M)$ in die **isotrope Gestalt**

$$ds^2 = -\left(\left(1 - \tfrac{M}{2\varrho}\right)/\left(1 + \tfrac{M}{2\varrho}\right)\right)^2 c^2\, dt^2 + \left(1 + \tfrac{M}{2\varrho}\right)^4 \left(dy^1dy^1 + dy^2dy^2 + dy^3dy^3\right)$$

mit

$$\varrho = \sqrt{y^1y^1 + y^2y^2 + y^3y^3}, \quad M := \mathbf{G}c^{-2}m.$$

Koeffizientenvergleich der Schwarzschild–Metrik $ds^2 = -A(r)\, c^2\, dt^2 + B(r)\, dr^2 + r^2 d\sigma^2$ mit der isotropen Form $ds^2 = -\,a(\varrho)^{-2}b(\varrho)^2c^2\, dt^2 + a(\varrho)^4(d\varrho^2 + \varrho^2 d\sigma^2)$

unter Beachtung von $d\varrho = \varrho'(r)\,dr$ führt auf die DG [ÜA]

$$\varrho'(r) = \tfrac{\varrho(r)}{r}\left(1 - \tfrac{2M}{r}\right)^{-1/2}$$

mit der Lösung

$$\varrho = \tfrac{1}{2}\left(r - M + \sqrt{r^2 - 2Mr}\right) \quad \text{bzw.} \quad r = \varrho\left(1 + \tfrac{M}{2\varrho}\right)^2.$$

Für die ADM–Energie $E = cP^0$ erhalten wir aus der isotropen Form der Metrik nach Gleichung (9′) in § 10 : 4.1 (b)) [ÜA]

$$E = mc^2\,.$$

1.5 Die singuläre Schwarzschild–Raumzeit

Der bei der regulären Schwarzschild–Raumzeit ausgeschlossene Fall $R < 2m$ ($m/R > 6.75 \cdot 10^{27}$ g/cm im cgs–System) bedeutet extrem hohe Massenkonzentration. Es zeigt sich, dass ein solcher Stern zwangsläufig kollabiert, was nur durch ein dynamisches Modell beschrieben werden kann. Dies kann hier nicht ausgeführt werden, wir verweisen auf CHRISTODOULOU [100], [101].
Wir behandeln den Grenzfall $R = 0$, vorzustellen als Endzustand des Sterns nach dem Gravitationskollaps. Der kollabierte Stern ist hierbei nicht mehr Bestandteil der Raumzeit, sondern manifestiert sich in einer Singularität der Raumzeit, welche von einem Bereich eines extremen Gravitationsfeldes umgeben wird, einem *schwarzen Loch.*

Wir gehen von der Metrik des Außenraums in 1.4 (b) aus,

$$\text{(S)} \quad ds^2 = -\left(1 - \frac{2m}{r}\right)dt^2 + \left(1 - \frac{2m}{r}\right)^{-1} dr^2 + r^2\,d\sigma^2$$

für $r > R = 0$.
Zu dieser gehören jetzt zwei Lorentz–Mannigfaltigkeiten

$$M_1^S = \mathbb{R} \times I_1 \times S^2\,,$$
$$M_2^S = \mathbb{R} \times I_2 \times S^2$$

mit $I_1 =]2m, \infty[$, $I_2 =]0, 2m[$.

In M_2^S ist ∂_t raumartig und ∂_r zeitartig wegen

$$\langle \partial_t, \partial_t \rangle = -\left(1 - \frac{2m}{r}\right) > 0\,,$$

$$\langle \partial_r, \partial_r \rangle = \left(1 - \frac{2m}{r}\right)^{-1} < 0\,.$$

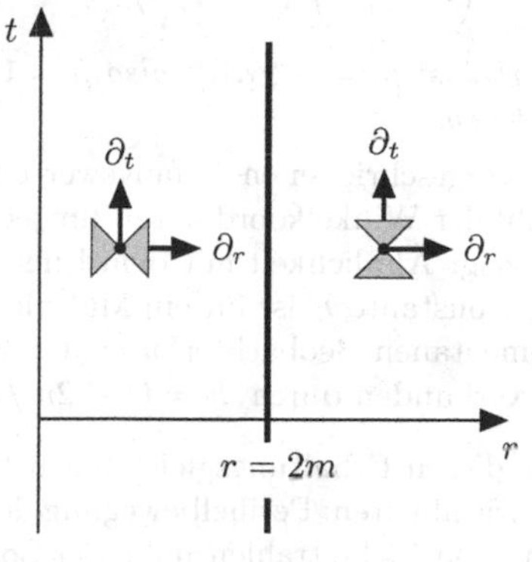

Die Koeffizienten des Einstein–Tensors ergeben sich wie in 1.3 nach der dort gemachten Bemerkung. Wegen $\varepsilon = p = 0$ gilt $G_i^k = 0$ und damit auch $R_i^k = 0$

in M_2^S. Wir versehen M_2^S mit der durch das zeitartige Vektorfeld $-\partial_r$ erzeugten Zeitorientierung; die gleiche Lorentz–Mannigfaltigkeit mit der entgegengesetzten Zeitorientierung bezeichnen wir mit M_3^S. Die Raumzeiten M_2^S und M_3^S sind nicht statisch, vgl. O'NEILL [64] 13, 8.Cor.

Wir zeigen im Folgenden, dass die drei Raumzeiten M_1^S, M_2^S, M_3^S zu einer größeren Raumzeit vereinigt werden können. Hierzu benötigen wir neue Koordinaten, welche die „Trennwände $\{r = 2m\}$" überdecken. Die auf beiden Seiten geltenden Gleichungen $\det(g_{ij}) = -r^4 \sin^2\theta$, $R_{ijk\ell}R^{ijk\ell} = 48m^2r^{-6}$ werten wir als Indiz dafür, dass sich nahe „$\{r = 2m\}$" nichts Dramatisches abspielt.

(b) Wir wollen die geometrischen Verhältnisse in M_1^S, M_2^S, M_3^S mit Hilfe von radial laufenden Lichtteilchen mit verschwindendem Drehimpuls studieren. Zunächst stellen wir Erhaltungsgrößen auf:

Erhaltungssatz. *Für jedes frei fallende Materieteilchen oder Lichtteilchen*

$$s \longmapsto \alpha(s) \cong (x^0(s), x^1(s), x^2(s), x^3(s)) = (t(s), r(s), \theta(s), \varphi(s))$$

in den drei Raumzeiten M_1^S, M_2^S, M_3^S mit den Anfangswerten

$$\theta(0) = \frac{\pi}{2}, \quad \dot\theta(0) = 0$$

gibt es Konstanten E, J mit

(1) $\left(1 - \dfrac{2m}{r}\right)\dot t = E,$

(2) $\theta = \dfrac{\pi}{2},$

(3) $r\dot\varphi = J,$

(4) $\left(\mu + \dfrac{J^2}{r^2}\right)\left(1 - \dfrac{2m}{r}\right) + \dot r^2 = E^2.$

Hierbei ist $\mu := -\langle\dot\alpha, \dot\alpha\rangle$, also $\mu = 1$ für materieartige und $\mu = 0$ für lichtartige Teilchen.

Die vorgeschriebenen Anfangswerte bedeuten keine Einschränkung, da sie durch Wahl der Winkelkoordinaten für jedes Teilchen herstellbar sind. Die Gleichung (4) zeigt Ähnlichkeit mit dem Energieerhaltungssatz der klassischen Mechanik. Die Konstante E ist für ein Materieteilchen der Masse 1 mit der vom statischen momentanen Beobachter $u = (1 - 2m/r)^{-1/2}\partial_t$ $(r > 2m)$ gemessenen Energie E_0 verbunden durch $E = (1 - 2m/r)^{1/2}E_0$, vgl. § 10 : 1.4 (a), ÜA.

Aus diesen Erhaltungsgleichungen lassen sich berühmte Tests der Relativitätstheorie ableiten: Perihelbewegung des Merkur, Ablenkung und Laufzeit–Verzögerung von Lichtstrahlen nahe der Sonne. Wir müssen aus Platzgründen hierauf verzichten und verweisen auf D'INVERNO [81] 15, O'NEILL [64] 13, WEINBERG [119] 8.4–8.7, MISNER–THORNE–WHEELER [86] § 40.4.

BEWEIS.

Wie in § 7 : 5.2 ergibt sich ÜA, dass die geodätischen Differentialgleichungen äquivalent sind zu den Euler–Gleichungen (EG) der Lagrange–Funktion

$$\begin{aligned} L(x(s),\dot{x}(s)) &= \tfrac{1}{2}\langle\dot{\alpha}(s),\dot{\alpha}(s)\rangle = \tfrac{1}{2}\,g_{ij}(x(s))\,\dot{x}^i(s)\,\dot{x}^j(s) \\ &= \tfrac{1}{2}\left(-\left(1-\frac{2m}{r}\right)\dot{t}^2+\left(1-\frac{2m}{r}\right)^{-1}\dot{r}^2+r^2\left(\dot{\theta}^2+\sin^2\theta\,\dot{\varphi}^2\right)\right). \end{aligned}$$

Diese lauten in der Notation von § 2 : 1.3 (f)

$$0 = \frac{d}{ds}\left[\frac{\partial L}{\partial \dot{t}}\right] - \frac{\partial L}{\partial t} = \frac{d}{ds}\left[-\left(1-\frac{2m}{r}\right)\dot{t}\right] - 0,$$

$$\begin{aligned} 0 &= \frac{d}{ds}\left[\frac{\partial L}{\partial \dot{r}}\right] - \frac{\partial L}{\partial r} \\ &= \frac{d}{ds}\left[\left(1-\frac{2m}{r}\right)^{-1}\dot{r}\right] + \frac{m}{r^2}\dot{t}^2 - \left(1-\frac{2m}{r}\right)^{-2}\frac{m}{r^2}\dot{r}^2 - r\left(\dot{\theta}^2+\sin^2\theta\,\dot{\varphi}^2\right), \end{aligned}$$

$$0 = \frac{d}{ds}\left[\frac{\partial L}{\partial \dot{\theta}}\right] - \frac{\partial L}{\partial \theta} = \frac{d}{ds}\left[r^2\dot{\theta}\right] - r^2\sin\theta\cos\theta\,\dot{\varphi}^2,$$

$$0 = \frac{d}{ds}\left[\frac{\partial L}{\partial \dot{\varphi}}\right] - \frac{\partial L}{\partial \varphi} = \frac{d}{ds}\left[r^2\sin^2\theta\,\dot{\varphi}\right] - 0.$$

Die erste EG ist mit (1) äquivalent. Das AWP für die dritte EG bei gegebenen Funktionen $r(s),\varphi(s)$ hat zu den Anfangswerten $\theta(0) = \pi/2$, $\dot{\theta}(0) = 0$ genau eine Lösung. Da die Konstante $\theta = \pi/2$ eine Lösung ist, folgt Gleichung (2) für alle s. Die vierte EG ergibt zusammen mit $\theta = \pi/2$ die Gleichung (3). Aus (1),(2),(3) (oder aus der zweiten EG) ergibt sich Gleichung (4):

$$\begin{aligned} -\mu = \langle\dot{\alpha},\dot{\alpha}\rangle &= -\left(1-\frac{2m}{r}\right)\dot{t}^2 + \left(1-\frac{2m}{r}\right)^{-1}\dot{r}^2 + r^2\dot{\varphi}^2 \\ &= -\left(1-\frac{2m}{r}\right)^{-1}E^2 + \left(1-\frac{2m}{r}\right)^{-1}\dot{r}^2 + \frac{J^2}{r^2}. \end{aligned}$$ □

Wir betrachten nun radial laufende Teilchen mit verschwindendem Drehimpuls, also mit $\theta = \text{const}$, $\varphi = \text{const}$, o.B.d.A. $\theta = \pi/2$, $\varphi = 0$.

FOLGERUNG 1. *Für jedes radial laufende lichtartige Teilchen in einer der Raumzeiten M_1^S, M_2^S, M_3^S gibt es Konstanten t_0, r_0 mit*

$$\pm(t-t_0) = r - r_0 + 2m\log\frac{r-2m}{r_0-2m}$$

für $r, r_0 > 2m$ *bzw.* $0 < r, r_0 < 2m$.

BEWEIS.
Die Gleichungen (4), (1) des Erhaltungssatzes liefern mit $J = \mu = 0$

$$\pm\,\dot r \;=\; E \;=\; \Big(1-\frac{2m}{r}\Big)\,\dot t\,.$$

Fassen wir r als Funktion von t auf, so folgt

$$\frac{dr}{dt} = \frac{\dot r}{\dot t} = \pm\Big(1-\frac{2m}{r}\Big).$$

Für die Lösung dieser DG mit $r(t_0) = r_0$ ergibt sich nach bewährtem Muster

$$\begin{aligned}\pm\,(t-t_0) \;&=\; \pm\int_{t_0}^{t} 1\,dt \;=\; \int_{r_0}^{r} \frac{dr}{1-\frac{2m}{r}} \;=\; \int_{r_0}^{r} 1\,dr \;+\; 2m\int_{r_0}^{r}\frac{dr}{r-2m}\\ &=\; r-r_0+2m\log\frac{r-2m}{r_0-2m}\,.\end{aligned}$$

□

Wir schreiben jetzt wieder τ für die Eigenzeit.

FOLGERUNG 2. *Jedes radial frei fallende Materieteilchen in M_1^S, M_2^S oder M_3^S mit Energie $E < 1$ ist in den (τ, r)-Koordinaten ein Zykloidenstück und zwar gilt mit $R = m/(1-E^2)$, $a = E/\sqrt{1-E^2} = \sqrt{(R/m)-1}$*

$$\text{(i)}\qquad \tau \;=\; \tau_0 \pm \sqrt{\frac{R}{m}}\;R(\psi+\sin\psi)\,,\qquad r \;=\; R(1+\cos\psi)\,,$$

wobei ψ der Abrollwinkel der Zykloide ist. Für die zugehörige t–Koordinate ergibt sich

$$\text{(ii)}\qquad t \;=\; t_0 \pm 2m\left(a\psi+\frac{aR}{2m}(\psi+\sin\psi)+\log\left|\frac{a+\tan(\psi/2)}{a-\tan(\psi/2)}\right|\right).$$

Die Figur zeigt radial laufende Lichtteilchen in M_1^S und M_2^S.

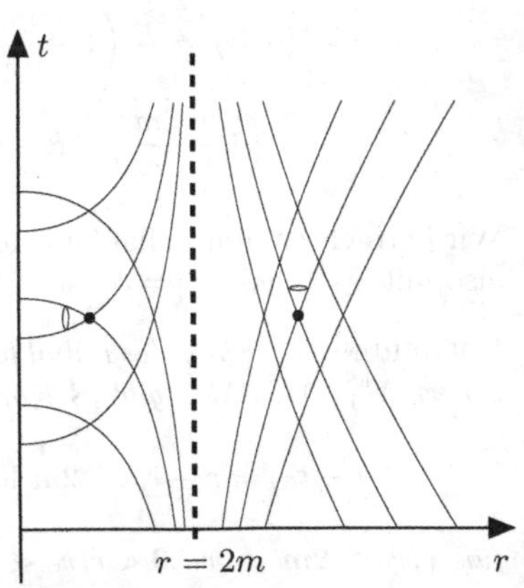

BEWEIS.
Nach Gleichung (4) im Erhaltungssatz gilt mit $\mu = 1$ und $J = 0$

$$E^2 \;=\; 1-\frac{2m}{r}+\dot r^2\,,\quad \text{also}$$

$$\pm\,\dot r = \sqrt{\frac{2m}{r}+E^2-1} = \sqrt{\frac{2m}{r}-\frac{m}{R}}$$

$$= \sqrt{\frac{m}{R}\cdot\frac{2R-r}{r}}\,.$$

Dies ist bis auf den Skalierungsfaktor $\sqrt{m/R}$ die Differentialgleichung der Zykloide. Deren Lösung kann nach § 2 : 2.3 (a) als durch den Abrollwinkel ψ parametrisierte Kurve

$$\tau = \tau_0 \pm \sqrt{\tfrac{R}{m}}\, R(\psi + \sin\psi)\,, \quad r = R(1 + \cos\psi)$$

dargestellt werden. Für t als Funktion von ψ ergibt sich mit (1)

$$\frac{dt}{d\psi} = \frac{dt}{d\tau}\frac{d\tau}{d\psi} = E\left(1 - \frac{2m}{r}\right)^{-1}\frac{d\tau}{d\psi}\,.$$

Nach Einsetzen der von ψ abhängenden Funktionen r und $d\tau/d\psi$ folgt Gleichung (ii) durch Integration, ÜA. □

ÜA In M_1^S seien zwei Beobachter $\tau \mapsto \alpha_0(\tau) = (t_0(\tau), r_0, \theta, \varphi)$ und $\sigma \mapsto \alpha_1(\sigma) = (t_1(\sigma), r_1, \theta, \varphi)$ mit $r_0, r_1 > 2m$ gegeben. Zeigen Sie, dass die Rotverschiebung zwischen beiden gegeben ist durch

$$1 + z = \sqrt{\left(1 - \tfrac{2m}{r_1}\right)/\left(1 - \tfrac{2m}{r_0}\right)}\,.$$

1.6 Die Kruskal–Szekeres–Raumzeit

Die Kruskal–Szekeres–Raumzeit stellt die (im Wesentlichen eindeutige) Fortsetzung der drei singulären Schwarzschild–Raumzeiten dar. Deren Konstruktion beruht auf der Wahl von Koordinatensystemen, welche die Trennwände „$\{r = 2m\}$" überdecken. Wir motivieren diese Transformationen durch eine Vorbetrachtung.

(a) *1. Schritt*: Wir wählen in M_1^S und M_2^S Koordinaten $(\eta, r, \theta, \varphi)$, durch welche radial einlaufende Lichtteilchen ($\dot r < 0$) als Geraden dargestellt werden. Nach Folgerung 1 von 1.5 (b) ist

$$\eta := t + r + 2m\log|r - 2m|$$

konstant längs dieser lichtartigen Teilchen und leistet somit das Gewünschte. Analog wählen wir in M_1^S und M_3^S Koordinaten $(\xi, r, \theta, \varphi)$, durch welche radial auslaufende Lichtteilchen ($\dot r > 0$) gerade gebogen werden. Hier ist entsprechend

$$\xi := t - r - 2m\log|r - 2m|$$

als neue Koordinate anstelle von t zu wählen. r ist dann eine Funktion von ξ und η. Führen wir in M_1^S nun $(\xi, \eta, \theta, \varphi)$ als Koordinaten ein, so ergibt sich ÜA

$$d\xi = dt - \left(1 - \tfrac{2m}{r}\right)^{-1} dr\,,$$

$$d\eta = dt + \left(1 - \tfrac{2m}{r}\right)^{-1} dr\,,$$

$$ds^2 = -\left(1 - \tfrac{2m}{r}\right) d\xi\, d\eta + r^2 d\sigma^2\,.$$

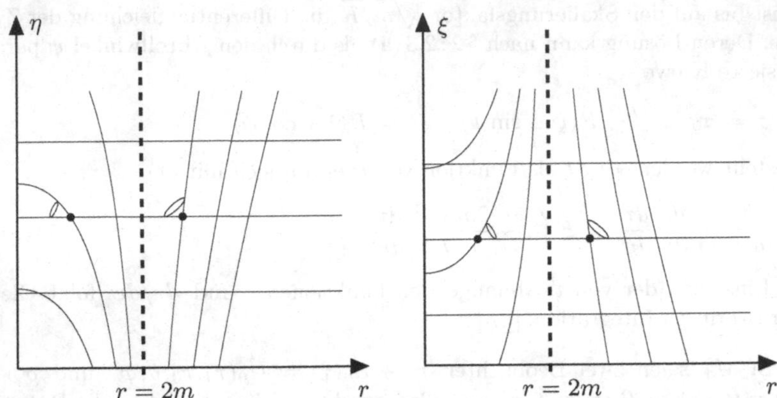

Die Koordinaten (η, r, θ, ϕ) und $(\xi, r, \theta, \varphi)$ werden **Eddington–Finkelstein–Koordinaten** genannt.

2. Schritt. Die immer noch fehlende Definiertheit der Metrik in $r = 2m$ lässt sich jetzt durch einfaches Umskalieren $\xi \mapsto u = u(\xi)$, $\eta \mapsto v = v(\eta)$ beseitigen: Nach einigem Probieren finden wir für die Koordinaten (u, v, θ, φ) mit

$$u = \exp\left(-\frac{\xi}{4m} - \frac{1}{2}\right), \quad v = \exp\left(\frac{\eta}{4m} - \frac{1}{2}\right)$$

(die Terme $-1/2$ in den Exponenten erweisen sich später als praktisch, für den Moment sind sie ohne Interesse). Es ergibt sich

$$du = -\frac{1}{4m}\exp\left(-\frac{\xi}{4m} - \frac{1}{2}\right)d\xi\,, \quad dv = \frac{1}{4m}\exp\left(\frac{\eta}{4m} - \frac{1}{2}\right)d\eta\,,$$

$$\begin{aligned} du\,dv &= -\frac{1}{16m^2}\exp\left(\frac{\eta - \xi}{4m} - 1\right)d\xi\,d\eta \\ &= -\frac{1}{16m^2}\exp\left(\frac{r}{2m} + \log(r - 2m) - 1\right)d\xi\,d\eta \\ &= -\frac{1}{16m^2}(r - 2m)\exp\left(\frac{r}{2m} - 1\right)d\xi\,d\eta \\ &= -\frac{r}{16m^2}\left(1 - \frac{2m}{r}\right)\exp\left(\frac{r}{2m} - 1\right)d\xi\,d\eta\,, \end{aligned}$$

$$ds^2 = \frac{16m^2}{r}\exp\left(1 - \frac{r}{2m}\right)du\,dv + r^2\,d\sigma^2\,,$$

ÜA. Die Metrik ist in diesem Koordinatensystem nun auch in $r = 2m$ definiert!

(b) Wir setzen

$$K := \left\{(u,v) \in \mathbb{R}^2 \mid uv > -\tfrac{2m}{e}\right\}$$

und definieren den C^∞–Diffeomorphismus

$$f :]0,\infty[\;\longrightarrow\;]-\tfrac{2m}{e},\infty[\,, \quad r \longmapsto f(r) := (r-2m)\exp\left(\tfrac{r}{2m}-1\right).$$

Die C^∞–Mannigfaltigkeit

$$M^K := K \times S^2\,,$$

versehen mit der Lorentz–Metrik

$$ds^2 = \frac{16m^2}{r}\exp\left(1-\frac{r}{2m}\right)du\,dv + r^2\,d\sigma^2 \quad \text{mit} \quad r = f^{-1}(uv)$$

und der durch $\partial_v - \partial_u$ erzeugten Zeitorientierung heißt die **Kruskal–Szekeres–Raumzeit** der Masse $m > 0$ (Kruskal, Szekeres 1960).

Die Schwarzschild–Raumzeiten M_1^S, M_2^S, M_2^S lassen sich isometrisch in die Kruskal–Szekeres–Raumzeit M^K einbetten: Wir führen die Teilmengen

$$M_1^K := \{u,v>0\}, \quad M_2^K := \{u<0<v\}, \quad M_3^K := \{v<0<u\}$$

ein und definieren auf der Vereinigung $M_1^K \cup M_2^K \cup M_3^K$ die Abbildung

$$(u,v) \longmapsto (t,r) = \left(2m\log\left|\frac{v}{u}\right|,\, f^{-1}(uv)\right).$$

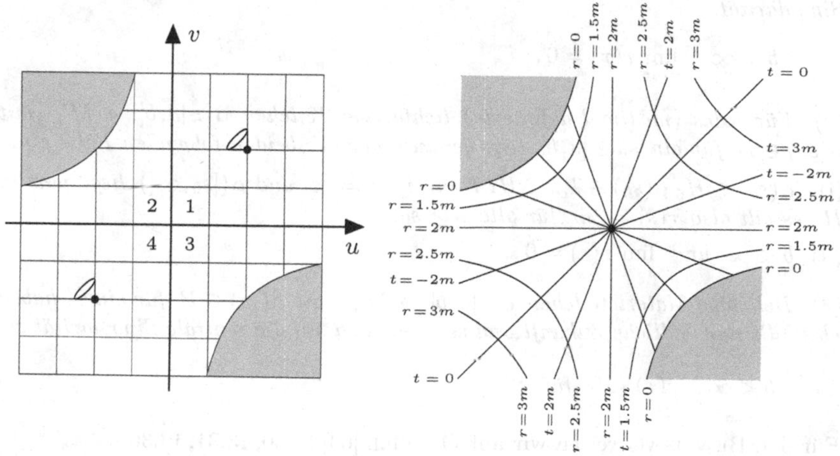

SATZ 1. *Die Abbildung* $(u, v, \theta, \varphi) \longmapsto (t, r, \theta, \varphi)$ *liefert bijektive Isometrien*

$$M_1^K \longrightarrow M_1^S\,,\quad M_2^K \longrightarrow M_2^S\,,\quad M_3^K \longrightarrow M_3^S\,.$$

Für den BEWEIS siehe O'NEILL [64] 13, 24.Prop. Der Nachweis der ersten Isometrieeigenschaft erfolgte im Wesentlichen in der Vorbetrachtung (a).

ÜA Bestimmen Sie die inversen Abbildungen $(t, r) \mapsto (u, v)$ in den drei Fällen.

Um zu einer anschaulichen Vorstellung der hier vorgenommenen Transformationen zu kommen, empfehlen wir radial ein– und auslaufende lichtartige Teilchen in den vier Koordinatensystemen

$$(t, r),\ (\eta, r),\ (\xi, r),\ (u, v)$$

(die Winkelkoordinaten θ, φ fortgelassen) zu skizzieren und einander zuzuordnen.

Wir definieren die **eingeschränkte Kruskal–Szekeres–Raumzeit** als den Teil $M_+^K := M^K \cap \{v > 0\}$ und betrachten darin die Mengen

$$\begin{aligned} B &:= \{u \le 0,\ v > 0\} = \{r \le 2m,\ v > 0\}\,, \\ H &:= \{u = 0,\ v > 0\} = \{r = 2m,\ v > 0\}\,. \end{aligned}$$

Im folgenden Satz schreiben wir für Kurven α in M_+^K anstelle von $r(\alpha(s))$ einfach $r(s)$.

SATZ 2. *B ist ein* **schwarzes Loch**, *d.h. besitzt folgende Eigenschaften:*

(1) *Jedes einmal in B eingetretene (maximal definierte) frei fallende Materieteilchen* $\alpha : \,]a, b[\, \to M_+^K$ *hat eine endliche Zukunft und fällt in die zentrale Singularität,*

$$b < \infty\,,\quad \lim_{\tau \to b} r(\tau) = 0\,.$$

(2) *Für jedes (maximal definierte) lichtartige Teilchen* $\alpha : \,]a, b[\, \to M_+^K$ *mit* $\alpha(s_0) \in B$ *für ein* $s_0 \in \,]a, b[$ *tritt genau einer der beiden folgenden Fälle ein:*

(i) $\alpha(s_0) \in H,\ \dot\alpha(s_0) \in T_{\alpha(s_0)}H$. *Dann ist* $b = \infty$ *und* $\alpha([s_0, \infty[)$ *liegt ganz in* H, *es gilt also* $r(s) = 2m$ *für alle* $s \ge s_0$.

(ii) $b < \infty$ *und* $\lim\limits_{s \to b} r(s) = 0\,.$

(3) *Beliebige Materieteilchen* $\alpha : \,]a, b[\, \to M_+^K$ *mit* $\alpha(\tau_0) \in B$ *für ein* τ_0 *haben ebenfalls nur endliche Zukunft und bewegen sich auf die zentrale Singularität zu,*

$$b < \infty\,,\quad \dot r(\tau) < 0 \ \text{ für } \tau \ge \tau_0\,.$$

Für den BEWEIS verweisen wir auf O'NEILL [64] 13.30, 13.31, 13.36.

Die Hyperfläche H ist die Trennwand zwischen dem statischen Außenraum $M_1^K = \{u > 0,\ v > 0\} = \{r > 2m,\ v > 0\}$ und dem schwarzen Loch B; diese wird nach (2) (i) also aufgespannt von den mit konstantem Schwarzschild–Radius $r = 2m$ stehenden lichtartigen Teilchen. H wird **Horizont** genannt, weil durch diesen Kommunikation nur von außen nach innen möglich ist; vgl. auch die nachfolgende Aufgabe (b).

Als Literatur zum Gravitationskollaps und zu schwarzen Löchern empfehlen wir MISNER–THORNE–WHEELER [86] Ch. 31–33, HAWKING–ELLIS [75] 9, CHRISTODOULOU [101].

1.7 Aufgaben

(a) Zeigen Sie, dass die Schwarzschild–Metrik in $M_1^S \cup M_2^S$ bezüglich der Koordinaten $(\eta, r, \theta, \varphi)$ die Gestalt

$$ds^2 = -\left(1 - \frac{2m}{r}\right) d\eta^2 + 2\,d\eta\,dr + r^2\,d\sigma^2$$

und in $M_1^S \cup M_3^S$ bezüglich der Koordinaten $(\xi, r, \theta, \varphi)$ die Gestalt

$$ds^2 = -\left(1 - \frac{2m}{r}\right) d\xi^2 - 2\,d\xi\,dr + r^2\,d\sigma^2$$

besitzt.

(b) *Rotverschiebung von Funksprüchen bei Annäherung an das schwarze Loch*: In einer (t, r)–Ebene des Schwarzschild–Außenraums M_1^S (Koordinaten θ, φ fortgelassen) sei $\tau \mapsto \alpha(\tau) = (t(\tau), r(\tau))$ eine frei fallende Raumkapsel mit Energie $E < 1$, und $\tau \mapsto \beta(\tau) = (c_0\tau, r_0)$ mit $r_0 > 2m$, $c_0 = (1 - 2m/r_0)^{-1/2}$ ein Beobachter. Zeigen Sie:

(i) Die Raumkapsel α erreicht zu einem endlichen Eigenzeitpunkt τ_1 den Horizont, $\lim\limits_{\tau \to \tau_1} r(\tau) = 2m$, und es gilt $\lim\limits_{\tau \to \tau_1} t(\tau) = \infty$.

(ii) Sind für $\tau > \tau_1$ die Ereignisse $\alpha(\tau)$ und $\beta(h(\tau))$ durch Funksignale synchronisiert (vgl. § 10 : 1.2 (e)), so gilt $\lim\limits_{\tau \to \tau_1} h(\tau) = \infty$, d.h. β empfängt die von α unmittelbar vor Erreichen des Horizonts ausgesandten Funksignale mit beliebig großer Rotverschiebung.

Skizzieren Sie die Kurven α, β und eine Folge von verbindenden Funksignalen in den Koordinaten (t, η) und in den Koordinaten (u, v). Beschreiben Sie, wie β den von der Besatzung der Raumkapsel α kurz vor Erreichen des Horizonts ausgesandten Funkspruch „Uns geht es gut" hört.

ANLEITUNG: (i) Verwenden Sie die Folgerung 2 in 1.5 (b) und stellen Sie wie dort τ, r, t als Funktionen des Zykloidenabrollwinkels ψ dar, wobei $\psi = 0$ zum Start der Raumkapsel und $\psi_1 \in\ ]0, \pi[$ zum Eintritt in den Horizont ($r(\psi_1) = 2m$) gehört. Folgern Sie aus $2m = r(\psi_1) = R\,(1 + \cos\psi_1) = 2R\cos^2(\psi_1/2)$, dass $\tan(\psi/2) = \sqrt{(R/m) - 1} = a$ und daraus $\lim\limits_{\psi \to \psi_1} t(\psi) = \infty$.

(ii) Verwenden Sie die Folgerung 1 in 1.5 (b), wonach die Ereignisse $\alpha(\tau) = (t(\tau), r(\tau))$ und $\beta(h(\tau)) = (c_0 h(\tau), r_0)$ genau dann durch ein Funksignal (= Lichtsignal) verbunden werden können, wenn

$$c_0 h(\tau) - t(\tau) = r_0 - r(\tau) + 2m \log \frac{r_0 - 2m}{r(\tau) - 2m} .$$

2 Robertson–Walker–Raumzeiten

2.1 Modellbildung

(a) Ziel ist die Aufstellung eines einfachen kosmologischen Raumzeitmodells unter der Annahme der räumlichen **Isotropie** des Universums. Für diese Hypothese sprechen astronomische Beobachtungen, nach welchen die über kosmische Skalen gemittelte Sterndichte in jeder Beobachtungsrichtung annähernd gleich ist.

Die Bewegung der Materie des Universums beschreiben wir durch ein Bezugsfeld in der Raumzeit, also durch ein zukunftsgerichtetes, zeitartiges Einheitsvektorfeld, welches wir als wirbelfrei annehmen (§ 10 : 1.8 (c)). Dessen Integralkurven stellen wir uns durch Mittelung über die Bahnen der Galaxien entstanden vor, wobei räumlich lokalisierte Rotationen von Galaxien bei der Mittelung vernachlässigt werden.

Wir präzisieren die Bedingungen an die Raumzeit M:

(1) Es existiert ein wirbelfreies Bezugsvektorfeld U auf M.

(2) Die Raumzeit M ist bezüglich U **lokal räumlich isotrop**, d.h. zu jedem Punkt $p \in M$ gibt es eine Umgebung $W \subset M$ von p mit der Eigenschaft: Zu je zwei Einheitsvektoren $v, v' \in U_p^\perp \subset T_pM$ gibt es eine Isometrie $\Psi : W \to W$ mit Fixpunkt p, die mit den Flussabbildungen Φ_t von U kommutiert und deren Differential den Vektor v in den Vektor v' überführt,

$$\Psi \circ \Phi_t = \Phi_t \circ \Psi, \text{ soweit definiert, und } \Psi(p) = p\,,\ d\Psi_p(v) = v'.$$

Wegen der Wirbelfreiheit des Bezugsfeldes U gibt es durch jeden Punkt $p \in M$ eine Orthogonalfläche $N_p \subset M$ für U, welche wir als Momentaufnahme eines Teils des Universums interpretieren. Diese **Raumblätter** N_p werden nach geeigneter Verkleinerung durch den Fluss Φ von U ineinander übergeführt:

$$N_{p'} = \Phi_t(N_p), \text{ falls } p' = \Phi_t(p),$$

siehe § 10 : 1.8 (c),(d). Wir zeigen im Folgenden, dass die Isotropiebedingung zur Folge hat, dass jedes Raumblatt konstante Krümmung hat und sich die Riemannschen Metriken zweier Raumblätter N_p und $N_{p'}$ nur durch einen von t abhängigen **Skalenfaktor** $a(t) > 0$ unterscheiden. Monotones Steigen dieses Skalenfaktors bedeutet Expansion des Weltalls.

Bei statischen Raumzeiten ist Expansion ausgeschlossen, weil alle Raumblätter nach § 10 : 1.8 zueinander isometrisch sind, was $a = 1$ bedeutet.

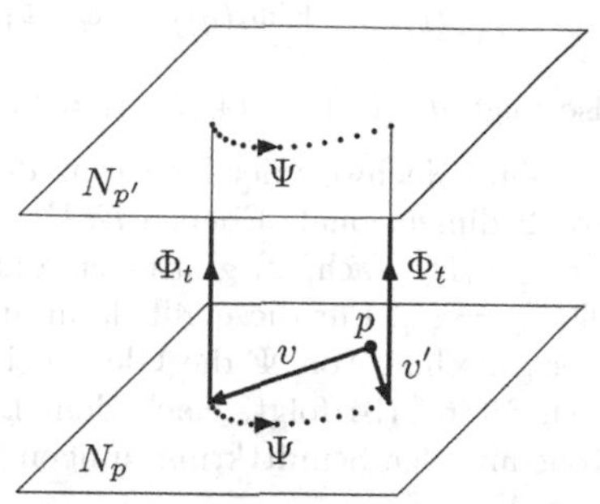

Das hier betrachtete kosmologische Modell wurde 1922 vom russischen Mathematiker und Physiker FRIEDMANN aufgestellt, sieben Jahre vor der Entdeckung der Expansion des Weltalls durch HUBBLE. FRIEDMANN ging dabei nicht von der Isotropiebedingung aus, sondern postulierte konstante Krümmung jedes Raumblattes.

Wir formulieren die Bedingungen an das kosmologische Modell in Termen der Lorentz–Metrik. In 2.2 zeigen wir dann, dass die Feldgleichung auf das Materiemodell einer idealen Flüssigkeit führen.

(b) SATZ. *Die Raumzeit M erfülle die Bedingungen (1) und (2). Dann gilt für jedes zusammenhängende Raumblatt N_p :*

(i) *N_p hat konstante Schnittkrümmung.*

(ii) *Die Flussabbildung Φ_t zwischen Raumblättern N_p und $N_{p'} = \Phi_t(N_p)$ ist eine Homothetie, d.h. mit einem Skalenfaktor $a(t) > 0$ gilt*

$$\langle d\Phi_t(v_1), d\Phi_t(v_2)\rangle = a(t)^2\langle v_1, v_2\rangle \text{ für } q \in N_p,\ v_1, v_2 \in T_qN_p,\ |t| \ll 1.$$

Für die Begriffe Homothetie und Schnittkrümmung siehe § 9 : 6.1.

FOLGERUNG. Für die Schnittkrümmungen K_p von N_p und $K_{p'}$ von $N_{p'}$ gilt $K_{p'} = a(t)^{-2}K_p$ nach § 9 : 6.1 (b). Die Schnittkrümmungen verschwinden also entweder alle oder wechseln nicht das Vorzeichen.

BEMERKUNGEN. (i) ROBERTSON und WALKER folgerten 1935 die konstante Schnittkrümmung aus den Bedingungen Isotropie und Homogenität, charakterisiert durch die Existenz von sechs linear unabhängigen Killing–Vektorfeldern auf den Raumblättern (WEINBERG [119] Sect. 13.1, 14.1).

(ii) Ein von EHLERS, GEREN und SACHS 1966 aufgestelltes kinetisches Gasmodell führt ebenfalls auf die Eigenschaften (i) und (ii), siehe [74] 3.

BEWEIS nach O'NEILL [64] 12, 6.

(0) Wir schreiben zur Abkürzung N statt N_p. Für jede Isometrie $\Psi : W \to W$ mit $\Psi \circ \Phi_t = \Phi_t \circ \Psi$ und mit einem Fixpunkt $q \in N$ gilt

$$d\Psi \circ d\Phi_t = d\Phi_t \circ d\Psi, \quad d\Psi(U_q) = U_q .$$

Die erste Gleichung ergibt sich aus der Kettenregel. Zum Nachweis der zweiten betrachten wir die Kurve $t \mapsto \varphi(t) := \Phi_t(q)$. Für diese gilt

$$\Psi(\varphi(t)) \,=\, \Psi(\Phi_t(q)) \,=\, \Phi_t(\Psi(q)) \,=\, \Phi_t(q) \,=\, \varphi(t),$$

also folgt $d\Psi(U_q) \,=\, d\Psi(\dot\varphi(0)) \,=\, \dot\varphi(0) \,=\, U_q$.

(i) Zum Nachweis der Konstanz der Schnittkrümmung von N betrachten wir zwei 2–dimensionale Ebenen $E, E' \subset T_qN = U_q^\perp$ mit Einheitsnormalenvektoren $v, v' \in T_qN$. Nach (2) gibt es eine Isometrie Ψ mit $\Psi(q) = q$, $d\Psi(v) = v'$ und $d\Psi(U_q) = U_q$. Für diese gilt dann auch $d\Psi(E) = E'$, woraus wegen der Isometrieeigenschaft von Ψ die Gleichheit der Schnittkrümmungen $K_q(E), K_q(E')$ nach § 9 : 6.1 (b) folgt. Nach dem Lemma von Schur § 9 : 6.1 (c) folgt aus der Konstanz der Schnittkrümmungen in jedem Punkt $q \in N$ die Konstanz auf ganz N.

(ii) Für $q \in N$ und zwei Einheitsvektoren $v, v' \in T_qN$ sei Ψ eine mit den Φ_t kommutierende Isometrie um q mit $d\Psi(v) = v'$. Dann gilt nach (0) für $|t| \ll 1$

$$\big\| d\Phi_t(v') \big\| \,=\, \| d\Phi_t(d\Psi(v)) \| \,=\, \| d\Psi(d\Phi_t(v)) \| \,=\, \| d\Phi_t(v) \|,$$

d.h. $v \mapsto \| d\Phi_t(v) \|$ hat auf T_qN einen konstanten Wert, bezeichnet mit $a(t, q)$. Durch Polarisierung folgt

$$\langle d\Phi_t(v_1), d\Phi_t(v_2) \rangle \,=\, a(t,q)^2 \langle v_1, v_2 \rangle \quad \text{für } v_1, v_2 \in T_qN\,.$$

Wir zeigen, dass die Funktion $q \mapsto a_t(q) = a(t, q) : N \to \mathbb{R}$ bei festem t konstant ist. Hierzu reicht der Nachweis von

$$da_t(v) \,=\, 0 \;\text{ für jeden Einheitsvektor } v \in T_qN,\; q \in N.$$

Sei $v \in T_qN$ ein Einheitsvektor und α die Geodätische von M mit $\alpha(0) = p$, $\dot\alpha(0) = v$. Gemäß (2) gibt es eine mit U kommutierende Isometrie Ψ mit $\Psi(q) = q$, $d\Psi(v) = -v$. Auch $\beta := \Psi \circ \alpha$ ist eine Geodätische. (Das lässt sich am einfachsten durch Wahl von Koordinatensystemen x, y von N um q erkennen, für welche $y \circ \Psi \circ x^{-1}$ die Identität ist, woraus $g_{ab,x} = g_{ab,y}$ und $\Gamma^c_{ab,x} = \Gamma^c_{ab,y}$ folgt.) Wegen $\beta(0) = \Psi(q) = q$ und $\dot\beta(0) = (\Psi \circ \alpha)^{\cdot}(0) = d\Psi(\dot\alpha(0)) = d\Psi(v) = -v$ folgt $\beta(s) = \alpha(-s)$ für $|s| \ll 1$ aufgrund der eindeutigen Bestimmtheit von Geodätischen γ durch ihre Anfangswerte $\gamma(0)$, $\dot\gamma(0)$, vgl. § 9 : 4.2(b). Daher gilt

$$-\,\dot\alpha(-s) \,=\, \dot\beta(s) \,=\, d\Psi(\dot\alpha(s))\,,$$

und wegen $|\langle \dot\alpha(s), \dot\alpha(s) \rangle| = |\langle \dot\alpha(0), \dot\alpha(0) \rangle| = |\langle v, v \rangle| = 1$ folgt aus (2) für $|s| \ll 1$

$$\begin{aligned} a_t(\alpha(s)) \,&=\, \| d\Phi_t(\dot\alpha(s)) \| \,=\, \| d\Psi(d\Phi_t(\dot\alpha(s))) \| \,=\, \| d\Phi_t(d\Psi(\dot\alpha(s))) \| \\ &=\, \| d\Phi_t(-\dot\alpha(-s)) \| \,=\, \| -d\Phi_t(\dot\alpha(-s)) \| \,=\, a_t(\alpha(-s))\,. \end{aligned}$$

Durch Ableiten nach s an der Stelle $s = 0$ erhalten wir

$$0 \,=\, \frac{d}{ds}\, a_t(\alpha(s))\,\Big|_{s=0} \,=\, \dot\alpha(0)\, a_t \,=\, v\, a_t \,=\, da_t(v)\,. \qquad \square$$

(c) Wir verschärfen nun die Forderungen (1),(2) durch Vollständigkeitsbedingungen an die Raumzeit M sowohl in räumlicher als auch in zeitlicher Richtung. Nach (b) besitzt jedes Raumblatt $N_p \subset M$ konstante Schnittkrümmung K_p. Fordern wir von jedem Raumblatt N_p noch die geodätische Vollständigkeit und den einfachen Zusammenhang, so ist N_p nach dem Satz von Hopf § 9 : 6.2 (b) isometrisch zur Standard–Raumform $\mathbf{S}^3(K_p)$. Von der **Skalenfunktion** $t \mapsto a(t)$ setzen wir maximale Definiertheit auf einem offenen Intervall I voraus, d.h. wir fordern, dass a nicht zu einer positiven C^∞–Funktion auf ein größeres Intervall fortgesetzt werden kann. Wir fassen diese Bedingungen zusammen:

(3) Jedes Raumblatt N_p ist isometrisch zur Standardraumform $\mathbf{S}^3(K_p)$.

(4) Die Skalenfunktion $a : I \to \mathbb{R}_{>0}$ ist maximal definiert.

Unter der Bedingung (3) ergibt sich die **räumliche Homogenität** als Folgerung aus der räumlichen Isotropie: Zu gegebenen Punkten $q, q' \in N_p$ gibt es eine Isometrie von N_p, welche q in q' überführt, siehe § 9 : 6.2 (a).

(d) Wir geben jetzt einer Raumzeit M mit den Eigenschaften (1)–(4) eine Standardgestalt. Hierzu fixieren wir ein Raumblatt $N_p \subset M$ und setzen

$$\begin{aligned} k &:= \frac{K_p}{|K_p|}, \quad & c &:= |K_p|^{-1/2} \quad & &\text{für } K_p \neq 0, \\ k &:= 0, & c &:= 1 & &\text{für } K_p = 0. \end{aligned}$$

Dann besteht die Homothetie mit Skalenfaktor c

$$N := \mathbf{S}^3(k) \longrightarrow \mathbf{S}^3(K_p) \longrightarrow N_p,$$

denn die erste Abbildung ist eine Homothetie mit Skalenfaktor c und die zweite ist nach (3) eine Isometrie, also eine Homothetie mit Skalenfaktor 1. Weiter setzen wir $N_t := \Phi_t(N_p)$ und bezeichnen die Schnittkrümmung von N_t mit $K(t)$. Nach der Folgerung in (b) hat dann das Raumblatt N_t die Schnittkrümmung $K(t) = K(0)a(t)^{-2} = kc^{-2}a(t)^{-2}$, also $K(t) = k\widetilde{a}(t)^{-2}$ mit der neuen Skalenfunktion

$$\widetilde{a} : I \to \mathbb{R}_{>0}, \quad t \mapsto \widetilde{a}(t) := ca(t).$$

Im Folgenden schreiben wir wieder a statt $\widetilde{a}$.

Die Zahl $k \in \{-1, 0, 1\}$ nennen wir den **Krümmungstyp** und die Riemann-Mannigfaltigkeit $N = \mathbf{S}^3(k)$ das **Raummodell** von M. Die Riemann–Metrik von $N = \mathbf{S}^3(k)$ bezeichnen wir mit $\mathbf{g}_N = ds_N^2$.

SATZ. *Jede durch die Bedingungen (1)–(4) festgelegte Raumzeit M ist isometrisch zur Raumzeit $I \times N = I \times \mathbf{S}^3(k)$, versehen mit der Lorentz–Metrik*

$$ds^2 = -dt^2 + a^2\, ds_N^2$$

und der von ∂_t erzeugten Zeitorientierung.

Unter der Isometrie geht das Bezugsfeld U in ∂_t über und die Raumblätter N_t werden auf die Raumzeitschnitte $\{t\} \times N$ abgebildet.

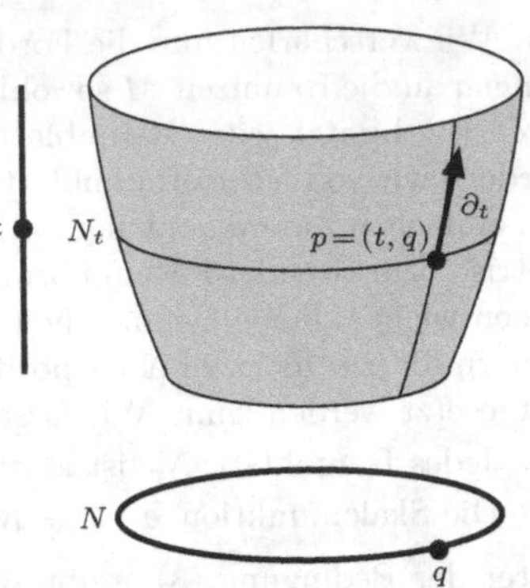

Wir identifizieren diese beiden Raumzeiten und schreiben

$$U = \partial_t, \quad N_t = \{t\} \times N.$$

Die Raumzeit

$$M = I \times N = I \times \mathbf{S}^3(k)$$

mit der Lorentz–Metrik

$$\mathbf{g} = -\,dt^2 + a^2\,\mathbf{g}_N^2$$

wird **Robertson–Walker–Raumzeit** vom Krümmungstyp k mit Skalenfunktion a genannt und mit $M(k,a)$ bezeichnet.

BEWEISSKIZZE.

Wir zeigen, dass der von U erzeugte Fluss $\Phi : I \times N \to M$ eine Isometrie ist.
(i) Nach Konstruktion ist die Abbildung $N = \mathbf{S}^3(k) \to N_0$ eine Homothetie mit Skalenfaktor c. Nehmen wir der Einfachheit halber $K(0) = k \in \{-1, 0, 1\}$ an, so ist $c = 1$, also $N \to N_0$ eine Isometrie.
(ii) Nach (2),(3) ist der Fluss von U,

$$\Phi : I \times N \to M, \quad (t,q) \mapsto \Phi(t,q) = \Phi_t(q)\,,$$

ein Diffeomorphismus.
(iii) Es gilt $d\Phi(\partial_t) = U|_\Phi$, denn die Integralkurven $t \mapsto (t,q) \in I \times N = I \times N_0$ von ∂_t gehen unter dem Fluss von Φ in die Integralkurven $t \mapsto \Phi(t,q) = \Phi_t(q)$ von U über. Wie schon in (a) festgestellt wurde, wird $\{t\} \times N = \{t\} \times N_0 \subset I \times N$ durch den Fluss Φ in das Raumblatt $N_t \subset M$ abgebildet.
(iv) $\Phi : I \times N \to M$ ist eine Isometrie: Die Metrik $\mathbf{g} = -\,dt^2 + a^2 \mathbf{g}_N^2$ von $I \times N$ bedeutet

$$\langle v, w\rangle = \mathbf{g}(v,w) = -\,v^0 w^0 + a(t)^2 \mathbf{g}_N(\vec{v}, \vec{w})$$

für $v, w \in T_{(t,q)}(I \times N) = T_t I \times T_q N$, $v = (v^0, \vec{v})$, $w = (w^0, \vec{w})$ mit $\vec{v}, \vec{w} \in T_q N$.
Für $v = w = \partial_t = \partial_0$ gilt wegen $d\Phi(\partial_t) = U$

$$\langle \partial_t, \partial_t\rangle = \langle \partial_0, \partial_0\rangle = -1 = \langle U, U\rangle = \langle d\Phi(\partial_t), d\Phi(\partial_t)\rangle\,.$$

Für $v, w \perp \partial_t$ gilt $d\Phi(v) = d\Phi_t(\vec{v})$; entsprechend $d\Phi(w) = d\Phi_t(\vec{w})$. Nach der Folgerung in (b) ist

$$\begin{aligned}\langle d\Phi(v), d\Phi(w)\rangle &= \langle d\Phi_t(\vec{v}), d\Phi_t(\vec{w})\rangle = \Phi_t^* \mathbf{g}_t(\vec{v}, \vec{w}) \\ &= a(t)^2\, \mathbf{g}_0(\vec{v}, \vec{w}) = \langle v, w\rangle\,.\end{aligned}$$

Schließlich gilt wegen $d\Phi(v) = d\Phi_t(\vec{v}) \in T_pN_t = U_p^\perp$ mit $p = \Phi(t,q)$ die Gleichung

$$\langle d\Phi(v), d\Phi(\partial_t)\rangle = \langle d\Phi_t(\vec{v}), U_p\rangle = 0 . \qquad \square$$

2.2 Die Feldgleichung für die Robertson–Walker–Raumzeit

Es sei $M = M(k,a)$ die Robertson–Walker–Raumzeit mit Bezugsfeld $U = \partial_t$. Die kovariante Ableitung auf dem Raummodell N bezeichnen wir mit $\vec{D}$. Der Ausdruck $\vec{D}_XY$ ist auch für Vektorfelder $X, Y \in \mathcal{V}M$ mit $X, Y \perp U$ sinnvoll, weil diese auf den Raumblättern $N_t = \{t\} \times N$ tangentiale Vektorfelder sind.

SATZ. *Für $X, Y, Z \in \mathcal{V}M$ mit $X, Y, Z \perp U$ gilt:*

$$\begin{aligned}
&D_UU = 0\,,\\
&D_XU = D_UX = a^{-1}a'X\,,\\
&D_XY = \vec{D}_XY + a^{-1}a'\langle X,Y\rangle U\,,\\
&Rm(X,Y)U = 0\,,\\
&Rm(U,X)Y = a^{-1}a''\langle X,Y\rangle U\,,\\
&Rm(U,X)U = a^{-1}a''X\,,\\
&Rm(X,Y)Z = a^{-2}(a'^2+k)(\langle Z,Y\rangle X - \langle Z,X\rangle Y)\,,\\
&Rc(U,U) = -3a^{-1}a''\,,\\
&Rc(U,X) = 0\,,\\
&Rc(X,Y) = a^{-2}(aa''+2R'^2+2k)\langle X,Y\rangle\,,\\
&R = 6a^{-2}(aa''+a'^2+k)\,,\\
&G(U,U) = 3a^{-2}(a'^2+k)\,,\\
&G(U,X) = 0\,,\\
&G(X,Y) = -a^{-2}(2aa''+a'^2+k)\langle X,Y\rangle\,.
\end{aligned}$$

BEWEISSKIZZE.
Wir setzen $x^0 = t$ und wählen Koordinaten (x^1, x^2, x^3) für $N = \mathbf{S}^3(k)$. Die metrischen Koeffizienten der Riemann-Metrik $\mathbf{g}_N$ von N und die der Lorentz-Metrik $\mathbf{g}$ von M bezeichnen wir mit

$$\vec{g}_{ab}\,,\ \vec{\Gamma}^c_{ab}\,,\ \vec{R}^d_{abc}\quad (a,b,c,d \in \{1,2,3\})\ \text{bzw.}$$

$$g_{ij}\,,\ \Gamma^k_{ij}\,,\ R^\ell_{ijk}\quad (i,j,k,\ell \in \{0,1,2,3\})\,.$$

Aus

$$g_{00} = -1\,,\quad g_{0a} = 0\,,\quad g_{ab} = a^2\vec{g}_{ab}$$

ergibt sich mit etwas Rechnung unter Beachtung von $\vec{R}^d_{cab} = k\,(\vec{g}_{cb}\,\delta^d_a - \vec{g}_{ca}\,\delta^d_b)$, vgl. § 9 : 6.2 (a) ÜA:

$$\Gamma^0_{00} = 0\,, \quad \Gamma^0_{0a} = 0\,, \quad \Gamma^0_{ab} = aa'\vec{g}_{ab} = a^{-1}a'g_{ab}\,,$$

$$\Gamma^c_{00} = 0\,, \quad \Gamma^c_{0b} = a^{-1}a'\delta^c_b\,, \quad \Gamma^c_{ab} = \vec{\Gamma}^c_{ab}\,,$$

$$R^d_{ab0} = 0\,, \quad R^d_{0ac} = a^{-1}a''g_{ac}\delta^d_0\,, \quad R^d_{0b0} = a^{-1}a''\delta^d_b\,,$$

$$\begin{aligned} R^d_{abc} &= k^{-1}(a'^2+k)\vec{R}^d_{cab} = k^{-1}(a'^2+k)\,k\,(\vec{g}_{cb}\,\delta^d_a - \vec{g}_{ca}\,\delta^d_b) \\ &= a^{-2}(a'^2+k)\,(g_{cb}\,\delta^d_a - g_{ca}\,\delta^d_b)\,. \end{aligned}$$

Hieraus ergeben sich die behaupteten Darstellungen, ÜA. □

Das Bezugsfeld U der Robertson–Walker–Raumzeit kann als Vierergeschwindigkeitsfeld U einer idealen Flüssigkeit interpretiert werden. Dies entnehmen wir der Gestalt des Einstein–Tensors G bei Gültigkeit der Feldgleichung $G = 8\pi T$. Für den Energieimpuls–Tensor T einer idealen Flüssigkeit gilt nach § 10 : 2.3 (a)

$$T(U,U) = \varepsilon, \quad T(U,X) = 0, \quad T(X,Y) = p\langle X,Y\rangle$$

für Vektorfelder $X, Y \perp U$. Die Energiedichte ε und der Druck p sind hiernach festgelegt durch

(1) $\quad 3a^{-2}(a'^2+k) = 8\pi\varepsilon\,,$

(2) $\quad -a^{-2}(2aa''+a'^2+k) = 8\pi p\,.$

Die Gleichung des hydrodynamischen Gleichgewichts (äquivalent mit $\operatorname{div} T = 0$) ergibt sich aus (1) und (2) ÜA:

(3) $\quad \varepsilon' = -\,3a^{-1}a'(\varepsilon+p)\,.$

Eine weitere unmittelbare Folge von (1) und (2) ist

(4) $\quad a^{-1}a'' = -\,\dfrac{4\pi}{3}\,(\varepsilon+3p)\,.$

2.3 Die Abstands–Rotverschiebungs–Relation

(a) In der Robertson–Walker–Raumzeit $M = I \times N$ mit $N = \mathbf{S}^3(k)$ sei α_1 eine entfernte Galaxie und α_0 ein Astronom auf der Erde. Als Integralkurven des Bezugsfeldes $U = \partial_t$ haben die Kurven α_i die Gestalt $t \mapsto \alpha_i(t) = (t, q_i)$ mit $q_i \in N \ \ (i = 0, 1)$.

Die Galaxie α_1 sende zur Zeit t_1 ein Lichtsignal aus, das vom Astronom α_0 zur Zeit $t_0 > t_1$ empfangen wird. Wir setzen $p_i := \alpha_i(t_i) = (t_i, q_i)$ und bezeichnen die Zeit t_0 als **Gegenwart**.

SATZ. (1) *Der Rotverschiebungsparameter* z *von* (α_1, p_1) *und* (α_0, p_0) *(vgl.* § 10 : 1.5 (a)) *ist gegeben durch*

$$1 + z = \frac{a(t_0)}{a(t_1)}.$$

(2) *Der gegenwärtige Abstand von* α_0 *nach* α_1 *(also der Abstand der Punkte* (t_0, q_0) *und* (t_0, q_1) *im Raumblatt* $N_{t_0} = \{t_0\} \times N$*) beträgt*

$$d_0 = a(t_0) \int_{t_1}^{t_0} \frac{dt}{a(t)},$$

vorausgesetzt, dass im Fall $k = 1$ *das Integral höchstens gleich* π *ist.*

Eine von α_0 beobachtete Rotverschiebung $z > 0$ von Spektrallinien bedeutet nach (1) also Expansion $a(t_0) > a(t_1)$. Aus (2) ergibt sich die

FOLGERUNG. *Im Fall eines endlichen Zeitbeginns* $T_0 := \inf I > -\infty$ *kann* α_0 *zur Zeit* t_0 *nur Lichtquellen* α_1 *beobachten mit*

$$d_0 \le D_0 := a(t_0) \int_{T_0}^{t_0} \frac{dt}{a(t)}.$$

BEWEIS des Satzes.

(1) Sei $\gamma : [-1, 0] \to M = I \times N$, $s \mapsto \gamma(s) = (t(s), \vec{\gamma}(s))$ ein Stück einer lichtartigen Geodätischen mit $\gamma(-1) = p_1$, $\gamma(0) = p_0$. Nach Beweisteil (i) des Satzes in 2.2 lauten die geodätischen Differentialgleichungen mit den dort verwendeten Bezeichnungen

(i) $\quad \ddot{t} + a(t)\, a'(t)\, \|\dot{\vec{\gamma}}\|_N^2 = 0$ mit $\|\dot{\vec{\gamma}}\|_N^2 = \vec{g}_{ab}(\vec{\gamma})\, \dot{x}^a \dot{x}^b$,

(ii) $\quad \ddot{x}^c + \vec{\Gamma}^c_{ab}(\vec{\gamma})\, \dot{x}^a \dot{x}^b = \lambda \dot{x}^c$ mit $\lambda := -2a'(t)\, a(t)^{-1} \dot{t}$.

Die Lichtartigkeit von γ bedeutet

(iii) $\quad 0 = \langle \dot{\gamma}, \dot{\gamma} \rangle = -\dot{t}^2 + a(t)^2\, \|\dot{\vec{\gamma}}\|_N^2$.

Aus (i) und (iii) folgt $(a(t)\dot{t})^{\cdot} = a'(t)\, \dot{t}^2 + a(t)\, \ddot{t} = 0$, also $a(t)\, \dot{t} = \text{const}$.

Nach § 10 : 1.5 (a) ist der Rotverschiebungsparameter z damit gegeben durch

$$1 + z = \frac{\langle \dot{\gamma}(-1), \dot{\alpha}_1(t_1) \rangle}{\langle \dot{\gamma}(0), \dot{\alpha}_0(t_0) \rangle} = \frac{\langle \dot{\gamma}(-1), \partial_t|_{p_1} \rangle}{\langle \dot{\gamma}(0), \partial_t|_{p_0} \rangle} = \frac{\dot{t}(-1)}{\dot{t}(0)} = \frac{a(t(0))}{a(t(-1))} = \frac{a(t_0)}{a(t_1)}.$$

(2) Die Projektion der Geodätischen $s \mapsto \gamma(s) = (t(s), \vec{\gamma}(s))$ auf das Raumblatt $N_{t_0} = \{t_0\} \times N$ ist die Kurve $s \mapsto \beta(s) := (t_0, \vec{\gamma}(s))$. Das Kurvenstück $\beta : [-1, 0] \to M$ hat nach (iii) die Länge

$$\begin{aligned} L_{-1}^{0}(\beta) &= \int_{-1}^{0} \|\dot\beta(s)\|\,ds = a(t_0)\int_{-1}^{0}\|\dot{\widetilde\gamma}(s)\|_N ds \\ &= a(t_0)\int_{-1}^{0} a(t(s))^{-1}\dot t(s)\,ds = a(t_0)\int_{t_1}^{t_0} a(t)^{-1}dt\,. \end{aligned}$$

Wir zeigen anschließend, dass β durch eine Umparametrisierung h in eine Geodätische $\widetilde\beta = \beta\circ h^{-1}$ überführt werden kann.

Die Länge $L_0^\ell(\widetilde\beta)$ des zugehörigen geodätischen Segments repräsentiert in $N_{t_0} = \mathbf{S}^3(K)$ den Abstand d der beiden Endpunkte $(t_0, q_1) = \widetilde\beta(0)$ und $(t_0, q_0) = \widetilde\beta(\ell)$ (O'NEILL [64] 5.20, 10, 22). Im Fall $K > 0$, also für die Sphäre vom Radius $a(t_0) = K^{-1/2}$ ist das unter der Voraussetzung $L_0^\ell(\widetilde\beta) \le \pi K^{-1/2} = \pi a(t_0)$ richtig, ganz analog wie für zweidimensionale Sphären.

Damit erhalten wir die Behauptung

$$d_0 = L_0^\ell(\widetilde\beta) = L_{-1}^0(\beta) = a(t_0)\int_{t_0}^{t_1} a(t)^{-1}\,dt\,.$$

Die Parametertransformation h erhalten wir aus der Forderung $\ddot{\widetilde\beta} = 0$ und der zu (ii) äquivalenten Gleichung $\ddot\beta = \lambda\dot\beta$. Durch zweimaliges Ableiten von $\widetilde\beta\circ h = \beta$ folgt ÜA

$$(\log\dot h)^{\boldsymbol\cdot} = \ddot h/\dot h = \lambda = (\log a(t)^{-2})^{\boldsymbol\cdot}\,, \quad \text{also } \dot h = c a(t)^{-2}$$

mit einer Konstanten $c > 0$. Somit gilt $h(s) = c\int_{-1}^{s} a(t(\sigma))^{-2}\,d\sigma$. □

(b) SATZ 2. *Unter den Voraussetzungen* $a'(t_0) > 0$ *und* $\varepsilon + 3p \ge 0$ *besteht die Taylorentwicklung*

$$d_0 = \frac{1}{H_0}\left(z - \tfrac12(1+q_0)z^2 + \ldots\right) \quad \textit{für } |z| \ll 1\,.$$

Hierbei sind die **Hubble–Konstante** H_0 *und der* **Abbremsparameter** q_0 *definiert durch*

$$H_0 := \frac{a'(t_0)}{a(t_0)}\,, \quad q_0 := -\,\frac{a(t_0)\,a''(t_0)}{a'(t_0)^2}\,.$$

BEWEIS.

Die Taylor–Entwicklung von $t\mapsto a(t_0)/a(t)$ an der Stelle t_0 lautet

$$\begin{aligned} \frac{a(t_0)}{a(t)} &= 1 - \frac{a'(t_0)}{a(t_0)}(t-t_0) + \left(\frac{a'(t_0)^2}{a(t_0)^2} - \frac{a''(t_0)}{2a(t_0)}\right)(t-t_0)^2 + \ldots \\ &= 1 - H_0(t-t_0) + \left(1+\tfrac12 q_0\right)H_0^2(t-t_0)^2 + \ldots \end{aligned}$$

(. . . steht hier wie im Folgenden für Glieder höherer Ordnung). Hiermit folgt nach (a)

$$z = z(t_1) := \frac{a(t_0)}{a(t_1)} - 1 = H_0(t_0 - t_1) + \left(1 + \tfrac{1}{2}q_0\right) H_0^2(t_0 - t_1)^2 + \dots .$$

Wegen $a'(t_0) > 0$ und $a'' \le 0$ nach 2.2 (4) gilt auch $a'(t) > 0$ für $t \le t_0$. Die Funktion $t_1 \mapsto z(t_1)$ ist somit invertierbar, und wir erhalten

$$H_0(t_0 - t_1) = z - \left(1 + \tfrac{1}{2}q_0\right) z^2 + \dots .$$

Mit der Integraldarstellung für d_0 in (a) ergibt sich hieraus

$$\begin{aligned} d_0 &= \int_{t_1}^{t_0} \frac{a(t_0)}{a(t)}\, dt = t_0 - t_1 + \frac{H_0}{2}(t_0 - t_1)^2 + \dots \\ &= \frac{1}{H_0}\left(z - \tfrac{1}{2}(1 + q_0)z^2 + \dots\right). \end{aligned}$$ □

Der gegenwärtige Abstand d_0 einer Galaxie zur Erde ist der astronomische Beobachtung nicht zugänglich. Bei der Bestimmung der Abstands–Rotverschiebungsrelation werden deshalb andere Abstandsbegriffe verwendet, siehe hierzu WEINBERG [119] Sect.14.4, D'INVERNO [81] 22. 11.

Wir setzen

$$J_k(r) = \begin{cases} \sin r & \text{für } k = 1, \\ r & \text{für } k = 0, \\ \sinh r & \text{für } k = -1. \end{cases}$$

Dann ergeben sich folgende Beziehungen mit d_0:

$$\begin{aligned} d_M &= a(t_0)J(d_0/a(t_0)) && \text{(Echtbewegungsabstand)}, \\ d_L &= (1 + z)\, d_M && \text{(Helligkeitsabstand)}, \\ d_A &= (1 + z)^{-1}\, d_M && \text{(Winkelabstand)}, \\ d_P &= \frac{d_M}{1 - k(d_M/a(t_0))^2} && \text{(Parallaxenabstand)}, \end{aligned}$$

wobei im Fall $k = 1$ $d_0/a(t_0) < \pi$ vorausgesetzt wird. Für kleine Werte von z und $d_0/a(t_0)$ fallen alle vier Größen zusammen.

Systematische Rotverschiebungsmessungen wurden von SLIPHER und anderen seit 1910 durchgeführt. Mit Hilfe dieser Daten und den von ihm angestellten Entfernungsmessungen fand HUBBLE eine annähernd lineare Beziehung zwischen der Rotverschiebung und dem Helligkeitsabstand benachbarter Galaxien und damit die Expansion des Weltalls (1929). Nach der Inbetriebnahme des

200–Zoll–Spiegelteleskops auf dem Mount Palomar 1950 konnten Hubbles Nachfolger das Datenmaterial um ein Vielfaches erweitern. Bedeutende Fortschritte brachten die Messungen der Spektren der kosmischen Hintergrundstrahlung mit den Satelliten COBE (Start 1998),WMAP (Start 2001) und Planck (Start 2009). Die neuesten Messungen durch Planck liefern die Werte (Planck 2013 Results XVI. Planck Collaboration P.A.R. ADE et al. [116])

$$H_0^{-1} \approx 14.53 \cdot 10^9 \text{ Jahre}, \quad q_0 \approx -0.595 .$$

(c) Bei bekannter Zustandsgleichung $p = f(\varepsilon)$ kann aus den Komponenten (1) und (3) der Feldgleichung von 2.2 die Energiedichte ε eliminiert werden, woraus die **verallgemeinerte Friedmann–Gleichung**

$$a'^2 + k = g(a)$$

mit einer C^∞–Funktion g auf $]0, \infty[$ entsteht. Hieraus ergibt sich unter der Annahme $a'(t_0) > 0$ die Integraldarstellung des gegenwärtigen Abstandes

$$d_0 = \int_1^{1+z} \frac{du}{u\sqrt{g(a_0 u^{-1}) - k}} \quad \text{mit} \quad a_0 := a(t_0).$$

(Nachweis als ÜA unter Verwendung der Substitution $t \mapsto u = a_0/a(t)$ im d_0 darstellenden Integral in (a)).

Die Elimination von ε aus 2.2 (1) geschieht folgendermaßen: Ist die Funktion $f : \mathbb{R}_+ \to \mathbb{R}$ C^∞–differenzierbar und gilt $f(0) = 0$, $u + f(u) > 0$ für $u > 0$, so ist die Stammfunktion

$$F : \mathbb{R}_{>0} \to \mathbb{R} \quad \text{mit} \quad F(s) := \int_1^s \frac{du}{u + f(u)}$$

bijektiv. Nach 2.2 (3) ergibt sich (ÜA)

$$F(\varepsilon) = \log(c\,a^{-3}) \text{ mit einer Konstanten } c > 0.$$

Hiermit kann ε in der Gleichung 2.2 (1) eliminiert werden.

2.4 Die Evolution der Robertson–Walker–Raumzeiten

Wir untersuchen im Folgenden das durch die Feldgleichung 2.2 (1),(3) gesteuerte Evolutionsverhalten der Funktionen $a(t)$, $\varepsilon(t)$, $p(t)$ und setzen dabei voraus:

$$\varepsilon > 0 \text{ auf } I \text{ und } a'(t_0) > 0 \text{ für ein } t_0 \in I.$$

Die Grenzen des maximalen Existenzintervalls I bezeichnen wir mit T_0 und T_∞, also $I =]T_0, T_\infty[$ $(-\infty \leq T_0 < T_\infty \leq \infty)$.

(a) Bei gegebener Zustandsgleichung $p = f(\varepsilon)$ lassen sich die Gleichungen 2.2 (1),(3) leicht integrieren. Für druckfreie Materie ($p = 0$) lautet die Feldgleichung 2.2 (3) $\varepsilon' = -3\varepsilon a' a^{-1}$. Diese hat die Lösung

$$\frac{4\pi}{3} a^3 \varepsilon = m$$

mit einer Konstanten $m > 0$, die wir als skalierungsinvariante Energiedichte interpretieren können. Durch Eliminieren von ε in der Feldgleichung 2.2 (1) ergibt sich die **Friedmann–Gleichung** (FRIEDMANN 1922)

$$a'^2 + k = 2ma^{-1}.$$

Für $k = 0$ folgt aus $a\,a'^2 = 2m$ monotones Wachsen von a und monotones Fallen von a'. Daher existiert ein $T_0 \in \mathbb{R}$ mit $\lim\limits_{t \to T_0} a(t) = 0$. Nach der Zeitverschiebung $t \mapsto t - T_0$ erhalten wir die Lösung

$$a(t) = \sqrt[3]{9m/2}\; t^{2/3}, \quad \varepsilon(t) = \frac{1}{6\pi t^2} \quad \text{auf } I =]0, \infty[.$$

Für $k = 1$ ist die Friedmann–Gleichung die Differentialgleichung einer Zykloide (vgl. § 2 : 2.3). Die Lösung kann als durch den Abrollwinkel ψ parametrisierte Kurve

$$t = m(\psi - \sin\psi),$$

$$a = m(1 - \cos\psi)$$

auf dem Intervall $I =]0, 2\pi m[$ dargestellt werden [ÜA].

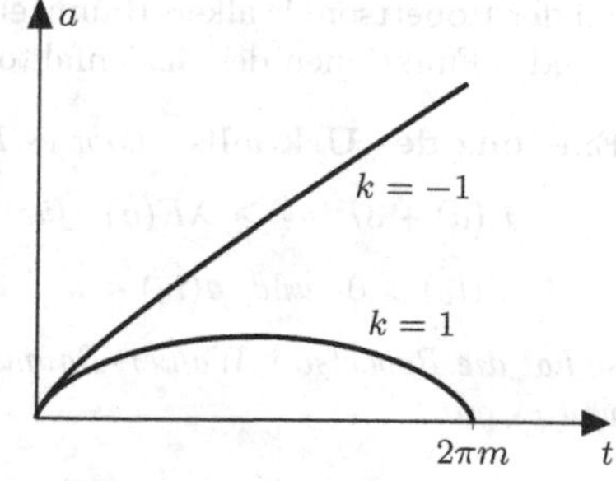

Im Fall $k = -1$ ergibt sich die **hyperbolische Zykloide** [ÜA].

$$t = m(\sinh\psi - \psi), \quad a = m(\cosh\psi - 1) \quad \text{auf } I =]0, \infty[.$$

Für alle drei Raumtypen zeigen Skalenfunktion und Energiedichte nahe $t = 0$ das Grenzverhalten

$$a(t) \approx \text{const} \cdot t^{2/3}, \quad \varepsilon(t) \approx \text{const} \cdot t^{-2},$$

also

$$\lim_{t\to 0} a(t) = 0, \quad \lim_{t\to 0} a'(t) = \infty, \quad \lim_{t\to 0} \varepsilon(t) = \infty.$$

Im Fall eines offenen Universums $\mathbf{S}^3(k) = \mathbb{R}^3$ mit $k \in \{-1, 0\}$ findet unbeschränkte Expansion für alle Zeiten $0 < t < \infty$ statt. Bei einem geschlossenen Universum $\mathbf{S}^3(k) = S^3$ mit $k = 1$ findet dagegen Expansion bis zum Erreichen des Maximums $a = 2m$ für $t = \pi m$ statt. Danach kontrahiert das Universum in symmetrischer Weise bis zum Kollaps zur Zeit $T_\infty = 2\pi m$, wie sich durch Zeitspiegelung $t \mapsto 2\pi m - t$ ergibt.

Für die Zustandsgleichung $p = \varepsilon/3 > 0$ (Strahlungsmodell für ein heißes Universum) ergibt sich aus den Gleichungen 2.2 (3) und (1) ganz ähnlich

$$\frac{4\pi}{3}\, a^4 \varepsilon = m \quad \text{und} \quad a'^2 + k = 2ma^{-2}$$

mit einer Konstanten $m > 0$. Als Lösung erhalten wir mit $b := \sqrt{8m}$

$$a(t) = \sqrt{bt - kt^2}\,, \quad \varepsilon(t) = \frac{3}{32\pi t^2 (1 - kt/b)}$$

auf $I =]0, \infty[$ im Fall $k \in \{-1, 0\}$ und $I =]0, b[$ für $k = 1$ ÜA.
Das qualitative Verhalten der Skalenfunktion und Energiedichte ist also das Gleiche wie beim Staubmodell.

(b) Wir zeigen jetzt unter allgemeinen Bedingungen an das Materiemodell die Existenz des Urknalls sowie exponentielle Expansion. Hierbei setzen wir $\varepsilon > 0$ auf der Robertson–Walker–Raumzeit $M = M(k, a)$ voraus und nehmen an, dass ε und p Funktionen des Skalenfaktors a sind, $\varepsilon(t) = E(a(t))$, $p(t) = P(a(t))$.

Existenz des Urknalls. *Gibt es Konstanten* $\lambda, a_0 > 0$, $t_0 \in I$ *mit*

$$E(a) + 3P(a) \geq \lambda E(a) \quad \textit{für} \quad a < a_0\,,$$

$$a'(t_0) > 0 \quad \textit{und} \quad a(t_0) < a_0\,,$$

so hat die Robertson–Walker–Raumzeit eine endliche Vergangenheit $T_0 > -\infty$, *und es gilt*

$$\lim_{t \to T_0} a(t) = 0\,, \quad \lim_{t \to T_0} a'(t) = \infty\,, \quad \lim_{t \to T_0} \varepsilon(t) = \infty\,.$$

Beweis.

Nach Voraussetzung gilt

$$E(a) + 3P(a) \geq \lambda E(a)\,, \quad E(a) + P(a) \geq \frac{2 + \lambda}{3} E(a) \quad \text{für} \quad a < a_0\,.$$

Die Feldgleichung (4) in 2.2 liefert

$$-a'' = \frac{4\pi}{3}(\varepsilon + 3p)a = \frac{4\pi}{3}(E(a) + 3P(a))a \geq \frac{4\pi}{3}\, \lambda E(a) a > 0$$

für alle $t \in I$ mit $a(t) < a_0$. Hieraus folgt wegen $a(t_0) < a_0$

$$a(t) \leq a(t_0) + a'(t_0)(t - t_0) \quad \text{für alle} \quad t \in]T_0, t_0]\,,$$

was nur für $T_0 > -\infty$ möglich ist. Weiter gilt

$$(*) \qquad \lim_{t\to T_0} a(t) = 0\,,$$

weil gemäß 2.1 (c) die Skalenfunktion maximal definiert ist. Die Feldgleichung (3) in 2.2 liefert auf dem Intervall $]T_0, t_0[$

$$-\frac{\varepsilon'}{\varepsilon} = 3\,\frac{\varepsilon+p}{\varepsilon}\,\frac{a'}{a} = 3\,\frac{E(a)+P(a)}{E(a)}\,\frac{a'}{a} \geq (2+\lambda)\,\frac{a'}{a} \quad \text{bzw.}$$

$$\frac{(\varepsilon a^{2+\lambda})'}{\varepsilon a^{2+\lambda}} = \frac{\varepsilon'}{\varepsilon} + (2+\lambda)\,\frac{a'}{a} \leq 0\,.$$

Die Funktion $\varepsilon a^{2+\lambda}$ ist also monoton fallend auf $[T_0, t_0]$, somit folgt

$$\varepsilon(t)a^{2+\lambda}(t) \geq \varepsilon(t_0)a^{2+\lambda}(t_0) =: C > 0 \quad \text{für } t \in [T_0, t_0]\,.$$

Zusammen mit $(*)$ ergibt sich $\lim\limits_{t\to T_0} \varepsilon(t) = \infty$. Weiter erhalten wir mit der Feldgleichung (1) in 2.2

$$a'^2 = \frac{8\pi}{3}\,a^2\varepsilon - k \geq \frac{8\pi}{3}\,Ca^{-\lambda} - k \quad \text{auf }]T_0, t_0[\,.$$

Das liefert mit $(*)$ dann $\lim\limits_{t\to T_0} a'(t) = \infty$. □

Wir nehmen nun zusätzlich an, dass das Materiemodell Vakuumsenergie (dunkle Energie) mit konstanter Dichte $\varepsilon_{vak} > 0$ und Druck $p_{vak} = -\varepsilon_{vak}$ enthält, d.h. dass gilt

$$\varepsilon > \varepsilon_{vak}\,, \qquad \lim_{a\to\infty} E(a) = \varepsilon_{vak}\,, \qquad \lim_{a\to\infty} P(a) = p_{vak}\,.$$

Exponentielle Expansion. *Das Materiemodell enthalte Vakuumsenergie und es gebe Konstanten* $a_1 > 0$, $t_1 \in I$ *mit*

$$E(a) + 3P(a) < 0 \quad \textit{für } a > a_1\,,$$

$$a'(t_1) > 0 \quad \textit{und} \quad a(t_1) > a_1$$

sowie $8\pi\varepsilon_{vak}\,a_1^2/3 > 1$ *im Fall* $k = 1$. *Dann hat die Robertson–Walker–Raumzeit unendliche Zukunft* $T_\infty = \infty$, *und es gilt*

$$a(t_1)\,\mathrm{e}^{\mu(t-t_1)} \leq a(t) \leq a(t_1)\,\mathrm{e}^{\nu(t-t_1)} \quad \textit{für } t \geq t_1$$

mit Konstanten $0 < \mu \leq \nu$.

Beweis.

Die Feldgleichung (4) in 2.2 liefert nach Voraussetzung

$$a'' = -\frac{4\pi}{3}(\varepsilon + 3p)a = -\frac{4\pi}{3}(E(a) + 3P(a))a > 0$$

für alle $t \in I$ mit $a(t) > a_1$, woraus folgt

$$a(t) \geq a(t_1) + a'(t_1)(t - t_1) \text{ für alle } t \in I \text{ mit } a(t) > a_1 .$$

Wegen $a(t_1) > a_1$ gilt diese Ungleichung für alle $t \in [t_1, T_\infty[$.

Aufgrund der Voraussetzung $\lim\limits_{a\to\infty} E(a) = \varepsilon_{vak} < \infty$ ist die rechte Seite der Feldgleichung (1) auf $[t_1, T_\infty[$ beschränkt, es gilt also $a'(t)/a(t) \leq \nu$ für alle $t \in [t_1, T_\infty[$ mit einer Konstanten $\nu > 0$. Unter Beachtung der maximalen Definiertheit von a ergibt sich daraus $T_\infty = \infty$ (vgl. Bd. 2, § 2 : 6.6).

Die Feldgleichung (1) in 2.2 liefert zusammen mit $\varepsilon > \varepsilon_{vak}$ im Fall $k = 1$

$$\left(\tfrac{a'}{a}\right)^2 = \tfrac{8\pi}{3}\varepsilon - \tfrac{k}{a^2} = \tfrac{8\pi}{3}E(a) - \tfrac{k}{a^2} \geq \tfrac{8\pi}{3}\varepsilon_{vak} - \tfrac{1}{{a_1}^2} =: \mu^2$$

für $t \geq t_1$, wobei nach Voraussetzung $\mu > 0$ gewählt werden kann. Damit gilt

$$a(t) \geq a(t_1)\,\mathrm{e}^{\mu(t-t_1)} \quad \text{für } t \geq t_1 .$$

Im Fall $k \leq 0$ ist das ebenfalls richtig. □

(c) Wir setzen jetzt voraus, dass sich die Materie des kosmologischen Modells aus den Bestandteilen Vakuumsenergie, druckfreie Materie (Staub) und Strahlung zusammensetzt.

Der Energieimpuls–Tensor setzt sich gemäß § 10 : 2.2 additiv aus den drei Bestandteilen zusammen:

$$T = T_{vak} + T_{mat} + T_{rad} ,$$

und entsprechend für Energiedichte und Druck

$$\varepsilon = \varepsilon_{vak} + \varepsilon_{mat} + \varepsilon_{rad} , \quad p = p_{vak} + p_{mat} + p_{rad} .$$

Die Zustandsgleichungen

$$p_{vak} = -\varepsilon_{vak} , \quad p_{mat} = 0 , \quad p_{rad} = \tfrac{1}{3}\varepsilon_{rad}$$

liefern nach (a) und § 10 : 2.3 zusammen mit der Feldgleichung (3) in 2.2

$$\begin{aligned} \varepsilon_{vak} &= const , & p_{vak} &= const , \\ \varepsilon_{mat} &= const \cdot a^{-3} , & p_{mat} &= 0 , \\ \varepsilon_{rad} &= const \cdot a^{-4} , & p_{rad} &= const \cdot a^{-4} . \end{aligned}$$

Wir erhalten also mit den Abkürzungen $a_0 := a(t_0)$, $H_0 := a'(t_0)/a(t_0)$ und den dimensionslosen Konstanten Ω_{vak}, Ω_{mat}, Ω_{rad} in cgs–Einheiten

$$\frac{8\pi\mathbf{G}}{3c^2H_0^2}\,\varepsilon \;=\; \frac{8\pi\mathbf{G}}{3c^2H_0^2}\,E(a) \;=\; \Omega_{vak} + \Omega_{mat}\Big(\frac{a}{a_0}\Big)^{-3} + \Omega_{rad}\Big(\frac{a}{a_0}\Big)^{-4}.$$

Mit diesem ε liefert die Feldgleichung (1) von (2.2) die Friedmann–Gleichung

$$\begin{aligned}\Big(\frac{a'}{a}\Big)^2 &= \frac{8\pi\mathbf{G}}{3c^2}\,E(a) - \frac{c^2k}{a^2}\\ &= H_0^2\Big(\Omega_{vak} + \Omega_{krg}\Big(\frac{a}{a_0}\Big)^{-2} + \Omega_{mat}\Big(\frac{a}{a_0}\Big)^{-3} + \Omega_{rad}\Big(\frac{a}{a_0}\Big)^{-4}\Big),\end{aligned}$$

wenn wir noch $\Omega_{krg} := -\,c^2k/(H_0a_0)^2$ setzen.

Für dieses Modell sind die Voraussetzungen der beiden Sätze in (b) erfüllt [ÜA], es ergibt sich die Existenz des Urknalls und exponentielle Expansion.

Die Friedmann–Gleichung schreibt sich etwas übersichtlicher mit der modifizierten Skalenfunktion $s(t) := a(t)/a(t_0) = a(t)/a_0$,

$$(*)\qquad \Big(\frac{s'}{H_0 s}\Big)^2 = \Omega_{vak} + \Omega_{krg}\,s^{-2} + \Omega_{mat}\,s^{-3} + \Omega_{rad}\,s^{-4}.$$

Die Messungen von Temperaturfluktuationen der kosmischen Hintergrundstrahlung mit der Raumsonde Planck Surveyor liefern die Werte

$$\Omega_{vak} \approx 0.6825\,,\quad \Omega_{krg} \approx 0\,,\quad \Omega_{mat} \approx 0.3175\,,\quad \Omega_{rad} \approx 0\,,$$
$$H_0^{-1} \approx 14.53\cdot 10^9 \text{ Jahre}\,,$$

(Planck 2013 Results XVI. Planck Collaboration P.A.R. Ade et al. [116]).

Der Wert $\Omega_{krg} \approx 0$ spricht für den Krümmungstyp $k = 0$, also für ein flaches Universum.

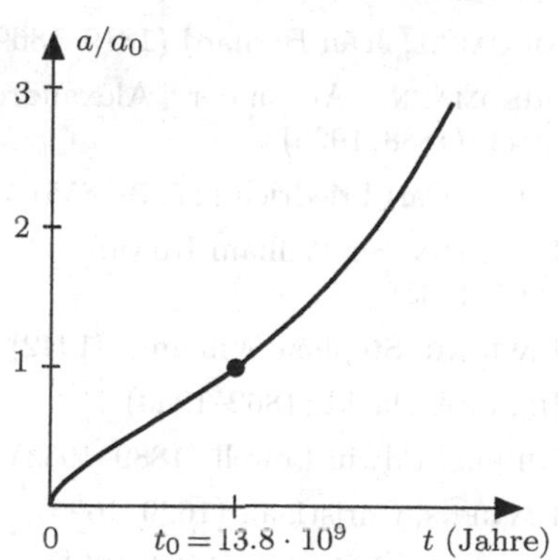

Aus diesen Daten lässt sich das Alter des Universums bestimmen: Wählen wir zunächst eine Zeitskala mit $t_0 = 0$, so ergibt die Integration der DG $(*)$ mit dem Anfangswert $s(0) = 1$ eine eindeutig bestimmte Nullstelle $T_0 < t_0 = 0$ der Funktion s.

Nach Ausführung der Zeittranslation $t \mapsto t - T_0$ erhalten wir für das Alter des Universums dann $t_0 = -T_0$, und zwar

$$t_0 \approx 13.8\cdot 10^9 \text{ Jahre.}$$

Namen und Lebensdaten

BELTRAMI, Eugenio (1835–1900)
BERNOULLI, Jakob (1655–1705)
BERNOULLI, Johann (1667–1748)
BIANCHI, Luigi (1856–1928)
BURALI–FORTI, Cesare (1861–1931)
CARATHÉODORY, Constantin (1873–1950)
CARTAN, Élie Joseph (1869–1951)
CAUCHY, Augustin-Louis (1789–1857)
CHRISTOFFEL, Elwin Bruno (1829–1900)
COURANT, Richard (1888–1972)
DU BOIS–REYMOND, Paul (1831–1889)
EDDINGTON, Sir Arthur Stanley (1882–1944)
EINSTEIN, Albert (1879–1955)
EULER, Leonard (1707–1783)
FARADAY, Michael (1791–1867)
FERMAT, Pierre de (1607–1665)
FERMI, Enrico (1901–1954)
FOUCAULT, Jean Bernard (1819–1869)
FRIEDMANN, Alexander Alexandrowitsch (1888–1925)
GAUSS, Carl Friedrich (1777–1855)
HAMILTON, Sir William Rowan (1805–1865)
HAWKING, Stephen William (*1942)
HILBERT, David (1862–1943)
HUBBLE, Edwin Powell (1889–1953)
HUYGENS, Christiaan (1629–1695)
JACOBI, Carl Gustav (1804–1851)
KILLING, Wilhelm Karl Joseph (1847–1923)
LADYZHENSKAJA, Olga Alexandrowa (1922–2004)
LAGRANGE, Joseph Louis (1736–1813)
LEBESGUE, Henri (1875–1941)
LEGENDRE, Adrien Marie (1752–1833)
LEVI, Beppo (1875–1961)
LEVI–CIVITA, Tullio (1873–1941)
LIE, Marius Sophus (1842–1899)
LORENTZ, Hendrik Antoon (1853–1928)
MAUPERTUIS, Pierre Louis Moreau de (1698–1759)
MAXWELL, James Clerk (1831–1879)
MAYER, Christian Gustav Adolph (1839–1908)
MEUSNIER DE LA PLACE, Jean Baptiste Marie Charles (1754–1793)
MINKOWSKI, Hermann (1864–1909)
MORREY, Charles Bradfield (1907–1984)
NEWTON, Isaac (1643–1727)
NOETHER, Amalie Emmy (1882–1935)
PLATEAU, Joseph Antoine Ferdinand (1801–1883)
POINCARÉ, Henri (1854–1912)
RICCI–CURBASTRO, Gregorio (1853–1925)
RIEMANN, Georg Friedrich Bernhard (1826–1866)
SCHWARZSCHILD, Karl (1873–1916)
SLIPHER, Vesto Melvin (1875–1969)
SNELLIUS, Willebrod (1591–1626)
TONELLI, Leonida (1885–1946)
WEIERSTRASS, Karl (1815–1897)
WEYL, Hermann (1885–1955)

Literaturverzeichnis

Variationsrechnung

Klassische Variationsrechnung

[1] BOLZA, O.: *Vorlesungen über Variationsrechnung*. Teubner 1909 / Nachdrucke 1933 und 1949.

[2] BRUNT, B. VAN.: *The Calculus of Variations*. Springer 2004.

[3] CARATHÉODORY, C.: *Variationsrechnung und partielle Differentialgleichungen erster Ordnung*. Teubner 1935.

[4] COURANT, R., HILBERT, D.: *Methoden der Mathematischen Physik I,II*. Springer 1968.

[5] DACOROGNA, B.: *Introduction to the calculus of variations*. Imperial College Press, 2009.

[6] FUNK, P.: *Variationsrechnung und ihre Anwendung in Physik und Technik*. Springer 1970.

[7] GIAQUINTA, M., HILDEBRANDT, S.: *Calculus of Variations I,II*. Springer 2004.

[8] IOFFE, A.D., TICHOMIROV, V.M.: *Theorie der Extremalaufgaben*. Deutscher Verlag der Wissenschaften 1979.

[9] KIELHÖFER, H.: *Variationsrechnung*. Vieweg+Teubner 2010.

[10] KLÖTZLER, R.: *Mehrdimensionale Variationsrechnung*. Deutscher Verlag der Wissenschaften 1969/Birkhäuser 1970.

[11] MORSE, M.: *Variational Analysis*. Wiley 1973.

[12] SAGAN, H.: *Introduction to the Calculus of Variations*. Mc Graw–Hill 1969.

[13] WAN, F.Y.M.: *Calculus of Variations and its Applications*. Chapman and Hall 1995.

[14] WEINSTOCK, R.: *Calculus of Variations with Applications to Physics and Engineering*. Mc Graw–Hill 1952 / Nachdruck Dover Publ. 1974.

siehe auch [20]

Hamiltonsche Mechanik, geometrische Optik

[15] ARNOLD, V.I.: *Mathematical Methods of Classical Mechanics*. Springer 1997.

[16] ARNOLD, V.I.: *Singularities of Caustics and Wave Fronts*. Kluwer Acad. Publishers 1990/Springer 1991.

[17] CARATHÉODORY, C.: *Geometrische Optik*. Springer 1937.

[18] LANCZOS, C.: *The Variational Principles of Mechanics*. Univ. of Toronto Press 1972 / Nachdruck Dover Publ. 1986.

[19] RUND, H.: *The Hamilton–Jacobi Theory in the calculus of variations*. Van Nostrand 1966.

siehe auch [7]

Direkte Methoden, Minimax–Methoden

[20] BUTTAZZO, G., GIAQUINTA, M., HILDEBRANDT, S.: *One–dimensional Variational Problems*. Oxford Science Publ. 1998.

[21] DACOROGNA, B.: *Direct Methods in the Calculus of Variations*. Springer 1989.

[22] EKELAND, I., TEMAM, R.: *Convex Analysis and Variational Problems*. North Holland 1999.

[23] GIAQUINTA, M.: *Multiple Integrals in the Calculus of Variations and Nonlinear Elliptic Systems*. Princeton Univ. Press 1983.

[24] LADYZHENSKAYA, O.A., URALTSEVA, N.N.: *Linear and Quasilinear Elliptic Equations*. Acad. Press 1968.

[25] MORREY, C.B.: *Multiple Integrals in the Calculus of Variations*. Springer 1966.

[26] RABINOWITZ, P.H.: *Minimax Methods in Critical Point Theory with Applications to Differential Equations*. CBMS Regional Conference Series Math. **65**. Amer. Math. Soc. 1986.

[27] ROCKAFELLAR, R.T., WETS, R.J.B.: *Variational Analysis*. Springer 1998.

[28] STRUWE, M.: *Variational Methods*. Springer 2008.

[29] WILLEM, M.: *Minimax Theorems*. Birkhäuser 1996.

Minimalflächen, Kapillaritätsflächen

[30] COURANT, R.: *Dirichlet's Principle, Conformal Mapping, and Minimal Surfaces*. Interscience Publ. 1950.

[31] DIERKES, U., HILDEBRANDT, S., SAUVIGNY, F.: *Minimal Surfaces I*. Springer 2010.

[32] FINN, R.: *Equilibrium Capillary Surfaces*. Springer 1986.

[33] NITSCHE, J.C.C.: *Vorlesungen über Minimalflächen*. Springer 1975.

[34] STRUWE, M.: *Plateau's Problem and the Calculus of Variations*. Princeton Univ. Press 1988.

Optimale Kontrolle

[35] BERKOVITZ, L.D.: *Optimal control theory*. Springer 1974.

[36] CESARI, L.: *Optimization–Theory and Applications*. Springer 1983.

[37] MILYUTIN, A.A., OSMOLOVSKII, N.P.: *Calculus of Variations and Optimal Control*. Amer. Math. Soc. 1998.

[38] TROUTMAN, J.L.: *Variational Calculus and Optimal Control*. Springer 1996.

Geschichte

[39] EULER, L.: *Methodus inveniendi lineas curvas maximi minimive proprietate gaudentes sive solutio problematis isoperimetrici lattisimo sensu accepti*. (C. Carathéodory Ed.). Bousquet, Lausannae et Genevae 1744 / Opera, Ser. I, Vol. 24 1952.

[40] GOLDSTINE, H.H.: *A History of the Calculus of Variations from the 17th through the 19th century*. Springer 1980.

[41] PLANCK, M.: *Das Prinzip der kleinsten Wirkung*. Physikalische Abhandlungen III, pp. 91–101. Vieweg 1958.

[42] SCHRAMM, M.: *Natur ohne Sinn? Das Ende des teleologischen Weltbildes*. Verlag Styria 1985.

[43] TODHUNTER, I.: *A History of the Calculus of Variations*. Cambridge London: MacMillan 1873 / Nachdruck Chelsea Publ. Comp..

siehe auch [6], [7]

Differentialgeometrie

Klassische Differentialgeometrie

[44] DO CARMO, M.P.: *Differentialgeometrie von Kurven und Flächen*. Vieweg 1983.

[45] KLINGENBERG, W.: *Eine Vorlesung über Differentialgeometrie*. Springer 1973.

[46] KÜHNEL, W.: *Differentialgeometrie*. Vieweg+Teubner 2010.

[47] LAUGWITZ, D.: *Differentialgeometrie*. Teubner 1960.

[48] OPREA, J.: *Differential geometry and its applications*. Math. Assoc. of America 2007.

Mannigfaltigkeiten, Tensoren, Differentialformen, Spinoren

[49] ABRAHAM, R., MARSDEN, J.E., RATIU, T.: *Manifolds, Tensor Analysis, and Applications*. Springer 1993.

[50] AGRICOLA, I., FRIEDRICH, T.: *Vektoranalysis*. Vieweg+Teubner 2010.

[51] BAUM, H.: *Eichfeldtheorie. Eine Einführung in die Differentialgeometrie auf Faserbündeln*. Springer 2009.

[52] BERGER, M., GOSTIAUX, B.: *Differential Geometry: Manifolds, Curves, and Surfaces*. Springer 1988.

[53] BOOTHBY, W.M.: *An Introduction to Differentiable Manifolds and Riemannian Geometry*. Academic Press 1986.

[54] FLANDERS, H.: *Differential Forms*. Acad. Press 1963.

[55] FRANKEL, T.: *The Geometry of Physics*. Cambridge Univ. Press 2004.

[56] PENROSE, R., RINDLER, W.: *Spinors and Space–Time 1,2*. Cambridge Univ. Press 1995/89.

[57] WASSERMAN, R.H.: *Tensors and Manifolds*. Oxford Univ. Press 2004.

Lorentz–Geometrie, Riemann–Geometrie

[58] BAO, D., CHERN, S.S., SHEN, Z.: *An Introduction to Riemann–Finsler–Geometry*. Springer 2000.

[59] BEEM, J.K., EHRLICH, P.E.: *Global Lorentzian Geometry*. Marcel Dekker 1996.

[60] CHERN, S.S., CHEN, W.H., LAM, K.S.: *Lectures on Differential–Geometry*. World Scientific 1999.

[61] CHAVEL, I.: *Riemannian Geometry: A modern Introduction*. Cambridge Univ. Press 2006.

[62] GROMOLL, D., KLINGENBERG, W., MEYER, W.: *Riemannsche Geometrie im Großen*. Springer 1975.

[63] LEE, J.M.: *Riemannian Manifolds*. Springer 1997.

[64] O'NEILL, B.: *Semi–Riemannian Geometry with Applications to Relativity*. Acad. Press 1983.

Spezielle Themen

[65] JOST, J.: *Riemannian Geometry and Geometric Analysis*. Springer 2005.

[66] SCHOTTENLOHER, M.: *Geometrie und Symmetrie in der Physik*. Vieweg 1995.

Klassiker

[67] Darboux, G.: *Lecons sur la Théorie Générale des Surfaces I–IV*. Gauthier-Villars 1887–1896 / Nachdruck Chelsea Publ. Comp. 1972.

[68] Eisenhart, L.P.: *Riemannian Geometry*. Princeton Univ. Press 1926/1949.

[69] Gauss, C. F.: *Disquisitiones generales circa superficies curvas*. Werke 4, pp. 217–258. Deutsche Übersetzung: Allgemeine Flächentheorie. (Wangerin Hrsg.) Oswald's Klassiker 5, Engelmann 1905.

[70] Riemann, B.: *Über die Hypothesen, welche der Geometrie zu Grunde liegen* (Herausgegeben und erläutert von H. Weyl). Springer 1919/1923.

Geschichte

[71] Dombrowski, P.: *Differentialgeometrie*. In Fischer, Hirzebruch, Scharlau, Törnig (Hrsg.): *Ein Jahrhundert Mathematik 1890–1990. Festschrift zum Jubiläum der DMV, pp. 323–360. Vieweg 1990.*

[72] Gericke, H.: Zur Vorgeschichte und Entwicklung des Krümmungsbegriffs. *Arch. Hist. Ex. Sci.* **27** (1982) 1–21.

[73] Reich, K.: Geschichte der Differentialgeometrie von Gauß bis Riemann (1828–1868). *Arch. Hist. Ex. Sci.* **11** (1973) 273–382.

Relativitätstheorie

Allgemeine Relativitätstheorie, mathematisch orientierte Werke

[74] Ehlers, J.: Survey of General Relativity Theory. In W. Israel (Ed.), *Relativity, Astrophysics and Cosmology*, pp. 1–125. Reidel Publ. Comp. 1973.

[75] Hawking, S., Ellis, G.F.R.: *The Large Scale Structure of Space–Time*. Cambridge Univ. Press 1973.

[76] Kriele, M.: *Spacetime, Foundations of General Relativity and Differential Geometry*. Springer 2010.

[77] Oloff, R.: *Geometrie der Raumzeit*. Vieweg 2008.

[78] Sachs, R.K., Wu, I.: *General Relativity for Mathematicians*. Springer 1977.

[79] Wald, R.M.: *General Relativity*. Univ. of Chicago Press 1984.

siehe auch [64]

Allgemeine Relativitätstheorie, physikalisch orientierte Werke

[80] Carrol, S.: *Spacetime and Geometry. An Introduction to General Relativity*. Addison Wesley 2004.

[81] d'Inverno, R.: *Einführung in die Relativitätstheorie*. VCH Verlagsgesellschaft 2009.

[82] Fliessbach, T.: *Allgemeine Relativitätstheorie*. Spektrum Akademischer Verlag 2012.

[83] Frankel, T.: *Gravitational Curvature*. Freeman 1979.

[84] Hobson, M.P., Efstathiou, G.P., Lasenby, A.N.: *General Relativity*. Cambridge Univ. Press 2007.

[85] Landau, L.D., Lifschitz, E.M.: *Lehrbuch der Theoretischen Physik II. Klassische Feldtheorie*. 3. Auflage. Akademie–Verlag 1966.

[86] Misner, C.W., Thorne, K.S., Wheeler, J.A.: *Gravitation*. Freeman 1973.

[87] Rindler, W.: *Relativity. special, general, and cosmological*. Oxford Univ. Press 2006.

[88] STEPHANI, H.: *Allgemeine Relativitätstheorie*. Deutscher Verlag der Wissenschaften 1980.

[89] STRAUMANN, N.: *General Relativity and Relativistic Astrophysics*. Springer 2004.

[90] SYNGE, J.L.: *Relativity. The General Theory*. North–Holland Publ. Comp. 1960.

[91] WEINBERG, S.: *Gravitation and Cosmology*. Wiley 1972.

Spezielle Relativitätstheorie

[92] NABER, G.L.: *The Geometry of Minkowski Spacetime*. Springer 2012.

[93] RINDLER, W.: *Introduction to Special Relativity*. Clarendon Press 1991.

[94] RUDER, H., RUDER, M.: *Die spezielle Relativitätstheorie*. Vieweg 1995.

Spezielle Themen

[95] ARNOWITT, R., DESER, S., MISNER, C.W.: Coordinate Invariance and Energy Expressions in General Relativity. *Phys. Rev.* **122** (1961) 997–1006.

[96] BARTNIK, R.: The Mass of an Asymptotic Flat Manifold. *Comm. Pure Appl. Math.* **39** (1986) 661–693.

[97] BARTNIK, R.: Energy in Relativity. In *Tsing Hua Lectures on Geometry and Analysis*, pp. 5–27. Hsinchu, Taiwan 1990–1992. International Press 1995.

[98] BEIG, R.: Arnowitt–Deser–Misner energy and g_{00}. *Phys. Lett.* **69A** (1978) 153–155.

[99] BEIG, R., SIMON, W.: On the multiple expansion for stationary spacetimes. *Proc. Roy. Soc.* A**376** (1981) 333–341.

[100] CHRISTODOULOU, D.: Violation of cosmic censorship in the gravitational collapse of a dust cloud. *Comm. Math. Phys.* **93** (1984) 171–195.

[101] CHRISTODOULOU, D.: *The Formation of Black Holes in General Relativity*. European Mathematical Society 2009.

[102] EHLERS, J., PIRANI, F.A.E., SCHILD, A.: The Geometry of Free Fall and Light Propagation. In L. O'Raifeartaigh (Ed.), *General Relativity. Papers in Honour of J.L. Synge*, pp. 63–84. Clarendon Press 1972.

[103] FROLOV, V.P., NOVIKOV, I.P.: *Black Hole Physics*. Kluwer Acad. Publ. 1998.

[104] HARTLE, J.B., SHARP, D.H.: Variational principle for the equilibrium of a relativistic, rotating star. *Astrophys. J.* **147** (1967) 317–339.

[105] HELD, A. (ED.): *General Relativity and Gravitation. One Hundret Years after the Birth of Albert Einstein 1, 2*. Plenum Press 1980.

[106] O'NEILL, B.: *The Geometry of Black Holes*. AK Peters 1995.

[107] PFISTER, H., KING, M.: *Inertia and Gravitation. The fundamental Nature and Structure of Space–Time*. Lecture Notes in Physics 897, Springer 2015.

[108] RENDALL, A.D., SCHMIDT, B.G.: Existence and properties of spherically symmetric static fluid bodies with a given equation of state. *Class. Quant. Grav.* **8** (1991) 985–1000.

[109] RINGSTÖM, H.: *The Cauchy problem in general relativity*. European Mathematical Society, 2009.

[110] SCHOEN, R., YAU, S.T.: Proof of the Positive–Mass Theorem II. *Comm. Math. Phys.* **79** (1981) 231–260.

[111] WITTEN, E.: A new Proof of the Positive Energy Theorem. *Comm. Math. Phys.* **80** (1981) 381–402.

Kosmologie

[112] BENNET, C.L.: Cosmology from start to finish. *Nature* **440** (2006) 1126–1131.

[113] PEEBLES, P.J.E.: *Principles of Physical Cosmology*. Princeton University Press 1993.

[114] PEEBLES, P.J.E., RATRA, B.: The cosmological constant and dark energy. *Rev. Mod. Phys.* **75** (2003) 559-606.

[115] PEEBLES, P.J.E.: *Principles of Physical Cosmology*. Princeton University Press 1993.

[116] Planck Collaboration: P. A. R. ADE et al.: Planck 2013 results. XVI. Cosmological parameters. *arXiv:1303.5076v1*.

[117] SCHNEIDER, P.: *Einführung in die extragalaktische Astronomie und Kosmologie*. Springer 2006.

[118] PEIRIS, H.: First Year WMAP Results: Implications for Cosmology and Inflation. In J.M.T. Thompson (Ed), *Advances in Astronomy*, pp. 99–122. Imperial College Press 2005.

[119] WEINBERG, S.: *Cosmology*. Oxford University Press 2008.

Klassiker

[120] EINSTEIN, A.: *Grundzüge der Relativitätstheorie*. Vieweg 1956.

[121] PAULI, W.: *Relativitätstheorie*. In *Encykl. Math. Wiss. V.2*, pp. 538–775. Teubner 1921 / Nachdrucke Paolo Boringhieri 1963 und Springer 2005.

[122] Weyl, H.: *Raum-Zeit-Materie*. 5. Auflage. Springer 1923.

Geschichte

[123] FÖLSING, H.: *Albert Einstein. Eine Biographie*. Suhrkamp 1994.

[124] LANCZOS, C.: *The Einstein Decade*. Acad. Press 1974.

[125] NEFFE, J.: *Einstein. Eine Biographie*. Rowohlt 2005.

[126] PAIS, A.: *„Raffiniert ist der Herrgott ...“*. Vieweg 1986.

Theoretische Physik

[127] SOMMERFELD, A.: *Vorlesungen über Theoretische Physik I–VI*. Akad. Verlagsgesellschaft 1962–68.

Lineare Algebra, Vektoranalysis, Funktionalanalysis

[128] BARNER, M., FLOHR, F.: *Analysis II*. de Gruyter 2000.

[129] FISCHER, G.: *Lineare Algebra*. Vieweg+Teubner 2008.

[130] FISCHER, W., LIEB, I.: *Komplexe Analysis*. Vieweg+Teubner 2009.

[131] FORSTER, O.: *Analysis 3*. Vieweg+Teubner 2009.

[132] KÖNIGSBERGER, K.: *Analysis 2*. Springer 2004.

[133] RIESZ, K., SZ.-NAGY, B.: *Vorlesungen über Funktionalanalysis*. VEB Deutscher Verlag der Wissenschaften 1968.

[134] YOSIDA, K.: *Functional Analysis*. Springer 1995.

Symbole und Abkürzungen

Index

Printed in the United States
By Bookmasters